科学出版社"十三五"普通高等教育本科规划教材

植物检疫原理与方法

徐文兴　王英超　主编

科学出版社
北　京

内 容 简 介

本书主要介绍植物检疫原理与方法，共 13 章，内容涵盖绪论，植物检疫的生物学基础及现场检验，检疫常用的现代检验技术的原理与方法，植物检疫性病原物（菌物、原核生物、病毒、类病毒和线虫）、杂草及寄生性种子植物、转基因植物、植物害虫等的检疫原理与方法，以及植物检疫监管、检疫性有害生物的除害处理原理与方法等内容。本书侧重从具体方法的应用角度进行编写，增加了较为详细的操作步骤和相关原理阐述，全面概括传统生理生化、生物学、血清学和现代分子技术等检验检疫应用技术，对比其优缺点和发展的内在关联，系统阐述当前海关应用的检验检疫原理与方法。本书涵盖大部分有害生物种类和植物检疫方法的各个方面，内容丰富、覆盖面广。

本书适合作为植物检疫和植物保护专业本科生的教材，也可作为海关工作人员的参考书和技术培训教材。

图书在版编目（CIP）数据

植物检疫原理与方法 / 徐文兴，王英超主编 . —北京：科学出版社，2018.12

科学出版社"十三五"普通高等教育本科规划教材
ISBN 978-7-03-059194-4

Ⅰ . ①植… Ⅱ . ①徐… ②王… Ⅲ . ①植物检疫 - 高等学校 - 教材
Ⅳ . ① S41

中国版本图书馆 CIP 数据核字（2018）第 243040 号

责任编辑：张静秋 韩书云 / 责任校对：严 娜
责任印制：张 伟 / 封面设计：铭轩堂

科学出版社 出版
北京东黄城根北街 16 号
邮政编码：100717
http://www.sciencep.com
北京盛通商印快线网络科技有限公司 印刷
科学出版社发行 各地新华书店经销
*

2018 年 12 月第 一 版 开本：787×1092 1/16
2023 年 1 月第二次印刷 印张：22 1/2
字数：640 000

定价：79.00 元
（如有印装质量问题，我社负责调换）

《植物检疫原理与方法》编写委员会

主　　编　　徐文兴　　王英超

副 主 编　　张永江　　邓丛良　　李绍勤　　王振华　　段维军
　　　　　　顾建锋　　邵秀玲　　郑银英　　蔡　丽　　叶　芸

编写人员

徐文兴	李绍勤	蔡　丽	蔡万伦	华中农业大学
王高峰	王利平	王立金		
张永江				中国检验检疫科学研究院
张志想				中国农业科学院
邓丛良	梁新苗	刘兴亮		中华人民共和国北京海关
王振华	叶　芸	王　琴		中华人民共和国武汉海关
段维军	张慧丽	顾建锋	刘乐乐	中华人民共和国宁波海关
方亦午				
王英超	邵秀玲	孙　敏	高宏伟	中华人民共和国青岛海关
魏晓棠	张京宣	王　简	梁旭锋	
冯建军	杨　帆			中华人民共和国深圳海关
王金成	林　宇			中华人民共和国天津海关
李惠萍				中华人民共和国太原海关
李海云				中华人民共和国唐山海关
冯黎霞				中华人民共和国广州海关
刘忠梅				中华人民共和国哈尔滨海关
李建勇				中华人民共和国济南海关
杨　燕				青岛市崂山区农业和水利局
郑银英				石河子大学
邢小萍	袁虹霞			河南农业大学
唐国文				云南农业大学
李沛利				四川农业大学
李永强				北京农学院
燕照玲				河南省农业科学院
谢家廉				四川省农业科学院
王彩霞				青岛农业大学

前　言

近年来，特别是加入世界贸易组织（World Trade Organization，WTO）后，我国国际贸易和农产品的交流日益频繁，进出境农产品的调运数量和频率大为增加，进出口贸易总额成倍增长，有害生物传播加剧，植物检疫业务量迅速增长，相关机构设置也不断调整优化。2018 年 3 月，第十三届全国人民代表大会第一次会议批准国家质量监督检验检疫总局的职责整合进新组建的国家市场监督管理总局，出入境检验检疫管理职责和队伍划入海关总署。植物检疫工作迎来新的发展机遇，对植物检疫技术和工作人员的要求日益提高。

植物检疫技术是植物检疫工作的核心，但我国对该课程的建设相对薄弱，目前尚无国家级规划教材，大部分授课内容需要从其他相关课程中摘取，缺乏系统性和完整性。同时，不同授课老师根据个人的经验来取舍授课内容，随意性较大，不能保证准确性和科学性，无法满足该课程教学的需求。此外，有些参考资料由于编写年代较久，涉及的一些技术已经被淘汰或较少应用；我国检疫性有害生物的种类也已发生较大变化，这些资料的内容已经不太适应当前形势发展的需要。因此，我们组织了全国部分高校的教师和中国检验检疫科学研究院等科研院所的科研人员，以及北京、天津、武汉、宁波、青岛、深圳、太原、唐山、广州、哈尔滨、济南等地海关的工作人员编写了本书。

本书由徐文兴负责提纲撰写、内容汇总、审稿和修订工作；王英超负责组织新形态内容建设工作；王英超和蔡丽同时参与审稿和修订工作。副主编和部分编写人员负责组织各章内容编写：第一章和第十二章由王振华组织编写；第二章由王英超和李惠萍组织编写；第三章至第七章分别由张永江、段维军、冯建军、邓丛良和张志想组织编写；第八章由顾建锋和王金成组织编写；第九章由邵秀玲和李建勇组织编写；第十章由高宏伟和王英超组织编写；第十一章由李绍勤和唐国文组织编写；第十三章由蔡万伦组织编写。具体编写人员详见编写委员会。还有许多编写人员做了大量具体的编写工作，由于版面有限，在此不能一一列出，谨表歉意。

本书编写人员大部分是植物检疫领域的专家和活跃于海关工作一线的科技人员，按照编写人员的特长进行分工，全面体现了本书的实用性、先进性和创新性。此外，本书注重从具体方法的应用角度进行编写，增加了较为详细的操作步骤和相关原理阐述，内容翔实、方法具体、实用性强，既可以作为教材使用，也可以作为海关工作人员的参考书和技术培训教材。此外，扫描书中的二维码可观看相关内容的彩图、视频、幻灯片、拓展资料等数字资源，这也是本书的一大特色。本书出版得到了科学出版社"十三五"普通高等教育本科规划教材项目支持和华中农业大学新形态教材建设项目资助，借此机会，谨致谢意。

由于编写时间仓促，编写人员水平有限，书中难免有疏漏之处，敬请读者提出宝贵意见。

编　者

2018 年 8 月

目　　录

第一章 绪 论

国际植物检疫措施标准第五号（ISPM No.5《植物检疫术语》）指出植物检疫（plant quarantine）是指防止检疫性有害生物传入、扩散，或确保其官方防治的一切活动［联合国粮食及农业组织（FAO）于1990年发布，1995年修改］。植物检疫的原理包括预防、杜绝或铲除的各个方面，即海关工作人员通过法律、行政和技术手段，对进出境的植物及植物产品实施检验检疫，防止检疫性和危险性有害生物的传入或传出，保护农、林业生产和生态安全，促进贸易的流通。

一、植物检疫的术语及发展历程

（一）检疫的起源

"检疫"（quarantine）一词来源于拉丁文"*quarantum*"，原意是"四十天"，是14世纪由威尼斯当局最早使用的一种对国际港口执行卫生检查的措施。当时欧洲流行黑死病（肺鼠疫）、霍乱、黄热病、疟疾等疾病，威尼斯当局为保护本国国民的身体健康，对要求入境的外来船舶和人员采取在进港前一律在锚地滞留、隔离40d的防范措施，在此期间如未发现船上人员染有传染性疾病，方可允许船舶进港和人员上岸，这种带有强制性的隔离措施对阻止危险性疫病的传播蔓延起到了很大作用。"quarantine"成为隔离40d的专有名词，逐渐形成了"检疫"的概念。

检疫的要旨是防止疫病的传播，以保护动物（包括人类）和植物的生命或健康。随着科学技术的发展，威尼斯当局防范疫病的隔离检疫措施（即卫生检疫）给人们以启迪，并逐步运用到口岸进境活动物的传染病检疫、进境种苗的危险性有害生物检疫中，进境的活动物和种苗必须在指定的地方进行隔离检疫，以阻止危险性病虫害的传播。据统计，2017年我国共进口种猪10 527头，在进口国别方面，美国占47%［其中，猪改良公司（pig improvement company，PIC）占18.6%］，法国占36%，加拿大占15%，丹麦占2%。这些种猪在抵达口岸时，海关工作人员对种猪进行检疫查验、卫生消毒处理，在海关工作人员监管下按指定路线运至指定隔离检疫场，实施为期45d的隔离检疫。在种猪隔离检疫期间，海关工作人员实施全天候24h检疫监管。隔离期间，按照双边检疫议定书的检疫要求，对全部进境种猪进行采血、采集粪拭子和临床诊断观察，开展猪伪狂犬病、猪蓝耳病、猪传染性胸膜肺炎等传染病的检验检疫，对检出阳性猪进行扑杀及深埋等无害化处理，至隔离结束才能将种猪运走。海关口岸部门所采取的隔离和检疫措施，是检疫在动物防疫方面的具体实施。

最早运用植物检疫的范例是1660年法国鲁昂地区为了控制小麦秆锈病流行而提出的根除小檗（小麦秆锈病菌的转主寄主）并禁止其传入的法令。19世纪中期，人们发现许多流行的植物病虫害可随着种子、种苗的调运而传播。葡萄根瘤蚜原本只在美国发生，1858年随葡萄苗传入欧洲，1860年传入法国，在25年内，毁坏了法国的200余万hm²葡萄园，几乎占法国葡萄园总面积的 1/3，使法国的葡萄酿酒业遭受了沉重打击，促使法国在 1872 年率先颁布了禁止从国外输入葡萄枝条的法令。1873 年，俄国也发布了禁止从国外输入葡萄枝条的法令。马铃薯甲虫原产于墨西哥北部洛基山东麓，19 世纪初开始在美洲传播，1855 年该虫在美国科罗拉多州严重为害马铃薯，被称为"科罗拉多甲虫"，之后的 20 多年间虫害发生面积激增到 400 万 km^2，占美国马铃薯种植面积的 9%。1874 年，马铃薯甲虫随马铃薯的出口传到欧洲，造成极为严重的危害，致使欧洲许多国家十分恐慌。1873 年，德国明令禁止进口美国的植物及植物产品，以防止毁灭性的马铃薯甲虫传入，1877 年，英国也为此而颁布了禁令。1875 年，俄国颁布法令禁止进口美国的马铃薯和作包装材料用的马铃薯枝叶。随后，澳大利亚（1909 年）、美国（1912 年）、日本（1914 年）、中国（1928 年）等纷纷制定植物检疫法令，并成立了相应机构执行检疫任务。1881 年，有关国家签订了防治葡萄根瘤蚜的国际公约，进而促使《国际植物保护公约》（*International Plant Protection Convention*，IPPC）（1951 年）的诞生。当前世界上绝大多数国家都已制定了自己的植物检疫法规。

（二）植物检疫的定义

"phytosanitary"（植物检疫）是由世界卫生组织（WHO）和世界贸易组织（WTO）提出的，"phyto"是希腊文"植物"的词头，"phyto"＋"sanitary"直译为"植物卫生"。1980 年，澳大利亚学者 Morschel 认为"植物检疫是为了保护农业和生态环境，由政府颁布法令限制植物、植物产品、土壤、生物有机体培养物、包装材料和商品及其运输工具和集装箱进口，阻止可能由人为因素引进植物危险性有害生物，避免可能造成的损伤"。1983 年，英联邦真菌研究所（CMI）将植物检疫定义为"将植物阻留在隔离状态下，直到确认健康为止"。中国植物检疫专家刘宗善先生对植物检疫的定义是"国家以法律手段与行政措施控制植物调运或移动，以防止病虫害等危险性有害生物的传入与传播。它是植物保护事业中一项带有根本性的预防措施"。联合国粮食及农业组织于 1983 年将植物检疫定义为"为了预防和延迟植物病虫害在它们尚未发生的地区定殖而对货物的流通所进行的法律限制"。随着对植物检疫的深入理解，国际植物检疫措施标准第五号指出：植物检疫或植物卫生是世界贸易组织在关贸总协定中提出的为保护植物的健康而要求对植物采取植物检疫措施的术语，其内容包括保护成员境内植物的生命或健康免受虫害、病害或致病生物的传入、定居或传播所产生的风险；免受植物或植物产品携带的有害生物的传入、定居或传播所产生的风险。

尽管各国学者对植物检疫的诠释不一定相同，但基本观点十分一致。狭义的植物检疫可解释为：为防止危险性有害生物的人为传播而进行的隔离检查与处理。广义的植物检疫可解释为：为防止危险性有害生物随植物及植物产品的人为调运传播，由政府部门依法采取的治理措施。植物检疫是最经济、最有效、最实用和最值得提倡的一项特殊的植物保护措施，从宏观方面预防和杜绝一切有害生物随植物或其他应检物的调运而传入、定殖和扩散，它涉及法律法规、行政管理和技术保障等方面，与其他政府管理措施相比，具有强制性、预防性和技术性特征。植物检疫对国际经济贸易也有重要的影响，不少国家往往借此名义设置非关税贸易"技术壁垒"，拒绝进口他国的某些农产品，以保护本国相同行业的产业和稳定本国的农产品市场。

（三）植物检疫术语

国际植物检疫措施标准第五号部分术语或公约名称如下。

商品（commodity）：为贸易或其他用途被调运的一种植物、植物产品或其他产品［联合国粮食及农业组织，1990；植物检疫措施临时委员会（下文简称植检临委）于 2001 年修改］。

商品类别（commodity class）：从植物检疫法规角度对相似商品的归类（联合国粮食及农业组织，1990）。

商品有害生物清单（commodity pest list）：某一地区发生的可能与某种特定商品有关的有害生物清单［植物检疫措施委员会（下文简称植检委），1996；植检委 2015 年修改］。

灭活（inactivation）：使微生物不能生长（ISPM 第 18 号，2003 年）。

侵入（incursion）：在一个地区最近监测到而且预计近期内将成活但尚未定殖的一个孤立的有害生物种群（植检临委，2003）。

截获（有害生物）［interception（of a pest）］：在入境货物检查时对有害生物的查获（联合国粮食及农业组织，1990；植检委 1996 年修改）。

监测（monitoring）：为核查植物检疫状况而持续进行的一项官方活动（植检委，1996）。

调查（survey）：在一个地区内为确定有害生物的种群特性或确定发生种类而在一定时期采取的官方程序（联合国粮食及农业组织，1990；植检委 1996 年修改；植检委，2015）。

检疫（quarantine）：对限定物采取的官方限制，以便观察和研究，或进一步检查、检测和（或）处理（联合国粮食及农业组织，1990；ISPM 第 3 号修改版，1995 年；植检委，1999）。

检测（test）：为确定是否存在有害生物或为鉴定有害生物而进行的除肉眼检查以外的官方检查（联合国粮食及农业组织，1990）。

检验（inspection）：对植物、植物产品或其他限定物进行官方的直观检查以确定是否存在有害生物和（或）是否符合植物检疫法规（联合国粮食及农业组织，1990；联合国粮食及农业组织 1995 年修改；原为"检查"）。

处理（treatment）：旨在灭杀、灭活或消除有害生物，或使有害生物不育或丧失活力的官方程序（联合国粮食及农业组织，1990；联合国粮食及农业组织 1995 年修改；ISPM 第 15 号，2002 年；ISPM 第 18 号，2003 年；植检临委，2005）。

有害生物（pest）：任何对植物或植物产品有害的植物、动物或病原体中的种、株（品）系或生物型。说明：在《国际植物保护公约》中，"植物有害生物"有时被用作术语"有害生物"（联合国粮食及农业组织，1990；ISPM 第 2 号修改版，1995 年；《国际植物保护公约》，1997 年；植检委修改于 2012 年）。

有害生物分类（pest categorization）：确定一个有害生物是否具有检疫性有害生物的特性或限定非检疫性有害生物的特性的过程（ISPM 第 11 号，2001 年）。

检疫性有害生物（quarantine pest）：对受其威胁的地区具有潜在经济重要性，但尚未在该地区发生，或虽已发生但分布不广并进行官方防治的有害生物（联合国粮食及农业组织，1990；联合国粮食及农业组织 1995 年修改；《国际植物保护公约》，1997 年）。

限定非检疫性有害生物（regulated non-quarantine pest）：一种非检疫性有害生物，它在供种植用植物中存在，危及这些植物的原定用途而产生无法接受的经济影响，因而在输入的缔约方领土内受到限制（《国际植物保护公约》，1997 年）。

限定有害生物（regulated pest）：一种检疫性有害生物或限定非检疫性有害生物（《国际植物保护公约》，1997 年）。

有害生物诊断（pest diagnosis）：有害生物的监测和鉴定过程（ISPM 第 27 号，2006 年）。

非检疫性有害生物（non-quarantine pest）：就一个地区而言，不属于检疫性有害生物的有害生物（联合国粮食及农业组织，1995）。

植物（plant）：活的植物及其器官，包括种子和种质（联合国粮食及农业组织，1990；《国际植物保护公约》修改版，1997年）。

植物产品（plant product）：未经加工的，和那些虽经加工，但由于其性质或加工的性质而仍有可能造成有害生物传入和扩散风险的植物性材料（包括谷物）（联合国粮食及农业组织，1990；《国际植物保护公约》修改版，1997年）。

产地（place of production）：单一生产或耕作单位的设施或大田的集合体（联合国粮食及农业组织，1990；植检委1999年修改；植检委，2015年）。

预检（pre-clearance）：由输入国国家植物保护机构或在其定期监督下在原产国进行的植物检疫出证或核可（联合国粮食及农业组织，1990；联合国粮食及农业组织1995年修改）。

检疫区（quarantine area）：已经出现检疫性有害生物并由官方防治的地区（联合国粮食及农业组织，1990；联合国粮食及农业组织1995年修改）。

《国际植物保护公约》（International Plant Protection Convention，IPPC）：1951年产生于罗马，后经联合国粮食及农业组织修订（联合国粮食及农业组织，1990）。

区域植物保护组织（regional plant protection organization）：应履行《国际植物保护公约》第Ⅸ条规定职责的政府间组织（联合国粮食及农业组织，1990；联合国粮食及农业组织1995年修改；植检委，1999；原为"（区域）植物保护组织"）。

《国际植物检疫措施标准》（International Standard for Phytosanitary Measures，ISPM）：联合国粮食及农业组织大会或根据《国际植物保护公约》建立的植检临委或植检委通过的国际标准（植检委，1996；植检委1999年修改）。

国际标准（international standard）：依照《国际植物保护公约》第Ⅹ条第1款和第2款制定的国际标准（《国际植物保护公约》，1997年）。

官方防治（official control）：积极实施强制性植物检疫法规及应用强制性植物检疫程序，目的是根除或封锁检疫性有害生物或管理限定非检疫性有害生物（植检临委，2001）。

植物检疫程序（phytosanitary procedure）：官方规定的执行植物检疫措施的任何方法，包括与限定有害生物有关的检查、检测、监视或处理的方法（联合国粮食及农业组织，1990；联合国粮食及农业组织1995年修改；植检委1999年修改；植检临委2001年修改；植检临委2005年修改）。

植物检疫措施（phytosanitary measure）：旨在防止检疫性有害生物的传入、扩散或限制限定非检疫性有害生物的经济影响的任何法律、法规或官方程序（ISPM第4号，1995年；《国际植物保护公约》修改版，1997年；植检临委，2002）。

植物检疫法规（phytosanitary regulation）：为防止检疫性有害生物的传入、扩散或者限制限定非检疫性有害生物的经济影响而做出的官方规定，包括制定植物检疫验证程序（联合国粮食及农业组织，1990；ISPM第4号修改版，1995年；植检委，1999；植检临委，2001）。

植物检疫行动（phytosanitary action）：为执行植物检疫措施而采取的官方行动，如检验、检测、监视或处理等（植检临委，2001；植检临委2005年修改）。

植物检疫证书（phytosanitary certificate）：与《国际植物保护公约》模式证书一致的官方纸质文件或其官方电子等同物，证明货物符合植物检疫进口要求（联合国粮食及农业组织，1990；植检委2012年修改）。

（四）我国植物检疫发展历程

中国的植物检疫始于 20 世纪 30 年代。中华民国时期，1921 年，英国驻中国使馆照会中国政府提出执行英国政府颁布的《禁止染有病虫害植物进口章程》，在我国开设进行农产品检疫的检验所、检验室等并签发证书。1928 年 12 月，农矿部正式公布了《农产物检查条例》，实施进出口农产品的品质检查和病虫害检验。1929 年，为了改变我国商品检验长期由国外掌控的局面，工商部先后在上海、广州、汉口、青岛、天津等口岸设立商品检验局，同年农矿部颁布了《农产物检查条例实施细则》和《农产物检查所检查农产物处罚细则》。1931 年，农矿部和工商部合并为实业部，1932 年中国政府颁布实施了首部专业商品检验法《实业部商品检验法》，确保了植物检疫工作有法可依。1934 年 10 月，实业部商品检验局制定了《植物检疫程序流程植物病虫害检验实行细则》并公布实行。中华人民共和国成立后，1949 年对外贸易部商品检验局下设置了植物检疫机构，1951 年颁布了《输出输入植物病虫害检验暂行办法》，编制了《各国禁止或限制中国植物输入种类表》和《世界危险植物病虫害表》，在口岸开展对外植物检疫工作。1954 年 2 月，对外贸易部颁布《输出入植物检疫暂行办法》和《输出入植物应施检疫种类与检疫对象名单》，从此病虫害检验更名为植物检疫。1949 年 10 月农业部成立，1955 年农业部颁布了《国内尚未发现或分布未广的重要病、虫、杂草名录》，其中病原物 40 种、昆虫 142 种、杂草 69 种，共 251 种有害生物。1966 年农业部颁发了《执行对外检疫的几项规定》和对外检疫对象名单，制定了《植物检疫操作规程》，在各重要口岸陆续建立了动植物检疫所。1981 年 9 月，成立了中华人民共和国动植物检疫局，统一管理全国口岸动植物检疫工作。1983 年，国务院颁布了《中华人民共和国植物检疫条例》，1991 年国务院对该条例重新进行了修订。1986 年，农牧渔业部发布了《中华人民共和国进口植物检疫对象名单》和《中华人民共和国禁止进口植物名单》。1992 年 10 月 1 日，国家颁布了《中华人民共和国进出境动植物检疫法》和实施条例，7 月 25 日发布了《中华人民共和国进境植物检疫危险性病、虫、杂草名录》。1995 年，农业部修订了全国植物检疫对象名单及应检物名单。2007 年 5 月 28 日，国家质量监督检验检疫总局与农业部共同制定和发布了《中华人民共和国进境植物检疫性有害生物名录》，共涉及 441 种有害生物，其中昆虫 148 种、软体动物 7 种、真菌 127 种、原核生物 58 种、线虫 20 种、病毒及类病毒 39 种、杂草 42 种。

随着现代科技的飞速发展和国际交流的日益频繁，疫情日趋复杂，植物检疫工作越来越重要。2016 年，全国进境口岸共计截获外来有害生物 6305 种、122 万次，种类数同比增加 1.8%，截获次数同比增加 15.97%。其中，截获检疫性有害生物 360 种、11.8 万次，首次截获检疫性有害生物 29 种，如绵毛豚草、侏儒材小蠹、七角星蜡蚧等。旅邮检截获禁止进境物 58.3 万批次，同比增长 16.87%，从中检出有害生物 8 万余批次，同比增长 27.87%。截获非法携带、邮寄进境的植物种子种苗 2.05 万批次、7.68 万 kg，从中检出有害生物 2.12 万种次，同比增长 49.6%。

1998 年 3 月，第九届全国人民代表大会第一次会议批准原国家进出口商品检验局、原农业部动植物检疫局和原卫生部检疫局合并成立国家出入境检验检疫局，作为国家主管出入境卫生检疫、动植物检疫、商品检验、鉴定、认证和监管的行政执法机关（简称"三检合一"），其相应的职能合并，全面推行"一次报验、一次取样、一次检验检疫、一次卫生除害处理、一次收费、一次签证放行"的管理模式。2001 年 4 月，国家批准国家出入境检验检疫局（CIQ）与国家质量技术监督局合并成立中华人民共和国质量监督检验检疫总局（简称国家质检总局），国家质检总局是国务院主管全国质量、计量、出入境商品检验、出入境动植物检疫、进出口食品安全和认证认可、标准化等工作，并行使行政执法职能的直属机构。全国共有35个直属出入境检验检疫局，在海陆空口岸和货物集散地设有近300个分支局和200多个办事处，以及各企、事业单位等。截至2005年底，全国共有对外开放的一类口岸253个，其中水运口岸133个、铁路口岸17个、公路口岸47个、航空口岸56个；至2014年6月15日，全国已有285个国家批准的对外开放口岸。全国建立了中国检验检疫科学研究院和动物、植物、食品安全、卫生等89个国家级重点实验室，以及197个区域性中心实验室和121个常规性和综合实验室，还建立了5个高标准的生物安全三级实验室（BSL3）。中国检验检疫科学研究院下设的与外来有害生物有关的研究所有：动物检疫研究所、植物检疫研究所、卫生检疫研究所、食品安全研究所和装备技术研究所，学科齐全。上述实验室和研究机构大多分布在沿海港口、空港、边境口岸，可进行外来有害生物的检测、鉴定。从事有害生物检测的专业队伍拥有兽医、水产、生物、食品安全检验、植物检疫、林业害虫、环保等相关专业的人员近6000人，其中大专以上学历人员约占94%，是一支素质较高的进出境外来有害生物检疫、检测队伍。2018年3月，第十三届全国人民代表大会第一次会议批准国家质量监督检验检疫总局的职责整合，组建中华人民共和国国家市场监督管理总局；将国家质量监督检验检疫总局的出入境检验检疫管理职责和队伍划入海关总署，不再保留国家质量监督检验检疫总局。

国内的农业植物检疫和林业植物检疫工作由农业农村部与国家林业和草原局分别主管。1970年6月22日国家撤销农业部、林业部和水产部，设农林部。1979年2月国家相继恢复农业部和林业部。1982年5月国家将农业部、农垦部、国家水产总局合并为农牧渔业部，国内的农业植物检疫由农牧渔业部主管。自1983年以来，农牧渔业部在全国开展病虫害的普查工作，对疫区的检疫性病虫害进行扑灭，取得了很好的成绩。例如，湖南省张家界市红火蚁疫情得到有效控制，福建省、广东省8个香蕉穿孔线虫疫点得到扑灭等。1988年4月，国家撤销农牧渔业部，成立农业部。1998年3月10日，林业部改为国务院直属机构国家林业局。2018年3月，国家组建农业农村部，不再保留农业部；组建国家林业和草原局，不再保留国家林业局。

二、植物检疫的依据

植物检疫是通过法律、行政和技术的手段，防止危险性植物病、虫、杂草和其他有害生物传入、传出国境，保护农、林、牧、渔业生产和人体健康，促进贸易发展的措施。植物检疫的依据是与植物检疫有关的法规、条例、细则、办法和其他单项规定等，国家之间签订的协定、贸易合同中的有关规定，也同样具有法律约束力。在我国，植物检疫的依据有：我国颁布的《中华人民共和国进出境动植物检疫法》《中华人民共和国植物检疫条例》《农业转基因生物安全管理条例》等，以及为贯彻这些法规所规定的实施条例、实施细则和办法等；我国已发布的与植物检疫有关的国家标准和行业标准；我国与其他国家签署的协定、协议等；对外签订的贸易合同等。在国际上，植物检疫的依据有：联合国粮食及农业组织的《国际植物保护公约》，其是"使全球植物检疫一致的程序"；世界贸易组织的《实施卫生和植物卫生措施协定》（SPS协定）；联合国粮食及农业组织颁布的《国际植物检疫措施标准》；各大洲的区域性植物保护组织（如《亚洲和太平洋区域植物保护协定》），各国政府有关植物检疫的法规与条例等。扫左侧二维码可见我国现出台的主要法律、法规、实施条例。

三、植物检验检疫方法的演化及发展趋势

（一）植物检验检疫方法的演化

20世纪80年代以前，植物检验检疫方法主要依靠传统的技术手段。例如，采用直接检查、过筛检查、剖开检查、染色法检查、比重法（漂浮法）检查、饲养检查等方法进行昆虫鉴定；采用形态学检测鉴定方法，如分离培养检验、保湿培养检验、洗涤检验、过筛检验、直接检验、症状观察等进行病原菌鉴定。这些鉴定方法主要借助肉眼、放大镜、体视镜、显微镜和免疫技术进行鉴定。最初的显微镜产生于16世纪末期，17世纪出现了光学显微镜，后来其被用来观察细菌及细胞。20世纪30年代，Lebdeff设计出第一架干涉显微镜，随后Zernike发明了相差显微镜。20世纪50年代，Nomarski发明了干涉相差光学系统，并以此设计出诺马斯基显微镜。20世纪末期，出现了共轭焦显微镜，并得到了广泛应用。在光学快速发展的同时，电子学也得以迅速发展，20世纪30年代，德国的Bruche和Johannson制造出了第一台宋菲君型传头式电子显微镜，随后，Ruska发明了第一部磁场型传头式电子显微镜（TEM）。20世纪60年代出现了扫描电子显微镜（SEM），使人类观察微小物质的能力发生了质的飞跃。

传统的免疫学起源于人类对传染性疾病的抵御能力，早期的研究重点多集中在抗体的抗感染能力方面。20世纪中期以后，人们逐渐突破了抗感染研究的局限，而对各种抗原、微生物的作用进行研究和发展，近几十年来，随着生物医学的研究进展，免疫学以其独特的优势有力地推动了生物学中各个领域的发展。多克隆血清学技术检验（始于20世纪70年代）包括玻片凝集试验、琼脂扩散试验、酶联免疫吸附试验（ELISA）等。玻片凝集试验为定性试验方法，一般用已知抗体作为诊断血清，与受检颗粒抗原（如菌液或红细胞悬液）各加1滴在玻片上，混匀，数分钟后即可用肉眼观察凝集结果，出现颗粒凝集的为阳性反应，此法简便、快速，一般用来鉴定菌种或分型。琼脂扩散试验为可溶性抗原与相应抗体在含有电解质的半固体凝胶（琼脂或琼脂糖）中进行的一种沉淀试验。酶联免疫吸附试验是以免疫学反应为基础，将抗原、抗体的特异性反应与酶对底物的高效催化作用相结合的一种高敏感性的试验技术。

（二）20世纪80年代以后引入的生物学技术

单克隆抗体在植物病害中的应用起步较早，主要应用于病原物细致而稳定的诊断、鉴定及分类等方面，其具有特异性强、灵敏度高、能大量制备且不含其他交叉反应性的污染抗体等优点，在植物有害生物诊断中的应用日趋广泛和深入。1975年，英国科学家Kohler和Milstein利用细胞杂交的方法，成功分离出针对预定抗原的抗体分泌细胞，抗体分泌细胞在体外能够长期传代并分泌特异抗体；这些细胞经过克隆化可以形成单克隆细胞，能够产生针对某一特定抗原决定簇的完全相同的纯净抗体。Kohler和Milstein也由于这一杰出贡献而荣获了1984年诺贝尔生理学或医学奖。进入20世纪80年代后，免疫胶体金与固相膜结合发展了以膜为固相载体的免疫胶体金快速诊断技术，其具有快速、便捷、特异敏感、不需要特殊设备和试剂、结果判断直观等优点，成为当前最快速、敏感的免疫检测技术之一。以膜为固相载体的免疫快速诊断技术是在酶联免疫吸附试验、乳胶凝集试验、单克隆抗体技术、免疫胶体金技术和新材料技术基础上完善起来的一项新型体外诊断技术。以膜为固相载体的免疫胶体金快速诊断技术即免疫层析技术和斑点渗滤技术，可检测各种细菌、真菌、病毒等植物病原物，且具有快速、灵敏、特异性强、操作简便、可大批量地检测样品等优点，可用于

跨区域引种、调种及海关的植物检疫。免疫荧光技术（immunofluorescence technique）是在免疫学、生物化学和显微镜技术的基础上建立起来的一项技术。免疫荧光技术与 ELISA 相比具有较高的优越性及灵敏度，现已成为植物病原物检验检疫领域中具有重要应用价值的一项技术，已成功应用于植物组织、种子及土壤中真菌、细菌、病毒的检测。近年来，免疫电镜技术经过不断的改进和发展，具有操作简便、直观、灵敏和特效等优点，在植物细菌、病毒的诊断中占据越来越重要的地位。Singer（1959）首次利用铁蛋白作为标记物，成功地进行了透射电镜的观察。随后，Nakane 和 Pierce（1966）使用辣根过氧化物酶（HRP）标记抗体显示抗原 - 抗体的反应部位。Faulk 和 Taylor（1971）首次将沙门氏菌的抗血清与胶体金颗粒结合，运用直接免疫电镜技术成功检测到该病菌。斑点免疫结合分析（dot immunobinding assay，DIBA）在植物病毒、植原体的检测中得到广泛推广与应用。目前，人们应用斑点免疫结合分析已成功从荷兰进口的香石竹中检出环斑病毒，从美国进口的马铃薯脱毒组织培养苗中检出马铃薯 X 病毒（*Potato virus X*，PVX）、马铃薯 Y 病毒（*Potato virus Y*，PVY）等病毒；此外，该技术对番茄花叶病毒、烟草脉斑驳病毒、烟草环斑病毒等病原物的检测取得了一定的效果。斑点免疫结合分析以其灵敏度高、操作简单、检测结果保存时间长的优势，成为现代植物病害检测中快速诊断、检测的有效方法之一。

核酸是生物体内重要的遗传物质。核酸检测（nucleic acid testing，NAT）技术以聚合酶链反应（polymerase chain reaction，PCR）为基础，通过对靶 DNA 片段的特异性扩增达到检测病原物的目的。PCR 技术起源于 20 世纪 80 年代，该项技术快速、灵敏、准确，一次反应可扩增 2^n（n 为反应循环数）个拷贝的目标 DNA。与其他 PCR 技术相比，常规 PCR 技术具有成本低、易操作等优点，已被广泛应用于植物病原物检测领域。荧光定量 PCR 技术不仅可避免假阳性结果的出现，提高检测灵敏度，实现实时定量检测，而且可在一个反应管内完成，减少了污染；还具有快速检测等优点，整个检测过程只需 30min～2h，满足了口岸检验检疫快速通关的要求。在实际检测中，单一 PCR 方法可能会受植物组织提取液的影响，很多植物组织含有 PCR 抑制剂，造成扩增的带不明显或存在杂带，特别是当病原物 DNA 异常微量且不易纯化时，极易导致病原物检测的假阳性结果。巢式 PCR 技术应用两对 PCR 引物与检测模板的配对进行两次扩增，降低了扩增多个靶位点的可能性，增加了检测的敏感性，提高了扩增产物的特异性，使扩增的特征带明显且无杂带，增加了检测的可靠性。在出入境的植物及产品中，经常会出现一个样本携带多种病原物的情况，多重 PCR 技术应运而生，可对多种病原微生物进行同步检测，具有成本低、效率高等特点，在植物检疫中应用较为广泛。植物遗传多态性、品种鉴定、基因克隆和分子辅助育种多采用随机扩增多态性 DNA（random amplified polymorphic DNA，RAPD）、限制性片段长度多态性（restriction fragment length polymorphism，RFLP）和扩增片段长度多态性（amplified fragment length polymorphism，AFLP）等分子标记技术。环介导等温扩增检测（loop mediated isothermal amplification，LAMP）实现了基因扩增和产物检测一步进行，整个过程可在 1h 内结束，在植物病毒检测工作中应用较为广泛。

核酸杂交技术是基于 DNA 分子碱基互补配对的原理，用特异性的 cDNA 探针与待测样品的 DNA 或 RNA 形成杂交分子的过程，该技术在植物病虫害诊断、检测方面都有应用，可用于病毒（柑橘病毒病、香石竹环斑病等）、植原体（桃 X 病、玉米丛矮病等）、类病毒（柑橘裂皮病、椰子败生类病毒等）及植物病原细菌、线虫等的检测。高通量测序技术是对传统测序技术的一次革命性提高，一次能同时对几百万甚至几千万条 DNA 序列进行测定，因此也被称为第二代测序技术或下一代测序技术（next generation sequencing，NGS），同时高通量测序技术也使对一个物种的整体转录组和基因组进行全面分析成为可能，所以又被称为深度测序（deep sequencing），可以直接对进境物或者其筛下物进行DNA提取、文库构建、上机测序、数据分析，从而得到样品中病原物的信息，简化了研究步骤，缩短了研究周期，相对于其他方法能检测到更多的基因和未知的转录组，并且能检测到表达丰度很低的基因，具有更高的准确性、灵敏性，为口岸通关节约了时间。蛋白质芯片也称蛋白质微阵列，中国人民解放军军事医学科学院全军生物芯片重点实验室已经获得我国第一张蛋白质芯片检测试剂盒的新药证书，制备了检测HIV多抗原的蛋白质芯片。用制备的蛋白质芯片对临床HIV感染阳性和阴性血清进行验证，正确率达到100%。目前，国外也有相似的文献报道，这说明在HIV检测中，蛋白质芯片以其快速、准确、高通量、平行化等优势可以同时对HIV多种蛋白质抗原进行检测和鉴定。有研究者建立了一种用蛋白质芯片检测乙肝病毒抗原、抗体的方法，该法制备芯片需3.5h，而检测过程仅需20min，且结果可用肉眼直接观察；还有一种蛋白质微阵列法，可同时检测血清中艾滋病病毒、丙型肝炎病毒和梅毒螺旋体抗体。

20世纪50年代末至60年代初，随着计算机技术的发展，地图等地理信息与计算机能利用的数字形式间的便捷转换被人们实现了，计算机被用于进行地图信息的分析和计算，成为空间数据存储和管理的装置。在此基础上，诞生了世界上第一个地理信息系统——加拿大地理信息系统（CGIS），该系统在植物检疫领域的应用至少有以下三个方面：有害生物风险分析、疫情监测和辅助决策。1990年，美国农业部在进行墨西哥棉铃象的监测和根除活动中，利用地理信息系统进行性诱剂分布地点和分布密度的管理，先进的技术为该项目的科学化管理和根除该虫提供了保障。在舞毒蛾、瘤额大小蠹等许多昆虫的防治项目中，均建立了以地理信息系统为基础的决策支持系统（DSS），用于防治决策的制订。

四、21世纪检测面临的现实状况

虽然人类对大自然的探索和认知越来越多，但依然对很多生物种类不了解，而传统检测鉴定方法不能将所有物种都鉴定出来，此矛盾在物种分类的研究中日益突出。

（一）全球有1300万～1400万种生物，约80%没有确定分类地位

根据联合国环境规划署的统计，全球共有1300万～1400万种生物。面对浩瀚的生物种类，人类虽然对其进行了200多年的研究，被认识并定名的物种却为数很少，仅占20%（约260万种）。特别是微生物的未知种类更多，目前所了解的微生物种类不超过总数的10%，微生物生态学家较为一致地认为，目前已知且已分离培养的微生物种类可能还不足自然界存在的微生物总数的1%。

（二）中国生物种类约200万种，占世界的15%～20%

由于中国国土辽阔，气候多样，地貌类型丰富，河流纵横，湖泊众多，东部和南部有广阔的海域，复杂的自然地理条件为各种生物及生态系统类型的形成与发展提供了可能性，这也使得我国成为地球上生物种类最丰富的国家之一。我国已知的生物种类约200万种，约占世界的15%，1990年，生物多样性专家把我国排在全球12个生物多样性最丰富国家的第8位，在北半球国家中，我国是生物多样性最丰富的国家。

（三）严峻的外来生物入侵形势，不断挑战着检验检疫工作

随着全球经济一体化，国际社会交往与国际贸易日渐频繁，外来检疫性有害生物传入我国的风险日趋增大，我国已经成为世界上受外来检疫性有害生物威胁最为严重的国家之一。

生物入侵带来的社会、经济和生态问题，已经引起了世界各国政府的极大关注，这些入侵生物不仅严重威胁着本地区的农林业生产和生态系统，加速物种灭绝，还造成了生物多样性的丧失。面对逐年增多的外来入侵生物，如何在规定的较短时间内对待检样品是否含有或携带检疫性有害生物做出判定，是植物检疫工作面临的新挑战。

五、植物检验检疫方法的发展趋势

随着我国对外贸易的迅猛发展，特别是加入世界贸易组织后，国民消费需求增长，进出境动植物及其产品的种类和数量随之增多，有害生物随动植物及其产品、包装材料、土壤等传播，倘若遇到适宜的环境而在当地定殖，会对当地农业生产和生态造成很大的破坏，对经济和环境造成重大威胁。有害生物的鉴定结果是口岸一线执法人员执法的重要依据，为了快速通关、缩短检测周期，对实验室的检测人员、检测设备、检测方法、检测环境和口岸执法人员抽样的代表性等提出了更高的要求。在重要植物检疫性有害生物检测技术方面，我国出入境植物检疫所采用的手段主要包括口岸现场检疫、生长季隔离检疫、实验室常规检验鉴定、指示植物鉴定、血清学检测和分子生物学检测等。PCR 技术被发明后，由于其具有高效性和高灵敏度，多种 PCR 方法被应用到植物检疫性有害生物的检测中，但同样存在着假阳性或假阴性问题，且这些检测技术通常每次只能检测一种有害生物，无法满足快速通关的要求。因此，植物检疫实验室对病虫害的诊断方法必须将传统的形态学鉴定和现代生物技术紧密结合，才能实现高效、快速、准确地诊断和鉴定有害生物的目的。

基因芯片又称 DNA 芯片（DNA chip）或 DNA 微阵列（DNA microarray），是将无数预先设计好的寡核苷酸、cDNA、基因组 DNA 在芯片上做成点阵，与样品中同源核酸分子杂交，能够对样品的序列信息进行高效地解读和分析，大规模获取相关生物信息，在植物病原物的快速检测上具有广阔的应用前景，能够满足口岸检验检疫快速通关的要求。分子生物学的研究结果已经表明可以筛选出特异的分子探针，将不同的生物种类加以区别。用这些具有多态性的 DNA 片段对病原菌、杂草、昆虫及线虫进行筛选，获得一些特异性的分子探针，制作成基因芯片，可以通过特异性的分子杂交、基因控制技术、荧光显示及核苷酸多态性分析等手段，快速、准确地鉴定检疫性有害生物。目前已经有报道将基因芯片应用于生物基因组差异比较的研究，这些研究对于加速了解近缘种间遗传差异、发现致病因子、阐明分子进化、开展分子鉴定等都有极大的帮助。Abdullahi 等利用 18S DNA 特异性探针建立了马铃薯病原真菌的基因芯片检测体系。Tsumura 成功研制了空气真菌（airborne fungi）的基因检测芯片。

DNA 条形码技术是近年发展起来的分子鉴定新技术，它利用标准的、有足够变异的、易扩增且相对较短的 DNA 片段鉴定物种，已成为生物分类学的研究热点之一，DNA 条形码可以实现无目标检测，进行新物种的快速鉴定。2009 年，欧洲联盟启动了对植物重要病原物 DNA 条形码技术的资助项目，该项目邀请 20 多个合作方对植物检疫性病原物的 DNA 条形码进行测序分析，并将测序结果上传到数据库供科研工作者在线查找。利用 DNA 条形码可以进行物种的快速鉴定，从而实现进、出境有害生物的快速检测，达到保护生态环境、生物多样性的目的。DNA 条形码既是分类专家的有力工具，也是那些需要进行物种鉴定的非分类专家的有力工具。加拿大分类学家 Hebert 在 2003 年首次提出 DNA 条形码（DNA barcode）的概念，利用线粒体细胞色素 c 氧化酶亚单位 I（$CO\ I$）的特定区段作为 DNA 条形码的基础，用于物种鉴定，如同商品 UPC 条形码，使用扫描仪就能识别。随后在美国冷泉港召开了题为 "Taxonomy and DNA" 的会议，提出对全球所有动物物种的 $CO\ I$ 基因进行大规模测序的计划。至此，以线粒体 *CO I* 基因序列为编码基础的生命 DNA 条形码数据库及相应的 DNA 条形码检测方法与技术迅速发展起来，并成立了生命 DNA 条形码协会（Consortium for the Barcode of Life，CBOL），致力于发展鉴定生物物种的全球标准，为全球的动物物种鉴定提供服务。我国"十二五"国家科技支撑计划课题"植物检疫性昆虫、线虫与杂草 DNA 条形码检测技术研究与示范应用"（编号：2012BAK11B03），已建立了植物检疫性昆虫、线虫与杂草 DNA 条形码检疫鉴定方法和 DNA 条形码数据库，解决了标本保存难度大，个体发育的卵、幼虫时期较难鉴定的难题，缓解了世界范围内缺乏合格的分类学家的现状。

20 世纪 90 年代初，随着对核酸结合蛋白研究的深入，美国的 Gold 和 Ellington 受到组合化学、抗体库和随机噬菌体肽库技术的启发，构建了一种新型的体外筛选技术，即指数富集配体系统进化，通过该技术筛选获得的寡核苷酸被称为适配体（aptamer）。自 1990 年首次成功利用此技术筛选出有机染料分子和噬菌体 T$_4$ DNA 聚合酶的特异适配体以来，指数富集的配体系统进化（SELEX）技术得到迅猛发展，筛选的靶分子已从一些简单靶分子（如金属离子、有机染料、神经递质、核苷碱基类似物、单一蛋白等）扩大到完整的动物细胞、细菌等复杂靶分子。李慧等利用该技术成功筛选到了能特异识别已分化的 PC12 细胞而不识别未分化的 PC12 细胞的单链 DNA（ssDNA）适配体，这是国际上首次在对靶细胞与对照细胞之间差异分子存在情况未知的条件下，成功地应用消减细胞 SELEX 技术进行筛选，为以完整细胞为靶标的特异适配体的筛选奠定了基础。曹晓晓等利用细菌消减 SELEX 技术，以完整的金黄色葡萄球菌为目的靶、链球菌和表皮葡萄球菌为消减靶，成功地获得了一组能够与金黄色葡萄球菌特异性结合的适配体，通过流式细胞仪和共聚焦显微镜检测，发现组合适配体的确能够很好地区分金黄色葡萄球菌和消减靶细菌及大肠杆菌，同时也提高了对各型金黄色葡萄球菌的检出率。这一方法为致病微生物快速、方便检测提供了一种新的技术平台，同时为植物病原细菌的快速鉴定提供了一种思路，目前正在研发中。

机器视觉技术就是用计算机模拟人眼的视觉功能，通过一定的采集和分析手段，从图像或图像序列中提取信息，对客观世界的三维景物进行形态和运动识别的应用技术，其目的就是要寻找和遵循人类视觉规律，开发出从图像采集、输入到自然景物分析的图像理解系统，并进一步加以利用。机器视觉可应用的领域非常广泛，其应用原理是模拟和代替人类视觉功能，达到自动识别和判断的目的。根据机器视觉的原理，可以通过研究开发不同用途的采集、分析设备和系统，应用该技术达到形态学鉴定的目的。例如，可设计昆虫、杂草及真菌、细菌等病原微生物的自动识别系统，开发相应软、硬件，通过采集和分析显微图像，提取目标物的特征参数，并与数据库进行自动比对，筛选判断，完成检疫鉴定过程；在木材和木质包装检疫中，可设计根据设定参数自动探测昆虫生命活动体征的系统，挑出含活体昆虫的木样，以便进一步检疫；在面粉等植物产品检疫中，可设计自动判断微生物种类并计算数量或浓度的系统，完成微生物种类的鉴定和浓度的检测。机器视觉技术具有存储信息量大和处理速度快等特点，可快速完成分析、比对、判断等活动。机器视觉技术目前在植物检疫相似领域的应用主要有：根据水果、茶叶、烟叶等目标物的颜色、形状、大小、纹理等特征参数，进行综合分级、挑选，甚至进行分类鉴别，可在田间自动识别农作物和杂草。

芯片实验室就是在一些合适的载体（芯片）上，利用微刻技术形成适用于样品分离和反应的微末尺寸的微细结构，如进样及电泳通道、样品过滤器、微量反应室、微泵、微阀门、微检测器等。芯片实验室是一种高度集成化、微型的全自动分析系统，有利于分析全过程中各部分操作的标准化和规范化，如样品制备、基因扩增、核酸标记及检测等，可克服基因芯片等方法对仪器设备要求高、依赖性强，特异性差、信号检测的灵敏度低等问题，同时，样品及试剂用量可大大减少，该分析系统的微型化，可使野外实验室的实现变得很简单。美国 Agilent Technolgies 公司新近开发的 Agilent 2100 Bioanalyzer 就是一种非常精密的多通道全自动电泳芯片设备，可用于分离蛋白质和核酸，结合内标准，可对电泳片段进行定位和定量。在进行 DNA、RNA 测定时，只要 0.1ng PCR 产物即可测定，可半小时内完成 12 份标本的检测，全部测定过程经计算机处理，可实时动态监测反应，无溴化乙锭污染，并有配套的试剂盒。

变性高效液相色谱（denaturing high performance liquid chromatography，DHPLC）是近几年才逐渐发展成熟的核酸分析技术，目前在生命科学领域中已得到广泛应用，其是一种基于异源双链分析（heteroduplex analysis）的基因突变、单核苷酸多态性（SNP）、DNA 片段长度多态性的高精度、高通量的新型检测技术。利用基因的物理化学性质，将先进的高精度、大型仪器分析技术与核酸提取、体外扩增等经典分子生物学技术相结合，实现了生物学、物理学、分析化学等多学科交汇互融，既发挥了化学仪器高精密度的优势，又体现了物理学和生物技术的成果，是当今学科交叉领域又一杰出科研硕果，为未来植物检疫技术发展提供了新的前进方向。2004 年，Bode 等以保守基因 ITS（16S～23S intergenic spacer region）和功能基因 gyrA 为鉴定依据，在 42 种待测细菌中准确检测出了蜡样芽孢杆菌（Bacillus cereus）和苏云金杆菌（Bacillus thuringiensis）。

因此，为了加快贸易流通，对口岸植物检验检疫方法提出了新的要求：必须快速、准确、灵敏、无创伤、安全、环保；必须建立新方法，并制定为标准推广应用；必须使用最新生产的快速检测试剂盒、标准物质；制定的标准、方法必须成体系。总之，高通量是目前植物有害生物检疫检测的发展方向。

第二章 植物检疫的生物学基础及现场检验

第一节 有害生物的生物学基础

一、有害生物的类别

根据联合国粮食及农业组织（FAO）的《国际植物保护公约》（IPPC）2002年版《国际植物卫生措施标准第5号出版物：植物卫生术语表》的定义，有害生物是指任何对植物或植物产品有害的植物、动物或病原体的种、株（品）系或生物型。依据不同的标准，有害生物可以进行以下分类。

（一）生物学分类

依据生物的分类地位，植物有害生物主要包括真菌、原核生物（细菌、支原体、螺原体）、病毒（病毒、类病毒）、线虫、昆虫、软体动物、寄生性种子植物或有毒有害的高等植物（杂草）和其他有害动物（鼠类）等。当转基因生物对农林生产和生态环境造成危害时也属有害生物的范畴。

（二）管理学分类

根据是否需要在国际贸易中进行管制（限定），根据2002年版《国际植物卫生措施标准第5号出版物：植物卫生术语表》，可将有害生物分为非限定有害生物和限定有害生物。非限定有害生物（non-regulated pest，NRP）是指在本国或本地区广泛分布，没有官方控制的有害生物。限定有害生物（regulated pest，RP）是指在本国或本地区没有的，或者有但尚未广泛分布，即没有达到生态学极限或正在被官方进行控制的且具有潜在经济重要性的有害生物，包括检疫性有害生物和非检疫性限定有害生物，有害生物的类型比较见表2-1。

表 2-1   有害生物类型的比较

类型	检疫性有害生物	非检疫性限定有害生物	非限定有害生物
PRA地区分布状况	无或极有限	较广	很普遍
经济影响	可以预期	已经知道	已经知道
处理要求	铲除或围歼	抑制或根除	抑制
官方检疫要求	种苗及植物产品均检疫	只针对种苗检疫	不检疫

1. 检疫性有害生物

检疫性有害生物（quarantine pest，QP）指对受其威胁的地区具有潜在经济重要性，但尚未在该地区发生，或虽已发生但分布不广并进行官方防治的有害生物。

植物检疫性有害生物的确定要以有害生物风险分析（pest risk analysis，PRA）为依据，即常把那些主要依靠人为传播、在国内或地区内尚未发生、新传入或发现,仅在局部地区发生,对农林业生产安全构成严重危害或潜在威胁的有害生物定为特别危险和高度危险有害生物。如果这些有害生物由政府或地区性的组织以法律文件公布,它们就可称为检疫性有害生物;而一些被专家评定为特别危险或高度危险的有害生物,在没有经法律文件公布之前,还不能称为检疫性有害生物。检疫性有害生物的确认过程是 PRA 的一个重要组成部分。检疫性有害生物可以是物种,也可以是物种下的亚种、专化型、生态型或小种。

2. 非检疫性限定有害生物

非检疫性限定有害生物(regulated non-quarantine pest,RNQP)在栽种植物上存在,影响这些植物本来的用途,在经济上造成不可接受的影响,因而在输入缔约方境内受到限制。

在 1996 年 IPPC 修订时,有专家提出将非检疫性限定有害生物定义为:基于植物检疫风险评估和适当的植物保护水平的评定,具有潜在经济重要性的有害生物,即为保护植物健康而限制的非检疫性有害生物。这样,植物检疫针对的范围及其内涵进一步扩大,也拓宽了所采取的植物检疫措施,不仅针对检疫性有害生物,而且针对限定的非检疫性有害生物。同时,SPS 协定和新的《国际植物检疫措施标准》(ISPM)都强调有不少有害生物不仅具有潜在的经济重要性,而且具有潜在的环境重要性。因此,在 PRA 的开始阶段,即检疫性有害生物的鉴别阶段,还应考虑有害生物对环境的影响。

我国以前广泛使用的是"检疫对象",但实际上其与《国际植物检疫措施标准》(ISPM)中的概念有所不同。对进境检疫来说,检疫对象在一定程度上等同于检疫性有害生物,有时还包括检疫物。但实际检疫中还应包括双边协议、协定及合同等规定的其他有害生物,有时甚至包括一般的有害生物。对出境检疫来说,有的检疫性有害生物则是我国普遍发生的有害生物(例如,刺蛾在我国为一般害虫,但对欧洲国家则为 A1 类检疫性害虫),而这些有害生物可能是进口国所关心的。因此,将我国以前常称的"检疫对象"改称为"检疫性有害生物"更为准确。

我国制定检疫性病、虫、杂草名单时,以前主要根据三条标准来确定:①国内尚未分布或分布未广;②危害性大;③防治管理工作很难控制。随着 PRA 工作的深入,今后我国在制定检疫性有害生物名单时,除考虑有害生物是否有分布及其经济重要性外,还必须考虑环境因子等,使制定的检疫性有害生物名单具有更坚实的科学依据,更符合国际规范的要求。

(三)地理学分类

根据是否在本国或本地区分布和存在,有害生物可分为本地有害生物和外来有害生物。

二、我国公布的危险性有害生物的种类

每个国家确定的危险性有害生物可以有所不同,因为一方面要结合各国实际发生的有害生物的现状,另一方面还要结合当时当地的环境条件来决定。甚至一个国家的不同地区,对有害生物的确定也可以有所不同。所以一个国家公布的应检有害生物种类在不同时期有所变动。在我国大陆(内地)、台湾、香港、澳门地区,分别颁布了各自的检疫名单,都由当地的检疫机构行使检疫任务。

目标检疫:根据已确定的检疫性有害生物名单开展检疫工作。实行目标检疫,其优点是检验目标非常明确,工作人员可作充分准备,且受过训练或培训,对目标的查验心中有数,因此易于发现或检出;缺点是进出境贸易的植物种类很多,且每种植物都可能有许多种危险性病虫害,不少是本国(地区)所没有的,它们有可能不在所列应检的名单中,即不属于核

定的检疫性有害生物，因此一旦发现也可能被当作一般的有害生物而予以放行，或者根本就没有检测手段而无法检验。因此，目标检疫保护的面过小，漏网的可能性很大。

全面检疫：不设定固定的检疫性有害生物名单，但针对不同种类和来源的植物、植物产品分别提出不传带某些有害生物的检疫要求；只要发现有潜在经济重要性的有害生物都要实行检疫处理。大多数发达国家均实行全面检疫。全面检疫的优点是保护面大，有害生物的漏检概率小；其缺点是需要花费较大的人力、物力。

（一）我国大陆（内地）颁布的检疫性有害生物名单

长期以来，我国将由专家提供的少数几种重要的病虫害作为检疫对象。自从1954年我国颁布第一份进境植物检疫名单和1957年公布第一份国内植物检疫名单以来，我国检疫性有害生物名单已先后修改过多次。

1. 植物检疫对象和国内检疫（内检）有害生物种类

"植物检疫对象"一词是我国特有的提法，针对内检，是指国家法律、法规、条例中规定不得传播的病、虫、杂草。《中华人民共和国植物检疫条例》第四章明确规定："凡局部地区发生的危险性大、能随植物及其产品传播的病、虫、杂草，应定为植物检疫对象。"根据国内植物检疫工作现行管理体制，由国务院农林主管部门和各省（自治区、直辖市）农林主管部门分别制定并公布全国植物检疫对象；各省（自治区、直辖市）可制定并公布补充检疫对象。这些植物检疫对象是国内植物检疫相关机构执行植物检疫的依据。

过去，通常将已公布的在国内应检的植物有害生物简称B类检疫性有害生物（现在不再分A类和B类）。我国农业植物检疫性有害生物名单先后经过5次修订。1995年4月17日，农业部颁布了《全国植物检疫对象和应施检疫的植物、植物产品名单》，其中全国植物检疫对象（现称为检疫性有害生物）有32种。2006年3月2日，农业部公布了《全国农业植物检疫性有害生物名单》和《应施检疫的植物及植物产品名单》，这次公布的全国植物检疫性有害生物共计43种（原来32种），其中昆虫17种（原来17种）、线虫3种（原来1种）、病害18种（原来11种）、杂草5种（原来3种）。2009年6月4日，农业部发布第1216号公告，公布最新的《全国农业植物检疫性有害生物名单》和《应施检疫的植物及植物产品名单》，这次公布的全国植物检疫性有害生物共计29种，其中昆虫9种、线虫2种、病害15种、杂草3种。

1996年1月5日，林业部公布了35种全国森林植物检疫对象名单。2004年8月12日，国家林业局公布了19种全国森林植物检疫性有害生物名单，自2005年3月1日起生效。2005年8月29日，《农业部、国家林业局、国家质量监督检验检疫总局公告》538号补充了刺桐姬小蜂为森林植物检疫对象，因此目前森林植物检疫性有害生物共20种。

此外，各省（自治区、直辖市）还结合各地的具体特点，通过行政立法的形式，公布了补充性检疫名单，在各省（自治区、直辖市）范围内执行。例如，2009年农业部颁发新的检疫性有害生物名录后，江苏省农业委员会于2009年12月22日发布第22号公告，公布了《江苏省农业植物检疫性有害生物补充名单》，共计8种，其中昆虫4种、病害2种、其他动物1种、杂草1种。

2. 植物检疫危险性病、虫、杂草及对外检疫（外检）的有害生物种类

"植物检疫危险性病、虫、杂草"（简称三类有害生物）是《中华人民共和国进出境动植物检疫法》授权国务院农业主管部门规定不得传入的植物检疫对象。1992年，农业部根据有关专家的PRA（定性的），将进境植物检疫危险性病、虫、杂草分为一类和二类：将我国没有发生或仅个别地区发生，有极大破坏性，造成严重损失和防除极为困难的病、虫、杂草作为一类对象，属严格禁止进境的植物检疫性有害生物（简称 A1 类），有 40 种；仅个别地区发生，有极大危害性，造成严重损失和防除困难的病、虫、杂草作为二类对象，属严格限制进境的植物检疫性有害生物（简称 A2 类），有 44 种。1997 年，进出境检疫机关在《国内尚未分布或分布未广的危险性病、虫、杂草名录》基础上，依据 FAO 的 PRA 原则制定了《中华人民共和国进境植物检疫潜在危险性病、虫、杂草名录（试行）》，作为《中华人民共和国进境植物检疫危险性病、虫、杂草名录（一类、二类）》之外补充的检疫性有害生物，称为限止进境或应检的有害生物（简称 A3 类），共计 368 种（类），它们是当时我国进出境植物检疫机关执行植物检疫的依据。

我国制定的一、二类名录类似于欧洲与地中海地区植物保护组织（EPPO）于 1987 年提出的该地区检疫性有害生物的两个名单 A1 和 A2：名单 A1 列出了该地区无分布的危险有害生物，要求各成员方制定零度允许量的检疫法规；名单 A2 列出了在该地区某些国家有发生，但分布尚不普遍的种类，要求各成员方按照各有关生物的分布和各自的农业生态条件，规定零度允许量或者在限制条件下设置一定的允许时间。

2007 年 5 月 29 日，根据《中华人民共和国进出境动植物检疫法》的规定，为防止危险性植物有害生物传入我国，农业部与国家质量监督检验检疫总局共同制定了《中华人民共和国进境植物检疫性有害生物名录》，农业部以 2007 年第 862 号公告予以发布。《中华人民共和国进境植物检疫性有害生物名录》列明了进境植物检疫性各类有害生物共 435 种，其中昆虫 146 种（类）、软体动物 6 种、真菌 125 种（类）、原核生物 58 种（类）、线虫 20 种（类）、病毒及类病毒 39 种（类）、杂草 41 种（类）。公告发布后，农业部于 1992 年 7 月 25 日发布的《中华人民共和国进境植物检疫危险性病、虫、杂草名录》同时废止。

《中华人民共和国进境植物检疫性有害生物名录》中有害生物的名单是动态的。2011 年 3 月 4 日，全国农业技术推广中心在北京组织专家召开了农业有害生物风险分析研讨会，来自中国农业科学院植物保护研究所、北京林业大学、中国科学院动物研究所、中国检验检疫科学研究院动植物检疫研究所、北京市植物保护站、全国农业技术推广中心的有关专家共 20 余人参加了会议。会议通报了木薯绵粉蚧及异株苋亚属杂草的风险分析情况，讨论了两类有害生物的潜在风险及检疫控制措施，与会专家一致认为：这两类有害生物危害较大，传入我国的风险高，一旦传入极易在我国定殖和扩散，将严重威胁我国的农业生产及生态环境。专家建议尽快将木薯绵粉蚧和异株苋亚属杂草列入《中华人民共和国进境植物检疫性有害生物名录》，加强检疫和监测。2012 年 3 月，农业部、国家质量监督检验检疫总局联合发布公告（第 1600 号），根据《中华人民共和国进出境动植物检疫法》的规定，决定将木薯绵粉蚧和异株苋亚属杂草列入《中华人民共和国进境植物检疫性有害生物名录》。截至目前，该名录中新增了木薯绵粉蚧、异株苋亚属杂草、扶桑绵粉蚧、地中海白蜗牛、向日葵黑茎病菌、白蜡鞘孢菌等有害生物。

（二）我国台湾、香港、澳门地区的检疫性有害生物

1. 台湾地区的检疫性有害生物

台湾地处亚热带地区，气候湿润温暖，除了夏、秋季的台风影响之外，农业生态条件十分优越。为保护台湾的农业生产，有关部门制定了限制输入植物种类及实行植物检疫的实施细则。有关检疫对象是以限制植物入境为中心，类似于全面检疫的要求，规定了 34 种植物及植物产品禁止入境，有 21 类植物及植物产品实行限制或有条件输入。规定的有害生物约

有 62 种：昆虫 20 余种，主要是各种果实蝇，其次是象甲、介壳虫和潜叶蝇等；线虫类以鳞球茎茎线虫为主；真菌以枯萎病菌为主；应检的病毒种类很多。重点检疫物是种苗、种球等繁殖材料和花卉、水果等。

2. 香港和澳门地区的检疫性有害生物

澳门是以商业和旅游为主的消费城市，农业的比例很小，因此在澳门没有植物检疫的要求。在香港，有关植物检疫的执行主管部门是渔农处（现为渔农自然护理署）。要求检查的植物及植物产品有切花、水果、蔬菜、种子、谷类、豆类、香料、原木、原木制品及藤竹类、烟叶等。列为检疫对象的有害生物有 8 种：花象甲（*Anthonomus* spp.）、玉米细菌性枯萎病菌（*Pantoea stewartii* 或 *Erwinia stewartii*）、茶网饼病菌（*Exobasidium reticulatum*）、橡胶南美叶疫病菌（*Microcyclus ulei* 或 *Dothidella ulei*）、可可丛枝病菌（*Marasminus permicious*）、水稻干尖线虫（*Aphelenchoides besseyi*）、可可肿枝病毒（*Cocoa swollen shoot virus*）和茶韧皮部坏死病毒（*Tea phloem necrosis virus*）。

三、有害生物在自然界中分布的区域性

有害生物在自然界的分布具有区域性。生物在地球上的分布是不均匀的：有的生物广泛分布，有的只分布局部区域，它们各自有一定的原始地理分布范畴，形成各式各样的相对稳定的地理分布格局。同样，植物检疫所关注的有害生物在自然界也具有一定的地理分布格局，由于外界条件的限制，特别是如海洋、沙漠、山脉等地理条件的隔离，自身不能远距离传播扩散。

第二节　有害生物的人为传播

在自然界中，由于地理条件的阻隔及自然生态条件的局限和选择作用，植物有害生物的分布呈现一定的区域性特点。各种有害生物在其分布的地理区域内经过长期的选择作用而对当地的生态条件产生适应性，形成了各自的适生区域和自然传播途径，并与其周围的生物之间形成一种稳定的平衡状态。在这种平衡状态下，有害生物（包括真菌、细菌、病毒、类病毒、线虫和寄生性种子植物）与其寄主间相互依赖并建立一定的关系，其必须在寄主上获取所需营养才能完成生活史，与其寄主间的关系均为寄生（parasitism）关系。这种寄生关系很容易导致有害生物的传播、扩散。

有害生物的传播、扩散有多种方法和途径，归纳起来有三种：一是有害生物自身的扩散、移动。例如，昆虫自身的活动，如飞翔、跳跃、爬行；真菌子囊孢子的弹射，真菌菌丝的伸展蔓延；线虫在土壤中和寄主植物中的蠕动等。二是借助自然界的外力传播和人类的农事操作。例如，真菌的分生孢子和孢子囊等可借助风力和雨水进行传播；植物病毒可通过媒介昆虫进行传播；苍耳等杂草可借助低等动物或高等动物进行传带等。除少数迁飞昆虫和少数由气流传播的植物真菌病害（如小麦条锈、叶锈和秆锈三大锈病，麦类秆锈菌夏孢子可随高空气流传播到几千千米之外，从而实现大陆间的菌源传播和交流）可随气流在较大范围内传播外，多数有害生物在自然条件下的传播距离是极其有限的。三是人为传播，即人们在经济活动和社会交往中，通过农产品的交易和植物种质引进等人为因素有意或无意地帮助有害生物传播。随着人类社会和经济的发展，国际植物、植物产品调运的规模不断扩大，火车、汽车、轮船、飞机等现代快速交通工具的出现大大缩短了洲际航行的时间，有害生物在经过

长途旅行后能够保持正常活力和侵染能力。甚至交通工具和人体也成为传播载体，使人为传播成为有害生物远距离迁移扩散的主要途径。

总之，植物检疫所针对的主要是通过人为因素而传播的植物检疫性有害生物，只有那些有可能通过人为传播途径侵入未发生地区的种类才具有检疫意义；能借助自然途径远距离传播的有害生物，如可以自身远距离迁飞的昆虫和可以经气流进行远距离传播的病菌不具有可检疫性。人为传播的有害生物很多，必须通过科学分析，即有害生物风险分析，判断有害生物传入新区后的危害程度，确定检疫的重点。

有害生物通过人为因素传播的途径有多种：可以潜伏在植物的种子、苗木及植物产品的内部，或黏附在外表（如休眠孢子附于种子表面），或以休眠体混杂于其间（如真菌的菌核和菌瘿、线虫的虫瘿等），随着人为的调运、邮寄和携带这些植物及其产品进行传播；可以潜伏、黏附或混杂在植物秸秆、残体等处，当植物秸秆混杂在粮食中（如进口大豆携带的大豆秸秆上常带有检疫性真菌大豆茎溃疡病菌）或秸秆、残体作为运载货物的包装铺垫材料时随货物的调运而传播；有些森林病虫害可以通过人为调运原木、木材、木制品及进口仪器设备中的木质包装材料而传播，如从 1999 年和 2000 年起，我国从进口原木和木质包装中经常截获松材线虫，还从进口原木中截获了双沟异翅长蠹、红脂大小蠹等蠹类检疫性害虫。

第三节　有害生物传入新区后的危害性

有害生物的人为传播过程由迁移、侵入和定殖等许多环节构成。侵入未发生地区的有害生物称为外来有害生物（exotic pest，alien invasive species）。外来有害生物可能因为传入地区存在不利的限制性生态因素，如缺乏寄主和食料、有重要天敌等原因而消亡，也可能因为其自身的遗传和生理缺陷，对环境的适合度过低而不能存活和繁殖。若侵入的有害生物在当地能够正常繁殖，完成生活史或病害循环，实现物种繁衍，则被认为已经定殖（establishment）。有害生物只有在定殖后，才有可能猖獗发生，给当地农业和环境造成重大危害。而能否在新区定殖、危害及危害程度，则主要取决于有害生物本身的生物学特性及新区的生态和环境条件，如新区的气候条件、寄主植物的有无及种类、寄主植物抗性的强弱、病虫媒介和天敌的有无及发生状况等。

新区的生态和环境条件不适宜，如无寄主植物、无传播媒介、温度条件不合适，则有害生物不可能在该地区定殖、危害。在植物检疫工作中，对这类有害生物在该类非分布地区一般可不加限制，但要注意气候、寄主植物和传播媒介分布情况的变化。例如，最近几年橘小实蝇的监测表明其分布有逐渐北移的倾向。

新区的生态和环境条件与有害生物的原产地相似，或有害生物的适应性强、适应范围广，一旦传入后，会很快在新区侵入、定殖和危害。对这类有害生物需要特别注意加强检疫，严防传入，否则会给新区的农业和林业生产带来严重的危害。最典型的事例是 19 世纪 40 年代爱尔兰的马铃薯晚疫病引起的爱尔兰大饥荒：19 世纪 30 年代，马铃薯晚疫病从拉丁美洲的墨西哥随马铃薯种薯调运传到欧洲，最初只在法国、比利时和英国的局部地区发生，1845 年爱尔兰的气候条件十分有利于该病的发生，致使病害大面积流行，引起毁灭性灾害，近 20 万人因饥饿而死亡，数百万人逃荒。棉花枯萎病和棉花黄萎病最初仅在美国发现，20 世纪 30 年代从美国随棉花种子调运传入我国，开始在我国各棉花产区迁移、蔓延和定殖，成为我国棉花生产上最重要的两种病害，给我国的棉花生产造成了严重的经济损失。还有些有害生物在原产地危害性不大，但传入新区后，因为新区的生态和环境条件更适宜，或者新区的寄主抗病虫性弱，或者新区缺乏有效的天敌，往往给新区造成毁灭性的灾害。例如，由于东亚地区的中国板栗（*Castanea mollissima*）及日本板栗（*C. crenata*）等亚洲板栗抗栗疫病，因此在上述地区栗疫病的危害很轻。20世纪初，板栗疫霉随板栗树苗传至美国的板栗树上，由于美洲板栗（*C. americana*）不抗此病，病害大面积发生，并迅速扩展蔓延，成为美洲板栗的重要病害，摧毁了美国东部地区的大部分板栗树种。

第四节　有害生物风险分析

目前已确定的植物检疫对象无疑是很危险的有害生物，但不能说未列入植物检疫性有害生物名单中的就不危险。有些病虫由于对传入新区的生态环境尚不适应或防治得当而危险性暂时降低，却成为潜在的暴发性有害生物，如果通过分析将其预先列入危险性有害生物名录，就可以减少突发性病虫害引起的损失。有害生物风险分析可以回答下列问题：众多有害生物或被截获的有害生物中，某些特定的有害生物是否是检疫性有害生物？是否应当列入检疫名单？采取的某种检疫措施是否合理？

一、有害生物风险分析的定义

有害生物风险分析（pest risk analysis，PRA），又称有害生物危险性分析。有关有害生物风险分析的定义较多，一般指为防止植物检疫性有害生物传入，对有关植物有害生物按一定的科学方法进行分析，以确定其危险程度，并减少其传入风险的决策过程，即评价有害生物危险程度，确定检疫对策的科学决策过程。《国际植物保护公约》（1997年修正案）的《国际植物检疫措施标准》第11号关于风险分析的定义是："以生物的或其他科学的和经济的依据，确定某种有害生物是否应该限制和采取植物检疫措施力度的评价过程"。北美植物保护组织（1994）对其的定义是："针对有害生物一旦传入某一尚未发生的地区，或某一时期内才发生的地区，由于其传播而引起的潜在风险进行判断的系统评价过程"。FAO的《国际植物检疫措施标准》"植物检疫术语表"中对其的定义为："有害生物危险性分析是指有害生物风险评估和有害生物风险管理"。

总之，有害生物风险分析包括三个方面的内容：①有害生物风险分析的起点（启动）；②有害生物风险评估（pest risk assessment）；③有害生物风险管理（pest risk management）。

二、有害生物风险分析的必要性

（一）保护本国农业安全生产

一种有害生物对农业生产是否有害，其危险性多大，属检疫性有害生物，还是属限定的非检疫性有害生物，在国际贸易交往中是否有必要采取检疫措施及实施检疫措施的后果等，都应予以分析。只有经过充分严格的分析论证，确认其风险大小后，才能确定是否有必要采取相应的检疫措施。所以，进行有害生物风险分析在保护农业安全生产方面十分必要。

例如，1991年我国口岸截获携带病、虫、草的货物2000多批次，截获病、虫、草1000多种；据美国农业部动植物检疫局的报告，1986年美国口岸截获有害生物46 058种，至少有600种是外来有害生物，其中包括许多植物的病原生物、昆虫和其他有害生物（如软体动物等）。因此，非常有必要对可能传入的有害生物危险性作全面分析，以决定在口岸是否允许其入境，以及如果入境后应采取的检疫措施。

（二）促进国际贸易交流

在保护本国农业安全生产的同时，也应尽量扩大国际贸易，减少由动植物检疫而造成的限制。各国对贸易中的动植物检疫问题十分敏感，它既是保护本国农业所必须设置的壁垒，往往又是各国根据政治、经济需要而设置的技术性保障。在关贸总协定最后协议中明确指出："检疫方面的限制必须有充分的科学依据来支持，原来设定的零允许量与现行的贸易不相容，某一生物的危险性应通过风险分析来决定，这一分析还应该是透明的，应阐明国家间的差异"。因此随着新的世界贸易体制的运行，开展 PRA 工作既是遵守 SPS 协定及其透明度原则的具体体现，又强化了植物检疫对贸易的促进作用，增加本国农产品的市场准入机会，从而坚持检疫正当技术壁垒作用，充分发挥检疫的保护功能。另外，PRA 不仅使检疫决策建立在科学的基础上，而且是检疫决策的重要支持工具，使检疫管理工作符合科学化、国际化的要求。

对于植物检疫来说，很重要的一点是知道一种有害生物在哪里能适生，在哪里不能适生；在适生地，该有害生物将具有多大的经济重要性，将引起多大的作物损失。只有具备这些知识，植物检疫和保护组织才能有生物学和经济方面的证据，使所采取的防止检疫性有害生物扩散的植物检疫措施合理、科学。这就需要进行有害生物的风险分析，以确定检疫性有害生物及应采取的检疫措施。

有害生物风险分析所涉及的变量很复杂，既包括有关有害生物分布、传播、定殖、危害等方面的生物学因子，也考虑检疫和防治的效果和代价，还要考虑社会、经济和政治方面的相关因素。有害生物风险分析的方法很多，可以借助数据库和数学模型，由计算机完成，也可以依据基本数据和经验，由工作人员进行直观比较和分级。

总之，检疫性有害生物风险分析（risk analysis for quarantine pest）是植物检疫措施国际标准的第 11 个标准，也是整个国际标准框架下进口法规的一个重要标准。该标准描述了植物有害生物的风险分析过程，其目的是为国家植物保护组织制定植物检疫法规、确定检疫性有害生物及采取必要的检疫措施提供科学依据。

三、有害生物风险分析的步骤

有害生物风险分析仅对 PRA 地区有意义。因此，首先要确定与这些有害生物相关的 PRA 地区，所谓的 PRA 地区是指与进行本项 PRA 有关的地区，可以是一个国家、一个国家内的一个地区或多个国家的全部或部分地区。目前，国际上 PRA 工作一般分三个阶段进行，即有害生物风险分析开始阶段、风险评估阶段和风险管理阶段。

（一）有害生物风险分析开始阶段（起点）

有害生物风险分析开始阶段提出有害生物风险分析的目标和需要解决的问题，它包括主管部门依据进出口货物的要求，提出进行有害生物风险分析的具体目标、PRA 工作者收集与商品有关的有害生物信息、建立有害生物清单、对有害生物进行重要性排队，并提出需要进行下阶段风险分析的有害生物。

通常有三个起点：①于某一类特定的有害生物本身开始分析；②基于传播（传入和扩散）有害生物的载体开始分析，通常指进口某种商品和寄主；③因为检疫政策的修订而重新开始风险分析。

（二）有害生物风险评估阶段

风险评估是指确定有害生物是否为检疫性有害生物，并评价其传入和扩散的可能性以及有关潜在经济影响的过程，这个阶段实际上是对有害生物所构成的潜在危险性和传入的可能性进行具体分析，最后确定有害生物的危险程度。具体包括以下几个步骤。

1. 有害生物名单的初步确定

首先要对在第一阶段确定的需作进一步评估的有害生物或有害生物清单逐个考虑，并审核、归类。一般来说，第一阶段中已经确定了一种有害生物或一个有害生物名单，可视作危险的有害生物从而作为 PRA 的候选对象。

2. 检疫性有害生物的确定

对已列入候选名单的有害生物进行分析，确定它是否为检疫性有害生物。在确定检疫性有害生物时应当考虑以下因素。

（1）有害生物的分类地位及在国内外的发生、分布、危害和控制情况　通过调查或利用已有资料，掌握有害生物的分类地位、发生、分布、生活史、寄主范围、流行学和存活等详细信息［可利用许多 PRA 的研究工具如数据库、地理信息系统（GIS）和预测模型等获取］。

如果某种有害生物在国内或地区内尚未发生，或新传入，分布未广，仅在局部地区发生，且防治管理工作很难控制，则具备了检疫性有害生物的基本条件。

（2）具有定殖和扩散的可能性

1）定殖的可能性：在分析评估某种有害生物定殖的可能性时，将其原发生地的情况与 PRA 地区的情况进行比较，如在 PRA 地区有无寄主及其数量、分布，环境条件是否适宜等；要考虑该有害生物的适应能力、繁殖方式及存活方式（适生性分析）；此外，还要考虑输入商品的数量和频率，运输工具携带该有害生物的数量、商品的用途等。

2）扩散的可能性：评估定殖后有害生物扩散的可能性应考虑的因子包括有害生物的自然扩散，自然屏障，通过商品或者运输工具转移的可能性，商品的用途，传播媒介及天敌等。有害生物扩散的速度直接与潜在的经济重要性相关。

通过分析，如某种有害生物具有较强的适应能力、较高的繁殖率及存活率，并且容易随商品或者运输工具转移，则该有害生物具有较大的定殖和扩散的可能性。

（3）具有不可接受的经济影响（包括环境影响）的可能性　具有不可接受的经济影响的可能性也就是对其潜在的经济重要性进行评估。在评价潜在经济影响时应当考虑以下因素。

1）有害生物的直接影响：对寄主植物损害的种类、数量和频率、产量损失、影响损失的生物因素和非生物因素、传播和繁殖速度、控制措施、效果及成本、生产方式的影响，以及对环境的影响等。

2）有害生物的间接影响：对国内和出口市场的影响、费用和投入需求的变化、质量变化、防治措施对环境的影响、根除或者封锁的可能性及成本、研究所需资源，以及对社会等方面的影响。

如果某种有害生物具有不可接受的经济影响（包括环境影响）的可能性，也就是说对农林业生产安全构成严重危害或潜在威胁。

总之，如果符合以上 3 个条件，那么该有害生物就应被确定为特别危险和高度危险有害生物，即"检疫性有害生物"。

3. 传入可能性评估

传入可能性评估应当考虑：传播途径，有害生物感染商品和运输工具的机会，入境检查时检测到有害生物的难易程度，运输或者储存期间存活的可能性，现有管理措施下存活的可能性，向适宜寄主转移的可能性，以及是否存在适宜寄主、传播媒介、环境适生性、栽培技术和控制措施等因素。

如果该有害生物能传入，而且具有足够的经济重要性，那么它就具有高的风险，需要采取适当的检疫措施，从而进入 PRA 的第三阶段。总之，风险评估应着重于传入和扩散的可能性分析。如果传入和扩散的可能性大，则风险性大，反之则小。

（三）有害生物风险管理阶段

风险管理是指评价和选择降低检疫性有害生物传入和扩散风险的决策过程，这个阶段是依据上述评估，研究提出减少风险的具体措施和办法，对其进行评价，为检疫决策服务。

风险管理措施包括：提出禁止进境的有害生物名单，规定在种植、收获、加工、储存、运输过程中应当达到的检疫要求，适当的除害处理，限制进境口岸与进境后使用地点，采取隔离检疫或者禁止进境等。

最后评价管理措施对降低风险的效率和作用，评价各因子的有效性；实施的效益，对现有法规、检疫政策、商业、社会、环境的影响等，同时决定应采取的检疫措施。

有害生物风险管理的结果是选择一种或多种措施来降低相关的有害生物风险至可接受的水平。因此，植物检疫规程或检疫要求应建立在这些管理方案之上。这些规程的执行和维持具有一定的强制性，包括 IPPC 缔约国或 WTO 成员方。

在植物风险分析后确定的所有有害生物都应列入限定性有害生物名单。应将此名单提供给 IPPC 秘书处及其他相关组织。如果要采取植物检疫措施，应按合同伙伴的要求提供检疫要求的理由，按照要求必须把风险分析的报告出版发行，并且通知其他国家。世界贸易组织的成员方必须遵从正式通知的有关步骤。该过程通常称为风险交流和风险归档。

四、风险分析的类型

风险分析的类型有两种：一类是对特定的有害生物做定量的风险分析，如美国为把小麦出口到中国而帮中国做的"输华小麦携带小麦矮腥黑穗病菌的风险分析"；另一类是定性的风险分析，如我国开展的分析进口美国玉米种子可能有多少危险性有害生物传入的工作。

但是，在实际工作中，常是定量和定性的风险分析同时进行，如澳大利亚为防止进口亚洲大米而传染水稻病害的风险分析就属于半定量的风险分析。

五、我国的 PRA 工作概况及现状

原农业部植物检疫实验所在 20 世纪 80 年代初就开展了危险性病、虫、草的检疫重要性研究，该所结合我国的实际，提出在评定有害生物危险性级别时，主要应考虑以下因素（评估检疫性的因子）：①有害生物危害的严重性；②受害作物的经济重要性；③国内有无分布；④人为传播到国内的可能性；⑤在国内的适生可能性；⑥防治的难易程度。综合考虑上述因素，评估其分值大小，确定有害生物在检疫中的重要性程度，一般可分为特别危险、高度危险、中度危险和低度危险 4 级有害生物。

随着国际上对 PRA 工作的日渐重视，我国参加了部分 PRA 指南的起草，并于 1995 年成立了中国植物 PRA 工作组。目前，该工作组开展了许多具体的风险分析工作，如梨火疫病菌、马铃薯甲虫、假高粱、美国地中海实蝇及法国苹果、美国李、墨西哥葡萄和澳大利亚苹果的 PRA 分析，同时开展了许多 PRA 的研究。中国 PRA 工作的成果已开始在市场准入

谈判中发挥极其重要的作用。

第五节　植物有害生物的现场检验

检验检疫的目的就是要发现、检查和鉴定有害生物，以作为出证放行或作进一步检疫处理的依据。检验检疫包括现场检验、产地检验、隔离种场圃（多网室）检验和实验室检验。由于有害生物种类不同，适用的方法也不同，有的只用一种方法检验即可，但大多数要用几种方法检验才能确定。通常所说的检验或检查，按照ISPM颁布的术语有不同的含义。海关工作人员在车站、码头等地对货物所做的直视检查，称为检验（inspection）；海关工作人员在植物生产地或产区的多次疫情调查、收集记录数据的程序称为监测（surveillance）；海关工作人员对货物做除肉眼鉴定以外的其他检查，或在取样后送到实验室检验的，称为检测（testing）。但在习惯上海关工作人员所做的检查、检测等都统称为检验。下文重点介绍植物有害生物的现场检验。

现场检验和实验室检验是查验检疫物、收集样品和鉴定有害生物种类的重要检疫程序。经现场检验，某些应检物或查验出的有害生物需要进一步送实验室进行检疫鉴定，以确定有害生物的种类。一般认为，现场检验和实验室检验是同一程序的两个组成部分，二者相辅相成。

一、现场检验的基本含义

现场检验是海关工作人员亲临码头、机场、车站、仓库、邮寄等现场对进境、出境、过境、旅客携带、邮寄的货物及其包装、运载工具等应检物所做的直观检查，并按规定采取代表样品供实验室检验用的程序。现场检验工具一般应包括规格筛、扦样铲、分样混样布、手持放大镜、刀、镊子、虫样管、标签及样品袋等。

二、现场检验的主要任务和方法

现场检验的主要任务是现场检查和取样。当然在现场检验之前，还应审核单证，制定检验检疫方案，确定现场检验时间、地点和方法。单证主要有报检单、许可证、贸易合同和输出方官方出具的检疫证书等。制订检验检疫方案应考虑：政府及政府主管部门间双边植物检疫协议、备忘录和议定书规定的检验检疫要求；我国法律、行政法规和原国家质检总局规定的检验检疫要求；输入国家或地区的检疫要求和强制性检验要求；贸易合同或信用证明的其他检验检疫要求等。同时根据进出口的具体货物熟悉该货物的检疫规程。截至2016年底，我国已发布实施的进出境植物检疫规程有30多项，下文列出了部分与现场检验有关的现行有效的标准供参考（表2-2）。

表2-2　抽样标准和检疫规程

序号	标准号	标准名称
1	SN/T 3462—2012	植物检疫抽样技术规则
2	SN/T 2122—2015	进出境植物及植物产品检疫抽样方法
3	SN/T 0800.20—2002	进出境饲料检疫规程
4	SN/T 1104—2002	进出境新鲜蔬菜检疫规程
5	SN/T 1122—2002	进出境加工蔬菜检疫规程

序号	标准号	标准名称
6	SN/T 1126—2002	进出境木材检疫规程
7	SN/T 1156—2002	进出境瓜果检疫规程
8	SN/T 1386—2004	进出境切花检疫规程
9	SN/T 1398—2004	进出境原糖检疫规程
10	SN/T 1809—2006	进出境植物种子检疫规程
11	SN/T 2369—2009	进出境木制品检疫规程
12	SN/T 1078—2010	进出境藤柳草制品检疫规程
13	SN/T 0796—2010	出口荔枝检验检疫规程
14	SN/T 1158—2011	进出境植物盆景检疫规程
15	SN/T 1424—2011	对日本出口哈密瓜检疫规程
16	SN/T 1839—2013	进出境芒果检疫规程
17	SN/T 1157—2014	进出境植物苗木检疫规程
18	SN/T 0273—2014	出口商品运输包装木箱检验检疫规程
19	GB/T 23623—2009	向日葵种子产地检疫规程
20	SN/T 2112.1—2008	重大国际活动出入境检验检疫规程 第1部分：通用要求

（一）现场检查

1. 核对货证

核对货物堆放货位、唛头标志、批次代号、数量、质量和包装等是否与有关单证相符。

2. 环境检查

（1）检查堆存环境　　检查堆存环境是否清洁、无污染，是否受到有害生物的侵染。

（2）检查车船、飞机等运输运载工具　　检查车船、飞机等运输运载工具时，海关工作人员登车、登船、登机执行检查任务，着重检查装载货物的船舱、车厢或集装箱底板、内壁、缝隙及货物外包装、铺垫材料、残留物等有无有害生物，及有无有害生物排泄物、蜕皮壳、虫卵、虫蛀等危害痕迹，检查运载工具中的生活垃圾、轮船的生活仓（厨房）等有无有害生物。发现有害生物并有扩散可能的应及时对该货物、运输工具和装卸现场采取必要的检疫处理措施。在必要的情况下将有害生物送实验室作进一步的检疫鉴定。

（3）检查车船、飞机等运输运载的货物　　检查车船、飞机等运输运载的货物时，根据货物类型及其他具体情况，采用不同的方法和步骤。

1）外观检查：首先检查货物有无水湿、霉变、腐烂、异味、杂质、虫蛀、活虫、土壤和鼠类等，情况严重的，应对现场进行拍照或录像。然后打开包装，通过肉眼或手持放大镜，直接观察货物有无活虫、软体动物、杂草籽或病斑、蛀孔等有害生物的为害状；有无发霉、腐败变质、土壤及其他质量明显低劣的情况。

2）过筛检查：又称筛检，主要用于检验粮谷、种子、油料、干果和药材中的昆虫、病粒、菌瘿、菌核和杂草种子。现场初检和室内检验均可使用。对于进口种子、粮谷、干果和药材等货物，采用不同孔径的规格筛进行筛检，在筛下物和筛上物中仔细检查是否有昆虫、菌瘿、杂草籽和病粒、土壤等，并将其装入指形管，送实验室进一步检疫鉴定。

3）剖开检查：对于原木、种苗、苗木、接穗、插条和块茎、块根、鳞茎等，需要时，可用解剖刀或剪子剖开受害的可疑部位，检查虫体、菌核、菌瘿或品质情况等。

4）倒包检查：按规定从抽样件中取一定数量进行倒包检查，仔细检查包装内货物的品质等情况，检查缝隙有无隐藏昆虫等。

5）声音测绘法：利用声学特征，对植物产品进行无损检测的新型技术，该技术主要是利用了昆虫在活动过程中，各个器官所发出的频率和频次进行特征分析，从而依据所采集到的声音信号进行昆虫种类识别，然后再结合种类进行综合识别。

（4）对旅客携带物和邮寄物的检查　对旅客携带物和邮寄物的检查，主要是在旅客入境的车站、码头、机场或邮局等场所，采取X光机和检疫犬来检查，需检查是否有禁止携带物和禁止邮寄物，植物、植物产品和其他应检物内有无限定的有害生物。

1）X光机检查：X光机发射的软X射线，属长波长的软X射线（波长10～100nm），相对短波长的硬X射线而言，其穿透力弱些。由于其检验的物体吸收率高，成像对比度强，层次清晰，穿透或照射物体时既不产生放射性，也不会产生放射性物质，因此广泛应用于旅客的行李物品的检查。海关工作人员可以通过X光机查看旅客包裹或邮寄物中的物品是否携带我国禁止进境物，在发现可疑物品时，海关工作人员可要求旅客打开包裹并根据物品的类型做进一步的检查。

2）检疫犬检查：检疫犬作为检验检疫工作中一种特殊的检测手段，利用犬类灵敏的嗅觉来检查旅客的行李、邮寄包裹和运输货物中是否有国家规定的禁止进境物和限定的有害生物。目前国际上常用的检疫犬种类有比格、斯宾格和拉布拉多三种，其中比格应用最为广泛，这些犬属中、小型犬，对人友善、无攻击性、服从性好，对物品的占有欲强，对动植物如水果和肉制品等嗅觉灵敏，其嗅觉灵敏度比精密仪器还要高200倍以上，适合在口岸旅检现场和邮寄物现场使用。目前，美国、加拿大、澳大利亚、新西兰、日本、中国等都有利用检疫犬搜查动植物产品的经验。2001年，原国家质检总局动植物检疫监管司（简称国家质检总局动植司）选择了我国入境旅客数量最多的北京首都国际机场开展检疫犬查验禁止进境物的试点工作，经过多年的应用试验、推广，目前北京首都国际机场、广州白云机场、浦东国际机场、南京禄口国际机场、大连周水子国际机场、青岛流亭国际机场、台湾桃园机场、厦门高崎国际机场、福州长乐国际机场、海口美兰机场，以及湖北、黑龙江、山西等多个海关在旅检现场配备了检疫犬。上海、江苏海关正在研究将检疫犬应用于邮寄物现场检疫。同时为了规范和指导全国检疫犬的应用推广工作，原国家质检总局动植司组织制定了《检疫犬的训练及使用规程》（SN/T 1677—2005），该标准于2006年5月1日实施。作为一种新的检疫查验手段，检疫犬的应用改善了检、查验方式，弥补了传统的人工查验和X光机透视检查的不足，通过建立人-机-犬查验新模式，有效地减少了漏检现象的发生，提高了查验的准确率和检出率，起到其他措施和手段不能达到的功效，可有效防止国外有害生物传入。

（5）诱器检验　将特异性引诱剂置于特制的诱捕器中，诱捕检疫性昆虫（主要是成虫）的方法称为诱器检验，这种方法主要用于产地、港口、机场、车站、货栈、仓库等处的现场检验。诱器由引诱剂、诱芯和诱捕器三部分组成。目前应用的引诱剂主要是信息素和诱饵两类。相关内容详见本书第十二章第三节"三、疫情监测"。

（二）抽取样品

进出境的货物一般数量很大，要实施全部逐个检验来确定整批货物是否合格非常困难，通常的做法是抽样检验，以样本来推断总体。由于货物的种类和特性不同，检验对象不同，所采用的取样方法也就不同。无论采用什么方法，都要求所取的样品要有充分的代表性和均匀性。在进行植物检验检疫时，除了要求样品具有代表性和均匀性之外，还要考虑有害生物有移动性和趋性的特殊性，需要采用特殊的取样技术。通常是按有关标准、检疫规程或规定抽取样品，加施样品标识（抽样标准和检疫规程见表2-2）。经现场检验，某些检疫物或从中查验出的有害生物需要进行实验室检验的，应填写委托单并及时将样品连同现场发现的可疑有害生物一并送实验室检验。取样方法主要有五点取样、棋盘式取样、"Z"字形取样、分层取样和随机取样等方法。样品放在耐受性好、密闭、防渗漏、防交叉污染的样品袋中，袋外加贴标签（样品编号、货物名称、取样部门、取样时间、取样人、来源国家或地区等）。

三、实验室检验

实验室检验是借助实验室的各种仪器设备对现场检验所取回的检疫物样品进行有害生物检查、鉴定的法定程序。实验室的工作人员依据相关的检疫法规程序、检疫要求和检疫技术标准，对输出或输入的植物、植物产品和其他应检物进行实验室检验。实验室检验对实验室环境、硬件和软件（包括人员）等的要求较高，需要专业人员利用现代化的仪器设备和方法对有害生物进行快速而准确的种类鉴定。

在实验室认可方面，中国合格评定国家认可委员会（CNAS）是亚太实验室认可组织的成员，通过CNAS认可的实验室，其认可范围内的检测结果可以得到国际互认。为了规范实验室的检测，确保实验室提供的数据具备法律效力，得到国际认可，从2001年开始，我国植物检疫实验室开始了质量控制体系的建立工作，目前，口岸的植物检疫实验室均通过CNAS认可。

检验方法是指实验室实施检验检测工作所依据的检疫法规程序、检疫要求和检疫技术标准，是实验室实施检验检测工作的主要依据，是开展检验检测工作所必需的资源。其中检疫技术标准优先使用国际标准、国家标准和行业标准。使用知名的技术组织或有关科学书籍和期刊发布的方法、设备制造商制定的方法和实验室自己制定的方法前，必须建立非标准方法验证后才能开展实验室检验。

实验室检验的主要技术方法，后面几章会有论述。

第三章　检疫常用的现代检验技术的原理与方法

第一节　血清学检测技术及其在检疫中的应用

借助病原形态学及病害症状进行检测的方法，有时会存在用时长、难以做出准确判断的缺点。而利用血清学技术进行病原检测，可以弥补上述不足。血清学检测技术具有快速、特异及操作方便等优点，是植物检疫的有效手段之一。

一、血清学检测的基本原理及概念

（一）血清学检测的基本原理

血清学检测又称免疫学检测，是指运用抗原与特异性抗体之间的相互作用来对样品中的抗原进行检测的过程。其中抗原指的是能诱导抗体产生的一类物质，在植物检疫工作中主要是病毒、细菌、真菌等病原物。将抗原注射到动物体内，会在动物体内诱导产生一类能与抗原在体外进行特异性反应的物质，主要是一些免疫球蛋白，称为抗体。含有抗体的血清通常称为抗血清。抗体能与对应的抗原发生凝集、沉淀等反应；利用病原物中特异性强的抗原与相应的抗体反应，同时结合反应组分的特性、标记技术、图像处理技术等进行检测和分析，即可实现对病原物的检测鉴定，这就是血清学检测技术的基本原理。抗体与抗原的结合是特异性的，一种抗体分子只能与其对应的抗原结合。在抗体上存在与抗原决定簇互补的抗原结合位点。每个抗原分子的表面有多个抗原决定簇，因此可与多个抗体分子结合。血清学检测方法中涉及抗原制备、抗血清（抗体）制备和血清学反应等概念。

（二）抗原制备

制备抗体的抗原越纯、特异性越好，抗体的质量就越好，血清学检测的结果就越准确。因此，制备纯度高、特异性强的抗原是血清学检测工作的基础。植物病原物不同，其制备抗原的程序不同。

植物病毒的粒子为核蛋白，可作为抗原来制备抗体。将植物病毒接种到适宜的系统繁殖寄主上，待寄主发病后，采集叶片，再通过粗提液制备、差速离心、分步沉淀和梯度离心等步骤，将病毒与寄主植物中的各种组分（如纤维组织、细胞器等）分离，从而获得较纯的病毒粒子。不同病毒的提纯方法不同，应针对不同病毒的特性和繁殖寄主植物的特点选择合适的提纯方法。另外，可根据已经测定的植物病毒外壳蛋白基因序列，设计合成引物来扩增植物病毒的外壳蛋白基因，将其克隆至原核表达载体，然后在大肠杆菌中进行表达，表达的外壳蛋白经进一步纯化后，可作为抗原免疫动物制备特异性抗体。

植物病原细菌的鞭毛和整个菌体都可作为抗原。用于细菌抗体制备的抗原可以是非纯化的抗原（如活的细菌液或经热处理、超声波破碎的菌体），也可以是纯化的抗原（如核糖体、糖蛋白和膜蛋白等）。利用活细胞抗原时，由于鞭毛蛋白、胞外多糖等在不同细菌中有时存在交叉反应，影响检测结果的准确性，可通过 60℃处理 1.5h 或 100℃处理 1h 来破坏鞭毛蛋白等，以提高其特异性。有的蛋白质（如糖蛋白和膜蛋白）在某些细菌中表现出种或亚种的特异性，用该蛋白质作抗原制备的抗体可以用于细菌的分类或亚种鉴定。

（三）抗血清制备

将分离纯化的抗原免疫注射动物后，动物的多种淋巴细胞会产生抗体，含有抗体的血清称为抗血清。根据目的和血清用量，可以选择不同大小的免疫动物（如豚鼠、兔、鸡、猴、羊、马等），一般常选用 6 个月左右、健康且自然抗体为阴性的雄性家兔作为免疫动物。抗原免疫动物可采用腹腔注射、静脉注射、肌内注射、皮下注射等多种途径，也可几种途径结合使用。抗血清多通过耳静脉采血、颈动脉采血、心脏采血等方法获得。将收集的血液置于37℃温箱中 1～2h 使其凝固，用吸管、玻璃棒等工具沿容器壁将血凝块剥离，然后放入 4℃冰箱中过夜，则血凝块收缩，血清析出。吸出血清液，4000r/min 离心 10min，上清液即为无红细胞的清亮抗血清。在抗血清中加入 0.1% 叠氮化钠或 0.02% 硫柳汞进行防腐处理，无菌分装后，密封冷藏备用。

采用上述方法制备的抗血清由动物的多种淋巴细胞产生，含有多种抗体，因此被称为多克隆抗体，其在检测中常产生交叉反应，往往给诊断带来困难。与之相对应的是单克隆抗体，它是由免疫动物的单细胞系所产生的抗体，制备流程为：免疫注射→细胞培养及融合→筛选杂交瘤细胞→克隆化→抗体生产。与常规的抗体制备技术相比，单克隆抗体制备技术具有较多的优点：包括所需抗原量少、不要求高纯度的抗原；制备过程中筛选能分泌特异抗体的单细胞，避免了寄主植物等其他成分的干扰，使血清学检测的特异性明显提高；获得的能分泌抗体的杂交瘤细胞株可长期保存，并可根据需要随时生产抗体，避免了抗原制备、免疫等烦琐程序；不同的杂交瘤细胞株所分泌的抗体可识别不同的抗原决定簇，可用于鉴别病毒株系。

二、酶联免疫吸附试验

利用血清学反应原理建立的检测技术有几十种，应用广泛且具有代表性的有沉淀反应、凝集反应、免疫电镜技术、酶联免疫吸附试验（enzyme-linked immunosorbent assay，ELISA）等，检测技术逐步向自动化、标准化、定量化和快速灵敏的方向发展。早期应用较多的是沉淀反应，包括试管沉淀、玻片沉淀、免疫双扩散等，其中免疫双扩散技术在抗体效价测定、病毒血清学关系测定中应用较多。免疫电镜和酶联免疫吸附试验是后来发展的血清学检测技术，具有灵敏度高的特点，且酶联免疫吸附试验可在短时间内对大量样品进行检测。这些技术在植物病原物尤其是植物病毒的检测、定量和组织定位分析中得到了广泛应用，并取得了很好的效果。具体实践中选用哪一种技术，要根据实验目的、检测对象和实验室条件而定。

1971 年，瑞典学者 Engvail、Perlmann 和荷兰学者 van Weerman、Schuurs 分别报道将免疫技术发展为用于检测体液中微量物质的固相免疫测定方法，称为酶联免疫吸附试验，简称酶标法。1976 年，Voller 和 Clark 等经过不断改进，将其发展为一种微量平板酶标记免疫吸附试验技术，并首次使用 ELISA 有效检测到了南芥菜花叶病毒（*Arabis mosaic virus*，ArMV）、李痘病毒（*Plum pox virus*，PPV）和苹果花叶病毒（*Apple mosaic virus*，ApMV）。

（一）ELISA 的原理及类型

ELISA 的原理是将抗原、抗体的特异性免疫反应与酶的高效催化反应有机结合，利用酶促反应的放大作用来显示初级免疫学反应。在该方法中，抗体或抗原与酶蛋白分子相耦合，形成酶标记物。然后，通过酶催化底物发生水解、氧化等反应，生成有色产物。产物颜色的深浅可以反映免疫反应的强弱，其与抗体或抗原的量成正比。颜色反应可通过目测或酶联检测仪进行定性或定量检测。

根据使用抗体类型的不同，ELISA可以分为直接法和间接法。直接法是用特异的酶标记抗体直接检测样品中的抗原，而间接法先用特异性抗体与抗原反应，再用酶标记的二抗与特异性抗体反应，间接检测出抗原。目前有许多厂家出售的酶标二抗（如辣根过氧化物酶标记的山羊抗兔抗体）可供选择，给实验带来了便利。

根据测试形式不同，ELISA分为双抗体夹心法（double antibody sandwich ELISA，DAS-ELISA）、三抗体夹心法（triple antibody sandwich ELISA，TAS-ELISA）、A蛋白酶联免疫吸附试验（protein A sandwich ELISA，PAS-ELISA）（图3-1）、组织印迹 ELISA（tissue blot-ELISA，TB-ELISA）等，但其基本原理是相同的。将已知抗原或抗体吸附于固相载体表面，并保持其免疫活性，适当孵育及洗涤；然后加入酶标记抗球蛋白或酶标记的特异性抗体，以形成酶 - 抗体 - 抗原复合物，而后洗去过剩的标记抗体；最后加入酶的作用底物将其催化为有色产物，这种有色产物可用肉眼、光学显微镜和电子显微镜观察，也可以用分光光度计定量测定。产物的量与标本中受检物质的量直接相关，故可根据颜色反应的深浅进行定性或定量分析。因为 ELISA 操作简便，能快速筛查、定量一个抗原在样品中的存在，结合物的有效期长，对工作人员健康无害，用粗提或纯化的病毒均可作为样本，灵敏度达 $1\sim10ng/mL$，可在几小时或 24h 内检测大量样品，尤其适用于大量田间样品的检测，因此已被广泛应用于植物病毒的常规检测和诊断。

A. DAS-ELISA　　B. TAS-ELISA　　C. PAS-ELISA

图 3-1　常见的 ELISA 测试形式

○ 抗原　　• 未反应底物　　· 已反应底物　　Y A 蛋白

Y 特异性抗体　　特异性酶标记抗体　　酶标记抗体

（二）酶标固相物

抗原或抗体结合的固相载体在 ELISA 测定过程中作为吸附剂和容器，不参与化学反应。最常用的载体是国际上标准的 8×12 的 96 孔微量滴定聚苯乙烯塑料板。聚苯乙烯塑料板的惰性表面具有较强的吸附蛋白质的性能，抗体或蛋白质抗原吸附于其上后仍保留原来的免疫学活性，加之它的价格低廉，所以被普遍采用。为便于做少量标本的检测，有制成 8 联孔条或 12 联孔条的，放入座架后，大小与标准 ELISA 板相同。ELISA 板的特点是可以同时进行大量标本的检测，并可在特制的比色计上迅速读出结果。现在已有多种自动化仪器用于微量滴定板的 ELISA 检测，包括加样、洗涤、保温、比色等步骤，对操作的标准化极为有利。

（三）二抗标记酶和显色反应的底物

常用的第二抗体是与一个催化底物生成有色产物的辣根过氧化物酶（horseradish peroxidase，HRP）或碱性磷酸酯酶（alkaline phosphatase，AP）共价连接的。

ELISA 中最常用的标记酶是辣根过氧化物酶。辣根过氧化物酶广泛分布于植物界，是一种亚铁血红素的蛋白质，溶于水，溶解度为 5%（m/V），溶液呈棕红色，透明。酶的最适 pH 为 5.0 左右。HRP 最适的显色底物为邻苯二胺（OPD）。HR 催化过氧化氢（H_2O_2）氧化而聚合成 2,2'- 二氨基偶氮苯（DAB），生成黄色产物，在波长 492nm 处有最大光吸收。常用 2mol/L 硫酸终止反应。

ELISA 测定中，碱性磷酸酯酶最常用的底物是对硝基苯磷酸（p-nitrophenyl phosphate，pNPP）。pNPP 在碱性磷酸酯酶的作用下生成对硝基酚（pNP），生成的产物为黄色，在波长 405nm 处有最大光吸收。在碱性条件下，pNPP 的光吸收增强，并可使碱性磷酸酯酶失活，因此常使用 3mol/L NaOH 溶液终止反应。

> **注意：**①同时设置空白对照、阴性对照和阳性对照；②若待检样本为木本植物，需加入巯基乙醇、铜试剂（DIECA）、聚乙烯吡咯烷酮（PVP）等抗氧化剂；③当待检样本吸光度 / 阴性对照吸光度≥2 时，视为阳性。

（四）试剂

一般样品抽提缓冲液：Na_2SO_3 1.3g，PVP（相对分子质量 24 000～40 000）20g，NaN_3 0.2g，溶于 900mL 的 1×PBST 中，调 pH 至 7.4，定容至 1000mL，4℃储存。

抗原包被缓冲液（0.05mol/L 碳酸盐缓冲液，pH 9.6）：Na_2CO_3 1.59g，$NaHCO_3$ 2.93g，NaN_3 0.2g，加蒸馏水至 1000mL，4℃储存。

10×PBST 缓冲液（pH 7.4）：NaCl 80.0g，KH_2PO_4 2.0g，Na_2HPO_4 11.5g，KCl 2.0g，吐温 -20 5mL，溶于 900mL 蒸馏水中，用浓盐酸调节 pH 至 7.4，并定容至 1000mL。

酶标抗体稀释缓冲液：向 1000mL 1×PBST 中加入牛血清白蛋白（BSA）或脱脂奶粉 2.0g，PVP（相对分子质量 24 000～40 000）20.0g，NaN_3 0.2g，调 pH 至 7.4，4℃储存。

pNPP 底物缓冲液：二乙醇胺 97.00mL，$MgCl_2$ 0.1g，NaN_3 0.2g，加入 800mL 蒸馏水，用 2mol/L HCl 溶液调 pH 至 9.8，定容至 1000mL，4℃储存。

NBT/BCIP 底物缓冲液：NaCl 0.585g，$MgCl_2$ 0.112g，Tris 1.21g，加入 80mL 蒸馏水，用 2mol/L HCl 溶液调 pH 至 9.5，定容至 100mL。

（五）应用

ELISA 在植物病毒检测方面的应用最早，范围也最广。目前，很多种植物病毒在不同方面、不同程度上都可以成功地进行 ELISA。张成良等（1982）分析了已报道的 50 种植物病毒应用 ELISA 诊断的研究资料，表明 ELISA 的使用可以覆盖国内外已报道的所有形态的病毒，如球状、线状、杆状、弹状、杆菌状、分枝丝状体等，并且受实验材料的限制较小，其在植物病毒上的应用具有广阔前景。ELISA 在植物病毒检测方面的应用主要表现在以下几方面：①检测植物样品是否带毒及不同部位的病毒分布情况和相对含量；②检测种子、苗木、土壤、传毒介体、播种工具等的带毒情况；③检测植物病毒间的亲缘关系；④分析植物病毒流行学。对于大规模样品的检测，可以先使用 ELISA 进行初步筛查，区分阴性和阳性样品，之后再将阳性或弱阳性样品进行分子生物学技术检测，从而验证样品中是否含有待检病毒（详见本书第六章）。

马贵龙等（1995）制备了烟草赤星病菌（*Alternaria alternata*）的抗血清，用间接酶联免疫吸附试验（indirect enzyme-linked immunosorbent assay，I-ELISA）对烟草种子进行检测。结果表明，该方法特异性强，检测结果准确；进一步对 7 种不同浓度孢子悬液接种花器所获种子进行检测，结果与种子分离培养检测一致。因此，对于检测烟草种子是否带有赤星病菌来说，ELISA 是一种快速而准确的方法。疫霉（*Phytophthora* spp.）、腐霉（*Pythium* spp.）、核盘菌（*Sclerotinia* spp.）、丝核菌（*Rhizoctonia* spp.）等真菌的 ELISA 试剂盒已被商业化生产，并得到广泛应用。利用 ELISA 试剂盒检测大豆根茎组织、土壤悬浮液中的大豆疫霉菌（*Phytophthora megasperma* f. sp. *glycinea*），病组织、灌溉水中的隐地疫霉（*P. cryptogea*）等，都取得了很好的效果。此外，ELISA 在镰刀菌（*Fusarium* spp.）、轮枝菌（*Verticillium* spp.）、腥黑粉菌（*Tilletia* spp.）等真菌的检测中应用也较多。

宁红等（1991）用 ELISA 检测水稻细菌性条斑病菌（*Xanthomonas oryzae* pv. *oryzicola*），从制样到完成检测约需 40h，灵敏度达 $10^2 \sim 10^3$ 个 /mL。曹景显等（1988）采用 ELISA 检测水稻叶片中的水稻白叶枯病菌（*Xanthomonas oryzae* pv. *oryzae*），没有非特异性反应存在，结果可以较好地反映样品中带菌情况，并且检测出所有样本中带的细菌皆属于血清型 I。杨苏声等（1993）用 ELISA 检测大豆根瘤菌（*Bradyrhizobium japonicum*）时发现，最低检测浓度为 2×10^5 个 /mL，能够特异地检测和区别慢生型与快生型大豆根瘤菌；在冰箱低温（−20℃）和硅胶干燥常温条件下保存根瘤，均不影响 ELISA 的检测效果，灵敏度不降低。在植原体方面，ELISA 已广泛应用到翠菊黄化病（aster yellow phytoplasma）、桃 X 病（peach X phytoplasma）、花生丛枝病（peanut witches' broom phytoplasma）等众多植原体病害的检测和鉴定中。

第二节　PCR 技术及其在检疫中的应用

美国科学家 Kary Mullis 于 1983 年首次提出了聚合酶链反应（polymerase chain reaction，PCR）技术，并由此获得了 1993 年的诺贝尔化学奖。PCR 技术是一种用于放大扩增特定 DNA 序列的分子生物学技术，可以看作生物体外的特殊 DNA 复制。PCR 技术最大的特点是能将目的 DNA 片段扩增百万倍以上，使微量 DNA 操作变得简单易行，还可使 DNA 的研究脱离活体生物。PCR 技术是分子生物学的关键技术，也是基础技术。

一、PCR 技术的基本原理

PCR 中目的片段的扩增过程与生物细胞内的 DNA 复制过程相似，二者都是以原有 DNA 为模板产生新的互补 DNA 片段。PCR 技术是在体外进行的 DNA 复制过程，其基本要素与细胞内 DNA 复制的基本要素一致，但反应体系简单。PCR 技术以待拷贝的 DNA 为模板，它可以是双链 DNA，也可以是单链 DNA，最后扩增得到的产物是双链 DNA。引物是 DNA 复制的先锋，引导 DNA 的合成。在 PCR 扩增中使用人工合成的单链寡核苷酸作为引物。DNA 聚合酶是 DNA 复制的动力。

PCR 技术的基本原理（扫右侧二维码见详细资料）：PCR 技术是在模板 DNA、引物和 4 种脱氧核糖核苷三磷酸（deoxyribonucleoside triphosphate，dNTP）存在的条件下，依赖 DNA 聚合酶的酶促合成反应。该技术由变性—退火—延伸三个基本反应构成：①模板 DNA 的变性。在高温下，模板 DNA 双链、引物自身及引物之间存在的局部双链或经 PCR 扩增形成的双链 DNA 完全变性成为单链，以便引物和模板结合，为下轮反应做准备。②模板 DNA 与引物的退火（复性）。模板 DNA 经加热变性成单链后，突然降温发生 DNA 复性，由于模板分子结构较引物要复杂得多，而且反应体系中引物

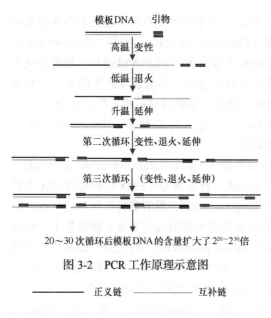

20～30 次循环后模板 DNA 的含量扩大了 2^{20}～2^{30} 倍

图 3-2 PCR 工作原理示意图

——— 正义链　　——— 互补链

DNA 量大大多于模板，使引物与模板 DNA 单链的互补序列配对结合。③引物的延伸。将温度升高至 DNA 聚合酶的最适温度，DNA 模板 - 引物结合物在 DNA 聚合酶的作用下，以 4 种脱氧核糖核苷三磷酸为反应原料，靶序列为模板，按碱基配对与半保留复制原理，合成一条新的与模板 DNA 链互补的半保留复制链，重复循环变性—退火—延伸三个过程，就可获得更多的半保留复制链，而且这种新链又可成为下次循环的模板。每完成一个循环需 2～4min，2～3h 就能将待扩目的基因扩增放大几百万倍。到达平台期所需循环次数取决于样品中模板的拷贝数。PCR 扩增的特异性是由人工合成的两条引物所决定的。在反应的起始阶段，原有 DNA 担负着起始模板的作用，随着循环数的递增，由引物介导延伸的片段剧增而成为主要模板。因此，绝大多数扩增产物受到引物 5′ 端限制，扩增的终产物是介于这两条引物 5′ 端之间的 DNA 片段（图 3-2）。

（一）PCR 的体系

标准的 PCR 体系如下。

10× 扩增缓冲液	2μL
10mmol/L dNTP（4 种 dNTP 混合物）	各 200μmol/L
同源和互补引物	各 0.5μmol/L
Taq DNA 聚合酶	1.25U
模板 DNA	0.1μg
Mg^{2+}	1.5mmol/L
加双蒸水至	20μL

PCR 体系包含 5 种基本成分：模板 DNA、DNA 聚合酶、引物、脱氧核糖核苷三磷酸和扩增缓冲液。

1. 模板 DNA

模板 DNA 是 PCR 的模板，可以是基因组 DNA、质粒 DNA、噬菌体 DNA、DNA 片段、cDNA 等待扩增的核酸片段。模板 DNA 的质量是 PCR 成功的关键，一般需要有较高纯度的 DNA 样品，也可以是细胞，但模板中应避免混有杂蛋白、蛋白酶、核酸酶、酚和其他影响 PCR 的成分。另外，模板的数量也会直接影响扩增效果。

2. DNA 聚合酶

PCR 技术最早利用的 DNA 聚合酶是大肠杆菌 DNA 聚合酶 I 的 Klenow 片段，该酶可在离体条件下，以 DNA 为模板延伸引物，合成双链 DNA。但是 Klenow 酶不耐高热，每次模板 DNA 进行热变性时，绝大部分酶失活，每完成一次 PCR 扩增循环，需要重新加入这种酶。这使实验操作烦琐、成本高，给 PCR 技术的应用带来了困难。后又从水生嗜热杆菌分

离到 *Taq* DNA 聚合酶，具有很高的耐热性，经 95℃持续高温仍能保持活性，加入一次该酶可以完成整个 PCR，从而极大地提高了 PCR 扩增的效率。*Taq* DNA 聚合酶的使用量可根据扩增片段的长短及其复杂程度（G+C 含量）和该酶使用说明书而定。使用该酶浓度过高，可引起非特异性产物的扩增；浓度过低，合成产物的量减少。

3. 引物

引物是人工合成的两段寡核苷酸序列：一条引物与靶基因（DNA 片段）正义链 5′ 端互补；另一条引物与靶基因负义链 5′ 端互补。引物是决定 PCR 特异性的关键。PCR 产物的特异性取决于引物与模板 DNA 互补的程度。只有当每条引物都能特异性地与模板 DNA 中的靶序列复性形成稳定的结构时，才能保证其特异性。一般来说，引物越长，对于靶序列特异性的要求也就越高。PCR 中引物浓度一般为 0.1～1μmol/L，引物浓度过高会引起错配和非特异性产物扩增，还可增加引物二聚体形成的概率，导致竞争使用酶、dNTP 和引物，从而使目标 DNA 合成产率下降。

引物设计在整个 PCR 扩增体系中占有重要地位。模板的组成、目标扩增片段的大小等影响引物的设计。引物的优劣直接关系到 PCR 的特异性及成功与否。引物设计的原则是最大限度地提高扩增效率和特异性，同时尽可能地抑制非特异性扩增。引物设计一般遵循下列原则。

（1）引物最好在模板 DNA 的保守区内设计　　　DNA 序列的保守区是通过物种间相似序列的比较确定的。在美国国立生物技术信息中心（NCBI）上搜索不同物种的同一基因，通过序列分析软件（如 DNAMAN、Oligo、Primer 等）比对，各基因相同的序列就是该基因的保守区。

（2）引物长度的选择　　　引物长度一般为 15～30 碱基对（base pair，bp），常用的为 20bp 左右，引物过短时会使 PCR 扩增的特异性降低，过长时会导致其变性温度大于 74℃，不适于 *Taq* DNA 聚合酶进行反应。

（3）引物碱基组成　　　引物 G+C 含量应为 40%～60%。G+C 含量过高或过低都不利于 PCR。上下游引物的 G+C 含量不能相差太大。

（4）引物内部不应形成二级结构　　　引物自身不应存在互补序列，否则引物自身会折叠成发夹结构（hairpin），使引物本身复性，这种二级结构会因空间位阻而影响引物与模板的复性结合。引物自身不能有连续 4 个碱基的互补。两引物之间也不应具有互补性，尤其应避免 3′ 端的互补重叠以防止引物二聚体的形成。引物之间不能有连续 4 个碱基的互补。引物二聚体及发夹结构如果不可避免的话，应尽量使其 ΔG 值不要过高（应小于 4.5kcal/mol）。否则易产生引物二聚体带，并且降低引物有效浓度而使 PCR 不能正常进行。

（5）引物 3′ 端末位碱基的选择　　　引物 3′ 端错配时，不同碱基的引发效率存在着很大的差异，当末位碱基为 A 时，即使在错配的情况下，也能有引发链的合成，而当末位链为 T 时，错配的引发效率大大降低，G、C 错配的引发效率介于 A、T 之间，所以 3′ 端碱基最好选择 T。

（6）引物的 5′ 端可以修饰，而 3′ 端不可修饰　　　引物的 5′ 端对扩增特异性影响不大，可以被修饰而不影响扩增的特异性。引物 5′ 端修饰包括：加酶切位点、标记基因（生物素、荧光素、地高辛等）或其他短的序列（蛋白质结合 DNA 序列、点突变序列、插入突变序列、缺失突变序列、启动子序列等）。引物的延伸是从 3′ 端开始的，不能进行任何修饰。3′ 端也不可以有形成任何二级结构的可能，若形成二级结构则显著影响与模板结合及扩增效率。

（7）引物应具有特异性　　设计引物后，应与核酸序列数据库进行 BLAST。检测引物是否与其他基因具有互补性，如果不具有互补性，就可以进行下一步的实验。

当然，各种模板的引物设计难度不一。有的模板本身条件比较困难。例如，G＋C 含量偏高或偏低，导致找不到各种指标都十分合适的引物；用作克隆目的的 PCR，因为产物序列相对固定，引物设计的选择自由度较低。在这种情况下，只能退而求其次，尽量去满足条件。

4. 脱氧核糖核苷三磷酸

脱氧核糖核苷三磷酸（dNTP）是 PCR 的底物，PCR 体系中包含 4 种 dNTP，即 dATP、dTTP、dCTP 和 dGTP。4 种 dNTP 必须等浓度配制以减少错配误差，每种 dNTP 使用浓度一般为 200μmol/L。在 PCR 中，使用低浓度的 dNTP，反应速度下降，但可减少非靶标位置启动和延伸时的核苷酸错误掺入。使用高浓度的 dNTP，则会增加实验成本。一般可根据靶序列的长度和组成来决定最低 dNTP 浓度。例如，在 100μL 的反应体系中，4 种 dNTP 的浓度各为 200μmol/L，可基本满足合成 2.6μg DNA 或 10pmol/L 的 400bp 序列。

5. 扩增缓冲液

PCR 中扩增缓冲液除了提供 pH 缓冲能力外，还有一些辅助成分，主要是 Mg^{2+}。Mg^{2+} 浓度对 PCR 扩增特异性和扩增效率影响很大，其浓度过高可降低扩增的特异性，其浓度过低则影响 PCR 扩增的产量，甚至使 PCR 扩增失败而得不到扩增条带，最佳 Mg^{2+} 浓度由引物和模板决定。这是由于寡核苷酸和 dNTP 都能结合 Mg^{2+}，反应中的 Mg^{2+} 浓度必须超过 dNTP 和引物来源的磷酸盐基团的物质的量浓度。最佳 Mg^{2+} 浓度的确定可进行预实验，用 0.1～5mmol/L 的递增 Mg^{2+} 浓度，选出最适的 Mg^{2+} 浓度。在一般的 PCR 中，4 种 dNTP 的浓度为 200μmol/L 时，Mg^{2+} 浓度以 1.5～2.0mmol/L 为宜。

（二）PCR 条件

PCR 经过多次变性—退火—延伸重复循环达到扩增 DNA 片段的目的。基于这个原理，在 PCR 中采用三温度点法，即双链 DNA 在 90～95℃变性，再迅速冷却至 40～60℃，引物退火并结合到靶序列上，然后快速升温至 72～75℃，在 *Taq* DNA 聚合酶的作用下，引物链沿模板延伸。PCR 的条件为温度、时间和循环次数。

标准的 PCR 扩增条件：94℃ 5～10min；94℃ 30s，55℃（根据引物进行调整）30s，72℃ 1min（据目标片段大小和采用的 DNA 聚合酶进行调整，一般 *Taq* DNA 聚合酶扩增效率为 1kb/min），35 个循环；72℃ 10min；4℃保温。

1. 变性温度与时间

双链 DNA 模板的变性温度是由其 G＋C 含量决定的，模板 DNA 的 G＋C 含量越高，变性温度也越高。变性时间由模板 DNA 分子的长度来决定，DNA 分子越长，两条链完全分开所需的时间也越长。变性温度低或时间短，解链不完全是 PCR 失败最主要的原因。在一般情况下，93～95℃ 1min 足以使模板 DNA 变性，若低于 93℃则需延长时间，但温度不能过高，因为高温环境对酶的活性有影响。在 PCR 的变性阶段，若不能使靶基因模板或 PCR 产物完全变性，就会导致 PCR 失败。应用 *Taq* DNA 聚合酶进行 PCR 时，变性往往在 94～95℃条件下进行。为了使大分子模板 DNA 充分变性，可以在第一个循环中把变性时间延长为 5～10min。其他循环中的变性时间为 30s。

2. 退火（复性）温度与时间

退火是使引物与模板 DNA 复性。退火温度是影响 PCR 特异性的较重要因素。退火温度过高，引物不能与模板很好地复性，扩增效率降低。退火温度过低，引物将产生非特异性复性，导致非特异性扩增。由于模板 DNA 比引物复杂得多，引物和模板之间的碰撞结合机会远远高于模板互补链之间的碰撞。退火温度与时间取决于引物的长度、碱基组成和浓度及靶基因序列的长度。

上下游引物的解链温度（melting temperature，T_m）是寡核苷酸的解链温度，即在一定盐浓度条件下，50% 寡核苷酸双链解链的温度。在 T_m 允许范围内，选择较高的复性温度可大大减少引物和模板间的非特异性结合，提高 PCR 的特异性。复性时间一般为 30～60s，足以使引物与模板之间完全结合。

3. 延伸温度与时间

PCR 的延伸是在 *Taq* DNA 聚合酶催化下进行的。为保证有效的延伸，需要选择 *Taq* DNA 聚合酶催化 DNA 合成的最适温度。PCR 的延伸温度一般选择在 70～75℃，常用温度为 72℃，过高的延伸温度不利于引物和模板的结合。PCR 延伸反应的时间，可根据待扩增片段的长度而定，一般 1kb 以内的 DNA 片段，延伸 1min 就足够了。3～4kb 的靶序列需 3～4min。延伸时间过长会导致非特异性扩增带的出现。对低浓度模板的扩增，延伸时间要稍长些。

4. 循环次数

PCR 所需的循环数与反应体系中起始模板的浓度及引物延伸和扩增的效率成反比。起始模板浓度低，循环次数相应增多。引物延伸和扩增的效率低，循环次数也应增加。一般的循环次数设为 30～40 次，循环次数越多，反应时间越长，酶的扩增能力越低，非特异性产物的量也越多。

（三）PCR 产物的检测

扩增后的 PCR 产物一般采用琼脂糖凝胶电泳来进行检测。将制胶板同制好的琼脂糖凝胶放入水平电泳槽，取 5μL 扩增反应物加 1μL 的 6′- 溴酚蓝上样缓冲液混匀，以及 5μL 分子质量标准物分别点入样孔内。加入电泳缓冲液，根据电泳槽长度和 PCR 产物片段大小选择电压和电泳时间。电泳结束后，将整个凝胶置于凝胶成像系统上拍照，记录结果。

（四）PCR 技术的优点

PCR 技术具有特异性强、灵敏度高、操作简便省时、对原始材料的质量要求低等优点。

1. 特异性强

引物与模板的结合及引物链的延伸是遵循碱基配对原则的。*Taq* DNA 聚合酶具有保真性，普通 *Taq* DNA 聚合酶的错配率在 10^{-5} 碱基 / 循环数，*Taq* DNA 聚合酶又具有耐高温的性质，使得反应中引物与模板退火的步骤可以在较高的温度下进行，引物与模板结合的特异性大大提高，被扩增的目的 DNA 片段也能保持很高的正确程度，增加了 PCR 的特异性。

2. 灵敏度高

PCR 产物的生成量是以指数方式增加的，单拷贝基因经 25 次循环后，能将皮克（1pg ＝ 1×10^{-12}g）量级的起始待测模板扩增到微克（1μg ＝ 1×10^{-6}g）水平，在细菌学中最小检出量为 3 个细菌。

3. 操作简便、省时

PCR 操作简单，只需把反应液按一定浓度混合，置于 PCR 仪内，反应便按所设定的程序进行。整个 PCR 操作过程，从标本处理、PCR 扩增到产物分析，可在 2～4h 完成全部实验。

4. 对原始材料的质量要求低

由于 PCR 技术有较高的灵敏度和较强的特异性，对扩增样品的要求不高，不需要分离病毒或细菌及培养细胞，仅含极微量目的 DNA（pg、ng 量级）的粗制品，就可作为 PCR 扩增模板获得较多的目的产物。可直接用植物病原物及昆虫等各种生物的 DNA 粗制品进行扩增检测。部分 DNA 被降解的材料，也可以通过多次 PCR 最终获得完整的目标 DNA 片段。

（五）PCR 技术的应用

PCR 技术及其衍生技术发展迅速和广泛应用，在植物检疫中发挥着巨大的作用，为植物病、虫、杂草和其他有害生物的诊断、检测、监测、处理等提供了更为快速、准确和高效的技术与方法。随着国际贸易的不断扩大，大量外来有害生物随货物和旅客传播到世界各地，增加了进出境植物检疫的责任。有害生物检测鉴定是植物检疫执法中的一个重要环节，当前出入境植物检疫中运用较多的是常规 PCR、多重 PCR 和实时荧光 PCR，它们在病毒、致病菌检测方面发挥着重要作用。

二、PCR 衍生技术

随着生物技术的飞速发展，PCR 技术不断发展和创新，并与其他技术联合应用，产生了一系列衍生技术，包括反转录 PCR、免疫捕捉反转录 PCR、巢式 PCR、多重 PCR、定量 PCR 等几十种技术。

（一）反转录 PCR

1. 原理

反转录 PCR 又称逆转录 PCR（reverse transcription PCR，RT-PCR），是以 RNA 为起始模板进行的扩增。提取植物组织或提纯病毒的总 RNA 作为模板，采用 Oligo（dT）、随机引物或基因特异性的引物（gene special primer，GSP）利用反转录酶反转录成 cDNA；再以 cDNA 为模板进行 PCR 扩增，从而获得目的基因或检测基因表达。

在实际应用中，常用到的是一步法 RT-PCR 和常规 RT-PCR（两步法 RT-PCR）。一步法 RT-PCR 是指在同一反应管中，利用同一种优化的缓冲液，在反转录酶、DNA 聚合酶、引物和 4 种 dNTP 存在的条件下，直接以 RNA 或 mRNA 为起始材料进行反转录和 PCR。把反转录和 PCR 合成一步反应，使反应更加快速、灵敏，操作简便，污染率低，RNA 二级结构减少，错配率低。当靶基因序列的 G+C 含量过高、二级结构严重或是未知序列及进行多个基因的 RT-PCR 时，在单管反应体系中反转录和 PCR 都不能在最佳条件下进行并且容易互相干扰，就需要采取常规 RT-PCR，即将反转录和 PCR 分别进行。常规 RT-PCR 精确度高，人为误差相对较小，并且第一步将 RNA 反转录 cDNA，更易于保存。另外，常规 RT-PCR 产物的产量高于一步法 RT-PCR，而且其整个过程比一步法 RT-PCR 更节省费用。因此，在大多数情况下，应首先考虑应用常规 RT-PCR。

2. 常规 RT-PCR 操作步骤

许多公司出售反转录 PCR 试剂盒，并提供操作说明。

（1）反转录合成 cDNA　　将总 RNA 样品在 70℃水浴 5min，然后立即置于冰上，放置 5min。将下列反应体系中的成分加到反应管中。

5′反转录缓冲液	4μL
10mmol/L dNTP	2μL
20μmol/L 互补特异性引物	0.5μL
40U/μL RNA 酶抑制剂	0.5μL
200U/μL M-MLV 反转录酶	1μL
总 RNA	10pg～1μg
补焦碳酸二乙酯（DEPC）-H$_2$O 至	20μL

将上述反应液 42℃水浴 50～60min。若用 0.5μL 50μmol/L Oligo（dT）和 1μL 50μmol/L 随机六聚寡核苷酸来代替反应特异性引物，反应条件为 37℃水浴 50～60min，95℃ 10min。合成的 cDNA 置于 −20℃保存备用。

（2）PCR 扩增　　以 1～2μL cDNA 为 PCR 的模板，加入标准的 PCR 体系其他成分，按照常规步骤进行 PCR 扩增，用琼脂糖凝胶电泳检测 PCR 扩增产物。

3. 应用

绝大多数的植物病毒基因组为 RNA，少数为 DNA。RNA 病毒的检测和鉴定通常需要 RT-PCR 技术。自 1990 年起，国内外已应用 RT-PCR 技术检测多种植物病毒。例如，相宁等于 2000 年报道了应用该技术检测检疫性有害生物烟草环斑病毒（*Tobacco ringspot virus*，TRSV），检测灵敏度达 400pg；孔宝华等于 2000 年对检疫性有害生物李坏死环斑病毒（*Prunus necrotic ringspot virus*，PNRSV）进行了 RT-PCR 检测。1992 年，成卓敏等应用 RT-PCR 技术在蚜虫中检出大麦黄矮病毒（*Barley yellow dwarf virus*，BYDV），该实验检测材料用量少，仅用 1/20 头蚜虫进行 RT-PCR 扩增，即可扩增到明显的目标条带，无非特异性扩增，这表明该技术灵敏度高、特异性强。BYDV 由蚜虫传播，蚜虫带毒率的高低直接影响到病害的流行与否，RT-PCR 技术的应用对病害预测预报的准确性起重要作用。

（二）免疫捕捉反转录 PCR

1. 原理

免疫捕捉反转录 PCR（immunocapture reverse transcription PCR，IC-RT-PCR）技术是免疫学技术与 RT-PCR 技术相结合建立起来的检测技术，它的检测对象是完整的病原体，通过固相化的特异抗体捕捉特定的抗原微生物，再利用基因组序列特异的引物进行 RT-PCR 扩增，通过对扩增产物的检测和分析达到对完整病原物的检测。该技术结合了免疫捕获和 RT-PCR 技术的优点，使特异性和灵敏度均进一步提高。常规 RT-PCR 检测的对象是核酸，易出现假阳性，该技术解决了常规 RT-PCR 假阳性的问题，同时该技术检测样本的体积大于常规 RT-PCR 检测样本的体积，提高了检测的灵敏度。该技术也不需要进行病毒 RNA 的提取，操作更容易，并且在不破坏病毒粒子的情况下，即可实现病毒的检测，解决了那些在植物体内含量低、核酸提纯较困难的病毒检测难的问题。该技术的病毒特异性抗体可用依赖双链 RNA（double-stranded RNA，dsRNA）的单克隆抗体替代，为不具备病毒特异性抗体或采用免疫学技术很难检测的病毒提供了一个可行的检测方法。

2. 方法

（1）抗体固相化　　参照酶联免疫吸附试验将特异抗体包被到固相载体上（0.2mL PCR 管）。用 0.05mol/L 包被缓冲液适度稀释抗体，混匀后取 100μL 加到 PCR 管中，37℃温育 2h 或 4℃过夜。加入 200μL 的洗涤缓冲液，静置 3min 后倒掉，洗 PCR 管 3 次，甩干溶液。加 100μL 封闭缓冲液，37℃温育 1h，洗 PCR 管 3 次，放置冰上备用。

（2）抗原捕捉　　以植物病毒为例，将植物材料按 1∶5 比例加入提取缓冲液研磨，4℃低速离心。取 100μL 上清液加到上述管中，37℃温育 2h 或 4℃过夜，洗 PCR 管 3 次。

（3）反转录　　直接在 PCR 管中进行反转录。向已捕捉抗原的管中加入 1μL 10μmol/L 反应引物，11.5μL DEPC-H$_2$O，70℃水浴 5min 后立即放置冰上 3min，再加 4μL 5′反转录缓冲液、2μL 10mmol/L dNTP、0.5μL 40U/μL RNA 酶抑制剂和 1μL 200U/μL M-MLV 反转录酶。42℃水浴 1h，放置冰上备用。

（4）PCR 扩增　　参见常规 RT-PCR 体系和条件。用琼脂糖凝胶电泳检测 PCR 扩增产物。

3. 应用

IC-RT-PCR 被应用于植物病毒的检测和基因克隆上。1992 年，Wetzel 等应用该技术检测核果类果树上的检疫性有害生物李痘病毒（*Plum pox virus*，PPV），结果表明该技术的灵敏度比常规 RT-PCR 的灵敏度高 250 倍。Nolasco 等（1993）利用该技术成功地检测了马铃薯卷叶病毒（*Potato leaf roll virus*，PLRV）等 8 种植物病毒、一种类病毒和一种卫星病毒。张满良等（2000）也采用该技术从感病葡萄组织中成功检测到葡萄卷叶伴随病毒Ⅲ（*Grapevine leaf roll-associated virus-3*，GLRaV-3）。研究结果表明，该技术不需要提取 RNA，避免了含有较多的多糖和多酚类物质的植物组织核酸难提取、不易检测的问题，使检测简便、快速。

（三）巢式 PCR

当扩增模板量太低，用常规 PCR 检测不到目标条带时，为了提高检测的灵敏度和特异性，通过改良常规 PCR 产生了巢式 PCR（nested PCR）。

1. 原理

巢式 PCR 由两轮 PCR 扩增和两对引物组成，首先利用第一对 PCR 引物对靶 DNA 进行第一轮扩增；然后从第一次反应产物中取出少量作为反应模板，利用第二对引物进行第二次扩增，第二对 PCR 引物与第一次反应产物的序列互补，并结合在其内部，使得第二次 PCR 扩增片段短于第一次扩增，第二次 PCR 扩增的产物即为目的产物。

如果目标基因位于整个基因组的 5′ 端或 3′ 端，那么目标基因的 5′ 端或 3′ 端无法设计出两条引物（外引物和内引物），只能设计出一条引物，而在目标基因的另外一端仍然能设计出两条引物，在两次 PCR 中有一端的引物要用两次，这种利用三条引物进行两次 PCR 扩增的方法称为半巢式 PCR。

2. 特点

（1）敏感性高　　使用巢式 PCR 引物进行连续多轮扩增，打破了单次扩增平台期效应的限制，使扩增倍数提高，从而极大地提高了 PCR 的敏感性。

（2）特异性强　　由于模板和引物的改变，如果第一次扩增产生了错误片段，则第二次能在错误片段上进行引物配对并扩增的概率极低。降低了非特异性反应连续放大进行的可能性，保证了反应的特异性。

（3）保证整个反应的准确性及可行性　　内侧引物扩增的模板是外侧引物扩增的产物，第二阶段反应能否进行，也是对第一阶段反应正确性的鉴定。

（4）易污染　　进行第二次 PCR 扩增引起交叉污染的概率大。为了克服此缺点，可采用同一反应管中巢式 PCR 的方法，主要利用了内外引物 T_m 的不同。

3. 方法

（1）引物设计　　巢式 PCR 一般有两对引物：一对外引物和一对内引物。内引物可根据目标序列来设计，与常规 PCR 引物设计相同。外引物从目标序列的前后两端开始设计，设计原则也与常规 PCR 相同，外引物扩增序列应包含内引物。

（2）模板　　一般使用经过提取的基因组 DNA，或由反转录形成的 cDNA。

（3）两次 PCR 扩增　　两次 PCR 扩增的反应体系同常规 PCR 体系，第一次扩增的引物为外引物对。第二次扩增以第一次扩增产物为模板，以内引物对为反应引物。反应条件同常规 PCR，反应结束后，用琼脂糖凝胶电泳检测第二次 PCR 扩增产物。

4. 应用

巢式 PCR 大多应用于模板 DNA 含量较低且一次 PCR 难以得到满意结果的材料，这时采用巢式 PCR 的两轮扩增可以得到较好的效果。玉米细菌性枯萎病菌（*Pantoea stewartii* subsp. *stewart*）是种传病害，随入境种子传入的风险大，是检疫性有害生物。该病原细菌种子带菌率极低，仅为 0.02%，检测的难度大。王赢等（2009）采用巢式 PCR 技术检测该病原细菌，结果表明巢式 PCR 技术的灵敏度比常规 PCR 的高 10^3 倍以上。2007 年，徐静静等应用常规 PCR 和巢式 PCR 技术检测真菌大豆疫霉菌（*Phytophthora sojae*），并比较了两种方法的灵敏度，巢式 PCR 技术的灵敏度是常规 PCR 的 100 倍。还有研究者将巢式 PCR 应用于检测两种检疫性植物病毒——烟草环斑病毒（*Tobacco ringspot virus*，TRSV）和番茄环斑病毒（*Tomato ringspot virus*，ToRSV），同时与 DAS-ELISA 和 RT-PCR 两种检测技术相比，巢式 PCR 检测的灵敏度比这两种方法高出 10^3 倍以上。

（四）多重 PCR

1. 原理

多重 PCR（multiplex PCR）是在常规 PCR 基础上改进并发展起来的一种 PCR 扩增技术，是在同一反应体系中加入多对引物同时扩增多条目的 DNA 片段的方法，为针对多个 DNA 模板或同一模板的不同区域扩增多个目的片段的 PCR 技术。多重 PCR 技术可在同一反应管内同时检测多种病原物或多个突变位点，具有节省时间、降低成本、提高效率的优点。自 1988 年 Chamberlain 等首次同时扩增人类抗肌萎缩蛋白基因的多个基因座以来，多重 PCR 技术已经在病原体检测、遗传病诊断、转基因鉴定等各个领域成功得到应用。在植物检疫领域，多重 PCR 技术已经成为鉴定病毒、细菌、真菌、昆虫、植物体和线虫的有效方法，可同时检测、鉴别出多种有害生物。

多重 PCR 是在同一反应体系中进行多个靶基因的特异性扩增，不是多个单一 PCR 简单的混合，需要针对目标序列进行全面分析、反复试验，才能成功建立反应体系和反应条件。多重 PCR 的技术要素主要包括目的序列选择、引物设计、复性温度和时间、延伸温度和时间、各反应成分的用量等。

2. 方法

（1）目标基因的选择　　多重 PCR 的目标是多个目的基因的扩增，因此目的基因序列的选择是最重要的。目的序列必须具有高度特异性，才能保证基因检测的准确性，避免目的片段间的竞争性扩增，实现高效的扩增反应。此外，各个目的片段之间需具有明显的长度差异，以便通过琼脂糖凝胶电泳区分。

（2）引物设计　　引物的设计是 PCR 成败的关键，多重 PCR 的每对引物必须高度特异，避免非特异性扩增；不同引物对之间互补的碱基不能太多，否则引物之间相互缠绕，严重影响反应结果。

（3）PCR 体系　　退火温度是影响多重 PCR 特异性较重要的因素，在 T_m 允许范围内，选择较高的退火温度以减少引物和模板间的非特异性结合，确保 PCR 的特异性。退火时间略微延长，以使引物与模板之间完全结合。多重 PCR 延伸反应的时间要根据待扩增片段的长度而定，延伸时间不宜过长，否则会导致非特异性扩增带的出现。反应体系中各个反应成分也需要进行调整，适当增大模板 DNA、引物、聚合酶、dNTP 的用量，调整缓冲液组分，以获得最佳扩增效果。

3. 应用

多重 PCR 技术已经广泛地应用于检疫性植物病毒和植原体的检测。李痘病毒和李坏死环斑病毒是我国重要的检疫性木本植物病毒，周灼标等（2006）利用多重 PCR 技术对这两种检疫性病毒进行初步定性检测研究，为我国口岸苗木病毒的检疫开辟了新的途径。岳红妮等（2008）建立了同时检测小麦黄花叶病毒（*Wheat yellow mosaic virus*，WYMV）、大麦黄矮病毒 PAV 株系（*Barley yellow dwarf virus*-PAV，BYDV-PAV）、大麦条纹花叶病毒（*Barley stripe mosaic virus*，BSMV）和小麦蓝矮植原体（wheat blue dwarf phytoplasma，WBD phytoplasma）4 种病原的多重 PCR 体系，实现了植原体 DNA 病原和病毒 RNA 病原的同时检测，体现了多重 PCR 的优越性。

多重 PCR 技术也已应用于检疫性真菌和细菌的检测。丁香疫霉（*Phytophthora syringae*）、冬生疫霉（*Phytophthora hibernalis*）、栗疫霉黑水病菌（*Phytophthora cambivora*）、草莓疫霉红心病菌（*Phytophthora fragariae*）和树莓疫霉根腐病菌（*Phytophthora rubi*）为我国禁止进境的 5 种检疫性疫霉，水果及其种苗上常携带这些疫霉属真菌。有研究者建立了柑橘属（*Citrus*）、苹果属（*Malus*）、李属（*Prunus*）和莓类水果及其种苗上检疫性疫霉的多重 PCR 检测方法，该技术可实现对带菌水果的直接检测，检测可在 1d 内完成，有效促进了水果的快速通关，为口岸检测和病原菌的田间监测提供了可靠的方法。白叶枯病菌（*Xanthomonas oryzae* pv. *oryzae*）、细菌性条斑病菌（*X. oryzae* pv. *oryzicola*）和细菌性谷枯病菌（*Burkholderia glumae*）分别引起水稻白叶枯病、细菌性条斑病和细菌性谷枯病，这三种病原菌均由带菌种子传播，是中国进境植物检疫性有害生物。有研究者利用多重 PCR 技术实现了在一个反应内对这三种水稻病原菌的特异性扩增，其检测的灵敏度与常规 PCR 检测的灵敏度相近，证实了多重 PCR 技术在实际检验工作中可实现对多种病原菌的同步检测。

多重 PCR 还应用于检疫性昆虫和线虫的检测。西花蓟马（*Frankliniella occidentalis*）和烟粉虱（*Bemisia tabaci*）是世界性入侵昆虫，分布范围广，共同寄主植物种类多。有研究者建立了同时检测这两种入侵害虫的多重 PCR 技术，适合大量样本的分析与鉴定，对口岸检疫及花卉、蔬菜和种苗调运中的害虫检测和监测具有重要意义。马以桂等（2006）也将多重 PCR 应用于检疫性线虫的检测，利用 3 对特异性引物成功地区分了剪股颖粒线虫（*Anguina agrostis*）、小麦粒线虫（*Anguina tritici*）和维氏粒线虫（*Anguina wevelli*），证实了该技术具有快速、经济、简便和准确的优点。

（五）定量 PCR

定量 PCR（quantitative PCR）（扫左侧二维码见详细资料）是对 PCR 技术的进一步发展和补充，可用来测量样品中的 DNA 或 RNA 的原始模板拷贝数量。该技术利用 PCR 的每个循环都能同步检测 PCR 产物增多的特点，来获得达到反应饱和前的信息，从而确定样品中 DNA 或 RNA 的原始模板量。实时定量 PCR（real-time PCR），又称实时荧光 PCR 或实时定量荧光 PCR，是定量 PCR 的一种，其结果最为可靠、应用最广。

1993 年，Higuchi 等首次报道了实时定量 PCR 方法，将标记染料溴化乙锭（ethidium bromide，EB）在 PCR 时嵌入新合成的 DNA 双链中，用改进的带有激发和监测装置的 PCR 仪对 EB 的含量进行实时监控，显示每一个 PCR 循环的产物量，这种方法的缺点是使用了 EB 致癌剂，不能排除非特异性 PCR 产物的荧光信号。1996 年，美国 Applied Biosystems 公司首先推出实时定量 PCR 技术，融合了 PCR 技术的核酸高效扩增、探针技术的高特异性、光谱技术的高敏感性和高精确定量的优点，直接探测 PCR 过程中荧光信号的变化以获得定量的结果。实时定量 PCR 技术不仅实现了 PCR 从定性到定量的飞跃，而且与常规 PCR 相比，它具有特异性强、敏感性高、重复性好、速度快、自动化程度高和污染少等优点。

1. 原理

实时定量 PCR 技术是指在 PCR 体系中加入荧光报道基团，利用荧光信号积累实时监测整个 PCR 进程，最后通过 C_t（cycle threshold）值和标准曲线对起始模板进行定量分析的方法。C_t 值为 PCR 过程中产生的荧光信号达到设定阈值时所经过的循环次数。阈值以基线荧光信号的均值标准差的 10 倍计算。C_t 值与模板起始拷贝数的对数存在线性关系，起始模板 DNA 分子越多，荧光达到阈值的循环数越少，即 C_t 值越小。利用已知起始 DNA 拷贝数的标准品可作标准曲线，只要获得未知样品的 C_t 值，就可通过标准曲线计算出该样品的起始拷贝数。

实时定量 PCR 所使用的荧光报道基团广义上可分为两大类：荧光染料和特异性探针。荧光染料是利用其自身特有的一些理化特征来指示扩增产物的增加，可与双链 DNA 结合的嵌入型荧光染料主要有 EB、SYBR Green Ⅰ、BEBO 和 SYBR Gold 等，常用的是 SYBR Green Ⅰ。特异性探针是利用与靶序列特异杂交的探针来指示扩增产物的增加，包括荧光标记探针和荧光标记引物，主要有 TaqMan 探针、分子信标（molecular beacon）、杂交探针、蝎子引物、LUX™ 引物等，其中 TaqMan 探针应用最为广泛。荧光染料的优点是简单易行，探针法因增加了探针的识别步骤，特异性更强。

（1）SYBR Green Ⅰ法 　　SYBR Green Ⅰ是一种能够与双链 DNA 小沟结合的染料。在游离状态下，SYBR Green Ⅰ发出微弱的荧光，一旦与双链 DNA（double-stranded DNA，dsDNA）结合，其荧光强度将大大增强。在以 SYBR Green Ⅰ为报道基团的实时定量 PCR 体系中，模板被扩增时，SYBR Green Ⅰ可以有效嵌入到新合成的双链中，随着扩增反应的进行，结合的 SYBR Green Ⅰ染料越来越多，被仪器监测到的荧光信号越来越强，从而达到定量的目的。其优点是检测方法简单，通用性好，是最经济的方法。缺点是 SYBR Green Ⅰ能够与所有的 dsDNA 结合，引物聚合体和非特异性扩增产物引起的荧光信号会影响定量的准确性，甚至出现假阳性。因此需要选用优质引物、优化 PCR，以减少聚合体和非特异性产物的产生；也可对扩增产物进行熔解曲线分析来判断荧光信号的真实性。

（2）TaqMan 探针法 　　TaqMan 探针是水解型探针的代表，该技术是在 PCR 体系中加入一对引物的同时再加入一个特异性的荧光探针。该探针两端分别携带荧光基团和猝灭基团，荧光基团标记在探针的 5′ 端，而猝灭基团则标记在 3′ 端。当探针完整时，荧光基团发射的荧光信号被猝灭基团吸收，检测不到荧光；当 DNA 聚合酶沿着 PCR 产物延伸时，就可切碎荧光探针，使荧光基团和猝灭基团分开，荧光基团发射荧光，从而被检测到。即每扩增出一条链，就会有一个荧光基团被释放而发光，实现了荧光信号的积累与 PCR 产物形成同步。因此，该方法可更灵敏地检测 PCR 产物的量。但是荧光探针的合成费用和检测费用较高。常用的 5′ 端标记荧光基团有羧基荧光素（FAM）、六氯荧光素（HEX）等，3′ 端标记的猝灭基团有 TAMRA、BHQ1 等。

2. 方法

由于实时定量 PCR 使用的荧光报道基团不同，其方法也有差别，这里以 TaqMan 探针为例进行介绍。

（1）引物和探针设计 　　用于检测病原物的实时定量 PCR 的探针和引物，均选择高度保守序列，可采用 Applied Biosystems 公司的 Primer Express 3.0 软件或其他公司提供的软件设计。探针分别在 5′ 端和 3′ 端标记 FAM 和 TAMRA 荧光染料。为了减少 PCR 扩增中产生非特异性产物，可将引物在 GenBank 里进行比对，尽量避免与其他病原物存在同源序列。为了避免标记的荧光探针衰减，应制备成 100μmol/L 的浓度保存在 −20℃冰箱，使用前稀释。

（2）实时定量 PCR 体系　　体系（25μL）：样品 DNA 1μL，10×PCR 扩增缓冲液 2.5μL，25mmol/L MgCl$_2$ 溶液 2μL，2.5mmol/L dNTP 2μL，10μmol/L Primers（正向引物和反向引物）各 1μL，10μmol/L 探针 1.5μL，5U/μL Taq DNA 聚合酶 0.2μL，去离子水（ddH$_2$O）13.8μL。或其他等效产品，操作步骤按使用说明进行。每个样品设 2 个重复，同时设置阴性对照、阳性对照和空白对照。

（3）实时定量 PCR 参数　　条件：95℃ 10min；95℃ 15s，60℃ 60s（根据引物进行调整），40 个循环。本反应条件适用于 ABI 7500 型荧光 PCR 仪，如使用其他荧光 PCR 仪，可以根据仪器性能进行适当调整。仪器操作方法按照设备使用说明进行，反应结束后保存各项数据和图像。

（4）结果判定

1）阈值设定：阈值设定根据仪器噪声情况进行调整，或以阈值线刚好超过阴性对照扩增曲线的最高点为准。

2）质控标准：阳性对照的 C_t 值应小于 30.0，并出现典型的扩增曲线。否则，此次实验结果无效。阴性对照和空白对照无 C_t 值。

3）结果判定：样品无 C_t 值并且无扩增曲线，判定为阴性。

样品 C_t 值≤35.0，且出现典型的扩增曲线，判定为阳性。

样品 C_t 值为 35.0~40.0 时，须重新提取样品总 RNA 进行扩增检测。重做结果无 C_t 值，判为阴性，否则判为阳性。

3. 应用

在我国，实时定量 PCR 最早应用于检测植物病毒。李坏死环斑病毒是对外检疫性有害生物，2002 年朱建裕设计了 TaqMan 荧光探针，首次建立了该病毒的实时荧光 RT-PCR 方法，其检测灵敏度比常规 PCR 高出 10~100 倍，证实了该检测技术的高灵敏度。刘梅等（2010）建立了用于检测烟草环斑病毒的实时定量 PCR，灵敏度比常规 PCR 高 100 倍，且与南芥菜花叶病毒（*Arabis mosaic virus*，ArMV）、马铃薯 X 病毒（*Potato virus X*，PVX）和马铃薯 Y 病毒（*Potato virus Y*，PVY）无交叉反应，可在 2h 内完成 96 个样品的检测，提高了工作效率，减少了工作量，降低了检测成本。

实时定量 PCR 应用于检测检疫性细菌情况如下。苜蓿细菌性萎蔫病菌（*Clavibacter michiganensis* subsp. *insidiosus*）是棒形杆菌属成员，漆艳香等（2003）根据 16S rDNA 序列差异设计出该病菌的实时定量 PCR 引物和特异性探针，对该病菌、4 种棒形杆菌属细菌及 10 种其他属细菌进行实时定量 PCR 检测，仅苜蓿细菌性萎蔫病菌能检测到荧光信号，灵敏度是常规 PCR 的 100 倍，避免了污染和漏检现象；同时试验不需要 PCR 电泳及病原菌的分离培养，大大简化了试验操作步骤，缩短了检测时间。

实时定量 PCR 应用于检测检疫性昆虫情况如下。由于昆虫在不同发育阶段，其形态结构变化比较大，不同地理分布的同种昆虫形态结构也有差异，给昆虫的检验检疫带来了困难。谷斑皮蠹（*Trogoderma granarium*）属于皮蠹科斑皮蠹属，是国际上重要的危险性仓储害虫，张祥林等（2017）建立了检测谷斑皮蠹的实时定量 PCR，灵敏度是常规 PCR 的 10^6 倍，能有效地把谷斑皮蠹与其他三种同属斑皮蠹区分开。实时定量 PCR 解决了近缘种形态相似程度高、难鉴定的难题。

实时定量 PCR 也能应用于检测检疫性线虫。王翀等（2005）建立了鳞球茎茎线虫（*Ditylenchus dispaci*）的实时定量 PCR 检测方法，解决了线虫形态相似种类和幼虫难鉴定、无法确定到种的难题。该技术也已应用于松材线虫（*Bursaphelenchus xylophilus*）、马铃薯白线虫（*Globodera pallida*）和马铃薯金线虫（*Globodera rostochiensis*）的鉴定。

实时定量 PCR 在检疫性真菌和植原体检测方面也有应用，由于该技术具有高准确度、高灵敏度的特点，现已广泛用于植物检疫的诸多领域，其因特异性强、敏感度高、快速可靠和操作简便而成为首选检验方式。目前已有大量植物检疫性病害有了规范化的实时定量 PCR 检测方法，为海关工作人员检测进境货物中携带的有害生物提供了有力的技术支持，有效地遏制了国外有害生物的入侵，保障了非疫区农业生产的安全。

　　本节涉及的部分缓冲液配方如下。

　　6′- 溴酚蓝上样缓冲液：0.25% 6′- 溴酚蓝，40% 蔗糖水溶液。

　　包被缓冲液（0.05mol/L 碳酸盐缓冲液，pH 9.6）：Na_2CO_3 1.59g，$NaHCO_3$ 2.93g，加蒸馏水至 1000mL。

　　封闭缓冲液：PBST＋2%PVP＋1%BSA。

　　洗涤缓冲液（0.02mol/L PBS＋吐温 -20，即 PBST，pH 7.4）：NaCl 8.0g，KCl 0.2g，KH_2PO_4 0.2g，$Na_2HPO_4 \cdot 12H_2O$ 2.9g，加蒸馏水至 1000mL，然后加入吐温 -20 0.5mL。

第三节　核酸杂交技术及其在检疫中的应用

一、基本原理和概念

（一）基本原理

核酸杂交技术是 1968 年 Roy Britten 及其同事发明的，是分子生物学领域中常用的基本方法之一，在植物病害的诊断、鉴定与分类中的作用日益显著。核酸杂交技术的基本原理是：带有互补的特定核苷酸序列的单链 DNA 或 RNA，对应的区段在一定条件下（适宜的温度及离子强度等）按碱基互补配对原则退火形成双链结构，如果退火的核酸来自不同的生物有机体，那么如此形成的双链分子就叫作杂交体核酸分子。能够杂交形成杂交体核酸分子的不同来源的核酸，亲缘关系比较密切；反之，亲缘关系则比较疏远。植物病原物的分子杂交检测也是基于这个原理，在已知某种病原物的保守核苷酸序列信息的情况下，利用已知序列与待测病原物的核酸分子杂交，同种病原物的序列能全部杂交配对。在病原物核酸杂交过程中，可以人为添加用来标记核酸杂交和检测的物质，使同种病原物的杂交信号最强，最终根据杂交信号的强弱诊断病原物是否为目标病原物。

（二）基本概念

核酸杂交技术的过程包括了核苷酸双链的变性和具有同源序列的两条单链的复性过程，主要有以下几个基本概念。

1. 变性

DNA 的变性（denaturation）是指在加热、有机溶剂存在或高盐浓度的情况下发生的以下反应：维持 DNA 螺旋的氢键被破坏，从而使 DNA 二级结构发生变化，DNA 二级双螺旋解旋，两条链完全解离，但其一级结构未破坏，变性过程可以在极短的时间内迅速完成。

2. 复性（退火）

复性（renaturation）是指变性的 DNA 两条互补单链，在适当条件下重新结合形成双链的过程。DNA 复性的过程比较复杂，相对于变性需要较长的时间才能完成。复性的第一步是两条 DNA 单链随机碰撞形成局部双链的过程，其遵循二级反应动力学，这种随机碰撞形成的局部双链是暂时的，如果此局部双链周围的碱基不能配对则会重新解离，继续随机碰撞，一旦找到正确的互补区，则首先形成局部双链作为核，核两侧的序列迅速配对，形成完整的双链分子。在分子杂交中，只要待测 DNA 样品中存在与加入的 DNA 探针同源的互补序列，在一定条件下，就可退火而形成异源 DNA 双链（DNA 杂交体）。

3. 增色效应

变性时 DNA 双螺旋解开，碱基外露，DNA 在波长 260nm 处紫外吸光值增加，这一现象称为增色效应（hyperchromic effect）。利用 DNA 变性后在波长 260nm 处紫外吸收的变化可追踪变性过程。

4. 探针

探针（probe）一般是指依据碱基配对能特异性识别目标基因，用于检测的已知核酸片段。探针具有将相关的生物信息转变为可读信号（如电流、荧光、化学发光、拉曼光谱等）的功能。为了便于示踪检测，探针必须用一定的手段加以标记，以利于随后的检测。

5. 标记

标记（labeling）就是使参与杂交的一方分子带有可识别的物质，使杂交后显示信号。要实现核酸探针分子的有效探测，必须将探针分子用一定的示踪物（即标记物）进行标记。

二、探针类型及制备方法

（一）核酸探针的分类

核酸探针是指特定的已知核酸片段，能与互补核酸序列退火杂交，可以用于待测核酸样品中特定基因序列的探测。常规的核酸探针大致可分为克隆探针和寡核苷酸探针，其中基因组 DNA 探针、cDNA 探针、RNA 探针三者称为克隆探针；寡核苷酸探针是人工合成的碱基数较少的 DNA 片段，又称为短链探针。探针还可以根据标记物不同分为放射性探针和非放射性探针两大类。在具体应用中，根据实验目的不同，可采用不同类型的探针。探针选择正确与否，将会直接影响杂交结果的分析。探针选择最基本的原则是应该具有高度特异性，兼而考虑来源是否方便等因素。

1. 克隆探针

DNA 探针、cDNA 探针和 RNA 探针均是可克隆的，统称为克隆探针。克隆探针的优点主要有两个：第一是特异性强，从统计学角度而言，较长的序列复杂度高，随机碰撞互补序列的机会较短序列少；第二是获得的杂交信号较强，因为克隆探针比寡核苷酸探针掺入的可检测标记基团更多。

（1）DNA 探针　　DNA 探针是最常用的核酸探针，是指长度在几百碱基对以上的双链 DNA 或单链 DNA 探针。现已获得的 DNA 探针数量很多，有细菌、病毒、线虫、真菌、动物和人类细胞 DNA 探针。这类探针多为某一基因的全部或部分序列，或某一非编码序列，通过克隆或 PCR 扩增得到。选择此类探针时，要特别注意真核生物基因组中存在的高度重复序列。尽可能使用基因的外显子作为探针，避免使用内含子或其他非编码序列，否则探针中可能因存在高度重复序列引起非特异性杂交而出现假阳性结果。

（2）cDNA探针 cDNA（complementary DNA）探针是指互补于mRNA的DNA分子，是由反转录酶催化产生的，该酶以RNA为模板，根据碱基互补配对原则和RNA的核苷酸顺序合成DNA（其中U与A配对）。cDNA探针应用面广，既适用于DNA（如真菌），也适用于RNA（如RNA病毒），既可以用于定性诊断，也可以用于定量诊断。

（3）RNA探针 RNA探针的优点在于杂交的特异性和杂交体的稳定性都高于DNA探针，这是因为核酸杂交体的热稳定性排序为RNA-RNA＞RNA-DNA＞DNA-DNA，因而同样序列的RNA探针的杂交温度会比DNA高很多，不管是RNA印迹（Northern blot）还是DNA印迹（Southern blot），RNA探针的特异性都高于DNA探针，但是RNA探针杂交过程中要保证无RNA酶污染。

2. 寡核苷酸探针

寡核苷酸探针是根据已知的核酸序列，采用DNA合成仪合成的一定长度的寡核苷酸片段。寡核苷酸探针包括TaqMan探针、相邻探针、Padlock探针、核酸纳米探针等，这类探针合成简单、设计灵活、灵敏度高、选择性好，在植物细菌、病毒等微生物的诊断中得到了广泛应用。

筛选寡核苷酸探针的原则有以下几点：①长度为18～50bp，较长探针的杂交时间长，合成量低，特异性比短探针差；②碱基成分，G+C含量为40%～60%，超出此范围则会增加非特异杂交；③探针分子内不应存在互补区，否则会出现抑制探针杂交的"发夹"状结构；④避免单一碱基的连续重复出现（不能多于4个），如—CCCCC—。一旦选定的某一序列符合上述标准，最好还要将序列与已知靶目标核酸序列进行同源性比较，探针序列应与靶序列的核酸具有较高的同源性，而与非靶区域的同源性不能超过70%，并且不能与非靶区域有连续8个或更多的碱基同源，否则，该探针不能用。

（二）标记物及其选择

要实现对核酸探针分子的有效探测，必须用一定的标记物（即示踪物）进行标记。一种理想的探针标记物，应具备以下几种特性：①高度灵敏性；②标记物与探针分子的结合，应绝对不能影响探针分子碱基配对特异性；③标记物与探针分子的结合，应不影响探针分子的主要理化特性，特别是杂交特异性和杂交稳定性；④检测方法除要求高度灵敏外，还应具有高度特异性，尽量降低假阳性率。根据标记物物理性质的不同，探针标记方式主要分为放射性和非放射性两种。

1. 放射性标记

最早采用的标记方法是放射性同位素标记法，常用的同位素有^{32}P、^{3}H、^{35}S等。放射性同位素探针灵敏度高，但由于半衰期短，标记后存放的时间有限，另外具放射性污染，对操作者和环境有放射性危害，因而近年来逐步被非放射性标记技术所取代。

2. 非放射性标记

非放射性标记检测系统标记试剂种类丰富，包括金属、荧光染料、地高辛（DIG）、生物素和酶等，可通过酶促反应、光促反应或化学修饰等方法标记核酸分子。目前大多是先制成带标记的脱氧核糖核苷三磷酸dNTP（dATP、dGTP、dCTP和dTTP），然后采用缺口平移法、末端标记法、随机引物法、聚合酶链反应等技术标记到核酸分子上。

（三）标记方法

常见的探针标记方法都是基于核酸酶促反应的，如随机引物标记法、缺口平移法、PCR标记法等，这些方法都是使用了不同的核酸聚合酶介导的反应。应用时可根据模板情况和实验目的选择合适的标记方法。

1. 随机引物标记法

常使用的随机引物为6聚体，目前共4000多种不同的引物序列可以有效结合到经变性的任何DNA模板上，引物结合后即启动大肠杆菌（*Escherichia coli*）DNA聚合酶Ⅰ大片段的DNA聚合反应，最终获得的探针是具有不同片段长度和序列的混合物，能覆盖整个模板序列。随机引物标记法适用于各种长度的模板，一般要求加入标记反应体系的模板量达到500ng～1μg。但是随机引物标记法对模板的纯度要求很高，最好是没有金属离子和乙二胺四乙酸（ethylene diamine tetraacetic acid，EDTA）污染，如果模板不纯，合成探针的效率会很低。标记完成后要通过定量斑点试验检测探针合成效率，来确定杂交时使用的探针体积。随机引物标记法也可使用8聚体或10聚体的引物，但是过长的引物会由于自身退火问题生成非特异的探针。相对而言，6聚体引物能产生更多的模板结合位点和更长的探针片段。

2. PCR标记法

PCR标记法根据引物序列获得长度和序列单一的探针，将标记的dNTP按一定比例加到待扩增的PCR体系中。通常商业化的试剂盒设计时已经将酶类选择、缓冲体系、反应体积、标记核苷酸与dNTP最佳浓度比例、模板DNA浓度、最佳反应时间等因素考虑在内，参照说明书来做就可以。例如，PCR DIG Probe Synthesis Kit中使用的是高保真酶，对探针序列的保真度有保证，获得的探针产量也高于普通的扩增酶。PCR标记法的探针简便、快速、重复性好，对模板DNA纯度要求低，适合大量制备，探针标记结果可通过简单的琼脂糖凝胶电泳进行验证。

3. 缺口平移法

首先用适当浓度的大肠杆菌（*E. coli*）DNase Ⅰ在DNA双链上制造一些随机缺口，缺口处会形成3′羟基端，此时*E. coli* DNA聚合酶Ⅰ的5′→3′核酸外切酶将缺口处5′侧核苷酸依次切除，并同时将新的核苷酸加到3′羟基端，以互补链为模板形成含有标记物的探针链（替代了原来的双链模板）。切口平移法的优点是可以通过酶的用量和反应的时间来控制探针的长度，原始模板可以是分子质量很大的双链DNA，通过反应条件的控制合成200～500bp的探针，最终获得的标记探针序列覆盖了整个模板区域，非常适合用于原位杂交。在原位杂交中，比较合适的探针长度为200～500bp，T_m均一，探针太长不容易进入细胞接触到靶片段，太短则会引起杂交效率和灵敏度下降。

4. 末端加尾标记法

末端加尾标记法适合标记合成的寡核苷酸探针，它是在大肠杆菌T_4噬菌体多聚核苷酸激酶（T_4PNK）的催化下，将标记ATP的磷酸连接到带羟基的待标记寡核苷酸5′端上。

（四）探针纯化

DNA探针标记反应结束后，反应液中仍存在未掺入DNA中的dNTP等小分子，如不将之去除，有时会干扰下一步反应。纯化探针的方法主要有凝胶过滤柱层析法、反相柱层析法、酚/氯仿抽提法和乙醇沉淀法。目前常用乙醇沉淀法或酚/氯仿抽提法进行纯化。乙醇沉淀法是利用DNA可被乙醇沉淀，而未掺入DNA的dNTP则保留在上清液中的特性，利用乙醇反复沉淀将两者分开；酚 / 氯仿抽提法是交替使用酚、氯仿这两种不同的蛋白质变性剂，将溶液中的蛋白质除去（注意：地高辛标记探针不能采用酚 / 氯仿抽提法纯化）。

（五）探针检测

标记完的探针杂交后结合在目标片段上，还需要选择杂交信号检测系统。不同的标记物对应的检测系统也不同，放射性的标记物是直接通过数字成像或感光胶片冲印成像，地高辛和生物素常通过抗体结合引入酶，再通过酶促反应来检测；荧光标记探针则通过荧光显微镜或成像系统检测。放射性标记物的检测反应需要曝光数小时、数天甚至一个月，而地高辛检测反应最快几分钟就可以看到结果。

以地高辛标记系统为例。首先是使用地高辛抗体结合膜上含有地高辛标记探针的位点，然后预结合了碱性磷酸酯酶（alkaline phosphatase，AP）或过氧化物酶（peroxidase，POD）的地高辛抗体与发色底物或化学发光底物在膜上反应后显色。除此以外，地高辛抗体也可以偶联荧光分子或胶体金分子，直接进行镜检观察或通过酶标二抗去检测地高辛抗体，以放大信号，地高辛抗体对地高辛分子的特异性结合保证了检测的特异性，而偶联在地高辛抗体上的酶，通过酶促反应加快了显色速度。

生物素标记方法一般是通过结合了酶的链霉亲和素（streptavidin）进行杂交信号检测，即 ABC 反应。生物素普遍表达于各生物体组织和细胞中，而且链霉亲和素容易吸附在固相介质（膜）上造成背景，所以从检测层面来说，生物素标记方法特异性不如地高辛标记系统的好，地高辛只在洋地黄植物的花和叶中有表达，不会在其他组织中形成非特异信号，杂交背景低。

不同的酶促显色反应体系会影响检测灵敏度，同为 AP 检测反应，使用氯化硝基四氮唑蓝（nitrotetrazolium blue chloride，NBT）/ 5- 溴 -4- 氯 -3- 吲哚基磷酸盐（5-bromo-4-chloro-3-indolyl phosphate，BCIP）（BCIP＋NBT 是碱性磷酸酯酶最佳的底物组合之一。在碱性磷酸酯酶的催化下，BCIP 会被水解产生强反应性的产物，该产物会和 NBT 发生反应，形成不溶性的深蓝色至蓝紫色的 NBT-formazan 从而显色）检测灵敏度就低于 CPD-star 和 CSPD 的光化学检测反应。NBT/BCIP、CPD-star 和 CSPD 都有商业化试剂盒可供购买。

三、核酸杂交类型及步骤

（一）核酸杂交类型

核酸杂交的形式有多种，按照不同分类依据有不同的分类名称，其中最常见的有印迹杂交、原位杂交、斑点印迹杂交等。按照核酸分子杂交作用环境可分为液相杂交和固相杂交。

1. 液相杂交

液相杂交是一种研究最早且操作简便的杂交类型，参加反应的两条核酸链都在溶液中，液相杂交的优点是制备简单、重现性好、易与生物体系兼容。缺点是杂交后过量未杂交探针在溶液中去除较为困难和误差较高。近年来，有大量商业性基因探针诊断试剂盒被应用，如实时定量 PCR 试剂盒，植物病害检测中已有大量的实时定量 PCR 检测方法得到了应用。

2. 固相杂交

固相杂交是指预先固定于固体支持物上的一条核酸链与游离于溶液中的另一条核酸链进行的杂交反应。固体支持物有硝酸纤维素滤膜、尼龙膜、乳胶颗粒、磁珠和微孔板等。固相杂交具有杂交后多余游离片段容易洗除、膜上留下的杂交物容易检测、能防止 DNA 自我复性的优点。在固相 - 液相杂交中往往液相分子被标记，以便产生能够被检出的杂交信号，杂交结果可根据信号的位置和强弱程度进行判断，如被检分子的分子质量（或长度）、被检分子的表达强度等。这种杂交适用于不同样品中相同基因片段的检测。

（1）原位杂交　　原位杂交（in situ hybridization）的全称为原位杂交组织（或细胞）化学（in situ hybridization histochemistry，ISHH），它是以标记的 DNA 或 RNA 为探针，在原位检测组织细胞内特定核酸序列的方法。ISHH 与菌落原位杂交不同，菌落原位杂交需裂解细菌释出 DNA，然后进行杂交。而原位杂交是经适当处理后，使细胞通透性增加，让探针进入细胞内与 DNA 或 RNA 杂交。根据探针的标记物是否直接被检测，原位杂交又可分为直接法和间接法两类。直接法主要用放射性同位素、荧光及某些酶标记的探针与靶核酸进行杂交，杂交后分别通过放射自显影、荧光显微镜术或成色酶促反应直接显示。间接法一般用半抗原标记探针，最后通过免疫组织化学法对半抗原定位，间接地显示探针与靶核酸形成的杂交体。2006 年，王利平等利用生物素标记 cDNA 探针杂交建立了组织印迹杂交法，可同时检测梨树上三种潜隐病毒：苹果茎沟病毒（Apple stem grooving virus，ASGV）、苹果褪绿叶斑病毒（Apple chlorotic leaf spot virus，ACLSV）和苹果茎痘病毒（Apple stem pitting virus，ASPV）。赵英（2008）利用原位杂交技术研究了梨树组织中的 ASPV。

（2）印迹杂交　　印迹杂交技术的原理首先由 Edwen Southern 于 1975 年提出，这一技术采用毛细管作用的原理，使在电泳凝胶中分离的片段转移并结合在适当的滤膜上，然后用经标记的单链 DNA 或 RNA 探针与膜上 DNA 进行杂交，检测这些转移到膜上的 DNA 片段。这一技术已广泛应用在植物细菌、病毒和类病毒的检测鉴定中，比如马铃薯中的马铃薯纺锤块茎类病毒（Potato spindle tuber viroid，PSTVd）和苹果中的苹果锈果类病毒（Apple scar skin viroid，ASSVd）。

印迹杂交包括 DNA 印迹（Southern blot）、RNA 印迹（Northern blot）。RNA 印迹是先通过电泳将样品抽提液中植物本身的 RNA 和病毒（或类病毒）的 RNA 分开，然后将其转移并固定至杂交膜上再进行杂交的方法，转印方法与 DNA 印迹转膜技术相似，但是不同点有：①用甲醛、甲基氧化汞或乙二醛使 RNA 变性，而不用 NaOH，因为 NaOH 会水解 RNA 的 $2'$-OH；②在转印后不能用低盐缓冲液洗膜，否则 RNA 会被洗脱；③在凝胶中不能加 EB，因为其会影响 RNA 与硝酸纤维素膜的结合；④操作应避免 RNase 的污染。甘琴华等（2014）利用 RNA 印迹从法国进境的葡萄砧木中鉴定出啤酒花矮化类病毒（Hop stunt viroid，HSVd）。

（3）斑点印迹杂交　　斑点印迹杂交（dot blot）是在 RNA 印迹的基础上发展建立起来的一种检测方法，其过程是将核酸样品变性后直接点在滤膜上，烤干或紫外线照射以固定标本，然后与探针进行杂交。斑点印迹为斑点状。斑点印迹杂交简便、快速，可做半定量分析，一张膜上可同时检测多个样品。张志想等（2011）应用建立的斑点印迹杂交方法检测鉴定了菊花矮化类病毒（Chrysanthemum stunt viroid，CSVd）。王锡锋等（2015）利用斑点印迹杂交检测了南方水稻黑条矮缩病毒（Southern rice black-streaked dwarf virus，SRBSDV）介体昆虫——白背飞虱的带毒率，单头白背飞虱带毒介体的总 RNA 稀释 1000 倍后依然可以检测到病毒，并且可以大批量处理样品，用于病害流行研究和测报。

（二）核酸杂交技术的基本步骤

目前常用于病害检测的杂交主要有斑点印迹杂交、印迹杂交和原位杂交。斑点印迹杂交是将核酸抽提液直接点在杂交膜上再进行杂交；印迹杂交和原位杂交则无须经过抽提核酸，直接将新鲜的样品汁液保存至杂交膜上，然后进行杂交，该方法简单、快捷，但由于样品未经提纯，故灵敏度较低，且易出现假阳性结果。核酸杂交的主要步骤包括待测核酸分子的制备（核酸的提取、基因克隆等）、探针的制备和效价检测、转膜、预杂交、杂交、洗膜和显影等过程。

1. DNA 印迹杂交（生物素标记）

（1）主要仪器设备　　移液器、杂交箱、杂交管、PCR 仪、电泳仪等。

（2）试剂　　2% CTAB（m/V）：20mmol/L EDTA，100mmol/L Tris-HCl（pH 8.0），1.4mol/L NaCl 溶液，用前加 0.2% 巯基乙醇。

20×SSC：在 800mL 蒸馏水中溶解 175.3g NaCl 和 88.2g 柠檬酸钠，加入数滴 10mol/L NaOH 溶液，调节 pH 至 7.0，加蒸馏水定容至 1L，分装后高压灭菌。

10% SDS：在 900mL 蒸馏水中溶解 100g SDS，加热至 68℃助溶，加入几滴浓盐酸，调节溶液的 pH 至 7.2，加蒸馏水定容至 1L，分装备用。

1mol/L $MgCl_2$ 溶液：在 800mL 蒸馏水中溶解 203.3g $MgCl_2 \cdot 6H_2O$，加蒸馏水定容至 1L，分装后高压灭菌。

1mol/L Tris-HCl：在 800mL 蒸馏水中溶解 121.1g Tris 碱，加入浓盐酸调节 pH 至所需值，然后定容至 1L。

预杂交液各组分的终浓度为：6×SSC，50% 去离子甲酰胺，5×Denhardt 液，0.5mg/mL 鲑鱼精 DNA 和 0.5% SDS。

杂交液：5×SSC，45% 去离子甲酰胺，1×Denhardt 液，20mmol/L Na_2HPO_4 溶液（pH 7.0），5% 硫酸葡聚糖，0.1mg/mL 鲑鱼精 DNA（作用是封闭硝酸纤维素膜上没有 DNA 转移的位点，降低杂交背景，提高杂交特异性），光敏生物素标记 DNA 探针（20～100ng/mL 杂交液）。

底物缓冲液：100mmol/L Tris-HCl（pH 9.5），1mol/L NaCl 溶液，5mmol/L $MgCl_2$ 溶液。

其他试剂：3% 牛血清白蛋白，亲和素 - 碱性磷酸酯酶，5- 溴 -4- 氯 -3- 吲哚 - 磷酸盐（10mg 溶于 200μL 二甲基甲酰胺），氮蓝四唑（NBT，15mg 溶于 200μL 二甲基甲酰胺）。

（3）基本操作步骤

1）基因组 DNA 的制备：可以通过十六烷基三甲基溴化铵（CTAB）法、十二烷基硫酸钠（SDS）法或商业试剂盒提取制备待检样品的基因组，作为待测的模板。

取样品约 0.1g，置于研钵中加液氮研磨成粉状，迅速加入 600μL 65℃水浴预热的 2% CTAB 抽提缓冲液；稍作研磨混匀；研磨液转入 1.5mL 离心管中，65℃水浴 30～45min，每隔 10min 颠倒离心管数次使其充分混匀；加入 300μL Tris 饱和酚与 300μL 氯仿 / 异戊醇（24∶1），混匀，剧烈振荡 30s；室温下，12 000g 离心 10min；取上清液置于新的离心管中，加等体积的氯仿 / 异戊醇（24∶1），温和地混匀；室温下，12 000g 离心 10min；取上清液置于新的离心管中，加入 1/10 体积 3mol/L NaAc 溶液（pH 5.2）和 2 倍体积预冷的无水乙醇，混匀，置于 −20℃冰箱 20min 以上，沉淀 DNA；在 4℃条件下，12 000g 离心 10min，弃尽上清液；用 70% 乙醇溶液洗 DNA 沉淀一次，室温下风干；沉淀完全溶于 200μL TE 中（含 RNase A 10μg/mL，pH 8.0），用核酸蛋白测定仪检测 DNA 的浓度和纯度，−20℃冰箱保存备用。

2）基因组 DNA 的限制酶切：在 1.5mL 离心管中依次加入 DNA（1μg/μL）20μg，10× 酶切缓冲液 5.0μL，限制性内切酶（10U/μL）5.0μL，用双蒸水（ddH_2O）定容至 50μL。在最适温度下消化 1～3h。消化结束后取 5.0μL 用电泳检测消化效果。如果效果不好，可以适当延长消化时间，或者加大反应体积，或者补充酶再消化。消化后的 DNA 加入 1/10 体积 0.5mol/L EDTA，以终止消化。然后用等体积酚和氯仿抽提，2.5 倍体积乙醇沉淀，最后加少量 TE 溶解。

3）基因组 DNA 消化产物的琼脂糖凝胶电泳：DNA 印迹使用的电泳胶浓度一般为 1.8%。电泳程序和要求与一般的 PCR 产物电泳相同。

4）DNA 从琼脂糖凝胶转移到固相支持物：在室温下，把基因组 DNA 消化产物的琼脂糖电泳凝胶浸入数倍体积的变性液中（0.5mol/L NaOH 溶液；1.5mol/L NaCl 溶液）30min，进行碱变性；然后将凝胶转移至中和液（1mol/L Tris-HCl，pH 7.4；1.5mol/L NaCl 溶液）15min；按凝胶的大小剪裁硝酸纤维素膜（NC 膜）或尼龙膜并剪去一角作为标记，水浸湿后，浸入转移液（20×SSC；3mol/L NaCl 溶液；0.28mol/L Na$_3$C$_6$H$_5$O$_7$，pH 7.0）中 5min。剪一张比膜稍宽的长条 Whatman 3mm 滤纸作为盐桥，再按凝胶的尺寸剪 3～5 张滤纸和大量的纸巾备用。转移结束后取出硝酸纤维素膜，浸入 6×SSC 溶液数分钟，洗去膜上沾染的凝胶颗粒，置于两张滤纸之间，80℃烘 2h。或用紫外线交联固定 5min，然后将膜夹在两层滤纸之间，保存于干燥处备用。

5）探针设计与标记：使用 DNAMAN 等软件对待测病原物基因序列进行比对分析，根据序列差异比较，找出目标病原物一条或几条长度为 18～26bp 的特异性寡核苷酸序列，使用 Primer 软件设计病原物的特异性探针，并在生物公司合成。

按照公司提供的生物素 / 地高辛试剂盒说明进行操作。

6）预杂交：将硝酸纤维素膜或尼龙膜放于杂交管内，膜背面朝管壁，正面朝向预杂交液。加少量的 2×SSC 将其湿润，弃余液。按 150～200μL/cm^2 样膜的量加入预杂交液。42℃杂交箱内预杂交 2.5h。

7）杂交：从杂交箱中取出杂交管，倒掉预杂交液，然后按 60～100μL/cm^2 样膜的量，加入杂交液，42℃杂交箱内杂交过夜（约 16h）。

8）洗膜：从杂交管中取出膜，按下列条件依次洗膜。2×SSC/0.1% SDS 100mL，室温下漂洗 3 次，每次 20min；0.1×SSC/0.1% SDS 100mL，65℃漂洗 3 次，每次 30min。

9）显影：包括以下几个步骤。①封闭：将 3% 牛血清白蛋白溶液加入杂交管内，于 42℃温育封闭 1h。②酶联显色反应：弃封闭液，再加入适当稀释的亲和素 - 碱性磷酸酯酶，室温孵育 15～30min。不时轻微振荡，随后用缓冲液［100mmol/L Tris-HCl（pH 7.5），1mol/L NaCl 溶液］洗膜。洗膜结束后，再次在缓冲液［100mmol/L Tris-HCl（pH 9.5），1mol/L NaCl 溶液，5mmol/L MgCl$_2$ 溶液］中洗膜。③显色：将膜放入新配制的底物溶液（取 BCIP 和 NBT 溶液各 12μL，加 3mL 底物缓冲液）中，在暗环境中室温下显色 15～60min。阳性样品出现蓝紫色小斑点，阴性样品无斑点或斑点不明显。

2. 斑点印迹杂交

（1）主要仪器设备　同 DNA 印迹杂交。

（2）试剂　同 DNA 印迹杂交。

（3）实验方法

1）探针设计与标记：同 DNA 印迹杂交。

2）PCR 扩增：斑点印迹杂交法的 DNA 引物为专化性引物（PCR 扩增、电泳检验和染色观察方法参照本章第二节 "PCR 技术及其在检疫中的应用"），扩增出特异性条带的 PCR 产物在 4℃冰箱保存，用于杂交分析。

3）探针杂交：包括以下 4 个步骤。①核酸样品的预变性：将目的 PCR 产物煮沸 5～10min，冰浴中迅速冷却，使其变性。②尼龙膜的预处理：戴上干净的手套，取尼龙膜按需要剪成合适大小并剪掉角作为点样顺序标记。如采用手工点样，则用铅笔在尼龙膜上按 0.8～1cm² 的面积标上小格。用蒸馏水浸湿，再浸入 6×SSC 溶液中至少 30min，将膜取出风干待用。③点样：用微量移液器将变性处理的核酸样品依次点到尼龙膜的标记点上。斑点直径不要过大，应控制在 0.5cm² 以内。单个样品分少量多次点样，边点样边风干。④固定：将点样后的样膜置于滤纸上，室温自然风干，然后在 120℃条件下固定 30min。

4）预杂交：同 DNA 印迹杂交。

5）杂交：同 DNA 印迹杂交。

6）洗膜：同 DNA 印迹杂交。

7）显影：同 DNA 印迹杂交。

第四节　其他分子生物学技术及其在检疫中的应用

在植物检疫中，除了常用的血清学、PCR 及核酸杂交技术外，随着检测领域技术的发展，还出现了一些其他的检测技术，如生物芯片技术、限制性片段长度多态性技术、深度测序技术等，这些技术也在植物病毒、线虫、昆虫及新发病害的检测中得到应用。

一、生物芯片

（一）生物芯片的概念

生物芯片（biochip）的概念来源于计算机芯片。由于生物芯片常用硅片作为固相支持物，且在制备过程中模拟了计算机芯片的制备技术，所以称为生物芯片技术。生物芯片同计算机芯片一样，具有集成化的特点，是 20 世纪 90 年代初期发展起来的一门高新技术，由生命科学与微电子学等学科相互交叉发展而来，具备高通量、微型化和自动化的特点。生物芯片有广义和狭义之分：广义的生物芯片是指通过微加工技术和微电子技术在厘米见方的固体薄型器件表面构建的微型生物化学分析系统，它可对生物成分或生物分子进行快速并行处理和分析，最终实现对细胞、蛋白质、DNA 或其他生物组分准确、快速、大信息量的检测；狭义的生物芯片也称微阵列芯片（microarray chip），主要包括 cDNA 微阵列、寡核苷酸微阵列、蛋白质微阵列和小分子化合物微阵列。

（二）生物芯片的分类

根据用途不同，生物芯片可分为两大类：①生物电子芯片，用于生物计算机等生物电子产品的制造，包括生物微处理器和生物微存储器；②生物分析芯片，用于各种生物大分子、细胞、组织的操作及生物化学反应检测，它又包括被动式生物芯片和主动式生物芯片。被动式生物芯片包括基因芯片（genechip，DNA chip，DNA microarray）、蛋白质芯片（protein chip）和组织芯片（tissue chip）等，该种芯片上的生物化学反应通过分子的扩散运动完成，不需要外加的场力；主动式生物芯片包括微流控芯片（microfluidics chip）及其他主动式生物芯片，该种芯片的构建和生化反应引入了外力或场的作用。

（三）生物芯片的原理

生物芯片的原理是利用蛋白质 - 蛋白质间特异性结合、抗原 - 抗体特异性结合、核酸杂交等分子间的相互作用，将待测样品进行标记，之后再与生物芯片反应。样品中的标记分子与芯片上的相应探针结合，荧光信号由激光共聚焦荧光扫描仪获取，经电脑系统处理，分析得到信号值，信号值代表了结合在探针上的待测样本中的特定大分子信息。

（四）生物芯片的基本操作步骤

在植物检疫中最常用的为基因芯片，其检测的基本步骤包括引物探针设计、芯片制备、样品制备、杂交及洗涤、信号检测及数据分析（图 3-3）。

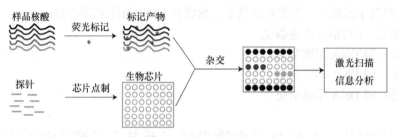

图 3-3 芯片信号检测过程

*荧光染料；○芯片上固定的探针；●质控对照；●阳性样品 1；●阳性样品 2

1. 芯片制备

目前芯片主要以玻璃片或硅片为载体，采用原位合成和微矩阵的方法将寡核苷酸片段或 cDNA 作为探针按顺序排列在载体上。芯片的制备除了涉及微加工工艺外，还需要使用机器人技术，以便能快速、准确地将探针放置到芯片上的指定位置。

2. 样品制备

生物样品往往是复杂的生物分子混合体，除少数特殊样品外，一般不能直接与芯片反应，有时样品的量很少，所以必须将样品进行提取、扩增，获取其中的蛋白质或 DNA、RNA，然后用荧光标记，以提高检测的灵敏度和使用者的安全性。

3. 杂交反应

杂交反应是荧光标记的样品与芯片上的探针进行反应产生一系列信息的过程，是芯片检测的关键一步，选择合适的反应条件能使生物分子间反应处于最佳状况，降低生物分子之间的错配率。

4. 芯片信号检测

常用的芯片信号检测方法是将芯片置入芯片扫描仪中，通过扫描以获得有关生物信息。杂交反应后的芯片上各个反应点的荧光位置、荧光强弱经过芯片扫描仪和相关软件可以进行分析，将荧光信息转换成数据，即可以获得有关生物信息。

（五）生物芯片技术在植物检疫中的应用

下文以南芥菜花叶病毒（*Arabis mosaic virus*，ArMV）的检测为例，介绍基因芯片技术的应用。

1. 样品

待检测样品为北京口岸进境的荷兰郁金香和唐菖蒲种球。

2. 引物和探针设计

检测引物及探针：根据 GenBank 中南芥菜花叶病毒 *CP* 基因序列设计特异性扩增引物 ArMVcp-d-f：5′-CACGAGGAGTCTGCTACGATATTTCCTCTACTACTAGCACTGTAGCCCT

TG-3′；ArMVcp-d-r：5′-CACGAGGAGTCTGCTACGTGATGGTAACACCACCAGAACTCT TTC-3′。同时经过同源性比对找出保守区段，再以比较严格且均一的条件（T_m、G+C 含量、二级结构等）计算出符合病毒保守区段的 60mer 探针，并在 5′ 端以氨基修饰，作为基因芯片的检测探针。

收集 GenBank 公布的植物核糖体 18S 基因序列，设计特异性扩增引物 18S-f：5′-CACG AGGAGTCTGCTACATGATAACTCGACGGATCGC-3′；18S-r：5′-CACGAGGAGTCTGCTAC CTTGGATGTGGTAGCCGTTT-3′，用于阳性对照产物的扩增。

标记引物：5′-CACGAGGAGTCTGCTAC-3′。

表面化学对照：为一段带有荧光标记的探针，5′ 端以氨基修饰，3′ 端以 Cy3 或 Cy5 修饰，用于监控基片与探针的结合。

标记对照：随机生成一段与病毒没有同源性的序列，并据此序列设计标记对照探针，5′ 端以氨基修饰。

阳性对照：根据植物核糖体 18S RNA 序列设计，5′ 端以氨基修饰，监控样品 RNA 提取。

阴性对照：与病毒序列无同源性的 60mer 核苷酸序列，5′ 端以氨基修饰。

杂交对照：合成两条 60mer 序列，一条为杂交对照探针，5′ 端以氨基修饰，与基片结合，同时合成该探针的 60mer 互补序列，并在其 5′ 端以 Cy3 或 Cy5 修饰。

空白对照：为点样缓冲液，监控点样针清洗及探针有无交叉污染。

3. 芯片构建

探针用点样缓冲液溶解，浓度为 50μmol/L，小样芯片每条探针横向重复 3 点，每点约 0.25μL，点直径约 130μm，点间距 300μm，点样均匀度的标准方差约为 15%。

点样后洗液中搅拌清洗芯片 2min；点样后封闭液中搅拌封闭 5min；去离子水中搅拌清洗 2min，重复三次，2000r/min 离心 1min。

4. 样品核酸提取

按如下步骤使用 Trizol 试剂提取样品总 RNA，或者按照市售植物 RNA 提取试剂盒操作说明提取样品总 RNA：①取 0.1g 发病叶片，剪成小段，用液氮研磨成粉末状，称取阳性质控品 0.1g，直接用液氮磨成粉末，移入灭菌的 1.5mL 离心管中，然后加入 1mL 的 Trizol 试剂，剧烈振荡摇匀；②4℃ 12 000r/min 离心 10min，以除去不溶的成分，将上清液转入一新的 1.5mL 离心管中；③加 0.5mL 氯仿，剧烈振荡 15s，然后在室温下保持 2～15min 后，4℃ 12 000r/min 离心 15min；④将上层水相转移到新的 1.5mL 离心管中，加等体积异丙醇，颠倒混匀，室温下保持 15min；⑤4℃ 12 000r/min 离心 10min，倒掉上清液，加入 75% 的乙醇溶液洗涤沉淀，然后 4℃ 12 000r/min 离心 5min，弃去乙醇；⑥沉淀于室温下充分干燥后，溶于 20μL DEPC-H_2O 中，−20℃保存备用。

5. RT-PCR

以总 RNA 为模板，用随机引物反转录合成 cDNA。以合成的 cDNA 为目标，分别进行南芥菜花叶病毒和 18S rRNA 的扩增。PCR 扩增体系为 25μL，反应条件为：95℃变性 5min；95℃ 30s，50℃ 30s，72℃ 1min，5 个循环；95℃ 30s，55℃ 30s，72℃ 1min，30 个循环；72℃延伸 10min；4℃保存。

6. 标记扩增

以前一次的 PCR 产物作为标记扩增的模板，进行 PCR，体系为 10μL。10×PCR 扩增缓冲液 1μL，dNTP（1mmol/L，其中 Cy3-dCTP 0.35μmol/L）0.2μL，标记引物（50μmol/L）0.4μL，

Taq DNA 聚合酶（5U/μL）0.1μL，标记对照（2ng/μL）0.3μL，18S rRNA 反应模板 0.2μL，病毒反应模板 0.2μL，去离子水 7.6μL。PCR 扩增条件为：95℃变性 5min；95℃ 30s，55℃ 30s，72℃ 1min，35 个循环；72℃延伸 10min；4℃保存。

7. 杂交及洗涤

取 9μL 标记反应产物、5μL 3×Southern 杂交封闭缓冲液和 1μL 杂交对照（500nmol/L）混合，95℃变性 5min，迅速冰浴 5min。芯片杂交盒中加入 200μL 去离子水，将芯片正面朝上放进杂交盒中，对准方向放入盖片，通过加样孔将杂交液一次性注入，使其充满盖片和芯片之间的空隙，封闭杂交盒，置于 65℃恒温环境 30min。

杂交完毕后，弃去盖片，芯片探针面向下在少量 65℃预热的杂交洗液Ⅰ（0.3×SSC，0.2% SDS）中漂去残余杂交液，然后将芯片放在铜染色架上，在预热的杂交洗液Ⅰ中用磁力搅拌器中速度搅拌清洗 5min，再在预热的杂交洗液Ⅱ（0.06×SSC）中搅拌清洗 5min，然后将芯片置于 50mL 离心管中 2000r/min 离心 1min，置于暗盒室温保存。

图 3-4　芯片检测结果示意图

8. 扫描与数据分析

将芯片置于芯片扫描仪中进行扫描，Cy3 标记用 532nm 激光管扫描。采用 GenePix Pro4.0 软件进行数据分析。结果显示，样品在 ArMV 探针位置都有较强的荧光信号，与空白对照、阴性对照和其他病毒的探针无杂交信号（图 3-4），说明检测的植物样品中确实存在 ArMV，并且芯片的特异性较好，确保了芯片杂交结果的可靠性，证明基因芯片可用于 ArMV 的日常检测。

二、限制性片段长度多态性分析

（一）原理

限制性片段长度多态性（restriction fragment length polymorphism，RFLP）技术于 1974 年由 Grodzicker 等首次提出，1980 年由 Bostein 再次提出，并于 1983 年由 Soller 和 Beckman 最先将其应用于品种鉴别和品系纯度的测定中。该技术利用了不同种类的限制性内切核酸酶能够识别不同的特异性核苷酸序列，并能够特异性切割这些序列的特性。一方面，对于不同种群的生物个体而言，它们的 DNA 序列存在差别，如果这种差别刚好发生在限制性内切核酸酶的酶切位点，并使限制性内切核酸酶识别序列变成了不能识别序列，或是这种差别使本来不是限制性内切核酸酶识别位点的 DNA 序列变成了限制性内切核酸酶识别位点，就会导致用限制性内切核酸酶酶切该 DNA 序列时少一个或多一个酶切位点，结果产生少一个或多一个酶切片段；另一方面，对于同种生物，如果 DNA 分子中核苷酸碱基的突变或者分子结构的重排造成 DNA 的缺失或插入，也会造成酶切位点的丢失或增加。这样就导致用同一种限制性内切核酸酶切割不同物种或同一物种，但存在碱基变异的 DNA 序列时，会产生相当多的不同长度、不同数量的限制性酶切片段，在进行凝胶电泳时，这些片段由于迁移率不同而形成不同的条带。然后将这些条带转膜、变性，与标记过的探针进行杂交、洗膜，即可分析其多态性结果。

（二）RFLP 在有害生物检测中的应用

研究者将 PCR 和 RFLP 结合起来对 DNA 进行研究，即将 DNA 的特定序列用 PCR 方法扩增，其扩增产物再用限制性内切核酸酶进行酶切分析，此方法广泛应用于植物病原物的种群分析和鉴定中。

1. 线虫

1988 年，Bolla 等应用 RFLP 研究分析了松材线虫（*Bursaphelenchus xylophilus*）不同的致病型。Hoyer 应用 RFLP 的方法对滑刃属的 5 种线虫的间隔转录区（internal transcribed spacer, ITS）进行了分析和种类鉴定。Chen 等（2007）利用 5 种限制性内切核酸酶对松材线虫和拟松材线虫（*B. mucronatus*）rDNA 的 ITS 进行了 PCR-RFLP 分析，成功地筛选出可以用于区分这两种线虫的限制性内切核酸酶。rDNA PCR-RFLP 已经成为分析线虫种间和种下群体遗传变异的有用工具，在线虫种群的鉴定及种群间亲缘关系的研究中均具有一定的应用价值。

2. 外来入侵植物

RFLP 技术在入侵植物的原产地起源、入侵后种群的分化、入侵种群体遗传结构分析上也有较多的应用。有研究者对入侵物种加拿大一枝黄花（*Solidago canadensis*）的根际微生物进行的 RFLP 标记分析表明，该物种入侵成功后能明显改变当地土壤中细菌群落优势种的种类，降低土壤细菌群落的多样性，从而间接影响当地植物的生长，这也是加拿大一枝黄花在入侵地能逐渐成为单生优势种群的原因之一。有研究者通过 RFLP 技术对不同地区采集的 256 株紫茎泽兰（*Ageratina adenophora*）叶绿体 DNA 的多态性研究表明，入侵我国的紫茎泽兰叶绿体 DNA 进化速度非常缓慢，各地理种群在叶绿体 DNA 水平上尚未检测出分化现象，尽管紫茎泽兰在叶绿体 DNA 上的进化相对保守，但其环境可塑性较强，能在多种生境条件下存活并发展其种群，这一特性也是其在不同生境条件下能成功入侵和扩张的原因之一。

3. 检疫性实蝇

在检疫性实蝇的快速鉴定研究中，RFLP 也具有快速、经济、结果可靠的优势。Muraji 和 Nakahara（2002）以 mtDNA 1.6kb 片段作为分子标记，利用 PCR-RFLP 技术成功地鉴定了橘小实蝇（*Bactrocera dorsalis*）等 18 种果实蝇属实蝇。吴佳教等（2005）运用 PCR-RFLP 技术对口岸截获频率较高的地中海实蝇（*Ceratitis capitata*）、橘小实蝇、番石榴实蝇（*B. correcta*）和辣椒实蝇（*B. latifrons*）等 9 种检疫性实蝇 mtDNA 的 PCR 扩增片段进行酶切，得到的酶切位点可清晰地区分供试实蝇。

4. 植物病毒

PCR-RFLP 技术为植物病毒株系的区分和生物学特性的预测也提供了一种快速、准确的手段。Gillings 等（1993）用限制性内切核酸酶 *Hinf* I 消化柑橘衰退病毒（*Citrus tristeza virus*，CTV）外壳蛋白 *p25* 基因 RT-PCR 产物并进行图谱分析，发现该技术可用于鉴别不同致病特性的 CTV 株系。澳大利亚广泛采用这种方法对 CTV 株系进行快速鉴定，以满足保障当地柑橘产业发展和筛选 CTV 弱毒株系的需要。杜志强等（2000）改进合成了新的黄症病毒属通用引物，并以此为基础，建立了大麦黄矮病毒（*Barley yellow dwarf virus*，BYDV）的 RT-PCR-RFLP 诊断检测技术。

5. 真菌

植物病原真菌的不同生理小种对鉴别寄主的毒力不同，这些毒力差异也可以用 RFLP 技术从 DNA 分子水平上表现出来。Hulbert（1988）、McDonald 和 Martinez（1990）、Braithwaite 等（1990）分别研究了莴苣霜霉菌（*Bremia lactucae*）、小麦颖枯病菌（*Septoria nodorum*）和柑橘炭疽病菌（*Colletotrichum gloeosporioides*）的 DNA 限制性片段长度多态性。

（三）RFLP 实验流程

RFLP 技术已经成为分子生物学的重要分析方法之一，在植物病原物的鉴定中也具有较大潜力。其基本实验流程为 DNA 的制备、限制性内切核酸酶的消化、消化产物多态性的检测。

1. DNA 的制备

如果是对基因组 DNA 进行多态性分析，首先需要对候选材料的基因组 DNA 进行提取。提取方法采用常见的 CTAB 法或者试剂盒法均可，要求提取的 DNA 没有降解。如果是对 PCR 产物进行 RFLP 分析，则首先需要设计 PCR 扩增候选基因的引物，然后利用 PCR 技术获得候选 DNA 片段。

2. 限制性内切核酸酶的消化

利用不同的酶对制备的核酸进行酶切消化，使其产生不同大小的片段。

3. 消化产物多态性的检测

低分子质量的 DNA 用限制性内切核酸酶消化后，可以利用琼脂糖凝胶电泳分离和溴化乙锭染色直接显示出酶切片段长度的变化，这种方法后来广泛用于动物线粒体 DNA、植物叶绿体 DNA 和病原微生物 DNA 多态性的检测，可根据 DNA 酶切后产生的片段数量和大小分析鉴别 DNA 间的相似程度。对于高分子质量的 DNA（如高等生物的细胞核 DNA）在酶切后很难用电泳分开，往往染出连续一片。另外，对于酶切后大小相似片段的核酸序列是否相似，单纯用酶切图谱很难说清，在硝酸纤维素膜或尼龙膜上原位 DNA 杂交后，使多态性分析更为精确和完善，因此进行 RFLP 分析研究时，现在都需要进行 DNA 印迹。简单地讲，其过程包括：① DNA 的纯化和酶切；②酶切片段电泳分离和转移；③标记杂交探针；④膜上 DNA 杂交；⑤同源片段的显示。DNA 酶切产物用琼脂糖电泳分离后，可采用毛细管转移法、电转移法或真空转移法将其转移至硝酸纤维素膜或尼龙膜上，经高温烘烤或紫外交联将 DNA 片段固定在膜上，用有标记的探针与膜一起保温，在复性条件下，凡膜上固定的与探针同源的 DNA 就能结合上探针，洗去没有结合的探针，最后对杂交结果进行检测就显示出与探针同源的 DNA 片段。

三、深度测序

随着功能基因组时代的到来，传统的第一代测序技术（Sanger 法）由于成本高、速度慢等不足，已经不能满足植物检疫工作快速解析植物病、虫、杂草遗传信息进而建立特异性或广谱性检测技术的需求。与第一代测序技术相比，第二代测序技术能一次对几十万甚至几百万的 DNA 分子进行序列测定，因此也称为高通量测序或者深度测序。结合生物信息学软件，可以将大量不同片段的信息连接起来进行组装，结合 NCBI BLAST 分析实现对一个物种的转录组或者基因组进行细致全面的分析。深度测序技术的诞生，为生命科学研究带来了革命性的变化，推动了药物研发、基因组、疾病医疗等领域的研究，同时这种新技术也革新了植物检疫的诊断技术，提高了植物检疫方法的水平。扫左侧二维码见测序方法详细资料。

（一）种类及原理

目前第二代测序技术的平台有 SOLiD 技术、454（GS FLX 系统）技术和 Solexa 技术。

1. SOLiD 技术

SOLiD 技术以结合在磁珠上的单分子 DNA 片段簇为测序模板，以四色荧光标记寡核苷酸进行连续的连接反应为基础，对扩增的 DNA 片段进行大规模高通量测序。与聚合酶测序方法不同的是，SOLiD 技术利用逐步连接（stepwise ligation）技术来产生高质量的数据，可应用于全基因组测序、染色质免疫共沉淀（ChIP）、微生物测序、数字核型分析、临床测序、基因型分析、基因表达分析和小分子 RNA 的发现等。

2. 454（GS FLX 系统）技术

454（GS FLX 系统）技术的测序原理是基于焦磷酸测序法，依靠生物发光对 DNA 序列进行检测。在 DNA 聚合酶、ATP 硫酸化酶、荧光素酶和双磷酸酶的协同作用下，454（GS FLX 系统）技术将引物上每一个 dNTP 的聚合与一次荧光信号释放偶联起来。通过检测荧光信号释放的有无和强度，就可以达到实时测定 DNA 序列的目的。此技术不需要荧光标记的引物或核酸探针，也不需要进行电泳。具有读数长，分析结果快速、准确，高灵敏度和高自动化的特点，其主要缺点是无法准确测量同聚物的长度。

3. Solexa 技术

Solexa 技术是采用可逆终止法的边合成边测序技术，这种测序技术通过将基因组 DNA 的随机片段附着到光学透明的表面，这些 DNA 片段通过延长和桥梁扩增，形成了具有数以亿计簇（cluster）的流动池（flowcell），每个簇具有约 1000 拷贝的相同 DNA 模板，然后用 4 种末端被封闭的不同荧光标记的碱基进行边合成边测序。Solexa 技术确保了高精确度和真实的一个碱基接一个碱基的测序，排除了序列方面的特殊错误，能够测序同聚物和重复序列。

（二）应用

深度测序技术因其快速准确和高通量的优点已经在病毒学的研究中被广泛应用，已成为病毒学尤其是病毒检验鉴定研究的强有力工具，该技术基于测序产生的海量数据，在生物信息学软件的辅助分析下，将大量含有不同遗传信息的片段组装起来并进行注释，从而完成对病毒的鉴定。深度测序技术具有非序列依赖性的优势，能同时检测样品中不同含量的、基因组序列缺乏的所有 DNA 病毒、RNA 病毒及类病毒，它的出现极大地变革和推进了病毒的发现历程，利用该技术已在多种植物上进行了植物病毒的发掘和病原鉴定（Barba et al.，2014），其具体流程主要有样品制备、文库构建、上机测序和数据分析。

根据深度测序挖掘病毒资源技术的核酸来源不同，可以分为基于 small RNA、poly（A）RNA、双链 RNA（double-stranded RNA，dsRNA）和总 RNA/DNA 的测序 4 种。

1. 基于 small RNA 的测序

RNA 沉默是植物体内广泛存在的抵抗病毒侵染的机制。当外界病毒侵入时，植物的基因沉默系统会将病毒的核酸进行切割，从而产生长度为 18～24nt 的来源于病毒的小 RNA 分子（virus-derived small interfering RNA，vsiRNA）。这些 vsiRNA 在序列上是重叠的，并且来源于病毒基因组上的任何位置。利用深度测序技术获得大量 vsiRNA 的序列并通过生物信息学技术对其进行组装注释，即可鉴定和发现新病毒。利用 small RNA 测序鉴定新病毒就是基于这样的原理。该技术的主要流程为植物总 RNA 的提取、small RNA 的分离、3′/5′ 加接头、反转录及 PCR 富集、测序。该技术对总 RNA 质量要求较高，满足一定要求的 RNA 才可以进行后续 small RNA 的分离工作。目前，植物 RNA 的提取方法主要有 TRizol 法、CTAB 法、异硫氰酸胍法等。不同植物样品需要选择合适的 RNA 提取方法。通常要求总 RNA 的量 $\geqslant 5\mu g$/样本，样本纯度 OD_{260}/OD_{280} 为 1.8～2.0，$OD_{260}/OD_{230} \geqslant 1.8$，样本完整度 RIN $\geqslant 7$，Ratio 28S/18S $\geqslant 0.7$。small RNA 的分离及文库构建可以采用商业化的试剂盒。Kreuze 等

（2009）利用 Illumina 平台对病毒侵染的甘薯内的小 RNA 分子进行深度测序，鉴定出了用传统的血清学方法检测不到的低滴度的甘薯羽状斑驳病毒。对组装的较大长度的片段（contig）序列在 NCBI 数据库进行 BLASTn 和 BLASTx 比对时，意外地发现了甘薯上的一种新的杆状 DNA 病毒。Giampetruzzi 等（2012）利用 NGS 测定 siRNA，从表现褪绿、斑驳、叶畸形等症状的葡萄病叶和无症状的葡萄叶片中分离到葡萄黄点类病毒 1（*Grapevine yellow speckle viroid-1*，GYSVd-1）、沙地葡萄茎痘相关病毒（*Grapevine rupestris stem pitting associated virus*，GRSPaV）等多种病毒和类病毒。此外，利用深度测序测定 siRNA 已在一系列植物的未知病原鉴定中发挥了重要作用（Pallett et al.，2010；Pantaleo et al.，2010；Li et al.，2012；Zhang et al.，2011）。

2. 基于 poly（A）RNA 的测序

对 3′ 端具有 poly（A）结构的病毒可以采用基于 poly（A）RNA 的测序方法（即转录组测序）。该方法的基本流程为总 RNA 提取、mRNA 分离、cDNA 合成、cDNA 片段化、cDNA 片段末端修复和加接头、PCR 扩增、测序。该方法对总 RNA 的要求通常为每个样品总量不少于 7μg，OD_{260}/OD_{280} 应为 1.9～2.2，RNA 28S：18S≥1.5，推荐 RIN≥7。利用该技术，Wylie 等（2012）从 17 属的 120 个样本中鉴定出 12 种已知病毒和 4 种新病毒。

3. 基于 dsRNA 的测序

RNA 病毒在复制过程中会产生双链 RNA 的复制中间体。以 dsRNA 作为深度测序的模板，可以减少寄主核酸的干扰并增加病原检测的灵敏度。该方法的主要流程为 dsRNA 的提取、RNA 片段化、cDNA 合成、cDNA 片段末端修复和加接头、PCR 扩增、测序。其中 dsRNA 的提取是该技术的基础。目前提取 dsRNA 的方法主要有纤维素粉 CF11 吸附法和重组蛋白 GST-DRB4*Protein 结合法（Kobayashi et al.，2009）。利用该方法，Al-Rwahnih 等（2009）鉴定出西拉葡萄病毒 1 号的新病毒。Roossinck 等（2010）利用该技术发现了数千种植物新病毒。

4. 基于总 RNA/DNA 的测序

根据候选病毒的核酸类型不同提取植物的总 RNA 或 DNA，或者分离纯化病毒的 RNA 或 DNA，进行测序文库的构建。对于环状 DNA 病毒，可以利用滚环复制扩增技术对病毒基因组 DNA 进行富集，再构建测序文库进行深度测序。利用该技术，多种植物病毒被鉴定了出来（Poojari et al.，2013；Ng et al.，2011）。

获得测序数据后需要利用生物信息学技术对测序数据进行分析，其主要分析流程可以概括为数据质量检测、去除低质量数据（接头污染及低质量数据）、序列组装、序列注释。在开始数据分析之前，一个很重要的工作就是对数据进行评估，以评估测序数据质量的好坏，因为数据质量会直接影响到数据分析的结果。目前最常用的工具是 FastQC（http://www.bioinformatics.babraham.ac.uk/projects/fastqc）。之后利用 Vectorstrip 软件去掉接头序列及低质量的数据获得 clean read。在进行序列组装之前可以利用 Bowtie 等软件将测序数据中的植物序列剔除（如果测序物种有参考基因组序列）。组装常用的软件有 Velvet（Zerbino and Birney，2008）、CAP3（Huang and Madan，1999）、ABySS（Simpson et al.，2009）、SOAPdenovo、CLC Genomic Workbench、VIP（Li et al.，2016）等。组装后的数据利用 NCBI 数据库进行本地化 BLAST 比对注释，获得候选病毒的基因组序列。

第四章 植物病原菌物的室内检验检疫方法

第一节 植物病原菌物的主要类群及生物学特性

菌物（mycophyta）是广义的真菌，是一类具有细胞核、无叶绿素，不能进行光合作用，以吸收为营养方式的有机体。据估计，全球有 150 万种菌物，已被描述和记载的约有 10 万种，其中约有 1.5 万种能够造成植物病害，大多数属于子囊菌或担子菌。70%～80% 的植物病害是由菌物引起的。此外，许多植物病原菌物潜伏在植物种苗组织内，或附着在植物种苗、产品或其他材料的表面，通过这些寄主植物或产品调运进行远距离传播，到达新区后，遇适宜条件即定殖下来造成病害的发生与流行。

一、菌物的形态

（一）菌物的营养体及变态结构

菌物的营养体是指菌物营养生长阶段形成的结构，具有吸收水分和养料的功能。典型的营养体为管状、多分枝的丝状体，少数为原生质团或单细胞。单根的丝状体称为菌丝（hypha），菌丝的集合体称为菌丝体（mycelium）。根据有无隔膜，将菌丝分为无隔菌丝和有隔菌丝。较低等的菌物如卵菌和壶菌，其菌丝体没有隔膜，称为无隔菌丝体；较高等的菌物如子囊菌和担子菌，其菌丝体有隔膜，称为有隔菌丝体。

菌物的营养体为抵抗不良的环境条件可发生变态而形成特殊的结构，以利于病原物的传播、固着吸收和繁殖。营养体的主要变态形式有吸器、假根、附着枝、附着胞等。

（二）菌物的菌组织及菌组织体

菌物的菌丝体可缠结形成菌组织。常见的菌组织有两种：一种为排列疏松、壁薄、色浅，细胞为长条形的疏丝组织（prosenchyma）；另一种为排列紧密、壁较厚、色较深，细胞为近圆形或多角形的拟薄壁组织（pseudoparenchyma）。

菌物的菌组织可进一步形成菌组织体，即菌核（sclerotium）、子座（stroma）和菌索（rhizomorph）。菌核常与植物种子混杂在一起。菌核的大小、颜色和形状是检验与鉴定病原菌物的依据之一。

（三）菌物的繁殖体

菌物一般有无性繁殖和有性生殖两种繁殖方式，分别产生无性孢子和有性孢子。病原菌物的孢子类型及形态特征是检验和鉴定病原菌物的重要依据。

无性繁殖以营养繁殖为特征，形成各种类型的无性孢子，虽然过程短，但多在植物生长季节发生，因重复次数多，产生后代数目大，对病害的发生、蔓延及病原物的传播起着重要作用。无性孢子的形态、色泽、细胞数目、产生和排列方式是菌物分类与鉴定的重要依据。

常见的无性孢子有游动孢子（zoospore）、孢囊孢子（sporangiospore）、分生孢子（conidium）和厚垣孢子（chlamydospore）。

有性生殖通过两个性细胞或性器官的结合产生有性孢子，以细胞核的结合为特征。有性生殖产生了遗传重组的后代，有益于增强菌物的生活力和适应性。常见的有性孢子有休眠孢子（囊）（resting spore/sporangium）、卵孢子（oospore）、接合孢子（zygophore）、子囊孢子（ascospore）和担子孢子（basidiospora）。

二、菌物的分类

菌物分类系统是菌物学家根据菌物在形态、生理、生化、遗传、生态、超微结构及分子生物学等多方面的共同和不同的特征进行归类而建立起来的，随着菌物学家对菌物上述诸方面的研究进展，菌物的分类系统也出现了相应的变化。

自菌物学诞生（1729 年）至今，对于菌物在生物界的地位，不同的学者有不同的观点，在我国，以前最常用的是 Ainsworth 在《真菌词典》（1971 年）和《真菌进展论文集》（1973 年）中采用的五界分类系统，该系统将生物划分为动物界、植物界、原核生物界、原生生物界和真菌界，所有菌物均属于真菌界真菌门。真菌门又分为鞭毛菌亚门、接合菌亚门、子囊菌亚门、担子菌亚门和半知菌亚门 5 个亚门。随着人们对菌物认识的不断深入，菌物分类系统也得以不断补充和完善，八界系统逐渐被大家所接受。本书按照《菌物辞典》（第 10 版）（2008 年）的分类系统，将生物分为真细菌界（Eubacteria）、古细菌界（Archaebacteria）、原始动物界（Archezoa）、原生动物界（Protozoa）、藻物界（也称假菌界）（Chromista）、真菌界（Fungi）、植物界（Plantae）和动物界（Animalia）。菌物分属于原生动物界、藻物界和真菌界。原鞭毛菌亚门的根肿菌被归入原生动物界中根肿菌门；原鞭毛菌亚门的卵菌归入藻物界中的卵菌门；而其他菌物则归入真菌界，分为壶菌门、接合菌门、子囊菌门、担子菌门和半知菌类。

菌物分门检索表（引自谢联辉，2006）

1. 具有以吞噬方式进行营养的阶段 ·· 原生动物界（Protozoa）

   根肿菌门（Plasmodiophoromycota）

1. 不以吞噬方式进行营养 ··· 2
2. 游动孢子具有茸鞭式鞭毛；一般为纤维质的细胞壁 ······················ 藻物界（Chromista）

   卵菌门（Oomycota）

2. 一般没有游动孢子，即使有，也没有茸鞭式鞭毛；几丁质细胞壁 ··········· 真菌界（Fungi）
3. 具有游动孢子阶段 ·· 壶菌门（Chytridiomycota）
3. 没有游动孢子阶段 ·· 4
4. 无性孢子内生于孢子囊内，有性孢子为接合孢子，由配子囊结合形成 ······ 接合菌门（Zygomycota）
4. 无性孢子为外生的分生孢子 ·· 5
5. 有性孢子内生于子囊 ··· 子囊菌门（Ascomycota）
5. 有性孢子外生于担子 ··· 担子菌门（Basidiomycota）

三、我国进境植物检疫性菌物的主要类群及生物学特性

我国进境植物检疫性菌物主要归属藻物界（Chromista）和真菌界（Fungi）（表 4-1）。归属藻物界的检疫性菌物主要属于卵菌门（Oomycota），有 20 种，除向日葵白锈病菌属于白锈

科（Albuginaceae）外，其他均属于霜霉科（Peronosporaceae），其中疫霉属（*Phytophthora*）所占比例最大，有 11 种之多（含变种或小种），占 55%，如栎树猝死病菌（*P. ramorum*）等。

　　归属真菌界的检疫性菌物共有 110 种，其中子囊菌门（Ascomycota）83 种，担子菌门（Basidiomycota）26 种，壶菌门（Chytridiomycota）1 种［即集壶菌科（Synchytriaceae）的马铃薯癌肿病菌（*Synchytrium endobioticum*）］。子囊菌门占检疫性菌物比例最高（64%），子囊菌门中除香菜茎瘿病菌（*Protomyces macrosporus*）属于外囊菌亚门（Taphrinomycotina）外，其余均属于盘菌亚门（Pezizomycotina）。盘菌亚门中涉及种类较多的科有球腔菌科（Mycosphaerellaceae）10 种、丛赤壳科（Nectriaceae）10 种、间座壳科（Diaporthaceae）6 种。担子菌门中以柄锈菌目（Pucciniales）种类最多，达 15 种，其中柱锈菌科（Cronartiaceae）6 种、柄锈菌科（Pucciniaceae）6 种、栅锈科（Melampsoraceae）2 种、鞘锈菌科（Coleosporiaceae）1 种。

表 4-1　我国进境植物检疫性菌物名录及其分类地位

编号	目	科	检疫性菌物学名
1	*白锈目 Albuginales	白锈科 Albuginaceae	向日葵白锈病菌 *Albugo tragopogi*（Persoon）Schröter var. *helianthi* Novotelnova
2	霜霉目 Peronosporales	霜霉科 Peronosporaceae	甜菜霜霉病菌 *Peronospora farinosa*（Fries: Fries）Fries f. sp. *betae* Byford
3			烟草霜霉病菌 *P. hyoscyami* de Bary f. sp. *tabacina*（Adam）Skalicky
4			栗疫霉黑水病菌 *Phytophthora cambivora*（Petri）Buisman
5			马铃薯疫霉绯腐病菌 *P. erythroseptica* Pethybridge
6			草莓疫霉红心病菌 *P. fragariae* Hickman
7			树莓疫霉根腐病菌 *P. fragariae* Hickman var. *rubi* W. F. Wilcox et J. M. Duncan
8			柑橘冬生疫霉褐腐病菌 *P. hibernalis* Carne
9			雪松疫霉根腐病菌 *P. lateralis* Tucker et Milbrath
10			苜蓿疫霉根腐病菌 *P. medicaginis* E. M. Hans. et D. P. Maxwell
11			菜豆疫霉病菌 *P. phaseoli* Thaxter
12			栎树猝死病菌 *P. ramorum* Werres，de Cock et Man in't Veld
13			大豆疫霉病菌 *P. sojae* Kaufmann et Gerdemann
14			丁香疫霉病菌 *P. syringae*（Klebahn）Klebahn
15			油棕猝倒病菌 *Pythium splendens* Braun
16			玉米霜霉病菌（非中国种）*Peronosclerospora maydis*（Racib.）Shaw
17			玉米霜霉病菌（非中国种）*P. philippinensis*（Weston）Shaw
18			玉米霜霉病菌（非中国种）*P. sacchari*（Miyake）Shaw
19			玉米霜霉病菌（非中国种）*P. sorghi*（Westonet et Uppal）Shaw
20			玉米褐条霜霉病菌 *Sclerophthora rayssiae* Kenneth，Kaltin et Wahl var. *zeae* Payak et Renfro
21	**煤炱目 Capnodiales	枝孢霉科 Cladosporiaceae	黄瓜黑星病菌 *Cladosporium cucumerinum* Ellis et Arthur
22			松针褐斑病菌 *Mycosphaerella dearnessii* M. E. Barr
23			香蕉黑条叶斑病菌 *M. fijiensis* Morelet

编号	目	科	检疫性菌物学名
24			松针褐枯病菌 *M. gibsonii* H. C. Evans
25			亚麻褐斑病菌 *M. linicola* Naumov
26			香蕉黄条叶斑病菌 *M. musicola* J. L. Mulder
27			松针红斑病菌 *M. pini* E. Rostrup
28			柑橘斑点病菌 *Phaeoramularia angolensis*（T. Carvalho et O. Mendes）P. M. Kirk
29			小麦基腐病菌 *Pseudocercosporella herpotrichoides*（Fron）Deighton
30			甜菜叶斑病菌 *Ramularia beticola* Fautr. et Lambotte
31			欧芹壳针孢叶斑病菌 *Septoria petroselini*（Lib.）Desm.
32	葡萄座腔菌目 Botryosphaeriales	葡萄座腔菌科 Botryosphaeriaceae	落叶松枯梢病菌 *Botryosphaeria laricina*（K. Sawada）Y. Zhong
33			苹果壳色单隔孢溃疡病菌 *B. stevensii* Shoemaker
34			苹果球壳孢腐烂病菌 *Sphaeropsis pyriputrescens* Xiao et J. D. Rogers
35			柑橘枝瘤病菌 *S. tumefaciens* Hedges
36		平座菌科 Planistromellaceae	橡胶南美叶疫病菌 *Microcyclus ulei*（P. Henn.）von Arx
37	格孢腔目 Pleosporales	格孢腔菌科 Pleosporaceae	小麦叶疫病菌 *Alternaria triticina* Prasada et Prabhu
38		小双腔菌科 Didymellaceae	菊花花枯病菌 *Didymella ligulicola*（K. F. Baker，Dimock et L. H. Davis）von Arx
39			番茄亚隔孢壳茎腐病菌 *D. lycopersici* Klebahn
40		孢黑团壳科 Massarinaceae	马铃薯银屑病菌 *Helminthosporium solani* Durieu et Mont.
41		小球腔菌科 Leptosphaeriaceae	胡萝卜褐腐病菌 *Leptosphaeria libanotis*（Fuckel）Sacc.
42			向日葵黑茎病菌 *L. lindquistii* Frezzi
43			十字花科蔬菜黑胫病菌 *L. maculans*（Desm.）Ces. et de Not.
44		n/a	香菜腐烂病菌 *Mycocentrospora acerina*（Hartig）Deighton
45		n/a	高粱根腐病菌 *Periconia circinata*（M. Mangin）Sacc.
46		n/a	马铃薯坏疽病菌 *Phoma exigua* Desmazières f. sp. *foveata*（Foister）Boerema
47		n/a	葡萄茎枯病菌 *P. glomerata*（Corda）Wollenweber et Hochapfel
48		n/a	豌豆脚腐病菌 *P. pinodella*（L. K. Jones）Morgan-Jones et K. B. Burch
49		n/a	柠檬干枯病菌 *P. tracheiphila*（Petri）L. A. Kantsch. et Gikaschvili
50		n/a	洋葱粉色根腐病菌 *Pyrenochaeta terrestris*（Hansen）Gorenz, Walker et Larson
51		暗球腔菌科 Phaeosphaeriaceae	麦类壳多胞斑点病菌 *Stagonospora avenae* Bissett f. sp. *triticea* T. Johnson
52			甘蔗壳多胞叶枯病菌 *S. sacchari* Lo et Ling

编号	目	科	检疫性菌物学名
53	黑星菌目 Venturiales	黑星菌科 Venturiaceae	李黑节病菌 *Apiosporina morbosa*（Schweinitz）von Arx
54			苹果黑星病菌 *Venturia inaequalis*（Cooke）Winter.
55	刺盾炱目 Chaetothyriales	Herpotrichiellaceae	大豆茎褐腐病菌 *Phialophora gregata*（Allington et Chamberlain）W. Gams
56			苹果边腐病菌 *P. malorum*（Kidd et Beaum.）McColloch
57	n/a	裸囊菌科 Amorphothecaceae	杜鹃芽枯病菌 *Pycnostysanus azaleae*（Peck）Mason
58	n/a	n/a	白蜡鞘孢菌 *Chalara fraxinea* T. Kowalski
59	n/a	n/a	马铃薯皮斑病菌 *Polyscytalum pustulans*（M. N. Owen et Wakef.）M. B. Ellis
60	柔膜菌目 Helotiales	皮盘菌科 Dermateaceae	松生枝干溃疡病菌 *Atropellis pinicola* Zaller et Goodding
61			嗜松枝干溃疡病菌 *A. piniphila*（Weir）Lohman et Cash
62			苹果树炭疽病菌 *Pezicula malicorticis*（Jacks.）Nannfeld
63		核盘菌科 Sclerotiniaceae	山茶花腐病菌 *Ciborinia camelliae* Kohn
64			美澳型核果褐腐病菌 *Monilinia fructicola*（Winter）Honey
65			杜鹃花枯萎病菌 *Ovulinia azaleae* Weiss
66		柔膜菌科 Helotiaceae	冷杉枯梢病菌 *Gremmeniella abietina*（Lagerberg）Morelet
67			葡萄角斑叶焦病菌 *Pseudopezicula tracheiphila*（Müller-Thurgau）Korf et Zhuang
68	盘菌目 Pezizales	根盘菌科 Rhizinaceae	棉根腐病菌 *Phymatotrichopsis omnivora*（Duggar）Hennebert
69	肉座菌目 Hypocreales	n/a	麦类条斑病菌 *Cephalosporium gramineum* Nisikado et Ikata
70		n/a	玉米晚枯病菌 *C. maydis* Samra，Sabet et Hingorani
71		n/a	甘蔗凋萎病菌 *C. sacchari* E. J. Butler et Hafiz Khan
72		丛赤壳科 Nectriaceae	花生黑腐病菌 *Cylindrocladium parasiticum* Crous，Wingfield et Alfenas
73			松树脂溃疡病菌 *Fusarium circinatum* Nirenberg et O'Donnell
74			芹菜枯萎病菌 *F. oxysporum* Schlecht. f. sp. *apii* Snyd. et Hans
75			芦笋枯萎病菌 *F. oxysporum* Schlecht. f. sp. *asparagi* Cohen et Heald
76			香蕉枯萎病菌（4号小种和非中国小种）*F. oxysporum* Schlecht. f. sp. *cubense*（E. F. Sm.）Snyd. et Hans（Race 4 non-Chinese races）
77			油棕枯萎病菌 *F. oxysporum* Schlecht. f. sp. *elaeidis* Toovey
78			草莓枯萎病菌 *F. oxysporum* Schlecht. f. sp. *fragariae* Winks et Williams
79			南美大豆猝死综合征病菌 *F. tucumaniae* T. Aoki，O'Donnell，Yos. Homma et Lattanzi

编号	目	科	检疫性菌物学名
80			北美大豆猝死综合征病菌 *F. virguliforme* O'Donnell et T. Aoki
81			可可花瘿病菌 *Nectria rigidiuscula* Berk. et Broome
82	n/a	Plectosphaerellaceae	苜蓿黄萎病菌 *Verticillium albo-atrum* Reinke et Berthold
83			棉花黄萎病菌 *V. dahliae* Kleb.
84	小囊菌目 Microascales	n/a	向日葵茎溃疡病菌 *Ceratocystis fagacearum*（Bretz）Hunt
85	间座壳目 Diaporthales	n/a	榛子东部枯萎病菌 *Anisogramma anomala*（Peck）E. Muller
86		Cryphonectriaceae	桉树溃疡病菌 *Cryphonectria cubensis*（Bruner）Hodges
87		间座壳科 Diaporthaceae	向日葵茎溃疡病菌 *Diaporthe helianthi* Muntanola-Cvetkovic Mihaljcevic et Petrov
88			苹果果腐病菌 *D. perniciosa* É. J. Marchal
89			大豆北方茎溃疡病菌 *D. phaseolorum*（Cooke et Ell.）Sacc. var. *caulivora* Athow et Caldwell
90			大豆南方茎溃疡病菌 *D. phaseolorum*（Cooke et Ell.）Sacc. var. *meridionalis* F. A. Fernandez
91			蓝莓果腐病菌 *D. vaccinii* Shear
92			黄瓜黑色根腐病菌 *Phomopsis sclerotioides* van Kesteren
93		日规壳菌科 Gnomoniaceae	葡萄苦腐病菌 *Greeneria uvicola*（Berk. et M. A. Curtis）Punithalingam
94		黑腐皮壳科 Valsaceae	苹果溃疡病菌 *Leucostoma cincta*（Fr. : Fr.）Hohn.
95	n/a	小丛壳科 Glomerellaceae	咖啡浆果炭疽病菌 *Colletotrichum kahawae* J. M. Waller et Bridge
96	巨座壳目 Magnaporthales	巨座壳科 Magnaporthaceae	燕麦全蚀病菌 *Gaeumannomyces graminis*（Sacc.）Arx et D. Olivier var. *avenae*（E. M. Turner）Dennis
97	长喙壳目 Ophiostomatales	长喙壳科 Ophiostomataceae	新榆枯萎病菌 *Ophiostoma novo-ulmi* Brasier
98			榆枯萎病菌 *O. ulmi*（Buisman）Nannf.
99			针叶松黑根病菌 *O. wageneri*（Goheen et Cobb）Harrington
100	粪壳目 Sordariales	n/a	甜瓜黑点根腐病菌 *Monosporascus cannonballus* Pollack et Uecker
101	炭角菌目 Xylariales	蕉孢壳科 Diatrypaceae	葡萄藤猝倒病菌 *Eutypa lata*（Pers.）Tul. et C. Tul.
102		炭角菌科 Xylariaceae	杨树炭团溃疡病菌 *Hypoxylon mammatum*（Wahlenberg）J. Miller
103	外囊菌目 Taphrinales	外囊菌科 Taphrinaceae	香菜茎瘿病菌 *Protomyces macrosporus* Unger
104	*** 伞菌目 Agaricales	小皮伞菌科 Marasmiaceae	可可丛枝病菌 *Crinipellis perniciosa*（Stahel）Singer
105			可可链疫孢荚腐病菌 *Moniliophthora roreri*（Ciferri et Parodi）Evans

续表

编号	目	科	检疫性菌物学名
106		小菇科 Mycenaceae	咖啡美洲叶斑病菌 *Mycena citricolor*（Berk. et Curt.）Sacc.
107	鸡油菌目 Cantharellales	角担子菌科 Ceratobasidiaceae	草莓花枯病菌 *Rhizoctonia fragariae* Husain et W. E. McKeen
108	刺革菌目 Hymenochaetales	刺革菌科 Hymenochaetaceae	松干基褐腐病菌 *Inonotus weirii*（Murrill）Kotlaba et Pouzar
109			木层孔褐根腐病菌 *Phellinus noxius*（Corner）G. H. Cunn.
110	多孔菌目 Polyporales	薄孔菌科 Meripilaceae	橡胶白根病菌 *Rigidoporus lignosus*（Klotzsch）Imaz.
111	柄锈菌目 Pucciniales	鞘锈菌科 Coleosporiaceae	云杉帚锈病菌 *Chrysomyxa arctostaphyli* Dietel
112		柱锈菌科 Cronartiaceae	油松疱锈病菌 *Cronartium coleosporioides* J. C. Arthur
113			北美松疱锈病菌 *C. comandrae* Peck
114			松球果锈病菌 *C. conigenum* Hedgcock et Hunt
115			松纺锤瘤锈病菌 *C. fusiforme* Hedgcock et Hunt ex Cummins
116			松疱锈病菌 *C. ribicola* J. C. Fisch.
117			松瘤锈病菌 *Endocronartium harknessii*（J. P. Moore）Y. Hiratsuka
118		栅锈菌科 Melampsoraceae	铁杉叶锈病菌 *Melampsora farlowii*（J. C. Arthur）J. J. Davis
119			杨树叶锈病菌 *M. medusae* Thumen
120		柄锈菌科 Pucciniaceae	楤梓锈病菌 *Gymnosporangium clavipes*（Cooke et Peck）Cooke et Peck
121			欧洲梨锈病菌 *G. fuscum* R. Hedw.
122			美洲山楂锈病菌 *G. globosum*（Farlow）Farlow
123			美洲苹果锈病菌 *G. juniperi-virginianae* Schwein
124			天竺葵锈病菌 *Puccinia pelargonii-zonalis* Doidge
125			唐菖蒲横点锈病菌 *Uromyces transversalis*（Thümen）Winter
126	腥黑粉菌目 Tilletiales	腥黑粉菌科 Tilletiaceae	小麦矮腥黑穗病菌 *Tilletia controversa* Kühn
127			小麦印度腥黑穗病菌 *T. indica* Mitra
128	黑粉菌目 Urocystidales	球黑粉菌科 Glomosporiaceae	马铃薯黑粉病菌 *Thecaphora solani*（Thirumalachar et M. J. O'Brien）Mordue
129		Urocystidaceae	葱类黑粉病菌 *Urocystis cepulae* Frost
130	****Chytridiales	集壶菌科 Synchytriaceae	马铃薯癌肿病菌 *Synchytrium endobioticum*（Schilb.）Percival

注：表中目、科列标"n/a"的表示分类地位未确定；* 该目及以下属于藻物界卵菌门；** 该目及以下属于真菌界子囊菌门；*** 该目及以下属于真菌界担子菌门；**** 该目及以下属于真菌界壶菌门；本表中检疫性名单是根据我国进境检疫性菌物名录整理的，名称可能与目前所用名称有出入

（一）原生动物界根肿菌门

根肿菌门菌物专性寄生于高等植物根或茎的细胞内，有的寄生于藻类和其他水生菌物上，寄生于高等植物的往往引起寄主细胞膨大和组织增生，受害根部肿大，故称为根肿菌。

根肿菌门菌物的营养体为原生质团，无性繁殖时，营养体原生质团整个形成薄壁的游动孢子囊，释放游动孢子。有性生殖时，两个游动孢子配合形成合子，合子进一步发育形成厚壁的休眠孢子囊。休眠孢子囊萌发时通常释放1个具有2根长短不一的尾鞭型鞭毛的游动孢子。因此，这类休眠孢子囊习惯上被称为休眠孢子。该门目前尚未发现重要的检疫性有害生物。

（二）藻物界卵菌门

1. 概述

卵菌门菌物大多数是水生的，少数是两栖的或接近陆生的。卵菌只有在高湿的条件下才能产生游动孢子囊和释放游动孢子，而且大多数卵菌主要以游动孢子萌发产生的芽管侵入寄主植物。因此，卵菌引起的植物病害在潮湿、多雨、低洼积水、通风透光条件差的条件下发生普遍，危害较严重。

卵菌营养体为二倍体，多数是发达的无隔菌丝体，少数低等的是单细胞；细胞壁的主要成分为纤维素。专性寄生的卵菌常在寄主细胞内产生球形或丝状吸器，吸取寄主营养。无性繁殖产生游动孢子囊。游动孢子囊在萌发时大多产生游动孢子，少数种类直接萌发产生芽管，不产生游动孢子。有性生殖产生卵孢子，卵菌因此而得名。

2. 重要检疫性病原菌物及生物学特性

卵菌门中，与植物病害密切相关的有腐霉目（Pythiales）、霜霉目（Peronosporales）和白锈目（Albuginales）。孢子囊及孢囊梗形态、卵孢子形态是区别不同属的重要特征。

（1）栗疫霉黑水病菌　　栗疫霉黑水病菌［*Phytophthora cambivora*（Petri）Buisman］属藻物界（Chromista）卵菌门（Oomycota）霜霉纲（Peronosporea）霜霉目（Peronosporales）霜霉科（Peronosporaceae），是我国进境植物检疫性有害生物。分布于日本、印度、波兰、丹麦、法国、葡萄牙、瑞典、斯洛伐克、土耳其、西班牙、英国、意大利、毛里求斯、南非、加拿大、美国、澳大利亚、新西兰等国家和地区。除了引起栗黑水病外，还在许多果树上引起根茎腐烂病。病菌为害栗树，通常侵染树干基部和较大的根，引起树干和根腐烂。病害发展较快时，植株顶部叶片出现枯萎，当年栗树即枯亡。有时候果实流出的"黑水"将树干基部的树皮染黑，根部病斑流出的蓝黑色液体将根部附近的土壤染色。此外，病菌还可侵染樱桃、桃、梨、李、杏、苹果等许多果树。病菌在2～32℃均可生长，最适生长温度为22～24℃。病菌主要随土壤传播，可以菌丝或者卵孢子在田间或者土壤中越冬，主要从伤口侵入。较高的土壤湿度、干旱和受伤等不利因素容易使寄主感病。潮湿和茎基部积水是诱发栗黑水病的主要条件。

（2）大豆疫霉病菌　　大豆疫霉病菌（*Phytophthora sojae* Kaufmann et Gerdemann）是我国进境植物检疫性有害生物，其侵染大豆引起的根腐病是大豆生产中的毁灭性病害之一。分布于俄罗斯、匈牙利、德国、英国、法国、意大利、斯洛文尼亚、瑞士、澳大利亚、新西兰、加拿大、美国、巴西、阿根廷、智利、日本、韩国、巴基斯坦和我国局部地区。大豆疫病可以发生在大豆各个生育期，引起根腐、茎腐，植株矮化、枯萎和死亡。田间播种后，引起种子腐烂，幼苗猝倒。在真叶期，被害幼苗茎部呈水渍状，叶片变黄、枯萎而死。成株期受害时，往往在茎基部感病，病茎出现黑褐色病斑，并向上不同程度扩展至下部侧枝，病茎髓部变黑，皮层和维管束组织坏死，靠近病斑的叶柄基部变黑、凹陷，随即叶片下垂凋萎，但叶不脱落，受害植株最初下部叶片发黄，上部叶片很快失绿，随即整株枯死。豆荚受到侵染，基部呈水渍状，逐渐往端部扩展，致使整个豆荚变褐、干枯。病荚里的种子受到侵染，豆粒表皮失去光泽，呈现淡褐色、褐色至黑褐色，且皱缩干瘪，呈现出网纹，且豆粒体积明显变小。在感病品种上可造成25%～50%的损失，个别高感品种损失可达100%，被害种子的蛋白质含量明显降低。大豆疫病是典型的土传真菌病害，土壤是病原菌在田间传播的重要途径，孢子囊和游动孢子是田间传播的重要形式。扫右侧二维码见大豆疫霉病菌检验鉴定流程。

（3）烟草霜霉病菌　　烟草霜霉病菌［*Peronospora hyoscyami* de Bary f. sp. *tabacina*（Adam）Skalicky］属于藻物界卵菌门霜霉纲霜霉目霜霉科，是我国进境植物检疫性有害生物。目前在柬埔寨、缅甸、伊朗、也门、伊拉克、叙利亚、黎巴嫩、约旦、塞浦路斯、以色列、土耳其、瑞典、波兰、捷克、斯洛伐克、匈牙利、德国、奥地利、瑞士、荷兰、比利时、卢森堡、英国、法国、西班牙、葡萄牙、意大利、罗马尼亚、保加利亚、阿尔巴尼亚、希腊、加拿大、美国、墨西哥、危地马拉、萨尔瓦多、洪都拉斯、哥斯达黎加、古巴、牙买加、海地、多米尼加、巴西、智利、阿根廷、乌拉圭、埃及、利比亚、突尼斯、阿尔及利亚、摩洛哥、卢旺达、莫桑比克等国家或地区有发生。主要为害烟草属栽培烟草（如红花烟草和黄花烟草），某些茄科植物（如茄、辣椒、番茄）的幼苗在自然条件下也可被侵染。露水充足时，叶背面的灰白色霉层清晰可见；干燥时，受害的叶组织薄而质脆，病斑易于穿孔，形成不规则的孔洞。病菌可以侵害处于生长期的叶片，也可侵染芽、花器和荚果。气流传播是烟草霜霉病菌得以造成重大危害的主要途径，而孢囊孢子是进行气流传播的主要形式。

（三）真菌界壶菌门

1. 概述

壶菌门菌物多腐生在水中的动植物残体上，或寄生于水生的动植物和其他菌物上，少数可寄生于高等植物。

壶菌的营养体形态变化很大，比较低等的营养体为多核的具细胞壁的单细胞，大多呈球形或近球形。寄生在寄主细胞内的壶菌，在发育的早期，其营养体没有细胞壁。有的壶菌可在单细胞营养体的基部形成假根。较高等壶菌的营养体为发达或不发达的无隔菌丝体。无性繁殖产生游动孢子囊，有的游动孢子囊有囊盖，成熟时打开囊盖释放游动孢子；有的无囊盖，通过囊孔或囊管释放游动孢子，每个游动孢子囊可释放多个游动孢子。有性生殖大多是通过两个游动孢子配合形成接合子，再发育形成休眠孢子囊；少数通过不动的雌配子囊与游动配子结合形成卵孢子。

2. 重要检疫性病原菌物及生物学特性

壶菌门只有少数菌物可寄生于高等植物，其中只有马铃薯癌肿病菌被收录于《中华人民共和国进境植物检疫性有害生物名录》中。

马铃薯癌肿病菌［*Synchytrium endobioticum*（Schilb.）Percival］是我国进境植物检疫性有害生物，由其所造成的马铃薯癌肿病是世界许多国家马铃薯生产上的严重危险性病害。该病害分布于50多个国家或地区，包括日本、缅甸、尼泊尔、印度、巴基斯坦、黎巴嫩、巴勒斯坦、以色列、冰岛、丹麦、挪威、瑞典、芬兰、波兰、捷克、斯洛伐克、匈牙利、德国、瑞士、荷兰、英国、爱尔兰、法国、西班牙、意大利、罗马尼亚、保加利亚、希腊、突尼斯、肯尼亚、坦桑尼亚、津巴布韦、南非、澳大利亚、新西兰、加拿大、美国、墨西哥、厄瓜多尔、秘鲁、巴西、玻利维亚、智利、阿根廷、乌拉圭等。有32个国家将此病菌列为检疫对象。马铃薯癌肿病菌主要为害马铃薯植株的地下部分，可侵染茎基部、匍匐茎和块茎，病菌刺激寄主增生，产生肿瘤。当春季温度达到 8℃以上、湿度充足时，休眠孢子囊萌发，产生游动孢子侵染马铃薯。该菌是典型的土壤习居菌，主要以抗逆性很强的休眠孢子囊在病薯块内和土壤中越冬并长期生存。当温湿度适宜时，休眠孢子囊萌发形成游动孢子，侵入寄主表皮细胞引起膨大，生长成为单核有壁的菌体，进一步发育成原孢堆。病原菌主要随食用薯或种薯调运进行远距离乃至洲际间传播。近距离主要随农事操作时人畜传带的被感染的土壤或是食用了病薯的牲畜的粪便，以及雨水和灌溉水等传播。

（四）真菌界接合菌门

接合菌门菌物均是陆生的，大多数为腐生，有的种类可用于食品发酵及酶和有机酸的生产；有的是昆虫的寄生或共生物；有的与高等植物共生形成菌根；还有少数可寄生于植物、动物和人引起病害。

接合菌的营养体为单倍体，大多数是发达的无隔菌丝体，少数不发达，较高等的种类营养体为有隔菌丝体。有的种类菌丝体可分化出假根和匍匐丝。细胞壁的主要成分为几丁质。无性繁殖是在孢子囊中形成孢囊孢子。有性生殖形成接合孢子。该门尚无检疫性菌物。

（五）真菌界子囊菌门

1. 概述

子囊菌大多数陆生，少数水生，营养方式有腐生、寄生和共生，许多是重要的植物病原菌物。腐生的子囊菌可引起木材、皮革和食品的霉烂及动植物残体的分解。寄生的子囊菌多引起植物病害，少数寄生在人、畜和昆虫体内。有的子囊菌可与藻类共生形成地衣，与高等植物共生形成菌根。

子囊菌的营养体通常为单倍体，大多数是具分枝的有隔菌丝体，少数（如酵母菌）为单细胞。细胞壁的主要成分为几丁质。菌丝体交织在一起可以形成菌组织，即疏丝组织和拟薄壁组织，并进一步形成菌核、子座和菌索等结构。有些单细胞的营养体可互相连接，形成链状的假菌丝体。无性繁殖因种类和所处环境的不同，具有不同方式，少数产生芽孢子或厚垣孢子，绝大多数形成形状多样的分生孢子。分生孢子产生于营养菌丝分化出的分生孢子梗上，分生孢子梗可单独着生，也可产生于分生孢子梗束、分生孢子座、分生孢子盘或分生孢子器中。有性生殖产生子囊和子囊孢子。除外囊菌外，大多数子囊菌的子囊包被在一个由菌丝组成的包被内，形成具有一定形状的子实体，称为子囊果。子囊果主要有以下几种类型（图 4-1）。

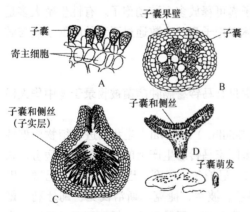

图 4-1　子囊菌着生子囊的类型
（引自中国农业百科全书总编辑委员会等，1996）
A. 子囊无包被；B. 闭囊壳；C. 子囊壳；D. 子囊盘

（1）闭囊壳（cleistothecium）　子囊散生在一个球形的无孔口的子囊果内。

（2）子囊壳（perithecium）　在疏松的菌丝体或子座上形成，具明确的子囊壳壁。有颈部和孔口；子囊单囊壁，棍棒形或圆柱形，束生、周生或平行排列在子囊壳内；有侧丝或侧丝早期消解。

（3）子囊座（ascostroma）　子囊发育过程中，子座中心组织瓦解，形成容纳子囊的腔，称为子囊腔。含有子囊腔的子座称为子囊座。1个子囊座可以有1到多个子囊腔。有些单腔的子囊座顶端有融化的假孔口，外形很像子囊壳，称为假囊壳（pseudothecium）。子囊双囊壁，子囊间有拟侧丝或无。

（4）子囊盘（apothecium）　典型的呈盘状、杯状，上部敞开，子囊排列成子实层。子囊棍棒形或圆柱形，侧丝有或无。

2. 重要检疫性病原菌物及生物学特性

（1）向日葵茎溃疡病菌　向日葵茎溃疡病菌（*Diaporthe helianthi* Muntanola-Cvetkovic Mihaljcevic et Petrov）属于子囊菌门（Ascomycota）粪壳菌纲（Sordariomycetes）间座菌目（Diaporthales）间壳座科（Diaporthaceae）间壳座属（*Diaporthe*），其无性阶段为向日葵拟茎点霉（*Phomopsis helianthi* Muntanola-Cvetkovic Mihaljcevic et Petrov），引起向日葵茎溃疡病。向日葵茎溃疡病菌于1980年夏在南斯拉夫的伏伊伏丁那地区首次被发现，随后扩展到欧美地区。目前，该病在世界多个向日葵生产国家和地区均有发生。迄今，我国尚未见分布报道。向日葵茎溃疡病在发生初期首先侵染叶片，在叶尖或叶边缘形成棕色或褐色的坏死斑，病斑扩展至中脉后可扩展至叶柄和茎秆。在向日葵茎秆上产生淡褐色斑点，随病情迅速发展扩展为枯黄色至淡褐色大型病斑，病斑逐渐扩展并包围茎秆，导致茎秆上部干枯、易折断，茎秆和叶柄的髓部腐烂坏死。花盘受害后发育不良，不能形成成熟的种子或干枯败育。向日葵茎溃疡病发病严重时可导致整个植株死亡，造成向日葵籽产量和产油量严重下降。该病严重危害时可导致向日葵产量降低50%，含油量降低超过25%，损失达$1.5 \times 10^3 kg/hm^2$，被认为是欧洲向日葵生产的主要限制因素之一。向日葵茎溃疡病菌可在土壤中的植物残体上越冬，也可以通过受到感染的葵盘感染种子。近距离主要是病菌孢子借助雨水、病残体及农事操作工具传播，远距离主要通过种子传播。

（2）向日葵黑茎病菌　向日葵黑茎病菌［*Plenodomus lindquistii*（Frezzi）Gruyter, Aveskamp et Verkley］属于子囊菌门（Ascomycota）盘菌亚门（Pezizomycotina）座囊菌纲（Dothideomycetes）格孢菌亚纲（Pleosporomycetidae）格孢腔目（Pleosporales），为土壤习居菌，能够在被侵染残存组织上以菌丝体、假囊壳和分生孢子器等越冬并重新侵染向日葵，引起向日葵黑茎病。该病是向日葵生产中的一种毁灭性病害，于20世纪50年代被首次发现，1964年在加拿大首次分离和鉴定了该病菌，之后该病菌相继扩展到世界各地。目前，在加拿大、法国、阿根廷、匈牙利、罗马尼亚、美国、伊朗、巴基斯坦和澳大利亚等国家和地区都有发生危害的报道，我国新疆局部地区有报道。向日葵发病后，籽小、空、瘪，种子产量和产油量严重降低。发病较早，往往导致植株提前枯死；发病较晚，常造成植株矮化、瘦弱甚至倒伏。在重病田，发病率可达100%，死亡率高达50%以上。2010年10月，我国农业部和国家质量监督检验检疫总局联合发布了第1472号公告《关于将向日葵黑茎病列入〈中华人民共和国进境植物检疫性有害生物名录〉的公告》，将该病菌列为我国进境检疫性有害生物。向日葵黑茎病菌近距离主要依靠田间病株上形成的分生孢子借助雨水飞溅、病残体及农事操作工具传播。远距离主要通过种子调运和种子中夹杂的病残体传播。

（3）榆枯萎病菌和新榆枯萎病菌　榆枯萎病菌［*Ophiostoma ulmi*（Buisman）Nannf］属真菌界（Fungi）子囊菌门（Ascomycota）核菌纲（Pyrenomycetes）长喙壳目（Ophiostomatales）长喙壳科（Ophiostomataceae）长喙壳属（*Ophiostoma*），是榆属的有害寄生真菌，可侵染各龄榆树，导致榆树干枯、死亡，称为榆枯萎病或荷兰榆病。目前该病在印度、伊朗、土耳其、乌兹别克斯坦、塔吉克斯坦、丹麦、挪威、瑞典、波兰、捷克、斯洛伐克、匈牙利、法国、德国、奥地利、荷兰、瑞士、英国、比利时、西班牙、葡萄牙、意大利、罗马尼亚、保加利亚、希腊、爱沙尼亚、立陶宛、摩尔多瓦、乌克兰、美国、加拿大等国家或地区有发生。1991年，英国的Brasier将榆枯萎病菌致病力强的侵袭性亚群（aggressive subgroup）提升为新种——*O. novo-ulmi* Brasier；*O. ulmi*（Buisman）Nannf则是原来的另一个亚群——致病力弱的非侵袭性亚群（non-aggressive subgroup）。榆枯萎病菌的这两个种在菌落培养性状、生长适宜温度、子囊壳的形态、致病性、毒素的生成和分子生物学等许多方面存在较大差异，但这两个种引起的病害外观症状是一样的。在树干或枝条的横切面上，可见靠近外侧的年轮附近有深褐色斑点或条纹，有时斑点密集，可连成断续的深褐色圆环。榆枯萎病菌的主要自然传播方式是随传病昆虫介体传播，也可通过根部接触传播。最主要的传播介体是欧洲榆小蠹（*Scolytus multistriantus*）、欧洲大榆小蠹（*S. scolytus*）、短体边材小蠹（*S. pygmaeus*）和美洲榆小蠹（*Hylurgopinus rufipes*）。

（六）真菌界担子菌门

1. 概述

担子菌是菌物中最高等的类群。大多数是腐生的，常生于腐朽木材、植物枯枝落叶上，形成大型的子实体，可食用或药用，但有的有毒。有些担子菌寄生于植物引起严重病害，还有少数担子菌与植物共生形成有利于作物栽培和造林的菌根。

绝大多数的担子菌具有发达的有隔菌丝体，为单倍体，细胞壁为几丁质。无性繁殖不发达，除少数种类外，大多数担子菌在自然条件下没有或极少无性繁殖。有些担子菌可以通过担孢子芽殖或菌丝体断裂方式产生无性孢子，如黑粉菌。有些担子菌能产生真正的分生孢子，如异担子菌。有性生殖过程比较简单，除锈菌外，一般没有特殊分化的性器官，主要是形成担孢子。担子菌中的锈菌和黑粉菌是重要的植物病原菌物。

2. 重要检疫性病原菌物及生物学特性

（1）咖啡美洲叶斑病菌　咖啡美洲叶斑病菌［*Mycena citricolor*（Berk. et Curt.）Sacc.］属担子菌亚门（Basidiomycotina）层菌纲（Hymenomycetes）伞菌目（Agaricales）伞菌科（Agaricaceae）小菇属（*Mycena*）。现局限发生在美洲的一些国家和地区，主要为害咖啡属植物的叶片、嫩枝和嫩果，气候条件与环境条件适合时，也可为害其他科属植物。咖啡美洲叶斑病菌通常腐生于腐朽的树干或腐殖质中，在适宜的气候和环境下，病原菌的菌丝体可以寄生于咖啡和其他寄主植物组织，使寄主发病，产生坏死病斑。典型的病斑为圆形，黄褐色至浅红褐色，病部正面稍凹陷，病斑中央往往残留着芽孢入侵叶片时留下的稻秆颜色的芽孢体。病健交界明显，形状如鸡眼。病菌主要以芽孢形式通过空气或雨水传播，冷凉高湿条件利于病菌的传播。芽孢落在叶片上通过产生菌丝体穿过叶表皮角质层侵染寄主植物，此外，繁殖材料与病残体也可传播。

（2）小麦矮腥黑穗病菌　小麦矮腥黑穗病菌（*Tilletia controversa* Kühn，TCK）属担子菌亚门（Basidiomycotina）冬孢菌纲（Teliomycetes）黑粉菌目（Ustilaginales）腥黑粉菌科（Tilletiaceae）腥黑粉菌属（*Tilletia*）。自1847年和1860年先后在捷克和美国发现小麦矮腥黑穗病以来，该病菌至今已传播至40多个国家和地区，发病地点均在中纬度地区。TCK的寄主范围很广，迄今已知禾本科有18属70多种植物受害，主要侵染小麦、大麦、黑麦等，禾本科杂草中以冰草属为自然发病的主要寄主。TCK对小麦生产具有毁灭性危害，侵染小麦后，会造成植株矮化、分蘖增多，籽粒变为菌瘿，具鱼腥味。在流行年份，小麦矮腥黑穗病引起的产量损失一般为20%～50%，严重时可达75%～90%，甚至绝产。TCK以菌瘿混在小麦种子中或以冬孢子黏附在种子表面进行传播，也可随土壤传播。某些杂草上的矮腥黑粉菌也可能是初侵染源。植株在分蘖开始或仅有几个分蘖时最易感病，浅播比深播易感病。

（3）松疱锈病菌　为害世界林木的三大真菌病害之一的松疱锈病，其病原物由柱锈菌科的几个种组成，属于真菌界担子菌门（Basidimycota）柄锈菌纲（Pucciniomycetes）柄锈菌目（Pucciniales）柱锈菌科（Cronartiaceae）。该类病害对人工或自然松林威胁严重，一旦成灾就会造成巨大的经济损失和生态破坏，主要发生于红松、华山松等五针松类，同时也为害油松、樟子松、黑松、赤松、马尾松、黄山松、高山松、美国黄松等重要的两针松类，可引起松树溃疡和肿瘤，最终导致树木生长不良甚至整株枯死。我国东北三省、秦岭地区及云南、贵州、四川等地区的天然林和人工林是该类病害的重灾区，发病严重的林区平均病株率高达 40%，感病松树主梢生长量可减少 82%～94%，严重影响松树的生长。近年来，随着人工松林的大面积栽植，该类病害在国内外有逐年扩大和加重的趋势。柱锈菌属内绝大多数种对松树有很大的危害，其中一些种已列入各国重点检疫对象。在欧洲，属于柱锈菌属（*Cronartium*）的检疫物种有 5 种，其同时也是我国进境植物检疫性菌物，分别是：油松疱锈病菌（*Cronartium coleosporioides* J. C. Arthur）、北美松疱锈病菌（*C. comandrae* Peck）、松球果锈病菌（*C. conigenum* Hedgcock et Hunt）、松纺锤瘤锈病菌（*C. fusiforme* Hedgcock et Hunt ex Cummins）和松疱锈病菌（*C.ribicola* J.C.Fisch.）。由于该类群真菌具有复杂的生活史、广泛的寄主范围、形态各异的 5 种孢子阶段（性孢子、锈孢子、夏孢子、冬孢子及担孢子）及转主寄生性等特点，病原常规鉴定比较困难。

第二节　植物病原菌物的检测及分离培养

植物感病组织内的菌物，如果给予适宜的环境条件和营养，除个别难培养种类外，一般都能恢复生长和繁殖。植物病原菌物的分离培养就是指通过人工培养，从感病的植物组织中将病原菌物与其他杂菌区分开，并从寄主植物中分离出来，再将分离到的病原菌物于适宜环境内纯化。常规的植物病原菌物的检测方法主要有直接检验、洗涤检验、种子保湿培养检验和带菌组织的分离培养检验等。

一、种子带菌的直接检测

种子是植物病害远距离传播的主要载体之一，近几年随着我国种子市场的开放，国际及地区间种子的调运和流通越来越频繁，种传检疫性有害生物发生的概率也随之增大，加强对种子的检疫工作，是减少检疫性有害生物随种子传播蔓延的重要途径之一。

（一）直接检验法

以肉眼或借助手持放大镜、体视显微镜仔细观察种子。根据带菌样品的病状或病征直接判断和鉴定植物病原菌物的种类，可快速对症状典型的带菌种子进行初步诊断。直接检验在室内检验中常用作培养检验之前的预备检查，直接检验后的样品可以采用种子保湿培养检验和（或）带菌组织的分离培养检验两种方法进行进一步的检测。

1. 适用范围

直接检验适用于检验具有明显症状的种子，结合症状和镜检结果，可判定是否带有或者混有检疫性病原菌物。

2. 操作方法

一般包括样品处理、直接观察、制片镜检、拍照测量几个步骤。

（1）仪器、用具、试剂　手持放大镜（10×）、体视显微镜、解剖针、载玻片、盖玻片、透明胶带、显微镜、生物数码摄像系统、蒸馏水、甘油乳酸液［乳酸∶甘油∶蒸馏水（$V∶V∶V$）＝5∶10∶5］、松柏油等。

（2）操作步骤

1）样品处理：种子需先过筛，检视筛上物和筛下物，仔细鉴别变色皱缩粒、菌瘿、菌核、病株残屑和土壤等其他夹杂物。

2）直接观察：以肉眼或借助手持放大镜、体视显微镜仔细观察带病种子是否有变色、皱缩、畸形、腐烂等病变，种子表面是否附着有病原菌物的菌丝体、孢子堆或微菌核等。菌核可根据形状、大小、色泽、内部结构等特征鉴别。

3）制片镜检：直接用解剖针挑取少许病原物，放在加有1滴蒸馏水或甘油乳酸液的载玻片上，加盖玻片在显微镜下镜检。不容易挑取的真菌，可以剪取1cm长的透明胶带，贴在有菌物生长的部位，稍按压后取下，放在载玻片上的1滴甘油乳酸液中，上面再加1滴甘油乳酸液，加盖玻片检查。

4）拍照测量：如发现真菌孢子需测量其大小，在不同倍数物镜镜头下或盖玻片上滴加松柏油，在油镜（100×）下进行观察。使用生物数码摄像系统拍照，使用软件测量孢子大小。

（二）洗涤检验法

用于检测种子表面附着的菌物孢子，用添加表面活性剂的水将孢子洗下，离心沉淀后用浮载剂悬浮镜检。

1. 适用范围

洗涤检验适用于对附着在种子表面，但病原个体小、数量少、肉眼观察不到的病原物进行检验，如黑粉菌的冬孢子、霜霉菌的卵孢子、锈菌的夏孢子及多种无性态子囊菌的分生孢子等。

2. 操作方法

一般包括制备平均样品、称样、洗脱孢子、封口、振荡洗涤、过筛、离心、沉淀悬浮、制片、镜检、拍照测量、计数几个步骤。

（1）仪器、用具、试剂　铝箔纸或Parafilm膜、套筛（孔径120μm、50μm、15μm）、载玻片、盖玻片、低速离心机、往复式振荡器、刻度离心管、锥形瓶、培养皿、干热灭菌器、显微镜、移液器、生物数码照相系统、次氯酸钠、吐温-20、松柏油等。

（2）操作步骤

1）样本准备：按对角线五点、棋盘式或分层取样法对待检种子进行取样，每样点取样20～50g（根据待检种子种类决定样本重量），各样点样品混匀，待检。

2）孢子洗脱：将备好的待检验样品放入经干热灭菌（165℃，1.5h）的250mL锥形瓶内，在锥形瓶内加无菌水100mL，1～2滴吐温-20（表面活性剂），用铝箔纸或Parafilm膜将锥形瓶封口后在往复式振荡器上振荡（种子表面光滑的振荡5min，粗糙的振荡10min）。振荡结束后，立即将洗涤悬浮液倒入混合套筛（孔径分别为上层120μm，中层50μm，下层15μm）进行过筛。过筛后，将下层筛上物收集到经干热灭菌的10mL刻度离心管内，加10mL左右无菌水，1000r/min离心3min，弃上清液，加入1～3mL无菌水（或其他浮载剂）使沉淀物悬浮。实验设置 3 次重复。

3）制片、镜检：用移液器吸取 5~20μL 沉淀物悬浮液至载玻片上，加盖玻片。制片时沉淀物悬浮液的体积以加盖玻片后悬浮液不外溢为宜。每份试验样品的沉淀悬浮液至少镜检 5 张玻片，每片按视野依次全部检查。

4）结果判定：在生物显微镜下观察时，如发现真菌孢子，使用生物数码系统拍照，用带测量软件的显微镜测量孢子大小。根据测量值和孢子形态照片，与资料进行比对分析后判定结果。

用细胞计数板法和平均视野推算法对沉淀物悬浮液中不同种类的孢子分别进行统计计数。

（3）种子带菌洗涤检验常用计数方法

1）细胞计数板法。

A．细胞计数板的构造：细胞计数板上有方格网，网内的方格有确定的容积，可以在显微镜下对微量悬浮液内的微生物进行直接计数，从而可以推算出特定体积悬浮液中微生物的个数，又称计菌器，专门用于对较大单细胞微生物的计数。

细胞计数板由一块较厚的特制载玻片制成，玻片中部由 4 条下凹槽隔离出三个平台，中间较宽的平台区被一短横槽隔为两部分，每一区域上刻有一个方格网。方格网上刻有 9 个大方格，其中只有中间的一个大方格为计数室。

B．细胞计数板的计数室规格：细胞计数板的计数室（大方格）有两种规格，一种是边长为 1mm，深 0.1mm，其容积为 $0.1mm^3$；另一种是边长为 2mm，深度为 0.1mm，其容积为 $0.4mm^3$。两种细胞计数板的使用原理和方法是相同的。

通常计数室有两种规格：一种是 16×25 型，即大方格内分为 16 个中格，每一个中格又分为 25 个小格；另一种是 25×16 型，即大方格内分为 25 个中格，每一个中格又分为 16 个小格。两种规格的计数室都由 400 个小方格组成。以计数室容积为 $0.1mm^3$ 的细胞计数板为例，不同规格计数板的计数原理如下。

a. 16×25 型的计数板：计数室含 16 个中格，一般对 4 个角的中格（共计 100 个小方格）进行计数，重复 3 次，取其平均值。依下列公式计算 1mL 悬浮液中微生物的个数。

$$微生物数 = \frac{100 \text{ 个小方格微生物数} \times 400 \times 10\,000 \times 稀释倍数}{100}$$

b. 25×16 型的计数板：计数室含 25 个中格，一般对 4 个角和中央的中格（共计 80 个小方格）进行计数，重复 3 次，取其平均值。1mL 悬浮液中微生物的个数计算公式如下。

$$微生物数 = \frac{80 \text{ 个小方格微生物数} \times 400 \times 10\,000 \times 稀释倍数}{80}$$

C．细胞计数板的使用方法：计数前，检查细胞计数板，确保计数室干净，之后在计数室上加盖专用的盖玻片，用吸管吸取待检的微生物悬浮液，慢慢滴于盖玻片的边缘，使悬浮液自行缓慢渗入，充满计数室，悬浮液不超过计数室台面与盖玻片之间的矩形边缘，用滤纸吸去多余的悬浮液。静置 5min 左右，待微生物个体沉降到计数室底部后，将计数板放在载物台的中央，先在低倍镜下找到计数室位置后，转换物镜，在适宜的放大倍数下观察、计数并记录。

2）平均视野推算法：平均视野推算法可以比较粗略地对种子样本的带菌量进行检测、计数。首先准备 100 粒（或 5g）种子样本，按"（2）操作步骤"中的相关操作进行孢子洗脱，离心弃上清液后加入 0.5mL 无菌水制备待检测孢子悬浮液。用固定滴管吸取 1 滴孢子悬浮液滴放在载玻片上，至少观察 5 个玻片，每个玻片至少观察计数 10 个视野，求出每个视野的孢子平均数，算出盖玻片和每个视野的面积，同时计算出盖玻片所涵盖视野数，这样就可以依据每个视野上的平均孢子数和 0.5mL 无菌水的滴数计算出 100 粒（或 5g）种子的带菌量。计算公式如下。

样本中孢子数＝每个视野平均孢子数 × 盖玻片面积所含视野数 ×0.5mL 无菌水的滴数

二、种子保湿培养检验

一般种子携带的病原菌物，不管是黏附在种子表面，还是潜伏在种子内部，在适当的温湿度条件下，都可产生菌丝或者繁殖体，有的甚至在幼苗生长的早期即产生明显的病害症状。对这类病菌，通过种子保湿培养检验，不仅可了解种子的带菌率，还可检验种子的发芽率和发芽势。种子保湿培养检验对所需设备要求较低，方法简单，操作方便，应用广泛，是判断种子表面是否带菌的常规检验方法。对内部带菌的种子，需表面消毒杀死表面的其他微生物，再进行检验。对种子带菌而萌发期或者苗期不显现症状、也不产生孢子的病原菌物，如麦类黑穗病，不适合用该方法检验。

种子、病原菌物种类不同，可采用不同的方法，常用的检验方法有吸水纸法、深冻吸水纸法和琼脂平板法。

（一）吸水纸法

吸水纸法（standard blotter method，SBM）是种子检验中萌芽试验与植物病理上常用的保湿培养方法的结合，可原位观察寄主上的菌物，具有离体调查和活体观察的优点。该方法应用范围广、所需设备简单、成本低、操作简便、易于掌握，可在较短时间内准确检查大量种子。

1. 适用范围

广泛用于各种禾谷类、豆类、麻类、烟草、蔬菜、观赏植物和森林种子种传菌物病害的检验，主要针对保湿培养能产生繁殖结构的菌物。为了避免种子萌发影响观察，可以用 0.1%～0.2% 的除草剂 2,4-D 代替纯水，抑制种子的萌发。但因 2,4-D 具有一定的抑菌作用，应按照检验标准来决定是否使用。

2. 操作方法

一般包括吸水纸培养皿的准备、样品种子的摆放、保湿培养和镜检几个步骤。

对于腐生菌污染严重的种子，可先用 1%～3% 的次氯酸钠溶液进行预处理。摆放好的种子，需在特定的温度和光照条件下培养一定时间，通常在（20±2）℃（多数种子发芽试验的标准温度）、光暗周期为 12h/12h 的培养箱中培养一周。不同的病原菌物，其培养条件可能略有不同，比如寒带植物种子的培养温度可能低至 12℃，亚热带和热带地区植物种子可能高至 28℃。镜检时主要根据种子上菌物菌落特征及子实体的形态进行病原鉴定，如菌丝体的颜色、疏密程度、生长特点，分生孢子梗的形状、长度和着生方式，分生孢子的形态、颜色、大小和隔膜数等。

下文以苜蓿黄萎病菌（*Verticillium albo-atrum*）为例进行具体介绍。

（1）仪器、用具、试剂　体视显微镜、光照培养箱、高压灭菌锅、镊子、培养皿（直径 9cm）、滤纸、0.2% 的 2,4-D 钠盐溶液等。

（2）操作步骤

1）吸水纸培养皿的准备：将略小于培养皿的灭菌滤纸放入灭菌培养皿中，每皿铺三层。

用 0.2% 的 2,4-D 钠盐溶液湿润滤纸，吸足水分后，去掉多余的液体。

可选用黑色或者灰色的滤纸以利于观察。如果使用玻璃培养皿，可提前将滤纸放入培养皿一起高压灭菌。如果使用一次性塑料培养皿，可将滤纸放入玻璃培养皿中高压灭菌后备用。

2）样品种子的摆放：将检验样品不经表面消毒直接放在铺好滤纸的培养皿中，每皿均匀放置 25 粒种子，每粒种子间要保持一定的距离（不得少于 1cm）。

3）保湿培养：将培养皿置于（22±1）℃的培养箱中培养，光暗周期为 12h/12h。

4）镜检：10d 后取出培养皿，用体视显微镜逐粒检查种子，根据菌落特征，主要是轮枝状分生孢子梗和分生孢子着生的形态，检查种子是否带轮枝菌。

（二）深冻吸水纸法

深冻吸水纸法（deep freezing blotter method，DFBM）是一种改进的吸水纸保湿培养法，与保湿培养基本相同。此法不仅可促进某些菌物的生长，还对腐生菌的生长有一定的抑制作用。

1. 适用范围

深冻吸水纸法适用于多种类型植物种子的种传菌物检验，和吸水纸法一起被国际种子检验协会（International Seed Testing Association，ISTA）列为规定的种子健康检验常规方法。

2. 操作方法

按吸水纸法放好种子后，将培养皿于适温放置 24h，然后转移至 −20℃冰箱冷冻 24h，再在一定的温度条件下培养。一定时间后在体视显微镜下观察种子上菌物的存在及形态特点。

下文以玉米晚枯病菌（*Cephalosporium maydis*）为例进行具体介绍。

（1）仪器、用具、试剂　体视显微镜、光照培养箱、超低温冰箱、高压灭菌锅、镊子、培养皿（直径 9cm）、滤纸、1.25% 次氯酸钠溶液等。

（2）操作步骤

1）样品的准备：按照国际种子检验协会对检测种子的数量要求，每份样品取种子 400 粒，用 1.25% 次氯酸钠溶液表面消毒 3～4min，待用。

2）吸水纸培养皿的准备：灭菌滤纸放入灭菌培养皿中，每皿铺三层。用无菌水湿润滤纸。

3）样品种子的摆放：将经表面消毒的样品放在铺好滤纸的培养皿中，每皿均匀放置 10 粒种子。

4）保湿培养：将培养皿置于（21±1）℃放置 24h，然后转移至 −20℃冰箱冷冻 24h，再在 25℃培养箱或培养架下培养 7d，光暗周期为 12h/12h。

5）镜检：培养 7d 后，观察种子表面是否有白色菌物生长，如有，则用体视显微镜观察是否有聚集成头状的分生孢子产生。

> **注意**：有些重要的种传菌物采用吸水纸法和深冻吸水纸法均不能生长，而且有些生长迅速的腐生菌物常干扰实验结果。为克服这些缺点，Elwakil 和 Ghoneem 对 SBM 和 DFBM 两种检验方法进行了改进，用 0.2mol/mL KOH 溶液或 0.3mol/mL NaOH 溶液（确保 pH 为 14）处理替代常规的水浸润三层吸水纸，然后放在培养皿中，摆放好种子，置于适宜条件下培养。

（三）琼脂平板法

培养基上营养丰富，有利于病原菌物的生长，培养皿内杂菌少，便于检查。

1. 适用范围

琼脂平板法可用于那些受腐生菌影响较小的种子携带病原菌物的快速鉴定，尤其适用于吸水纸法不能提供病原菌物菌丝生长、孢子萌发或显症所需条件，而相应菌物在富含营养的琼脂平板上能产生特异性菌落的情况。例如，在北爱尔兰，琼脂平板法广泛用于对亚麻和栎种子上病原菌物的检验。

2. 操作方法

琼脂平板法是将待测种子放在琼脂培养基上，通过一定温度的培养，对种子上产生的菌落进行鉴定。

下文以玉米粒腐镰刀菌（*Fusarium moniliforme*）为例进行具体介绍。

（1）仪器、用具、试剂　　生物显微镜、光照培养箱、高压灭菌锅、超净工作台、镊子、培养皿（直径9cm）、1%次氯酸钠溶液、无菌蒸馏水、马铃薯、葡萄糖、琼脂、锥形瓶、棉塞、盖玻片、载玻片等。

（2）操作步骤

1）样品的准备：按照国际种子检验协会对检测种子的数量要求，随机取400粒种子，设4个重复，每重复100粒。先用蒸馏水冲洗种子除去残留的化学物质，再将种子用1%次氯酸钠溶液表面处理1min，无菌蒸馏水冲洗3次。

2）琼脂平板的准备：以马铃薯葡萄糖培养基（potato dextrose agar medium，PDA 培养基）平板的制备为例。将马铃薯削皮去除芽眼后切小块，称取200g放入锅中，加蒸馏水1000mL，煮沸至马铃薯熟而不烂时，用双层纱布滤除马铃薯残渣，加入蒸馏水定容至1000mL，加入15～20g琼脂，加热待琼脂溶化后加入20g葡萄糖搅匀，分装于锥形瓶中，塞好棉塞后高压灭菌30min（120～125℃）。取出经灭菌的培养基后，在超净工作台制作PDA培养基平板，每个培养皿中加入10～15mL冷却至60℃左右的灭菌PDA培养基，轻轻摇动使之成平面，凝固后即成培养基平板。

3）样品种子的摆放：将消毒好的种子放在PDA培养基平板中，每皿均匀放置5～10粒。

4）培养：将培养皿置于25℃光照培养箱中培养7～21d，每天光照8h。

5）镜检：定期检查菌落生长情况，对可疑菌丝进一步制片镜检，观察是否有玉米粒腐镰刀菌的大型和小型分生孢子产生。

三、种子带菌的萌芽检验法

萌芽检验法是将种子播种在灭菌的土壤、腐殖质、砂或者其他类似的基质中，在标准的温湿度条件下，观察长出的幼苗是否产生与自然生长条件下相似的症状，从而判断种子是否带菌的鉴定方法。萌芽检验法是种子带菌检查的常用方法，但在不适宜种子萌发和寄主生长的条件下，腐生菌可能会使幼芽产生症状，影响结果的判定。另外，该方法主要依靠肉眼检查，由于多种病害可能产生相似的症状，同一病害在不同条件下也可能产生不同的症状，这些情况都会影响结果的准确性，当对结果不能判定时，应结合分离培养和其他方法进行检验。

根据种子萌发的基质不同，可分为砂土萌芽检验法、土壤萌芽检验法和试管培养检验法。

（一）砂土萌芽检验法

1. 仪器、用具、试剂

培养箱、筛子、锅、砂、萌芽器、乙醇或者福尔马林、电磁炉等。

2. 操作步骤

可用普通河砂进行检验，但以能通过直径 1mm 筛孔的砂粒为宜。砂粒洗净去掉泥污，煮沸消毒，放入经乙醇或者福尔马林消毒的萌芽器内，砂面低于萌芽器边缘 4cm 左右，往萌芽器中加冷开水至含砂量的 60% 左右，砂面铺平后摆放种子。种子不能摆放过密，需留一定的距离。种子摆放好后，表面覆盖 2~3cm 的砂（若种子较小，仅需 1cm），加盖，放置在 25℃ 培养箱中培养。当第一个幼苗长高碰到顶盖时，去掉上盖。经一段时间后，将上部分的砂倒在圆孔筛中，将幼苗连根拔出，筛去砂粒。将余砂继续过筛，筛出未发芽的种子。根据幼苗和未发芽种子表现的症状及种苗上有无病原菌物孢子，计算发芽率及带菌率。检验所需时间相对较长，一般需 2 周左右。

（二）土壤萌芽检验法

土壤萌芽检验法的检测条件与自然条件相近，对幼苗的评价比在人工培养基上准确，但所需时间相对较长，依种子种类和温度而定，一般需 2~4 周，而且仅能观察到病原菌物侵染幼苗引起发病的症状。

1. 仪器、用具、试剂

土壤、高压灭菌锅、培养箱、多营养钵的塑料盘、塑料薄膜等。

2. 操作步骤

将灭菌土壤混合均匀后作为基质填入塑料盘的小钵，放入种子，表面覆盖塑料薄膜以保持适当的湿度，在适当的温度下培养（根据寄主植物和目标病原菌物而定），一定时间后观察幼苗的症状表现，记载幼苗的出土和生长情况。

（三）试管培养检验法

试管培养检验法用时较短，较易观察幼苗根部和绿色部分的症状，还可避免相邻植株相互感染，但操作较为烦琐，不仅需要大量洁净的试管，还需制作培养基，一般用于对珍贵的繁殖材料进行检查。

1. 仪器、用具、试剂

高压灭菌锅、超净工作台、培养箱、试管（直径 16mm）、琼脂等。

2. 操作步骤

制作 1% 水琼脂培养基，分装试管后（每管 10mL 左右）高压灭菌 15~20min（120~125℃），取出后将试管倾斜 60° 摆放，待培养基凝固后，在超净工作台上打开试管塞，培养基表面放入 1 粒种子，塞紧管口，将试管放在对寄主和病原菌物均适宜的温度下培养（根据寄主植物和目标病原菌物而定），光暗周期为 12h/12h。培养 4~5d，当幼苗达到管顶时，取掉管盖，定期观察幼苗的症状表现。

四、带菌组织的分离培养检验

针对一些可在种子、苗木等植物组织内部潜伏的病原菌物或可疑病株，根据待检测病原菌物种类，常需要在适宜的条件下进行组织分离，获得纯培养后，进一步鉴定确认。下文主要介绍十字花科黑斑病菌（*Alternaria brassicae*、*A. brassicola*、*A. raphani*）、棉花黄萎病菌（*Verticillium dahliae*）、棉花根腐病菌（*Phymatotrichopsis omnivora*）、小麦全蚀病菌（*Gaeumannomyces graminis* var. *tritici*）、隐地疫霉（*Phytophthora cryptogea*）等的分离培养。

（一）斑点类病害病原菌物的分离

下文以十字花科黑斑病菌的分离为例进行介绍。

1. 材料、用具

十字花科（白菜、甘蓝、花椰菜或萝卜等）植物的种子或新鲜可疑病株的叶片、叶柄、花梗或种荚，PDA 培养基、天平、高压灭菌锅、移液器、无菌培养皿、酒精灯、镊子、解剖剪刀、烧杯、记号笔、打火机、无菌水、75% 乙醇溶液、0.1% 升汞溶液、次氯酸钠、超净工作台、培养箱等。

2. 检验方法

（1）待检样本制备

1）种子：将待检测十字花科植物的种子样品分为 2 份，每份样品 30g，一份用于检验，另一份保存备查。

2）植物组织：苗期至成株期，在田间进行调查取样，发现疑似病株，整株采集带回室内分离检测。取叶片、叶柄有病斑部位的组织，或留种株的花梗和种荚，用解剖剪刀剪取病健交界处的组织，通常剪成边长 4~5mm 的方形小块。

（2）样本表面消毒　　首先将种子或组织块在 75% 乙醇溶液中浸泡 1~3min，捞出转入 0.1% 升汞溶液中消毒 30s，用无菌水冲洗 4~5 次，置于无菌吸水纸上晾干备用。

（3）培养条件

1）病原菌物分离培养：将经过表面消毒的种子或组织块置于灭菌吸水纸上，吸干表面水分后，用经酒精灯火焰灭菌的镊子移至 PDA 培养基平板上，每个平板上放置种子 4~5 粒或病组织块 4~5 块，每个样品 3 次重复，最后将培养皿倒置于 24~25℃的培养箱内培养 1~2d，种子或组织块边缘有菌丝长出来时，即可挑取菌丝进行纯化培养。

2）纯化培养：将从步骤"1）病原菌物分离培养"培养物中分离得到的菌丝挑取少许转移至 PDA 培养基平板上，平板倒置，置于 24~25℃的培养箱内，培养第二天即可观察菌落生长特征，如菌落质地、菌落正反面颜色、有无色素、菌落生长速度等。培养 4~5d 时，挑取 PDA 培养基平板上的培养物制成临时玻片，在显微镜下观察菌丝体、分生孢子梗和分生孢子的形态特征。

3）病原菌物鉴定及结果判定：观察 PDA 培养基平板上培养物的特征，并挑取培养物进行显微镜检查。十字花科黑斑病菌有 3 个种，其共性是分生孢子呈倒棍棒状，有纵横隔膜，深褐色，但不同种的病菌形态有差异。芸薹链格孢（*Alternaria brassicae*）菌丝丛生，暗橄榄色至暗褐色，分生孢子梗单生或 2~6 根丛生，分生孢子多单生，较大，大小为（42~138）μm×（11~28）μm，淡橄榄色，喙较长，有 1~5 个隔膜，顶端无色；芸薹生链格孢（*A. brassicola*）分生孢子常 8~10 个孢子串生，分生孢子较小，大小为（50~75）μm×（11~17）μm，颜色较深，无喙，多为单细胞假喙，浅褐色；萝卜链格孢（*A. raphani*）菌丝灰绿色至暗橄榄色，分生孢子梗长 29~160μm，分生孢子橄榄褐色至黑色，倒棍棒状，单生或 6 个孢子成链串生，喙短或无，分生孢子长 45~58μm。

（4）材料的保存　　分离鉴定检测等工作完成后，将需做标本的样品制成标本妥善保存，分离的病原菌物转入 PDA 培养基斜面上，4℃黑暗保存，定期转管，防止传播，其余材料包括用具进行灭菌处理。

（二）维管束类病害病原菌物的分离

下文以棉花黄萎病菌为例介绍维管束类病害病原菌物的分离方法。

1. 材料、用具

待检棉籽或新鲜可疑病株茎秆、浓硫酸、玻璃缸、玻璃棒、细孔竹筛、棉花黄萎病菌选择性培养基（Christen 选择性培养基）、PDA 培养基、天平、高压灭菌锅、移液器、酒精灯、镊子、解剖剪刀、烧杯、记号笔、打火机、无菌水、75% 乙醇溶液、0.1% 升汞溶液、次氯酸钠、超净工作台、培养箱等。其中，Christen 选择性培养基所需试剂为磷酸氢二钾（K_2HPO_4）1g、氯化钾（KCl）0.5g、硫酸镁（$MgSO_4$）0.5g、L-天冬酰胺（$C_4H_8N_2O_3H_2O$）2g、L-山梨糖（$C_6H_{12}O_6$）2g、琼脂 20g、蒸馏水 1000mL、75% 五氯硝基苯（$C_6C_{15}NO_2$）1g、牛胆盐 0.5g、四硼酸钠（$Na_2B_4O_7 \cdot 10H_2O$）1g 和硫酸链霉素 $[(C_{21}H_{39}N_7O_{12})_2 \cdot 3H_2SO_4]$ 0.3g。

2. 检验方法

（1）待检样本制备

1）棉籽：将送检或抽检的棉籽样品分为 2 份，每份样品 50g，一份用于检验，另一份保存备查。

2）植物组织：在棉花生长期间，特别是棉花黄萎病的发病高峰期——花蕾期和吐絮期，在田间进行调查取样，发现疑似病株，整株采集带回室内分离检测。取茎秆、叶柄部维管束变色部分的组织，剥去表皮后用解剖剪刀剪成 5mm 左右的小段。

（2）表面消毒

1）棉籽表面消毒：首先将棉籽在 70% 乙醇溶液中浸泡 2～3s 后捞出，转入 3% 次氯酸钠溶液中消毒 3～5min（或 0.1% 升汞溶液中消毒 2min），用无菌水冲洗 4～5 次，在无菌吸水纸上吸干水分备用。

2）棉花疑似病株组织表面消毒：将经步骤"（1）待检样本制备"准备好的植物组织置于 3% 次氯酸钠溶液中，表面消毒 3～5min 后用灭菌水冲洗 4～5 次，在无菌吸水纸上吸干水分备用。

（3）培养条件

1）Christen 选择性培养基的配制：首先将琼脂加入蒸馏水中，加热溶化后，加入磷酸氢二钾、氯化钾、硫酸镁、L-天冬酰胺、L-山梨糖，充分混合溶解后，用磷酸将 pH 调至 5.4，分装后高压灭菌 30min（120～125℃），温度降至不烫手（50～60℃）时，在超净工作台打开锥形瓶口，加入 75% 五氯硝基苯、牛胆盐、四硼酸钠和硫酸链霉素，混合均匀后制作平板。

2）病原菌物分离培养：将经过表面消毒的棉籽或疑似病组织块放置于灭菌吸水纸上吸干表面水分后，用经酒精灯火焰灭菌的镊子移至 Christen 选择性培养基平板上，每个平板上放置棉籽 5 粒或病组织块 3～5 块，每个样品 3 次重复，最后将培养皿倒置于 24～25℃的培养箱内，黑暗条件下培养 10d 左右。

3）纯化培养：将 Christen 培养基平板上出现的乳白色单菌落转移至 PDA 培养基平板上，平板倒置，在 24～25℃的培养箱内黑暗条件下培养 10d 左右。

4）病原菌物鉴定及结果判定：观察 PDA 培养基平板上培养物的特征，并挑取培养物进行显微镜检查。例如，菌落形态呈绒毛状，初生菌丝体无色，老熟菌丝灰白色，有隔膜。在菌落上可看到大量黑褐色、长形至不规则球形的微菌核，直径为 15～50μm。分生孢子梗由 2～4 轮呈辐射状的枝梗及上部的顶枝构成，每轮有枝梗 1～7 枝，分枝大小为（13.7～21.4）μm×（1.5～2.7）μm，基部略膨大，始终透明。小枝顶端的产孢瓶体连续产生分生孢子，分生孢子无色、单孢，椭圆形或近圆形，大小为（1.9～3.57）μm×（2.5～7.38）μm。

（4）材料的保存 病害样品和病原菌物的保存方法同十字花科黑斑病。

（三）根腐类病害病原菌物的分离

棉花根腐病是棉花的毁灭性病害，也是典型的恶性土传病害，可造成棉花成熟前死亡或部分死铃，严重影响棉花产量和品质。该病的病原菌为瘤梗单孢霉（*Phymatotrichopsis omnivora*），是我国进境植物检疫性有害生物，其寄主范围十分广泛，棉花、苜蓿、花生、大豆、葡萄、苹果等 30 多种大田作物和果树均可被侵染。

下文以棉花根腐病菌的分离培养为例，介绍根腐类病害病原菌物的分离方法，具体方法也可参照出入境检验检疫行业标准《棉花根瘤病菌检疫鉴定方法》（SN/T 1356—2004）。

1. 材料、用具

待检疑似病株的根系、PDA 培养基、天平、高压灭菌锅、移液器、灭菌培养皿、酒精灯、镊子、解剖剪刀、烧杯、记号笔、打火机、无菌水、75% 乙醇溶液、0.1% 升汞溶液、次氯酸钠、超净工作台、培养箱、载玻片、盖玻片等。

2. 检验方法

（1）待检样本制备　　田间调查时，发现疑似病株，采集病植株根部带回室内进行分离检测。取植株根段，用灭菌剪刀剪成 1cm 左右的小段。

（2）表面消毒　　将准备好的棉花根部组织块在 75% 乙醇溶液中浸泡 2～3s 后捞出，转入 3% 次氯酸钠溶液中消毒 3～5min（或 0.1% 升汞溶液中消毒 2min），用无菌水冲洗 4～5 次，捞出置于灭菌吸水纸上备用。

（3）病原菌物分离鉴定

1）分离培养：将准备好的棉花根部组织块分别用经酒精灯火焰灭菌的镊子移至 PDA 培养基平板上，每个平板上放置组织块 4～5 块，每个样品 3 次重复。最后将培养皿倒置于 26～28℃ 的培养箱内，培养 1～2d 后，组织块边缘如有白色菌丝长出时，挑取少许菌丝转移至 PDA 培养基平板上进行纯化培养。

2）纯化培养：将从上步分离得到的菌丝挑取少许转移至 PDA 培养基平板上，平板倒置，置于 26～28℃ 的培养箱内，培养第二天开始即可观察菌落的生长特征，如菌落质地和颜色等。培养 4～5d，挑取 PDA 培养基平板上的培养物制成临时玻片，在显微镜下观察菌丝、分生孢子梗、分生孢子的形态特征。

3）病原菌物鉴定及结果判定：棉花根腐病菌菌丝体在 PDA 培养基平板上初为白色，老熟菌丝呈污黄色，有大型细胞菌丝和小型细胞菌丝两种。分生孢子梗多分枝，末端多膨大；分生孢子单孢，无色，球形或卵圆形，球形分生孢子直径 4.8～5.5μm，卵圆形分生孢子大小为（6.0～8.0）μm×（5.0～6.0）μm；菌核棕色或黑色，圆形或不规则形，直径 1.0～5.0mm，单生或串生。

（4）材料的保存　　病害样品和病原菌物的保存方法同十字花科黑斑病。

（四）小麦全蚀病菌的分离

小麦全蚀病是小麦生产上的毁灭性病害，发病后，根系被破坏，影响植株的水分和养分输导，出现叶片变黄、矮化、根部变黑等症状，严重时可形成枯（孕）白穗，造成严重减产。

1. 材料、用具

田间采集的小麦全蚀病株的根系、PDA 培养基、天平、高压灭菌锅、移液器、酒精灯、镊子、解剖剪刀、烧杯、记号笔、打火机、无菌水、75% 乙醇溶液、1.0% AgNO$_3$ 溶液、次氯酸钠、超净工作台、培养箱、载玻片、盖玻片等。

2. 检验方法

（1）待检样本制备　　田间调查时，发现病株，采集病株根部连同茎基部 1～2 节带回室内进行分离检测。取植株茎基部或根部黑变的组织，用灭菌剪刀剪成3～4mm的小段。

（2）表面消毒　　将准备好的小麦茎基部或根部组织块在1% AgNO₃溶液中消毒45～60s，捞出用无菌水冲洗3～4次，捞出置于灭菌吸水纸上备用。

（3）病原菌物分离鉴定

1）分离培养：将经过表面消毒的小麦茎基部或根部组织块用经酒精灯火焰灭菌的镊子移至PDA培养基平板上，每个平板上放置组织块4～5块，每个样品3次重复。最后将培养皿倒置于24～25℃的培养箱内，培养3～4d后，待组织块边缘长出菌丝后，挑取少许菌丝在显微镜下观察菌丝顶端的特征，同时挑取少许菌丝转移至PDA培养基平板上进行纯化培养。

2）纯化培养：将从上步分离得到的菌丝挑取少许转移至PDA培养基平板上，平板倒置，置于24～25℃的培养箱内，培养4～5d时，挑取PDA培养基平板上的培养物制成临时玻片，在显微镜下观察菌丝的形态特征。

3）病原菌物鉴定及结果判定：小麦全蚀病菌菌丝体在PDA培养基平板上的菌落呈灰黑色，菌丝束明显，菌落边缘菌丝常向中心反卷，成熟菌丝栗褐色，隔膜较稀疏，呈锐角分枝，主枝与侧枝交界处各生一个隔膜，成"∧"形，人工培养易产生子囊壳。子囊壳群集或散生于衰老病株茎基部叶鞘内侧的菌丝束上，黑色，烧瓶状，周围有褐色菌丝环绕，颈部多向一侧略弯，孔口外露，有缘丝，大小为（385～771）μm×（297～505）μm；子囊棍棒状、无色，平行排列于子囊腔内，大小为（61～102）μm×（8～14）μm，内含8个子囊孢子；子囊孢子丝状、略弯、无色，具3～7个假隔膜，内含油球，成束或分散排列，大小为（53～92）μm×（3.1～5.4）μm。

（4）材料的保存　　病害样品和病原菌物的保存方法同十字花科黑斑病。

（五）隐地疫霉的分离

隐地疫霉（*Phytophthora cryptogea*）可侵染许多花卉（如非洲菊、麝香石竹等），导致病株根部腐烂，地上部分失水卷曲，进而整株枯死。该病原菌危害大、寄主范围广，是许多国家花卉生产上的重要病害，但在我国仅局部分布，是我国进境植物检疫潜在危险性有害生物。

下文以隐地疫霉为例介绍需要特殊方法才能获得纯培养的病原菌物的分离方法，具体方法也可参照出入境检验检疫行业标准《隐地疫霉检疫鉴定方法》（SN/T 1820—2006）。

1. 材料、用具

体视显微镜、生物显微镜、光照培养箱、干热灭菌器、高压灭菌锅、普通天平、分析天平、酒精灯、记号笔、剪刀、烧杯、镊子、打孔器、培养皿、滤纸、载玻片、盖玻片、锥形瓶、量筒、吸管、广口瓶、蒸馏水，氨苄青霉素、五氯硝基苯、次氯酸钠、苯莱特、多菌灵、硝酸钙、磷酸二氢钾、硝酸镁、氯化钙、利福平、碳酸钙、无水乙醇、胡萝卜、V₈果汁、利马豆干粉、非洲菊等。

2. 培养基

隐地疫霉的分离培养需要在特定的培养基上完成。

（1）基础培养基　　基础培养基主要用于隐地疫霉的保存和培养性状的观察。

1）胡萝卜培养基（CA）：将200g新鲜胡萝卜切成小片，加蒸馏水500mL，用组织捣碎机捣碎约40s，用4层纱布过滤去渣，加水定容至1000mL，加入琼脂粉15～20g，分装后高压灭菌（120～125℃）15～20min。

2）V₈培养基（V₈A）：5mL V₈果汁加蒸馏水90mL，碳酸钙0.02g，琼脂粉2g，加水定容至 100mL，配成 5% V$_8$A，高压灭菌（120～125℃）15～20min。

3）利马豆培养基（LBA）：利马豆干粉 60g 加蒸馏水 1000mL，在 60℃条件下水浴 1h，双层纱布过滤去渣。滤液加水定容至 1000mL，加入琼脂粉 20g，煮沸后持续加热数分钟后分装，高压灭菌（120～125℃）15～20min。

（2）选择性培养基　用于隐地疫霉游动孢子的萌发、病原菌物的分离和纯化。1000mL 上述基础培养基灭菌后冷却到 55℃左右时加入下列抗生素（均为有效成分）：氨苄青霉素 50mg、利福平 20mg、五氯硝基苯 25mg。摇匀后，在超净工作台上制作培养基平板。如缺乏五氯硝基苯可用相同剂量的苯莱特替代。

（3）液体培养基　用皮氏（Petri）培养液对隐地疫霉进行培养和诱导产生孢子囊。皮氏（Petri）培养液配方如下：硝酸钙［Ca（NO$_3$）$_2$］0.4g，磷酸二氢钾（KH$_2$PO$_4$）0.15g，硝酸镁［Mg（NO$_3$）$_2$］0.15g，氯化钙（CaCl$_2$）0.06g，蒸馏水 1000mL，分装后高压灭菌（120～125℃）15～20min。

3. 检验方法

（1）待检样本制备

1）植物组织：选取萎蔫及根部变褐腐烂的植株，将病株在自来水下冲洗干净，在病健交界处切取 0.5cm^2 左右的小块。

2）土壤样品：从疑似病株根际采集土样，自然风干，待用。

（2）表面消毒　将准备好的植物组织块在 70% 乙醇溶液中浸泡 2～3s，置于 3% 次氯酸钠溶液中消毒 3～5min，无菌水清洗 3 次，用灭菌滤纸吸干水分备用。

（3）病原菌物分离鉴定

1）分离培养。

A. 土壤诱集：在预先风干的根际土壤中缓慢加入含有抗菌剂［同"2. 培养基"中的"（2）选择性培养基"］的无菌水，使土壤浸润（含水量约 35%），之后将土壤装入透明自封袋中，在 25℃条件下，12h/12h 光暗交替孵育 5～7d 后，称取 10～20g 浸润土置于烧杯中，加入混有抗菌剂的无菌水，水浸过土面 1～2cm。用吸水纸去掉水面的残渣等，在烧杯中加入直径 1cm 的非洲菊叶碟 10 片左右，孵育 2h 后用无菌镊子夹取叶碟，吸干水分后转至选择性培养基平板上，在 25℃黑暗条件下孵育 3d，在体视显微镜下检查叶碟表面或边缘有无孢子囊形成，如有，观察其形态特征。

B. 组织分离：将事先准备好的植物组织块移至有灭菌蒸馏水（含抗菌剂）或选择性培养基的培养皿中，在 25～28℃条件下培养 5d，挑取少许组织块周围长出菌丝的培养基，将其投入皮氏培养液中，在 23～28℃条件下培养 3～4d 后，倒掉皮氏培养液，加入适量无菌水，并加入 10 片左右直径 1cm 的感病非洲菊的叶碟，在投入叶碟后 24～72h，取出叶碟制片，在显微镜下观察菌丝和孢子囊的形态特征。

2）纯化培养：将有孢子囊的叶碟转移到具 1mL 无菌水的 5mL 烧杯中，待孢子囊萌发出游动孢子后，吸取该悬浮液至选择性培养基平板上，置于 23～28℃黑暗条件下培养，使游动孢子囊萌发。在体视显微镜下挑取萌发的单个游动孢子到选择性培养基平板上，置于 23～28℃黑暗条件下培养。在培养过程中如有污染，应在选择性培养基上进行 2～3 次纯化。

纯化好的菌株移到培养基斜面上，置于 23～28℃黑暗条件下保存，定期转管，防止因斜面干燥造成病原菌物死亡。

3）病原菌物鉴定及结果判定：隐地疫霉病菌菌落均匀，呈放射状，气生菌丝较少，边缘明显。菌丝膨大体呈球形、角形或不规则形。在皮氏培养液中，孢囊梗直接来源于菌丝，不分枝，粗3~6μm，有时在孢子囊基部的梗加粗。孢子囊椭圆形，罕卵形，有时中部缢缩，大小为（34~64）μm×（17~36）μm，平均为46.4μm×27.8μm，长宽比值为1.4~2.2，平均为1.66，顶部平展，无乳突，排孢孔宽10~17μm，不脱落，内部层出3~6次。游动孢子肾形，大小为（10~13）μm×（8~10）μm，鞭毛长21~34μm；休止孢球形，直径8~13μm。厚垣孢子未见。菌株配对后产生大量有性器官：藏卵器球形，壁薄，褐色，21~31μm，柄棍棒状或圆锥状；雄器球形或圆筒形，围生，大小为（10~15）μm×（7~18）μm，具1~2个细胞；卵孢子球形，直径17~27μm（平均21.8μm），壁薄，平滑，不满器。

（4）材料的保存　病害样品和病原菌物的保存方法同十字花科黑斑病。

第三节　分子生物学检测技术

分子生物学主要研究生物的基础物质如核酸、蛋白质、酶等大分子的结构、功能及其相互作用等，是从分子水平上阐释生命现象和本质的一门学科，也是发展最为迅速且应用最为广泛的生物学分支学科。近年来，分子生物学技术已经渗透到包括植物病理学在内的生物学科的各个领域。在进行植物病原菌物鉴定时，运用基于生物基础物质核酸序列的分子生物学检测技术，对形态上难以区分的或种苗内部少量带菌的材料，可进行快速准确的检测鉴定。本节主要介绍核糖体rDNA ITS序列分析法、PCR技术和实时定量PCR技术在检疫性病原菌物检测鉴定中的应用。

一、核糖体 rDNA ITS 序列分析法

真菌的核糖体RNA基因簇同时存在于细胞核内与线粒体中，由高度保守区和可变区组成。基因簇中的基因为多拷贝串联排列在染色体上，像单拷贝的基因一样演化，因而具有相同的序列。核糖体基因簇由三个分别为5.8S、18S和28S的结构区域组成，分别转录成不同的rRNA分子，组成核糖体的一个部分，在结构区之间的部分称为间隔区。其中位于18S和5.8S及5.8S和28S基因之间的间隔区称为间隔转录区（internal transcribed spacer，ITS），可分为ITS1和ITS2；位于基因簇之间的部分称为非间隔转录区（non-transcribed spacer，NTS）；位于18S基因前的间隔区称为外部间隔转录区（external transcribed spacer，ETS）。ETS和NTS构成核糖体基因间间隔区（intergenic spacer，IGS）。18S rDNA、5.8S rDNA、28S rDNA进化缓慢而相对保守，ITS序列进化相对迅速，这为真菌rDNA PCR扩增的通用引物设计提供了极大的方便，White等正是基于这一特点，设计出了一系列可特异性扩增rRNA基因和间隔转录区的通用引物，有力地推动了这一领域的发展。特别是近年来，出现了大量基于真菌ITS进行病原检测的报道。扫右侧二维码见真菌扩增常用引物。

在利用核糖体基因及其间隔转录区进行植物病原真菌鉴定时，首先根据序列信息设计通用引物对目标病原菌物基因组DNA进行ITS序列扩增，对扩增产物进行纯化、克隆和

测序后，获得靶序列信息，与其他相似种序列进行分析比较，遵循引物设计原则和要求，根据自身序列特点，设计特异性引物。最终以待检测的目的病原菌物基因组 DNA 为模板，验证设计引物的特异性和灵敏性，并推广应用。由于 PCR 技术具有高灵敏性、方便、快捷的特点，各种基于 ITS 种间序列特征所设计的特异性引物较易合成，极大地推动了利用 ITS-PCR 技术进行病原菌物检测与鉴定工作，同时其他许多 PCR 检测方法也正是基于 ITS 特异性而进行设计并应用的。下文主要介绍核糖体 rDNA ITS 序列分析在病原菌物检测中的应用。

1. 主要仪器

PCR 仪、超净工作台、电子天平、台式离心机、冰箱、微量移液器、电泳仪、凝胶成像仪等。

2. 主要试剂

2×CTAB 提取缓冲液［含 0.7mol/L NaCl 溶液，100mmol/L Tris-HCl（pH 8.0），20mmol/L EDTA，10g/L PVP-360，20g/L CTAB，0.1% β- 巯基乙醇］、三氯甲烷 / 异戊醇（体积比 24∶1）、NaAc 溶液（3mol/L，pH 6.0）、无水乙醇、70% 乙醇溶液、TE 缓冲液［含 10mmol/L Tris-HCl，1mmol/L EDTA（pH 8.0）］、10×PCR 扩增缓冲液、dNTP Mixture（10mmol/L）、MgCl$_2$ 溶液（25mmol/L）、DNase Free ddH$_2$O、*Taq* DNA 聚合酶（5U/μL）、溴化乙锭（10mg/mL）、琼脂糖、100bp DNA 分子标记、50×TAE 缓冲液［242g Tris，57.1mL 冰醋酸，100mL 0.5mol/L EDTA（pH 8.0），充分溶解混匀后，加水定容至 1L，高压灭菌备用］、10× 加样缓冲液（0.25% 6′- 溴酚蓝，40% 蔗糖）、ITS 的引物（引物序列信息，ITS4 为 5′-TCCTCCGCTTATTGATATGC-3′，ITS5 为 5′-GGAAGTAAAAGTCGTAACAAGG-3′）等。除特殊需求外，所有试剂均采用分析纯或生化试剂。

3. 检测步骤

（1）DNA 提取

1）菌丝 DNA 提取：将经纯培养后的病菌分离物转接至 PDA 培养基平板上，在 25℃条件下生长 3～4d 后，刮取 PDA 培养基平板上的菌丝，用灭菌滤纸挤压充分吸干。称取 50mg 菌丝放入研钵中，加入 65℃ 600μL 2×CTAB 提取缓冲液后，充分研磨菌丝。将经充分研磨的菌丝转至 1.5mL 的 Eppendorf 管中，65℃水浴保温 30min，每隔 5min 轻轻摇动，待冷却至室温后，加入等体积的三氯甲烷 / 异戊醇混合液，充分摇匀，在 4℃条件下 8000g 离心 5min。吸取上层水相转入新的 1.5mL Eppendorf 管中，加 10% 体积的 NaAc 溶液和 2.5 倍体积的冰冻无水乙醇，沉淀。在 4℃条件下 10 000g 离心 5min，弃上清液，用 70% 乙醇溶液洗 2～3 次，晾干，加 TE 缓冲液充分溶解后在 −20℃条件下保存备用。

2）冬孢子 DNA 提取：用移液枪吸取经洗涤法获得的冬孢子悬浮液，至洁净的载玻片上，自然晾干，获得干燥的冬孢子。如果是菌瘿，直接刮取少量冬孢子备用。取经去离子化的洁净盖玻片，用经干热灭菌的镊子尖将其压成 2mm^2 左右的碎片，之后用接种针移取经干燥的冬孢子到碎盖玻片上，用另一碎盖玻片盖在其上并以镊子尖轻压，直至孢子破碎，再将两碎盖玻片一并移入 PCR 管中，并轻弹管壁，使两碎盖玻片分开，并加入 PCR 液。

（2）PCR 检测分析

1）PCR 体系：PCR 体系见表 4-2。

表 4-2　PCR 体系

试剂名称	贮备液浓度	25μL 反应体系加样体积
10×PCR 扩增缓冲液	—	2.5μL
MgCl₂ 溶液	25mmol/L	5μL
dNTP Mixture	10mmol/L	2.5μL
Taq DNA 聚合酶	5U/μL	0.5μL
引物	20μmol/L	各 0.5μL
模板 DNA	≤0.5μg/μL	1μL
DNase Free ddH₂O	—	补至 25μL

2）PCR 扩增条件：96℃热变性 3min；然后进行 40 个循环，每个循环 95℃变性 0.5min，60℃退火 0.5min，72℃延伸 1min；最后 72℃延伸 7min。

检测过程中分别设阳性对照和空白对照。阳性对照为目标真菌标准菌株的 DNA，空白对照为不含模板的反应体系。

3）凝胶电泳检测 PCR 目的产物的质量：使用 1% 的琼脂糖凝胶电泳，按比例混匀电泳上样缓冲液（loading buffer）和 5μL 扩增产物，将混有上样缓冲液的扩增产物加入样品孔中，并用 DNA 分子标记，进行电泳分析。稳定电压 10V/cm，电泳 30min，电泳结束后，将凝胶放入溴化乙锭溶液（溴化乙锭终浓度为 1μg/mL 左右）中避光染色 10min。捞出凝胶沥干水，在凝胶成像仪的紫外透射光下观察，以电泳条带的亮度估算 PCR 产物的浓度和纯度，产物的亮度高，并且无非特异性条带为佳。

4）PCR 产物的测序：对于 PCR 产物条带明亮且唯一的，可用于 DNA 回收测序，测序所需要的浓度应大于 20ng/μL。将测序结果在 NCBI 上进行 BLAST 检索。

4. 实验材料等的保存和处理

实验结束后，对检测样品及实验垃圾按相应方法处理，防止病菌传播，确保实验场所不受污染。

二、PCR 技术

在植物病原菌物鉴定中，根据某一病原菌物特殊区域的基因片段设计出特异性引物，采用 PCR 技术进行体外扩增，然后对扩增产物进行测序和分析，从而鉴定特定的病原菌物。该方法具有快速、准确、所需样品量少等特点，尤其适用于植物检疫性病原菌物的检测鉴定。

下文以苜蓿黄萎病菌（*Verticillium albo-atrum*）为例介绍 PCR 技术在检疫性病原菌物鉴定中的应用。

1. 仪器、试剂

PCR 仪、凝胶成像仪、高速台式冷冻离心机、微量移液器、水浴锅、制冰机、纯水仪、旋涡振荡器、真空抽干仪、核酸蛋白分析仪、冰箱、超净工作台、电子天平、高压灭菌锅等，2%～3% 次氯酸钠溶液、无水乙醇、75% 乙醇溶液、无菌去离子水、TE 缓冲液、2,4-D 钠盐、液氮、CTAB 提取缓冲液、苯酚、氯仿、Tris 饱和酚、异戊醇、异丙醇、RNase A、液氮、PCR 试剂等。

2．材料、用具

本章第二节分离培养实验时分离自疑似苜蓿黄萎病茎秆或种子的分离物，阳性对照菌株为苜蓿黄萎病菌标准菌株，阴性对照为灭菌超纯水，PDA 培养基、灭菌培养皿、酒精灯、镊子、解剖剪刀、烧杯、记号笔、打火机、无菌水、70% 乙醇溶液、次氯酸钠、培养箱等。

3．检测方法

（1）实验菌株的准备　　实验前 1～2 周，从 4℃冰箱中取出保存的菌株，转接至 PDA 培养基平板上，活化菌种，待用。

（2）菌株 DNA 制备

1）菌株 DNA 提取：刮取经活化培养后的实验菌株和对照菌株的菌丝，采用 CTAB 法提取菌株 DNA。具体步骤如下。

A．刮取在 PDA 培养基平板上活化的菌丝，放入提前预冷的研钵中，加入液氮充分研磨。

B．称取经研磨的菌丝粉末 0.1g，转移到离心管中。

C．离心管中加入 65℃预热的 CTAB 提取液 700μL，在 65℃水浴锅中水浴 30min，其间颠倒离心管数次，确保混匀。

D．加入 5μL 10mg/mL RNase A，充分混匀，37℃条件下放置 30min。

E．在离心管中加入等体积的抽提液 I（苯酚：氯仿：异戊醇＝25：24：1），将离心管上下颠倒数次，使混合均匀，在 4℃、12 000r/min 条件下，离心 10min。

F．取上清液，加入等体积的抽提液 II（氯仿：异戊醇＝24：1）充分混匀，在 4℃、12 000r/min 条件下，离心 10min。

G．上清液加入 600μL −20℃预冷的异丙醇，在 4℃条件下静置 30min，12 000r/min 离心 10min。

H．弃上清液，加入 500μL 75% 乙醇溶液，12 000r/min 离心 10min，然后再弃上清液，再次加入 500μL 75% 乙醇溶液，12 000r/min 离心 10min，得到 DNA 沉淀。

I．DNA 沉淀经冷冻干燥机干燥后，加入 50μL TE 缓冲液或无菌去离子水，充分溶解后，置于 −20℃冰箱中保存。

DNA 提取也可采用试剂盒法。

2）DNA 质量检测：用核酸蛋白分析仪测定提取的 DNA 的纯度和浓度，分别测得 260nm 和 280nm 处的吸光值，计算核酸的纯度和浓度，通常要求所提取 DNA 的 OD_{260}/OD_{280} 值为 1.7～1.9，以 1.8 为佳。

3）PCR 检测分析方法。

A．苜蓿黄萎病菌特异性引物信息。实验用苜蓿黄萎病菌的特异性引物如下。

上游引物 Vaa1：5′-CCGGTACATCAGTCTCTTTA-3′。

下游引物 Vaa2：5′-CTCCGATGCGAGCTGTAAT-3′。

预期扩增产物为 330bp，引物合成委托给生物技术公司。

B．PCR 体系。PCR 体系为：10×PCR 缓冲液 10μL，50μmol/L $MgCl_2$ 溶液 1μL，10μmol/L 上、下游引物 Vaa1/Vaa2 各 1μL，模板 DNA 1μL，5U/μL *Taq* DNA 聚合酶 0.25μL，加入无菌去离子水至总体积为 30μL；阳性对照模板为苜蓿黄萎病菌标准菌株，阴性对照模板为无菌去离子水，每个样品重复 2 次。

C．PCR 扩增条件。PCR 扩增条件设定为：94℃变性 5min；95℃变性 30s，64℃退火

30s，72℃延伸 30s，35 个循环；72℃延伸 10min。

PCR 结束后，吸取 20μL 扩增产物，用 1.5% 的琼脂糖凝胶进行电泳检测分析。

D．PCR 检测结果分析。经凝胶成像系统分析，分离物用苜蓿黄萎病菌的特异性引物 Vaa1/Vaa2 扩增后，PCR 扩增后呈阳性反应的即为苜蓿黄萎病菌。

E．PCR 扩增产物测序比对分析。对经扩增的 PCR 产物送生物技术公司测序后，与 GenBank（NCBI）中已登记的苜蓿黄萎病菌的序列进行 BLAST 分析比对。

4．实验材料等的保存、处理

实验结束后，对检测样品及实验垃圾按相应方法处理，防止病菌传播，确保实验场所不受污染。

三、实时定量 PCR 技术

实时定量 PCR 技术是在扩增反应中引入了一种荧光化学物质，对每个循环产物通过荧光信号的实时检测，在 PCR 产物不断累积的同时，荧光信号物质也累积，通过荧光信号的强度实现对起始模板定量的分析。该技术与常规 PCR 技术相比，具有灵敏度高、特异性强、自动化程度高、检测速度快、污染率低等特点。该技术在植物检疫中运用，可快速、准确地对病原菌物进行鉴定和分类。

下文以小麦矮腥黑穗病菌（*Tilletia controversa*）（参照 GB/T 18085—2000）和苜蓿黄萎病菌为例介绍实时定量 PCR 技术在检疫性病原菌物检测鉴定中的应用。

1．仪器、试剂

实时定量 PCR 仪、高速台式冷冻离心机、微量移液器及配套吸头、水浴锅、制冰机、纯水仪、旋涡振荡器、真空抽干仪、核酸蛋白分析仪、冰箱、超净工作台、电子天平、高压灭菌锅、生物显微镜等，液氮、2%～3% 次氯酸钠溶液、PBS 缓冲液、无水乙醇、75% 乙醇溶液、无菌去离子水、TE 缓冲液、2,4-D 钠盐、CTAB 提取缓冲液、Tris 饱和酚、苯酚、氯仿、异戊醇、异丙醇、RNase A、SYBR 实时定量反应混合液等。

2．材料、用具

小麦样品［送检或调运时抽检的小麦籽粒（或产品）、菌瘿，或小麦生长时期田间的可疑病株］，苜蓿样品（苜蓿种子、干草，或苜蓿生长时期田间的可疑病株）；阳性对照为病原菌物的标准菌株，即小麦矮腥黑穗病菌或苜蓿黄萎病菌，阴性对照为 PCR 扩增缓冲液；PDA 培养基、灭菌培养皿、酒精灯、镊子、解剖剪刀、烧杯、记号笔、打火机、无菌水、70% 乙醇溶液、0.1% 升汞溶液、培养箱等。

3．小麦矮腥黑穗病实时定量 PCR 检测方法

（1）样品 DNA 提取

1）小麦籽粒（或产品）中冬孢子 DNA 的提取。

A．直接检测到菌瘿的样品处理：供试小麦籽粒中如有菌瘿，直接挑拣出菌瘿，取菌瘿的 1/4 压碎后加入灭菌的 1.5mL 离心管中，加入适量的淀粉酶水溶液，8000g 离心 1min，弃上清液后加入 600μL 冬孢子裂解液，65℃水浴 30min 后加入 1mol/L HCl 溶液中和，8000g 离心 1min，弃上清液，加无菌去离子水，调 pH 至 7.0～8.0。

B．未直接检测到菌瘿的小麦籽粒（或产品）的样品处理：对没有菌瘿的小麦籽粒（或产品），经 40 目、80 目、200 目套筛过筛，收集 200 目过筛的样品（病菌冬孢子）0.5g 到离心管，按上述方法处理，待用。

C. 冬孢子 DNA 的提取：将上述获得的冬孢子小心转移至一灭菌载玻片上，另取一载玻片盖到其上，小心滑动上面的载玻片摩擦碾压使绝大多数冬孢子壁破裂，在载玻片上加100μL DNA 提取液后，用移液器转移至离心管中，65℃水浴 1h，11 000g 离心 10min，将上清液加入到微滤柱中后 10 000g 离心 1min，弃滤液，向离心微滤柱中加入 750μL 预冷的DNA 洗涤液，10 000g 离心 1min，弃滤液；重复 1 次。将微滤柱再经 10 000g 离心 1min，以除去残余乙醇，之后向微滤柱中加入 50μL TE 缓冲液，10 000g 离心 1min 洗脱 DNA，收集洗脱液，为待测模板 DNA。

2）小麦植株组织中病菌菌丝体 DNA 提取：取待检测小麦组织样品 1.0g，剪碎置于预冻的研钵中，加入液氮充分研磨后加入 10mL PBS 液混匀，4℃ 8000g 离心 15min，弃上清；将沉淀转入 1.5mL 离心管中，加入 400μL DNA 释放剂，65℃水浴 1h，每隔 10min 振荡混匀一次；加入 400μL DNA 提取液，10 000g 离心 20min，将上清液转移至微滤柱中，10 000g 离心 1min，弃滤液；向微滤柱中加入预冷的 DNA 清洗液 750μL，10 000g 离心 1min，弃滤液，重复清洗一次；微滤柱再经 10 000g 离心 1min，除去残余乙醇；向微滤柱中加入 50μL TE 缓冲液，10 000g 离心 1min，收集滤液，为待测模板 DNA。

（2）DNA 质量检测　　方法同"二、PCR 技术"的"DNA 质量检测"。

（3）实时定量 PCR 检测分析方法

1）小麦矮腥黑穗病菌特异性引物及探针信息：实验用小麦矮腥黑穗病菌（*Tilletia controversa*）特异性引物如下。

上游引物 CQUTCKf：5′-AGTGCTGAGGCCGAAAAGGT-3′。

下游引物 CQUTCKr：5′-TTCTGGGCTCCACGACGTAT-3′。

探针 CQUP：5′-ATGTGGCGAAACTCTTTATCCACCCGTC-3′，荧光探针 5′ 端、3′ 端分别用 FAM 报道荧光染料和 TAMRA 猝灭荧光染料标记。

预期扩增产物为 200bp，引物合成委托给生物技术公司。

2）实时定量 PCR 体系：实时定量反应混合液 13μL，10μmol/L 的 1 对引物和探针等比例混合后取 2μL，模板 DNA 2μL，加入无菌去离子水至总体积为 25μL；阳性对照为小麦矮腥黑穗病菌标准菌株，阴性对照为无菌去离子水，每个样品重复 2 次。

3）PCR 扩增条件：95℃ 4min；94℃ 15s，61℃ 30s，72℃ 30s，40 个循环；最后 72℃ 10min。在每个循环的退火和延伸阶段同步实时采集荧光。

4）实时定量 PCR 检测结果分析：实验结果显示，阴性对照无 C_t 值和扩增曲线，阳性对照的 C_t 值<28.0，并有典型 S 形扩增曲线。样本检测的结果为无 C_t 值和扩增曲线或 C_t 值≥40，即样本中无小麦矮腥黑穗病菌；检测样本 C_t 值≤35，有典型 S 形扩增曲线，即样品中有小麦矮腥黑穗病菌；如检测样品 C_t 值为 36～39，将样品模板浓度加倍后再检测，如 C_t 值≤35，有典型的上升扩增曲线，即判定样品中有小麦矮腥黑穗病菌，如再次检测后样品 C_t 值≥40或仍为 36～39，则认为样品中没有小麦矮腥黑穗病菌。

（4）实验材料等的保存、处理　　实验结束后，对检测样品及实验垃圾按相应方法处理，防止病菌传播，确保实验场所不受污染。

4. 苜蓿黄萎病菌实时定量 PCR 检测方法

（1）样品中病菌 DNA 的提取　　取待检测苜蓿样品进行组织分离或保湿培养，将长出的病菌纯化培养后，刮取经活化培养后的实验菌株和对照菌株的菌丝，采用 CTAB 法提取菌株 DNA。具体步骤同"二、PCR 技术"中的"菌株 DNA 提取"。

（2）病菌 DNA 质量检测　　方法同"二、PCR 技术"中的"DNA 质量检测"。

（3）实时定量 PCR 检测分析方法

1）苜蓿黄萎病菌特异性引物及探针信息：实验用苜蓿黄萎病菌特异性引物如下。

上游引物 Vaa1：5′-CCGGTACATCAGTCTCTTTA-3′。

下游引物 Vaa2：5′-CTCCGATGCGAGCTGTAAT-3′。

探针 Vaa-probe：5′- ATGCCTGTCCGAGCGTCGTTTCA-3′，荧光探针 5′端、3′端分别用 FAM 报道荧光染料和 TAMRA 猝灭荧光染料标记。引物合成委托给生物技术公司。

2）实时定量 PCR 体系：实时定量反应混合液 5μL，10μmol/L 的 1 对引物和探针等比例混合后取 1μL，模板 DNA 1μL，加入无菌去离子水至总体积为 10μL；阳性对照模板为苜蓿黄萎病菌标准菌株，阴性对照模板为无菌去离子水，每个样品重复 2 次。

3）PCR 扩增条件：50℃预热 2min；95℃变性 10min；95℃ 15s，60℃ 1min，40 个循环。在每个循环的退火阶段同步实时采集荧光。

4）实时定量 PCR 检测结果分析：实验结果显示，阴性对照无 C_t 值和扩增曲线，阳性对照的 C_t 值<28.0，并有典型 S 形扩增曲线。样本检测的结果为无 C_t 值和扩增曲线或 C_t 值≥40，即样本中无苜蓿黄萎病菌；检测样本 C_t 值≤35，有典型 S 形扩增曲线，即样品中有苜蓿黄萎病菌；如检测样品 C_t 值为 36～39，将样品模板浓度加倍后再检测，如 C_t 值≤35，有典型的上升扩增曲线，即判定样品中有苜蓿黄萎病菌，如再次检测后样品 C_t 值≥40 或仍为 36～39，则认为样品中没有苜蓿黄萎病菌。

（4）实验材料等的保存、处理　　实验结束后，对检测样品及实验垃圾按相应方法处理，防止病菌传播，确保实验场所不受污染。

第四节　植物病原菌物的接种

对分离物进行接种检验是明确分离物致病性非常重要的手段，为最终确定病原菌物提供依据。本节主要介绍种子传播、气流传播、雨水传播和土壤传播病原菌物的接种方法。

一、种子传播病原菌物的接种方法

下文以小麦根腐病菌（*Bipolaris sorokiniana*）和小麦腥黑穗病菌（*Tilletia caries*，*T. foetida*）为例介绍种子传播菌物的接种方法。

（一）小麦根腐病菌

1. 材料、用具

对小麦根腐病较易感病的小麦品种，如'兰考 906''石麦 12''周麦 27'等，小麦根腐病菌；细干土、采集自麦田的土壤、灭菌培养皿、镊子、烧杯、记号笔、营养钵（直径 10cm 左右）等。

2. 接种方法

（1）菌土准备　　实验前 2～3 周，将保存在 4℃冰箱的小麦根腐病菌转至 PDA 培养基平板上进行活化培养，之后将活化的病菌转至装有麦粒砂培养基（麦粒∶砂＝3∶1）的锥形瓶中进行扩繁，每天摇动锥形瓶，防止结块，等大多数麦粒上长满病菌后，倒出麦粒砂培养基，按质量比 1∶20 的比例与细干土混匀制作菌土，充分混匀后备用。

（2）播种接种　　在营养钵中装入经灭菌的麦田土壤，上留 3～4cm，轻轻压平，将供试健康小麦种子播于土面，每钵播 20 粒，摆放均匀，上覆 2cm 左右厚的菌土，设 4 次重复，以覆盖无菌干土为对照。将营养钵摆放在平底塑料盘中放在培养架上，在塑料盘中加水，保证营养钵中土壤浸透，20～25℃培养，定期浇水。

3. 发病情况调查

培养 3～4 周后逐株调查发病情况。将麦苗从土中取出，用清水冲洗植株根茎部，仔细观察地中茎和第一叶鞘，如有明显变褐或变黑，即为发病。比较接种和未接种植株的差异。

4. 实验材料的处理

实验完成后，实验中用到的土、营养钵等进行妥善处理，防止病菌传播扩散。

（二）小麦腥黑穗病菌

1. 材料、用具

对小麦腥黑穗病较易感病的小麦品种，如'晋麦 47'或'西农 928'等，采集病田的小麦腥黑穗病穗；细干土、麦田土壤、灭菌培养皿、镊子、烧杯、记号笔、水泥板、花盆（直径 20cm 左右）等。

2. 接种方法

（1）菌土准备　　将在病田采集保存的小麦腥黑穗病穗中的菌瘿剥离出来，压碎后加入细干土，使土中病菌的含量约为 5%，充分混匀后备用。

（2）播种接种　　麦播期，在花盆中装入经灭菌的麦田土壤，上留 5cm 左右，轻轻压平，将供试小麦种子播于土面，每盆播 50 粒，摆放均匀，上覆 0.5cm 左右厚的菌土后再覆盖 2cm 左右的灭菌麦田土。之后将花盆基部埋入麦田中，用水泥板与大田土壤耕作层隔离，浇水及其他管理同大田。

3. 发病情况调查

小麦成熟期逐穗调查发病情况。

4. 实验材料的处理

实验完成后，实验中用到的土、花盆等进行妥善处理，防止病菌传入大田。

二、气流传播病原菌物的接种方法

下文以黄瓜霜霉病菌（*Pseudoperonospora cubensis*）为例介绍气流传播病原菌物的接种方法。

1. 材料、用具

对黄瓜霜霉病较易感病的黄瓜品种，如'长春密刺'等，采集病田的黄瓜霜霉病新鲜病叶；无菌水、吐温 -20、营养土、灭菌培养皿、镊子、烧杯、软毛刷、记号笔、水泥板、标签纸、营养钵等。

2. 接种操作步骤

（1）黄瓜霜霉病菌的繁殖和孢子囊悬浮液的配制　　将从田间采集的新鲜黄瓜霜霉病的叶片冲洗干净后，放置于 20～25℃、相对湿度 100% 的培养箱中在黑暗条件下保湿培养 24h，待病部长出新鲜孢子囊后，用消毒软毛刷将孢子囊刷入无菌水中，加入吐温 -20，配制孢子悬浮液浓度为 10^3～10^4 个 /mL。

（2）待接种黄瓜幼苗准备　　将供试黄瓜的种子用无菌水冲洗 2 次，摆放在铺有打湿吸水纸的培养皿内，在 30℃培养箱内催芽 24h 后，播于装有营养土的营养钵中，室外培养，生长至第一片真叶展开时即接种。

（3）接种方法 待接种黄瓜幼苗第一片真叶展开时用准备的孢子悬浮液进行喷雾接种，把接种后的幼苗放置在相对湿度100%、温度为20℃的培养箱内保湿培养24h后，转移至白天温度22～25℃、夜间温度18～20℃环境下生长，以喷雾清水为对照。

3. 发病情况调查

接种7d后，逐株调查黄瓜霜霉病的发病情况。

4. 实验材料的处理

实验完成后，所有材料、用具等妥善处理。

三、雨水传播病原菌物的接种方法

下文以辣椒炭疽病菌（*Colletotrichum capsici*）为例介绍雨水传播病原菌物的接种方法。

1. 材料、用具

市售或从辣椒田采摘的成熟、无病的离体辣椒果实，从采集的病样中分离鉴定的辣椒炭疽病菌；无菌水、营养土、灭菌培养皿、镊子、烧杯、记号笔、水泥板、标签纸、营养钵、豇豆荚等。

2. 接种操作步骤

（1）辣椒炭疽病菌的扩繁和孢子悬浮液的配制 将从4℃冰箱保存的辣椒炭疽病菌转至PDA培养基上活化后转移至豇豆荚组织培养基或PDA培养基，在25～26℃条件下培养10～15d后，加入无菌水，洗下分生孢子配制孢子悬浮液，孢子悬浮液浓度为10^5～10^6个/mL。

（2）接种方法 将辣椒果实洗净晾干后摆放在铺有湿纱布的浅盘中，采用多针接种法进行接种。用灭菌的接种针刺破接种部位的果实表皮，用胶头吸取1mL孢子悬浮液点滴接种于针刺部位，之后用塑料薄膜覆盖浅盘，保持盘内相对湿度90%～100%，黑暗条件下保湿培养3d后，揭开塑料薄膜，自然光照下培养10d后调查发病情况。

3. 发病情况调查

接种10d后，逐个调查接种部位辣椒炭疽病的发病情况。

4. 实验材料的处理

实验完成后，所有材料、用具等妥善处理。

四、土壤传播病原菌物的接种方法

下文以棉花黄萎病菌（*Verticillium dahliae*）为例介绍土壤传播病原菌物的接种方法。

1. 材料、用具

对棉花黄萎病较易感病的棉花品种，如'冀棉11'；PDA培养基、天平、高压灭菌锅、超净工作台、移液器、灭菌培养皿、酒精灯、镊子、烧杯、记号笔、打火机、无菌水、无水乙醇、70%乙醇溶液、育苗穴盘、营养钵、标签纸、培养箱等。

2. 接种操作步骤

（1）待接种棉苗的培育 实验前2周左右，选择饱满的'冀棉11'棉籽，在55℃热水中浸泡30min后，将浸泡棉籽的器皿连同种子放入30℃恒温箱12h左右，捞出棉籽沥干水分后，将种子平铺在铺有打湿吸水纸的塑料盘中，在35℃条件下保湿催芽，待种子露白之后，将其播种到装有营养土的育苗穴盘中，上覆营养土，在25℃左右条件下育苗，待棉花幼苗长出2片真叶时进行病菌接种。

（2）棉花黄萎病菌孢子悬浮液制备　　实验前 2 周左右，取出在 4℃冰箱保存的棉花黄萎病菌强致病力菌株，将其转至 PDA 培养基平板上进行活化，培养 7～10d 时，在培养皿中加入 2～3mL 无菌水，用灭菌的棉签涂擦 PDA 培养基表面以洗脱棉花黄萎病菌的分生孢子，将洗下的悬浮液涂于 PDA 培养基平板上，在超净工作台上经无菌风吹干培养基表面后，盖上培养皿盖子，倒置于 25℃培养箱中暗培养 6～7d，培养皿中再加入无菌水，用棉签涂抹洗脱分生孢子，收集洗脱液，将其通过无菌的 4 层纱布过滤后制成孢子悬浮液，孢子悬浮液浓度为 1×10^7 个 /mL。

（3）接种方法　　采用分生孢子悬浮液蘸根接种法进行棉花黄萎病菌的接种。选取生长一致的棉苗，将其从育苗穴盘中小心拔出，自来水龙头下冲洗掉幼苗根部的基质，转至含有营养液的水中培养 1～2d 后，将棉苗根部在棉花黄萎病菌的分生孢子悬浮液中浸泡 30min，移栽到装有无菌土的营养钵中，每天 16h 光照 /8h 黑暗、25℃条件下培养，以无菌水浸泡棉苗根部为对照，每小组接种病原菌物 4 株，对照 4 株。

3. 发病情况调查

接种后 1 周左右开始，对棉苗发病情况进行持续观察，初显症时，幼苗基部叶片出现叶脉间叶肉组织呈淡黄色斑块，随后叶脉间叶肉组织逐渐变为黄色和黄褐色，叶片边缘略卷，早期显症的，病斑多为黄褐色，叶边缘卷枯，后期叶片干枯脱落，植株提前枯死。病植株比正常植株略矮，剖开茎秆，可见维管束有淡褐色病变。如呈现上述典型的症状，即可确定此病菌为棉花黄萎病菌。

4. 实验材料的处理

实验完成后，实验中用到的营养土、病苗、培养物、器具等进行妥善处理，防止造成病菌传播。

第五章 植物病原原核生物的检测

第一节 原核生物的主要类群及生物学特性

一、原核生物分类概述

原核生物（procaryote）是指自然界中广泛存在、含有原核结构的单细胞生物，是由细胞膜和细胞壁或只有细胞膜包围的单细胞微生物，没有真正的细胞核，DNA分散在细胞质中，形成一个椭圆形或近圆形无核膜包围的核质区。原核生物界的成员很多，包括细菌、植原体及螺原体等，通常以细菌作为原核生物的代表。原核生物是仅次于真菌、病毒的第三大类植物病原物，可侵染植物引起重要的植物病害，如水稻白叶枯病、大白菜软腐病、果树根癌病等，其中梨火疫病菌、苜蓿细菌性萎蔫病菌、菜豆细菌性萎蔫病菌、豌豆细菌性疫病菌、柑橘顽固病螺原体、马铃薯丛枝植原体及草莓簇生植原体等58种植物病原原核生物被列入《中华人民共和国进境植物检疫性有害生物名录》（2007年版）（表5-1）。

表 5-1　中国进境检疫性原核生物名录及其分类地位

病原物名称	拉丁名	分类地位
兰花褐斑病菌	*Acidovorax avenae* subsp. *cattleyae*（Pavarino）Willems et al.	嗜酸菌属
瓜类果斑病菌	*Acidovorax avenae* subsp. *citrulli*（Schaad et al.）Willems et al.	
魔芋细菌性叶斑病菌	*Acidovorax konjaci*（Goto）Willems et al.	
香石竹细菌性萎蔫病菌	*Burkholderia caryophylli*（Burkholder）Yabuuchi et al.	伯克氏菌属
洋葱腐烂病菌	*Burkholderia gladioli* pv. *alliicola*（Burkholder）Urakami et al.	
水稻细菌性谷枯病菌	*Burkholderia glumae*（Kurita et Tabei）Urakami et al.	
非洲柑橘黄龙病菌	*Candidatus Liberobacter africanum* Jagoueix et al.	韧皮层杆菌属
亚洲柑橘黄龙病菌	*Candidatus Liberobacter asiaticum* Jagoueix et al.	
苜蓿细菌性萎蔫病菌	*Clavibacter michiganensis* subsp. *insidiosus*（McCulloch）Davis et al.	棍状杆菌属
番茄溃疡病菌	*Clavibacter michiganensis* subsp. *michiganensis*（Smith）Davis et al.	
玉米内州萎蔫病菌	*Clavibacter michiganensis* subsp. *nebraskensis*（Vidaver et al.）Davis et al.	
马铃薯环腐病菌	*Clavibacter michiganensis* subsp. *sepedonicus*（Spieckermann et al.）Davis et al.	
菜豆细菌性萎蔫病菌	*Curtobacterium flaccumfaciens* pv. *flaccumfaciens*（Hedges）Collins et Jones	短小杆菌属
郁金香黄色疱斑病菌	*Curtobacterium flaccumfaciens* pv. *oortii*（Saaltink et al.）Collins et Jones	
杨树枯萎病菌	*Enterobacter cancerogenus*（Urosevi）Dickey et Zumoff	肠杆菌属
梨火疫病菌	*Erwinia amylovora*（Burrill）Winslow et al.	欧文氏菌属
菊基腐病菌	*Erwinia chrysanthemi* Burkhodler et al.	

续表

病原物名称	拉丁名	分类地位
亚洲梨火疫病菌	*Erwinia pyrifoliae* Kim, Gardan, Rhim et Geider	欧文氏菌属
玉米细菌性枯萎病菌	*Pantoea stewartii* subsp. *stewartii*（Smith）Mergaert et al.	泛菌属
菜豆晕疫病菌	*Pseudomonas savastanoi* pv. *phaseolicola*（Burkholder）Gardan et al.	假单胞菌属
核果树溃疡病菌	*Pseudomonas syringae* pv. *morsprunorum*（Wormald）Young et al.	
桃树溃疡病菌	*Pseudomonas syringae* pv. *persicae*（Prunier et al.）Young et al.	
豌豆细菌性疫病菌	*Pseudomonas syringae* pv. *pisi*（Sackett）Young et al.	
十字花科黑斑病菌	*Pseudomonas syringae* pv. *maculicola*（McCulloch）Young et al.	
番茄细菌性叶斑病菌	*Pseudomonas syringae* pv. *tomato*（Okabe）Young et al.	
香蕉细菌性枯萎病菌（2号小种）	*Ralstonia solanacearum*（Smith）Yabuuchi et al.（race 2）	劳尔氏菌属
鸭茅蜜穗病菌	*Rathayibacter rathayi*（Smith）Zgurskaya et al.	拉氏杆菌属
甘蔗白色条纹病菌	*Xanthomonas albilineans*（Ashby）Dowson	黄单胞菌属
香蕉坏死条纹病菌	*Xanthomonas arboricola* pv. *celebensis*（Gaumann）Vauterin et al.	
胡椒叶斑病菌	*Xanthomonas axonopodis* pv. *betlicola*（Patel et al.）Vauterin et al.	
柑橘溃疡病菌	*Xanthomonas axonopodis* pv. *citri*（Hasse）Vauterin et al.	
木薯细菌性萎蔫病菌	*Xanthomonas axonopodis* pv. *manihotis*（Bondar）Vauterin et al.	
甘蔗流胶病菌	*Xanthomonas axonopodis* pv. *vasculorum*（Cobb）Vauterin et al.	
芒果黑斑病菌	*Xanthomonas campestris* pv. *mangiferaeindicae*（Patel et al.）Robbs et al.	
香蕉细菌性萎蔫病菌	*Xanthomonas campestris* pv. *musacearum*（Yirgou et Bradbury）Dye	
木薯细菌性叶斑病菌	*Xanthomonas cassavae*（ex Wiehe et Dowson）Vauterin et al.	
草莓角斑病菌	*Xanthomonas fragariae* Kennedy et King	
风信子黄腐病菌	*Xanthomonas hyacinthi*（Wakker）Vauterin et al.	
水稻白叶枯病菌	*Xanthomonas oryzae* pv. *oryzae*（Ishiyama）Swings et al.	
水稻细菌性条斑病菌	*Xanthomonas oryzae* pv. *oryzicola*（Fang et al.）Swings et al.	
杨树细菌性溃疡病菌	*Xanthomonas populi*（ex Ride）Ride et Ride	
木质部难养细菌	*Xylella fastidiosa* Wells et al.	木质部小菌属
葡萄细菌性疫病菌	*Xylophilus ampelinus*（Panagopoulos）Willems et al.	嗜木质部菌属
桤树黄化植原体	alder yellow phytoplasma	植原体属
苹果丛生植原体	apple proliferation phytoplasma	
杏褪绿卷叶植原体	apricot chlorotic leafroll phytoplasma	
白蜡树黄化植原体	ash yellow phytoplasma	
蓝莓矮化植原体	blueberry stunt phytoplasma	
椰子致死黄化植原体	coconut lethal yellowing phytoplasma	
榆韧皮部坏死植原体	elm phloem necrosis phytoplasma	
葡萄金黄化植原体	grapevine flavescence dorée phytoplasma	
来檬丛枝植原体	lime witches' broom phytoplasma	

病原物名称	拉丁名	分类地位
桃 X 病植原体	peach X-disease phytoplasma	植原体属
梨衰退植原体	pear decline phytoplasma	
马铃薯丛枝植原体	potato witches' broom phytoplasma	
草莓簇生植原体	strawberry multiplier phytoplasma	
澳大利亚植原体候选种	*Candidatus Phytoplasma australiense*	
柑橘顽固病螺原体	*Spiroplasma citri* Saglio et al.	螺原体属

注：本表中检疫性名单是根据我国进境检疫性菌物名录整理的，名称可能与目前所用名称有出入

　　地球上的生物分类经历了两界、三界、五界、六界到八界的发展过程。1968 年，Murray
根据比较细胞学的大量资料确证了原核生物的遗传物质无核膜包围，明确提出了原核生物界
的概念，其中细菌、植原体和螺原体都属于原核生物界。目前，国际上比较完整的分类系统
依据有三个：《细菌和放线菌的鉴定》《细菌分类学》和《伯杰氏系统细菌鉴定手册》，但国
际上公认和普遍采用的分类系统是伯杰氏分类系统。1984 年出版的《伯杰氏系统细菌学手册》
和 1994 年出版的《伯杰氏系统细菌鉴定手册（第九版）》，以及国际系统原核生物学委员会
（International Committee of Systematic Prokaryotes，ICSP）都将目前的细菌划分为 4 门 7 纲
35 组群，其中大多数植物病原细菌属于薄壁菌门，少部分属于厚壁菌门。但现代系统细菌
学的研究证明，柔膜菌纲应属于厚壁菌门中低 G+C 含量的革兰氏阳性菌的一个分支。近年
来，由于在种和属的分类水平上细菌的分类变化很快，因此，《伯杰氏系统细菌学手册》的
内容也需要不断更新，目前使用的仍是 2004 年出版的第二版。

　　（一）门类的划分

　　1978 年，Gibbons 和 Murray 根据细胞化学、比较细胞学和 16S rRNA 分析结果，将原核
生物界划分为厚壁菌门、薄壁菌门、疵壁菌门和软壁菌门 4 门（表 5-2），但由于分类方法的
变化和改进，这些基础分类阶元也还在变化中。下面简单介绍这 4 门的主要特征。

表 5-2　原核生物的高级分类阶元

界	门	纲
原核生物界（Procaryote）	薄壁菌门（Gracilicutes）	暗细菌纲（Scotobacteria）
		无氧光细菌纲（Anoxyphotobacteria）
		产氧光细菌纲（Oxyphotobacteria）
	厚壁菌门（Firmicutes）	厚壁菌纲（Firmicuteria）
		放线菌纲（Thallobacteria）
	软壁菌门（Tenericutes）	柔膜菌纲（Mollicuteria）
	疵壁菌门（Mendosicutes）	古细菌纲（Archaebacteria）

1. 薄壁菌门

　　薄壁菌门（Gracilicutes）细胞壁薄，分为内壁和外膜两层构造，外膜厚 1～3nm，内壁厚
8～10nm。细胞壁特有成分肽聚糖只局限于内壁，含量占细胞壁的 5%～10%。菌体球形、短
杆形、线状或螺旋形，少数有鞘或荚膜。二分裂繁殖，少数出芽繁殖。大多数有鞭毛，可游

动，少数可滑行或不运动，光能或化能异养型。该门细菌主要由具有细胞壁的革兰氏阴性菌组成。

2. 厚壁菌门

厚壁菌门（Firmicutes）细胞壁厚度达 10~20nm，一般肽聚糖含量达 50%~80%。菌体有球状、杆状或不规则杆状、丝状或分枝丝状等。二分裂方式繁殖，少数可产生内生孢子（芽孢）或外生孢子（分生孢子），都是化能营养型，无光能营养型。该门细菌主要由具有一层细胞壁的革兰氏阳性菌组成。

3. 软壁菌门

软壁菌门（Tenericutes）又称柔壁菌门，无细胞壁，只有一种 3 层结构的单位膜包围细胞质，厚 8~11nm，不含肽聚糖成分，革兰氏阴性反应。菌体形状多变，以球形或椭圆形为主，也有呈哑铃状、分枝状或不定形的。出芽繁殖、断裂繁殖或二分裂方式繁殖。无鞭毛，大多数不能运动，少数可做滑行或旋转运动。能通过细菌过滤器，对四环素类抗生素敏感，对青霉素不敏感。对营养要求苛刻，有的在培养基上形成煎蛋状菌落。软壁菌门仅有一个柔膜菌纲（Mollicutes），与植物病害有关的统称为植物菌原体，包括植原体属（phytoplasma）和螺原体属（spiroplasma）。

4. 疵壁菌门

疵壁菌门（Mendosicutes）也称古细菌（archaebacteria），这是一类没有进化的古细菌，主要是在极端环境条件下生活的细胞生物。细胞壁中不含胞壁酸和肽聚糖。对内酰胺类抗生素不敏感，化能营养型，有的可生活在高盐分（12% 以上）或高温（55~85℃）的环境中，或高度还原的条件中（如产甲烷古细菌）。

（二）属的划分

迄今发现的与植物病害有关的细菌已经至少有 30 属（不包括植原体属和螺原体属）。引起重要细菌病害的大致分在 16 属内，其中革兰氏染色反应阳性细菌包括 5 属，即芽孢杆菌属（*Bacillus*）、棒形杆菌属（*Clavibacter*）、短小杆菌属（*Curtobacterium*）、拉赛氏杆菌属（*Rathayibacter*）、红球菌属（*Rhodococcus*）；革兰氏染色反应阴性细菌包括 11 属，即土壤杆菌属（*Agrobacterium*）、嗜酸菌属（*Acidovorax*）、伯克霍尔德氏菌属（*Burkholderia*）、欧文氏菌属（*Erwinia*）、韧皮部杆菌属（*Liberobacter*）、泛菌属（*Pantoea*）、假单胞菌属（*Pseudomonas*）、劳尔氏菌属（*Ralstonia*）、黄单胞菌属（*Xanthomonas*）、木质部小菌属（*Xylella*）和嗜木质菌属（*Xylophilus*）。原核生物属的数量之所以急剧增加，主要是因为以下几方面因素。

1. 新组合的形成

新组合的形成，即通过分类研究对一个属中的某些种从原有属中划分出来再与其他属种重新组合而成。例如，《伯杰氏细菌鉴定手册（第九版）》从原来的棒杆菌属（*Corynebacterium*）中划分出 4 属，即节杆菌属（*Arthrobacter*）、棒形杆菌属（*Clavibacter*）、短小杆菌属（*Curtobacterium*）和红球菌属（*Rhodococcus*）。1990 年，Willems 等将原假单胞菌中的 2 个种（*P. facilis* 和 *P. delafieldii*）重新合成一个新属——嗜酸菌属（*Acidovorax*），1991 年又将燕麦假单胞菌（*P. avenae*）等几个植物病原菌划入该属。1996 年，Yabuuchi 等将原来的青枯假单胞菌（*P. solanacearum*）与伯克霍尔德氏菌属（*Burkholderia*）的 2 个种（*B. pickettii* 和 *B. solanacearum*）合并成一个新属——劳尔氏菌属（*Ralstonia*）。

2. 新属的建立

有些病原细菌经新的分类技术研究后，认为放在原有属中已不恰当，因而重新建立一个属，多数新属只有 1 个种。例如，嗜木质菌属（*Xylophilus*）就是原黄单胞杆菌属中葡萄溃疡病菌（*X. ampelinum*）演变而建立的新属。

3. 新类型的发现

例如，1973 年发现并命名的螺原体属（*Spiroplasma*），长期以来这类为害植物的病原物因为引起的症状像病毒病，一直被当作植物病毒在研究。植物上的菌原体最初用类菌原体生物（mycoplasma like organism，MLO）表示，后又被称为支原体（mycoplasma），直到 1994 年才建议命名为植原体（phytoplasma）。类似情况还有木质部小菌属（*Xylella*）和韧皮部杆菌属（*Liberobacter*）。

二、病原原核生物主要属的生物学特性

（一）芽孢杆菌属

芽孢杆菌属（*Bacillus*）是一种杆状、过氧化氢酶阳性、不耐酸、内生芽孢、需氧或兼性厌氧型细菌，革兰氏染色反应阳性。公认与植物相关的芽孢杆菌主要涉及植物病原菌、腐生菌或者生防菌。已知仅有 3 种植物病原芽孢杆菌：巨大芽孢杆菌禾谷致病变种（*B. megaterium* pv. *cerealis*），引起小麦白斑病；环状芽孢杆菌（*B. circulans*），使海枣苗组织培养物感病，并导致成熟植株核心组织变色；多黏芽孢杆菌（*B. polymyxa*），引发番茄苗疫病。现已发现部分芽孢杆菌内寄生于植物组织：巨大芽孢杆菌（*B. megaterium*）和蜡样芽孢杆菌（*B. cereus*）存在于健康马铃薯块茎中，且是大豆根际中的优势菌。另外，有许多芽孢杆菌菌株已用作抗真菌的生物制剂。例如，枯草芽孢杆菌（*B. subtilis*）可抑制豌豆苗的立枯病和早熟苗的夏季斑点病；蜡样芽孢杆菌（*B. cereus*）UW85 可增强大豆对疫霉菌的抗性，显著提高大豆产量，且该菌株还能抑制由卵菌引发的黄瓜和番茄苗期病害。

（二）棒形杆菌属

棒形杆菌属（*Clavibacter*）是从原来的棒杆菌属（*Corynebacterium*）中分出的一个最大的属。它的细胞壁含有 2,4-双氨基丁酸，有别于其他棒杆菌属细菌——含有间双氨基庚二酸。菌体形状不规则，常呈直或稍弯曲的细杆状，有的楔形或棒形，大小为（0.4～0.75）μm×（0.8～2.5）μm，单生或成双呈"V"形，有时排成栅栏状。革兰氏染色反应阳性，不游动，不产生芽孢，耐酸性染色呈阴性。专性好气型。氧化酶阴性，过氧化氢酶阳性，不能还原硝酸盐，吲哚产生阴性，DNA 中（G+C）mol% 含量为 67%～78%。生长最适温度为 20～29℃，超过 35℃很少能生长，能够分解葡萄糖、果糖和蔗糖等碳水化合物而微弱地产酸，有些株系可产生黄色或蓝色色素。模式种是密西根棒形杆菌（*C. michiganensis*），主要分为 5 个亚种：密执安棒形杆菌诡谲亚种（*C. michiganensis* subsp. *insidiosus*），引起苜蓿细菌性萎蔫病；密执安棒形杆菌密执安亚种（*C. michiganensis* subsp. *michiganesis*），引起番茄溃疡病；密执安棒形杆菌内布拉斯加亚种（*C. michiganensis* subsp. *nebraskensis*），引起玉米内州萎蔫病；密执安棒形杆菌环腐亚种（*C. michiganensis* subsp. *sepedonicus*），引起马铃薯环腐病；密执安棒形杆菌花叶亚种（*C. michiganensis* subsp. *tesselarius*），引起小麦叶片雀斑和叶斑病（图 5-1）。

（三）短小杆菌属

短小杆菌属（*Curtobacterium*）的菌体小而短，不规则杆状，大小为（0.4～0.6）μm×（0.6～3.0）μm，培养时间较长的菌体呈球状。单生，或有时成双，不分枝。革兰氏染色反应阳性，一般周生鞭毛，不产生芽孢，耐酸性染色阴性。专性好气型，对营养要求不严格，

图 5-1　密执安棒形杆菌病菌的危害症状（引自 EPPO，2018）

A．*C. michiganensis* subsp. *sepedonicus* 引起的马铃薯环腐病；B．*C. michiganensis* subsp. *nebraskensis* 引起的玉米内州萎蔫病；
C．*C. michiganensis* subsp. *insidiosus* 引起的苜蓿细菌性萎蔫病；D．*C. michiganesis* subsp. *michiganesis* 引起的番茄溃疡病

能分解葡萄糖和其他碳水化合物产酸。过氧化氢酶阳性，生长最适温度为 25～30℃。模式种
是萎蔫短小杆菌（*C. flaccumfaciens*），主要分为 4 个致病变种：萎蔫短小杆菌萎蔫致病变种
（*C. flaccumfaciens* pv. *flaccumfaciens*），引起菜豆萎蔫（图 5-2A）；萎蔫短小杆菌甜菜致病变种
（*C. flaccumfaciens* pv. *betae*），引起甜菜叶斑；萎蔫短小杆菌奥氏致病变种（*C. flaccumfaciens* pv.
oortii），引起郁金香的维管束组织病害、叶片和鳞片的斑点病（图 5-2B）；萎蔫短小杆菌星星

图 5-2　萎蔫短小杆菌病菌的危害症状（引自 EPPO，2018）

A．*C. flaccumfaciens* pv. *flaccumfaciens* 引起的菜豆萎蔫；B．*C. flaccumfaciens* pv. *oortii* 引起的郁金香叶片斑点病

木致病变种（*C. flaccumfaciens* pv. *poinsettiae*），引起一品红溃疡病和叶斑病。

（四）拉氏杆菌属

拉氏杆菌属（*Rathayibacter*）是 Zgurskaya 等在 1993 年建立的，以前属于棒形杆菌属。

在新鲜的培养物中，菌体多为不规则、直立或弯曲的杆状，大小为（0.5～0.7）μm×（1.1～2.0）μm。老龄菌体多数细胞呈球形，无鞭毛，无芽孢。革兰氏染色反应阳性，过氧化氢酶阴性或弱阳性，DNA 中（G+C）mol% 含量为60%～69%。多数菌株的生长需要维生素和氨基酸。菌落黄色、橘黄色或粉红色，生长适温为 24～27℃，在 7℃或 37℃条件下不生长。模式种是拉氏棒杆菌（*R. rathayi*），侵染鸭茅时引起鸭茅蜜穗病（图 5-3），是中国进境植物检疫性有害生物。

图 5-3 拉氏棒杆菌侵染鸭茅的危害症状
（引自 Koepsell，1983）

（五）红球菌属

红球菌属（*Rhodococcus*）菌体多为球形，少数短杆状或略有分枝，球形菌体可出芽分裂而变成杆状或分枝丝状。革兰氏染色反应阳性，无鞭毛，不游动，过氧化氢酶阳性，好气型。菌落粗糙、光滑或黏液状，一般呈奶白、粉色、红色或橙色，有无色变异型，DNA 中（G+C）mol% 含量为 63%～73%。模式种是缠绕红球菌（*R. fascians*），可侵染豌豆的幼芽、幼茎及叶片，引起香豌豆束茎病，该菌是由 Goodfellow 在 1984 年从棒形杆状属（*Corynebacterium*）移来的。

（六）土壤杆菌属

土壤杆菌属（*Agrobacterium*）菌体杆状，大小为（0.6～1.0）μm×（1.5～3.0）μm，单生或成对，不产生芽孢和荚膜，有 1～6 根周生或侧生鞭毛。革兰氏染色反应阴性，好气型，氧化酶阴性，过氧化氢酶阳性，生长适温为 25～28℃，DNA 中（G+C）mol% 含量为 57%～63%。可以利用多种碳水化合物，在培养基上常产生大量的胞外多糖黏液。该属主要分为 4 个种：根癌土壤杆菌（*A. tumefaciens*），引起冠瘿病和根癌病（图 5-4A）；发根土壤杆菌（*A. rhizogenes*），引起发根病；悬钩子土壤杆菌（*A. rubi*），引起悬钩子属冠瘿病（图 5-4B）；

图 5-4 土壤杆菌属病菌的危害症状（引自 https://www.forestryimages.org）

A. 根癌土壤杆菌引起的冠瘿病；B. 悬钩子土壤杆菌引起的悬钩子属冠瘿病

所有非植物病原菌归入放射性土壤杆菌（*A. radiobacter*），被认为是土壤腐生菌。上述前 3 种细菌是土壤习居菌，可以感染 90 多种不同科的双子叶植物，引起冠瘿病、发根病和根瘤病。

（七）嗜酸菌属

嗜酸菌属（*Acidovorax*）首先是由 Willems 等于 1990 年提出的。1992 年，Willems 等提出将燕麦假单胞菌（*Pseudomonas avenae*）、类产碱假单胞菌西瓜亚种（*P. pseudoalcaligense subsp. citrulli*）和类产碱假单胞菌魔芋亚种（*P. pseudoalcaligenes subsp. konjaci*）的植物病原菌作为燕麦嗜酸菌（*A. avenae*）亚种转移到该嗜酸菌属。该属的细菌严格好氧，革兰氏染色反应阴性，直杆状至微曲杆状，大小为（0.2～1.2）μm×（0.8～5.0）μm，靠单根极性鞭毛运动（少数有两根或三根单极生鞭毛），氧化酶阳性，好气型，DNA 中（G＋C）mol% 含量为 62%～70%。所有菌株均具有氧化酶活性。在营养琼脂上培养不产生色素。目前植物性嗜酸菌有 5 个种：瓜类细菌性果斑病菌（*A. citrulli*），引起葫芦科作物的果实腐烂；兰花褐斑病菌（*A. cattleyae*），引起兰花褐斑病；魔芋嗜酸菌（*A. konjaci*），引起魔芋软腐病；燕麦嗜酸菌（*A. avenae*），引起玉米细菌性条斑病；水稻细菌性褐条病菌（*A. oryzae*），引起水稻褐条病。其中前 3 种为中国进境植物检疫性有害生物（图 5-5）。

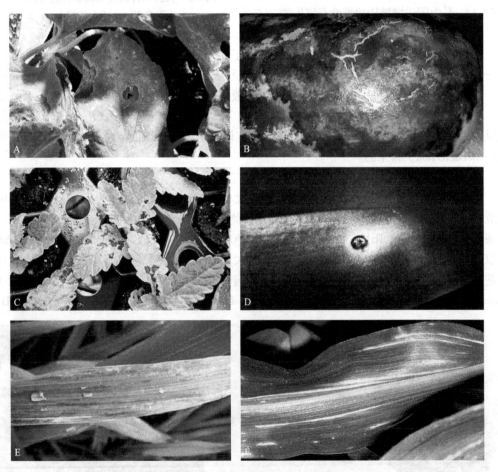

图 5-5　嗜酸菌属病菌的危害症状（引自 CABI，2018；CRA，2006；EPPO，2018）
A、B. 瓜类细菌性果斑病菌为害西瓜叶片及果实的症状；C. 魔芋嗜酸菌引起的魔芋软腐病；D. 兰花褐斑病菌引起的兰花褐斑病；
E. 水稻细菌性褐条病菌引起的水稻褐条病；F. 燕麦嗜酸菌引起的玉米细菌性条斑病

（八）伯克霍尔德氏菌属

伯克霍尔德氏菌属（*Burkholderia*）是 Yabuuchi 等在 1993 年提出的新属，1995 年 Gillis 等对该属进行了修订。菌体呈杆状至曲杆状，大小为（0.5～1.5）μm×（1.5～4.0）μm，单性生鞭毛或多鞭毛，接触酶阳性，积累聚 -β- 羟基丁酸盐（PHB），DNA 中（G＋C）mol% 含量为 64%～68%。革兰氏染色反应阴性，过氧化氢酶阳性，大多数是严格好氧菌，且在缺铁条件下不产生荧光色素。现在分类学认为该属包括 18 个种，其中 8 个种是已知的植物病原菌：石竹伯克霍尔德氏菌（*B. caryophylli*），引起石竹枯萎、茎裂及茎腐烂（图 5-6A）；荚壳伯克霍尔德氏菌（*B. glumae*），引起水稻白叶鞘腐烂和谷粒腐烂（图 5-6B）；须芒草伯克霍尔德氏菌（*B. andropogonis*），侵染高粱、玉米、菜豆、三叶草及甘蔗等，引起禾本科作物条纹病、豆科叶斑病（图 5-6C）；唐菖蒲伯克霍尔德氏菌（*B. gladioli*），引起唐菖蒲球茎和假球茎腐烂（图 6-6D）；洋葱伯克霍尔德氏菌（*B. cepacia*），引起洋葱酸皮和球茎腐烂；植物伯克霍尔德氏菌（*B. plantarii*），引起水稻幼苗枯萎；唐菖蒲伯克霍尔德氏菌致病变种（*B. gladioli* pv. *agaricicola*），引起蘑菇软腐；禾谷伯克霍尔德氏菌（*B. graminis*），引起小麦根部病害。其中前两个为中国进境植物检疫性有害生物。

图 5-6 伯克霍尔德氏菌属病菌的危害症状（引自 EPPO，2018；CRA，2006；
https://www.ipmimages.org；https://www.forestryimages.org）

A. 石竹伯克霍尔德氏菌引起的石竹茎腐烂；B. 荚壳伯克霍尔德氏菌引起的水稻谷粒腐烂；
C. 须芒草伯克霍尔德氏菌引起的豆科叶斑病；D. 唐菖蒲伯克霍尔德氏菌引起的唐菖蒲球茎腐烂

（九）欧文氏菌属

欧文氏菌属（*Erwinia*）的菌体直杆状，大小为（0.5～1.0）μm×（1.0～1.3）μm，单生或成双，有时成短链，周生鞭毛，革兰氏染色反应阴性，兼性厌氧型，兼有呼吸型和发酵型代谢，生长最适温度为 27～30℃，DNA 中（G+C）mol% 含量为 49.8%～54.1%。D-葡萄糖和其他碳水化合物代谢产生酸不产气，氧化酶阴性，过氧化氢酶阳性，鸟氨酸和赖氨酸脱羧阴性，精氨酸二水解酶阴性，大部分不能还原硝酸盐，可以发酵果糖、蔗糖、半乳糖、甲基葡萄糖苷，一般还能发酵 D-甘露糖醇、D-甘露糖、核糖和 D-山梨糖醇，但很少发酵糊精和松三糖，可以利用乙酸盐、富马酸盐、葡萄糖酸盐、苹果酸盐和琥珀酸盐，而不能利用苯（甲）酸盐，草酸盐或丙酸盐作为碳和能量的供应源。模式种是解淀粉欧文氏菌（*E. amylovora*），是梨、苹果及其他蔷薇科植物上的毁灭性病原菌，引起火疫病，是中国进境植物检疫性有害生物（图 5-7）。

图 5-7　解淀粉欧文氏菌引起梨火疫病的危害特征

（十）假单胞菌属

假单胞菌属（*Pseudomonas*）的菌体直杆状或弯曲棒杆状，大小为（0.5～1.0）μm×（1.5～4.0）μm，革兰氏染色反应阴性，氧化酶阳性，有一至数根极生鞭毛，有些种可产生较短的侧鞭，其 DNA 中（G+C）mol% 含量为 58%～71%，好气型。许多种积累聚-β-羟基丁酸酯作为碳储存物质或利用 D-阿拉伯糖作为主要碳源。它们不产生黄胞色素，一般能在 pH 4.5 酸性条件下生长。在自然界分布很广，有些种是人、动物和植物的病原物。模式种是铜绿假单胞菌（*P. aeruginosa*），可侵染洋葱、大豆、番茄、人参、菜豆、烟草等，引起软腐病。根据 rRNA 同源性将假单胞菌属细分为 5 个 rRNA 同源组：rRNA Ⅰ 组是最大的一个组，包含了许多植物致病性的种，rRNA Ⅱ 组也有许多植物致病性的种，rRNA Ⅲ 组未发现植物病原菌；rRNA Ⅳ 组也有不少植物病原菌；rRNA Ⅴ 组大部分的分类地位未定。因此，rRNA Ⅰ 组和 rRNA Ⅱ 组与植物病害关系密切，而且该属是细菌中种最多和最复杂的属。

（十一）黄单胞菌属

黄单胞菌属（*Xanthomonas*）的菌体直杆状，单生，大小为（0.4～0.6）μm×（0.8～2.0）μm，单鞭毛，不产生聚-β-羟基丁酸盐颗粒。革兰氏染色反应阴性，氧化酶反应阴性或弱阳性，过氧化氢酶阳性，DNA 中（G+C）mol% 含量为 63.3%～69.7%，生长最适温度为 25～30℃，菌落一般呈黄色、黏质奶油状，产生黄胞色素。能利用许多碳水化合物和有机酸盐作为唯一碳源，并产生微量的酸，在石蕊牛乳中不产酸，可在乳酸盐中生长，不能在谷酰胺中生长，不能利用天冬酰胺作为唯一的碳源和氮源，生长受 0.1% 氯化三苯基四唑抑制。模式种为野油菜黄单胞菌（*X. campestris*），主要为害十字花科植物，引起黑腐病。其余 7 种重要的植物病原菌包括：白纹黄单胞菌（*X. albilineans*），引起甘蔗白条病；地毯草黄单胞菌（*X. axonopodis*），引起甘蔗流胶病、胡椒叶斑病及木薯细菌性萎蔫病等；柑橘黄单胞菌（*X.*

citri），引起柑橘溃疡病；草莓角斑病菌（*X. fragariae*），引起草莓细菌性角斑病；水稻黄单胞菌（*X. oryzae* pv. *oryzae*），引起水稻白叶枯病；菜豆黄单胞菌（*X. phaseoli*），引起菜豆细菌性疫病；白杨黄单胞菌（*X. populi*），引起杨树细菌性溃疡病（图 5-8）。《中华人民共和国进境植物检疫性有害生物名录》（2007 年版）中 58 种植物病原原核生物中有 14 种位于该属。

图 5-8　黄单胞菌属病菌的危害症状（引自 EPPO，2018；https://www.forestryimages.org）
A. 柑橘黄单胞菌引起的柑橘溃疡病；B. 草莓角斑病菌引起的草莓细菌性角斑病；C. 水稻黄单胞菌引起的水稻白叶枯病；
D. 菜豆黄单胞菌引起的菜豆细菌性疫病；E. 白杨黄单胞菌引起的杨树细菌性溃疡病；F. 野油菜黄单胞菌野油菜致病变种
（*X. campestris* pv. *campestris*）引起的十字花科蔬菜黑腐病

（十二）韧皮部杆菌属

　　韧皮部杆菌属（*Liberobacter*）为候选属（*Candidatus*），是 Jagoueix 等在 1994 年成立的，至今尚未能人工培养，因此过去一直称为类细菌（bacterium-like organism，BLO）或韧皮部难养菌（phloem-limited bacterium，PLB）。菌体很小，大小为（0.1～0.5）μm×（1.0～5.0）μm，具有革兰氏染色反应阴性的典型细胞壁。它们主要分布在韧皮部，专性厌氧内生和专性胞内寄生。该属包括两个种，即韧皮部杆菌亚洲种（*Candidatus Liberobacter asianticum*）和非洲种（*Candidatus Liberobacter africanum*），引起柑橘黄龙病（图 5-9）。亚洲黄龙病菌喜高温，由亚洲木虱传播；而非洲黄龙病菌喜凉爽，由非洲木虱传播。

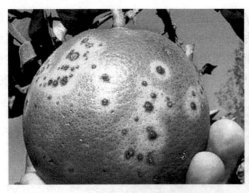

图 5-9　韧皮部杆菌属引起柑橘黄龙病的症状

三、我国进境植物检疫性病原原核生物的主要类群及生物学特性

迄今，我国进境植物检疫性病原原核生物主要分布在 16 属中，包括棒形杆菌属（*Clavibacter*）、短小杆菌属（*Curtobacterium*）、拉氏杆菌属（*Rathayibacter*）、噬酸菌属（*Acidovorax*）、伯克霍尔德氏菌属（*Burkholderia*）、欧文氏菌属（*Erwinia*）、假单胞菌属（*Pseudomonas*）、黄单胞菌属（*Xanthomonas*）、韧皮部杆菌属（*Liberibacter*）、肠杆菌属（*Enterobacter*）、泛菌属（*Pantoea*）、劳尔氏菌属（*Ralstonia*）、木质部小菌属（*Xylella*）、嗜木质菌属（*Xylophilus*）、植原体属（phytoplasma）、螺原体属（spiroplasma）。其中，9 属的生物学特性前文已介绍，下面将其余 7 属的生物学特性予以阐述。

（一）肠杆菌属

肠杆菌属（*Enterobacter*）是 Hormaeche 和 Edwards 在 1960 年建立的，菌体杆状，大小为（0.6~1.0）μm×（1.2~3.0）μm，周生鞭毛 4~6 根，无芽孢，革兰氏染色反应阴性，兼性厌氧型，DNA 中（G+C）mol% 含量为 52%~60%，生长适温为 30℃，多数临床菌株生长在 37℃条件下。多数菌株能够利用 L- 阿拉伯糖、D- 纤维二糖、D- 果糖、D- 半乳糖、D- 半乳糖醛酸酯、龙胆二糖、D- 葡糖酸盐、D- 氨基葡萄糖、D- 葡萄糖、D- 葡萄糖醛酸酯、2- 酮葡糖酸、L- 苹果酸酯、D- 甘露醇、D- 甘露糖、D- 海藻糖和 D- 木糖作为唯一的碳和能量来源。除阿氏肠杆菌（*E. asburiae*）外，其他菌株均可以利用 L- 鼠李糖，不能利用 L- 阿拉伯醇、乙醇胺、衣康酸、3- 苯丙酸、L- 山梨糖、D- 酒石酸、色胺和木糖醇。模式种是杨树枯萎病菌（*E. cancerogenus*），可侵染桦木属和杨属，引起云杉等植物顶枝坏死，是中国进境植物检疫性有害生物。

（二）泛菌属

泛菌属（*Pantoea*）是 Gavini 等在 1989 年新建立的属，菌体直杆状，大小为（0.5~1.3）μm×（1.0~3.0）μm，无芽孢，通常能产生黄色色素。革兰氏染色反应阴性，兼性厌氧型，氧化酶阴性，过氧化氢酶阳性，DNA 中（G+C）mol% 含量为 49.7%~60.6%。除斯氏泛菌（*P. stewartii*）和柠檬泛菌（*P. citrea*）外，大多数的菌株能产生菌毛，且大多数具有周生的运动性鞭毛。一些菌株可形成共质体，如成团泛菌（*P. agglomerans*）YS19。在营养琼脂上，菌落黄色、淡黄色到淡红色，或无色，光滑，不透明，略有凸起，生长适温是 30℃。能够利用 N- 乙酰氨基葡萄糖、L- 天冬氨酸、D- 果糖、D- 半乳糖、D- 葡萄糖酸盐、D- 氨基葡萄糖、D- 葡萄糖、L- 谷氨酸、丙三醇、D- 甘露糖、D- 核糖和 D- 海藻糖作为唯一的碳和能量来源。模式种是成团泛菌，既可侵染棉花、香蕉、洋葱、大豆、西葫芦、番茄、玉米、苹果等植物，引起棉花细菌性烂铃病、香蕉叶鞘腐败病、洋葱叶枯和茎腐病等，也可感染人类，引起关节炎、骨髓炎、眼内炎和败血症等。

（三）劳尔氏菌属

劳尔氏菌属（*Ralstonia*）是 Yabuuchi 等在 1996 年新成立的属，菌体杆状，运动或不运动，运动的菌种具有单根极生鞭毛或周生鞭毛。革兰氏染色反应阴性，好气型，氧化酶阳性，过氧化氢酶阳性，DNA 中（G+C）mol% 含量为 64.0%～68.0%。模式种是茄青枯劳尔氏菌（*R. solanacearum*），该菌的寄主范围极广，可以为害超过 50 科数百种植物，包括花生、马铃薯、番茄、烟草和许多重要经济树木和灌木，病害的典型症状是：全株呈现急性萎蔫，茎叶仍保持绿色，病茎维管束变褐，横切后用手挤压可见白色菌脓溢出，带菌薯块在贮藏期可引起烂窖（图 5-10）。该菌是土壤习居菌，可随土壤、灌溉水、雨水、种薯和种苗传播。根据生理生化反应及寄主范围的不同，将茄青枯劳尔氏菌分为 4 个生化变种（biovar）（表 5-3），其中二号小种是中国进境植物检疫性有害生物。

图 5-10　茄青枯劳尔氏菌在土豆、番茄上的危害症状（引自 EPPO，2018）

表 5-3　茄青枯劳尔氏菌 4 个生化变种的性状

测试项目	biovar Ⅰ	biovar Ⅱ	biovar Ⅲ	biovar Ⅳ
乳糖	−	+	+	−
麦芽糖	−	+	+	−
纤维糖	−	+	+	−
甘露醇	−	−	+	+
山梨醇	−	−	+	+
卫矛醇	−	−	+	+

注："+" 和 "−" 分别表示可以和不可以分解所测糖分

（四）木质部小菌属

木质部小菌属（*Xylella*）是 Wells 等于 1987 年设立的属，菌体短杆状，大小为（0.25～0.35）μm×（0.9～3.5）μm，无鞭毛，无芽孢。革兰氏染色反应阴性，过氧化氢酶阳性，氧化酶阴性，好气型，DNA 中（G+C）mol% 含量为 49.5%～53.1%。该菌的生长对营养要求苛刻，在一般培养基上不生长，在含有血清蛋白的谷氨酰胺蛋白胨培养基上可生长，生长适温为 26～28℃，生长最适 pH 为 6.5～6.9。菌落分为两类：一类是凸起的垫状或枕状、光滑、乳白色的圆形菌落；另一类是具粗糙的脐状凸起、边缘细锯齿状的菌落。在植物中，主要分布在木质部导管和木质部细胞间。模式种是木质部难养菌（*X. fastidiosa*），该菌寄主非常广泛，主要是葡萄、苜蓿、扁桃等28科的单子叶和双子叶植物，其中有22种禾本科植物，许多杂草带菌隐症，典型症状是叶缘坏死、皱缩、早落、生长缓慢，果少而小或畸形果，产量下降，严重时导致全株死亡。该菌是中国进境植物检疫性有害生物（图5-11）。

图 5-11　木质部难养菌的危害症状（引自 EPPO，2018）
A. 橄榄树受害状；B. 葡萄叶受害状；C. 夹竹桃受害状；D. 蓝莓受害状

（五）嗜木质菌属

嗜木质菌属（*Xylophilus*）菌体杆状，直或略弯，大小为（0.4～0.8）μm×（0.6～3.3）μm，单根极生鞭毛，无芽孢，革兰氏染色反应阴性，严格好气型，氧化酶阴性，过氧化氢酶阳性，DNA 中（G＋C）mol% 含量为68%～69%。细菌生长缓慢，最适生长温度为24℃，最高生长温度为30℃。嗜木质菌属是 Willems 等在1987年设立的，目前该属仅包括1个种，即葡萄嗜木质菌（*X. ampelinus*），引起葡萄细菌性疫病，典型症状是葡萄根、枝条、嫩梢、叶柄和花梗上形成爆裂和溃疡，内部维管束组织变为红褐色。该菌是中国进境植物检疫性有害生物（图5-12）。

（六）植原体属

植原体属（phytoplasma）是非常小的原核生物，无细胞壁，不能在人工培养基上培养，仅能在植物宿主中生长，使得植原体属的研究非常困难和费力，许多性状尚未测定。菌体形态多变，基本形态为圆球形或椭圆形，也可变为杆状、哑铃状或丝状等，粒体长度为80～1000nm。植原体的基因组小，大小为530～1350kb，DNA 中（G＋C）mol% 含量

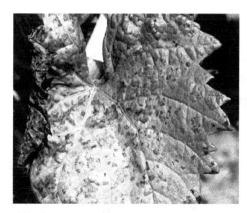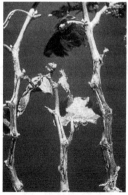

图5-12 葡萄嗜木质菌的危害症状（引自CABI，2018；EPPO，2018）

为23%～30%。对青霉素不敏感，对四环素族抗生素敏感。随着分子生物学分类技术的发展，通过16S rRNA序列同源性比较，以及症状特征的差异，将所有已知植原体病害分为15个组，其中，中国规定的检疫性植原体病害有14种，11种分布在8个组内，其余3种尚未分组。

1）翠菊黄化组（aster yellow group）：包括蓝莓矮化植原体（blueberry stunt phytoplasma）和杏褪绿卷叶植原体（apricot chlorotic leafroll phytoplasma）。

2）花生丛顶组（peanut witches'-broom group）：暂无。

3）（西方）X病组［（western）X-disease group］：包括桃X病植原体（peach X-disease phytoplasma）。

4）椰子致死黄化组（coconut lethal yellow group）：包括椰子致死黄化植原体（coconut lethal yellowing phytoplasma）。

5）榆黄化组（elem yellow group）：包括葡萄金黄化植原体（grapevine flavescence dorée phytoplasma）和桤树黄化植原体（alder yellow phytoplasma）。

6）苜蓿增生组（clover proliferation group）：包括马铃薯丛枝植原体（potato witches broom phytoplasma）。

7）白蜡树黄化组（ash yellow group）：包括白蜡树黄化植原体（ash yellow phytoplasma）。

8）丝瓜丛生组（loofah witches'-broom group）：暂无。

9）木豆丛枝组（pigeon pea witches'-broom group）：暂无。

10）苹果增生组（apple proliferation group）：包括苹果丛生植原体（apple proliferation phytoplasma）和梨衰退植原体（pear decline phytoplasma）。

11）稻黄矮组（rice yellow dwarf group）：暂无。

12）stolbur组（stolbur group）：包括澳大利亚植原体候选种（*Candidatus Phytoplasma australiense*）。

13）墨西哥长春花变叶组（mexican periwinkle virescence group）：暂无。

14）百慕大草白叶组（bermuda white leaf group）：暂无。

15）木槿丛枝组（hibiscus witches'-broom group）：暂无。

16）待定组（unclassified phytoplasmas）：包括榆韧皮部坏死植原体（elm phloem necrosis phytoplasma）、来檬丛枝植原体（lime witches' broom phytoplasma）、草莓簇生植原体（strawberry multiplier phytoplasma）。

　　植原体是一类重要的植物病原，可引起寄主植物代谢紊乱，使植物产生黄化、丛枝、花变叶、衰退、簇生、矮化、变绿和小叶等症状（图 5-13）。植原体专性寄生于植物韧皮部，主要靠吸食植物韧皮部汁液的昆虫介体传播，如叶蝉、飞虱、蚜虫、茶翅蝽等，此外，菟丝子、人工嫁接也能传播植原体。植原体可影响世界上至少 1000 种植物种类，我国也已报道了 100 余种与之相关的植物病害。

图 5-13　植原体属病菌的危害症状（引自 CABI，2018；EPPO，2018；
https://www.forestryimages.org）

A. 桃 X 病植原体；B. 椰子致死黄化植原体；C. 葡萄金黄化植原体；D. 马铃薯丛枝植原体；
E. 苹果丛生植原体；F. 梨衰退植原体；G. 榆韧皮部坏死植原体；H. 来檬丛枝植原体

（七）螺原体属

螺原体属（spiroplasma）的菌体具有多型性，螺旋形、球形或梨形，在指数生长期或一些菌株的生长稳定期，菌体螺旋形，大小为（100～200）μm×（3～5）μm，有些菌株长度只有1～2μm，在生长稳定期菌体常呈球形，直径300nm。螺旋丝状体是可以运动的，常以旋转方式运动，无鞭毛，兼性厌氧型。螺原体能人工培养，生长需要提供胆甾醇，在固体培养基上菌落通常是分散的，形状和边缘不规则，菌落形态很大程度上取决于琼脂浓度，生长温度为5～41℃。螺原体基因组小，大小为780～2220kb，DNA中（G+C）mol%含量为24%～31%。模式种是柑橘顽固病螺原体（*S. citri*），可侵染苋科、车前科、十字花科及芸香科等20多科的植物，多数寄主受侵染后不表现明显症状。柑橘受害后植株矮化、节间缩短、叶变小、丛枝、结果小而畸形，引起柑橘僵化病（图5-14）。该菌是中国进境植物检疫性有害生物。

图5-14　柑橘顽固病螺原体引起的柑橘僵化病（引自EPPO，2018）

第二节　细菌的染色鉴定

细菌是很小的微生物，其菌体形状和大小，是否产生荚膜、芽孢和鞭毛，以及鞭毛的数目和分布等形态大多需要经过染色后进行观察鉴定。目前，细菌鉴定常用的染色法有革兰氏染色法、抗酸染色法、细菌特殊结构染色法和负染色法等。

一、革兰氏染色法

革兰氏染色反应是细菌最常用的鉴别染色法之一，由丹麦细菌学家Christian Gram于1882～1884年发明，是细菌学中最经典的染色方法。其作用机制有两种解释：一种解释是碱性染料可以穿过细胞壁与细胞原生质的酸性成分起作用，加碘以后形成复合体。革兰氏反应阳性的细菌，它的细胞壁阻止褪色剂对复合体中染料的提取，所以不褪色。革兰氏反应阴性的细菌，可能由于细胞壁中含有较多的类脂物，可以被褪色剂溶解，因而染料可以被提取而褪色。另一种解释认为碘液是起媒染剂的作用，与结晶紫及细胞中核糖核酸和镁离子形成复合体，这种复合体不容易被褪色。革兰氏染色反应阴性的细菌不形成这样的复合体，结晶紫就容易褪色除去。

（一）染色试剂及染色步骤

革兰氏染色的方法很多，常用的是结晶紫草酸铵染色法，染剂、复染剂和碘液等的具体配方见表5-4。按以下步骤染色：细菌培养，涂片固定→加结晶紫染剂，染色1min→用水冲洗几秒，吸干多余水分→加碘液，处理 1min→水洗几秒后吸干→加 95% 乙醇溶液，或丙酮，或丙酮 - 乙醇脱色，大约 30s→用流水轻轻冲 2s→加复染剂，复染大约 10s→用流水微冲，吸干水后镜检。阳性反应的细菌染成紫色，阴性反应的细菌染成红色。

表 5-4　革兰氏染色法的试剂配方

试剂名称	配方
结晶紫染剂	溶液 I：将 2.0g 结晶紫溶解在 20mL 95% 乙醇溶液中
	溶液 II：将 0.8g 草酸铵溶解在 80mL 蒸馏水中
	将溶液 I 和 II 混合，静置 48h 后使用
碘液	先将 2.0g 碘化钾溶解于少量蒸馏水中，再将 1.0g 碘溶解在碘化钾溶液中，完全溶解后加蒸馏水至 300mL
脱色剂	95% 乙醇溶液：脱色较慢
	丙酮：脱色最快
	丙酮 - 乙醇：100mL 95% 乙醇溶液与 100mL 丙酮混匀，脱色效果介于两者之间
复染剂	将 2.5g 番红溶解在 100mL 95% 乙醇溶液中，混匀备用，使用时稀释 10 倍

（二）革兰氏染色法的注意事项

1. 试剂

所用试剂的保存时间不超过 1 年，特别是碘液久存或受光的作用而形成碘酸，失去媒染作用，因此应保存于棕色瓶中。95% 乙醇溶液会因瓶密封不好或涂片上积水过多而降低浓度，影响脱色力。

2. 菌龄

以培养 18～24h 的细菌为好，此时细菌处于指数生长期。老龄细菌染色结果不稳定，影响鉴定结果。

3. 操作技术方面

涂片过程取菌量少于 1/3 环，保持细菌稀薄、分散均匀、避免成团；染色过程中，初染和媒染时间控制在 1min 左右，脱色时间以流下的脱色剂不带颜色为宜，为 0.5～1min，时间过短或过长均会影响实验结果；复染一般不宜过强，以免遮盖初染的颜色。

4. 其他

染色过程严格按照细菌染色的基本程序进行，即涂片→固定→初染→媒染→脱色→复染。设立已知的阳性菌和已知的阴性菌作为对照，接种环移取细菌时需灭菌处理，避免交叉污染。

（三）氢氧化钾测验

近年来，也较为广泛使用 3% 氢氧化钾（KOH）溶液来测定细菌革兰氏染色反应。用接种环挑取菌落放在载玻片上与 3% KOH 溶液液滴搅拌 1～2min，然后用接种环挑取时，革兰氏阴性菌的细胞壁易被碱液溶解，而拉出丝状物；革兰氏阳性菌则不被溶解，而无丝状物出现。简易的 KOH 技术可以作为预鉴定来快速测验，如果对测验结果存在怀疑，则可再用革兰氏染色法进行验证。

二、抗酸染色法

抗酸染色法（acid-fast staining method）是 1882 年由埃利希（F. Ehrlich）首创，经齐尔（F. Ziehl）改进而创造的细菌染色法，主要用于检测抗酸细菌（如分枝杆菌和放线菌）的一种特殊染色法。这些细菌用一般染色法不宜着色，必须使用强染色剂，并采用加热和延长染色时间的方法才能使其着色，一旦染色后不易被酸性乙醇脱色。细菌抗酸染色的方法有很多，典型的是齐-内染色法（Ziehl-Neelsen）：先以石炭酸品红（复红）染色液加温初染，然后以 3% 盐酸-乙醇或 20% 硫酸溶液脱色，最后用亚甲蓝染剂复染。抗酸染色反应阳性的细菌，因含有较多的脂类，具有抗御酸类脱色的特性，故能保持初染的红色，而一般细菌无抗酸能力，初染的红色被酸类脱去，被复染成蓝色。

（一）抗酸染色液的配制

Ziehl-Neelsen 抗酸染色法的染液中采用苯酚作为媒染剂，其既能溶于乙醇，又能溶于碱性品红溶液，从而增加组织和染料的亲和力，提高染液性能，使碱性品红与抗酸菌牢固结合。染剂配制方法见表 5-5。

表 5-5 Ziehl-Neelsen 抗酸染色法的染剂配方

试剂名称	配方
染剂 I	先将 1.0g 碱性品红溶于 10mL 95% 乙醇溶液中，再加 100mL 苯酚水（1:20）
染剂 II	先将 5.0g 碱性品红、25.0g 苯酚加在 50mL 95% 乙醇溶液中，沸水浴中加热约 5min，摇荡使其溶解，再加 500mL 蒸馏水，然后过滤备用
脱色剂	3% 盐酸-乙醇：3mL 浓盐酸加 97mL 95% 乙醇溶液 20% 硫酸溶液：约 126mL 98% 的浓硫酸用蒸馏水稀释至 1000mL
复染剂	亚甲蓝染剂：先将 0.3g 亚甲蓝溶解于 30mL 95% 乙醇溶液中，然后与 100mL 0.01% 的氢氧化钾溶液混合，配成的染剂放的时间越长，质量越好

（二）抗酸染色的步骤

1）涂片：将涂片在火焰上稍微加热固定。

2）初染：滴加染剂 I 或染剂 II，染色 5min，载玻片在酒精灯火焰上缓缓加热至有蒸汽出现，但切不可使染剂沸腾和干燥。

3）水洗：倾去染液，水洗。

4）脱色：滴加 3% 盐酸-乙醇或 20% 硫酸溶液脱色，直至无红色脱落为止，一般需要 1～3min。

5）水洗：充分水洗。

6）复染：滴加亚甲蓝染剂，复染 30～60s。

7）观察：水洗，并吸干或烘干，用光学显微镜进行镜检（目镜 10×，油镜 100×）。在淡蓝色背景下，抗酸染色反应阳性的细菌染成红色，抗酸染色反应阴性的细菌染成蓝色，这种染色法也可以用于鉴别抗酸菌（如结核杆菌和麻风杆菌）和非抗酸菌。

三、细菌特殊结构染色法

细菌的某些结构如细胞壁、核质、芽孢、荚膜及鞭毛等，用普通染色法不易着色，必须用一些特殊染色法才能使其着色，如鞭毛染色、芽孢染色、异染粒染色、细胞壁染色等。这些染色法不仅能使特殊结构着色，而且使特殊结构染成与菌体不同的颜色，利于观察与鉴定。

（一）鞭毛染色

鞭毛是细菌的特殊结构之一，鞭毛的有无、数量和着生位置是细菌分类和鉴定的重要形态依据。细菌鞭毛非常纤细，长 5～20μm，直径只有 10～30nm，远低于光学显微镜的分辨率，只有采用特殊的染色方法才能在光学显微镜下观察其形态。鞭毛染色过程烦琐，技术性强，染色效果受各方面因素影响较大。为了获得较好的染色效果，下文将对操作过程进行逐一阐述。

1. 载玻片的准备

鞭毛染色要用新的或没有损伤的载玻片，载玻片经过去油污和泡酸处理：在浓铬酸洗涤液中浸泡24h→先用清水洗，再用蒸馏水洗→浸在95%乙醇溶液中→将载玻片通过火焰几次，直至载玻片边缘的火焰呈橘黄色→放在多层吸水纸上，任其冷却。较好载玻片的标准：在载玻片上加1滴蒸馏水，若载玻片洁净，水滴能快速均匀地扩散开来，不会聚缩成团。

2. 细菌悬浮液的配制

配制细菌悬浮液时要注意菌龄，最好选取对数生长期的细菌，一般细菌的鞭毛在37℃培养8～12h生长最旺盛，这时的鞭毛正处于壮年期。培养时间过短，鞭毛未发育；过长则菌体趋向衰老，鞭毛脱落，均不易观察到鞭毛。但对于生长较慢的细菌（如黄单胞杆菌属），可适当延长培养时间，然后在培养基斜面上加灭菌水3～5mL（可根据浓度增减），静置5～30min（产生胶质的细菌则适当延迟，但放置时间太久，细菌的鞭毛可能会脱落）。制片时应选取菌落边缘的幼龄菌。

选取细菌培养基时，液体培养基更利于细菌鞭毛表现动力，0.5%的软琼脂有利于鞭毛的形成，琼脂浓度过高，则会抑制鞭毛的发育。配制菌悬液时，动作要轻柔，浓度不宜过高，避免鞭毛互相层叠粘连，视野不清。

3. 涂片

涂片的方法是：在洁净的载玻片一端滴加2～3滴蒸馏水→用接种环取菌落边缘的细菌，悬于蒸馏水中→水滴变浑浊后，移开接种环，静置5min让鞭毛舒张开→稍倾斜玻片，使菌液从玻片一端流向另一端→使玻片自然干燥，不能通过火焰干燥。涂片时避免研磨，以免造成鞭毛脱落。

4. 染色

染色液宜新鲜配制并过滤，才能使菌体和鞭毛着色均匀，避免染料沉淀。染色时间不宜过长，以免影响观察。由于鞭毛染色存在一定难度，各个实验室设计了独特的染色方法，常用的是赖夫生染色法、西萨-基尔染色法和柯达卡染色法，目前已经很少采用银盐染色法。

（1）赖夫生染色法　赖夫生（Leifson）染色法的操作步骤如下：在洁净的载玻片上用蜡笔画4个1.3cm×2.0cm的小格→培养基斜面上加蒸馏水，在适温下扩散形成浑浊的悬浮液→将载玻片斜放，吸去留下的悬浮液，载玻片在空气中干燥→第一个小格加5滴染剂，经5s、10s和15s后，分别在第二至四小格中加染剂→观察染剂中很细沉淀物的产生，当第一格和第二格产生沉淀时，立即用水将载玻片上的染剂洗去→载玻片在室温下干燥，直接用油镜观察。赖夫生染色法的染剂有两种配方，见表5-6。

表5-6　赖夫生染色法的染剂配方

试剂名称	配方
染剂Ⅰ	取1.0g单宁酸、0.5g氯化钠、0.4g碱性品红溶解在33.0mL 95%乙醇溶液中，加蒸馏水定容至100mL，pH调至5.0
染剂Ⅱ	将单宁酸（3%的水溶液加0.2%苯酚）、1.5%氯化钠溶液和碱性品红（1.2%的95%乙醇溶液）三种溶液，在使用前一天等容量混合

（2）西萨-基尔染色法　西萨-基尔（Cerares-Gill）染色法的操作步骤如下：用微吸管在载玻片一端加2～3滴细菌悬浮液，倾斜使其流到载玻片另一端，吸去多余菌液，在空

气中自然干燥→加媒染剂处理约 5min 后，用水洗去→加苯酚品红染剂常温处理 5min→水洗，自然干燥后镜检。染剂配方见表 5-7。

表 5-7　西萨 - 基尔染色法的染剂配方

试剂名称	配方
媒染剂	取 10.0g 单宁酸、18.0g 氯化铝（$AlCl_3 \cdot 6H_2O$）、16.0g 氯化锌（$ZnCl_2$）、1.0g 碱性品红溶解在 10.0mL 60% 乙醇溶液中，研细后再加入 30.0mL 60% 乙醇溶液，染色时稀释 1～4 倍，并过滤后使用
染液	溶液Ⅰ：0.3g 碱性品红溶解在 10.0mL 95% 乙醇溶液中 溶液Ⅱ：5.0g 苯酚（结晶）溶解在 95.0mL 蒸馏水中 将溶液Ⅰ和Ⅱ配好后混合使用

（3）柯达卡染色法　柯达卡（Kodaka）染色法的操作步骤如下：在洁净的载玻片上加 1 滴水→用接种环挑少许细菌，加在水中→加盖玻片→盖玻片三边用蜡封好，第四边滴 2 滴以上媒染剂和染剂的混合溶液→作用 1min 后镜检，可用照明的相差显微镜检查。试剂配方见表 5-8。

表 5-8　柯达卡染色法的染剂配方

试剂名称	配方
媒染剂	将 10.0mL 5% 的石炭酸、2.0g 单宁酸与 10.0mL 硫酸铝钾［$KAl(SO_4)_2 \cdot 12H_2O$］的饱和水溶液混合
染剂	12.0g 结晶紫溶于 100.0mL 无水乙醇中

注：染色时将 10 份媒染剂与 1 份染剂混合使用

（二）芽孢染色

某些细菌（如芽孢杆菌属和梭菌属）发育到一定阶段，可以形成一种抗逆性很强的休眠体结构，即为芽孢。芽孢与正常菌体相比，壁厚且通透性低，不易着色，一般的染色法只能使菌体染色而芽孢不着色（芽孢呈无色透明状），但是芽孢一旦着色就很难被脱色。通常，芽孢染色采用弱碱性染料孔雀绿在加热的条件下进行。通过加热的方法促进染料穿过厚壁进入芽孢，在水洗时由于壁厚，染料又难以溶出，使芽孢保有初染染料，而染料与菌体结合力较差，被水冲掉后，再用一种呈红色的碱性染料复染后，使菌体和芽孢呈现不同颜色，便于观察。

芽孢染色具体的操作步骤如下：将培养 18～24h 的细菌涂片、干燥、固定→加染剂Ⅰ，在火焰上加热染色 1min，勿使染液沸腾和干燥→水洗→加染剂Ⅱ染色 15s→水洗，干燥后镜检，菌体染成红色，而芽孢呈绿色。染剂配方见表 5-9。

表 5-9　芽孢染色的染剂配方

试剂名称	配方
染剂Ⅰ	5% 孔雀绿水溶液
染剂Ⅱ	0.5% 藏红水溶液或 0.05% 碱性品红水溶液

芽孢染色的注意事项：一是菌体培养时间为 18～24h，培养时间过长，效果不好；二是要控制孔雀绿的加热时间、藏红水溶液或碱性品红水溶液的复染时间；三是菌悬液不能太浓。

（三）异染粒染色

异染粒是以无机偏磷酸盐聚合物为主要成分的一种无机磷的贮备物，多发现在革兰氏染色反应阳性的细菌内（如棒形杆菌属），嗜碱性或嗜中性较强，用蓝色染料（如甲苯胺蓝）染色后，异染粒染成黑色，菌体的其他部分呈浅绿色或暗绿色。染剂配方见表 5-10，具体染色步骤如下：细菌涂片、干燥、固定→加染剂，处理 5min→除去多余的染剂，并加碘液处理1min→水洗，吸干多余的水分，镜检。

表 5-10　异染粒染色的染剂配方

试剂名称	配方
染剂	将 0.15g 甲苯胺蓝、0.2g 孔雀绿、1.0mL 冰醋酸、2.0mL 乙醇溶液（95%）混合，加蒸馏水至 100.0mL
碘液	将 2.0g 碘、3.0g 碘化钾溶于 300.0mL 蒸馏水中

（四）细胞壁染色

细菌的细胞壁很薄，革兰氏阳性菌细胞壁厚度为 20～30nm，革兰氏阴性菌的细胞壁厚度为 10～13nm。组成细胞壁的主要成分为肽聚糖，它与染料结合力差，不易着色，在染色过程中，染料常通过渗透、扩散等作用经过细胞壁进入细胞，而细胞壁本身未染色。因此，欲观察细胞壁，可根据细菌细胞在高渗溶液中或用乙醚蒸气处理后，会产生质壁分离这一现象，经染色后在光学显微镜下区分细胞壁和细胞质膜。

细菌细胞壁的染色需要用媒染剂，常用单宁酸染色法进行染色。单宁酸是媒染剂，可使细胞壁形成可着色的物质，而细胞质不被着色，再经结晶紫染色后，便可在普通光学显微镜下观察到细胞壁。单宁酸染色法的染剂配方见表 5-11，具体操作步骤如下：细菌涂片，并通过火焰固定→加媒染剂，加热 5min→水洗→滴加染剂，染色 1min→水洗，吸干后镜检，细菌的细胞质染成浅紫色，细胞壁颜色较深，常呈褐色。

表 5-11　单宁酸染色法的染剂配方

试剂名称	配方
媒染剂	5%～10% 单宁酸水溶液
染剂	0.02% 结晶紫水溶液

四、负染色法

负染色法的染色处理过程不是主要针对菌体本身，因而又称间接染色法，是一种利用磷钨酸钠等电子密度高的物质嵌入样品间隙，对比样品与背景所产生的颜色差异，这不是原来意义上的物质染色。

负染色法需要使用酸性染料来染色，如伊红或苯胺黑。因为细菌菌体表面带负电，而酸性染料的呈色原（chromogen）也带负电，同种电荷相互排斥，所以色原不能渗入细胞内，只能将背景染色，没有染色的细胞在染色背景下就能很容易地被观察到。负染色法标本不需要热固定，细胞不会因为化学药物的影响而变形，可以观察细胞的自然大小和形态，也可用于观察不易染色的细菌或病毒，如螺旋菌。

负染色法所用染剂为苯胺黑染色液，具体操作如下：在洁净载玻片的一端，加 1 滴苯胺黑染色液→用接种环取菌，置于苯胺黑溶液中混匀→另取 1 个玻片，一端呈 30° 置于苯胺黑溶液之前，向另一端推，使混合液成一薄涂膜→将载玻片置于空气中干燥→在油镜下观察。

第三节　细菌的分离培养及生理生化测定

微生物实验材料（如菌株或菌种）的获得，是进行微生物研究所必不可少的，通常有以下几种获取方式：购买标准菌株、向其他单位索要及原有菌种的定期移植，但如果由于种种原因一时得不到现成的菌株，则可以自己动手进行分离和培养。细菌在适宜的条件下才能生长繁殖，因此要根据菌种选取适宜的分离培养方法。

微生物生理生化反应是指用化学反应来测定微生物的代谢产物，常用于鉴别一些在形态和其他方面不易区分的微生物，因此根据实验目的进行生理生化测定，为微生物分类鉴定提供重要依据。

一、细菌的分离和培养

（一）分离方法

植物病原细菌一般采用稀释分离法，稀释培养可以使植物细菌与杂菌分开，形成分散的菌落，容易分离得到纯培养物。稀释分离有以下两种方法。

1. 稀释平板分离法

将待分离的材料经表面消毒和灭菌水洗 3 次后，用灭菌的玻璃棒将材料研碎，静置 10～15min，配成悬浮液。取少量悬浮液进行系列稀释（1∶10、1∶100、1∶1000、1∶10 000……），然后取少许不同稀释度的溶液，与已熔化并冷却至 45℃ 的琼脂培养基混合摇匀，倒入灭菌的培养皿中，待琼脂冷却凝固后，将培养皿翻转，在适温下培养。如果稀释得当，平皿上会出现分散的单个菌落，挑取单个菌落或重复以上操作，便可进行纯培养。

一般植物病原细菌可以用灭菌水稀释，但有些对渗透压比较敏感或者由于其他原因在清水中会很快死去的细菌，改用灭菌的生理盐水（0.85% 的 NaCl 溶液）或肉汁胨培养液稀释比较好。例如，水稻白叶枯病菌用蛋白胨水或黏土悬浮液稀释，培养后形成的菌落数目比用清水稀释的多。

2. 平板划线分离法

其是借助划线使混合的微生物在平板上分散开，以获得单个菌落，达到分离的目的。具体操作如下。

（1）倒平板　　将已熔化的琼脂培养基冷却至 50～55℃，倒入灭菌的培养皿中，静置凝固。

（2）制备菌悬液　　取小块病组织，经过表面消毒和灭菌水洗 2 次后，用灭菌玻璃棒研碎后静置，取组织液进行划线。

（3）划线　　用灭菌的接种环蘸取少许组织液，在平板表面进行平行划线、扇形划线或其他形式的划线，使菌体逐渐减少，最后常可形成单个孤立的菌落。然后将培养皿倒置培养，观察平板上出现的菌落。平板划线分离法的关键是要等到琼胶平板表面的冷凝水完全消失后才能划线，否则细菌将在冷凝水中流动而影响单菌落的形成。

植物病原细菌的分离除上面提到的有关注意事项外，分离时还要注意以下这些问题。

（1）分离材料要新鲜　　要从新鲜的标本和新的病斑分离。存放太久的标本，其中病原细菌生活力减弱，腐生性细菌滋生很快，从这些组织中分离到的大都是腐生菌。从保存较长时间的标本中分离细菌时，可以先接种植物组织后再分离，如分离软腐病细菌时，由于组织中往往夹杂大量的腐生菌，可以挑取少许腐烂组织针刺接种在相应的健全组织上，发病后再从接种的组织上分离。

（2）适宜的培养基　　寄生性细菌对培养基的要求一般要比腐生性细菌严格，且适宜于纯培养的培养基，不一定适宜于分离。因此，分离时要选择适当的培养基，有时要用选择性培养基。

（3）菌落的选择和分离　　一种细菌病害一般是由一种病原细菌引起的，琼脂平板上出现几种不同形态的菌落，总有一种是主要的，如果菌落类型太多，可以考虑重新分离。各种病原细菌的生长速度存在差异，假单胞菌属和欧文氏菌属细菌生长较快，分离后 1～2d 即可出现较大的菌落；土壤杆菌属则需要 2～3d；黄单胞菌属一般要 3～4d；棒杆菌属的细菌则需要 5～8d 才出现明显的菌落。有时根据菌落生长快慢，可以初步判断分离结果。

（4）消毒方式　　植物组织表面消毒常采用漂白粉溶液处理 3～5min 或用次氯酸钠溶液处理 2min，然后用灭菌水清洗。这两种试剂的消毒力不如升汞，但是不容易杀死组织内的细菌，也没有残留的影响。

（二）分离培养基

植物病原细菌生长所需的培养基，可以分为非选择性培养基和选择性培养基。非选择性培养基又称通用培养基，是对微生物没有选择性抑制的分离培养基（如营养琼脂）；选择性培养基是支持特定微生物的生长而抑制其他微生物生长的分离培养基［如李斯特菌鉴别（PALCAM）琼脂、麦康凯（MarConkey）琼脂］。植物病原细菌分离时，要避免使用选择性培养基，因为这些抑制杂菌的物质，只是抑制它们的生长而不是杀死这些杂菌。

1. 非选择性培养基（通用培养基）

常使用肉汁胨（nutrient agar，NA）培养基和马铃薯葡萄糖（potato dextrose agar，PDA）培养基两种培养基，配方见表 5-12。

表 5-12　常见通用培养基的配方

培养基	配方
NA 培养基	称取 3.0g 牛肉浸膏、1.0g 酵母浸膏、5.0g 蛋白胨、1.0g 葡萄糖、10.0g 琼脂溶于 1000mL 蒸馏水中，调 pH 至 6.8～7.0，分装，高压灭菌
PDA 培养基	称取 200.0g 马铃薯，洗净去皮切碎，加入 1000mL 蒸馏水，煮沸 30min，用纱布过滤后加 20.0g 葡萄糖和 15.0g 琼脂，充分溶解后分装，高压灭菌

2. 选择性培养基

选择性培养基是根据某种微生物的特殊营养要求或其对某化学、物理因素的抗性而设计的培养基，分离不同属的植物病原菌，可以选择适宜的培养基，下文介绍几种常见属和种的选择性培养基及其配方，见表 5-13。

表 5-13　几种常见属和种的选择性培养基及其配方

选择性培养基	配方	适宜细菌	备注
甘露糖醇培养基	15.0g 甘露糖醇、5.0g 硝酸钠、20.0mg 硝酸钙［Ca(NO$_3$)$_2$·4H$_2$O］、2.0g 磷酸氢二钾（K$_2$HPO$_4$）、6.0g 氯化锂（LiCl）、0.2g 硫酸镁（MgSO$_4$·7H$_2$O）、0.1g 溴百里酚蓝、15.0g 琼脂、1000mL 蒸馏水（pH 7.2）	土壤杆菌属（*Agrobacterium*）	培养基呈深蓝色，其中的溴百里酚蓝成分可抑制革兰氏染色阳性反应的细菌生长，氯化锂成分可抑制假单胞菌属细菌的生长
金氏 B 培养基（KBA）	20.0g 蛋白胨、10.0g 甘油、1.5g 磷酸氢二钾（K$_2$HPO$_4$）、1.5g 硫酸镁（MgSO$_4$·7H$_2$O）、15.0g 琼脂、1000mL 蒸馏水（pH 7.2）	假单胞菌属（*Pseudomonas*）、欧文氏菌属（*Erwinia*）	荧光假单胞菌在培养基中产生可扩散的青或褐色的色素，紫外线照射显示青到紫色

续表

选择性培养基	配方	适宜细菌	备注
甘油酪朊水解物培养基	10.0mL 甘油、10.0g 蔗糖、1.0g 酪朊水解物、5.0g 氯化铵（NH$_4$Cl）、2.3g 磷酸氢二钠（Na$_2$HPO$_4$）、0.6g 硫酸十二烷基钠、15.0g 琼脂、1000mL 蒸馏水（pH 6.8）	假单胞菌属（Pseudomonas）	硫酸十二烷基钠具有一定的选择性
蔗糖蛋白胨培养基	20.0g 蔗糖、5.0g 蛋白胨、0.5g 磷酸氢二钾（K$_2$HPO$_4$）、0.25g 硫酸镁（MgSO$_4$·7H$_2$O）、15.0g 琼脂、1000mL 蒸馏水（pH 7.2～7.4）	黄单胞菌属（Xanthomonas）、假单胞菌属（Pseudomonas）、欧文氏菌属（Erwinia）和有些棒形杆菌属的细菌，如 Clavibacter michiganesis subsp. insidiosus 和短小杆菌属的细菌 C. flaccumfacieus subsp. flaccumfaciens	
SX 琼胶培养基	10.0g 可溶性淀粉、1.0g 牛肉浸膏、5.0g 氯化铵、2.0g 磷酸二氢钾（KH$_2$PO$_4$）、15.0g 琼脂、1000mL 蒸馏水	适用于分离水解淀粉的油菜黄单胞菌（X. campestris）的致病变种	必要时可加 1.0mL 1% 甲基紫 B 的 20% 乙醇溶液、2.0mL 1% 甲基绿水溶液和 250mg 环己酰胺，提高选择性
结晶紫聚果胶培养基	在 500mL 沸水中依次加入下列成分，并低速搅拌：1.0mL 10% 结晶紫水溶液、4.5mL 1mol/L 氢氧化钠溶液、4.5mL 新配制的 1% 氯化钙（CaCl$_2$·2H$_2$O）水溶液、2.0g 琼脂、1.0g 硝酸钠（NaNO$_3$），加入聚果胶酸钠，高速搅拌 15s，分装灭菌	欧文氏菌属（Erwinia）	欧文氏菌属中细菌有分解果胶酶活性的，形成中间有凹陷的菌落
酵母葡萄糖矿物盐琼胶培养基	2.0g 酵母浸膏、2.5g 葡萄糖、0.25g 磷酸氢二钾（K$_2$HPO$_4$）、0.25g 磷酸二氢钾（KH$_2$PO$_4$）、0.1g 硫酸镁（MgSO$_4$·7H$_2$O）、0.15g 硫酸锰（MnSO$_4$）、0.05g 氯化钠（NaCl）、0.005g 硫酸铁（FeSO$_4$·7H$_2$O）、15.0g 琼脂、1000mL 蒸馏水	棒形杆菌属（Clavibacter），如马铃薯环腐病菌（Clavibacter michiganensis subsp. sepedonicusm）及其他棒形杆菌，也适用于黄单胞菌属（Xanthomonas）	

注：SX 为 selective medium for Xanthomonas（黄单胞菌属的选择性培养基）

选择性培养基种类繁多，重要的植物病原细菌大都有其独特的选择性培养基，设计合适的选择性培养基，主要参照指标如下。

（1）碳源　培养基的碳源量一般在 0.2% 左右，选用适宜待分离细菌生长而不适于其他细菌生长的碳源，如用于鉴别假单胞菌属荧光组细菌的金氏 B 培养基（KBA）和 Luisetti 培养基，在紫外线（较短波段至较长波段，如 400nm）能显示蓝色或绿色荧光的假单胞菌采用 KBA 培养基，少数在 KBA 上不产生荧光的假单胞菌采用 Luisetti 培养基。

（2）氮源　有机氮或无机氮浓度一般在 0.1%～0.2%。多数细菌能够利用有机氮，若待分离的细菌能够利用无机氮，则便于进行分离设计。例如，在用于鉴别欧文氏菌的 Miller-Schroth（MS）培养基上，肠杆菌科细菌呈橙红色菌落，某些假单胞菌呈淡蓝色菌落，解淀粉欧文氏菌（坏死萎蔫 amylovora 群）菌落呈橙红色，颜色中心深、边缘浅（山梨醇代替甘露醇）。

（3）抑制性物质　找到待分离细菌耐抑制性物质的最高浓度，是设计选择性培养基的关键，抑制性物质种类很多，包括各种抗生素、杀菌剂、洗净剂、有毒物质及细菌素。例如，欧文氏菌在 Kado D$_3$ 培养基上，菌落呈深橘黄色，并有蓝绿色至淡橘黄色的晕圈。

（三）培养性状

不同属的植物病原细菌，它们的培养性状各不相同，如生长快慢、色素的产生、菌落形态及特殊气味等，这些培养性状的差异也是细菌鉴定的重要手段。

植物病原细菌产生的色素分为两类：一类是非水溶性色素，不能扩散到培养基中，所以菌落表现不同的颜色，而培养基不变色，如黄单胞菌属形成非水溶性的黄色素，菌落呈黄色，培养基不变黄；另一类是水溶性色素，这些色素能扩散到培养基中，使培养基变色，其中一些色素具有荧光性，如假单胞菌属可以产生水溶性的荧光性色素，使培养基变色。

1. 细菌在固体培养基中的生长表现

（1）细菌在琼脂平板上的生长表现　　生长在琼脂平板上的细菌，主要观察性状包括菌落形状、大小、边缘、表面是否隆起或凹陷、颜色、透明度和黏度、培养基颜色的变化等。例如，黄单胞菌可产生非水溶性的黄色素，菌落呈蜜黄色至淡黄色；欧氏杆菌属的菌落呈灰白色，少数淡黄色；棒形杆菌属的菌落呈灰白色，且生长较慢。

（2）细菌在琼脂斜面上的生长表现　　将细菌以接种针直线接种到琼脂斜面上（自底部向上划一直线），培养后观察生长量的多少、菌苔的形状、颜色光泽和黏度，以及培养基的颜色和有无特殊气味等。

（3）细菌在琼脂柱穿刺培养中的生长表现　　将细菌以接种针穿刺于琼脂柱中，培养后观察其生长表现。

2. 细菌在液体培养基中的生长表现

肉汁胨培养液常用于观察培养性状，将细菌接种于肉汁胨培养液中，培养后，观察其生长表现，主要包括有无菌膜和菌环的形成、浑浊程度、色素的产生、有无沉积物和特殊气味等。

二、细菌的生理生化测定

（一）细菌的生长测定

1. 细菌生长与温度及 pH 的关系

（1）测定细菌生长与温度的关系　　细菌生长需要适宜的生长温度，即最适生长温度。在最适生长温度范围内，细菌生长速率随温度上升而加快，达到最高点后，微生物生长速率急剧下降。当外界环境温度明显高于最适生长温度时，细菌停止生长，并最终死亡；若外界温度低于最适生长温度时，细菌代谢活动受到抑制，停止生长但不死亡，进入休眠状态。植物病原细菌生长适温一般为 26～30℃，少数在低温或高温下生长较好。例如，茄青枯菌的最适生长温度为 35℃，马铃薯环腐病菌的最适生长温度为 20～23℃。

温度测定常用肉汁胨培养液，培养液要求澄清且没有沉淀物，测定方法是将斜面培养24h 左右的细菌，加适量灭菌水制成悬浮液，接种含有肉汁胨培养液的试管后，初步测定在0℃、6℃、12℃、20℃、30℃、37℃和 42℃等温度下的生长情况，根据测定结果重设温度后，再次进行测定，最终确定细菌生长的最低、最适和最高温度。

细菌的致死温度一般采用毛细管测定，取长 10cm、内径 1～1.5mm 的玻璃管，两端塞棉花，灭菌后在火焰上拉细，中间折断成为 2 个毛细管。以毛细管吸取少量的细菌悬浮液，火焰封闭断口后，将毛细管置于不同温度的恒温水浴中处理（一般为 10min），然后打破管口将菌液吹入培养基中，检测细菌能否生长，从而确定致死温度。一般植物病原细菌致死温度为 48～53℃，有些耐高温的细菌最高不超过 70℃，杀死细菌芽孢一般要用 120℃左右高压蒸汽处理 10～20min。

（2）测定细菌生长与 pH 的关系　　细菌在新陈代谢过程中，酶的活性要在一定的 pH 范围内才能发挥，过酸或过碱都会使菌体表面蛋白质变性，导致细菌死亡。多数细菌生长最适 pH 为 6.5～7.5。植物病原细菌对酸性较能忍耐，不同种类的细菌最适 pH 也不尽相同，因此在细菌培养过程中，应加入适当的缓冲剂，保持 pH 稳定。测定细菌生长 pH 的方法是：配制不同 pH 的培养基，然后接种待测细菌，置于 28℃培养 3d 后观察结果。

2. 耐盐性

由于细菌耐盐性不同，因此常被作为鉴别特征。许多培养液都可用于测定细菌耐盐性，如肉汁胨培养液，一般先将高浓度 NaCl 溶液灭菌，再加到培养液中，配成不同浓度的 NaCl 溶液，如 2%、3%、5%、7% 及 10% 等，接种新鲜培养的菌液，适温培养 3～7d，观察其生长与否，以判断其耐盐性。

3. 对氰化钾的耐性

氰化钾可以与细胞色素、细胞色素氧化酶、过氧化氢酶和过氧化物酶中的铁卟啉结合，使其失去活性，从而抑制细菌的生长。测定方法是将新鲜培养的细菌（18～24h）接种到氰化钾培养基中，适温培养 24～48h，观察生长情况。细菌可在氰化钾培养基中生长的（不受抑制）为阳性，不生长（抑制）为阴性。

（二）碳素化合物的利用与分解测定

1. 糖（醇、苷）类发酵试验

不同细菌分解利用糖类、醇类和糖苷的能力各不相同，有的能利用而有的不能利用。能利用的细菌，有的产酸产气，有的产酸不产气。酸的产生可用指示剂来判定，例如，酚红（pH 6.8～8.4）适用于测定碱性和微酸性的变化，溴甲酚紫（pH 5.2～6.8）适用于测定酸度较大的变化，溴百里酚蓝（pH 6.0～7.6）对酸性和碱性的变化都能测定。在配制培养基时预先加入溴甲酚紫 [pH 5.2（黄色）～6.8（紫色）]，当细菌分解产酸产气时，培养基由紫色变为黄色，伴有气泡产生；当细菌分解产酸不产气时，仅培养基变黄；当细菌不分解糖类、醇类和糖苷时，培养基仍为紫色。

2. 甲基红试验

有些细菌可以分解葡萄糖产生丙酮酸，丙酮酸再进一步分解产生甲酸、乙酸、乳酸等，此时培养基 pH 降到 4.2 以下，加入甲基红指示剂 [pH 4.4（红色）～6.2（黄色）] 后会呈现红色，如大肠杆菌。有些细菌分解葡萄糖产生丙酮酸，丙酮酸进一步脱羧转化成醇等，此时培养基的 pH 仍在 6.2 以上，因此加入甲基红指示剂后会呈现黄色，如产气杆菌。

甲基红试验（methyl red test，MR 试验）一般采用葡萄糖蛋白胨培养基，接菌后，在适温下培养 48～96h，取 5mL 培养液，加甲基红试剂 2～3 滴，看是否变红：当 pH<4.5 时，呈红色，pH>6.2 时呈黄色，试剂及培养基配方见表 5-14。

表 5-14　生理生化测定所用试剂及培养基配方

试剂或培养基名称	配方
葡萄糖蛋白胨培养基	5.0～9.0g 蛋白胨、5.0g 葡萄糖、5.0g 磷酸氢二钾（K_2HPO_4）溶于 1000mL 蒸馏水，调 pH 至 7.0～7.2，每管分装 5mL，灭菌
甲基红指示剂	0.1g 甲基红溶于 300mL 95% 乙醇溶液中，用蒸馏水稀释至 500mL
Ayers 培养基	1.0g $NH_4H_2PO_4$、0.5g KCl、0.2g $MgSO_4 \cdot 7H_2O$、5.0g NaCl 溶于 1000mL 蒸馏水，调 pH 至 7.0 后加入 1.5mL 溴百里酚蓝（1.6% 乙醇溶液），121℃蒸汽灭菌 30min 后，加入过滤灭菌或 115℃蒸汽灭菌 10min 的碳素化合物，使其在培养基中终浓度为 1%。分装于试管中，每管 10mL 左右。若测定有气体产生，则加上杜氏发酵小玻璃管后灭菌

续表

试剂或培养基名称	配方
Dye 培养基 C＋1%碳素化合物	0.5g $NH_4H_2PO_4$、5.0g NaCl、0.5g K_2HPO_4、0.2g $MgSO_4 \cdot 7H_2O$、1.0g 酵母浸膏、1.5mL 溴百里酚蓝（1.6% 乙醇溶液）、17.0g 琼脂、1000mL 蒸馏水，调 pH 至 7.0，121℃蒸汽灭菌 30min 后，加过滤灭菌或 115℃蒸汽灭菌 10min 的碳素化合物，使其在培养基中终浓度为 1%
SMB 培养基＋0.2%碳素化合物	4.75g $Na_2HPO_4 \cdot 2H_2O$、0.5g KH_2PO_4、1.0g NH_4Cl、4.53g K_2HPO_4、0.5g $MgSO_4 \cdot 7H_2O$、1.0mL 5% 柠檬酸铁铵溶液、1.0mL 0.5% $CaCl_2$ 溶液、17.0g 琼脂、1000mL 蒸馏水，调 pH 至 7.0，121℃灭菌 20min，在基本培养基中加入过滤除菌或 115℃灭菌 20min 的氨基酸，使其终浓度为 0.2%
七叶苷培养基	0.1g 七叶苷、1.5g 胰胨、0.2g 柠檬酸铁、2.0g 琼脂、2.5mL 胆汁、100mL 蒸馏水，调 pH 至 7.0，分装，高压灭菌
硝酸盐培养基	将 0.2g KNO_3 和 5.0g 蛋白胨溶于 1000mL 蒸馏水，调 pH 至 7.4，分装（每管约 5mL），高压灭菌
格里斯（Griess-Liosvary）试剂	甲液：将 0.8g 对氨基苯磺酸溶解于 100mL 2.5mol/L 乙酸溶液中 乙液：将 0.5g 甲萘胺溶解于 100mL 2.5mol/L 乙酸溶液中
蛋白胨培养液	5.0g 蛋白胨溶于 1000mL 蒸馏水
涅斯勒（Nessler）试剂	取 35.0g 碘化钾和 1.3g 氯化汞溶解于 70mL 蒸馏水，然后加入 30mL 4g/L 的氢氧化钾溶液，必要时过滤，并保存于密闭的玻璃瓶中
硫化氢实验培养基	加 10.0g 蛋白胨、2.5g NaCl、0.25g 柠檬酸铁铵、0.25g 硫代硫酸钠、4.0g 琼脂、500mL 蒸馏水，调 pH 至 7.2，分装，高压灭菌
胰蛋白胨水培养基	10.0g 胰蛋白胨、5.0g NaCl 溶于 1000mL 蒸馏水，调 pH 至 7.4~7.6，分装，高压灭菌
柯伐克斯（Kovacs）试剂	5.0g 对二甲基氨基苯甲醛、75mL 戊醇或丁醇、25mL 盐酸（浓）
肉汁胨琼脂（BPA）培养基	3.0g 牛肉浸膏、5.0~10.0g 蛋白胨、10.0g 蔗糖、1.0g 酵母膏、17.0g 琼脂溶于 1000mL 蒸馏水中，调节 pH 至 7.0~7.2
淀粉培养基	10.0g 蛋白胨、5.0g 牛肉膏、5.0g NaCl、2.0g 可溶性淀粉、20.0g 琼脂、1000mL 蒸馏水，调 pH 至 7.2，分装，灭菌
维多利亚蓝培养基	10.0g 蛋白胨、3.0g 酵母浸膏、5.0g NaCl、20.0g 琼脂、100mL 维多利亚蓝（1：5000 水溶液）、900mL 蒸馏水，调 pH 至 7.8。培养基加 5% 的甘油三丁酸酯、玉米油或其他油脂，搅拌混匀后，高压灭菌
石蕊牛乳培养液	1000mL 脱脂牛乳、15.0~20.0mL 石蕊液（4%），间歇灭菌 3 次，每次通气 20~30min。石蕊液的配制是将石蕊浸泡在蒸馏水中过夜或更长时间，溶解后过滤
1% 盐酸二甲基对苯二胺水溶液	取 0.1g 盐酸二甲基对苯二胺，加 10mL 蒸馏水，混匀，置棕色瓶中，冰箱贮存
卵黄琼脂培养基	在无菌条件下，取 10mL 卵黄与生理盐水的等量混合液，加入 200mL 50~55℃肉汁胨培养基中，混匀后倒板
尿素酶培养基	1.0g 蛋白胨、5.0g NaCl、2.0g KH_2PO_4、1.0g 葡萄糖、15.0g 琼脂溶于 1000mL 蒸馏水中，调 pH 至 6.8~6.9，然后加入 0.012g 酚红指示剂，分装，灭菌。待培养基冷却至 50℃左右时，加入预先过滤除菌的 20% 尿素水溶液，使其终浓度为 2%
氰化钾培养基	10.0g 蛋白胨、5.64g Na_2HPO_4、5.0g NaCl、0.225g KH_2PO_4、1000mL 蒸馏水，调节 pH 至 7.6，灭菌，冷却后加入 15.0mL 0.5% 氰化钾溶液，分装于灭菌小管中，于冰箱中保存
葡萄糖酸盐培养基	1.5g 蛋白胨、1.0g 酵母浸膏、1.0g K_2HPO_4、40.0g 葡萄糖酸钾溶于 1000mL 蒸馏水，过滤分装，高压灭菌
葡萄糖代谢类型鉴别试验培养基	2.0g 蛋白胨、5.0g NaCl、0.2g K_2HPO_4、3.0g 琼脂、3.0mL 溴百里酚蓝（1% 水溶液）、1000mL 蒸馏水，调节 pH 至 7.1，试管盛深 4~5cm 的培养基，灭菌后加入葡萄糖，使其含量达到 1%

3. 碳素化合物产酸试验

在 Ayers 培养基或 Dye 培养基 C＋1% 碳素化合物中接菌培养：每 5mL 培养液接种 0.1mL 菌悬液（10^8CFU/mL [①]），在适温下培养 3～4 周，观察颜色变化及气体产生。产酸时，培养液变为黄色，产碱时变为蓝色，产气则小玻璃管内培养液被部分排出，出现空隙。培养基配方见表 5-14。

4. 碳源利用试验

碳源利用试验是细菌利用单一来源碳源的鉴定试验，常用培养基是 SMB 培养基＋0.2% 碳素化合物，配方见表 5-14。挑取纯化培养后的菌落，接种到含有唯一碳源的培养基上，（28＋1）℃培养 3d、7d、14d 后，观察细菌在平板上的生长情况，有菌落生长者为阳性。

5. 七叶苷水解试验

有些细菌可以将七叶苷分解成葡萄糖和七叶素，七叶素与培养基中柠檬酸铁的 Fe^{2+} 反应生成黑色化合物，使培养基呈现黑色。实验所用培养基为七叶苷固体或液体培养基，配方见表 5-14。将细菌接种于七叶苷培养基中，培养 3～14d（固体培养基）或 30d（液体培养基）观察黑色沉淀或荧光的消失，培养基变黑色者为阳性，不变色者为阴性。

6. V. P. 试验（产生 3- 羟基丁酮试验）

有的细菌可以分解葡萄糖产生丙酮酸，丙酮酸进一步脱羧形成乙酰甲基甲醇，在碱性条件下，乙酰甲基甲醇被氧化为二乙酰（丁二酮），然后与培养基蛋白胨中的精氨酸等所含的胍基结合，形成红色化合物，即为阳性反应。

将细菌接种于葡萄糖蛋白胨培养基中，培养 2～4d，每毫升加 0.1mL 40% KOH 溶液（或含 0.3% 肌酸或肌酐），置于 48～50℃水浴中，充分摇动 2h，4h 内看是否显示红色：显色液变红的为阳性反应，不变红的为阴性反应。

7. 葡萄糖酸氧化试验

有些细菌可以氧化葡萄糖酸钾，生产 α- 酮基葡萄糖酸，进一步与班氏试剂反应，产生棕色或砖红色的氧化亚铜沉淀。其试验方法是将细菌接种于 1mL 葡萄糖酸盐培养基中，35℃孵育 48h，加入 1mL 班氏试剂，煮沸 10min，迅速冷却后观察结果：出现黄色到砖红色沉淀者为阳性，不变或仍为蓝色者为阴性反应。

8. 葡萄糖代谢类型鉴别试验

葡萄糖代谢类型鉴别试验，又称氧化发酵（O/F 或 Hugh-Leifson，HL）试验。细菌分解葡萄糖时，需要分子氧参加的称为氧化型，能进行无氧降解的为发酵型，不分解葡萄糖的细菌为产碱型。发酵型细菌在有氧或无氧环境中都能分解葡萄糖，而氧化型细菌在无氧环境中不能分解葡萄糖，因此可用于区别细菌的代谢类型。植物病原细菌都是需氧性的或兼性需氧性的。

试验方法：取 2 支培养管，针刺接种培养 24h 左右的细菌，在其中一管加入约 1cm 的无菌液体石蜡，用以隔绝空气（作为闭管），另一管不加（作为开放管），在适温下培养，经过 1d、2d、4d、7d、14d 后观察并记录结果。两管培养基均不产酸（颜色不变）为阴性；两管都产酸（变黄）为发酵型；加液体石蜡管不产酸，不加液体石蜡管产酸为氧化型。

---

① CFU/mL 指 1mL 样品中含有的细菌菌落总数

（三）氮素化合物的利用和分解测定

1. 硝酸还原试验

硝酸还原试验是细菌的重要鉴定性状，在含有硝酸盐的培养基上，细菌可以将无机盐中的硝酸根还原形成亚硝酸根或氮气，亚硝酸根与格里斯试剂反应呈红色，与淀粉碘溶液和 HCl 溶液反应呈蓝色。

取 5mL 硝酸盐培养基接种细菌，培养 24～48h 后，分别加入格里斯试剂甲液、乙液各 1 滴，测定有无亚硝酸盐的产生。观察颜色反应，如呈现红色表示有亚硝酸根，不变红者为阴性反应，并检查是否有泡沫，泡沫表明有氮气生成。试剂及培养基配方见表 5-14。

2. 蛋白胨分解产生 H_2S 试验

蛋白质水解成蛋白胨，蛋白胨经细菌分解为更简单的化合物，同时产生氨和硫化物等物质。

（1）氨的产生　　细菌通过脱氨酶的作用，水解氨基酸产生氨和有机酸。将细菌接种到蛋白胨溶液，培养 2～5d 后，取少许培养液，加几滴涅斯勒（Nessler）试剂，若产生黄色沉淀表示有氨的存在。

（2）H_2S 的产生　　有些细菌可以分解含硫的有机硫化合物（如胱氨酸等），产生 H_2S，H_2S 与培养基中的铅盐或低铁盐形成黑色沉淀硫化铅或硫化铁。将细菌以接种针穿刺接种到乙酸铅或柠檬酸铁胺培养基中，37℃ 培养 24h 后，观察结果，呈现黑色者为阳性反应。

3. 酪蛋白水解

酪蛋白水解是测定细菌利用蛋白质的能力，将 10mL 菌液均匀涂布于酪蛋白培养基上，细菌通过产生酪蛋白酶，水解酪蛋白，使菌落周围培养基变得透明，形成透明圈。

4. 吲哚试验

某些细菌能够分泌色氨酸酶，分解蛋白胨中的色氨酸而产生吲哚。测定吲哚产生时，培养基中色氨酸含量最好不低于 1%，一般采用胰蛋白胨水培养基。吲哚可以与对二甲基氨苯甲醛结合，形成红色化合物（玫瑰吲哚），因此采用柯伐克斯法进行测定。培养基和试剂配方见表 5-14。

将新鲜的菌株（18～24h 培养物）接种于含有胰蛋白胨水培养基的试管中，37℃ 培养 48h 后，在培养液中先加入约 1mL 乙醚（呈现明显的乙醚层），充分振荡，使吲哚溶于乙醚中，静置片刻，使乙醚层浮于培养基上面，沿管壁加入 5～10 滴柯伐克斯试剂（加入试剂后不可摇动，否则红色不明显），观察有无红色出现，出现红色环的为阳性反应，黄色者为阴性。

（四）大分子化合物的分解测定

1. 明胶液化

有些细菌具有解朊能力，可以分解明胶，使它丧失凝固能力，使明胶液化。测定方法是在肉汁胨琼脂培养基（BPA）中加 10%～12% 的明胶，分装试管，每支 4～10mL，121℃ 灭菌 15min，冷却凝固后用穿刺法接种细菌，在适温下培养 3d、7d、14d 和 21d，取出试管放在冷水或 4℃ 冰箱中使明胶凝固，观察明胶是否凝固或液化，如被液化，则试验为阳性。

2. 淀粉的水解

某些细菌具有淀粉酶活性，可以把淀粉水解为麦芽糖或葡萄糖。淀粉水解后，遇碘不再变蓝。试验操作如下：将淀粉培养基冷却至 50℃ 左右倒板，冷却后备用→用接种环取少许细菌，划线接种到平板上→37℃ 培养 24～48h 后，在平板上加一层碘液，轻轻旋转培养皿，使碘液均匀铺满整个平板。若淀粉被水解，则细菌周围有无色透明圈，其余部分为紫色，透明圈的大小说明该菌水解淀粉能力的大小。

3. 脂肪的分解

有些细菌可以水解脂肪产生脂肪酸，使维多利亚蓝染料变成蓝色的酸性盐。测定细菌分解脂肪的方法是在维多利亚蓝培养基中接种细菌，培养后观察培养基是否变蓝，若变为蓝色，则表示脂肪被分解。

4. 石蕊牛乳反应

石蕊牛乳试验是根据细菌对牛乳内含有的蛋白质和糖类分解能力的不同，来鉴别细菌。将细菌接种石蕊牛乳培养液后，置于28℃培养，定期观察4～6周，反应结果包括以下几种情况。

（1）产酸　发酵乳糖产酸，石蕊牛乳指示剂变为粉红色。

（2）产气　发酵乳糖同时产气，可冲开上面的凡士林。

（3）凝固　因产酸过多而使牛乳中的酪蛋白凝固。

（4）胨化　将凝固的酪蛋白水解为胨，培养基上层液体变清，底部可留有未被完全胨化的酪蛋白。

（5）产碱　乳糖未发酵，因分解含氮物质，生成胺和氨，培养基变碱，指示剂变为蓝色。

（五）各种酶类试验

1. 细胞色素氧化酶试验

细胞色素氧化酶是细胞色素呼吸酶系统的最终呼吸酶，可以氧化细胞色素c，氧化型细胞色素c再氧化对苯二胺，产生有色的醌类化合物，变为红色。常用的检测方法有3种：菌落法、滤纸法和试剂纸片法。以滤纸法为例，操作方法如下。

在培养皿中放一张大小合适的滤纸→滤纸上加3～4滴1%盐酸二甲基对苯二胺水溶液→用玻璃棒挑取肉汁胨琼脂培养基上新鲜培养的菌苔，涂在滤纸上。若5～10s呈现玫瑰红到暗紫色，为阳性反应；在60s后变色或一直不变色，为阴性反应。

2. 过氧化氢酶试验（触酶试验）

具有过氧化氢酶的细菌，可以分解过氧化氢，释放氧气。测定时，取培养24h的细菌于玻片上，然后加入1滴3%的过氧化氢，观察结果：若有气泡产生则为阳性，说明该菌具有过氧化氢酶；若无气泡产生则为阴性。

3. 卵磷脂酶试验

有的细菌能够产生卵磷脂酶（α-毒素），分解卵磷脂，产生浑浊沉淀状的甘油酯和水溶性的磷酸胆碱。检测方法是将新鲜培养的细菌划线接种或点种于卵黄琼脂平板上，适温培养24h后观察。若菌落周围形成浑浊圈，即为阳性，说明有卵磷脂酶将卵磷脂分解成脂肪。

4. 尿素酶试验

有些细菌能够产生尿素酶（urease），将尿素分解为氨，使培养基变碱，加入酚红后呈粉红色。尿素酶不是诱导酶，不论是否有尿素底物，细菌均能合成此酶。尿素酶试验的方法是挑取新鲜培养的细菌（18～24h），穿刺接种于琼脂斜面，不要到达底部，培养1～4d观察结果。若为阴性应继续培养4d后，作最终判定，变为粉红色为阳性，培养基配制见表5-14。

（六）其他试验

1. 冰核反应

当水温已经降到冰点以下时，加入某些细菌可促进水结冰，这些细菌一般称作冰核细菌。目前已知 5 种不同的细菌有冰核作用，即 *Pseudomonas syringae* 的许多致病变种、*Erwinia herbicola* 的许多株系、*P. viridiflava*、*P. fluorescens* 和 *Xanthomonas campestris* pv. *translucens*，这些细菌在 −10℃ 以上就表现冰核作用。冰核反应的测定方法是在铝箔表面加数滴适当稀释的菌悬液，将温度快速降到 −5℃ 或 −10℃，观察水滴中冰核形成的速度和数量。

2. 氢氧化钾拉丝试验

在稀碱溶液中，革兰氏阴性细菌的细胞壁易于破裂，释放出未断裂的 DNA 螺旋，使氢氧化钾菌悬液呈现黏性，用接种环搅拌后能拉出黏丝来，而革兰氏阳性细菌没有拉丝现象，可用于革兰氏阴性菌与阳性菌的鉴别。试验方法：在洁净玻片上，加 1 滴新鲜配制的 40g/L 氢氧化钾水溶液，取少许新鲜菌落，与氢氧化钾水溶液搅拌混匀，并观察是否能拉出黏丝。接种环能拉出黏丝的为阳性，仍为混悬液的为阴性。

第四节　细菌自动鉴定及药敏系统

随着仪器分析技术的进步和计算机的广泛应用，细菌鉴定技术得到快速发展，从人工鉴定到培养基的微量化、标准化和商品化，再到数码分类鉴定技术（生化反应的数字化），然后到自动化鉴定技术（生物信息的电脑化），细菌的鉴定实现了自动化。近 20 年来，一系列商品化自动鉴定系统相继推出并在应用中取得理想效果，如 Vitek、MIDI、AUTOSCEPTOR、Biolog 及 MICROSCAN 等，其中细胞脂肪酸分析的 MIDI 系统、碳源利用分析的 Biolog 与 DNA 序列分析的 16S rRNA 基因进化发育系统已经成为目前国际上细菌多相分类鉴定常用的技术手段。

自动化细菌鉴定系统的工作原理因不同的仪器和系统而异。不同的细菌对底物的反应不同是生化反应鉴定细菌的基础，而试验结果的准确性取决于鉴定系统配套培养基的制备方法、培养物浓度、孵育条件和结果判定等。大多数鉴定系统采用细菌分解底物后反应液中 pH 的变化、色原性或荧光原性底物的酶解、测定挥发或不挥发酸或识别是否生长等方法来分析鉴定细菌。常见细菌自动鉴定及药敏系统包括半自动微生物鉴定和药敏分析系统、全自动微生物鉴定和药敏分析系统。

一、半自动微生物鉴定和药敏分析系统

（一）Vitek-ATB 半自动微生物鉴定系统

Vitek-ATB 是法国生物梅里埃集团的产品，由计算机和读数器两部分组成，计算机程序包括 ATB 和 API 的鉴定数据库、ATB 的药敏数据库、数据储存和分析系统及药敏专家系统。ATB 鉴定系统是将肉眼观察的结果输入计算机，然后将输入结果与数据库内的细菌条目比较，自动获得鉴定结果。

Vitek-ATB 系统敏感性试验采用半固体琼脂培养基，不同药敏试验采用的抗生素种类不同，每种抗生素设置两个关键性的浓度，在 24h 内观察细菌有无生长，判断药敏试验结果：敏感（S）、中介（I）和耐药（R）。操作步骤如下：得到纯菌落→选择试纸条进行初步鉴定→按照试纸条要求，制备菌悬液→接种试纸条，35℃ 孵育 18h 后观察结果→将结果输入电脑，得到鉴定结果。ATB 系统的优点：一是拥有庞大的细菌数据库，可鉴定多达 550 种细菌；二是操作方便，只需将培养结果输入计算机，即可得到鉴定结果。

（二）AutoScan-4 半自动细菌鉴定和药敏分析系统

AutoScan-4 是 Dade MiceoScan 公司的产品，由计算机和读数器两部分组成。其操作方法是将菌液加入试剂板中，置培养箱孵育 18～24h，然后放入主机，仪器自动判读鉴定和药敏试验结果。AutoScan-4 半自动细菌鉴定和药敏分析系统的优点是操作简单，自动判读结果。

（三）API/ATB 半自动细菌鉴定和药敏分析系统

API/ATB 半自动细菌鉴定和药敏分析系统是法国生物梅里埃集团制造的，API 20E 系统是 API/ATB 中最早和最重要的产品，也是国际上应用最多的系统。该系统的鉴定卡是一块有 20 个分隔室的塑料条，每一个分隔室可进行一种生化反应，个别的分隔室可进行两种反应，主要用来鉴定肠杆菌科细菌（图 5-15，表 5-15）。

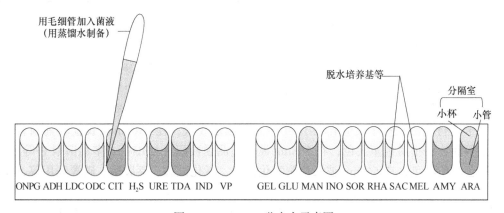

图 5-15　API 20E 鉴定卡示意图

表 5-15　API 20E 反应判断表

鉴定卡上的反应项目		反应结果	
代号	项目名称	阴性	阳性
ONPG	β - 半乳糖苷酶	无色	黄
ADH	精氨酸水解	黄绿	红，橘红
LDC	赖氨酸脱羧	黄绿	红，橘红
ODC	鸟氨酸脱羧	黄绿	红，橘红
CIT	柠檬酸盐利用	黄绿	绿蓝
H_2S	产 H_2S	无色	黑色沉淀
URE	尿素酶	黄	红紫
TDA	色氨酸脱氨酶	黄	红紫
IND	吲哚形成	黄绿	红
VP	V. P. 试验	无色	红
GEL	蛋白酶	黑粒	黑液
GLU	葡萄糖产酸	蓝	黄绿
MAN	甘露醇产酸	蓝	黄绿

鉴定卡上的反应项目		反应结果	
代号	项目名称	阴性	阳性
INO	肌醇产酸	蓝	黄绿
SOR	山梨醇产酸	蓝	黄绿
RHA	鼠李糖产酸	蓝	黄绿
SAC	蔗糖产酸	蓝	黄绿
MEL	密二糖产酸	蓝	黄绿
AMY	淀粉产酸	蓝	黄绿
ARA	阿拉伯糖产酸	蓝	黄绿

该系统的鉴定数据库源自 API 细菌数据库，并将其 20 项生化反应增加到 32 项，使 ATB 鉴定范围更广、准确性更高。ATB 系统的鉴定数据库有：肠杆菌科细菌、非发酵革兰氏阴性杆菌、葡萄球菌和微球菌、链球菌和肠球菌、酵母样真菌及厌氧菌等。

ATB 细菌分析仪由 ATB 主机（包含电脑）、打印机、电子比浊器、API/ATB 鉴定分析软件和专家软件系统、电子加样器组成。采用比色法原理（动力学方法），以 2 光路 3 波长对鉴定卡进行检测，每个反应孔在 16 个位置各读取 3 次，在 430nm 波长检测葡糖苷酶和磷酸酶等底物，由黄色至无色，在 568nm 波长检测脱羧酶（ADH1）、多黏菌素 B 等底物，由黄橙色至粉红色，在 660nm 波长检测酸化试验、碱化试验、芽胺酶、碳源利用等，反应孔由浅蓝至深蓝色。将药敏孔的透光度与对照孔比较，然后依据每种抗生素的特殊算法，将其初始资料计算成最低抑菌浓度（MIC 值）。MIC 值的计算步骤是：检查试验孔、检查初始数据、确定生长类型参数、确定生长速度、选择孵育时间。最后用 API/ATB 半自动细菌鉴定和药敏分析系统比较每一特定的 MIC 值与其数据库中的期望值，进而提供差异较小的 MIC 结果，并按照 CLS1 提供的折点报告其敏感（S）、中介（I）、耐药（R）结果。

ATB 操作步骤：分离纯菌株→制备菌悬液，调至标准浊度→接种试条→孵育→读取结果。具有以下优点：ATB 可兼容 API 试条，具有庞大的数据库，能鉴定 600 余菌株；使用简单，操作按标准进行，结果准确可靠；快速报告，由 API 改良而成，配合自动化概念，4～24h 出报告。

（四）Microgen ID 鉴定系统

Microgen ID（MID）鉴定系统目前在世界范围内广泛使用。MID 鉴定条是有数个小孔的塑料板条，每个孔为一个或两个生化反应，各小孔中含不同的脱水培养基、试剂或底物等，每分钟隔室可进行一种生化反应，个别的分离室可进行两种反应。在每一个分离室中用细菌悬浮液接种，培养一段时间后，通过自身代谢作用产生颜色的变化，或是加入试剂后变色观察结果，根据试纸条说明判读反应，结果以数字形式查对应的检索表即可得到相应的种名。MID 鉴定系统包括以下 5 种鉴定系统：革兰氏阴性杆菌鉴定系统（GNA-ID 和 GNB-ID）、链球菌鉴定系统（Strp-ID）、葡萄球菌鉴定系统（Staph-ID）、李斯特菌鉴定系统（Listeria-ID）和芽孢杆菌鉴定系统（Bacillus-ID）。

MID 鉴定系统具有以下优点：一是鉴定准备相对简单，缩短了准备时间，提高了鉴定效率；二是数据库资源全面详尽，MID 数据库更新比较频繁，包含数据比较全面；三是 MID

鉴定系统的软件价格比较便宜，一些基层单位可以购买，并提供免费的网上更新。但相对于 API 20E 系统来说，MID 鉴定系统尚不全面，缺少如棒状杆菌属、弯曲杆菌属、酵母菌和嗜血杆菌属等几个重要致病菌的鉴定系统，有待补充完善。

（五）Enterotube 系统

Enterotube 系统的鉴定卡是由带有 13 个分隔室的一根塑料管组成，每个分隔室内装有不同的培养基斜面，能够检验微生物的 15 种生理生化反应，一根接种丝穿过全部分隔的各种培养基，在塑料管两端突出，被两个塑料管帽覆盖（图 5-16）。

图 5-16　Enterotube 系统

试验方法：将塑料管两端的帽子移去→用接种丝尖端挑取单个菌落→在另一端拉出接种丝接种，通过全部分隔室，使所有培养基都被接种→再将一段接种丝插回到培养基中→培养后，按照 API 20E 类似步骤观察变色情况，判断实验结果，写出编码数→根据编码检索，获得鉴定细菌的种名或生物型。Enterotube 系统可用于葡萄糖产酸、产气，赖氨酸和鸟氨酸脱羧酶，硫化氢，靛基氢，乳糖和卫矛醇发酵，苯丙氨酸脱氢酶，尿素酶和柠檬酸盐等试验。改进后的 Enterotube 型可做 15 种试验，除上述 11 种外，又增加了侧金盏花醇、阿拉伯糖、山梨醇和 V. P. 试验 4 种。

Enterotube 系统和 API 20E 系统均属于微生物编码鉴定技术，研发于 20 世纪 70 年代中期，操作简便，提高了细菌鉴定的准确性，除此之外，还包括 R/B、Minitek、Pathotec、MicroID 系统，6 个系统的差异见表 5-16。

表 5-16　微生物编码技术 6 个鉴定系统的差异

特点	Enterotube	R/B	API 20E	Minitek	Pathotec	MicroID
准确性（和常规法比较）	95%	90%～98%	93%～98%	91%～100%	95%	95%
诊检时间 /h	18～24	18～24	18～24	18～24	4	4
最后报告时间 /h	48	48	48	48	24～30	24～30
系统的简单性	简单	简单	不简单	较简单	不简单	较简单
底物载体	培养基	培养基	脱水培养基	圆纸片	纸条	圆纸片
试验项目数	15	14	20	14（35）	12	15
选择性	良好	良好	良好	很好	一般	良好
不够稳定的项目	柠、尿	乳、葡 / 气、DNase	H_2S、赖、鸟、柠	H_2S	尿、七	赖、山、肌

注："柠"为柠檬酸盐；"尿"为尿素酶；"乳"为乳糖；"葡 / 气"为葡萄糖 / 产气；"赖"为赖氨酸；"鸟"为鸟氨酸；"七"为七叶苷；"山"为山梨醇；"肌"为肌醇

二、全自动微生物鉴定和药敏分析系统

（一）Vitek-AMS 全自动微生物鉴定和药敏分析系统

Vitek-AMS（Automated Microbic System）全自动微生物鉴定和药敏分析系统是由美国

航天系统的麦克唐纳 - 道格拉斯公司于 1960 年研制的，1973 年正式应用于临床微生物检验，1985 年作为第一台自动化细菌分析仪器进入中国。Vitek CC4 系统由菌液接种、封闭装置（分上、下两部分：下部为真空室，上部为热切割器）、读数器、孵箱和计算机、打印机组成。

Vitek-AMS 全自动微生物鉴定和药敏分析系统的鉴定原理：根据不同微生物的理化性质不同，采用光电比色法，测定微生物分解底物后导致 pH 改变，产生不同的颜色，来判断反应结果。将菌种接种到鉴定板后，放入读取器 / 恒温箱于 35℃孵育，每隔 1h 对各反应孔底物进行光扫描，并读数一次，动态观察反应变化。一旦鉴定卡内的终点指示孔到临界值，则指示此卡已完成。系统最后一次读数后，将所得的生物数码与菌种数据库标准菌的生物模型相比较，得到鉴定值和鉴定结果，并自动打印出实验报告。Vitek-AMS 系统可鉴定近 500 种细菌，结果检出迅速，准确度高，操作简便，只需接菌，其余均自动操作，且可同时得出鉴定及药敏结果。

（二）Biolog 微生物自动分析系统

Biolog 微生物自动分析系统是美国 Biolog 公司从 1989 年开始推出的一套微生物鉴定系统，是目前世界上最大的微生物自动分析系统，可鉴定包括细菌、酵母和丝状真菌在内总计 2700 多种微生物，几乎涵盖了所有的人类、动物、植物病原菌及食品和环境微生物，涉及领域包括临床、食品、微生物生态学、植物病理及检验检疫等。

Biolog 微生物自动分析系统包括读数仪、数据库软件、浊度仪、八通道加液器及计算机等配件。鉴定原理主要是根据细菌对糖、醇、酸、酯、胺和大分子聚合物等 95 种不同碳源或其他化学物质的利用情况进行鉴定。细菌利用碳源进行呼吸时，会将四唑类氧化还原染色剂（TV）从无色还原为紫色，从而在鉴定微平板上形成该菌株特征性的反应模式或"指纹图谱"，通过纤维光学读取设备——读数仪来读取颜色变化，由计算机通过概率最大模拟法将该反应模式或"指纹图谱"与数据库比较，将目标菌株与数据库相关菌株的特征数据进行比对，获得最大限度的匹配，可以在瞬间得到鉴定结果，确定所分析菌株的属名或种名。GEN Ⅲ MicroStation 自动快速微生物鉴定仪就是利用微生物对不同碳源进行呼吸代谢的差异，针对每一类微生物筛选 95 种不同碳源或其他化学物质，配合四唑类显色物质［如红四唑（TTC）、四唑紫（TV）］，固定于 96 孔板上（A1 孔为阴性对照），接种菌悬液后培养一定时间，检测微生物细胞利用不同碳源进行呼吸代谢所产生的氧化还原物质，与显色物质发生反应而导致的颜色变化（吸光度），以及由于微生物生长造成的浊度差进行鉴定（图 5-17）。

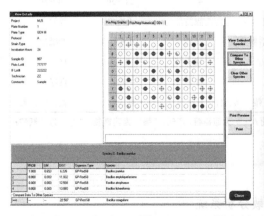
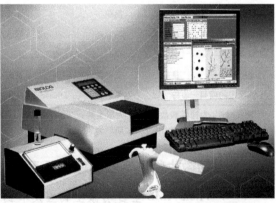

图 5-17　GEN Ⅲ MicroStation 自动快速微生物鉴定仪

Biolog 微生物自动分析系统的主要特点是：①快速读取结果，读数仪自动读取吸光值，自动与数据库对比，给出鉴定结果；拥有强大的数据库，是目前世界上最大的数据库。②智能鉴定软件，获得正确结果的可能性更大、抗干扰能力更强。③操作简单，对操作人员的专业水平要求不高。④维护简单。鉴定步骤如下：用 Biolog 专用培养基或配制的培养基将细菌纯菌株扩大培养 1~2 代→按照要求配制一定浊度的菌悬液→将菌悬液接种至微孔鉴定板，培养一定时间→将鉴定板放入读数仪中读数，得到鉴定结果。

赵友福等（1997）利用美国 Biolog 公司生产的 MicroStation™ 系统对 24 株来自不同国家和寄主的菜豆细菌性萎蔫病菌及相关致病变种进行鉴定，发现种水平的鉴定准确率达 95.8%，致病变种水平的鉴定准确率可达 54%。陈泓宇等（2012）采用美国 MIDI 公司开发的基于细胞脂肪酸成分鉴定细菌的微生物鉴定软件进行检测地毯黄单胞杆菌（*Xanthomonas axonopodis*）或油菜黄单胞杆菌（*X. campestris*），鉴定结果达到种水平。冯瑞华等（2000）利用 Biolog Microstation 细菌自动鉴定系统对已知的 9 属 23 株菌进行鉴定，24h Biolog 微生物自动分析系统鉴定结果：12 株革兰氏阴性菌中，9 株可准确鉴定到种水平（准确率为 75%），3 株达到属水平；11 株革兰氏阳性菌均鉴定到属水平。

（三）Phoenix 全自动微生物鉴定药敏系统

1998 年，Becton Dickinson and Company 公司研制出 Phonenix 全自动微生物鉴定药敏系统，能对大多数革兰氏阴性的需氧和苛氧厌氧菌进行快速鉴定和药敏试验，由 Phoenix 主机、BBL 比浊仪和 BD EpiCenter™ 微生物专业数据管理系统组成（图 5-18）。BD Phoenix System 的鉴定是采用荧光增强原理与传统酶、底物生化呈色反应结合的原理；药敏试验是通过传统比浊法（turbidity）和 BD 专利呈色（chromogenic）反应双重标准及荧光的增加间接地测定 MIC 值。

图 5-18　BD Phoenix 全自动微生物鉴定药敏系统

BD Phoenix System 的特点：①能够同时检测 100 份鉴定 / 药敏标本，共 200 份样本；②能够鉴定革兰氏阳性菌 112 种，革兰氏阴性菌 158 种，药敏试验包括 98 种抗生素（青霉素类、头孢菌素、四环素类和抗真菌药等）；③快速、准确，革兰氏阳性标本鉴定时间仅 4h，准确度 91%~95%，革兰氏阴性标本鉴定时间仅 3h，准确度 91%~95%，药敏试验 MIC 测定时间 4~6h，准确度 95%；④鉴定板、药敏板或鉴定 / 药敏复合板，鉴定 / 药敏复合板 51 孔用于鉴定实验，85 孔用于药敏试验，可同时进行 17 种抗生素 5 种浓度或 28 种抗生素 3 种浓度的 MIC 药敏试验；⑤BD 微生物专家数据处理系统对鉴定 / 药敏结果进行专业分析判断。

（四）MicroScan 微生物自动鉴定及药敏系统工作原理

MicroScan 微生物自动鉴定及药敏系统由 Dade MicroScan 公司制造，包括全自动系列 Walkaway 40、Walkaway 96 和半自动系列 AutoScan-4。1984 年，半自动系列 AutoScan-4 投入市场使用，1991 年全自动系列 Walkaway 投入市场。MicroScan 系列是美国普遍使用的鉴定系统之一，可鉴定近 500 种细菌。

图 5-19 MicroScan Walkaway 微生物自动鉴定
及药敏系统

MicroScan 的 Walkaway 系列主要由 Walkaway96 仪器、测试板、快速接种系统和数据管理系统 4 部分组成（图 5-19）。其工作原理是采用 8 进制计算法，分别将 28 个生化反应转换成 8 位生物数码，计算机系统自动将这些生物数码与编码数据库进行比对，获得相似系统鉴定值。快速荧光革兰氏阳（阴）性板则根据荧光法的鉴定原理，将荧光物质混匀在培养基中，接种细菌孵育，通过检测荧光底物的水解、pH 变化、特殊物质产生和某些代谢物质生成率来鉴定菌种。

（五）英国先德荧光快速微生物鉴定及药敏系统（Sensititer Microbiology Systems Aris）

Sensititer Microbiology Systems Aris 是由英国 Accu Med 公司于 20 世纪 70 年代研制的，包括全自动 Sensititer Aris 和半自动 Auto-Reader 两种（图 5-20）。系统数据库含有 500 种细菌资料，可鉴定 180 种细菌，分析 200 种抗生素，该系统于 1996 年进入中国市场。

Sensititer 系统主要由硬件［Sensitouch（手动装置）、ARIS（全自动装置）、AutoReader（自动装置）和 AutoInoculatot（全自动加样器）］、UNIX 工作站系统软件、耗材（96 孔国际标准板、鉴定板、全值药敏板、鉴定 / 药敏组合板等）组成。Sensititer 系统的鉴定原理：通过检测荧光的增加间接测定最低抑菌浓度（MIC）值，结合传统生化反应、8 进位数码鉴定及荧光分析的方法进行细菌鉴定，即荧光标记细菌表面特异酶底物，根据不同细菌水解底物时激发出的荧光强度不同，进行鉴定。MIC 值的测定原理：采用美国临床标准委员会（NCCLS）推荐的微量肉汤稀释 2～8

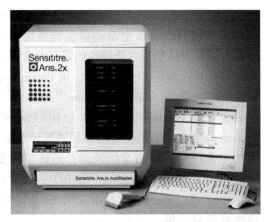

图 5-20 先德（Sensititre）ARIS 2X 全自动
荧光法微生物鉴定及药敏系统

点，在每一个反应孔中加入荧光底物，若细菌生长，则表面特异酶系统水解底物，激发荧光，反之无荧光，以无荧光产生的最低药物浓度为 MIC 值。该系统首创了荧光快速分析技术，缩短了鉴定 / 药敏分析时间，提高了结果准确性。

微生物自动化鉴定系统可以缩短微生物的鉴定时间，促进实验室内和实验室间的标准化，但试剂消耗及一次性设备投入费用较高，其结果在某些情况下还需候补方法确认。因此，今后发展的方向仍是降低费用，减少或取消候补方法确认，缩短时间快速报告，提高智能化水平。

第五节 植物病原细菌致病性的测定

从植物病残体或发病植株上分离到的细菌，首先需要确认该细菌分离物是否对寄主具有致病性，这是新分离细菌病害鉴定的关键。一般来说，细菌的致病性和腐生性很难从菌体形态、菌落形状和其他细菌学特性上识别，但黄单胞菌属的植物病原细菌是相对比较容易鉴别的一类细菌，因为这类细菌大多数具有致病性，其单根单极生鞭毛的形态特征相对比较明显，菌落形态也比较典型，但也需要有一定的实践经验并操作熟练。其他的植物病原细菌，尤其是假单胞菌属的细菌，没有明显的形态特征，很难进行初步鉴别。

目前，细菌鉴定的一般程序是：先按科赫法则确认致病性，再测定其他生理生化特性。植物病原细菌致病性的测定方法主要有过敏性反应和常规接种测定两种。

一、过敏性反应

用常规接种测定方法明确分离到的大量菌种中哪些对寄主具有致病性比较费时，有时需要经过相当长的时间。近年来，常采用利用试用植物的过敏性反应来快速筛选致病性细菌的方法。例如，黄单胞杆菌的一些致病变种、假单胞杆菌属、解淀粉欧文氏菌均能诱导烟草产生过敏反应，当分离到大量此类细菌菌株时，为尽快鉴定出病原菌，可采用烟草过敏反应进行快速筛选，测定方法是用注射针将一定浓度的细菌悬浮液从烟草叶片的下表皮注入叶肉细胞间，在25℃左右、相对湿度85%、日照16h条件下培养24~48h，观察反应：有致病性的细菌将表现出枯斑反应；腐生性细菌则不表现（表5-17），3d后出现黄斑者为阴性。黄单胞杆菌属细菌用辣椒或番茄进行过敏性测定，接种植株置于28~30℃培养，其他条件同上。

表 5-17 寄主植物与寄生细菌的相互关系

组合	过敏性坏死反应	典型危害症状
"毒性"致病性细菌 - 感病寄主植物	−	+
"非毒性"致病性细菌 - 感病寄主植物	+	−
"毒性"致病性细菌 - 抗病寄主植物	+	−
致病性细菌 - 非寄主植物	+	−
腐生性细菌 -（所有）植物	−	−

注："毒性"是指有致病力；"非毒性"是指已丧失致病力；"−"和"＋"分别表示所测项目阴性和阳性反应

试用植物除烟草外，其他植物也可用于测定过敏性反应。例如，番茄溃疡病菌（*Clavibacter michiganensis* subsp. *michignaensis*）接种紫茉莉（*Mirabilis jalapa*）叶片，在注射点周围很快出现过敏性坏死斑，而其他棒状杆菌及欧氏杆菌属中的草生欧氏杆菌（*Erwinia herbicola*）和荧光假单胞菌（*Pseudomonas fluorescens*）等常见病原细菌均不能使紫茉莉产生过敏性坏死反应。因此，针对不同的病原细菌，还可以探索其他测试植物。例如，棉苗的子叶可以测定水稻白叶枯病菌，酸浆属植物如佛罗里达酸浆（*Physalis floridana*）可用来测定欧文氏菌属细菌。蚕豆叶片也是很好的试验材料。

根据表5-17可知，有致病性的细菌在非寄主植物上也可以发生过敏性反应，因此，每一种病原细菌的寄主范围要作具体分析。一种植物的细菌病害，有的在自然条件下也会在其他植物上发生，我们称其为这种细菌的自然寄主范围，它们对这种细菌病害的发生和传播有一定的作用。至于人工接种测定的寄主范围，就要具体分析，有时在接种的植物上并不形成在原寄主植物上那样的典型症状，有的只形成局部枯斑，很有可能就是过敏性反应。严格来说，这些植物并不是这种细菌的寄主。因此，有些植物病原细菌，虽然文献报道它们的寄主范围很广，但其中有些可能只是表现过敏性反应的寄主。

过敏性反应的测定只能作为一种参考性状，可初步判断分离到的菌种是否为致病菌，但致病菌的最后确定，还要用常规接种测定方法。

二、常规接种测定

（一）接种物的准备

在琼脂斜面上（或其他固体培养基）或培养液中，振荡繁殖接种物，配成细菌悬浮液，浓度一般为 3×10^8 CFU/mL。也可以采用田间病叶来制备接种物，一般用于大量植物的田间接种。例如，将水稻白叶枯病病叶切成小段加水捣碎，纱布过滤后得到的悬浮液，适当稀释后用于接种。

（二）接种方法

植物细菌病害的接种方法很多，在进行试验前，要对一种病害在自然条件下的传染方式和侵染途径有所了解，选取符合实验要求的接种方法。例如，浸种法，将种子浸在细菌悬浮液中，或者加以抽气的办法使细菌渗入种子内部，主要用于检测细菌病害的传染途径；薯块接种法，是将细菌悬浮液浸入或涂抹在薯块切面的方法，为确定分离物是否为马铃薯环腐病菌（*Clavibacter michiganensis* subsp. *sepedonicus*），通常将番茄幼苗刺伤后，浸在细菌悬浮液中接种测定；为研究马铃薯环腐病菌的侵染途径和测定品种抗病性，通常将细菌悬浮液涂抹在薯块切面进行测定。下文着重介绍几种细菌常用的接种方法。

1. 针刺接种

接种通过伤口侵入的病菌，如果实、块茎、块根等的腐烂病和枝干病害，一般采用接种针从琼胶斜面上挑取少许细菌，直接穿刺叶片或者茎秆接种。为了提高接种效率，可以将许多针固定在橡皮塞或软木塞上，蘸取细菌悬浮液接种，称为多针接种法。接种后的植物不一定要求保湿，但有时保湿后效果会更好。

2. 喷雾接种

接种通过气流和雨水传播的病害，接种方法是将浓度 $10^6 \sim 10^7$CFU/mL 的细菌悬浮液喷洒在叶面，叶背效果更好，因叶背气孔的数目一般比叶面的多，接种后保湿 24～45h，如接种前也保湿 24h，使气孔张开，则效果更好。喷雾接种的细菌只有很少部分能够从气孔进入叶片，接种效率较低，为提高接种效率，喷雾时可以在细菌悬浮液中加适当的展布剂，如吐温 -20 或各种洗涤剂等，吐温 -20 的用量为 0.1%～1.0%。

3. 摩擦接种

少量的植物接种，可以在叶片上撒少量的金刚砂（600 目），然后用纱布蘸取细菌悬浮液（浓度约 10^7 CFU/mL）在表面轻轻摩擦接种。摩擦接种也是病毒接种的常用接种技术之一。

4. 注射接种

将细菌悬浮液用注射针注入寄主的生长点或幼嫩部分，发病往往可以很重。

5. 灌注接种

对于一些引起茎腐或者萎蔫症状的细菌，可采用灌注接种法，即将琼胶面上繁殖的细菌洗下，悬浮在灭菌的蒸馏水中，离心沉降后再加灭菌的蒸馏水配成适当浓度的悬浮液（浓度达到 5×10^7 CFU/mL 即可，低于 1×10^5 CFU/mL 时，接种后可能不发病）；接种时，细菌悬浮液中加吐温 -20（浓度达到 0.7% 左右），然后将细菌悬浮液灌注到植株相关部位或者土壤中，观察植株的变化。

总之，各种植物细菌病害的接种方法不同，同一种细菌病害还可以采用不同的接种方法。为了测定分离细菌的致病性，一般采用接种效率高和发病重的方法。

（三）影响接种试验的因素

1. 病原菌的致病性和致病力

病原菌的数量、致病性、侵入方式是决定侵染是否成功的最主要因素。其中，病原菌的侵染力包括吸附和侵入能力、繁殖和扩散能力及抵抗宿主防御功能的能力；接种试验所用的病原物需具有致病性，接种试验的失败，有时是接种菌没有致病性所致；有些病原菌需要一定的菌量才可发病，因此要控制接种菌量。

2. 植物的感病性和抗病性

植物的感病和抗病是由遗传因子决定的，不同品种对一种病原菌的反应是不同的，同一植物的不同发育阶段和不同部位发病也有差异，因此致病性试验要选取适宜的植物品种和恰当的接菌时间。

3. 环境条件的影响

环境条件包括温度、湿度、光照等。接种后的植物不一定要求保湿，但有时保湿后效果会更好；接种后不同的培养温度，会影响细菌侵染及扩展速度，如水稻白叶枯剪叶接种后，培养温度为 28℃，温度过低会影响细菌侵染速度。

第六节　噬菌体检验

噬菌体是侵染细菌的病毒，能在活细菌细胞中寄生、繁殖，并裂解寄主细胞。噬菌体形状为近球状或丝状，但多为蝌蚪状，有一个多角形的头部和管状的尾部，其外壳是蛋白质，内部还有脱氧核糖核酸。当噬菌体接触到对它敏感的细菌时，以它的尾端吸附在细菌上，其中的脱氧核糖核酸通过尾部注入细菌的细胞内，蛋白质外壳仍留在体外，细菌就逐渐消解而释放新形成的噬菌体。

当细菌的细胞消解而释放噬菌体时，在液体培养基培养时会使浑浊的细菌悬浮液变清；在固体培养基培养时，则出现许多边缘整齐、透明光亮的圆形菌体被消解的噬菌斑，肉眼即可分辨。无论是活的还是死的细菌，都能被噬菌体吸附，但只有活细菌被噬菌体吸附后，才能在琼脂平板上形成噬菌斑。每个细菌可以吸附 1～200 个噬菌体。一般来说，自然界中凡是有细菌存在的地方，就有可能存在寄生于该细菌的噬菌体，且噬菌体的数量消长常与该寄主细菌数量消长呈正相关。噬菌体的寄主范围常有一定的专化性，因为这一专化性特征，噬菌体于 20 世纪 50 年代起，就被用于植物细菌病害的检测。目前利用噬菌体检测植株或种子携带的目标细菌，有增殖法和间接法两类方法。

一、增殖法

利用分离到的植物病原细菌的专化噬菌体，经过纯化和繁殖后，用来快速判定是否存在对应的植物病原细菌。例如，噬菌体检测菜豆细菌性疫病菌的具体步骤为：①称取 250g

菜豆，用 2% 次氯酸钠溶液表面消毒，用无菌水表面消毒三次；②加入灭菌营养液，将菜豆种子捣碎 5～7min 后，培养 24h，使靶标菌繁殖增量；③取 10mL 上述处理滤液，然后加入 4000～5000 个 /μL 噬菌体悬浮液混匀；④立即取 0.1mL 混合液加入培养基平板上培养 6～12h；⑤观察噬菌斑数量是否增多。

一般来说，噬菌体是很少用来鉴别不同种的植物病原细菌的，也还没有研究者对大量的植物病原细菌和相应的大量的噬菌体进行交叉测定，比较可行的是鉴别一种植物病原细菌的不同株系。由于同一种细菌的不同株系对噬菌体不同株系的反应不同，因而可利用噬菌体的不同株系来鉴别细菌的不同株系。由于细菌菌系对噬菌体反应的不同与致病性的差异并没有一定的关系，因此噬菌体并不能用来测定细菌菌系致病力的差异，其在这方面的应用价值是有限的。

二、间接法

间接法通过测定植株或种子是否存在目标噬菌体，从而间接证明其是否带菌。大量检测结果表明，从病田收集的稻种都可检测到噬菌体，而从无病区或病区无病田收集到的稻种则分离不到噬菌体。因此，该法可用于确定噬菌体稻种内是否有白叶枯病菌、这些病菌的存活状态及其存在的部位，已被列入《水稻种子产地检疫规程》（GB 8371—2009），用于检验稻种中的白叶枯病菌。方法步骤为：①称取 10g 水稻种子，碾碎后取稻壳加入锥形瓶；②取 20mL 无菌水加入锥形瓶，浸泡稻壳 30min 后过滤；③分别取 1mL 上述滤液和 4×10^4 CFU/mL 水稻白叶枯病菌指示菌到培养皿中混匀，静置 10min；④向培养皿中加入适量的 LB 培养基，置于 25～28℃培养箱中培养 10～12h，最后观察噬菌斑。因为噬菌体吸附死细菌时不能形成噬菌斑，只有吸附活细菌才能形成噬菌斑，由此可以推算稻种内活的白叶枯病菌的数目。

噬菌体检验的主要优点是简便、快捷，能直接用种子提取液测定；缺点是非目标菌大量存在时敏感性较差，噬菌体寄生的专化性和细菌对噬菌体的抵抗性都可能影响检验的准确性。因噬菌体和细菌都有生理分化现象，在实践中能用噬菌体检验的植物病原细菌不多。

第七节　种子带菌的生长检验

所有已知植物细菌病害都可以通过种苗传播，其中通过种子传播的占 40% 以上，因此准确检测种子是否携带病原细菌，是防治这类病害的关键。种子带菌的生长检验是将待测种子播种在一定的基质上，在适宜的温度下，促进种子的发芽和实生苗的生长，然后根据幼芽和幼苗上出现的症状作出初步诊断的检测方法。该法在植物检疫中多作为初步检验或预备检验，主要有种子带菌保湿培养检验和试种法两种。

一、种子带菌保湿培养检验

一般种子携带的寄生菌，无论是内在菌或外在菌，在种子发芽后即可检查其带菌情况。检验方法是将种子播种在湿润吸水纸上或水琼脂培养基平板上，根据幼芽和幼苗症状作出初步判断，然后接种证实病部细菌的致病性或作进一步鉴定，如水琼脂培养基平板法、保湿法和卷纸法等。

水琼脂培养基平板法检测甘蓝黑腐病：用抗生素浸种 3～4h→置于 1.5% 琼脂板上，每皿 25 粒→20℃培养 8d→放大镜观察幼芽和幼苗症状——幼苗下胚轴及子叶黄化，幼苗倒伏，有淡黄色菌脓。

卷纸法检测水稻细菌性叶枯病：取 50 粒种子均匀放在浸湿的两片纸巾中→将纸巾卷起，并用皮筋封闭两端→30℃培养 5～9d，光照 12h→打开纸巾，选显症叶片显微镜观察菌脓→剪成小片，在蒸馏水中浸泡 15h→接种鉴定，48～72h 观察症状——接种处产生水渍状病斑，后变黄色。

由于种子带菌率一般为 0.1%～1%，每粒种子的带菌量很低，因此，幼苗症状检验占用的空间大、时间长，有时真菌污染后症状易混淆。

二、试种法

有些种子在检疫现场不易发现病征，只能在植物生长阶段进行病害检验，试种实验应在温室相对适合发病的条件下（27～30℃，相对湿度在 85% 以上），播种 2～3 周后，根据幼苗出现的症状进行病害鉴定，并可检测种子的带菌率。该方法比较直接，并最能反映种子带菌情况，也得到了国际种子检验协会的认可，但是受环境和气候影响较大。例如，夏季比较敏感，而冬季容易产生假阳性，不能保证种子批次真实带菌情况。此外，带有细菌的种子还可能丧失萌发能力，不能进行症状观察。

Venette 等（1987）采用圆顶试种法（dome test）对干菜豆种子上的丁香假单胞菌丁香致病变种（*Pseudomonas syringae* pv. *syringae*）、丁香假单胞菌菜豆致病变种（*P. syringae* pv. *phaseolicola*）和地毯黄单胞菌菜豆致病变种（*Xanthomonas axonopodis* pv. *phaseoli*）进行检测鉴定。检测步骤是：从 1kg 样品中挑取约 500g 种子→每批取 100g 未损伤的种子，用冷水加入清洁剂冲洗，除去表面土壤，然后用 1% NaClO 溶液消毒 2～3min→用 $6×10^{-3}$mol/L 硫代硫酸钠水溶液冲洗→无菌水中冲洗 3～4 次→放置在消毒纸巾或塑料吸水垫上，用 150μg/mL 代森锰锌悬浮液湿润，27～33℃培养 48～72h→孵育后，选取 30 粒发芽种子，胚根突破种皮，但长度小于 2cm，转移到 2L 干净的烧瓶中→在烧瓶中加入 1800mL 灭菌的蒸馏水，室温下振荡培养 18～24h→将烧瓶连接真空装置（380～510mmHg[①]），真空 20～25s 后迅速释放→将真空渗透处理后的种子均匀分布在经过蒸压的细蛭石表面，同时覆盖 2cm 的湿润蛭石→观察初生叶片症状→分离产生病斑的叶片→通过生理生化、形态学和致病性测定对病原菌进行鉴定。

第八节　血清学检验

抗原和抗体之间的各种反应统称为血清学反应，重要的有凝聚反应、沉淀反应、溶血反应、中和反应等，而且血清学反应是专化的和敏感的。植物病原细菌的鞭毛，整个菌体，细胞表面的蛋白质、脂多糖和胞外多糖等均可作为抗原，用于制备抗血清。尽管活细胞抗原中的鞭毛蛋白和胞外多糖等在不同细菌中会存在交叉反应，但是可将细菌在 60℃条件下处理 1.5h 或 100℃处理 1h，破坏鞭毛蛋白等以提高其特异性；也可通过多种方法提取核糖体、糖蛋白和膜蛋白等纯化抗原，制备特异性抗体，提高血清学检测的特异性。由于血清学方法具有快速、经济、仪器依赖性不高等特点，尤其是单克隆抗体（McAb）和多克隆抗体

---

① 　1mmHg＝133.3224Pa

（PcAb）结合使用，使其成为一种常规的植物病原细菌检测技术。本节着重介绍免疫荧光技术。

免疫荧光（immunofluorescence，IF）技术是将抗体 IgG 与荧光素进行结合形成一种带有荧光标记的抗体，当有相关的抗原与抗体发生反应时，可以形成抗原 - 抗体 - 荧光素复合物，借助荧光显微镜的光激发观察荧光素发出的特殊荧光，是抗体 - 抗原特异性反应与显微技术的精确性相结合的免疫示踪技术。常见步骤主要为：①制片。将细菌悬浮液均匀涂布在洁净的载玻片上，在空气中干燥 15～20min。②一抗结合。用含 3% 牛血清白蛋白（BSA）的磷酸缓冲液（PBS）适当稀释的细菌特异抗体溶液覆盖玻片上的样品，在室温下保湿孵育 0.5～2h，然后用 PBS 洗涤三次。③加入荧光素标记的二抗。方法同上，但孵育时间为20min～1h。④观察。洗涤后在荧光显微镜下观察制片。目前常用的荧光素有异硫氰酸荧光素（FITC）、罗达明和得克萨斯红等荧光染料（表 5-18）。其优点主要表现为：可以直接观察到菌体形态，以及其表面抗原是否与抗体反应，发生特异反应的细菌菌体外可见明显的荧光。其缺点主要表现为：各种荧光染料激发和发射的荧光能力有限，经过一定时间后荧光会逐渐消失，需 1h 内完成观察，或于 4℃保存 4h。

表 5-18　常用的荧光染料及其特性

荧光染料	激发光波长 /nm	发射光波长 /nm	颜色
4′,6- 二脒基 -2- 苯基吲哚（DAPI）	358	461	蓝
Hoechst 33258	352	461	蓝
异硫氰酸荧光素（FITC）	495	525	绿
罗达明	552	570	红
Texas 红	596	620	红
别藻青蛋白	650	660	红
B- 藻红蛋白	546，565	575	橙、红
R- 藻红蛋白	480，546，565	578	橙、红
CyDyes（Amersh）	489～743	506～767	绿至近红外
BODIPYdyes	500～589	506～617	绿至红
Oregan 绿（3）（MP）	496～511	522～530	绿
瀑布蓝（MP）	400	425	蓝

免疫荧光技术已成功地应用于植物繁殖材料、种子及土壤等样品中的细菌检测。例如，荷兰每年用免疫荧光技术筛选 6 万份马铃薯种块是否存在青枯病菌（*Ralstonia solanacearum*），而法国用该技术检测马铃薯环腐病菌（*Clavibacter michiganensis* subsp. *sepedonicus*）。利用荧光色素（荧光素或碱性蕊香红）在极低浓度下可被激发产生肉眼可见的荧光这一特性，将荧光色素和抗体结合，而不影响抗体球蛋白的免疫活性，制成一种特殊的荧光抗体（fluorescent antibody，FA）。当样品中的抗原与荧光抗体特异结合时，在荧光显微镜的紫外线照射下，就可以检测出抗原。免疫荧光技术检测的灵敏度一般为 10^3～10^4CFU/mL，不仅可以计数，还可以观察细胞的形态。尽管如此，该技术在实际应用中仍存在缺陷：需要装备昂贵的免疫荧光显微镜，操作耗时，而且植物和土壤自身荧光干扰或杂质影响容易产生

假阳性结果等，从而干扰了免疫荧光技术的推广应用。

在免疫荧光原理的基础上，出现了免疫吸附免疫荧光（immunosorbent immunofluorescence，ISIF），即在使用荧光抗体之前，包被在固相载体的抗体只捕获靶标菌体，将植物和土壤自身荧光或其他杂质排除，然后加入荧光抗体进行免疫荧光操作观察检测。其优点为：免疫荧光图像更加清晰，提高了检测灵敏度和血清专化性，以及保证了血清效价的重复性。

第九节　植物病原细菌分子生物学检测

基于 DNA 的分子技术是鉴定植物病原细菌不可缺少的手段，该技术的最大优势在于其鉴定分析的可靠性，不会因为外界环境、靶标菌的菌龄或者生理状态的不同而改变。PCR 技术自问世以来，已广泛应用到植物病原细菌的检测和鉴定中（Alvarez，2004；Louws et al.，1999；Schaad et al.，2003），检测方法根据 PCR 技术的应用特点分类如下。

一、传统 PCR 技术在植物病原细菌检测中的应用

PCR 检测体系的特异性取决于靶标片段的选择及引物的设计和扩增反应条件，其灵敏度取决于样品中靶标菌的最低剂量及样品的制备方法。根据 PCR 扩增模板特点分为如下几种。

1. 致病性基因目的片段

大量研究报道表明，用特异性引物 PCR 扩增已知细菌致病性相关靶标片段是有效检测和鉴定病原菌的途径。掌握病原菌致病性机制，尤其是根据致病性基因序列，设计合适引物，能够特异性检测某一种、亚种或致病变种的病原菌。例如，以根癌土壤杆菌（*Agrobacterium tumefaciens*）保守毒性基因的内切核酸酶编码区设计引物，可将土壤杆菌属的不同病原菌系特异性区分出来（Haas et al.，1995）。Prosen 等（1993）根据菜豆毒素基因簇（phaseolotoxin gene cluster）设计了一对引物序列 HM6/HM13，对菜豆种子上的丁香假单胞菌菜豆致病变种（*Pseudomonas syringae* pv. *phaseolicola*）进行扩增得到 1.9kb 的靶标片段。该对引物特异性强，检测阈值为 10CFU/mL。同时对丁香假单胞菌丁香致病变种（*P. syringae* pv. *syringae*）和地毯黄单胞菌菜豆致病变种（*Xanthomonas axonopodis* pv. *phaseoli*）及菜豆种子表面的腐生菌等 57 株供试菌株进行扩增检测，均无法扩增出 1.9kb 片段，而且样品中存在不少于 10^4 CFU/mL 腐生菌也不会影响低于 30CFU/mL 靶标菌的检测。Audy 等（1996）基于菜豆毒素基因设计了两条富集 G+C 碱基的引物 HB14F/HB14R，对 19 株 *P. syringae* pv. *phaseolicola* 菌株的 DNA 扩增得到 1.4kb 靶标片段，而菜豆上的 *P. syringae* pv. *syringae* 和 *X. axonopodis* pv. *phaseoli*，以及其他种属土壤杆菌属（*Agrobacterium*）、棒形杆菌属（*Clavibacter*）、欧文氏菌属（*Erwinia*）等 62 株对照菌均无法扩增出靶标条带。

2. 质粒 DNA

除致病性基因作为扩增模板外，质粒 DNA 序列也是一种检测病原菌和鉴定病害的引物设计对象，但需要考虑质粒 DNA 作为扩增模板片段的稳定性及适用范围，因为某些病原物种内的毒性菌株不含有目的质粒。例如，Dreier 等（1995）利用质粒 DNA 设计的引物在检测番茄溃疡病菌（*Clavibacter michiganesis* subsp. *michiganensis*）时，有 25% 的株系呈阴性。因此，了解质粒 DNA 的特性及其稳定性将有利于病原细菌的特异性检测。Audy 等（1994）利用地毯黄单胞菌菜豆致病变种（*Xanthomonas campestris* pv. *phaseoli*）一段 3.7kb 的质粒

DNA 片段（P7）进行引物设计。P7 克隆片段被酶切成 4 个片段：P7X1、P7X2、P7X3 和 P7X4。其中根据 P7X2、P7X3 和 P7X4 片段设计了 3 对富含 G+C 碱基（60%～70%）的引物 X2p/X2k、X3k/X3c 和 X4c/X4e。通过引物特异性试验发现，在这 3 对引物中仅 X4c/X4e 对该菌的模板能完全特异地扩增出 0.73kb DNA 产物片段，其 DNA 检测灵敏度低至 10fg。

3. rDNA

细菌中 rRNA 包括大亚基 23S rRNA 基因、5S rRNA 基因和小亚基 16S rRNA 基因三部分，并分布在不同区域；不同细菌之间可能含有不同数量的 rRNA 基因组，而且这些基因组不一定都同源。基因组中编码 rRNA 基因对应的 DNA 序列称为 rDNA，由于 16S rRNA 基因最为保守，而且 DNA 易提取且比较稳定，从而被确定为细菌分类地位的重要依据，即 16S rDNA 序列分析法。根据 16S rDNA 序列设计引物进行 PCR，也是植物病原细菌分子检测中用得较多的方法。大量的研究表明，植物病原细菌中存在 rDNA 特异序列，Deparasis 和 Roth（1990）针对假单胞杆菌属（*Pseudomonas*）、黄单胞杆菌属（*Xanthomonas*）和欧文氏菌属（*Erwinia*）设计相应的引物，对上述植物病原细菌的 16S rDNA 进行了测序；Wilson 等（1994）利用 16S rRNA 基因中单碱基对变异连接酶链反应特异性检测玉米细菌性枯萎病菌（*Pantoea stewartii*）。

随着分子生物学技术的发展，目前大多数植物病原细菌的 16S rDNA 序列均能在相关的专业数据库（如 GenBank）中搜索获得，或者在核糖体数据库工程（ribosomal database project Ⅱ，RDP；网址 http://rdp.cme.msu.edu/）获得 16S rDNA 分析、比对等与核糖体 DNA 相关的数据服务（Maidak et al.，1999），从而能够对未知或新的植物病原细菌实现其 16S rDNA 测序比对，进而确定其分类地位，为其特异性 PCR 检测奠定基础。尽管如此，rDNA 序列的区分能力只能在种或属水平上，很难对不同亚种或致病变种的细菌进行 PCR 检测和系统分类。

4. 扩增间隔转录区

位于保守 16S 和 23S rDNA 序列之间的间隔区，包括部分 tRNA 基因和一些非编码区（Schnidt，1994），统称为扩增间隔转录区（internal transcribed spacer，ITS）。由于进化选择压力较小，因此，ITS 序列比 16S 和 23S rDNA 序列本身的变异性更大（Louws et al.，1999；Schnidt，1994），适合用于细菌种下不同群体的特异性检测与鉴定。由于 rDNA 基因组中 DNA 的变异程度与近源菌系间的变异程度相同，因此，利用通用引物扩增得到细菌的 rDNA 序列，再使用相应的限制性内切核酸酶酶切后进行分析 ITS-PCR 扩增产物或扩增 DNA 序列，被称为扩增后酶切分析（amplified ribosomal DNA restriction analysis，ARDRA）。这项技术可将细菌鉴定到属或种水平，也常用于植物病原细菌的检测和多样性研究（Heyndrickx et al.，1996）。George 等（2010）根据猕猴桃细菌性溃疡病菌（*Pseudomonas syringae* pv. *actinidiae*，PSA）的 ITS 序列，设计了两对特异性引物 PsaF1/R2 和 PsaF3/R4 用于 PSA 快速检测，检测灵敏度可达到 7.5×10^3 CFU/mL，但该两对引物均无法将 PSA 菌株与其亲缘关系最近的丁香假单胞杆菌茶致病变种（*P. syringae* pv. *theae*）区分开。Coplin 等（2002）基于玉米细菌性枯萎病菌的 ITS 序列，设计了特异性引物 ES16/ESIG2c，用于鉴定玉米细菌性枯萎病菌，该对引物被 EPPO 推荐为快速检测玉米细菌性枯萎病菌的特异性引物。

二、PCR 与生物学技术相结合在植物病原细菌检测中的应用

利用选择性或半选择性培养基生物富集结合 PCR 方法，进行植物病原细菌检测的技术

称为 BIO-PCR（Schaad et al.，1995），该技术运用培养基既能抑制非靶标菌的生长，也能富集靶标菌，从而较大程度上提高检测灵敏度，可以检测出低于 10CFU/mL 的靶标菌；同时，在一定程度上还能减少植物组织提取液中的 PCR 抑制因子对检测结果的影响。在 BIO-PCR 检测体系中，通常直接将植物提取液或者洗涤液涂板到固体培养基，或者加到液体培养基中，根据靶标菌的生长速率，生物富集 12～72h 后直接用于 direct PCR 检测，而不需要进行 DNA 提取，因为细菌 DNA 可以在 PCR 扩增最初变性阶段释放出来（Schaad et al.，1995）。目前已经构建了部分 BIO-PCR 体系用于检测不同的植物病原细菌，如丁香假单胞杆菌菜豆致病变种（*Pseudomonas syringae* pv. *phaseolicola*）（Schaad et al.，1995）、密执安棒形杆菌环瘤亚种（*Clavibacter michiganensis* subsp. *sepedonicus*）（Schaad et al.，1999）和瓜类果斑病菌（*Acidovorax citrulli*）（Zhao et al.，2009）等。

三、PCR 与免疫学技术相结合在植物病原细菌检测中的应用

将血清学中抗原 - 抗体反应的特异性与 PCR 的特异性扩增能力结合起来检测病原细菌的技术称为免疫 PCR（immuno-PCR）（Sano et al.，1992），该技术可以在极短时间内精确地检测某一病原菌，即利用一段已知的 DNA 分子标记抗体，然后用抗体去捕获靶标菌抗原，最后利用 PCR 扩增已知的 DNA 分子片段，根据是否存在 PCR 扩增产物判断是否存在抗体，从而判定靶标菌抗原是否存在，既可以消除 PCR 抑制因子等干扰因素的影响，又能提高反应的特异性和灵敏度。

伴随着新型功能性材料——磁性免疫微球（immunomagnetic microsphere，IMMS）的出现，将其结合 PCR 检测某一病原菌，形成了免疫磁性分离 PCR 技术（immunomagnetic separation and polymerase chain reaction，IMS-PCR），即将病原细菌特异性抗体包被于 IMMS 表面，利用免疫磁分离（immunomagnetic separation，IMS）技术，通过抗原 - 抗体的特异性反应，先从待检样品中吸附目标病原细菌，再经过培养或是直接进行 PCR 检测，从而判断靶标菌是否存在（Olsvik et al.，1994）。由于 IMMS 粒径很小，比表面积大，偶联容量较高，悬浮稳定性较好，因此反应高效便捷；加之具有顺磁性，在外电场作用下，固液相容易分离，避免了过滤及离心等繁杂操作，从而保证了检测的快速、可行度及可靠度。Walcott 和 Gitaitis（2000）采用单克隆抗体免疫磁珠吸附与 PCR 相结合的技术，对瓜类细菌性果斑病病原进行快速检测研究，结果表明，与常规 PCR 方法相比，灵敏度提高了 100 倍，并且当菌液浓度为 10CFU/mL 时，仍可以从西瓜种子浸泡液中检测到瓜类细菌性果斑病菌。

四、PCR 与荧光技术相结合在植物病原细菌检测中的应用

目前，实时荧光 PCR 主要存在 4 种不同的荧光产生方法：TaqMan 探针、荧光共振能量转移（fluorescent resonance energy transfer，FRET）探针、分子灯塔（molecular beacon）及 DNA 结合染料（如 SYBR Green Ⅰ）。前三种主要是以荧光标记的寡核苷酸探针与靶标扩增子特异序列杂交为前提；最后一种方法则是使用可结合双链 DNA 的荧光染料，简便但特异性较差（Schaad et al.，2003）。Schaad 等（2002）首次运用实时荧光 PCR 快速检测皮尔斯葡萄叶烧病菌（*Xylella fastidiosa*），并直接以不显症的树藤为样本，克服了发病初期不显症和难分离的缺点，并详细介绍了探针、引物的设计及其反应条件的设置，具有较高的参考价值。Cho 等（2010）根据丁香假单胞菌菜豆致病变种（*Pseudomonas syringae* pv. *phaseolicola*）1448A 菌株重组酶特异性位点设计一对引物（SSRP-F/SSRP-R）和实时荧光探

针（SSRP-P），并构建了实时荧光 PCR 体系。该方法无论 *P. syringae* pv. *phaseolicola* 菌株是否存在毒素基因均能特异性检出，其灵敏度极高，DNA 和纯菌悬液的检测极限值分别为 5pg/μL 和 7CFU/mL。漆艳香等（2003）根据苜蓿细菌性萎蔫病菌与其他细菌的 16S rDNA 序列差异设计了具有稳定点突变特异性探针，建立了苜蓿细菌性萎蔫病菌实时荧光 PCR 检测方法。该方法检测灵敏度可达 21.4fg 质粒 DNA，比普通 PCR 灵敏度高 100 倍。回文广等（2007）将生物学、免疫学和分子生物学检测技术有机结合，构建了一套哈密瓜果斑病种子的 Bio-IMS-real-time PCR 检测方法，该方法检测灵敏度极高，能成功检测出 1000 粒种子中的 1 粒带菌种子，大大提高了对哈密瓜果斑病菌检测的精度。近年来，我国植物病原科技工作者也开始运用实时荧光 PCR 技术检测植物病原细菌，如构建了对梨火疫病菌（朱建裕等，2003）、西瓜细菌性果斑病菌（冯建军等，2006）、玉米细菌性枯萎病菌（Tambong et al.，2008；漆艳香等，2003）等病原菌的实时荧光 PCR 检测体系。

五、多重 PCR 技术在植物病原细菌检测中的应用

多重 PCR（multiplex PCR）是在同一反应体系采用多对特异性引物扩增大小不同的靶标片段，可在电泳检测下鉴别出来，也可通过实时荧光 PCR 进行区分。目前，多重 PCR 技术已被广泛应用于豆类植物细菌检测。Audy 等（1994）利用两对富含 G＋C 的引物 HB14F/HB14R 和 X4e/X4c，对菜豆种子上的靶标菌丁香假单胞菌菜豆致病变种（*Pseudomonas syringae* pv. *phaseolicola*）和地毯黄胞菌菜豆致病变种（*Xanthomonas axonopodis* pv. *phaseoli*）同时进行检测，其结果表明此双重 PCR 检测体系既可检测单重感染的种子，也可以检测混合感染的种子，并且可以同时检测到 1 粒病种子混合到 10 000 粒种子的混合体系中的病原菌。Toth 等（1998）根据 *Xanthomonas fuscans* subsp. *fuscans* 的保守扩增序列区域设计了一对引物 Xf1/ Xf2，能特异性扩增出该菌 450bp 大小的片段，同时结合 *X. axonopodis* pv. *phaseoli* 的扩增引物 X4c/X4e，可以在同一个 PCR 体系中成功区分这两种病原菌。Silva 等（2013）利用引物 X4e/X4c 和 CffFOR2/CffFOR4 对 *X. axonopodis* pv. *phaseoli* 和萎蔫短小杆菌萎蔫致病变种（*Curtobacterium flaccumfaciens* pv. *flaccumfaciens*）进行双重 PCR 检测，可同时扩增出 730bp 和 306bp 特异性片段以准确区分菜豆种子上的两种病原细菌。Boureau 等（2013）利用 *Xanthomonas axonopodis* pv. *phaseoli* 具有 *xopL* 和 *avrBsT* 基因的特点，分别设计了两对引物 Am1F/Am1F 和 Am2F/ Am2R 进行该病菌的双重 PCR 检测鉴定，分别扩增出 257bp 和 393bp 的产物，同时结合可扩增 730bp 产物的引物 X4c/X4e 及用于内控的 16S rDNA 基因上 441bp 片段的引物 1052F/BacR 搭建四重 PCR 体系，可以检测菜豆上的所有黄单胞菌菌株及特异性检测鉴定 *X. axonopodis* pv. *phaseoli*。

尽管多重 PCR 具有高效、快速、经济等特点，但是在同一 PCR 中使用多对引物扩增会使产物降低，而且由于引物之间的专化性在同一个反应体系中会增加非目的片段的产生，降低了灵敏度和特异性，容易产生假阳性结果，从而影响了其推广应用。

第六章 植物病毒的室内检验检疫方法

第一节 检疫性植物病毒的主要类群及生物学特性

病毒（virus）是一种由核酸和蛋白质外壳组成的具有侵染活性的细胞内寄生病原物，也是迄今为止人们在超微世界里所认识的最小生物之一，以植物为寄主的这类病原物即为植物病毒，目前已研究和命名的植物病毒达 1000 多种，其中许多为重要的农作物病原物，对农业生产造成了严重的经济损失。

根据《中华人民共和国进出境动植物检疫法》的规定，我国原农业部与原国家质检总局共同制定了《中华人民共和国进境植物检疫性有害生物名录》。2017 年 6 月 14 日正式发布实施的《中华人民共和国进境植物检疫性有害生物名录》中，相关检疫性植物病毒的名称、分类地位及主要自然寄主见表 6-1。扫右侧二维码见检疫性植物病毒详细资料。

表 6-1　检疫性植物病毒的名称、分类地位及主要自然寄主

基因组	科	属	种	主要自然寄主
dsDNA	花椰菜花叶病毒科 Caulimoviridae	杆状 DNA 病毒属 Badnavirus	可可肿枝病毒 Cacao swollen shoot virus，CSSV	可可、吉贝、猢狲树、草婆和可乐果
ssDNA	双生病毒科 Geminiviridae	菜豆金色花叶病毒属 Begomovirus	棉花皱叶病毒 Cotton leaf crumple virus，CLCrV	棉花和豆类等双子叶植物
			棉花曲叶病毒 Cotton leaf curl virus，CLCuV	棉花、番木瓜、烟草、朱槿、黄秋葵等
		玉米线条病毒属 Mastrevirus	甘蔗线条病毒 Sugarcane stresk virus，SSV	甘蔗
−ssRNA	弹状病毒科 Rhabdoviridae	细胞核弹状病毒属 Nucleorhabdovirus	马铃薯黄矮病毒 Potato yellow dwarf virus，PYDV	马铃薯、野生和观赏植物等，寄主广
	布尼亚病毒科 Bunyaviridae	番茄斑萎病毒属 Tospovirus	番茄斑萎病毒 Tomato spotted wilt virus，TSWV	番茄、辣椒、花生、马铃薯、瓜类等，寄主广
+ssRNA	伴生豇豆病毒科 Secoviridae	线虫传多面体病毒属 Nepovirus	番茄黑环病毒 Tomato black ring virus，TBRV	蔬菜、瓜果、花卉、豆类等，寄主广
			番茄环斑病毒 Tomato ringspot virus，ToRSV	番茄、葡萄、桃、李、豆类、茄科等，寄主广
			南芥菜花叶病毒 Arabis mosaic virus，ArMV	瓜类、豆类、花卉和果树等，寄主广
			烟草环斑病毒 Tobacco ringspot virus，TRSV	豆类、瓜类、花卉和果树等，寄主广

续表

基因组	科	属	种	主要自然寄主
+ssRNA		线虫传多面体病毒属 *Nepovirus*	桃丛簇花叶病毒 *Peach rosette mosaic virus*，PRMV	桃、李、洋李、葡萄等
		豇豆花叶病毒属 *Comovirus*	菜豆荚斑驳病毒 *Bean pod mottle virus*，BPMV	大豆、菜豆、豇豆等豆类植物
			豇豆重花叶病毒 *Cowpea severe mosaic virus*，CPSMV	大豆、菜豆、绿豆、豇豆等豆科植物
			蚕豆染色病毒 *Broad bean stain virus*，BBSV	蚕豆、菜豆、豌豆等豆科植物
		水稻矮化病毒属 *Waikavirus*	玉米褪绿矮缩病毒 *Maize chlorotic dwarf virus*，MCDV	玉米、石茅高粱、玉蜀黍
		尚未归属	草莓潜隐环斑病毒 *Strawberry latent ringspot virus*，SLRSV	菠菜、藜属、葡萄、槭树、无花果、青蒿、李、葡萄等
	马铃薯 Y 病毒科 *Potyviridae*	马铃薯 Y 病毒属 *Potyvirus*	马铃薯 A 病毒 *Potato virus A*，PVA	马铃薯、烟草
			马铃薯 V 病毒 *Potato virus V*，PVV	马铃薯
			李痘病毒 *Plum pox virus*，PPV	桃、李、杏、樱桃等 30 多种核果类果树
			香蕉苞片花叶病毒 *Banana bract mosaic virus*，BBrMV	香蕉
		小麦花叶病毒属 *Tritimovirus*	小麦线条花叶病毒 *Wheat streak mosaic virus*，WSMV	小麦、燕麦、大麦
		大麦黄花叶病毒属 *Bymovirus*	燕麦花叶病毒 *Oat mosaic virus*，OMV	燕麦
	番茄丛矮病毒科 *Tombusviridae*	玉米褪绿斑驳病毒属 *Machlomovirus*	玉米褪绿斑驳病毒 *Maize chlorotic mottle virus*，MCMV	玉米、小麦、大麦、高粱、甘蔗等禾本科植物
		香石竹病毒属 *Dianthovirus*	香石竹环斑病毒 *Carnation ringspot virus*，CRSV	石竹
	雀麦花叶病毒科 *Bromoviridae*	黄瓜花叶病毒属 *Cucumovirus*	花生矮化病毒 *Peanut stunt virus*，PSV	花生、豆类、紫花苜蓿、多种三叶草
		等轴不稳环斑病毒属 *Ilarvirus*	李属坏死环斑病毒 *Prunus necrotic ringspot virus*，PNRSV	桃、李、杏、桃、苹果和月季
	帚状病毒科 *Virgaviridae*	马铃薯帚顶病毒属 *Pomovirus*	马铃薯帚顶病毒 *Potato mop-top virus*，PMTV	马铃薯
		烟草花叶病毒属 *Tobamovirus*	黄瓜绿斑驳花叶病毒 *Cucumber green mottle mosaic virus*，CGMMV	黄瓜、西瓜和甜瓜
	线形病毒科 *Betaflexiviridae*	发形病毒属 *Capillovirus*	苹果茎沟病毒 *Apple stem grooving virus*，ASGV	苹果、梨、百合
	Solemoviridae	南方菜豆花叶病毒属 *Sobemovirus*	南方菜豆花叶病毒 *Southern bean mosaic virus*	菜豆、豇豆
			藜草花叶病毒 *Sowbane mosaic virus*，SoMV	昆诺藜、墙生藜、甜菜、菠菜、无花果、李、葡萄、苹果、酸樱桃等，寄主广

注：本表中检疫性名单是根据我国进境检疫性菌物名录整理的，名称可能与目前所用名称有出入

第二节　植物病毒鉴定方法

在过去一个世纪或更早的时期，凡是经济价值高、引种比较容易的种子和苗木均容易随着人类的迁徙和贸易遍布全球，相应植物上的病毒病，也往往成为世界性的病害，如马铃薯 X 病毒（*Potato virus X*，PVX）、马铃薯 Y 病毒（*Potato virus Y*，PVY）、甘蔗花叶病毒（*Sugarcane mosaic virus*，ScMV）、大豆花叶病毒（*Soybean mosaic virus*，SMV）、烟草花叶病毒（*Tobacco mosaic virus*，TMV）、黄瓜花叶病毒（*Cucumber mosaic virus*，CMV）等。植物病毒传入一个新区，将给农业生产带来无法估计的损失。例如，ScMV 曾使世界多个甘蔗产地无法生产甘蔗，直到通过培育抗病品种才解决问题。20 世纪 50～60 年代，病毒病引起我国马铃薯种薯"退化"，导致 1955 年河北中部病毒病的发病率达 85%～90%，减产 50%～70%，一直到 20 世纪 70 年代引起人们的普遍关注后，通过培育无病毒种薯和抗病毒品种才得以解决。1964 年，意大利 1 万 hm^2 甜菜感染由真菌传播的甜菜坏死黄脉病毒（*Beet necrotic yellow vein virus*，BNYVV）产生的甜菜丛根病，严重影响了糖的生产。1978 年，我国内蒙古、新疆、宁夏等地区种植的甜菜也开始受害。其中，1981 年新疆石河子发病面积比率达 22.2%，严重影响了糖产业。迄今为止，很少有能有效治疗病毒病的化学药剂，在农业生产上病毒病主要以预防为主。嘌呤、嘧啶碱基类似物虽有减轻病毒增殖的作用，却无法达到根除效果，且常对农作物产生药害。目前，植物病毒病的防治主要还是依靠培育抗病毒品种和无毒苗等途径。

植物病毒的鉴定常根据病毒的生物学特性，如寄主范围、传播途径、病毒粒子形态等来确定病毒种类。在病毒学研究的早期，植物病毒的鉴定主要通过摩擦接种、介体传播及嫁接等方法接种指示植物后观察病毒引起的症状类型，同时结合病毒粒子形态、细胞病变及一些血清学的方法来确定病毒种类。研究病毒生物学特性的实验方法对于新病毒、新株系和新变异株而言仍然是必需的，是病毒学研究的基础。然而这些研究需要的周期长达 1 个月甚至一年之久。自 20 世纪 80 年代开始，人们借助快速、高效、准确、高通量的酶联免疫吸附试验和 PCR 技术，才有效控制了病毒病在世界各地的蔓延。植物病毒主要通过种子和花粉垂直传播，也可通过病株、传播介体和农事操作水平传播。因此，对于国内外局部发生的一些病毒病，只有实行严格的检疫制度，预防其传入与传出，才能控制其蔓延和危害。实验室根据待检测病毒的特性和样品的不同情况（新鲜叶片或休眠种子），先选择一种方法检测，再通过另一种方法检测，将两种方法的检测结果互相验证，确定检测结果的准确性。所选用检测方法应是国际标准、国家标准、行业标准或是公开发表的检测方法，并且这些方法都应经过特异性、再现性、灵敏度测试。下文介绍常用于植物病毒鉴定的几种方法，包括生物学测定、电子显微镜技术、血清学检测、免疫电镜技术和分子生物学检测等。

一、生物学测定

生物学测定是指通过将病毒接种指示植物后，观察病毒引起的症状类型及测定病毒的传播方式等生物学实验来确定病毒类型，是植物病毒研究的基础。植物病毒通常有一种以上的自然寄主，且往往同一种病毒在不同寄主上导致的症状差异较大，即便在同一种寄主不同植株上的症状也不尽相同，如 CMV。植物在生态系统中，受病毒、真菌、细菌等不同病原微生物和环境的胁迫，因此只根据植株的表现症状难以进行正确的鉴别。被病毒感染的植物表现的症状还与气候条件、宿主品种和病毒株系有关。植物病毒除了自然寄主外，还可通过人工接种方式传播到其他寄主上，产生较明显、一致、清晰且有特征性的特定症状，这些能鉴别植物病毒的植物称为指示植物或鉴别寄主。在植物病毒学发展的早期，生物学测定方法为病毒分类和鉴定提供了重要的依据。迄今，参照寄主上的特定症状和寄主范围，结合血清学、病毒基因组序列等方能确定病毒种类或病毒株系，因此生物学测定仍然是鉴定病毒的主要手段。

鉴别寄主包括草本植物和木本植物。植物病毒的人工接种方法包括摩擦接种和嫁接传染，但有的病毒只能通过介体昆虫（如蚜虫、白粉虱、蓟马等）或菟丝子等介体传染。病毒在寄主植物上产生的症状，易受环境的影响，且大多数草本指示植物对病毒都非常敏感，操作过程中病毒易逃逸到环境中，因此植物病毒的生物学测定，须在具备隔离措施的温室或培养房中进行。在接种植物病毒之前，预先培育不同科、属的健康鉴别寄主，之后同一种寄主须接种 4～5 株，持续观察记录。

（一）草本指示植物鉴定

1. 草本植物

在植物病毒的生物学测定中，实验室已发现许多易培育的，适合作为植物病毒分离、鉴定的草本指示植物，常用的主要包括烟草属（*Nicotiana*）、茄属（*Solanum*）、藜属（*Chenopodium*）、黄瓜属（*Cucumus*）、菜豆属（*Phaseolus*）、蚕豆属（*Vicia*）和芸薹属（*Brassica*）。这些指示植物中，烟草属的心叶烟（*Nicotiana glutinosa*）、普通烟（*N. tabacum*）、三生烟（*N. tabacum* cv. Samsum）、本氏烟（*N. benthamiana*）、克利夫兰烟（*N. clevelandii*）及藜属的苋色藜（*Ch. amaranticolor*）和昆诺藜（*Ch. quinoa*）等易于培养，接种病毒后在 5～14d 产生较明显的病毒病症状，因此常用于植物病毒的鉴定。

通常有些植物感染某种病毒后，在接种叶片上产生明显的枯斑，称为枯斑寄主。通常一个枯斑就是一个病毒粒子侵染产生的，因此在草本枯斑寄主上，进行连续 3～6 次的单斑分离，便可获得纯的病毒。

2. 分离、鉴定方法

用草本指示植物分离和鉴定病毒，一般采用摩擦接种法。具体操作方法为：研钵灭菌，接种缓冲液（0.01mmol/L PB 缓冲液，pH 7.4）预冷处理，草本指示植物叶片撒上金刚砂（1000 目），取出待检样品叶片，加入 $2\times\sim5\times$（m/V）接种缓冲液和少许金刚砂，低温条件下迅速研磨，用研磨棒蘸取汁液，轻轻涂抹于叶面，蒸馏水冲洗接种叶面，放置温室观察症状表现。

样本尽量选取待检植株的幼嫩组织，同时接种不同科属的指示植物（尤其同一个寄主上鉴定病毒粒子形态相似的病毒），4～7d 开始注意观察接种植物局部和系统症状，并用 ELISA 或者 PCR 技术确定是否有隐症感染，从而确定所测定病毒的寄主范围。生物学测定为确定病毒的分类地位提供线索，也可通过枯斑寄主保存和繁殖病毒，用于后续病毒的提纯、形态观察等实验。

（二）木本指示植物鉴定

果树病毒在寄主上产生的特异症状是诊断的主要依据，对于潜隐性果树病毒必须以木本指示植物鉴定为主要诊断手段，结合电镜、摩擦接种草本指示植物、血清学和分子生物学技术相结合检测是常用的方法。所有的果树及林木的植物病毒都可通过嫁接的途径传染，因此，可将待检的果树、林木材料的接穗嫁接接种到对病毒敏感的木本指示植物上进行鉴定。常用的实生砧木为杜梨（*Pyrus befuleafolia*）、海棠（*Malus spctabilis*）。木本指示植物包括西洋梨 A20（*Pyrus communis* A20）、杂种榅桲（*Pyronia veitchii*）、弗吉尼亚小苹果（*Virginia crab*）。木本指示植物鉴定常用的嫁接方法有双重芽接法、双重切接法和指示植物直接嫁接法。

1. 双重芽接法

双重芽接法长期用于检测苹果、梨等潜隐性病毒，主要利用该病毒在某些特定品种上表现特殊的症状来判断病毒是否存在。此方法就是用对病毒敏感的实生苗作为嫁接砧木，在砧木的基部嫁接 1～2 个待检样本的芽片，然后在其上方嫁接指示植物芽片，两芽相距 1～2cm。嫁接一般在 8 月中下旬进行，翌年春季苗木发芽前，在指示植物接芽的上方约 1cm 处剪除砧干，苗木发芽后摘除待检芽的生长点，促进指示植物生长。此方法虽可靠性高，但费时、费工，最主要的是需要时间很长，如检测 ASGV 需要 2～3 年的时间。

2. 双重切接法

此法多在春季进行，在休眠期剪取指示植物及待检树的接穗，砧木萌动后将待检接穗接种在砧木基部，然后将指示植物接穗嫁接在待检接穗上部。为促进伤口愈合、提高成活率，可在嫁接后套上塑料袋保温保湿。此种方法的缺点是嫁接技术要求高、成活率低、嫁接速度慢。

3. 指示植物直接嫁接法

先培育指示植物，然后在指示植物基部嫁接待检植株的芽片，接芽成活后剪除指示植物的苗木，留 2～3 个饱满芽，使其重新发出旺盛的枝叶，然后观察指示植物的症状表现。指示植物的繁育可通过在实生砧木上嫁接，也可扦插（如葡萄病毒指示植物）或直接播种（如核果病毒指示植物）。本法的缺点是要求繁育较多数量的指示植物，所需时间长。

病毒在自然界中的传播方式也是分类鉴定的重要依据。有许多病毒通过专一性介体传播，有关介体种类、传毒是持久性还是非持久性、介体获毒时间、病毒在介体中能否增殖等在病毒鉴定中有重要意义。如果我们了解某病毒是由某些特殊介体传播的，就可以初步确定病毒的特征。例如，线虫传多面体病毒属病毒是由长针科线虫传毒的。有些病毒没有专一性介体或介体不详，有的主要通过花粉、种子、无性繁殖材料传播，可作为分类的参考指标。

生物学测定目前仍是病毒诊断鉴定有效的传统方法之一，其结果直观、可靠，可以准确地反映病毒的寄主范围、传播特性等，目前仍被广泛应用。尤其可以帮助我们初步判断病毒的类群，以便进一步利用其他方法和技术来确定病毒的种类。此外，通过生物学测定可以帮助我们确定病毒的繁殖寄主，以便对病毒进行有效保存供进一步研究。

二、电子显微镜技术

病毒是纳米级别的病原生物，使用普通的光学显微镜无法看清病毒，只能在电子显微镜（电镜）下才能观察到。1932 年，德国的 Knoll 和 Ruska 发明了电镜。电镜的发明极大地推动了人们对微观世界的认识。1939 年，Kausche 和 Ruska 用电镜观察到了杆状的 TMV，由此明确了 TMV 是核蛋白而不是纯蛋白质，病毒是颗粒状而不是毒液。之后相继观察到了球状、条状、有鞘膜、无鞘膜的各种不同形态、不同种的病毒粒子。目前电镜的分辨率接近 0.1nm，已接近对单个原子的分辨。

病毒粒子的大小、形态和表面细微结构等结构特点是病毒鉴定的基础和重要依据。通过电镜可以快速地获得部分此类信息，可作为快速鉴定到科或属的依据。植物病毒的电镜观察通常采用以下两种方法：一是负染，取病叶汁液或纯化的病毒用缓冲液稀释后，铜网蘸取或点滴铜网，然后进行负染，稍晾干后置电镜下直接进行初步观察与鉴定；二是利用病株组织的超薄切片观察病毒在寄主体内的分布情况及引起的植物细胞病理变化。

电子显微镜按结构和用途可分为透射电子显微镜（透射电镜）、扫描电子显微镜（扫描电镜）、反射电子显微镜和发射电子显微镜等。其中，透射电子显微镜和扫描电子显微镜常用于病毒粒子观察，前者用于观察病毒粒子的内部结构，后者主要用于观察病毒粒子的表面形态。

（一）透射电镜技术

透射电镜的分辨率最高达 0.1nm，放大率达 150 万倍。通过透射电镜不但能看到细胞内部的结构，还能观察生物大分子和原子的结构。对于细胞外独立存在的病毒颗粒的观察或检测常使用负染（negative staining）技术，早期应用于病毒结构分析，现在主要应用于病毒检测和诊断。目前，负染法几乎被普遍地用于病毒抽提液或纯化制剂中病毒粒子的测定。

1. 负染技术

透射电镜负染技术可观察病毒粒子的形状，并测量病毒颗粒的直径，也能较快速地测定制品中病毒粒子的相对数量。常用的负染剂为磷钨酸（phosphotungstic acid，PTA）钠盐、乙酸双氧铀（uranyl acetate，UAc，注意铀染液存在辐射危害）和钼酸铵 [ammonium molybdate，$(NH_4)_2MoO_4$] 等水溶性重金属盐，但需要注意的是磷钨酸会破坏靠离子键维持的蛋白质的三维结构，因此使用哪种盐溶液取决于目标病毒粒子在这些盐溶液中的稳定性。大麦黄化花叶病毒透射电镜图如图 6-1 所示。

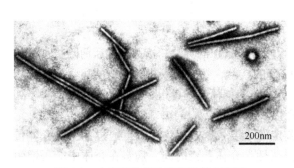

图 6-1　大麦黄化花叶病毒透射电镜图
（引自 Lesemann，1977）
1%PTA染色

200nm

负染技术的原理可能是：在对生物颗粒进行染色时，负染液将停留于颗粒周围或穿透进入生物粒子的亲水性孔隙。在空气中干燥后，由于生物颗粒高于所吸附载网支持膜高度，染色剂聚集在生物颗粒周围，而生物颗粒自身附着少量染色剂，电镜观察时，电子能穿透的生物材料和电子不能穿透的重金属染料对电子的散射能力不同，形成振幅反差，产生电镜图像。在负染像中，电子密度高的明亮部分代表生物结构，而电子密度低的"暗部"代表染料达到的部位，这种"负片"近似呈现出生物分子的外膜结构和染液不能穿透的生物粒子的表面。正染（positive staining）时，染料直接与生物结构结合，电子不能穿透，在形成的像上，电子密度低的"暗部"即代表了结构本身，与负染正好相反。

透射电镜负染基本操作步骤是：取一滴样本提取液滴至封口膜（parafilm）或 1% 琼脂糖凝胶；将载网覆膜面接触液滴几分钟，把病毒吸附到载网上；染色，常用的负染剂有 2% 磷钨酸钠和 2% 乙酸双氧铀等水溶性重金属盐，染色 2min；滤纸吸去残留液体、室温静置干燥后，即可使用电镜观察。

电镜尤其适合于杆状和线状病毒的观察，但直径 20～30nm 的大多数等轴状正二十面体病毒的着色特性和表现直径则很难与细胞质中核糖体区分。一些等轴病毒能在细胞内形成结晶状排列，或在萎蔫的寄主组织内或蔗糖溶液处理而发生细胞质壁分离的失水寄主组织内形成易被识别的细胞内结晶状排列，据此可将病毒粒子和核糖体区分开。也可利用核糖体对核糖核酸酶敏感，而小的等轴病毒粒子对核糖核酸酶稳定的特点检测细胞内的这类病毒。如果没有 80S 核糖体的细胞或细胞器，如细胞核、内质网、筛管和液胞内存在等轴病毒粒子，分散的病毒粒子也可识别出来。但是正常细胞内的细胞核有时也含有结晶状结构，可能也会被误认为是病毒内含体。另外，染料与病毒颗粒相互作用及负染样本的干燥过程，可能会造成病毒形态的改变，从而带来假象。

2. 超薄切片电镜技术

病毒的生命活动严格在细胞内完成。超薄切片电镜技术是观察寄主细胞或组织内病毒存在位置、由病毒导致的内含体及细胞超微结构、病毒的形态发生过程及细胞表面的病毒颗粒等的一种很好的方法。常规的透射电镜制样过程包括固定（常用多聚甲醛）、脱水（乙醇）、浸润（树脂）、包埋、聚合、修块、切片（需将标本切割成 50～100nm 厚度）、染色（乙酸双氧铀和柠檬酸铅）和电镜观察拍照等步骤。

超薄切片电镜技术比较适合有包膜的大病毒，如植物黄症病毒属的病毒和杆状病毒，这类病毒通常易与寄主内亚细胞、核糖体等生物大分子区分，便于辨认。但是，当完全测定直径为 50nm 的单一细胞内的病毒含量时，必须观察到 1000 个 50nm 厚不同角度的"解剖"切片。

（二）扫描电镜技术

扫描电镜（scanning electron microscope，SEM）出现较晚。1940 年，英国剑桥大学首次试制成功扫描电镜。但由于分辨率很差、照相时间过长，因此没有立即进入实用阶段，至 1965 年，英国剑桥科学仪器有限公司开始生产商品扫描电镜。20 世纪 80 年代后扫描电镜的制造技术和成像性能提高很快，目前高分辨型扫描电镜分辨率已达 0.6nm，放大率达 80 万倍。

样品制备主要包括：①取材。基本和透射电镜一样，但样品可以更大，面积可达 8mm×8mm，厚度可达 5mm。②固定。常用戊二醛及锇酸双固定，以终止样品内的代谢活动。③脱水。样品经漂洗后用逐级增加浓度的乙醇或丙酮脱水，然后进入中间液，一般用乙酸异戊酯作中间液。④干燥。包括空气干燥法、临界点干燥法（用低临界温度液体如 CO_2 替代水）和冷冻干燥法处理，使样品干燥。⑤导电处理。常采用金属镀膜法和组织导电法进行导电处理。样品处理好后，进行电镜观察。

（三）电镜技术的发展

负染或超薄切片的样本制备过程会影响样本的天然结构。常规超薄切片制作中的脱水过程还造成很多细胞成分的流失、抗原性的改变等。冷冻电镜技术（cryo-negative staining）是样本在冷冻状态下进行超薄切片后再进行免疫标记，有利于保存样本中生物大分子的抗原活性及自然超微结构，且负染技术能够提高电镜像的反差，大大提高免疫标记的灵敏度，因此能提供中等分辨率的病毒结构信息。此方法在医学上的应用非常普遍。

X 射线衍射（X-ray diffraction）能够给出高分辨率的图像，但仅限于蛋白质结晶。核磁共振（nuclear magnetic resonance，NMR）能够测定研究溶液中蛋白质分子的构象变化、蛋白质折叠及与其他分子的相互作用等动态结构，但目前仅限于小分子质量的蛋白质分子的结构研究。X 射线衍射和 NMR 是目前能够在原子水平上揭示蛋白质和其他生物大分子三维结构的仅有的技术。1935 年，Wendell 首次获得 TMV 的晶体。1938 年获得第一个球形病毒——番茄丛矮病毒（*Tamato bushy stunt virus*，TBSV）的晶体。1978 年，利用 X 射线衍射解析了

TMV 和 TBSV 的结构。病毒分子质量较大，也不易在体外结晶形成晶格结构，因此目前 X 射线衍射和 NMR 在病毒粒子结构研究中的应用并不多。分子电镜技术（molecular electron microscopy），也被称为三维电镜技术（three dimension electron microscopy），已成为结构生物学研究的重要工具，也被用于病毒粒子结构的研究。分子电镜对冷冻固定的标本直接观察，可获得生物分子活细胞内瞬间固定后的结构信息。此方法对标本的纯度要求不高，大小没有限制，也不需要获得晶体，可以对多种生物分子组成的复合体（如病毒、核糖体）进行结构解析。此项技术借助电荷耦合器件（CCD）和计算机软件可以建立二维或三维重建模型，其分辨率为纳米水平。分子电镜技术和 X 射线衍射所获得的信息可以互补，两种方法联合应用会有助于人们理解病毒的结构。

三、血清学检测

血清学检测方法具有特异性高、易操作和重复、灵敏、抗血清可长期储存等特点，已被广泛应用于植物病毒的检测和株系鉴定。血清学反应包括试管沉淀反应、微量沉淀反应、凝胶双扩散反应、酶联免疫吸附试验、蛋白质印迹等。其中凝胶双扩散反应早期在抗体效价测定和病毒血清学关系测定中应用较多，根据产生的沉淀线交叉类型可以鉴别病毒血清学关系的远近，而迄今最普遍应用的是酶联免疫吸附试验。

（一）凝胶双扩散反应

凝胶双扩散反应（immunodiffusion reaction）是指将抗原和抗体点到琼脂或琼脂糖（agarose）凝胶中，两者均作为扩散源在介质中从高浓度向低浓度位置自由扩散，形成梯形的浓度分布，当抗原或抗体的浓度在某个位置达到最适比例时，即在该位置形成可见的沉淀线。通常将抗血清置于中央孔内，而将待测的一系列抗原置于中央孔周围的空中；若要测试一种抗原和多种抗血清的关系，则将抗原置于中央孔内，抗血清置于周围孔。凝胶双扩散反应常用于鉴别抗原或抗体的特异性，或定性分析抗原抗体系统的数目。该法可在同一条件下同时测定几个抗原，既可测定已知抗体与待测抗原之间的相对应关系，也可测定不同病毒之间的血清学关系，区分病毒的种和毒株。凝胶双扩散反应试验流程如下：①配制琼脂凝胶（1.0%～1.5%）；②倒平板（厚度 1～3mm），打孔（直径 4～8mm）；③按照设计加样（可参照图 6-2A）；④等待反应（室温或 37℃ 5～7h）；⑤观察结果（参照图 6-2B 判断）。

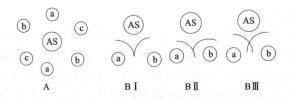

图 6-2　凝胶双扩散反应示意图

A. 凝胶双扩散反应加样示意图。a 为待测抗原；b 为已知抗原；c 为阴性对照；AS 为已知抗原 b 的特异性抗血清。

B. 反应沉积线类型示意图。BⅠ图表示两种抗原的抗原性完全相同，判定两种抗原是同一病原物；BⅡ图表示两种抗原的抗原性部分相同，判定二者有血清学关系，但不是完全相同的病原；BⅢ图表示两种抗原的抗原性完全不同，判定两种抗原是不同的病原物

凝胶双扩散反应由于是利用抗原、抗体自身在凝胶中的不断扩散与连续稀释，代替了试管反应人工阶梯式的稀释，更有利于获得产生沉淀反应的最合适的抗原-抗体比例，并使沉

淀局限于某一比较狭窄的范围内，形成清晰的沉淀线。此外，血清学关系一致或非常密切的病毒形成的沉淀线相互融合，而血清学关系稍远的病毒形成的沉淀线相交叉，不相关的抗原和抗体能穿过沉淀线。因此，当待测样品中含有两个或两个以上的反应物组分时，可以在凝胶的不同位置形成不同的沉淀线，组成沉淀线谱，可以确定病毒间复杂的血清学关系。同时，此法使用的抗血清和样品量较少。缺点是反应较慢，灵敏度较低。马铃薯卷叶病毒（*Potato leaf roll virus*，PLRV）在植物体内含量极低，采用凝胶双扩散反应检测时，必须对病毒提纯、半提纯或浓缩后，才能观察到沉淀线。但在缺少植物病毒提纯设备，难以制备出纯化的抗原及抗血清的情况下，此法应用比较困难。此外，抗原在琼脂凝胶中的运动和病毒的大小、形状相关。凝胶双扩散反应更适合用于等轴的小的植物病毒鉴定，而较长的线状和杆状病毒扩散很慢或者根本不扩散，因此无法采用该法。通过调整琼脂或琼脂糖浓度，如降低浓度至 0.5%，有些病毒就可以在凝胶中扩散。有些太大的病毒可用超声波（保留病毒原有的表位）破碎成小片段或变性剂降解病毒，就很容易在凝胶中扩散。

（二）酶联免疫吸附试验

1. 双抗体夹心法

双抗体夹心法（DAS-ELISA）的原理是首先将适当浓度的抗体包被于固相载体上，再加入待测样品使其中的抗原与抗体结合，然后加入酶标抗体与抗原 - 抗体复合物相结合，最后加入底物发生酶促反应。操作步骤如下。

（1）包被抗体　用包被缓冲液将特异性抗体稀释到适宜的工作浓度，按设计每孔加入 100μL（含阴性、阳性对照，空白对照除外），加盖后 4℃过夜，或 37℃反应 2～3h。

（2）洗去多余抗体　快速反扣酶联板，将孔中液体弃于废水容器中，然后每孔加入 PBST 洗涤缓冲液 200～300μL，静置 3min 后快速弃去孔中液体，如此重复洗板 3 次。

（3）封闭　每孔加封闭缓冲液（PBST＋2% PVP＋2% 脱脂奶粉）100μL，室温放置 30min。同上洗板 3 次。

（4）处理并加待测样品　将待测植物样品按 1∶10（*m/V*）比例加入抽提缓冲液，于灭菌且预冷的研钵中充分研磨，研磨液 4℃低速离心后备用。阴性对照和阳性对照以相同的方法进行处理。按照设计在酶联板上加样，每孔 100μL，2～3 个重复，37℃孵育 1h。同上洗板 3 次。

（5）加酶标抗体　用 IgG 稀释缓冲液（PBST＋2% PVP）将酶标特异性抗体稀释到适宜的工作浓度，每孔加入 100μL，37℃孵育 1h。同上洗板 3 次。

（6）加底物　配制底物溶液（如抗体由碱性磷酸酯酶标记，则底物为 1mg/mL pNPP 溶液），包括空白孔，每孔加入 100μL，然后室温避光显色 30～60min。

（7）观察结果　在不同的时间内如 30min、1h、2h 或更长时间，用肉眼观察显色情况，根据颜色深浅记录为"＋＋＋""＋＋""＋""±""－"；或用酶联检测仪（波长 405nm）测定吸光度（OD 值），进行定量计算。对照孔（空白对照孔、阴性对照孔及阳性对照孔）的 OD_{405} 值应该在质量控制范围内，即空白对照孔和阴性对照孔的 OD_{405} 值＜0.15，当阴性对照孔的 OD_{405} 值＜0.05 时，按 0.05 计算；阳性对照 OD_{405} 值 / 阴性对照 OD_{405} 值＞5；孔的重复性基本一致。一般 *P/N*≥2 为阳性，*P/N*＜2 为阴性。其中，*P/N*－（样品的平均 OD 值 / 空白对照的平均 OD 值）/（阴性对照的平均 OD 值－空白对照的平均 OD 值）。

扫右侧二维码见番茄丛矮病毒（TBSV）P33 和 P92 蛋白 Western blot 检测结果。

2. 三抗体夹心法

三抗体夹心法（TAS-ELISA）与 DAS-ELISA 相比，需要多使用 1 种抗体，即以单克隆抗体（或多克隆抗体）为包被抗体，多克隆抗体（或单克隆抗体）为检测抗体，AP 标记的山羊抗兔抗体为酶标抗体组成抗体体系，同时操作步骤也相应增加，使试验的灵敏性提高。其原理是：通常先将适当浓度的特异性抗体包被于固相载体上，加入待测样品使其中的抗原与抗体结合，然后加入用另一种动物制备的抗体检测抗原，再加入酶标抗体与前一种抗体结合，最后加入底物通过颜色反应进行检测。

TAS-ELISA 的步骤如下。

（1）加包被抗体　　加入质量浓度为 2μg/mL 的多克隆抗体（如利用家兔制备的特异性抗血清），4℃过夜，或 37℃反应 2h。洗板 3 次，同 DAS-ELISA。

（2）封闭　　加入封闭缓冲液，室温放置 30min。同上洗板 3 次。

（3）加待测样品　　按照设计加入适当浓度的待测样品，37℃温育 1h。同上洗板 3 次。

（4）加检测抗体　　加入适当浓度（如 2μg/mL）的单克隆抗体（如利用小鼠制备的特异性抗血清），在 37℃条件下温育 1h。同上洗板 3 次。

（5）加酶标抗体　　加入适当浓度的酶标抗体（山羊抗兔抗体或 A 蛋白），37℃温育 1h。同上洗板 3 次。

（6）加底物、观察结果　　方法同 DAS-ELISA。

刘成科等（2006）以抗百合无症病毒（*Lily symptomless virus*，LSV）的单克隆抗体为核心，建立了 LSV 的 TAS-ELISA 检测方法，并与美国 Agdia 公司的 DAS-ELISA 检测试剂盒进行比较。结果表明，TAS-ELISA 的灵敏度更高，可能是由于 TAS-ELISA 多使用了一种抗体，反应时间延长，其中捕获抗体和酶标抗体都起到了放大信号的作用。相比较而言，两种 ELISA 方法各有特点：DAS-ELISA 步骤少，所需时间短，但是灵敏度低，特异性也没有TAS-ELISA 强；TAS-ELISA 步骤繁多、耗时，由于既要用多抗又要用单抗，费用也相对较高，但灵敏度和特异性都提高了，适合于比较精确的检测。

3. A 蛋白酶联免疫吸附试验

A 蛋白酶联免疫吸附试验（PAS-ELISA）是 1985 年由 Edwards 和 Cooper 提出的用于病毒检测的改进方法，现在已经被广泛应用到各种植物病毒的检测中。经试验证明，其不仅克服了 DAS-ELISA 的缺点，而且检测灵敏度也优于 DAS-ELISA。其原理是：首先用 A 蛋白包被微板的孔，然后加入病毒的抗体，再加入待检样品粗提液，经第二层抗体与病毒结合，加入酶标记 A 蛋白，最后加入底物，室温避光放置一定时间后判断结果。

PAS-ELISA 的步骤如下。

（1）加 A 蛋白　　将 A 蛋白按 1∶1000 的比例用包被缓冲液稀释后，每孔 100μL 加入酶联板中，37℃孵育 1h 或 4℃过夜。用洗涤缓冲液洗板 3 次，方法同 DAS-ELISA。

（2）加一抗　　将特异性抗体按照工作浓度稀释后，每孔 100μL 加入酶联板中，37℃孵育 1h 或 4℃过夜。同上洗板 3 次。

（3）加待测样品　　按照设计加入适当浓度的待测样品，37℃温育 1h。同上洗板 3 次。

（4）加二抗　　将另一种动物中产生的特异性抗体按照工作浓度稀释后，每孔 100μL加入酶联板中，37℃孵育 1h 或 4℃过夜。同上洗板 3 次。

（5）加酶标 A 蛋白　　将酶标 A 蛋白按 1∶1000 的比例用抗体稀释缓冲液稀释后，每孔 100μL 加入酶联板中，37℃孵育 1h 或 4℃过夜。同上洗板 3 次。

（6）加底物、观察结果　　方法同 DAS-ELISA。

对感染葡萄扇叶病毒（*Grapevine fanleaf virus*，GFLV）的葡萄样品进行 PAS-ELISA 检测，结果证明，省去加 A 蛋白步骤直接从包被一抗开始，对最终检测结果没有太大影响，且可以简化操作，节省时间。

4. 组织免疫印迹法

组织免疫印迹法是在 ELISA 的基础上发展起来的植物病毒检测技术，基本原理与 ELISA 相同，因此又称组织印迹 ELISA（TB-ELISA），其是直接将感病组织在固相载体［硝酸纤维素膜（NC 膜）或聚偏二氟乙烯膜（PVDF 膜）］上印迹后，用酶标抗体进行标记、显色检测的一种技术。与 ELISA 一样，可采用直接法和间接法进行。直接法是感病组织在膜上印迹后，直接用酶标特异性抗体进行标记反应、显色；而间接法是感病组织在膜上印迹之后，先用相应的特异性抗体和抗原反应，再加入酶标抗体进行反应、显色。

间接法由于灵敏度、特异性都较直接法明显提高，因此近年来检测中采用的组织印迹 ELISA 主要是间接法，其基本原理与间接 ELISA 相同：首先将待测的样品印迹在固相载体上，用特异性抗体（一抗）与吸附在固相载体上的病毒进行免疫反应，然后加入碱性磷酸酯酶标记的抗体（二抗）进行免疫反应，最后加入底物 BCIP/NBT 进行显色反应，根据颜色的变化，确定病毒的感染程度。组织印迹 ELISA 不需要研磨、过滤、稀释等样品处理过程，直接将待测样品印迹在膜上进行一系列反应，3～4h 即可完成，操作流程如下。

（1）点样　　根据实验需要将硝酸纤维素膜裁适当大小，用直尺和 4B 铅笔标记点样位置，置于平整洁净的滤纸上。用干净手术刀片横切待检的叶片、茎、根或果实，将切口均匀压印在 NC 膜上，以印迹清晰为宜，室温自然干燥。一张膜上可排列多个样品，选择已确定感病和健康的植株作为阳性和阴性对照。

（2）封闭　　将点好样的 NC 膜置于盛有封闭液（含 5% 脱脂奶粉的 PBST 溶液）的培养皿中，封闭液的用量以覆盖 NC 膜为宜，在 37℃条件下温育 1h 或在 4℃条件下过夜。

（3）洗涤　　用 PBST 溶液在水平摇床上洗涤 3 次，每次 5min。

（4）加入特异性抗体　　将清洗后的膜转入用封闭液配制的特异性抗体溶液中，37℃摇床上缓慢摇动 1h。洗涤同上。

（5）加入酶标抗体　　将膜转入用封闭液配制的酶标抗体（如碱性磷酸酯酶标记的山羊抗兔抗体）溶液中，37℃摇床上缓慢摇动 1h。洗涤同上。

（6）加入底物　　将膜转入用 NBT/BCIP 底物缓冲液配制的显色液（含 330μg/mL NBT、165μg/mL BCIP）中，在暗处反应 5～10min。

（7）终止反应　　待阳性对照显示清晰的紫蓝色时，将膜转入蒸馏水中漂洗，使其终止反应。

（8）结果判断　　以"＋＋＋＋""＋＋＋""＋＋""＋"4 个强度表示阳性样品反应颜色深浅，阴性反应为"—"。

（9）干燥保存　　将膜用滤纸吸干或晾干，干燥后过塑，以便永久保存和比较观察。

TB-ELISA 不仅保持了 ELISA 对病毒检测灵敏度高、特异性强的优点，而且不需要提取和纯化病毒，大大地简化了操作程序，对病毒的检测更加快速、简单、方便，检测结果能直观地显示出病毒感染的部位且可长期保存（印迹在 NC 膜上的样品能保存 3 个月以上）。NC 膜对蛋白质的亲和力比聚苯乙烯载体高，反应过程中较少存在泄漏和解吸现象，因而灵敏度也有较大提高，反应消耗的检测材料和抗体量都极少，成本低，一次可检测的样品量大，因此 TB-ELISA 是一种适合检疫要求的快速诊断方法，适用于植物病毒的大规模普查。

表 6-2 列出了几种常用 ELISA 的特点，可以根据需要和现有条件选择使用。通常情况下，样品量大、要求不高时，可以选择 TB-ELISA 的间接法，其操作最简便、省时、成本低；而对检测精度要求高时，则可以选择 TAS-ELISA、PAS-ELISA，其灵敏度、特异性均比较高，且可以定量判断结果。

表 6-2　常用的几种 ELISA 比较

对比要点	DAS-ELISA	TAS-ELISA	PAS-ELISA	TB-ELISA（间接法）
载体	酶联板	酶联板	酶联板	NC 膜
样品	需要研磨等处理，消耗样品量稍多	需要研磨等处理，消耗样品量稍多	需要研磨等处理，消耗样品量稍多	需要新鲜材料，需特别处理，消耗样品量少
操作	步骤和耗时居中	步骤和耗时多	步骤和耗时多	最简便、耗时短
结果判断	定性、定量	定性、定量	定性、定量	定性
灵敏度	相对较低	高	高	较高
特异性	较高	最高	高	较高
成本	较高	最高	高	最低

（三）蛋白质印迹

1. 原理

蛋白质印迹（Western blot）也称免疫印迹测定（immunoblot assay）。1981 年，Burnette 将凝胶与膜贴在一起，在低压高电流的直流电场内以电驱动为转移方式，将蛋白质从凝胶转移至纤维膜，然后采用特异性抗体进行检测。蛋白质印迹的原理如上文 ELISA 中所述，以通过电吸印到固相载体——膜上的蛋白质或多肽作为抗原，与对应的抗体起免疫反应，可用于样本的定性和定量分析。此外，对于完整病毒颗粒的检测，还可以估测病毒外壳蛋白的近似相对分子质量。

蛋白质印迹具有较高的灵敏度，采用辣根过氧化物酶或碱性磷酸酯酶标记的第二抗体，可检测到 10pg 的蛋白质多肽，而用免疫金标记的二抗，则可检测到 1pg 以上的蛋白质。需要注意的是样本在 SDS-PAGE 前的热变性、巯基乙醇还原剂和 SDS 处理均会影响蛋白质的天然三维结构，进而会影响与抗体识别的抗原表位的构象，因此有些单克隆抗体并不适合进行蛋白质印迹。

2. 操作方法

（1）样本的制备　　取 1g 幼嫩感病叶片，用液氮研磨成粉末状，加入 10× 蛋白质提取缓冲液［10mmol/L Tris-HCl（pH 8.0），0.45% 铜试剂（DIACE），0.15% β- 巯基乙醇］充分混匀，4℃ 10 000r/min 离心 20min，取上清，加 6% PEG 和 0.01% NaCl 溶液，4℃处理 2h，4℃ 10 000r/min 离心 20min，倒上清，加 50μL 水溶解，备用。

（2）SDS-聚丙烯酰胺凝胶电泳（SDS-polyacrylamide gel electrophoresis，SDS-PAGE）SDS-PAGE 将总蛋白按蛋白质的分子质量大小进行分离。

1）试剂：30% 凝胶储备液（29% 丙烯酰胺，1% N,N'- 亚甲双丙烯酰胺）；10% 过硫酸铵；10% SDS；四乙基乙二胺（TEMED）；1.5mol/L Tris-HCl（pH 8.8）；0.5mol/L Tris-HCl（pH 6.8）；2×SDS 加样缓冲液［100mmol/L Tris-HCl（pH 6.8），20% 甘油，4% SDS，0.1%

6′- 溴酚蓝，10% 2-β- 巯基乙醇］；染色液（0.1% 考马斯亮蓝 R250，40% 甲醇溶液，10% 冰醋酸）；脱色液（10% 甲醇溶液，10% 冰醋酸）；Tris- 甘氨酸电泳缓冲液［25mmol/L Tris，250mmol/L 甘氨酸，0.1% SDS，pH 8.3 ］。

2）聚丙烯酰胺凝胶的配制：常使用 12% 分离胶和 4% 浓缩胶，具体配制方法如下。

12% 分离胶：30% 凝胶储备液 4.0mL，1.5mol/L Tris-HCl（pH 8.8）2.5mL，10% SDS 100μL，10% 过硫酸铵 100μL，TEMED 4μL，用蒸馏水补至 10mL。

4% 浓缩胶：30% 凝胶储备液 0.67mL，0.5mol/L Tris-HCl（pH 6.8）1.25mL，10% SDS 50μL，10% 过硫酸铵 30μL，TEMED 5μL，用蒸馏水补至 5mL。

3）实验步骤：将洗净的玻璃板按说明书要求安装；将配好混匀的 10mL 分离胶注入玻璃板的缝隙间，留出灌制浓缩胶所需空间，轻轻地在分离胶的顶层加入水饱和的正丁醇或纯水覆盖，防止空气中的氧抑制凝胶聚合；待分离胶聚合好后，倒掉覆盖物，用滤纸吸干分离胶上层的残留液体；注入 5mL 浓缩胶到分离胶上端，立即插入梳子，避免混入气泡；待浓缩胶聚合好后，将样品与 2×SDS 凝胶加样缓冲液混合，100℃处理 10min；拔出梳子，用蒸馏水冲洗上样孔，按顺序加样；每泳道加样 15μL，以 8V/cm 恒压进行电泳，待指示剂进入分离胶后将电压增加到 15V/cm，当指示剂达到胶底部时停止电泳。

（3）电转移　将目的蛋白通过电转移从凝胶转移至固相载体——聚偏氟乙烯膜（PVDF 膜）或 NC 膜。

1）试剂：转移缓冲液（205mmol/L 甘氨酸，25mol/L Tris，20% 甲醇溶液）；PBST（0.01mol/L PBS，0.05% 吐温 -20，pH 7.4）；NBT/BCIP 底物缓冲液（100mmol/L NaCl 溶液，5mmol/L MgCl₂ 溶液，100mmol/L Tris-HCl，pH 9.5）；封闭液［5%（m/V）脱脂奶粉，用 PBST 配制］；显色液（5mL NBT/BCIP 底物缓冲液中分别加入 NBT 和 BCIP，使其终浓度分别达到 0.175mg/mL 和 0.33mg/mL）。

2）电转移：将 SDS-PAGE 分离后的凝胶置于转移缓冲液中浸泡 10min，然后将凝胶、PVDF 膜（与胶大小一致，用甲醇漂洗 5s 后在蒸馏水中浸泡 5min）、滤纸及海绵（预先用转移缓冲液浸湿）依次叠放在两块塑料板之间，间隙内不能有气泡。插入转移槽中，凝胶接负极，PVDF 膜接正极，然后接通电源，300mA、25V 转移 1.5～2h。转移完成后，按安装的逆顺序逐层去掉海绵、滤纸，取下 PVDF 膜。

（4）免疫显色　用第一抗体作为"探针"特异性识别、结合目的蛋白，利用酶标抗体的酶促化学显色、观察目的蛋白。具体操作方法为：将电转移后的 PVDF 膜放入 5% 脱脂奶粉中，室温下封闭膜 2h，PBST 洗涤 3 次，每次 5min；加一抗孵育 2～4h 或 4℃过夜，PBST 洗涤 3 次，每次 5min；加碱性磷酸酯酶标记的羊抗兔 IgG（1∶2800），室温孵育 2～3h，洗涤；把 PVDF 膜移入新配制的显色液中；室温显色，细心观察，一旦蛋白带的颜色深度达到要求，立刻用蒸馏水冲洗以终止反应。

扫右侧二维码见芜菁花叶病毒（TuMV）DAS-ELISA 检测结果。

四、免疫电镜技术

将电镜的高分辨率与抗原抗体的特异性反应相结合可建立免疫电镜技术（immunoelectron microbiology，IEM），用于抗原定位和病毒样品的检测。染色前病毒能被特异性抗体修饰，这样当一种寄主植物中有多种粒子形态、大小相近的病毒存在时，可通过抗体对病毒粒子的特异修饰作用来鉴定。

免疫电镜技术包括负染免疫电镜技术和超薄切片免疫电镜技术。负染免疫电镜技术是将免疫学与病毒形态学相结合的免疫负染技术，大大提高了病毒检测的特异性和灵敏度。负染免疫电镜技术在植物病毒学中常用的方法为捕捉法和装饰法。捕捉法是通过预先吸附到电镜铜网膜上的抗体特异性地识别、结合"钓取"病毒粒子，也称为免疫吸附电镜法，此法适合于病毒浓度较低样品的检测。装饰法是电镜铜网膜上先吸附抗原后再吸附抗体，因此很容易在负染的样品中观察到病毒粒子周围产生 IgG 分子的光圈，即抗体分子可免疫修饰（decoration）病毒抗原，修饰后的病毒粒子染色后常会"加宽"。超薄切片免疫电镜技术是利用抗原 - 抗体特异性结合的原理，一般通过酶标记或胶体金标记的抗体直接或间接显示抗原的存在情况，在超微结构水平上定位、定性及半定量显示抗原的技术方法。

（一）常规免疫电镜技术

常规免疫电镜技术操作包括以下 4 个步骤。①抗原吸附：将一滴待检样品粗提液滴在铜网覆有薄膜的一面或将铜网覆有薄膜的一面扣在一滴样品粗提液上，静置约 5min，然后用蒸馏水（约 20 滴）轻轻冲洗，将吸附到铜网上的病毒粒子保留下来。②免疫修饰：将吸附过病毒的铜网扣在一滴已知待检病毒的抗体溶液上，静置约 30min，使抗体与病毒抗原相结合，然后用蒸馏水（约 20 滴）轻轻冲洗，除去未结合的抗体。③负染：常用的负染剂有 2% 磷钨酸钠或钾盐（pH 7）和 2% 乙酸双氧铀（pH 4.2），其中 2% 乙酸双氧铀应用较广，染色时间为 1～2min。染色完毕后立即用滤纸吸尽残留液。④观察：在透射电镜下观察，待检病毒粒子外可见明显的抗体修饰层。

常规免疫电镜技术对于寄主植物中含量极低的病毒检测效果不是很理想，因此，经过不断改进又发展出多种相关的技术，如免疫吸附电镜技术、胶体金免疫电镜技术、A 蛋白免疫电镜技术等。

（二）免疫吸附电镜技术

如果样品中抗原含量较低，在吸附抗原前，可先用一定浓度的抗体包被铜网，铜网上的抗体能对抗原起到诱集作用，进而提高检测效果，这种改进的技术称为免疫吸附电镜技术（immunosorbent electronic microscopy，ISEM）。该技术是目前应用较多的免疫电镜检测技术，其操作流程是：把制备好的覆有薄膜的铜网扣在经过稀释的抗血清上面，使得血清蛋白吸附在薄膜上，然后用蒸馏水冲洗除去多余的蛋白质溶液，再将此铜网扣在提纯的抗原悬浮液或病组织提取液上，使抗体分子充分诱捕抗原，冲洗后用 2% 乙酸双氧铀或磷钨酸钠负染，在电镜下可以观察到抗原边缘具有高密度电子云的图像（图 6-3）。

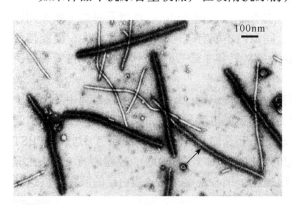

100nm

图 6-3 免疫吸附电镜观察马铃薯 Y 病毒属病毒
（引自 Milne and Lesemann，1978）
箭头指免疫修饰的病毒粒子

（三）胶体金免疫电镜技术

胶体金免疫电镜技术（colloidal gold immunoelectron microscopy，CGIM）是在免疫吸附电镜技术基础上建立起来的，可有效检测寄主植物中含量极低的病毒，其原理是病毒经兔抗血清修饰处理后，再用结合有胶体金颗粒的 A 蛋白或羊抗兔 IgG 标记，以吸附于病毒周围的金颗粒为指示物，鉴别病毒与抗血清的反应。其操作流程是：用抗血清包被铜网，然后用其捕获病毒，之后先用稀释的兔抗血清修饰处理，再用羊抗兔 IgG- 金复合物标记，经负染后，电镜下可见病毒粒子周围金颗粒的特异性吸附，而背景上非特异性吸附很少。对于病组织中含量较高的病毒，则不必经抗血清捕获处理，可直接蘸取病组织提取液后进行抗血清修饰和胶体金标记。

（四）A 蛋白免疫电镜技术

A 蛋白免疫电镜技术（protein A immunoelectron microscopy，PAIM）是利用金黄色葡萄球菌 A 蛋白与抗体 IgG 分子中 Fc 片段相结合的原理而实现对植物病原物的检测。由于一个 A 蛋白能结合两个 IgG 分子，用 A 蛋白处理铜网后包被抗血清比只用铜网包被抗血清能结合更多的抗体，从而捕获更多的病毒粒子，因此提高了检测的灵敏度。

A 蛋白免疫电镜技术具有灵敏度高、抗原和血清用量少、反应时间短、结果清晰直观等优点，是病毒鉴定的重要方法。此方法尤其适合于寄主同时被形态、大小相近，无血清学关系的病毒感染或未知病毒的测定。而且可以对两种形态相近的病毒粒子加以区分，弥补了血清学方法见不到形态、电镜法无专化性的缺点，已成功地用于多种病毒的检测。例如，陈剑平等（1993）利用胶体金免疫电镜技术，检测出了病汁液中的线状病毒［大麦黄花叶病毒（*Barley yellow mosaic virus*，BaYMV）、小麦梭条斑花叶病毒（*Wheat spindle streak mosaic virus*，WSSMV）、芜菁花叶病毒（*Turnip mosaic virus*，TuMV）和 PVY］、棒状病毒［TMV 和土传小麦花叶病毒（*Soil-borne wheat mosaic virus*，SBWMV）］及球状病毒［水稻矮缩病毒（*Rice dwarf virus*，RDV）、CMV 和大麦黄矮病毒（*Barley yellow dwarf virus*，BYDV）］。然而该技术必须依赖电镜，因此存在与电镜技术相同的弊端，如费用较昂贵、需专人操作，因此只适合于小量样品的检测，不适合于大量样品的检测等。

五、分子生物学检测

分子生物学检测法是通过检测病毒的核酸来对病毒进行检测。此类方法特异性强，灵敏度高，检测效率高，操作简便。目前，应用于植物病毒检测方面的分子生物学技术主要有双链 RNA 电泳技术、RT-PCR 技术和核酸杂交技术（详见本书第七章）等。

（一）双链 RNA 电泳技术

双链 RNA（double-stranded RNA，dsRNA）电泳技术，主要是利用了双链 RNA 可以在一定乙醇浓度下，在 1×STE 溶液中吸附到 CF-11 纤维素上的原理。大约有 90% 的植物病毒都是单链 RNA（single-stranded RNA，ssRNA），而当它们在植物体内复制时，首先便产生与其基因组 RNA 互补的模板链，合成的模板链与其基因组就配对形成了双链模板，然后再以合成的互补链为转录模板合成子代基因组 RNA。与 ssRNA 相比，这种 dsRNA 结构非常稳定，而且对酶具有一定的抗性，可以在植物组织中不断积累。正常的植物中没有双链 RNA 的产生，因此，可以通过病毒在植物体内 dsRNA 的提纯、电泳来鉴定病毒，病毒的浓度可以通过条带的明暗度进行判断。

植物中 dsRNA 的提取经常采用纤维素粉吸附法，其基本操作步骤如下：①称取 6g 叶片，在液氮中充分研磨；②将研磨好的样品加入事先准备的含有 14mL 2×STE（8mL 1mol/L Tris-HCl，1.6mL 0.5mol/L EDTA，4.64g NaCl，定容至 400mL，pH 8.0），200μL β- 巯基乙醇的 50mL 圆底离心管中，充分混匀；③ 4℃ 8000r/min 离心 5min；④取上清液，加 2mL 10% SDS，混匀，再加 10mL 平衡酚和 9mL 氯仿，充分剧烈混匀 15s，静置 1～2min；⑤ 4℃ 10 000r/min

离心 15min；⑥取上清液，加 0.5 倍体积的氯仿，充分剧烈混匀 15s，静置 2min；⑦4℃
10 000r/min 离心 15min。与此同时，装纤维素柱（CF-11，纤维素粉用含 17% 无水乙醇
的 1×STE 浸泡，液面以高过纤维素粉约 0.5cm 为宜，并充分搅拌均匀后放置过夜）；⑧取
上清液，加无水乙醇，使无水乙醇的含量约为总体积的 17%，充分混匀，过纤维素柱；
⑨用 90mL 含 17% 无水乙醇的 1×STE 洗柱，洗完后，加 5mL 1×STE，待滴完，再加 15mL
1×STE 洗脱 dsRNA；⑩收集洗脱液，加入等体积 −20℃ 预冷的异丙醇，颠倒混匀，室温放
置 5min，然后放于 −20℃ 过夜；⑪4℃ 10 000r/min 离心 25min，收集沉淀；⑫加 60～80μL TE
溶解 dsRNA 沉淀，−20℃ 保存，备用。

（二）RT-PCR 技术

对于植物 DNA 病毒（包括 dsDNA 和 ssDNA 病毒），提取的总 DNA 可以直接作为模板
进行 PCR 鉴定。对于大部分植物 RNA 病毒（包括 dsRNA 病毒、+ssRNA 病毒和 −ssRNA
病毒），需先将 RNA 反转录成 cDNA，再以 cDNA 为模板进行 PCR 扩增，此方法为 RT-PCR
（reverse transcription-PCR）。PCR 是一个信号放大的系统，其灵敏度较高，可达 DAS-ELISA
灵敏度的 1000 倍。

下文介绍先将病毒粒子吸附到 PCR 管壁后，再利用 PCR 技术检测病毒的免疫捕捉反转
录 PCR（immuno-capture RT-PCR，IC-RT-PCR）和试管捕捉反转录 PCR（tube capture RT-PCR，
TC-RT-PCR）技术。

1. 免疫捕捉反转录 PCR

用包被缓冲液稀释病毒特异识别的一抗，取 100μL 上清液加入 200μL PCR 管中，置
37℃ 2h，然后倒掉溶液，用 PBST 洗 3 次，每次 5min；加入 100μL 样品上清液（样品制备
方法同 TC-RT-PCR）加入 200μL PCR 管中，置 4℃ 过夜，然后倒掉溶液，用 PBST 洗 3 次，
每次 5min；加入 25μL 转移缓冲液（20mol/L Tris-HCl，1%Triton），65℃ 水浴 5min；加入
0.5μL 100mol/L 随机引物或 10μmol/L 互补引物，95℃ 处理 5min，立即冰浴 3min，加入 6μL
5× 反转录缓冲液，室温放置 30min，取 15μL 加入到另一个 PCR 管中，加入 10μL 反转录
缓冲液［2μL 5× 反转录缓冲液、0.5μL 10mol/L dNTP、0.5μL RNasin（40U/μL）、0.5μL M-MLV
（200U/μL）、3.5μL DEPC-H$_2$O］，37℃ 水浴 90min，−20℃ 保存备用。取 2.5～5μL 反转录产物
作为模板进行 PCR 扩增。

2. 试管捕捉反转录 PCR

取 0.1g 新鲜的昆诺藜叶片，加 1mL 提取缓冲液（PBS，2% PVP，pH 7.4）研磨，离心
后取 100μL 上清液加入 200μL PCR 管中，置 4℃ 过夜，然后倒掉溶液，用 PBST 洗 3 次，每
次 5min。再加入 5μL 5× 反转录缓冲液、0.5μL RNasin（40U/μL）、2μL 0.1mol/L 二硫苏糖醇
（DTT）、2μL 10mol/L dNTP、4μL DEPC-H$_2$O、10μL 转移缓冲液（20mol/L Tris-HCl，1%Triton），
65℃ 水浴 10min 后，加入 0.5μL 100mol/L 随机引物或 10pmoL 互补引物，95℃ 处理 5min，立
即冰浴 3min，然后室温放置 20～30min，加 100U M-MLV 反转录酶 37℃ 水浴 90min，−20℃
保存备用。取 2.5～5μL 反转录产物作为模板进行 PCR 扩增。

第三节　检疫性植物病毒研究概况

本节根据我国检疫性植物病毒分类地位和主要自然寄主选取 6 种植物病毒，从地理分
布、危害与主要症状、病原特征、生物学特性、检测方法等方面进行阐述。

一、可可肿枝病毒

学名：*Cacao swollen shoot virus*，CSSV

异名：Theobroma virus 1、Cacao mottle leaf virus

分类地位：花椰菜花叶病毒科（*Caulimoviridae*）杆状 DNA 病毒属（*Badnavirus*）

（一）地理分布

1936 年，可可肿枝病毒首次发现于加纳。目前分布于加纳、尼日利亚、科特迪瓦、塞拉利昂、多哥、特立尼达和多巴哥、委内瑞拉、哥伦比亚、哥斯达黎加、斯里兰卡、印度尼西亚（爪哇岛）和马来西亚等国家和地区。主要在非洲西部的多哥、加纳和尼日利亚等国流行，危害十分严重。

可可（*Theobroma cacao*）属梧桐科常绿小乔木，原产于南美洲亚马孙河上游的热带雨林，主要分布在赤道南北纬 10° 以内较为狭窄的地带，我国海南省可可种植业正在发展中。

（二）危害与主要症状

20 世纪 40 年代，可可肿枝病毒在加纳东部大面积发生，受害可可树当年减产就达 25%，次年减产 50%，感病品种（如'Amelonado'等）的感病植株在 3～4 年整株枯死。截至 1982 年，加纳整个可可种植区都有可可肿枝病发生，已有超过 1.86 亿株可可树因感染此病而被砍掉。2006～2010 年，因 CSSV 仅加纳就砍掉了 2800 多万棵可可树。据统计，世界可可产区因此病年平均产量损失达 15%。

可可肿枝病毒不同株系侵染可可后产生的症状虽有差异，但一般都会产生叶片褪绿（叶脉间），根坏死，幼叶产生红色条斑，果荚小且有小斑点，茎和主根肿大，严重时侧根坏死等主要症状。症状与环境的关系非常密切，强光抑制茎和主根肿大，弱光下症状更加明显。

（三）病原特征

CSSV 粒子杆状，大小为（123～130）nm × 28nm，沉降系数为 218～220S。部分提纯病毒的汁液致死温度为 50～60℃，稀释限点为 10^{-4}～10^{-2}，在 2℃左右其侵染活性可保持 2～3 个月。病毒粒子仅分布于可可树韧皮部伴胞细胞及少数木质部薄壁细胞的细胞质中。

CSSV 基因组为环状双链 DNA（double-stranded DNA，dsDNA），分子内部特定位点具有单链断口，基因组全长 7.16kb，包含 5 个可读框（open reading frame，ORF），所有 ORF 均位于正链，ORF1 编码分子质量为 16.7kDa 的蛋白，其功能尚不清楚；ORF2 编码核酸结合蛋白，分子质量为 14.4kDa；ORF3 编码分子质量为 211kDa 的多聚蛋白，从 C 端到 N 端分别是运动蛋白、RNA 结合结构域的外壳蛋白、天冬氨酸蛋白酶、反转录酶和 RNA 酶 H；ORFX（分子质量为 13kDa）和 ORFY（分子质量为 14kDa）蛋白是 ORF3 的重叠基因，其功能尚不清楚。

（四）生物学特性

1. 寄主范围

（1）自然寄主　CSSV 是从西非雨林中的吉贝（*Ceiba pentandra*，别名爪哇木棉）、猢狲树（*Adansonia digitata*，别名猴面包果树）、草婆（*Sterculia tragacantha*）、可乐果（*Cola acuminate*）等林木传播到可可树的。

（2）试验寄主　人工接种可侵染木棉科（Bombacaceae）、椴树科（Tiliaceae）、梧桐科（Sterculiaceae）和锦葵科（Malvaceae）等 40 余种植物，其中包括木棉和赤茎藤等。

2. 传播途径

CSSV 可通过嫁接、机械接种、介体和种子传播。在自然条件下，主要通过介体昆虫粉蚧传播。已知至少有 14 种粉蚧可传播 CSSV，其中最主要的是尼兰粉蚧（*Planococcoides njalensis*）、橘臀纹粉蚧（*Planococcus citri*）、咖啡根臀纹粉蚧（*Planococcus kenyae*）、拟长尾粉蚧（*Pseudococcus longispinus*）和热带费氏粉蚧（*Ferrisiana virgata*）等。介体的 1～3 龄若虫和雌成虫均能有效传毒，雄虫不能传播该病毒。粉蚧以半持久的方式传播病毒，若虫和雌成虫是传毒虫态，且传毒效率相同，但雄成虫不能传毒，不能经卵传毒。介体最短饲毒时间为 20min，最佳获毒时间为 2～4d；病毒在介体体内无循回期，获毒 15min 后即可传毒，最佳传毒时间为 2～10h。病毒在虫体内能保持 3h 左右，但饥饿的成虫和一龄若虫能分别保持 49h 和 24h。介体传毒具有特异性，热带费氏粉蚧除不能传播 Mampong 毒株之外，其他所有毒株都能传播。而 Mampong 毒株只能由拟长尾粉蚧专一性地传播。拟长尾粉蚧还能传播其他多数株系。尼兰粉蚧能传播所有株系，是最重要的传毒介体。

汁液接种时，将病株在弱光下处理 1～2d，在一定的溶液中研磨获得病叶初提液，涂于可可豆的胚部后种植，可接种成功。

2008 年，Quainoo 等研究表明，CSSV 1A 株系在可可品种'Amelonado'上的种传率达 39%～54%。

3. 株系分化

CSSV 有很多株系，曾以英文字母分别命名：JI5、A、B、C、D、E、F、G、H、I、J、K、L、M、N、O、P、W、X 和 Y 株系。现在，往往以它们的发生地命名，如 New juabe 株系广泛分布于加纳的东部，是最主要的强毒株系。

该病毒具有潜伏侵染的特性，但不同株系的潜伏期不同，致病性强的株系潜伏期为 6～24 个月，无毒性的株系潜伏时间更长。

（五）检测方法

1. 鉴别寄主鉴定

隔离试种以观察症状，嫁接或摩擦接种进行指示植物鉴定。这是目前国际上常用的 CSSV 检疫检测技术，但该技术至少需耗时 2 个月，主要鉴别寄主及其典型症状如下。

（1）可可　很敏感，易被带毒粉蚧传毒侵染，也能用较浓的病毒制剂机械摩擦接种。摩擦接种时，先将病株放在弱光下处理 24～48h，取病叶除去叶脉，用含有磷酸盐、半胱氨酸、乙二胺四乙酸盐的溶液真空浸透，第一次浸透后将溶液倒掉，叶片在新鲜溶液中再浸透一次，取出叶片在含抗氧化剂的磷酸缓冲液中研成汁液，再进行接种，约 5% 可可植株可接种成功。可可品种'Amelonado'最为敏感，幼苗在 20～30d 发生明显的沿脉变红、叶片褪绿症状；2～12 周后，枝条会表现肿大。

（2）黄麻（*Corchorus* spp.）　对多数毒株敏感，接种感染后很快死亡。

2. 显色法

将可可病茎横切成 2mm 厚的小块，放入盛有无水甲醇（每 100mL 加入 2～5 滴浓盐酸）的带盖培养皿中，数分钟内病茎呈深红色。

3. 血清学及 PCR 检测

由于可可组织抽提物中含有较多的干扰物质，采用常规的 ELISA、斑点印迹杂交（dot blot）和 PCR 不能从无症带毒可可植株中检出 CSSV。采用多克隆抗体进行 IEM 和 ELISA

研究揭示，CSSV 不同分离物 1A、Nsaba 及 Kpeve 在血清学上存在差异。对于这些分离物，仅 1A 多克隆抗体能从病树组织中检出相应的病毒。Hoffmann 等（1999）提纯上述三个分离物的病毒，免疫小鼠制备单克隆抗体，结果仅制备出 1A 特异的单克隆抗体，而未能制备出 Nsaba 及 Kpeve 特异的单克隆抗体。Muller 等（2001）改进核酸抽提方法，采用简并引物与特异性引物相结合的 PCR 方法，能可靠地检测 CSSV。PCR 毛细管电泳（PCR capillary electrophoresis）和定量 PCR 也已应用于 CSSV 的检测。

二、棉花曲叶病毒

学名：*Cotton leaf curl virus*，CLCuV

分类地位：双生病毒科（*Geminiviridae*）菜豆金色花叶病毒属（*Begomovirus*）

（一）地理分布

1912 年，尼日利亚首次报道 CLCuV，之后苏丹（1924 年）、坦桑尼亚（1926 年）、菲律宾（1959 年）、巴基斯坦木尔坦地区（1967 年）相继报道。但是当时该病毒由于发生范围小、危害较轻，一直未能引起人们的重视，直到 1988 年在巴基斯坦的木尔坦地区棉花上暴发流行后才开始引起人们的注意。目前 CLCuV 分布在尼日利亚、苏丹、坦桑尼亚、菲律宾、巴基斯坦、印度、埃及、老挝、越南、马拉维、南非和中国等国家。CLCuV 曾在巴基斯坦、印度棉花产区广泛流行，造成的危害十分严重。

（二）危害与主要症状

棉花是世界性的经济作物，CLCuV 严重为害棉花，给棉花生产带来了巨大的经济损失。该病毒多次在巴基斯坦、印度、苏丹、埃及和南非等国棉花产区暴发流行，造成了巨大的经济损失。CLCuV 在巴基斯坦 1987 年暴发后的 10 多年间，遍布巴基斯坦所有棉区，在巴基斯坦和印度西部流行成灾，给棉花生产带来了严重损失。据统计，仅 1992~1997 年，该病毒在巴基斯坦造成的经济损失就超过 50 亿美元。1999 年，CLCuV 在巴基斯坦大暴发时，危害面积超过 200 万 hm^2，占总种植面积的 68.26%。2001~2002 年，新的棉花曲叶病病原——布里瓦拉棉花曲叶病毒（*Cotton leaf curl burewala virus*，CLCuBuV）的出现，使得该病在巴基斯坦第二次大流行，很多地区棉花损失达 100%。

1）染病棉株早期叶片边缘向上或向下卷缩，叶脉膨大、增厚、暗化（图 6-4），后期叶脉表面突起，并发展成为杯状的侧叶。不同品种的棉花植株受害严重程度不一，染病植

图 6-4 棉花曲叶病植株（引自 Farooq et al.，2011）

A. 病株棉花叶片严重向上卷曲、增厚；B. 严重抑制棉花发育

株一般只有健康植株高度的 40%～60%，同时铃数、平均铃重、籽棉产量和棉纤维品质严重下降。

2）染病扶桑长势迅速衰弱，叶片开始卷曲、少见开花，最终严重衰弱，甚至枯死，严重影响了扶桑的种植和观赏价值。

3）染病黄秋葵的典型症状为叶脉黄化，在叶片正面形成网络状，在叶背面叶脉肿大突起明显，病株幼叶小且向下卷曲，甚至整片幼叶黄化。植株早期被感染表现矮化。在发生黄脉曲叶病的黄秋葵田间，其病株率高达 60% 以上。因病株表现叶脉黄化、叶脉肿大、花叶和曲叶等症状，所以称之为黄秋葵黄脉曲叶病。

4）江苏南京的染病朱槿表现明显的叶片上卷、叶脉肿大、叶背伴有耳突、植株矮缩等症状。

（三）病原特征

CLCuV 粒子是典型的双联体颗粒形态，大小为（18～20）nm×30nm，该病毒在烟粉虱（*Bemisia tabaci*）体中存活 8h～9d，获毒时间为 5min～1h，传毒率为 18%。

CLCuV 基因组结构为单链环状 DNA（ssDNA），含有 DNA-A 组分同时伴随一个卫星分子。DNA-A 组分大小为 2.7～2.8kb，含有 6 个 ORF 和 1 个反向重复（IR）区，其中正义链 V1 编码外壳蛋白（capsid protein，CP）、V2 编码移动蛋白（movement protein，MP），反义链编码复制相关蛋白（replication initiator protein，Rep）C1、转录激活蛋白（transcriptional activator protein，TrAP）C2、复制增强蛋白（replication initiator protein，Ren）C3 和 C4，分别参与病毒的侵染、复制、移动、传播、致病等过程。IR 区含有一个茎环结构，其中的保守域 TAATATTAC 是病毒复制起始点。DNA β 卫星是引起棉花曲叶病毒病的致病相关分子，大小约 1.3kb，含有 1 个 ORF，编码 β C1 蛋白。DNA β 卫星的复制及传播扩散依赖 DNA-A 组分来完成。

（四）生物学特性

1. 寄主范围

CLCuV 可侵染的寄主有棉花（*Gossypium* spp.）、烟草（*Nicotiana tabacum*）、秋葵（*Hibiscus esculentus*）、番茄（*Solanum lycopersicum*）、扶桑（*Hibiscus rosa-sinensis*）、苘麻（*Abutilon theophrasti*）、菜豆（*Phaseolus vulagris*）、芝麻（*Sesamum indicum*）、西瓜（*Citrullus lanatus*）、百日草（*Zinnia elegans*）、矮牵牛（*Perunia hybrida*）、曼陀罗（*Dature stramonium*）等。

2. 传播途径

CLCuV 除由烟粉虱以持久方式传播外，也可以嫁接传播，不能通过其他方式传播。烟粉虱属同翅目粉虱科，又名棉粉虱、甘薯粉虱，是一种世界性害虫，其成虫和若虫直接吸取植物汁液导致植物衰弱，分泌蜜露引起真菌感染使植物光合作用受阻，并可传播植物病毒。烟粉虱可传播 300 多种植物病毒，主要传播双生病毒科菜豆金色花叶病毒属病毒，也是迄今报道的该属病毒的唯一传播介体。

CLCuV 发病与温度有密切相关性，当最高温度在 25～45℃时有利于该病毒的发生。田间发病也与株龄有关，第 4～14 周的棉花，尤其第 6 周的幼苗更易染病。

（五）检测方法

1. 鉴别寄主鉴定

CLCuV 不同分离物的寄主范围和产生症状虽有差异，但在感病寄主上主要产生卷叶和叶脉肿大症状。根据症状鉴定时，注意区别同为双生病毒科菜豆金色花叶病毒属成员的棉花皱叶病毒（*Cotton leaf crumple virus*，CLCrV，我国尚无报道），该病毒可侵染棉花等锦葵科和豆科的多种植物，寄主范围非常广泛，但在棉花上主要产生皱叶症状。CLCuV 在常用的鉴别寄主上产生的症状如下。

（1）锦葵科　蜀葵（*Althaea rosea*）、海岛棉（*G. barbadense*）、陆地棉（*G. hirsutum*）出现叶片卷曲、叶脉膨大、表面突起等症状。

（2）茄科

番茄（*S. lycopersicum* cv. Pusa Ruby）：叶片卷曲。

本氏烟（*Nicotiana benthamiana*）：明脉、叶片卷曲、叶脉膨大。

心叶烟（*N. glutinosa*）：叶片卷曲、叶脉膨大而突起。

普通烟（*N. tabacum*）：叶片卷曲、皱缩、叶脉膨大。

黄花烟（*N. rustica*）：底部叶片杯状，叶脉膨大。

2. 电镜观察

感病棉花叶片，用 0.1mol/L 柠檬酸缓冲液（pH 6.0）研磨，粗提液便可观察。

3. PCR 检测

已建立荧光定量 PCR、环介导等温扩增技术（loop-mediated isothermal amplification，LAMP）、纳米磁珠（magnetic nanoparticle，MNP）结合实时荧光 PCR（real-time PCR）的检测方法。

三、马铃薯黄矮病毒

学名：*Potato yellow dwarf virus*，PYDV

异名：Solanum virus 16、Marmov virus 16、Sanguinolenta yellow dwarf virus（SYDV）、Constricta yellow dwarf virus（CYDV）

分类地位：弹状病毒科（*Rhabdoviridae*）细胞核弹状病毒属（*Nucleorhabdovirus*）

（一）地理分布

1922 年，美国学者 Barrus 和 Chupp 在美国纽约州的马铃薯（*Solanum tuberosum*）上首次报道了 PYDV。目前该病毒分布在美国（加利福尼亚、明尼苏达、得克萨斯、威斯康星、佛罗里达、印第安纳、缅因、马萨诸塞、密歇根、蒙大拿、内布拉斯加、新罕布什尔、新泽西、纽约、俄亥俄、宾夕法尼亚、南达科他、佛蒙特、弗吉尼亚、怀俄明）和加拿大（阿尔伯特、不列颠哥伦比亚、新布伦斯维克、安大略、魁北克）。亚洲的沙特阿拉伯也有少量分布。

（二）危害与主要症状

20 世纪 30～40 年代，PYDV 发生于美国东北部，危害非常严重，之后近 40 年无 PYDV 在马铃薯上发生的报道，但是 1981 年在美国加利福尼亚的长春花上发现了 PYDV。1983 年，与美国毗邻的加拿大南部安大略也发生了 PYDV。病区一般流行年份减产 15%～25%，严重时可达 75%～90%。

PYDV 在马铃薯上的典型症状为矮化和黄化，马铃薯病株表现矮缩、明显的黄化和坏死症状。感染早期的病株生长点坏死，顶部枯萎，上部的茎开裂，开裂处可看到茎节的髓部及皮层有锈色斑点，这种坏死斑在上部的节间处尤为明显。病株节间缩短，产生丛枝现象；小叶通常卷曲，有时也出现皱缩症状。病株结薯少而小，块茎与茎部的距离很近，有的块茎畸形、表皮开裂，病薯在髓部周围和皮层有锈色斑点，维管束很少变色。收获后不久的块茎，其中部和芽端坏死病痕特别明显。在土温较高的条件下，带病毒种薯不能出苗或出苗不久即表现症状直至死亡。高温有利于症状的表现，低温可推迟症状出现。严冬可以冻死三叶草上越冬的叶蝉，干旱迫使介体迁移到马铃薯田。在冷凉地区带毒种薯长出的植株很少显病，对产量影响相对较小。

1986～1988年，在美国发现该病毒自然侵染多种观赏性草本植物，包括花烟草（*N. alata*）、万寿菊（*Tagetes erecta*）、百日草（*Zinnia elegans*）和紫茉莉（*Mirabilis jalapa*），引起植株的严重矮化、叶片褪绿、叶脉黄化和系统性叶脉及叶片坏死。PYDV 与三叶草黄脉病毒（*Clover yellow vein virus*，ClYVV）混合侵染白三叶草（*Trifolium repens*）。多年生的白三叶草是PYDV 介体叶蝉的最易感和良好的越冬寄主。

（三）病原特征

PYDV 粒子为杆菌状或弹状，大小为380nm×75nm，外膜由厚约35nm 和间隔5nm 的三个层次组成。该病毒具有多形性，在进行电镜观察时可因样品处理方法不同而呈现出不同的形态，形态的多样性是因病毒粒子在磷钨酸负染或脱水过程中被破坏，若在抽提病毒之前对病组织进行锇酸或戊二醛固定，则病毒粒子形态保持稳定。病毒粒子含20% 以上的类脂和5 种结构蛋白。提纯的病毒液含单个沉降组分，沉降系数为810～950S，分子质量为 $1.1×10^6$kDa。在黄花烟病叶汁液中病毒的致死温度为50℃，存活10min。稀释限点为 $10^{-4}～10^{-3}$，体外存活期2.5～12h（23～27℃）。用蛋白酶、苯酚或去污剂处理的 PYDV 丧失侵染活性。

PYDV 在细胞核内复制，然后通过出芽穿过内核膜（inner nuclear membrane）进入细胞核内外膜间隙。基因组为负义线形单链 RNA（negative single-stranded RNA，−ssRNA），长12 875nt，基因组 3′ 端有一个149nt 的前导序列（leader RNA），后面跟着 N-X-P-Y-M-G-L 7 个 ORF，5′ 端（trailer RNA）为97nt 非编码区。该病毒 ORF1 编码的 N 蛋白为核衣壳蛋白，分子质量为52kDa；ORF2 编码 X 蛋白，长86aa，其中9 个是脯氨酸，pI 为4.5 [天冬氨酸和谷氨酸含量很高（23aa/86aa）]，分子质量为9.7kDa，功能尚不清楚；ORF3 推测编码 P 蛋白，是磷酸化蛋白，分子质量为31kDa；ORF4 编码的 Y 蛋白与已知的任何蛋白无同源性；ORF5 推测编码 M 蛋白，是基质蛋白，分子质量为29kDa，促进病毒在细胞核内的积累；ORF6 推测编码 G 蛋白，是糖蛋白，长607aa，N 端有18 个氨基酸残基组成的信号肽，576～591 位有 Type 1a single-pass transmembrane 结构域。第6、108、156、169 和464 位天冬酰胺残基被预测为 N- 糖基化，第27、30、38、39、45 和48 位苏氨酸和第42 位的丝氨酸被预测为 O- 糖基化；ORF7 L 基因编码 RNA 依赖的 RNA 聚合酶，分子质量为220kDa。这7 个蛋白中尚未发现细胞核弹状病毒属特征的核定位基序（nuclear localization signal，NLS）。

（四）生物学特性

1. 寄主范围

PYDV 已知的寄主植物均为双子叶植物。

（1）自然寄主　自然寄主主要为马铃薯。PYDV 还侵染菊科的臭春黄菊（*Anthemis cotula*），十字花科的 *Brassica nigra*、*Erysimum cheiranthoides*、*Lepidium campestre*、北美独行菜（*Lepidium virginicum*）和玄参科的毛蕊花（*Verbascum thapsus*）等野生植物；侵染牛眼雏菊（*Chrysanthemum leucanthemum* var. *pinnatifidum*）、花烟草、紫茉莉（*Mirabilis jalapa*）、万寿菊（*Tagetes erecta*）、百日菊（*Zinnia elegans*）、长春花（*Catharanthus roseus*）、绛三叶草（*Trifolium incarnatum*）、白三叶草、山芥（*Barbarea vulgaris*）、*Tagetes erecta*、*Zinnia elegans* 等观赏性草本植物。

（2）试验寄主　人工接种可侵染茄科（Solanaceae）、菊科（Asteraceae）、十字花科（Brassicaceae）、唇形科（Labiatae）、豆科（Leguminosae）、蓼科（Polygonaceae）和玄参科（Scrophulariaceae）等植物。

（3）繁殖寄主　　黄花烟是 PYDV 的良好繁殖和鉴别寄主。

2. 传播途径

在田间主要通过昆虫介体传播，昆虫介体主要是叶蝉（如 *Accratagallia* spp. 和 *Agalliota constricta*）。病毒在虫体内增殖，可持久传毒。

染病的种薯、块茎、组培苗的转运等人为途径可使病毒远距离传播。

（五）检测方法

1. 隔离试种

系统观察症状发展，并结合其他病毒检验方法诊断。马铃薯（*Solanum tuberosum*）病株顶部叶片出现黄化和坏死，上部茎内更易出现坏死斑，薯块畸形、开裂、变小，内部产生坏死斑。染病植株存活率低、矮化或不出苗。

2. 利用鉴别寄主检验

取供检薯块长出的叶片，在缓冲液中研磨成汁液，接种以下鉴别寄主，观察症状反应作出判断（图 6-5）。

图 6-5　感染 PYDV 2~5 周的烟草叶片症状（引自 Ghosh et al., 2008）

（1）黄花烟　　为该病毒的良好鉴别寄主，但是 PYDV 不能长时间地干燥和冷冻保存在黄花烟叶上。接种前暗处理植株 18~24h，接种效率可提高 2~4 倍。接种后保持在 26~27℃ 或稍高温度下有利于发病。接种一周后，SYDV 株系在接种叶上产生不规则、黄色病斑。以后在幼叶上产生系统性斑驳和黄化，有时茎上有淡绿色或黄色病斑。CYDV 株系在接种叶上产生不同形状的局部病斑，系统症状发展缓慢。

（2）绛三叶草　　可经介体接种或用针刺法将病毒接种。SYDV 株系产生系统明脉，最终引起植株死亡。CYDV 株系首先在老叶上出现系统症状，表现为褐色锈斑和线纹，SYDV 株系从不产生此症状，通常不致植株死亡。

（3）普通烟、心叶烟和克利夫兰烟　　产生局部病斑，以后出现系统性花叶和脉黄症状。

3. 电镜观察

用电镜观察法检查病毒粒子形态。

4. 血清学检测

酶联免疫吸附试验（ELISA）已成功用于 PYDV 检测和株系的区分。

四、番茄黑环病毒

学名：*Tomato black ring virus*，TBRV

分类地位：伴生豇豆病毒科（*Secoviridae*）线虫传多面体病毒属（*Nepovirus*）

（一）地理分布

1946年，英国的 Smith 首次在番茄上描述了 TBRV。该病毒分布非常广泛，在欧洲的丹麦、芬兰、法国、克罗地亚、捷克、德国、希腊、摩尔多瓦、荷兰、挪威、匈牙利、爱尔兰、意大利、波兰、葡萄牙、罗马尼亚、俄罗斯、西班牙、瑞典、英国等国家；亚洲的印度、日本、土耳其和中国；非洲的肯尼亚、摩洛哥；美洲的巴西、加拿大、美国均有分布。

1984年，我国福建农学院（现福建农林大学）谢联辉等在福建的烟草发现了 TBRV，此后在河南的烟草，江苏和南京的越橘、月季、李、唐菖蒲和天津的番茄陆续发现了此病毒。我国广泛种植 TBRV 的寄主，TBRV 又可随植物的繁殖材料调运进行远距离传播。鉴于 TBRV 传入的高风险性，2007年我国颁布的《中华人民共和国进境植物检疫性有害生物名录》将其列为检疫性病毒。

（二）危害与主要症状

TBRV 寄主范围广、传播途径多、适应性强。能够侵染果树、蔬菜、花卉、观赏植物、杂草等不同植物。TBRV 导致植株系统褪绿、斑驳、矮化、叶片畸形、黄脉、坏死斑点等不同症状。感染 TBRV 的番茄产生黑环；菜豆、甜菜、莴苣、悬钩子产生环斑；芹菜产生黄脉；马铃薯出现"花束和假珊瑚状"；洋葱叶片产生黄色斑点、条纹和变形；桃树新枝出现矮缩等症状。在田间 TBRV 与 PVY、CMV 复合侵染烟草，与 PVY 复合侵染烟草后表现的症状为顶叶出现花叶、皱缩、畸形，中上部叶片产生不规则的褪绿黄斑，中下部叶片上散布白色小型枯斑，病株较健株稍有矮化。

（三）病原特征

病毒粒体为等轴多面体，直径为 26nm×30nm，病毒粒子包括 60 个这样的亚单位。TBRV 日本水仙分离物在 60℃存活 10min，致死温度为 60℃，室温存活 14d。烟草上繁殖的病毒 60～65℃存活 10min，室温存活 14～21d，稀释限点为 10^{-4}～10^{-3}。

TBRV 基因组为二分体，由正义单链 RNA 1 和 RNA 2 组成，根据 RNA 2 的大小将其归类到线虫传多面体病毒属的亚组 b。TBRV 的 RNA 1 和 RNA 2 分别包裹于球状病毒粒子中。密度梯度离心法可将病毒粒子分成 3 个组分，即顶层（T）空的病毒粒子、中层（M）含有 RNA 2（约 4.6kb）的粒子、底层（B）含有 RNA 1（约 7.5kb）的粒子。RNA 1 可独立于 RNA 2 复制，但两个基因组 RNA 均是植物系统侵染所必需的。每个基因组 3′ 端有 poly（A），5′ 端共价连接 VPg，是病毒侵染所必需的，但对体外翻译无用。RNA 1 编码 254kDa、RNA 2 编码 149kDa 多聚蛋白，均加工产生功能性的基因产物。RNA 1 负责编码病毒复制酶和多聚蛋白的加工，RNA 2 编码病毒外套蛋白和移动蛋白。有些 TBRV 分离物含有 1375nt 卫星 RNA，其序列与辅助病毒序列无相关性。由 RNA 1 产生 D-RNA 和 DI-RNA（defective interfering RNA）两种攻击性小 D-RNA（defective RNA），研究发现攻击性小 D-RNA 的存在影响病毒在宿主细胞体内的侵染过程，并影响症状表现，含有攻击性小 D-RNA 的 TBRV 侵染宿主后表现温和症状。

（四）生物学特性

1. 寄主范围

（1）自然寄主　　TBRV 的主要自然寄主包括葡萄、桃、李、越橘、草莓、甜菜、马铃薯、番茄、黄瓜、洋葱、莴苣、菜豆、水仙、非洲菊、月季、郁金香、刺槐、西洋接骨木和唐菖蒲等重要的农作物和观赏植物。

（2）试验寄主　　刺槐上分离的 TBRV 感染 29 科 76 种双子叶植物。1973 年，日本学者 Iwaki 等在水仙（*Narcissus* spp.）中分离的 TBRV，易通过摩擦接种侵染 14 科 37 种植物，包括藜科（Chenopodiaceae）、苋科（Amaranthaceae）、番杏科（Aizoaceae）、石竹科（Caryophyllaceae）、十字花科（Brassicaceae）、豆科（Leguminosae）、锦葵科（Malvaceae）、伞形科（Umbelliferae）、茄科（Solanaceae）、玄参科（Scrophulariaceae）、葫芦科（Cucurbitaceae）、菊科（Asteraceae）、百合科（Liliaceae）和石蒜科（Amaryllidaceae）等，其中苋色藜、NewZealand 菠菜和豆类比较适合作为鉴别寄主。据报道 TBRV 也侵染北美云杉（*Picea sitchensis*）的根。该病毒侵染几乎所有常用的草本试验植物。

（3）保存寄主　　黄花烟适合保存 TBRV。

（4）繁殖寄主　　克利夫兰烟和矮牵牛是 TBRV 的良好繁殖寄主。

2. 传播途径

TBRV 由土壤腐生线虫（*Longidorus* spp.）近距离传播，其中苏格兰血清型的 TBRV 分离物由 *L. elongatus* 传播时效率较高；而 *L. attenuatus* 主要传播德国血清型的 TBRV 分离物。*Longidorus* 幼虫和成虫均可传播病毒，但病毒无法在介体中增殖，介体蜕皮后不再带毒，也不能随卵传给后代。*L. elongatus* 在休耕土壤中能保持侵染性达 9 周。

据报道 TBRV 在超过 15 属的 24 种以上的植物中进行种传，使得该病毒通过带毒种子、种球和苗木进行远距离传播。TBRV 还可以通过嫁接、花粉和机械传播。

3. 株系分化

TBRV 有两个主要血清型：苏格兰（S）血清型，包括莴苣环斑株系和马铃薯花束株系；德国（G）血清型，包括甜菜环斑株系和马铃薯伪奥古巴株系。

（五）检测方法

1. 鉴别寄主鉴定

（1）昆诺藜（*Chenopodium quinoa*）、苋色藜（*Ch. amaranticolor*）　　接种叶片出现褪绿、枯斑，系统叶病斑逐渐变枯，边缘不明显，最后整株枯死。

（2）三生烟（*N. tabacum* var. *xanthi*）　　接种叶出现圆形的透明斑，病斑逐渐变褐。叶片产生系统性的白色圈，后期连成一片，叶畸形。有时叶片不显示症状。

（3）西方烟（*Nicociana occidentalis*）　　叶片产生白色枯斑，叶畸形或整株逐渐枯死。

（4）白肋烟（*N. tabacum* cv. White Burley）　　叶片初期出现圆形透明斑，病斑逐渐变褐，病斑连成一片，后期植株枯死。

（5）克利夫兰烟（*N. clevelandii*）　　叶片形成褪绿斑，病斑逐渐连成片，最后整株枯死。

（6）矮牵牛（*Petunia hybrida*）　　局部褪绿，有时边缘褐色坏死。叶脉黄化或坏死。在田间有些植株无任何症状。

（7）番茄（*Solanum lylopersicum*）　　产生坏死斑或褪绿症状。

（8）菜豆（*Phaseolus vulgaris*）　　冬季出现直径为 2mm 左右的深褐色枯斑。夏季产生系统褪绿斑，系统褪绿，坏死或畸形。

（9）昆诺藜、黄瓜（*Cucumis sativus*）和萝卜（*Brassica rapa*）　　适合作为线虫诱饵植物。

通常 TBRV 不同分离物在鉴别寄主上的症状有差异，因此生物学鉴定只能作为参考。

2. 电镜观察

2% 乙酸双氧铀或 3% 磷钨酸负染后观察。

3. 血清学与 PCR 检测

TBRV 寄主范围广，有些寄主上没有明显的症状，因此鉴定优先采用血清学和 PCR 技术。目前双抗体夹心法（DAS-ELISA）、反转录-PCR（RT-PCR）、免疫捕捉反转录 PCR（IC-RT-PCR）、一步法 RT-PCR、多重 RT-PCR、RT-LAMP 等方法均可准确、快速地鉴定 TBRV。

五、菜豆荚斑驳病毒

学名：*Bean pod mottle virus*，BPMV

异名：pod mottle virus、bean pod mottle comovirus、desmodium virus

分类地位：伴生豇豆病毒科（*Secoviridae*）豇豆花叶病毒属（*Comovirus*）

（一）地理分布

1948 年，美国学者 Zaumeyer 和 Thomas 首次在菜豆上发现 BPMV。该病毒主要分布于美国东部和南部（亚拉巴马、阿肯色、肯塔基、路易斯安那、密西西比、北卡罗来纳、俄亥俄、南卡罗来纳、田纳西、弗吉尼亚）的大豆产区，已向美国中西部和北部（伊利诺伊、艾奥瓦、内布拉斯加、南达科他、堪萨斯、印第安纳、威斯康星北部）蔓延，在美国大豆上危害非常严重。巴西、秘鲁、厄瓜多尔、加拿大、伊朗、日本、尼日利亚等国家也有分布。到目前为止，我国未见报道，然而从美国、巴西、阿根廷等国进口大豆中常截获该病毒，鉴于该病毒侵入的高风险，2007 年我国颁布的《中华人民共和国进境植物检疫性有害生物名录》将其列为检疫性病毒。

（二）危害与主要症状

BPMV 主要侵染大豆、菜豆和豇豆等豆科植物，对大豆的危害尤其严重。BPMV 因寄主和株系不同，在大豆上引起的症状虽有差异，但种子和幼叶上的症状一般比较明显。BPMV 在大豆种皮中的含量高，受侵染大豆种皮可能会出现斑驳、条斑症状（图 6-6）。这种斑驳起源于种脐，看似是从种脐部分流出来的，称作"种脐渗色"（bleeding-hilum）。大豆种皮的斑驳，严重影响大豆的品质和产量。BPMV 侵染的大豆，幼叶上产生黄绿色斑驳，重型株系引起叶片重花叶、皱缩和"绿岛"等症状，高温和结荚期症状不明显。某些大豆品种会出现顶端坏死的症状。大豆病株成熟延缓，形成"绿茎"和"绿叶"症状。菜豆和某些大豆品种的豆荚出现斑驳症状，结荚数变少、豆粒变小、重量和数量也都降低，而且会影响种子的发芽和幼苗活力。

图 6-6　感染 BPMV 表现斑驳症状的大豆种子

（左图引自沈建国等，2016；右图引自 http://cropwatch.unl.edu/plantdisease/soybean/bean-pod-mottle）

受 BPMV 侵染的大豆，产量损失达 3%～52.4%。SMV 也会导致大豆种子斑驳，且与 BPMV 在大豆种子种皮上引起的症状相似，均呈斑驳状，极易混淆，从症状不易区分。SMV 为马铃薯 Y 病毒科（*Potyviridae*）马铃薯 Y 病毒属（*Potyvirus*）成员，分布范围广、危害大，造成的产量损失为 10%～30%。BPMV 与 SMV 有协同作用，二者复合侵染种子斑驳率上升，损失达 66%～85%，而且易受拟茎点霉属（*Phomopsis*）真菌危害，产量和品质进一步下降。

（三）病原特征

BPMV 病毒粒子为球状、等轴对称正二十面体，直径 28～30nm，无包膜。介体获毒时间为 2h，12h 后传毒，在虫体中可存活 2～7d。病毒钝化温度为 70～75℃，稀释限点为 10^{-5}～10^{-4}，18℃可保存 62～93d。

BPMV 基因组为二分体，由正义单链 RNA 1 和 RNA 2 组成。二者分别包裹在球状病毒粒子中。密度梯度离心法可将病毒粒子分成 3 个组分：顶层（T）空的病毒粒子、中层（M）含有 RNA 2（约 3.6kb）的粒子和底层（B）含有 RNA 1（约 6.0kb）的粒子。RNA 1（约 6.0kb）编码 5 个蛋白质，从 N 端到 C 端依次为：蛋白酶辅因子，分子质量为 32kDa；假定的解旋酶，分子质量为 58kDa；VPg；蛋白酶，分子质量为 24kDa；假定的 RdRp，分子质量为 87kDa。RNA 2（约 3.6kb）编码细胞间运动蛋白和外壳蛋白。外壳蛋白均由 60 个拷贝的大、小两种亚基组成，大亚基有 374 个氨基酸，分子质量为 41kDa；小亚基有 198 个氨基酸，分子质量为 22kDa。小亚基有完整的和 C 端缺失的两种不同的蛋白质。随着病毒的成熟，完整的小亚基蛋白可转变成 C 端缺失的蛋白，其机理尚不清楚。

（四）生物学特性

1. 寄主范围

（1）自然寄主 BPMV 的主要自然寄主为大豆（*Glycine max*）、菜豆（*Phaseolus* spp.）。山蚂蝗（*Desmodium paniculatum*）是其多年生寄主。

（2）试验寄主 主要利用大豆、菜豆鉴定。也有 BPMV 侵染胡枝子属（*Lespedeza* spp.）、*Stizolobium deeringianum* 和绛车轴草（*Trifolium incarnatum*）的报道。

（3）繁殖寄主 菜豆和大豆是良好的病毒繁殖寄主。

2. 传播途径

田间主要由各种昆虫传播，大豆叶甲（*Cerotoma trifurcate*）是 BPMV 最主要的传毒介体，而玉米根叶甲（*Diabrotica virgifera*）、带斑黄瓜叶甲（*D. balteata*）、点斑黄瓜叶甲（*D. undecimpunctata howardii*）、葡萄叶甲（*Colaspis flavida*）、甲虫（*C. lata*）、曲条豆芫菁（*Epicauta vittata*）、墨西哥叶甲（*Epilachna varivestis*）和大豆潜叶虫（*Odontota horni*）等也是该病毒的传播介体。豆科野生杂草和病株是 BPMV 很好的转主寄主。

该病毒还可以机械传播、嫁接传播，以及通过种子远距离传播。从感染 BPMV 植株上收获的种子，其种传率为 0.1%，种传率相对较低。与 SMV 一起感染，种传率可以达到 39%。

3. 株系分化

BPMV 分为 3 个亚组，包括亚组Ⅰ、亚组Ⅱ及亚组Ⅰ和亚组Ⅱ的重组体。

（五）检测方法

感染 BPMV 的种子种皮带毒，种胚不带毒，带毒种子出苗后很难观察到症状，也不易检测到病毒。因此大豆种子的种皮是良好的检测样本。对于田间样本的检测，首选幼嫩组织作为检测材料。

1. 鉴别寄主鉴定

（1）大豆（*Glycine max*） 出现系统性斑驳，叶片皱缩，豆荚和种皮斑驳等症状。

（2）菜豆（*Phaseolus vulgaris*）'Tendergreen' 品种 整株严重黄化、斑驳。病叶畸形，但不起泡或起皱。豆荚斑驳明显，颜色变绿，发育畸形。胚珠发育异常。

（3）菜豆（*P. vulgaris* cv. Pinto）　　接种 3～4d 后，接种叶出现局部红色病斑，叶脉坏死，无系统症状。

（4）菜豆（*P. vulgaris* cv. Bountiful）　　接种 3～4d 后，接种叶褪绿斑驳，无系统症状。

BPMV 是很稳定的病毒，容易通过机械接种传播，但大豆种皮的检测不宜采用生物学检测。

2. 血清学与 PCR 检测

基于血清学和 PCR 技术，已建立适合大量样本的高效、快速、灵敏的多种不同的检测体系，包括 DAS-ELISA、IC/TC-RT -PCR、多重 RT-PCR 体系、半巢式 - RT-PCR、RT-LAMP、胶体金免疫层析 -RT -PCR（GICA -RT -PCR）、荧光定量 RT-PCR（real-time RT-PCR）等。

六、李痘病毒

学名：*Plum pox virus*，PPV

异名：Plum sharka pox、Prunus virus 7、Sarka virus

分类地位：马铃薯 Y 病毒科（*Potyviridae*）马铃薯 Y 病毒属（*Potyvirus*）

（一）地理分布

PPV 是为害核果类李属果树、最具破坏性的世界性病毒，主要分布在欧洲。1915～1917年，在保加利亚观察到 PPV 导致的症状，1932 年首次报道。在杏（1934 年，保加利亚）、桃（1961 年，匈牙利）、樱桃（1994 年）上也报道了该病毒。之后 PPV 很快蔓延到欧洲大陆的大多数国家。目前，PPV 分布在欧洲的阿尔巴尼亚、奥地利、白俄罗斯、比利时、波黑、保加利亚、克罗地亚、塞浦路斯、捷克、丹麦、爱沙尼亚、芬兰、法国、德国、希腊、匈牙利、意大利、拉脱维亚、立陶宛、卢森堡、摩尔多瓦、黑山、荷兰、挪威、波兰、葡萄牙、罗马尼亚、俄罗斯、塞尔维亚、斯洛伐克、斯洛文尼亚、西班牙、瑞典、瑞士、英国、乌克兰；亚洲的阿塞拜疆、格鲁吉亚、印度、伊朗、以色列、日本、约旦、哈萨克斯坦、韩国、黎巴嫩、巴基斯坦、叙利亚、土耳其和中国；非洲的埃及、突尼斯；美洲的美国、加拿大、阿根廷、智利；大洋洲的新西兰。全球的五大洲均有 PPV 分布。

2005 年，在我国湖南的杏树上检测到 PPV，但目前尚未广泛传播。由于 PPV 传播速度快，对世界各国的李属果树种植业构成了严重的威胁，因此 2007 年颁布的《中华人民共和国进境植物检疫性有害生物名录》将其列为检疫性病毒。

（二）危害与主要症状

PPV 主要为害果实，致其早熟脱落或畸形（图 6-7）。受侵染果树的果实、果皮、叶片、

图 6-7　PPV 患病及健康果实和叶片（引自 https://en.wikipedia.org/wiki/Plum_pox）

A. 感染 PPV 的杏叶片和果实；B. 抗 PPV 的转基因李

花及果核皆表现不同的症状，如幼果产生淡紫色凹陷斑，成熟后变为畸形果、变小，出现花斑，不能食用，品质下降。未成熟果实大量脱落，导致产量严重降低。病树叶片的典型症状为大小不等的褪绿环斑或条斑，叶脉黄化，叶片扭曲，夏季高温时有隐症。在叶和果树上引起典型的痘泡症状，果核表面出现灰色环斑。一些感病桃树花瓣出现粉色条纹，嫩叶和幼果产生症状，可用于早期诊断。发病严重时整株枯死。PPV 侵染李、桃、杏、樱桃等多种核果类果树，但李和桃上的症状比杏明显。

感病 PPV 果树因提前落果或果实变小而减产，PPV 在欧洲保加利亚、波兰、捷克、斯洛伐克等国家产生了严重的危害。据统计，在欧洲感染 PPV 的果树数量超 10 亿株，曾使感病果树品种减产达 50%～100%。感染 PPV 的李属类果树更易感李矮缩病毒（*Prune dwarf virus*）、李属坏死环斑病毒（*Prunus necrotic ringspot virus*）、苹果褪绿叶斑病毒（*Apple chlorotic leaf spot virus*），造成更大的经济损失。

（三）病原特征

PPV 病毒粒子弯曲杆状，大小为（728～750）nm×（15～20）nm。蚜虫获毒时间为 30s，之后以非持久性方式传毒 1h。在克利夫兰烟和菊叶香藜（*Chenopodium foetidum*）中病毒的钝化温度分别为 51℃和 45～47℃，稀释终点分别为 10^{-4} 和 10^{-1}。20℃ 1～2d 仍具有侵染活性。通过冷冻干燥或无水氯化钙干燥的方法，可以长期保存病毒。

PPV 有正义单链 RNA（＋ssRNA），基因组长约 9.7knt,5′端连接于 VPg 蛋白,3′端由 poly(A) 尾组成，其 RNA 包含编码两个可读框（open reading frame，ORF）。由基因 5′端到 3′端编码一条 355.5kDa 的多聚蛋白，包含 10 个（P1、HC-Pro、P3、6K1、CI、6K2、VPg、NIa-Pro、Nib、CP）成熟的功能蛋白质。在 P3 编码区内部通过核糖体 -1 移码产生一个重叠基因，即第 11 个蛋白质，位于 P3 蛋白的 N 端，称为 PIPO。外壳蛋白 N 端的 DAG 基序与蚜传功能有关。

（四）生物学特征

1. 寄主范围

（1）自然寄主　　PPV 寄主非常广泛，侵染桃、杏、李、油桃、扁桃、甜樱桃和酸樱桃等 50 多种核果类果树，侵染红叶李、黑刺李等野生或观赏类的李属植物，还可以侵染匍匐风铃草、昆诺藜、短柄野芝麻、白羽扇豆和百日菊等一年生和多年生非李属植物。

（2）试验寄主　　实验室用于鉴定的草本植物达 8 科 60 多种植物，其中主要的指示植物是藜科的菊叶香藜（*Ch. foetidum*），茄科的本氏烟、印度烟（*N. bigelowii*）、克利夫兰烟、西方烟（*N. occidentalis*）、麦格鲁希凤烟（*N. megalosiphon*）、普通烟、毛叶烟（*N. sylvestris*），豆科的 *Pisum sativum* cv. Colmo。木本指示植物主要是 GF305 桃（*Prunus persica* cv. GF305）、毛樱桃（*P. tomentosa*）、GF8.1 海滨李（*P. maritima* cv. GF8.1）、梅（*P. mume*）、K4 洋李（*P. domestica* cv. K4）。

（3）鉴别寄主　　菊叶香藜接种叶上产生枯斑，无系统症状。

（4）繁殖寄主　　克利夫兰烟、西方烟、麦格鲁希凤烟、繁缕（*Stellaria media*）。

2. 传播途径

PPV 通过汁液传播，也由传毒介体蚜虫非持久性传毒，如蓟短尾蚜（*Brachycandus cardui*）、桃短尾蚜（*B. helichysi*）、忽布瘤额蚜（*Phorodon humuli*）和桃蚜（*Myzus persicum*），该病毒的 M 株系还可以经种子传播。敏感李品种的种传率为 8%～10%，李果实的种传率为 23.3%～79.4%。

PPV 也分布在树根中，能够通过自然的树根连接而传播。从被除去的感染树木含毒的树根长出的根条通常带有病毒。

迁移和使用被感染的繁殖材料（嫁接和被感染的芽接材料）可以促进 PPV 长距离传播。

PPV 的一些株系能够通过种子和花粉传播。PPV 不能通过机械方法如剪枝等方式传播。

3. 株系分化

PPV 根据致病性、寄主范围、蚜传特性、地理分布和核酸序列，被划分为 D（Dideron）、M（Marcus）、EA（ElAmar）、C（Cherry）、W（Winona）、Rec（重组型）和 T（土耳其型）共 7 个株系或型。其中，D 株系和 M 株系是 PPV 最主要的两种流行株系。

1）PPV-D 株系主要分布在西欧和美洲的智利、美国、加拿大及阿根廷等国家。PPV-D 株系蚜虫传毒率低，不能种传，自然寄主为杏、李和桃等李属植物。我国从杏树上检测到的是 PPV-D 株系。

2）PPV-M 株系主要分布在欧洲南部、东部及中部地区的杏、李和桃等果树上，蚜虫和种子均可传毒，该株系被认为是 PPV 中侵染力最强、危害最严重的株系。

3）PPV-EA 株系目前只在埃及被发现，侵染桃树及杏树，但感染寄主症状不明显。PPV-EA 株系的生物学特性类似于 PPV-M 株系。

4）PPV-C 株系主要分布在东欧、中欧地区及意大利的甜樱桃及酸樱桃上。PPV-C 株系自然寄主为甜樱桃和酸樱桃，蚜虫传毒率高。在实验室可感染李属其他寄主。

5）PPV-W 株系是 2004 年在加拿大安大略省的两株李树上发现的，也有报道称 W 株系可能起源于东欧，且现在还存在。

6）PPV-Rec 株系的基因组是由 M 株系的外壳蛋白与其他部分是 D 株系的片段组成的，即 M 株系与 D 株系的混合株系。在斯洛伐克、加拿大安大略省发现了这个株系。

7）PPV-T 株系是 M 株与 D 株系在辅助蛋白酶区域的重组菌株，因在土耳其发现而得名。

（五）检测方法

1. 鉴别寄主鉴定

感染 PPV 果树的叶片、果实和花瓣可以作为检测样本。

（1）木本指示植物

GF305 桃（*Prunus persica* cv. GF305）：叶片出现明脉和皱缩症状。

毛樱桃（*P. tomentosa*）：叶片出现褪绿斑驳、变形、坏死斑和叶脉失绿症状。

圣朱利安 2 号布拉斯李（*P. insititia* cv. St. Julien No.2）：叶片产生褪绿环斑和斑点。

（2）草本指示植物

菊叶香藜（*Chenopodium foetidum*）：接种叶片出现散布的带黄色的或坏死的局部斑点，无系统症状。

克利夫兰烟（*Nicotiana clevelandii*）、*N. clevelandii* × *N. glutinosa*：褪绿斑、局部坏死斑，整株系统性褪绿、斑驳。

本氏烟（*N. benthamiana*）和克利夫兰烟既是 PPV 的鉴定寄主，也是繁殖寄主。

2. 电镜技术

2% PTA 常规方法负染，透射电镜观察。

3. 血清学与 PCR 检测

目前已有商品化的 M 株系（PPV-Marcus）和 D 株系（PPV-Dideron）抗血清用于 ELISA 检测。IC-PCR、RT-PCR、PCR-ELISA、实时荧光 PCR、半巢式-RT-real time PCR 等不同 PCR 方法，均可有效检测 PPV。PPV 存在多个不同的株系，在进行 ELISA 和 PCR 检测时，需根据不同株系选择相应的抗血清或检测引物，根据 GenBank（http://www.ncbi.nlm.nih.gov）中的核酸序列比对结果设计检测引物，也可参考已报道的可稳定检测的抗血清和引物。

第七章　类病毒的检验检疫方法

第一节　类病毒的主要类群及生物学特性

一、类病毒的发现

类病毒是低分子质量的单链、环状、非编码 RNA，可侵染高等植物，引起严重病害。作为已知的最小植物病原物，其的发现是 20 世纪植物病理学研究领域的重要事件。在 20 世纪 20 年代，美国的马铃薯上出现了一种严重的疑似植物病毒引起的病害——马铃薯纺锤块茎病。让人困惑的是，从感病植株中一直未能分离出植物病毒。这引起了美国科学家 T. O. Diener 的注意，他围绕着这一问题做了系统深入的研究，并且于 1971 年首次发现了一种不同于植物病毒的新病原物，即类病毒。类病毒的发现使植物检验检疫面临了新的挑战。

二、分类

虽然类病毒是不同于植物病毒的新病原物，但是其分类仍然与植物病毒一起。国际病毒分类委员会（International Committee on Taxonomy of Viruses，ICTV）第 10 次发布的分类报告中共包含了 32 种类病毒。根据理化性质、基因组结构特征，以及在寄主体内进行复制的位置和复制方式等将类病毒划分为两科：马铃薯纺锤块茎类病毒科（*Pospiviroidae*）和鳄梨日斑类病毒科（*Avsunviroidae*）。马铃薯纺锤块茎类病毒科包含了绝大多数的类病毒（28 种），其基因组结构通常为棒状，且由 5 个不同的结构功能区组成，在细胞核内进行非对称性滚环复制。鳄梨日斑类病毒科只包含 4 种类病毒，其基因组结构一般为分枝状且包含锤头状核酶结构，在叶绿体内进行对称性滚环复制。

此外，尚有一些待定种，如苹果皱果类病毒（*Apple fruit crinkle viroid*，AFCVd）和锦紫苏病毒 5 和 6（*Coleus blumei viroid-5,6*，CbVd-5,6）。而且，近年来借助于高通量测序技术，从葡萄中也发现了一些新的类病毒，这说明自然界中仍存在着许多有待于发现的类病毒。

目前，《中华人民共和国进境植物检疫性有害生物名录》中包含 7 种类病毒：苹果皱果类病毒（AFCVd）、鳄梨日斑类病毒（*Avocado sunblotch viroid*，ASBVd）、椰子死亡类病毒（*Coconut cadang-cadang viroid*，CCCVd）、椰子败生类病毒（*Coconut tinangaja viroid*，CTiVd）、啤酒花潜隐类病毒（*Hop latent viroid*，HLVd）、梨疱状溃疡类病毒（*Pear blister canker viroid*，PBCVd）和马铃薯纺锤块茎类病毒（*Potato spindle tuber viroid*，PSTVd）。

三、寄主范围及危害

到目前为止，所有已知类病毒均来自于高等植物，尚未从其他生物中发现类病毒。粮食作物马铃薯、果树（柑橘、苹果、梨、桃、葡萄、椰子和李等）和观赏植物（菊花、大丽花、锦紫苏和碧冬茄等）是类病毒的主要寄主。

不同类病毒的寄主范围有明显差别。一般情况下，马铃薯纺锤块茎类病毒科比鳄梨日斑类病毒科的寄主范围更广。自然条件下，ASBVd 和菊花褪绿斑驳类病毒（*Chrysanthemum chlorotic mottle viroid*，CChMVd）通常只侵染鳄梨和菊花，而 PSTVd 和啤酒花矮化类病毒（*Hop stunt viroid*，HSVd）则能够侵染 10 多种不同植物。

在敏感的寄主植物上，类病毒侵染可引起明显症状，如叶片褪绿、明脉和卷缩，果实变色、畸形，植株矮化、长势衰弱等，从而影响作物的产量和质量，造成严重的经济损失。例如，在菲律宾，CCCVd 的发生使得超过 4000 万棵椰子树死亡，对椰子产业造成了近乎毁灭性的打击。

在我国，最严重的类病毒病害是由苹果锈果类病毒（*Apple scar skin viroid*，ASSVd）引起的苹果锈果病。病果表面为花脸状，严重的布满锈斑（图 7-1）或出现凸凹不平、开裂甚至畸形，严重降低了果实的品质及商品价值。此外，由 PSTVd 引起的马铃薯纺锤块茎病也一直长期存在于我国北方马铃薯产区，是马铃薯生产的一种重要威胁。值得注意的是，近年来，在我国南方马铃薯产区（如广西等地）也发现了 PSTVd。

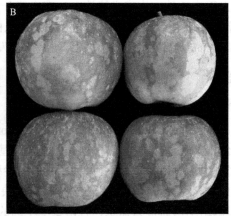

图 7-1　苹果锈果病症状
A. '国光' 品种苹果的幼果；B. '富士' 品种苹果的成熟果实

四、传播方式

类病毒可通过无性繁殖材料、机械接种、种子和花粉，以及媒介昆虫等进行传播和扩散，这些方式因不同的类病毒和寄主而异。例如，马铃薯纺锤块茎类病毒（PSTVd）与菊矮化类病毒（CSVd）以无性繁殖材料传播为主，PSTVd 还可通过马铃薯长管蚜传播；柑橘裂皮类病毒（CEVd）和啤酒花矮化类病毒（HSVd）以机械传播为主；鳄梨日斑类病毒（ASBVd）的传播是通过花粉和种子。在这些传播方式中，无性繁殖材料是类病毒传播的主要方式。对无性繁殖的一些果树及观赏作物来说，一旦亲本繁殖材料带毒，则意味着子代繁殖材料也将带毒，由此极易造成类病毒在某一国家或地区的快速扩散。菊花矮化类病毒（*Chrysanthemum stunt viroid*，CSVd）在美国的暴发就是最典型的例子。更重要的是，随着全球化的发展，不同国家或地区之间植物繁殖材料的交换和运输也日益频繁，这可能造成类病毒在全球范围内迅速扩散和蔓延。严格的类病毒检验检疫是切断这一传播途径的有效方式。

第二节 生物学鉴定

早在类病毒发现之前，生物学鉴定方法（biological indexing）就已被用于类病毒病害诊断。虽然该方法需要大面积的温室和大量劳力，而且耗时长，尤其不适用于大规模检测，但是在发现或鉴定新类病毒方面，仍具有不可替代的作用。

一、原理

生物学鉴定涉及自然寄主（natural host）、指示寄主（indicator host）、试验寄主（experimental host）和草本寄主（herbaceous host）。自然寄主是指自然条件下类病毒能够侵染的植物，包括栽培作物和野生植物。有的表现症状，有的为潜伏侵染。指示寄主又称指示植物（indicator plant），接种类病毒后，可快速表现出易于识别的症状。试验寄主是指进行类病毒实验研究所使用的植物，由实验目的决定。通常试验寄主有利于类病毒复制，方便进行检测、分离和纯化。试验寄主不一定有症状表现。例如，为研究类病毒复制和移动所使用的本氏烟（*Nicotiana benthamiana*）在感染 PSTVd 后通常不表现症状。类病毒可侵染的草本植物称为草本寄主。草本植物一般生长周期短、易于栽培繁殖，是理想的指示寄主和试验寄主。

自然条件下，受环境条件或其他病原物侵染的影响，类病毒病害的症状表现不稳定而且复杂，难以准确进行病害诊断。因此，可通过嫁接、摩擦接种等方式，将自然寄主上的类病毒转接到更加敏感的指示寄主上，在人为控制的稳定条件下（如温室内）进行培养，使其快速表现出易于识别且稳定的症状，从而达到更准确诊断病害的目的，此即生物学鉴定。

二、类病毒的指示寄主

筛选指示寄主是生物学鉴定的前提。《中华人民共和国进境植物检疫性有害生物名录》中的 7 种类病毒中，只有 5 种筛选出了指示寄主，而且只有 PSTVd 的指示寄主是草本植物。通过人工接种，CCCVd 虽然能够侵染椰子、油棕等植物，但需要 4～8 年才能表现出症状（表 7-1）。到目前为止，尚未有 HLVd 和 CTiVd 的指示寄主的报道。

表 7-1 5 种类病毒的生物学鉴定

类病毒	指示寄主	品种	接种方法	耗时	参考文献
AFCVd	苹果	Ohrin 或 NY58-22	嫁接	约 2 年	Ito and Yoshida，1998
ASBVd	鳄梨	Collison	嫁接	约 8 个月	da Graca and van Vuuren，1981
CCCVd	椰子、油棕		注射	4～8 年	Imperial et al.，1985
PBCVd	梨	A20	嫁接	约 2 年	Flores et al.，1991
		Fiend37，Fiend 110	嫁接	3～4 个月	Desvignes et al.，1999
PSTVd	番茄	Rutgers	机械摩擦	2～4 周	Raymer and O'Brien，1962

三、操作方法

（一）嫁接法

使用嫁接法对 AFCVd、ASBVd 和 PBCVd 进行生物学鉴定（表 7-1），嫁接前需准备指示植物幼苗和砧木幼苗。常用两种方式嫁接：一种是取 2 片待检测植物材料的树皮，将其直接嫁接到指示植物的幼苗上；另一种是先从待检测植株的枝条上取 2 个芽片或者树皮，将其嫁接到砧木幼苗上，然后从指示植物幼苗上取芽片或枝条，嫁接到砧木幼苗的第一个嫁接口上方。将嫁接的植株放在温室内培养，补充光照和提高温度可缩短症状表现所需的时间，最短可在一年甚至几个月内完成 AFCVd、ASBVd 和 PBCVd 的生物鉴定。

（二）摩擦接种法

相对于 AFCVd、ASBVd 和 PBCVd，生物学鉴定在 PSTVd 的检验检疫中的实用性更高，因为 PSTVd 易于培养且易于侵染生长周期较短的草本寄主，可用于马铃薯种薯的检测。具体操作步骤如下。

1. 番茄幼苗培养

接种前 2～3 周，在温室或植物生长培养箱播种番茄品种 'Rutgers' 的种子，每盆 2～3颗。待幼苗长出真叶时用于接种。

2. 接种物准备

在种植番茄的同时准备接种物。取 1g 左右植物组织放入研钵中，加入 4～5mL K_2HPO_4缓冲液（1mol/L K_2HPO_4 溶液，0.5% 的 SDS，2% 的巯基乙醇），充分研磨，取匀浆液进行接种。

3. 摩擦接种

在幼苗的子叶表面均匀洒上 500～600 目的金刚砂。取灭菌的棉签，浸入接种液后，手指托着子叶背面，用蘸有接种液的棉签在表面摩擦 10～20 次。接种后，用灭菌水冲洗叶片表面。

4. 培养观察

将接种幼苗置于暗处 12h，然后放在温室或者植物培养室内进行培养。建议培养温度在30℃左右，光照时间不低于 16h/d。观察接种植株是否出现矮化，叶片皱缩、卷曲等症状。

第三节　聚丙烯酰胺凝胶电泳检测

聚丙烯酰胺凝胶电泳（polyacrylamide gel electrophoresis，PAGE）不仅是分离纯化类病毒最常用的技术，而且是类病毒检测鉴定的重要技术。虽然目前分子生物学检测技术（详见本章第四节）在类病毒的检验检疫中的应用愈加广泛，但是在新类病毒的发现和鉴定方面，PAGE 技术依然不可替代。

一、原理

类病毒 RNA 在非变性和变性条件下的构象变化是 PAGE 检测的主要根据。非变性条件下，类病毒 RNA 通过分子内碱基互补配对折叠，形成紧凑的二级结构（棒状或分枝状）和三级结构。而变性条件下，碱基配对打开，高级结构消失，变成单链环状，其在 PAGE 凝胶中的迁移速率慢于植物线性的 RNA（包括 mRNA、rRNA 和 tRNA 等），形成落后于连续的寄主核酸条带的落后核酸条带，从而可以将类病毒与寄主 RNA 分离出来。

类病毒的 PAGE 检测可分为往复 PAGE（return-PAGE，R-PAGE）、二维 PAGE（two dimensional PAGE，2D-PAGE）及连续 PAGE（sequential-PAGE，S-PAGE）。与 S-PAGE 和2D-PAGE 相比，R-PAGE 的操作简单，常用于类病毒检验检疫。本节主要介绍 R-PAGE 的具体操作方法，S-PAGE 和 2D-PAGE 的操作可参考前人报道。

二、操作方法

（一）试剂及仪器

RNA 提取需要准备：CTAB 缓冲液［2% CTAB，2% PVP-40，100mmol/L Tris-HCl（pH 8.0），2mol/L NaCl 溶液，20mmol/L EDTA 和 2% β- 巯基乙醇］、乙酸钠溶液（3mol/L，pH 5.2）、氯仿 / 异戊醇（24∶1）、氯仿、异丙醇、75% 乙醇溶液和 Trizol 试剂。R-PAGE 电泳所需试剂和溶液有：10×TBE 缓冲液［0.89mol/L Tris，0.89mol/L 硼酸和 25mmol/L EDTA（pH 8.3）］、40% 聚丙烯酰胺溶液（丙烯酰胺：甲叉双丙烯酰胺＝39∶1），四甲基乙二胺（TEMED）和 10% 过硫酸铵（APS）溶液。银染色所用溶液包括：固定液（10% 乙醇溶液，0.5% 冰醋酸）、染色液（12mmol/L AgNO$_3$ 溶液）和显色液（400mmol/L NaOH 溶液，0.4% 甲醛溶液）。

仪器主要包括高速台式离心机（Eppendorf）和能够耐受高温（约 100℃）的垂直电泳槽，如 ATTO（AE-6220）或者 Bio-Rad（Mini-PROTEAN）。

（二）RNA 提取

R-PAGE 检测对 RNA 的纯度要求不高，但需要的量较多。通常使用 CTAB 法和 Trizol 法提取 2～5g 新鲜植物组织的 RNA。

1. CTAB 法

往 50mL 离心管内预先加入 10mL 65℃预热的 CTAB 缓冲液及 2% 的 β- 巯基乙醇；将植物组织用液氮研磨后，转入离心管内，涡旋 2min；5000r/min 离心 10min 后取上清，加入等体积氯仿 / 异戊醇（24∶1），涡旋 2min；5000r/min 离心 20min 取上清，加入等体积异丙醇振荡混匀，室温静置 20min；5000r/min 离心 20min，弃掉上清，加入 10mL 75% 乙醇溶液洗涤沉淀；5000r/min 离心 20min，弃掉上清，将沉淀溶于 200μL 无 RNA 酶的灭菌水中。

2. Trizol 法

往 50mL 离心管内预先加入 10mL Trizol 试剂；将植物组织用液氮研磨后，转入离心管内，振荡混匀；室温静置 5～10min 后，加入 2mL（0.2 倍体积）氯仿，振荡混匀；5000r/min 离心 20min 后取上清，加入 0.6 倍体积异丙醇，混匀后室温静置 20min；5000r/min 离心 20min，弃掉上清，使用 75% 乙醇溶液洗涤沉淀，溶于 200μL 无 RNA 酶的灭菌水中。

（三）R-PAGE

以下是使用 ATTO 电泳槽进行 R-PAGE 检测类病毒的具体操作步骤，也可使用 Bio-Rad 电泳槽的操作（可参考 Owens 等 2012 年发表的文章）。

1）使用无水乙醇擦拭制备凝胶的玻璃板，晾干后将玻璃板组装好。

2）用 50mL 离心管配制凝胶溶液。

40% Arc∶Bis＝39∶1	3.1mL
10×TBE buffer	2.5mL
加水至	20mL
混匀后，加入	
TEMED	12.5μL
10%APS	125μL

3）充分混匀后，将凝胶溶液倒入组装好的玻璃板中，离顶端 2mm 时停止。然后插入梳子，防止梳子底端出现气泡。室温静置 1h 凝结。

4）往电泳槽中倒入适量 1×TBE 缓冲液，放入凝胶玻璃板，防止凝胶底部出现气泡。组装好电泳装置后倒入 1×TBE 缓冲液，保证缓冲液超出上样孔。小心拔出梳子后，使用移液器或者注射器清除凝胶孔内残留的凝胶块等杂质。

5）将提取的 RNA 与 6× 上样缓冲液混匀后，加入凝胶的上样孔内。

6）连接电极，200V 恒压电泳，保持缓冲液的温度为 20～25℃。待二甲苯腈迁移至凝胶底部，停止电泳。另外，在电泳结束前，配制 0.11×TBE 缓冲液（100mL 1×TBE 缓冲液 ＋ 800mL 去离子水），煮沸。

7）电泳结束后，拆掉电泳装置。将 1×TBE 缓冲液全部倒出，重新加入煮沸的 0.11×TBE 缓冲液，缓冲液的温度为 80℃，保持 10min，使得 RNA 充分变性。

8）反向连接电极，500V 恒压电泳，待二甲苯腈迁移至顶部停止电泳。

9）电泳结束后，用自来水冲洗玻璃板，待温度冷却至室温后，将凝胶从玻璃板中取出，银染（也可以用溴化乙锭染色）后观察结果。

（四）银染

将凝胶放入容器中，加入固定液，在水平摇床上匀速振荡 30min。取出固定液，加入染色液，振荡 15min。结束后，取出染色液，用蒸馏水冲洗 1～2 次。加入显色液，直至条带清晰为止，倒掉显色液，拍照保存。

第四节　分子生物学检测技术

顾名思义，分子生物学检测技术是在分子（DNA、RNA 和蛋白质）水平上的检测。类病毒不编码蛋白质，其"分子"只有 RNA。因此，类病毒的分子生物学检测也是 RNA 检测，主要技术包括 RNA 印迹、RT-PCR 和 RT-qPCR 等。而植物病毒检测最常用的酶联免疫吸附试验（enzyme-linked immunosorbent assay，ELISA）则不能用于类病毒检测。近年来，高通量测序技术也常被用于类病毒检测和鉴定，但受成本和标准化的限制，尚未普遍应用。本节主要介绍 RNA 印迹、RT-PCR 和 RT-qPCR 检测技术。

一、基本原理

RNA 印迹是使用带有标记的 RNA 或 DNA 链（探针）检测与其同源的靶标 RNA 的过程。探针与靶标 RNA 序列互补，通过碱基互补配对形成杂交双链。需要注意的是，探针与靶标 RNA 的序列即使不完全互补也可形成杂交双链。在设计类病毒检测的探针时尤其需要注意，因为同属的不同类病毒间序列相似性较高，相互之间可能会发生杂交反应。例如，PSTVd 与番茄褪绿矮缩类病毒（*Tomato chlorotic dwarf viroid*，TCDVd）的序列相似性大于 80%，相互可发生杂交。

RT-PCR 和 RT-qPCR 均需要将靶标 RNA 反转录为 cDNA，然后以 cDNA 为模板按照碱基互补配对进行指数扩增。靶标 RNA 在数小时内可扩增几百万倍，最后只需检测扩增产物就可达到检测靶标 RNA 的目的。RT-PCR 通过凝胶电泳检测扩增产物，而 RT-qPCR 则通过荧光进行实时监测和检测。对靶标的指数扩增使得 RT-PCR 和 RT-qPCR 具有极高的检测灵敏度，其灵敏度是 RNA 印迹的 10～100 倍，是 R-PAGE 检测的 2000 多倍。它们的检测特异性由引物决定，而 TaqMan 探针法 RT-qPCR 的检测特异性更高。

二、RNA 提取

与 PAGE 检测技术相比，分子生物学检测技术灵敏度高，只需少量样品，但是它对 RNA 的质量要求高。而在 RNA 提取过程中，植物组织含有的大量色素、多糖和多酚等物质极易与 RNA 共沉淀，造成污染，从而影响检测结果。因此，植物 RNA 提取过程中须注意去除这些杂质。CTAB 法及改进的一些方法常被用于富含多糖多酚类物质的植物 RNA 提取 [具体操作方法见本章第三节或参考 Carra 等（2007）和 Li 等（2008）的方法]。Trizol 法也常用于植物 RNA 提取，具体方法请参照使用说明书。

此外，植物 RNA 提取也可选择介质吸附法。其中，二氧化硅吸附法最为常用。当然，也可选择使用一些商品化的植物 RNA 提取试剂盒，如适用于富含多酚或淀粉的植物组织的 RNA 提取试剂盒 RNAplant Plus。在进行大量样品检测时，使用商品化的 RNA 提取试剂盒有助于获得相对稳定的结果。

三、RNA 印迹

类病毒 RNA 印迹包括组织印迹杂交（tissue-imprinting hybridization）、斑点 / 狭缝印迹杂交（dot/slot-blot hybridization）和凝胶电泳印迹杂交（RNA gel-blot hybridization）。

组织印迹杂交是把植物组织汁液印迹到固体介质（本节特指尼龙膜）上进行检测，因此省略了 RNA 提取的步骤，简化了操作。原则上富含汁液的果实、嫩茎及叶片等均可使用该方法进行检测，但前提是组织汁液中类病毒含量必须在检测范围内。该方法已成功应用于马铃薯、番茄和茄科园艺植物中的 PSTVd、苹果中的 ASSVd 及柑橘类病毒检测。

斑点印迹杂交是把提取的 RNA 印迹到尼龙膜上进行检测。与组织印迹杂交相比，虽然增加了 RNA 提取操作，但由于提取的 RNA 中含有更高浓度的类病毒，杂质较少，其检测灵敏度和准确性更高。

凝胶电泳印迹杂交是先对提取的 RNA 进行电泳（琼脂糖凝胶电泳或 PAGE），再转印到尼龙膜上进行检测。电泳相当于对类病毒 RNA 进行了分离纯化，因而该方法具有很高的准确性。但是该方法操作相对烦琐，而且检测通量低，在类病毒检验检疫中不常使用。因此，下文仅介绍前两种方法的具体操作步骤。

（一）试剂及仪器

试剂：TaKaRa 公司的限制性内切核酸酶如 Spe I 等，罗氏（Roche）公司的探针标记试剂盒 DIG RNA Labeling Kit（SP6/T7）、杂交液 DIG Easy Hyb、封闭剂 Blocking Reagent、地高辛检测试剂盒 DIG Luminescent Detection Kit 和地高辛抗体 Anti-Digoxigenin-AP 等。

溶液：20×SSC 贮存液（3mol/L NaCl 溶液、0.3mol/L 柠檬酸钠溶液，用盐酸调 pH 至 7.0，高压灭菌），20% SDS 贮存液（称取 20g SDS，用 80mL 去离子水溶解，加热并搅拌使其溶解。无须灭菌，室温保存），马来酸缓冲液（0.1mol/L 马来酸，0.15mol/L NaCl 溶液，用 NaOH 颗粒调 pH 至 7.5，高压灭菌），洗涤缓冲液（0.3% 吐温 -20：100mL 马来酸缓冲液中加入 0.3mL 吐温 -20，混匀），封闭剂溶液（在马来酸缓冲液中加入 1% 封闭剂，加热溶解），地高辛抗体溶液（使用封闭剂溶液按照 1∶10 000 比例稀释地高辛抗体），检测缓冲液（0.1mol/L Tris-HCl，0.1mol/L NaCl 溶液，调 pH 至 9.5，高压灭菌）。

仪器：台式离心机、温度可调节的水浴锅、紫外交联仪、分子杂交箱、Bio-Rad 的 Chemidoc 成像仪及电泳设备。

（二）探针制备

探针分为 RNA 探针和 DNA 探针，标记分为同位素标记和非同位素标记。目前，常用非同位素标记的 RNA 探针。非放射性标记不仅没有放射性防护的担忧，而且与放射性标记具有相似的检测灵敏度。此外，RNA：RNA 杂交双链的稳定性高于 DNA：RNA 杂交双链，而且单链 RNA 探针比双链 DNA 探针更易于同靶标 RNA 结合，这增加了 RNA 探针检测的特异性和灵敏度。

体外转录法合成 RNA 探针：将类病毒全长或部分序列的 DNA 片段克隆到含有启动子序列（T7、T3 或 SP6）的载体（如 Promega 公司的 pGEM-T 载体）上，注意插入方向，因为插入方向不同，在转录时所使用的 RNA 聚合酶也不同。根据转录出的序列必须同类病毒序列互补的原则，正确选择将要使用的 RNA 聚合酶及限制性内切核酸酶（5′ 端突出）。转化培养获取克隆质粒后，经过酶切使质粒线性化。以线性化的质粒作为模板按照如下反应体系合成、标记探针。

线性化质粒	1μg
5×NTP 混合液（含地高辛标记的 UTP）	4μL
5× 转录缓冲液	4μL
RNA 聚合酶（20U/μL）	2μL
RNA 酶抑制剂	1μL
加无 RNA 酶的水至	20μL

混匀后，37℃温育 2h。然后加入 2μL DNase I，继续温育 15min。最后加入 2μL 0.2mol/L EDTA（pH 8.0）终止反应。反应结束后，需要取 1μL 进行电泳检测，以判断探针合成的质量。

（三）杂交

1. 点样

组织印迹杂交只需要通过按压将植株组织汁液印迹到尼龙膜上。如果使用果实，建议将其切割成规则的小方块；若使用枝条，尽量选择幼嫩的部分，用刀片横向切割后印迹；若是叶片，将叶片紧密卷起，横向切割后印迹。

斑点印迹杂交需要使用移液器或斑点印迹转印系统将 RNA 有顺序地加到尼龙膜上。虽然有研究表明：加样前对 RNA 进行变性处理（将 RNA 置于含有 7.4% 甲醛的 6×SSC 溶液中），可提高杂交信号强度，但是这也增加了操作步骤。因此，在实际操作中，可根据具体情况有选择地进行处理。

2. 固定

待加样的尼龙膜干燥后进行固定处理，可通过烘烤和紫外交联使类病毒 RNA 与尼龙膜紧密结合。80℃烘烤 2h 或 120℃处理 30min，或者使用 254nm 的紫外线照射加有 RNA 样品一面的尼龙膜进行紫外交联。相比较而言，紫外交联的效果更好，其杂交信号的强度是烘烤的 5~10 倍。

3. 杂交反应

将处理好的尼龙膜放入杂交袋或杂交管中，加入适量杂交液。68℃预杂交 1h 后加入探针，68℃杂交过夜。

（四）洗涤及成像

待杂交反应结束后进行尼龙膜的洗涤，以去除尚未与靶标 RNA 结合及非特异性结合的探针。通过温度和溶液的离子浓度控制洗涤条件的严谨性。

　　先用高离子浓度的 2×SSC 0.1% SDS 溶液，在常温条件下进行 2 次低严谨条件的洗涤，每次 5min。然后用低离子浓度的 0.1×SSC 0.1% SDS 溶液，在 68℃的高温条件下进行 2 次高严谨条件的洗涤，每次 15min。若有必要进一步提高特异性，可使用特异性降解单链 RNA 的 RNA 酶 A 继续洗涤 1 次。

　　接下来将尼龙膜置于封闭剂溶液中，室温反应 30min，加入地高辛抗体（碱性磷酸酯酶）溶液，37℃温育 1h。加入检测缓冲液调节 pH，为后续化学发光提供碱性条件。然后往尼龙膜上均匀滴加化学发光底物 CSPD，它遇到地高辛抗体后会被去磷酸化，从而发出荧光。使用 X 胶片或者 Bio-Rad 的 Chemidoc 成像仪观察结果（图 7-2）。

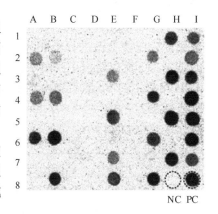

图 7-2　斑点印迹杂交检测 HSVd 的结果

右下角两个样品 H8 和 I8 分别为阴性对照（NC）和阳性对照（PC）

四、RT-PCR

　　RT-PCR 检测具有灵敏度高、特异性强、操作快速简便等优点，是类病毒常规检测的技术之一。

　　（一）试验设计

　　在设计类病毒 RT-PCR 检测时，需要考虑选用一步法还是两步法，以及是否使用多重 RT-PCR。

　　一步法和两步法的主要区别在于反转录和 PCR 扩增是否在同一个反应体系里进行。一步法是在同一个反应体系里进行，优点是操作简便快速、污染的概率低，但反转录产物不能再作他用。两步法的反转录和 PCR 是分开进行的，优点是反转录产物还可以用于检测其他类病毒或病原物，但操作步骤多、污染的可能性高。检测灵敏度方面：一方面，一步法中所有反转录产物均用于 PCR 扩增，而两步法只使用一部分反转录产物，模板量的增加可能会使一步法的检测灵敏度高于两步法；但另一方面，两步法的两种反应相互独立，其反应条件要优于一步法，检测灵敏度也应高于一步法。一步法和两步法在类病毒检测中都有应用的例子，可根据具体条件和要求作出选择。

　　多重 RT-PCR 可避免处理类病毒混合侵染样品时的重复检测。葡萄和柑橘等植物可被 5 种以上的类病毒混合侵染，若要使用普通 RT-PCR，需要重复多次检测，工作甚为繁重。多重 RT-PCR 只用一次反应就可以检测混合侵染的多种类病毒，从而节约了时间、成本和劳力。目前，已建立了柑橘、葡萄、番茄、菊花和啤酒花等植物的类病毒多重 RT-PCR 检测技术体系。然而，为了简便却也产生了其他问题：一是引物设计困难，为保证许多对引物在同一个反应体系里正常扩增，既要避免不同类病毒引物间的交叉反应，还要均衡不同引物的退火温度及扩增效率等；二是检测灵敏度和稳定性受到影响，因为扩增时不同引物间存在竞争作用。因此，在检测样品数量大、检测准确性要求低时可考虑使用多重 RT-PCR。

　　无论使用哪种方法，选择或设计扩增引物都是检测的关键，尤其是对多重 RT-PCR 检测来说。类病毒基因组小，而且同属的不同类病毒间序列相似性较高，更增加了引物设计的难度。目前，几乎所有已知的类病毒均有 RT-PCR 检测的报道，具体请查阅文献综述（Gucek et al.，2017），一般从这些报道中就可以查到相应的引物序列。但是，在使用前一定要自己进行验证，因为一个检测体系在不同的实验室使用时可能会得到不同的结果。下文仅给出了我国 7 种检疫性类病毒的 RT-PCR 检测引物信息（表 7-2）。其中，ASBVd 和 PSTVd 的引物由本书作者自己设计并进行了验证，其余的则来自已发表的文献或标准。

表 7-2　我国 7 种检疫性类病毒的 RT-PCR 检测引物信息

类病毒	引物名称*	引物序列（5′→3′）	长度/bp	T_m/℃	参考文献
AFCVd	AFCV-1F	TGGGCTCCAACTAGTGGTTCC	368	54	GB/T 35336—2017
	AFCV-368R	CACCCAAACAAGGGAATCCT			
ASBVd	ASBV-123F	AAAAAATTAGTTCACTCGTCT	246	50	
	ASBV-122R	TAATAAAAGTTCACCACGACT			
CCCVd	GV4-F	ACTCACGCGGCTCTTACC	246～297	50#	Vadamalai et al.，2006
	GV4-R	TGTATCCACCGGGTAGTCTC			
CTiVd	D3-2F	GTCGCCGATTCGTGCTGGTTGG GCTTCGTC	140	70	Hodgson et al.，1998
	D4-2R	ACTCGAGCTTTTATTACACAGG GCGCTGCAAAG			
HLVd	HLV-118F	AGTTGCTTCGGCTTCTT	175	52	Lv et al.，2012
	HLV-17R	CCATCATACAGGTAAGTCAC			
PBCVd	PBC-167F	GTTGCTTCCTGCCTGAGCCTCG TCTTCTGTCCCGCT	315	56	Loreti et al.，1997
	PBC-166R	GCTGGTTTTCTTCTCCAA AGGAGCGATTACTCACA			
PSTVd	PSTV-241F	GCGCTGTCGCTTCGGMTACTAC	356	56	
	PSTV-240R	AAAGGGGGCGAGGGGTGRTC			

*F 为正向引物，R 为反向引物；
#该退火温度由作者根据引物序列计算得出

（二）RT-PCR 检测

下文以两步法 RT-PCR 检测 PSTVd 为例介绍具体操作步骤。

1. 试剂及仪器

M-MLV 反转录酶（200U/μL），dNTP Mix（10mmol/L），RNA 酶抑制剂（20～40U/μL），2×Taq PCR Mastermix（KT201），琼脂糖，GeneRed 核酸染料（RT211），分子标记 I（MD101），PSTVd 的正向引物 PSTV-241F 和反向引物 PSTV-240R（表 7-2）。仪器为 Bio-Rad 的 PCR 仪、凝胶成像仪及一套电泳装置。

2. 反转录

先根据检测样品数量，按照如下体系配制反应预混液。

5× 反转录缓冲液	4μL
dNTP Mix	2μL
RNA 酶抑制剂	1μL
PSTV-240R（10mmol/L）	1μL
M-MLV 反转录酶	1μL
RNase-Free ddH$_2$O	9～18μL

将混匀的预混液分装到灭菌的 0.2mL 离心管内，再往管内分别加入 2μL 提取的 RNA。混匀后，42℃反应 1h。

3. PCR 扩增

在 RT 反应结束前，根据检测样品数按照如下体系配制 PCR 预混液。

2× *Taq* PCR Mastermix	10μL
PSTV-241F（10mmol/L）	1μL
PSTV-240R（10mmol/L）	1μL
ddH$_2$O	6～18μL

将混匀的预混液分装到灭菌的 0.2mL 离心管内，再往管内分别加入 2μL 反转录产物。混匀后，放入 PCR 仪进行反应：95℃变性 5min，然后扩增 30 个循环（95℃ 30s，56℃ 30s，72℃ 30s），72℃延伸 5min。

4. 电泳检测

在 PCR 未结束前，配制 1.5% 的琼脂糖凝胶，将核酸染料直接加入琼脂糖凝胶中。待 PCR 结束，吸取 10μL PCR 产物在 1×TAE 缓冲液中进行电泳。最后用凝胶成像仪采集图像。

五、RT-qPCR

RT-qPCR 是非常灵敏和特异的检测类病毒的方法，条件允许时，应优先选用该方法。下文对试验设计和操作步骤予以介绍。

（一）试验设计

在试验开始之前，明确需判断类病毒有无还是确定类病毒的含量，这关乎定性（相对定量）检测方法和定量（绝对定量）检测方法的选择。通常定性检测就可满足检验检疫的需要。而定性检测有两种方法（染料法和探针法）可以实现，条件许可时，建议优先选用特异性更高的探针法。

无论使用哪种方法，均需进行引物设计。目前，已报道了 ASSVd、CSVd、HLVd、HSVd、PLMVd 和 PSTVd 等类病毒的 RT-qPCR 检测方法（Boonham et al., 2004；Khan et al., 2015；Luigi and Faggioli, 2011, 2013；Mumford et al., 2000；郭立新等，2012；赵晓丽等，2013），因此可根据需要选用已发表的引物。若需设计引物，可借助计算机软件进行，如 Primer Express 软件包等。对染料法而言，需注意避免引物二聚体的形成；探针法则要选择 MGB（minor grooving binding）探针或非 MGB 探针。若非特殊情况，可不考虑 MGB 探针，因为非 MGB 探针足以满足类病毒检测的需要。表 7-3 列出了我国 7 种检疫性类病毒中 4 种类病毒的检测引物和探针信息，其余 3 种类病毒 AFCVd、ASBVd 和 CTiVd 的 RT-qPCR 检测技术体系仍有待建立。

表 7-3　4 种检疫性类病毒的 RT-qPCR 检测引物和探针信息

类病毒	引物及探针	序列（5′→3′）	参考文献
CCCVd	CCCV-122F	GAGACTCCTTCGTAGCTTC	
	CCCV-22R	GGTGCCCTGTAGATTTCC	
	CCCV-161P	FAM-CGACCGCTTGGGAGACTACC-TAMRA	
HLVd	HLV-F	CGTGGAACGGCTCCTTCT	郭立新等，2012
	HLV-R	AGAGTTGTATCCACCGGGTAGTTT	
	HLV-P	FAM-CACCAGCCGGAGTT-MGB	
PBCVd	PBCV-F	GAGAAGAARACCAGCGTTGC	
	PBCV-R	ACTTCCACCCTCGCCGC	
	PBCV-P	FAM-CCGCTAGTCGAGCGGACAACC-Eclipse	
PSTVd	231F	GCCCCCTTTGCGCTGT	Boonham et al.，2004
	296R	AAGCGGTTCTCGGGAGCTT	
	251T	FAM-CAGTTGTTTCCACCGGGTAGT AGCCGA-TAMRA	

同 RT-PCR 类似，RT-qPCR 也分为一步法和两步法，其各自的优缺点同之前的介绍。在实际的检验检疫中，可根据具体情况进行选择。

在样品检测之前，需测定标准曲线验证扩增效率和可重复性。扩增效率只有在 90% 以上时是可接受的，否则，需要优化反应条件或重新设计引物和探针。标准曲线是通过测定稀释的一系列标准品得来的，标准品可由体外转录出类病毒 RNA 制备而成。

（二）操作步骤

下文以使用探针法一步 RT-qPCR 检测 CCCVd 为例具体介绍操作步骤。

1. 试剂及仪器

含有 CCCVd 全长的克隆质粒 pGEM/CCCVd，T_7 RNA 聚合酶（1000U）、rATP（100mmol/L）、rUTP（100mmol/L）、rGTP（100mmol/L）、rCTP（100mmol/L）、DTT（100mmol/L）、RNA 酶抑制剂（2500U）和 DNA 酶Ⅰ（1000U），酚/氯仿（1∶1），75% 乙醇溶液，引物和探针（表 7-3）由生物技术公司合成，One Step PrimeScript ™ RT-PCR Kit 检测试剂盒和限制性内切核酸酶 *Spe*Ⅰ，MyGo Pro 定量 PCR 仪。

2. 标准品制备

以体外转录出的 CCCVd 的 RNA 作为标准品。先使用 *Spe*Ⅰ彻底消化克隆质粒 pGEM/CCCVd，反应结束后，用酚/氯仿抽提和乙醇沉淀进行纯化。在新的离心管内按照以下反应体系依次加入所需组分。rNTP 需提前配制预混液。

5× 转录缓冲液	20μL
DTT（100mmol/L）	10μL
RNA 酶抑制剂	100U
rNTP（rATP、rUTP、rGTP、rCTP 均为 2.5mmol/L）	20μL
线性化质粒 pGEM/CCCVd	2～5μg
T_7 RNA 聚合酶	40U
加无 RNA 酶的水至	100μL

所有组分混匀后，37℃温育 2h。然后加入 2μL DNA 酶 I，37℃继续反应 30min。之后吸取 1μL 进行琼脂糖凝胶电泳，检测是否有产物合成。确定没有问题后，用酚/氯仿抽提和乙醇沉淀进行纯化，使用 NanoDrop 2000/2000C 测定 RNA 浓度。

3. 标准曲线测定

对体外转录出的 RNA 进行梯度稀释。起始浓度为 10ng/μL，10 倍梯度稀释到 10^{-4}ng/μL，平行做 3 次重复。然后根据检测的样品数在冰上按照如下反应体系配制预混液，将混匀的预混液依次加入干净的 0.2mL 离心管内，再往每个管内分别加入 2μL 稀释的体外转录 RNA。

2×One Step RT-PCR buffer Ⅲ	10μL
Taq HS（5U/μL）	0.4μL
PrimeScript RT Enzyme Mix Ⅱ	0.4μL
CCCVd 正向引物（10mmol/L）	0.4μL（终浓度为 0.2μmol/L）
CCCVd 反向引物（10mmol/L）	0.4μL（终浓度为 0.2μmol/L）
CCCVd 探针（10mmol/L）	0.8μL
RNase-Free ddH$_2$O	5.6～18μL

混匀后离心，去除离心管内的气泡。使用两步法反应程序进行扩增，反转录反应程序为：42℃ 5min，95℃ 10s。PCR 程序为：95℃ 5s，60℃ 20s，扩增 40 个循环。

反应结束后，使用仪器自带的软件生成标准曲线。若扩增效率超出 90% 的范围，可尝试去掉个别稀释浓度重新计算，但至少要保留 4 个连续的稀释浓度。如果依然无法得到理想结果，则需通过调整引物探针浓度及反应程序等来优化反应体系。若还是不能见效，要考虑重新设计引物和探针。

4. 样品检测

样品检测的反应体系和反应程序同标准曲线测定。需要注意的是，每次检测时务必有阳性对照和阴性对照样品。

第八章 线虫的检验检疫方法

第一节 植物病原线虫的危害及鉴定技术概况

一、线虫概况

线虫（nematode）是一类低等的无脊椎动物，体长多在 1mm 左右（部分长针属线虫可长达 9～10mm）。线虫以线形（或蠕虫形）为主，但也有些线虫膨大为肾形、球形或梨形等。由于线虫虫体微小且无色透明，人类用肉眼一般看不到它们，必须借助解剖镜、显微镜才能观察线虫。并且，线虫引起的危害多数没有显著的症状，不易察觉。因此，人类对线虫的研究还不够深入，真正的线虫学研究只有 100 多年的历史。我国线虫的研究历史更短，1916 年章祖纯才首次报道北京地区发现小麦粒线虫。

线虫种类多，分布广，全球线虫保守估计种类超过 50 万种，目前人类已经描述的线虫约 25 000 种（Zhang，2013），还有很多种类不为人类所知。在海水、淡水、沼泽、土壤及动植物体内，都有线虫分布。线虫的食性十分复杂，有食腐、食真菌、食细菌、食藻等，还有些线虫寄生于各种动植物体内。寄生在植物体内的，称为植物寄生线虫（plant-parasitic nematode，PPN），或简称植物线虫。它们不但吸取植物的营养，为害植物，所造成的伤口还成为其他病菌的侵染点，并且一些长针科和毛刺科种类还能传播多种植物病毒。

植物病原线虫对寄主植物的危害主要包括两个方面：一方面，通过口针穿刺对寄主细胞造成机械性损伤；另一方面，通过食道腺向寄主植物细胞分泌各种酶类，降解细胞成分，从而影响细胞生长。后者往往危害更为严重。例如，根结线虫分泌细胞分裂素，造成寄主细胞膨大、增生、分裂，形成根结或根瘤；孢囊线虫可以抑制细胞的分裂；茎线虫分泌的果胶酶能溶解中胶层使细胞离析；干尖线虫能够分泌细胞壁降解酶，使细胞壁溶解和细胞坏死。植物线虫对植物的危害症状包括萎蔫、畸形、黄化、坏死或腐烂等，与植物病害的症状类似，危害过程缓慢发生，所以一般称为植物病害，而不称为虫害。多数植物线虫寄生于植物根部，少数可寄生于植物的幼芽、茎、叶、花、果实和种子内。多数植物线虫为外寄生线虫，即通过口针穿透根表皮取食，虫体留在根外面。但根结线虫属线虫、短体属线虫等为植物内寄生线虫，其幼虫可全部钻入根内取食。根部寄生线虫可造成根系衰弱、畸形或腐烂，致使植物地上部分发育不良甚至枯死（如果寄生线虫数量不多，危害较轻，则地上部分可能不表现症状）。线虫为害茎部可造成茎、叶发育不良、畸形甚至枯死；为害叶部可造成叶变色、畸形或干枯；为害种子可使种子变成虫瘿；为害果实可造成褐色枯斑和局部坏死。

植物病原线虫能造成农业经济作物的重大损失。全世界对农林业生产危害严重的植物线虫主要有根结线虫属、孢囊属、短体属、茎属、滑刃属等。松材线虫、马铃薯金线虫和白线虫、腐烂茎线虫、香蕉穿孔线虫，以及多种根结线虫属和短体属线虫都是全球公认的外来入侵物种。作为一类重要的植物病原物，线虫病害已成为农林业生产中的重要问题。据联合国粮食及农业组织（FAO）2000年的估计，植物线虫对全世界的谷物、豆类和纤维类作物危害造成的损失大约为12.7%，对其他经济作物如蔬菜、水果等危害造成的损失大约为20%，全球农作物每年因植物线虫危害造成的损失高达800亿美元（Nicol et al., 2011）。

二、我国植物线虫检疫和检疫性植物线虫名录

中医崇尚"未病防病"，同理，防治植物线虫危害，植物检疫是十分重要的环节。以松材线虫为例，它起源于北美，在20世纪初借助木材和木质包装的运输传播到日本后，在日本造成大量松树成片枯死。之后，松材线虫又入侵韩国、中国、葡萄牙、西班牙等国家，对全球松林造成了巨大危害，是国际重要检疫性线虫。而在美国和加拿大，由于当地的树种具有较强的抗性，松材线虫不引起松树死亡。在我国，松材线虫于1982年首次在南京被发现，很可能是通过日本的货物木质包装运输传入的。但当时并没有充分认识其危害性，无论是内检或外检，都是直到90年代初才开始执行，以致松材线虫在此期间不断扩散。回想一下，如果对松材线虫有更深入的认识，积极做好进境木材及货物木质包装检疫，对国内松木及其包装的运输进行严格检疫，松材线虫所造成的危害一定会小很多。

我国的进境检疫性线虫名录几经变化，现执行的是2007年农业部第862号公告公布的《中华人民共和国进境植物检疫性有害生物名录》，名录中不再区分一类、二类，共列入检疫性有害生物435种（属），其中检疫性线虫20种（属）（表8-1）。该名录中规定根结线虫属和短体属的非中国种，以及长针属、剑属、毛刺属和拟毛刺属的传毒种类都是检疫性线虫，这就要求对此类线虫必须鉴定到种，并且明确中国种名单，才能判定其是否为中国种，对线虫检疫提出了非常高的要求。

表8-1　《中华人民共和国进境植物检疫性有害生物名录》中的20种（属）检疫性线虫

序号	中文名	种（属）学名
1	剪股颖粒线虫	*Anguina agrostis*（Steinbuch）Filipjev
2	草莓滑刃线虫	*Aphelenchoides fragariae*（Ritzema Bos）Christie
3	菊花滑刃线虫	*Aphelenchoides ritzemabosi*（Schwartz）Steiner et Bührer
4	椰子红环腐线虫	*Bursaphelenchus cocophilus*（Cobb）Baujard
5	松材线虫	*Bursaphelenchus xylophilus*（Steiner et Bührer）Nickle
6	水稻茎线虫	*Ditylenchus angustus*（Butler）Filipjev
7	腐烂茎线虫	*Ditylenchus destructor* Thorne
8	鳞球茎茎线虫	*Ditylenchus dipsaci*（Kühn）Filipjev
9	马铃薯白线虫	*Globodera pallida*（Stone）Behrens
10	马铃薯金线虫	*Globodera rostochiensis*（Wollenweber）Behrens
11	甜菜孢囊线虫	*Heterodera schachtii* Schmidt
12	长针属（传毒种类）	*Longidorus*（Filipjev）Micoletzky（the species transmit viruses）
13	根结属（非中国种）	*Meloidogyne* Goeldi（non-Chinese species）
14	异常珍珠线虫	*Nacobbus abberans*（Thorne）Thorne et Allen
15	最大拟长针线虫	*Paralongidorus maximus*（Bütschli）Siddiqi
16	拟毛刺属（传毒种类）	*Paratrichodorus* Siddiqi（the species transmit viruses）

序号	中文名	种（属）学名
17	短体线虫（非中国种）	*Pratylenchus* Filipjev（non-Chinese species）
18	香蕉穿孔线虫	*Radopholus similis*（Cobb）Thorne
19	毛刺属（传毒种类）	*Trichodorus* Cobb（the species transmit viruses）
20	剑属（传毒种类）	*Xiphinema* Cobb（the species transmit viruses）

国内植物检疫名录方面，2008 年 2 月 18 日，国家林业局发布 2008 年第 3 号公告，公告涉及的国内林业检疫性有害生物共 21 种，其中线虫 1 种，即松材线虫。2009 年 6 月 4 日农业部发布第 1216 号公告，依据《中华人民共和国植物检疫条例》发布了《全国农业植物检疫性有害生物名单》，该名单中检疫性有害生物由原来的 45 种（2006 年）减少为 29 种，确定腐烂茎线虫和香蕉穿孔线虫为国内植物检疫性有害生物。

第二节　植物病原线虫分离检验

线虫检疫的重点是对发现的线虫进行准确的种类鉴定，判断其是否为检疫性线虫。而发现线虫的前提是进行有效的样品采集和线虫分离。不同种类的植物病原线虫，其生物学特性可能不一致；同一种植物病原线虫的不同发育阶段，其形态、活力、寄生部位不一定相同，需要采用不同的分离方法。目前，适用于植物病原线虫分离的方法主要包括直接解剖法、贝尔曼漏斗法、浸泡分离法、浅盘分离法、芬威克漂浮器法、直接过筛分离法、改进的离心漂浮分离法和线虫的诱集检测方法等。

一、样品采集

（一）病变组织或土样的采集

植物病原线虫按寄生方式不同一般可分为内寄生和外寄生线虫。大多数寄生线虫为害寄主植物的根和地下茎，如根结线虫属（*Meloidogyne*）线虫寄生于根内，孢囊属（*Heterodera*）线虫部分外露于根部。但也有部分线虫［如粒属（*Anguina*）线虫、滑刃属（*Aphelenchoides*）线虫、伞滑刃属（*Bursaphelenchus*）线虫等］为害植物地上的芽、叶、茎秆、种子、穗部等。部分植物受线虫危害后，有时可表现瘿瘤、叶斑、坏死、变色、畸形等症状，但地上部分症状一般不显著。

植物受线虫危害后，发生明显病变的部位，往往也是病原线虫存在的部位。例如，粒属线虫在籽粒虫瘿中，部分滑刃属线虫在穗部籽粒颖壳的内侧，根结线虫属线虫和孢囊属线虫都在根部。

检测茎、块茎、叶中的线虫时，要注意观察植株花、叶、芽等是否有枯死、褐色角斑、矮小、畸形等受害症状，块茎、鳞茎、球根等是否有干腐、变黑等症状。重点选取表现上述症状的花、叶、芽、块茎等植物组织。

无论是针对植物内寄生还是外寄生线虫，均应考虑把样品可能带有的土壤或介质作为取样重点。取样时应用取样铲采集根系附近的土壤、介质，并尽量多采集根系，采集深度一般为土表下 10～20cm。样品的数目可考虑具体情况进行设置，一般每个样品重量为 0.5kg 左右。

（二）采集信息记录和编号

对于进口样品，需记录采集时间、采集地点、采集人、寄主等信息。对于国内采集的样品，还应记录其经纬度和海拔等，必要时摄影存档。从采集的样品到最后的凭证标本、显微照片及 DNA 等，均需有统一的唯一性标号相对应，可实现系统溯源。

（三）采集样品的保存

采集到的组织或土样等要防止干燥，写好标签后应立即放在塑料袋中，密闭袋口，避免阳光直射，及时送实验室检测。如不能及时送检，可将样品置 4～10℃ 冷藏箱贮存。

二、线虫分离

（一）直接解剖法

该方法适用于分离孢囊属、根结线虫属等内寄生线虫，以及粒属等体形较大的线虫。方法是：将洗净的植物组织放在培养皿中，加少量清水，在体视显微镜下用镊子固定住植物材料，用解剖针挑开或用镊子撕开植物材料，然后用镊子或线虫挑针将线虫从植物组织中分离出来，再用线虫挑针或者细毛笔把膨大的线虫或者蠕虫形线虫移出。但线虫大部分露于植物组织表面时，也可直接在体视镜下用解剖针轻轻剥离并挑取线虫。用线虫挑针或移液器收集线虫或孢囊。

（二）直接浸泡法

该方法适用于分离地上和地下部分的迁移性内外寄生的线虫，如茎属（*Ditylenchus*）、滑刃属（*Aphelenchoides*）、穿孔属（*Radopholus*）等，也可用于研碎的媒介昆虫材料中线虫的分离。取少量植物材料或媒介昆虫材料置于培养皿中，加少量水浸泡一段时间，在体视显微镜下用线虫挑针直接挑取或用吸管吸取线虫。

（三）贝尔曼漏斗法

该方法适用于植物、植物产品、媒介昆虫、土壤及栽培介质等样品中迁移性线虫的分离。将漏斗（直径 10～15cm）置于漏斗架上，下方接长 5～10cm 的乳胶管，乳胶管末端夹上夹子，漏斗中注入清水。将制备的样品用 2～3 层纱布包好，轻轻放入漏斗中，保持室温 15～28℃，12～24h 后打开夹子，用培养皿收集乳胶管中的线虫悬浮液 5mL，静置 10min 左右，吸去上层清水，镜检。

为实现大量植物样品中线虫的分离，顾建锋等（2017）对贝尔曼漏斗装置进行了改进（图 8-1）。其中，在大口径有机玻璃管内放置孔径为 40 目左右的筛网。筛网起支撑样品的作用，且不阻碍线虫幼虫通过筛网进入下方的乳胶管内。该方法的优点是操作简便、分离样品多、效果好，不但适用于木质包装线虫分离，也适用于植物根系、土壤、苜蓿等各种样品的线虫分离。

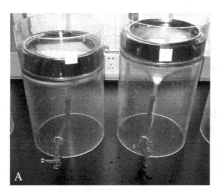

图 8-1　改良的贝尔曼漏斗（顾建锋等，2017）
A. 分离土壤；B. 分离木质包装

（四）浅盘分离法

适用于植物、植物产品、土壤及栽培介质等样品中迁移性线虫的分离。该方法是贝尔曼漏斗法的改进，能一次分离较多的样品，适用于从大量的土壤和植物组织中分离具有迁移能力的线虫，筛网面积大，通气性好，能提高分离效率。浅盘分离法的装置由两只不锈钢浅盘和双层纸巾或纱布组成，上盘为 10 目的筛网，下盘为正常浅盘（图 8-2）。分离线虫时，将双层纸巾或纱布平铺在上盘的筛网上，然后将待分离的样品（介质、土壤及剪成小段的叶、茎、芽、花、病残体或破碎的种子等）撒铺在表面，将筛网放在装有适量清水的底盘内（水量以刚好浸透样品为宜）。20～25℃静置 24～48h 后，移去筛网，用 400 目分样筛收集线虫，然后将线虫液转移到培养皿或钟面皿，镜检。

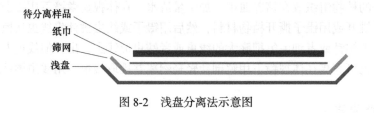

图 8-2　浅盘分离法示意图

（五）改良漏斗分离法

改良漏斗分离法吸取了浅盘分离法和传统漏斗分离法各自的优点，在提高了漏斗法分离效率的同时，又解决了浅盘分离法必须使用套筛而使植物组织等杂物经常堵塞 400 目筛筛孔的问题，适合分离各类样品。

改良漏斗分离装置由一只较大并类似于贝尔曼漏斗的玻璃或有机玻璃作为外壳，上部装置则与浅盘分离装置相似。将线虫滤纸或双层纸巾平放在筛盘筛网上，用水淋湿滤纸边缘与筛盘结合部分；将待分离线虫的样品放置其上；从筛盘下部的空隙中将水注入分离器中，以淹没供分离的材料为止；在 20～25℃条件下放置 24～48h 后，打开止水夹，用离心管接取约 5mL 的水样；静置 20min 左右或 1500r/min 离心 3min，吸去离心管内上层清液后，即获得浓度较高的线虫水悬浮液。

扫右侧二维码见改良漏斗法分离木质包装和土样中的线虫相关视频。

（六）直接过筛分离法

直接过筛分离法适用于分离土壤中的线虫和胞囊。主要器具及步骤如下：以一组孔径不同的套筛（从上至下分别为 20 目、60 目和 300 目）过滤土壤悬浮液。其中，20 目筛可过滤掉土壤中的大颗粒物质和植物残体，60 目筛可过滤收集胞囊，300 目筛可过滤收集线虫。首先，将约 500g 土样置于 5L 水桶中，捏碎土块并充分搅拌成土壤悬浮液。静置约 30s 后，将上层悬液缓慢倒入套筛中，进行过滤，每份土壤样品重复 1～2 次。然后将目标样品从相应网筛中用洗瓶洗至玻璃烧杯中，用漏斗法进行分离。

（七）离心漂浮分离法

适用于植物组织、土壤及栽培介质中大量线虫的分离。将样品放入烧杯或较大容器中，加适量水充分搅拌，静置片刻，将上浮液倒入离心管，加 1～2mL 粉状高岭土，2000r/min 离心 2～5min，倒掉上清液，加入蔗糖溶液，用振荡器混匀或用玻璃棒充分搅拌均匀，2000r/min 离心 2～5min，将上清液注进预先装水的烧杯里，用 300 目、400 目、500 目网筛套在一起，将烧杯内的水倒入筛网，并用水冲洗，最后将三个筛网里的线虫分别洗到带平行横纹的塑料培养皿中，置于体视显微镜下观察。

（八）淘洗—过筛—离心分离法

该方法可用于分离土壤中的线虫。称取土壤约 100g，将称好的土倒入水盆中，加水搅匀，静置 1min。将水倒入一组网筛（即上层为 60 目、下层为 400 目），边倒边振荡分样筛，防止水充满下层的 400 目筛而从筛中溢出。然后在盆中加入水后混匀，静置 1min，倒入网筛中，如此重复三次。将 400 目的分样筛取下，用喷头把 400 目网筛线虫悬液中的泥浆冲洗干净，倒入烧杯中，静置。将静置烧杯中的上层水轻轻倒掉，只保留下层约 30mL 水、线虫和泥浆的混合物。将混合物轻轻摇匀，倒入离心管中，在天平上调平衡，把平衡后的离心管放入离心机中，第一次离心（离心机的转速为 2000r/min，离心时间为 4min）。倒掉第一次离心后离心管内的上层液，保留土层。在离心管中分别注入浓度为 1180g/L 的蔗糖溶液约 10mL，在天平上调平衡后，摇匀，放入离心机中进行第二次离心。离心后，迅速取出离心管，把离心管内的上层液倒入 500 目筛中，用水把蔗糖液冲掉，以防线虫在蔗糖液中脱水变形。然后把线虫液冲入烧杯中，随后再转入试管中镜检。

（九）芬威克漂浮器法

芬威克（Fenwick）漂浮器法适用于分离土壤中线虫的胞囊，如土壤中马铃薯金线虫和甜菜胞囊线虫发育形成的胞囊。首先，将土壤样品风干，以粗筛过筛去除大块的植物残体。然后，向漂浮桶内注满水，将处理后的土样置于 16 目筛中，用自来水将土壤中的胞囊冲洗至漂浮桶内（图 8-3）。胞囊漂浮在水面并随水流流入套筛中。套筛孔径由上至下依次为 16 目、30 目和 60 目。收集 60 目筛中的胞囊，将其转移至铺有滤纸的漏斗内过滤。待滤纸晾干后，用体视显微镜检测附着在滤纸上的孢囊。

图 8-3　芬威克漂浮器法

（十）线虫的诱集检测方法

厦门大学发明了一种"松材线虫检测管"，该检测管是根据线虫头部的化学感受器可接收微生物分泌的化感物质的原理，以拟盘多毛孢（*Pestalotia* spp.）和灰葡萄孢（*Botrytis cinerea*）等特定的微生物引诱松树中的线虫。其特点为只需在树上钻一个直径 10mm 的小孔，然后插入检测管，1～4d 后拔出检测管，通过检视管壁即可获知该株松树有无线虫，从而便于及早发现松材线虫，且不伤及树皮，也无须采集大量样品回实验室检测，极大地减轻了工作量。在应用过程中，将检测管拔出后在 25～28℃ 条件下培养 2～3d，还可使线虫数量增加，检查更方便。这种方法尤其适合产地检验检疫。

三、伞滑刃属线虫培养

（一）木质包装线虫培养

在木质包装检疫时，有时发现的线虫数量很少，或者都是幼虫，无法直接进行形态学鉴定。此时，可用培养法直接扩繁线虫。将适量木样（100～200g）劈成长约 10cm、宽 0.5～1cm 的薄片，置密闭塑料袋中，用小喷雾器喷适量水，以其表面略湿润为宜。然后置 5℃恒温条件下培养 1～2 周后，即可分离到大量线虫。

（二）线虫人工培养

用灰葡萄孢培养线虫。将形态上确定的数十条线虫用灭菌蒸馏水清洗数次后，挑至已长满灰葡萄孢的 PDA 培养基平板，25℃恒温培养。10～20d 后，可繁殖获得大量的线虫。如需要长期保存，可待发现部分真菌被取食后，将该培养皿转移到 4～6℃冷藏保存，一般 3 个月后需转接到新的长满灰葡萄孢的 PDA 培养基平板上。培养过程中，必须将培养皿用 Parafilm 膜或其他材料封口，然后再套入保鲜袋中封口，以防螨虫污染。

四、线虫标本及其 DNA 固定保存

（一）TAF 溶液保存

TAF 溶液配制方法（100mL）：40% 甲醛溶液 7mL，三乙醇胺 2mL，蒸馏水 91mL。

在体视显微镜下，用移液器将培养皿中的线虫转移到 500μL 微量离心管中，2000r/min 离心 3min，使线虫沉降到微量离心管底部；或静置片刻，使线虫自然沉降。用移液器将微量离心管上层的水吸出，使管中仅留少量的线虫液（约 10μL），然后向管中加入 400μL 95℃ 的 TAF 溶液，杀死线虫，即可长期保存。

用该方法保存的线虫适合永久玻片制作及形态学观察，但不适合 DNA 提取；用该方法保存的线虫虫体变形小，虫体结构清晰，尤其适合对雄虫交合刺的观察。

（二）95% 乙醇溶液保存

在体视显微镜下，用移液器将培养皿中的线虫转移到 500μL 微量离心管中，2000r/min 离心 3min，使线虫沉降到微量离心管底部；或静置片刻，使线虫自然沉降。用移液器将微量离心管上层的水吸出，使管中仅留少量的线虫液（约 10μL），然后向管中加入 400μL 95% 乙醇溶液。

用该方法保存的线虫适合 DNA 提取，但不适合永久玻片制作及形态学观察。

（三）DESS 溶液保存

DESS 溶液配制方法：称取乙二胺四乙酸二钠 186.12g，溶于 500mL 去离子水中，再逐渐加入 5mol/L 氢氧化钠溶液，调节 pH 到 8.0（有时可能需要 5mol/L 氢氧化钠溶液 500mL，注意每次不要过多加入 5mol/L 氢氧化钠溶液，每次加大约 5mL，间隔约半小时。当 pH 为 7 时，乙二胺四乙酸二钠开始溶解，这个过程需要数小时）。最后用去离子水定容至 1L。

在 1L 的容量瓶中分别加入 500mL 0.5mol/L 乙二胺四乙酸二钠（pH 8.0）、200mL 二甲基亚砜和 300mL 去离子水，然后加入氯化钠至溶液饱和（通常需要加氯化钠 300～400g）。可先加氯化钠 300g，待全部溶解后，每次加氯化钠 20～30g，搅拌并等待 20～30min。如全部溶解，则重复上述步骤，直到氯化钠不再溶解。该过程需要数小时。室温过夜，盖紧盖子以防水分挥发。最后将配制好的 DESS 溶液倒入试剂瓶中，弃去底部的氯化钠结晶。室温保存，盖紧瓶盖。

在体视显微镜下，用移液器将培养皿中的线虫转移到 500μL 微量离心管中，2000r/min 离心 3min，使线虫沉降到微量离心管底部；或静置片刻，使线虫自然沉降。用移液器将微量离心管上层的水吸出，使管中仅留少量的线虫液（约 10μL），然后向管中加入 400μL DESS 溶液，杀死线虫，即可长期保存。

用该方法保存的线虫既适合 DNA 提取，又可进行永久玻片制作及形态学观察。

（四）线虫临时玻片和半永久玻片的制作

发现线虫后，在解剖镜下用线虫挑针挑取数条线虫，转移至载玻片上的小水滴中，在酒精灯火焰上以 1s 通过 10 次左右的频率，至线虫恰好被杀死为止，然后加盖玻片。若接取的线虫分离液较干净，可直接用 200μL 的移液器吸取适量线虫液后制片。

如果需要观察的时间较长，可用解剖针挑取少许凡士林，均匀涂于盖玻片四周，数量以其熔化后刚好将盖玻片四周封闭为宜；于酒精灯上稍微加热解剖针，然后用其将涂于盖玻片

四周的凡士林全部熔化。

此外，也可以选择以下方法制作半永久玻片。

1）用移液器从培养皿中吸取线虫，转移到 500μL 塑料管中，2000r/min 离心 3min，再用移液器吸出塑料管中的水（留下线虫约 10μL），然后向塑料管中加入 95℃的线虫固定液 200～400μL，静置至植物线虫死亡，得到已杀死固定的植物线虫。上述线虫固定液为 40% 甲醛溶液：甘油：蒸馏水按体积比 10：2：88 配制。

2）在载玻片中央滴加上述线虫固定液 2μL，挑取上述已杀死固定的植物线虫，置于载玻片上的线虫固定液内，整理植物线虫形态；整理后植物线虫沉底且均匀排列。

3）在载玻片上线虫固定液旁的左上角和右下角各放置一块体积为 2～3mm³ 的石蜡，在石蜡和线虫固定液上盖上盖玻片，载玻片置于 64℃的加热板上加热，待蜡块熔化后自然冷却，得到植物线虫临时玻片。

与现有技术相比，该方法通过线虫固定液热杀死并固定线虫，然后用线虫固定液作为载玻片上的浮载剂，再用线虫固定液旁对角的石蜡热熔形成均匀的蜡环，冷却后就成为致密的密闭环境，得到植物线虫临时玻片，这样石蜡既作为支撑物，又作为封片剂，就不需另外放置玻璃丝或薄纸等支撑物，也不用涂上指甲油、树脂或凡士林等封片剂，操作简单，载玻片加热时气体逸出，基本上不会产生气泡，线虫临时玻片可保存标本 3 个月以上，保存期也延长。

（五）线虫永久玻片制作

对于上述用福尔马林（40% 甲醛溶液）或 DESS 溶液固定保存的线虫标本，可进一步制作线虫永久玻片保存。

将微量离心管 2000r/min 离心 3min，吸去上层福尔马林或 DESS 溶液后，用移液器将线虫移至细胞培养皿中，加入溶液 I（乙醇：甘油：蒸馏水＝20：1：79，体积比）至皿的一半体积，再将皿置于加有 1/10 体积 96% 乙醇溶液的密闭塑料盒中，置 40℃恒温培养箱中放置 12h。仔细用移液器吸去皿中大部分溶液 I（注意不要吸走线虫），加满溶液 II（乙醇：甘油＝19：1，体积比），置于 40℃恒温培养箱中放置 12h 以上，直至乙醇完全挥发。然后取一干净载玻片，在中间加一小滴甘油，在体视显微镜下用挑针将已完全脱水的雌、雄线虫各数条移至甘油滴的中央，排列整齐。取与线虫直径大小一致的玻璃丝 3～4 根，放在甘油滴的边缘。在甘油滴两边对称放两块小蜡块，加盖玻片，置于 64℃的加热板上加热，待蜡块熔化后自然冷却。用中性树胶、阿拉伯树胶或指甲油封片，待封片剂干后再封 1 次。贴上标签，注明中文名、拉丁名、样品编号、寄主、产地、制作日期、鉴定人等信息，放入标本盒中（注意保持玻片水平，以防线虫滑动）。

五、植物组织内线虫的染色检验

对侵入植物体内的线虫，可通过酸性品红（acid fuchsin）或棉蓝（cotton blue）染色，使线虫特异显色。经染色处理后，植物组织内的线虫可在普通光学显微镜下观测检验（图 8-4）。具体步骤如下。

1）用自来水冲洗植物样品，去除植物样品表面的土壤及其他附着物，用吸水纸吸除样品表

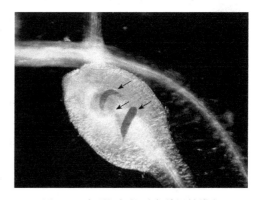

图 8-4　水稻根部拟禾本科根结线虫
（*M. graminicola*）酸性品红染色
箭头指示水稻根组织内拟禾本科根结线虫幼虫

面的水分。

2）用剪刀或水果刀等将植物样品切成小段。

3）将切割后的样品装入小的棉袋中（棉袋一角用棉线系住），做好标记。

4）在玻璃烧杯中加入适量的染色液，染色液为 0.05%~0.1% 的酸性品红或 0.1% 的棉蓝，溶解液为乳酸甘油（lactoglycerol solution）。

5）用微波炉加热染色液至沸腾，然后将装有植物样品的棉袋置于预热的染色液中，浸泡染色约 3min（可依据植物样品的大小适当调整染色时间）。

6）染色结束后，将棉袋取出，用自来水冲洗，除去棉袋及样品表面的染色液。

7）将棉袋转移至盛有脱色液的烧杯中，浸泡过夜（脱色液为等体积的甘油与蒸馏水混合液，另添加几滴乳酸）。

8）在显微镜下观测植物组织样品中的线虫。

在对植物组织内的线虫进行染色观测时需注意以下几个问题。

1）番茄根等粗大的植物组织样品，切成小段后便于染色观测。水稻根等比较纤细的植物组织样品，则可直接进行染色观测。

2）如果植物组织样品中的线虫不易染色，可将样品放入染色液中一起加热至染色液沸腾。

3）在样品脱色处理时，可将样品直接放入预热的甘油中（滴加几滴盐酸），实现样品的快速脱色。

4）在用显微镜观测样品时，可将样品置于两载玻片间，适当挤压植物样品，便于样品中线虫的观测。

第三节　检疫性线虫形态鉴定基础

一、线虫分类系统

自 20 世纪 50 年代以来，关于植物线虫的分类研究发展迅速。Perry 和 Moens（2013）主编的《植物线虫学》（第二版）（*Plant Nematology*）吸纳了分子系统发育学的数据（de Ley and Blaxter，2002），体现了分类学研究的最新成果（扫左侧二维码见线虫分类系统，其中检疫性线虫所在属加粗显示；该分类系统中将粒科提升为粒总科，因为粒科长期以来一直归属于垫刃总科，所以在后文中仍按粒科进行分类）。不同分类级别具有不同的后缀，如下。

纲 class	-ea
亚纲 subclass	-ia
目 order	-ida
次目 infraorder	-omorpha
亚目 suborder	-ina
总科 superfamily	-oidea
科 family	-idae
亚科 subfamily	-inae
族 tribe	-ini

二、分科检索表

在植物根系及根际土壤中，除了植物寄生线虫外，还普遍存在各种腐生、食菌、食藻及捕食性线虫。它们大多没有口针，在解剖镜下观察行动活跃，容易与寄生线虫区别。常见的有小杆目、双胃目、嘴刺目、单宫目、单齿目、色矛目、柱咽目、矛线目等，其主要区别是头部、口针、食道等（图8-5）。

我国进境植物检疫性有害生物名录

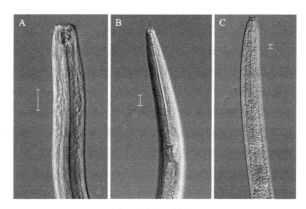

图 8-5　植物线虫体前部（标尺为 10μm）
A. 单齿目；B. 小杆目；C. 矛线目

中，共列出进境检疫性线虫 20 种（属）。其中，草莓滑刃线虫、菊花滑刃线虫、椰子红环腐线虫和松材线虫等归属滑刃总科（Aphelenchoidea）滑刃科（Aphelenchoididae），长针属、剑属和最大拟长针线虫归属矛线总科（Dorylaimoidea）长针科（Longidoridae），毛刺属和拟毛刺属归属毛刺总科（Trichodoroidea）毛刺科（Trichodoridae），其余归属于垫刃总科（Tylenchoidea）。

长针科虫体细长，一般长度超过 2mm，口针很长，称齿针，包括齿尖针和齿托两部分，一般超过 50μm（图8-6A）。毛刺科虫体粗短，呈香肠形，口针一般称瘤针，显著腹弯（图8-6B）。滑刃总科背食道腺开口于中食道球，中食道球膨大，大于体宽的 3/4（图8-6C）。垫刃总科背食道腺开口于食道前体部，常位于口针基部球后附近，中食道球一般卵圆形，小于体宽的3/4（图8-6D）。

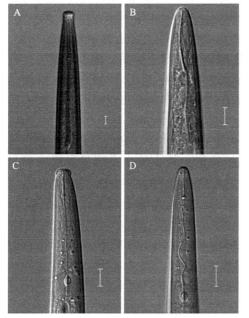

图 8-6　四大类线虫头部（标尺为 10μm）
A. 长针科；B. 毛刺科；C. 滑刃总科；D. 垫刃总科

线虫分科检索表

1. 口腔无口针 ··非植物线虫
   口腔有口针 ··2
2. 食道分 2 部分：前部细长，后部膨大近圆柱形，整个食道似长瓶形 ························3
   食道分 4 部分：近柱形的前体部，卵圆形的中食道球（通常有骨化瓣），细窄的峡部和膨大的食道腺叶（或球）··4
3. 口针向腹面弯，虫体粗短（一般短于 1.5mm），有明显的排泄孔 ····················毛刺科
   口针很长、直，虫体很长（一般长于 1.5mm），无明显的排泄孔 ····················长针科
   4. 背食道腺开口于中食道球，中食道球方圆形，大于体宽的 3/4 ················滑刃总科
   背食道腺开口于食道前体部，常位于口针基部球后附近，中食道球卵圆形，一般小于体宽的 3/4 ··垫刃总科

三、线虫形态学鉴定

植物线虫的形态学鉴定是通过运用比较、分析和归类等方法，依据线虫的形态特征来对植物线虫进行鉴定和分类的，是线虫分类鉴定的一个重要组成部分，是物种鉴定的传统方法。

（一）形态鉴定的主要特征

形态特征是最直观、最常用的鉴定特征，早期的分类鉴定都是以形态性状来区别和建立分类单元的。至今形态特征仍然是十分重要的分类性状，是分类的基础。植物寄生性线虫的形态特征是通过对虫体的外部形态结构和内部结构进行测定，根据测量的数量特征结合典型的质量特征进行鉴定。

线虫虫体的外部形态结构包括：体形和体态，角质环纹或附属物、侧区和侧线，头部特征、唇区、头架和侧器，乳突（颈乳突、生殖乳突、尾乳突），尾部和尾端形态、尾体环数和透明尾的有无等。

线虫虫体的内部结构鉴定特征包括：口针长短、食道类型、食道腺覆盖肠的程度、食道腺开口位置、肛门或雄虫泄殖腔口的位置，生殖系统中雌虫卵巢、雄虫精巢的个数和母细胞的排列状态、受精囊和贮精囊的有无、阴门和交合刺特征，排泄系统中排泄孔的位置，神经系统中神经环和半月体、侧尾腺口的位置和形态、雄虫泄殖腔附近的生殖乳突。

目前，线虫的种类主要根据德曼（de Man）于 1880 年提出的一套公式进行鉴定，通过不断的补充和完善，目前国际上关于不同种属植物寄生线虫的主要测量和观察项目如下。

n：线虫条数（number of specimens）；

L：虫体长度（body length）；

Lv：头端到阴门的距离（length from end of head to vulva）；

W：虫体宽度（greatest body width）；

St：口针长度（stylet length）；

StC：口针锥体长度（cone length of stylet）；

StB：口针基杆长度（basal length of stylet）；

DGO：背食道腺开口至口针基球的距离（dorsal gland orifice to stylet）；

EP：排泄孔至头端的距离（distance from excretory pore to anterior end）；

Oeso：体前端到食道腺与肠连接处的距离（oesophagus length）；

O：背食道腺开口至口针基球的距离 / 口针长度（DGO/St）；

OV：卵巢长度（ovary）；

R：体环总数（total number of body annulus）；

Rst：口针处体环数（number of annulus through stylet）；

Roes：食道处体环数（number of annulus in oesophageal region）；

Rex：排泄孔至头端体环数（number of annulus between anterior end of body and excretory pore）；

RV：阴门至虫体末端体环数（number of annulus between posterior end of body and vulva）；

RVan：阴门至肛门体环数（number of annulus between vulva and anus）；

Ran：肛门至虫体末端体环数（number of annulus between posterior end of body and anus）；

VL/VB：阴门至头端的距离／阴门处体宽（distance between vulva and posterior end of body divided by body width at vulva）；

a：体长／体宽（body length divided by greatest body width）；

b：体长／食道长（body length divided by oesophageal length）；

c：体长／尾长（body length divided by tail length）；

c'：尾长／肛门处体宽（tail length divided by body width at anus）；

V：阴门至头端距离×100/体长（distance from head end to vulva×100 divided by body length）；

MB：头端至中食道球中央的距离（distance from anterior end to centre of median oesophageal bulb valve）；

MBW：中食道球宽（width of the median bulb）；

V.a.：阴门至肛门的距离（distance from vulva to anus）；

ABW：肛门处体宽（anal body width）；

VBW：阴门处体宽（vulva body width）；

Tail：尾长（tail length）；

T：泄殖腔开口至精巢前端距离×100/体长（distance from cloacal aperture to anterior of testis×100 divided by body length）；

spic：交合刺长（spicule length）；

Gub：引带长（gubernaculum length）；

h：尾部透明区的长度（hyaline region）。

分离获得线虫后，制成的临时玻片和永久玻片分别在光学显微镜下观察、拍照及鉴定。一般先进行观察、拍照，除选择雌、雄虫整体外，还选择不同线虫群体的主要鉴定特征，如唇区、唇环、口针、中食道球、背食道腺开口、排泄孔、神经环、食道腺、侧线、受精囊、阴门、后阴子宫囊、尾、交合刺、交合伞、乳突等。其中线虫头部、口针等对属的鉴定十分重要，图 8-7～图 8-10 展示了重要检疫性线虫头部照片，图 8-11～图 8-13 展示了重要检疫性线虫照片。这些照片不但可以作为复核鉴定的资料，也是重要的证据档案。

（二）形态鉴定的依据

植物检疫实验室应依据《中华人民共和国进境植物检疫性有害生物名录》，判定所截获的线虫是否为检疫性线虫。对于大多数线虫群体，鉴定到属相对简单，但鉴定到种难度很大。在线虫鉴定过程中，相关的鉴定标准或参考文献是必需的，包括鉴定标准、线虫学专著、期刊论文，以及各种网络资源等（扫右侧二维码可见）。有鉴定标准的，这些鉴定标准是最重要的鉴定依据。如没有相关标准，应通过多种途径收集相关文献，并与国内外线虫专家及时联系。

国质检动〔2010〕589 号《关于印发〈进出境植物有害生物检疫鉴定管理规范〉的通知》规定，属于全国首次鉴定或重大敏感有害生物的，应报告国家质检总局及中国检验检疫科学研究院组织鉴定专家进行鉴定。因此，各口岸在线虫鉴定过程中，如怀疑该种线虫为检疫性线虫、为该口岸首次截获或 5 年内未曾截获的线虫，应及时与全国进出境植物有害生物鉴定专家联系。

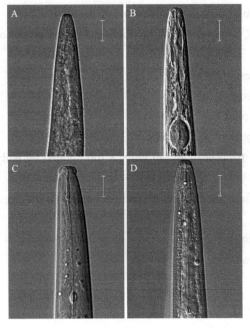

图 8-7　检疫性线虫头部（1）（标尺为 10μm）

A. 粒属；B. 滑刃属；C. 伞滑刃属；D. 茎属

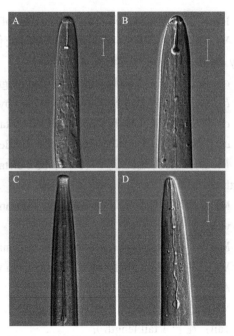

图 8-8　检疫性线虫头部（2）（标尺为 10μm）

A. 球孢囊属；B. 孢囊属；C. 长针属；D. 根结线虫属

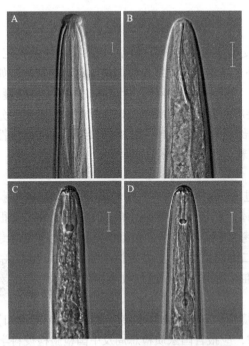

图 8-9　检疫性线虫头部（3）（标尺为 10μm）

A. 拟长针属；B. 拟毛刺属；C. 短体属；D. 穿孔属

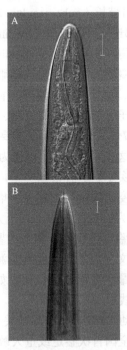

图 8-10　检疫性线虫头部（4）（标尺为 10μm）

A. 毛刺属；B. 剑属

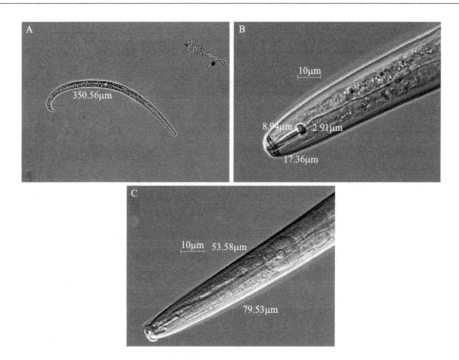

图 8-11　线虫主要测计值（1）

A. 体长；B. 口针长、口针锥部长、口针基球至背食道腺距离；C. 体前端至食道与肠连接处距离、体前端至排泄孔距离

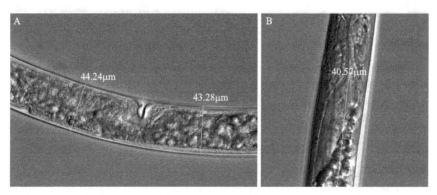

图 8-12　线虫主要测计值（2）

A. 最大体宽（选取一个最大的值，一般在阴门前）；B. 食道与肠交接处至食道腺末端的距离

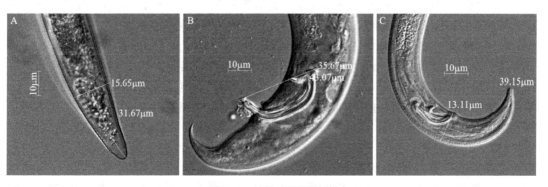

图 8-13　线虫主要测计值（3）

A. 雌虫肛门宽和尾长；B. 交合刺直线长和中弧线长；C. 雄虫肛门宽和尾长

第四节　几种重要植物线虫介绍

一、植物寄生线虫重要属的主要鉴定特征

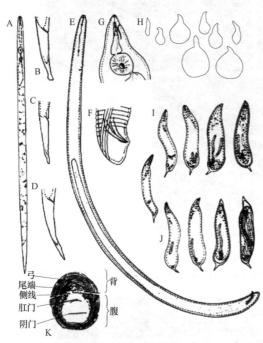

图 8-14　根结线虫示意图

A. 2 龄幼虫整体；B~D. 2 龄幼虫尾部；E. 雄虫成虫整体；
F. 雄虫尾部交合刺；G. 雌虫头部；H. 雌虫；I. 发育中的雌虫；
J. 发育中的雄虫；K. 雌虫会阴花纹

（一）根结线虫属（图 8-14）

雌虫：成熟后膨大呈梨形，体前部突出如颈，后体部圆球形，阴门靠近肛门。表皮有环纹、乳白色、较薄。口针短、适度硬质化，唇区微弱骨质化，排泄孔位于中食道球前部，通常靠近口针基球，生殖系统发达，双生殖管盘曲于大部分体腔。会阴区角质膜被称为会阴花纹，是种类鉴定的重要特征。

雄虫：蠕虫形，长 1~2mm，口针与唇区骨质化、坚硬，尾短、钝圆，背食道腺开口到口针基部球的距离可作为种类鉴定的依据。无交合伞，交合刺粗大。

2 龄幼虫：蠕虫状，细长，长约 450μm，口针、唇区较弱，尾部长圆锥形，具透明尾。

（二）孢囊属（图 8-15）

雌虫：有孢囊期；虫体呈球形或柠檬形，有短颈和末端锥；角质层厚，表面有网状花纹，D 区不明显；阴门位于末端，阴门层不突出，阴门区有双半膜孔或双膜孔，无肛门膜孔，一般有下桥，泡囊有或无，阴门椎是种类鉴定的重要特征。

雄虫：虫体蠕虫形、弯曲，侧线 4 条（偶尔有 3 条）；交合刺长于 30μm，远末端尖或呈叉状，泄殖腔层不形成泄殖腔管；尾圆、非常短。

2 龄幼虫：口针短于 30μm，侧线 4 条（偶尔有 3 条），食道腺充满体腔；尾圆锥形、端尖，尾的透明后部长度有变化，一般为尾长的 1/2；侧尾腺口呈刻点状。

（三）粒属

体中等到大型（1~2.7mm），身体膨大，成熟雌虫身体蜷曲，有时呈螺旋形；中食道球肌肉质，成虫的食道基球膨大，与狭部之间连续或缢缩；食道腺通常延伸覆盖肠的前端；卵巢前端通畅回折，卵母细胞多行轴状排列，子宫柱状部多个细胞多行排列；精原细胞多行排列；交合伞亚端生。

（四）茎属（图 8-16）

虫体较大，有的能达到 2mm，表皮有很细的环纹，唇区无环纹，侧区有 4~6 条侧线。口针细小，多为 7~11μm；后食道腺短或长，不覆盖或覆盖肠，雌虫单生殖腺前伸，

卵母细胞1～2行排列，后阴子宫囊有或无。雄虫精巢不转折，精细胞大（3～5μm），交合伞延伸至尾长的1/4～3/4处，尾长圆锥形，偶有丝状，交合刺窄细，基部宽大，其上具有特殊的突起，可作为某些种的分类特征。4龄幼虫对干燥有很强的抵抗力。

（五）滑刃属

虫体细长，头部略缢缩，头架骨化弱，口针较细，口针基部球较小，长度为10～12μm，滑刃型食道，中食道球方圆形，后食道腺发达、叶状，从背面覆盖肠。尾部钝圆或尖、指状或有分叉。雌虫单卵巢，阴门在虫体后部，后阴子宫囊通常存在，偶尔缺乏；雄虫尾部向腹部弯成钩状，整个虫体呈"J"形，无交合伞，具有特有的玫瑰刺形的交合刺。许多种类在尾上有尖刺，称为"尾尖突"。侧区通常有4条侧线。

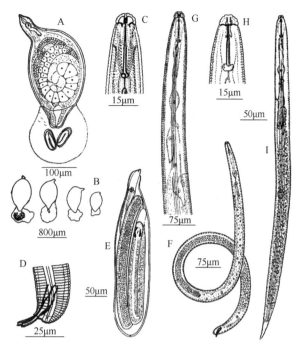

图8-15　甜菜孢囊线虫示意图（仿Franklin，1972）
A. 带有卵囊的成熟雌虫；B. 带有卵囊的孢囊；C. 雄虫头部；D. 雄虫尾部；E. 正在蜕皮的4龄雄虫；F. 雄虫；G. 雄虫体前部；H. 2龄幼虫头部；I. 2龄幼虫

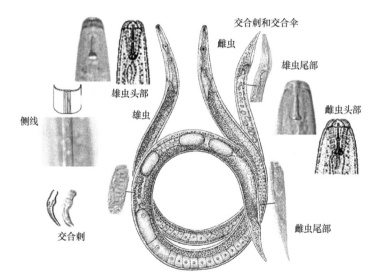

图8-16　腐烂茎线虫示意图（仿Thorne，1945）

（六）伞滑刃属

雌、雄虫都呈蠕虫状，虫体细长，长0.4～1.5mm。唇区高，缢缩显著；口针细长，其基部微膨大或有口针基球；中食道球卵圆形，占体宽的2/3以上；食道腺细长、叶状，从背面覆盖肠。雌虫单卵巢前伸，阴门通常具有阴门盖或阴门唇，开口于虫体中后部；后阴子宫囊较长。雌虫尾亚圆锥形，末端宽圆，少数有微小的尾尖突。雄虫交合刺较窄、弓状，交合刺顶端和基喙发达，基喙通常尖，顶端（交合刺远端）常钝圆或膨大如盘状，无引带；雄虫尾似鸟爪，向腹面弯曲，尾端有短小的端生交合伞。

（七）毛刺属

虫体短而宽，具有钝圆的短尾、较厚的表皮。在保存期间表皮常常与虫体分开，角质层不强烈膨胀。口腔呈圆筒状，腔壁肌肉质，食道的前体部细长，后部渐宽，形成长梨形的后食道球。口针弯曲，称为瘤针，无瘤针基球，口针导环靠前。侧器呈杯状，并具有椭圆形的侧器孔。雌虫阴道收缩肌发达，阴门周围具有角质化的盾片，距离阴门1个体宽内有侧体孔；卵巢对伸、转折，有受精囊。雄虫热杀死后尾部显著腹弯，虫体呈"J"形；斜纹交配肌非常发达，向前延伸到距缩回交合刺茎端数倍体宽处；交合刺细长、弯曲，引带薄而细长，无交合伞，虫体腹中线上有交配乳突，具有肛门后乳突，尾短、圆。

（八）剑属

虫体粗，长1.5～6mm，热杀死后虫体直或腹弯成"C"形、开螺旋形。头部圆、连续或缢缩；侧口器宽，侧器囊倒马镫形或漏斗形；齿针基部呈叉状，齿针延后部呈显著的凸缘状；齿针导环为双环、后环高度硬化，导环位于齿针后部靠近齿针与齿针延伸部相连接处；背食道腺核位于背食道腺开口附近，大于腹亚侧线核。雌虫生殖腺有4种类型：前后生殖腺均发育完全的双生殖腺型、前生殖腺退化但结构尚完整的双生殖腺型、前生殖腺退化且结构不完全的假单生殖腺型和无前生殖腺的单生殖型等，有些种类的子宫内有骨化结构。尾部形态多样。雄虫双生殖腺、对伸，交合刺矛线形、粗壮、有侧附导片，斜纹交配肌发达、由泄殖腔向前延伸，泄殖腔有1对交配乳突，其前一段距离有1列腹中交配乳突（最多7个），尾形与雌虫相似。

（九）长针属

虫体细长（长于3mm），热杀死后虫体弯曲呈"C"形；头部圆，连续或缢缩；6片唇瓣上有6～10个乳突围成两圈。侧器囊袋状，侧器口小孔状、不明显；具有较大的口针（称为齿针），不高度硬化，齿托基部不呈凸缘状；矛形食道，背食道腺核小于亚腹食道腺核、位于背食道腺开口后一段距离；口针导环单环，导环位于齿针前半部。雌虫双卵巢、对生、有转折；尾短、末端钝圆，呈背弓圆锥形，有2～4对尾乳突。雄虫双精巢对伸，后精巢转折，尾椎形，末端钝圆，有1～3对尾乳突，交合刺粗大、弓形弯向腹面，交合刺顶部有短的附导片，斜纹交配肌显著。

（十）穿孔属

虫体长400～900μm，雌雄异型，区别主要在于唇区的形态和食道的结构。雄虫头部高、圆，头体交界处缢缩明显，口针退化，基节不明显，食道（中食道球和后食道腺）退化。雌虫头部低，头体交界处不缢缩或缢缩不明显，头架骨质化；口针粗壮，针锥与针杆等长或略长于针杆，有发达的基部球；食道发育良好，有典型的中食道球和后食道腺，后食道腺从背面覆盖肠，贲门瓣不明显；雌虫双卵巢，对伸（前伸一个，后伸一个），通常直伸，偶尔末端有转折，个别种类无后伸卵巢或后伸卵巢退化；受精囊通常可见，其内精子通常呈杆状或球状；阴门无阴门盖；侧线3～7条，体中部以4条为主，尾端通常减至3条或更少；侧位腺孔通常位于尾中部或稍前端；尾长是2～4倍的肛门（或泄殖腔）处体宽（即$c'=2～4$），渐尖，末端钝圆或尖削；引带伸出泄殖腔口。

二、几种植物重要检疫性线虫介绍

（一）里夫丝剑线虫

里夫丝剑线虫（*Xiphinema rivesi* Dalmasso，1969）最初是在 1969 年由 Dalmasso 在法国的葡萄上发现的，并描述为新种。该线虫属于美洲剑线虫组成员，能传播 3 种植物病毒，分别为樱桃锉叶病毒（CRLV）、烟草环斑病毒（TRSV）和番茄环斑病毒（ToRSV）。因此，它不仅能直接为害寄主植物、影响根系生长、造成根系肿大或坏死等症状，而且能携带、传播多种病毒，严重影响植物生长。作为剑属线虫中的传毒种，它被列入《中华人民共和国进境植物检疫性有害生物名录》，也是许多国家检疫部门关注的危险性线虫。

该线虫自 1969 年首次发现以来，随着研究的不断深入，其地理分布范围和寄主范围不断扩大。目前，该线虫在美国、加拿大、意大利、法国、葡萄牙、西班牙、德国、斯洛文尼亚等地均有分布。其寄主植物也从最初的葡萄扩展到其他一些木本植物，如苹果、桃、悬钩子、胡桃、白杨、桦属、朴属、栎属。2012 年，宁波口岸从意大利进境的地中海柏木和苹果苗木根际介质中检测到了该线虫。

1）雌虫：热杀死后虫体呈"C"形，身体两端渐变细。唇区圆形，与体壁连续，无缢缩，但有时稍缢缩（图 8-17B 和 C）。虫体角质膜光滑，厚约 2μm，末端加厚，尤以尾部腹面处角质层最厚，为 5～6μm。侧器囊马镫形，侧器口裂缝状，约为唇区宽度的一半。齿尖针强壮，齿托基部凸缘状（图 8-17A）。导环鞘长 2～9μm，有双导环，均位于齿尖针后半部（图 8-17B）。食道球约占整个食道长度的 1/2，两或三个食道腺核清晰可见（图 8-17A）。贲门钝圆锥形。阴门横裂，位于身体中间，阴道约占相应体宽的一半（图 8-17D）。双生殖管，对伸，发育程度一致，长度较短，无受精囊，卵巢回折。子宫很短，几乎与阴门处体宽等长，无"Z"形分化结构（图 8-17E）。尾部钝圆锥形，背面弯曲，腹面直或稍弯，尾长约为肛门处体宽的 1.5 倍，尾端钝圆，有透明尾（图 8-17F~K）。尾部有 2 个尾孔。

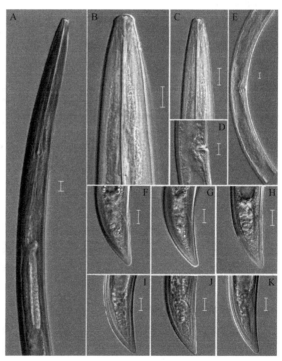

图 8-17　里夫丝剑线虫意大利群体（XspITA1）雌虫
（标尺为 10μm）

A. 体前部至食道区；B、C. 体前端；D. 阴门；E. 生殖管；
F~K. 尾部

2）雄虫：未发现。

3）主要形态鉴别特征：唇区与体壁连续，无缢缩，但有时有轻微的缢缩；尾部钝圆锥形，背面弯曲，腹面直或稍弯曲，*c'* 值为 1.3～1.8；虫体中等大小，长为 1.5～2.3mm，平均值为 1.9mm；雌虫双生殖管，对伸，发育程度一致，都很短。

里夫丝剑线虫与不等剑线虫（*X. inaequale*）在形态上相近，只有很细微的差别，较容易混淆。里夫丝剑线虫与不等剑线虫的区别如下：①里夫丝剑线虫的唇区有时略缢缩，前端有点平，而不等剑线虫的唇区完全连续，前端圆形；②里夫丝剑线虫的尾端比不等剑线虫的稍宽圆一些；③里夫丝剑线虫的 c 值通常小于 60，而不等剑线虫（$X.\ inaequale$）的 c 值为 60～80。

（二）具毒毛刺线虫

目前全球已知毛刺属线虫约 50 种，其中 4 种为传毒毛刺线虫，分别是圆筒毛刺线虫（$Trichodorus\ cylindricus$）、原始毛刺线虫（$T.\ primitivus$）、相似毛刺线虫（$T.\ similis$）和具毒毛刺线虫（$T.\ viruliferus$），是我国进境植物检疫性有害生物。具毒毛刺线虫不但能取食造成直接危害，使寄主根部变褐，根尖膨大，植株矮化，而且被证实能传播烟草脆裂病毒（TRV）和豌豆早褐病毒（PEBV）。在休闲的土壤中，具毒种群可保持侵染性长达 3 年之久。具毒毛刺线虫目前主要分布在欧美地区，包括英国、比利时、德国、波兰、法国、意大利、荷兰、西班牙、瑞士、保加利亚、匈牙利、瑞典、美国（佛罗里达）等，其主要的寄主包括小麦、黑麦、大麦、马铃薯、苹果和豌豆等，其他相关寄主还有甜菜、禾本科植物、葡萄、橄榄、梨、桃、番茄、洋蓟、辣椒、杨树、榛、橡树、柑橘、无花果、柠檬、胡桃、百慕大草、蒲公英属和白松等。

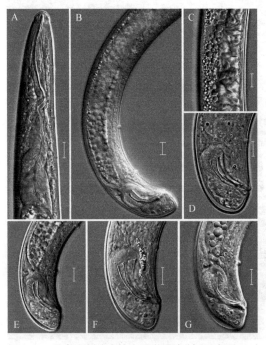

1）雄虫：热杀死时虫体后部向腹面弯曲，齿针典型。食道球后部与肠紧靠，有时形成斜角，在侧腹面轻微覆盖肠。排泄孔位于与食道球中部相对的位置，排泄孔前 3 枚腹中颈乳突排列间隔几乎相等。第一枚腹中颈乳突（CP_1）通常位于齿针区内，第二枚（CP_2）位于齿针基部或略后，第三枚（CP_3）位于齿针基部后 2/3 齿针长度处，在紧靠齿针基部后两侧的侧颈孔明显。精子大，精核大、香肠形，约 $2\mu m \times 9\mu m$。交合刺头部不明显，无横纹，近基部宽，向腹面弯曲，渐渐变狭，在中部微收缩，后加宽，再向末端渐细。交合刺中部收缩处有数根细刚毛，有时不清晰。引带位于交合刺间，端部背侧明显凸起，似鞋跟。有 3 个泄殖腔前附着器，第一个（SP_1）位于交合刺基部稍前，第二个（SP_2）位于第一枚（SP_1）前 1.5 个体宽处，第三个（SP_3）不太明显，位于第一枚（SP_1）前 2～3.5 个体宽处（图 8-18）。

图 8-18　具毒毛刺线虫雄虫显微照片（标尺为 10μm）
A. 虫体前部；B. 虫体后部；C. 精巢；
D～G. 尾部（侧面观）

2）雌虫：阴门后有一对侧体孔，阴门开口为孔状。阴道骨化结构小，呈卵形（有时略呈三角形），大小为（1.5～1.6）μm×（2.0～2.4）μm，以 45° 角与阴道倾斜或与阴道几乎平行。阴道长宽大致相当，呈菱形，阴道收缩肌发达（图 8-19）。

3）与近似种的区别：具毒毛刺线虫与 $T.\ lusitanicus$、$T.\ azorensis$、$T.\ beirensis$、$T.\ velatus$ 相似，都表现为雄虫交合刺中部有明显缢缩，区别如下。

A. 具毒毛刺线虫与 $T.\ lusitanicus$ 的主要区别是前者雌虫阴道骨化结构小，呈卵形（有时略呈三角形），大小为（1.5～1.6）μm×（2.0～2.4）μm，而后者阴道骨化结构较大，呈圆三角形，大小为3μm×3μm；并且前者雄虫交合刺较后者略短（分别为25.0～30.5μm和29～38μm）。

B. 具毒毛刺线虫与 *T. azorensis* 的主要区别是前者雄虫 SP_1 位于交合刺基部稍前，距泄殖腔28～36μm，而后者雄虫 SP_1 位于交合刺基部稍后（即位于交合刺区域内），距泄殖腔17～31μm；前者雌虫阴道骨化结构小，呈卵形（有时略呈三角形），而后者阴道骨化结构较大，呈方形。

C. 具毒毛刺线虫与 *T. beirensis* 的主要区别是前者雄虫 SP_1 位于交合刺基部稍前，距泄殖腔28～36μm，而后者雄虫 SP_1 位于交合刺基部稍后（即位于交合刺区域内），距泄殖腔15～20μm；前者雌虫

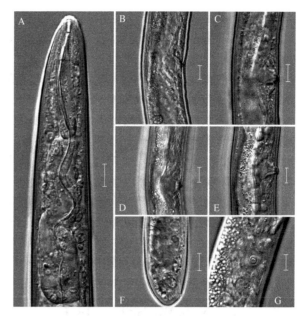

图8-19 具毒毛刺线虫雌虫显微照片（标尺为10μm）
A. 虫体前部；B～E. 阴门（侧面观）；F. 尾部；
G. 阴门（腹面观）

阴道骨化结构小，呈卵形（有时略呈三角形），大小为（1.5～1.6）μm×（2.0～2.4）μm，而后者阴道骨化结构较大，呈圆三角形或卵形，大小为3μm×5μm。

D. 具毒毛刺线虫与 *T. velatus* 的主要区别是前者雄虫 SP_1 位于交合刺基部稍前，而后者雄虫 SP_1 位于交合刺基部对应处；前者雌虫阴道骨化结构小，呈卵形（有时略呈三角形），而后者阴道骨化结构较大，呈角形；前者阴门孔裂，后者阴门横裂。

具毒毛刺线虫雄虫交合刺也与 *T. primitivus*、*T. variopapillatus*、*T. similis* 近似。但 *T. primitivus*、*T. variopapillatus* 两种线虫的交合刺中部都没有显著的缢缩；*T. similis* 交合刺中部较细，且向后渐窄，而具毒毛刺线虫中部微收缩之后又变宽，并且其泄殖腔前第一个附着器（SP_1）位于交合刺基部对应处，而具毒毛刺线虫 SP_1 位于交合刺基部稍前。

（三）菊花滑刃线虫

菊花滑刃线虫［*Aphelenchoides ritzemabosi*（Schwartz，1911）Steiner et Buhrer，1932］，又称菊花叶线虫、菊花叶芽线虫、菊花叶枯线虫或里泽马博斯滑刃线虫，是一种重要的植物病原线虫。其寄生范围非常广泛，包括花卉、蔬菜、草莓及杂草等40属200多种植物，菊花是其典型寄主。该线虫广泛分布于世界冷凉地区，包括欧洲、北美洲、南美洲、大洋洲、非洲、亚洲的许多国家及地区。在我国，零星分布于广东、江苏、福建、河南、湖北、云南、四川、贵州等地，是我国和其他许多国家与地区的检疫性线虫。

菊花滑刃线虫主要为害植物地上部的花、叶、芽。线虫在叶片脉间取食，致使叶片在脉间形成黄褐色角斑或扇形斑，病斑最后变为深褐色、枯死，病叶随茎秆向上扩展，枯死的病叶下垂不脱落；花和芽受害则生长变缓、畸形、变小或不开花、枯死，表面有褐色伤痕，芽下的茎及叶梗上也出现同样的伤痕；若幼苗末梢生长点被害，则植株生长发育受阻，严重的很快死亡。此外，该线虫还能引起侧枝矮小、畸形，或者芽变褐、死亡，严重时引起整株死亡。另外，该线虫还能与真菌等其他微生物复合侵染，致使发病加重。多年来，菊花滑刃线

虫一直是菊花上最重要的有害生物；还严重为害草莓，据德国研究人员试验证实，该虫为害草莓可造成产量损失高达65%；在法国，该线虫为害烟草引起烟草方格花叶病（checkered leaf disease）。

随着国内花卉产业的不断发展，进境的花卉苗木、繁殖材料、介质和苜蓿等呈日益上升的趋势，其携带菊花滑刃线虫的风险也随之加大。因此，制定菊花滑刃线虫检疫鉴定标准，规范菊花滑刃线虫的检疫鉴定方法，对于防止菊花滑刃线虫传入我国、保护我国农业生产安全具有十分重要的意义。

1）雌虫：虫体细长，0.7~1.2mm；体环明显（宽为0.9~1.0μm），侧区为体宽的1/6~1/5，侧线4条；头部近半球形，缢缩明显，头架骨化弱；口针细弱，针锥部急剧变尖，基部球小而明显；食道前体部较细，中食道球发达、卵形，瓣门显著，背、腹食道腺开口于中食道球；食道腺长叶状，背覆盖肠，长约4倍体宽；食道与肠交接处位于中食道球后约8μm处，神经环位于中食道球后约1.5倍体宽处，排泄孔位于神经环后0.5~2倍体宽处；单卵巢前伸，卵母细胞多行排列；阴门横裂，阴门唇稍突起；后阴子宫囊发达，长度超过肛阴距的1/2，通常含有精子；尾长圆锥形，末端有2~4个尾尖突，使尾端侧面观呈刷状。

2）雄虫：较常见，虫体尾部向腹面弯曲超过180°；单精巢前伸，交合刺玫瑰刺形，平滑弯曲，基顶和喙不显著，背边长20.0~26.5μm；尾乳突3对，第一对位于泄殖腔附近，第二对位于尾中部，第三对位于近尾端；尾端有2~4个尾尖突，形态多变。

3）主要鉴定特征：侧线4条；雌虫后阴子宫囊长超过肛阴距的1/2，常充满精子；尾长圆锥形，尾尖突复杂，为2~4个向后伸的尾尖突，形成刷状结构。雄虫交合刺平滑腹弯，无基顶和喙（图8-20，图8-21）。

除菊花滑刃线虫外，滑刃属线虫中植物寄生线虫主要还有草莓滑刃线虫（*A. fragariae*）、水稻干尖线虫（*A. besseyi*）和毁芽滑刃线虫（*A. blastophthorus*）。

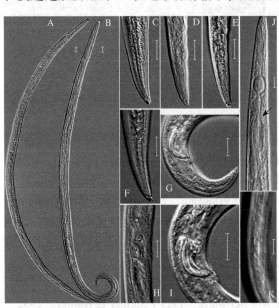

图8-20　菊花滑刃线虫光学显微照片（标尺为10μm）
A. 雌虫整体；B. 雄虫整体；C~F. 雌虫尾部；G、I. 雄虫尾部；H. 雌虫阴门；J. 体前部（箭头示神经环）；K. 侧线

菊花滑刃线虫和水稻干尖线虫的区别是前者排泄孔位于神经环后0.5~2倍体宽处，后阴子宫囊长度超过肛阴距的1/2，而后者排泄孔位于神经环对应处，后阴子宫囊小于肛阴距的1/3。

菊花滑刃线虫与草莓滑刃线虫、毁芽滑刃线虫的主要区别是雌虫尾尖突：草莓滑刃线虫雌虫末端钝尖，无尾尖突；毁芽滑刃线虫只有1个尾尖突。

（四）松材线虫

松材线虫［*Bursaphelenchus xylophilus*（Steiner et Buhrer，1934）Nickle，1970］，英文名为pine wood nematode，是松树萎蔫病的病原。20世纪初，日本发现大量松树死亡，其

病因一直不详。直到1971年，接种试验证实一种线虫为其病原生物（Kiyohara and Tokushige，1971），随后这种线虫被描述为 *Bursaphelenchus lignicolus*。1979年，美国发现该种线虫，并且进一步调查发现其分布十分广泛。然而，当地并没有见到大量松树枯死，只有部分引进松树品种死亡（Dropkin and Foudin，1979）。进一步研究发现，这种线虫其实早在1934年就已在佛罗里达州被发现，当时命名为 *Aphelenchoides xylophilus*（Steiner and Buhrer，1934）。松材线虫原产于北美洲，在20世纪初通过木材调运传入日本，又于1982年传入中国、1988年传入韩国、1993年传入墨西哥、1999年传入葡萄牙、2011年传入西班牙（Futai，2013）。目前，松材线虫是全球十分受关注的检疫性有害生物。

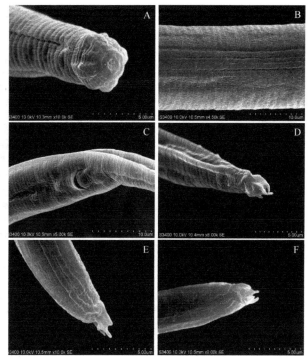

图8-21　菊花滑刃线虫扫描电镜图
A. 雌虫头部；B. 侧线；C. 雌虫阴门；D～F. 雌虫尾部

1. 松材线虫 R 型株系（R form of *B. xylophilus*）（图8-22，图8-23）

1）雌虫：虫体直或略向腹面弯曲，阴门后腹弯更明显，有时体态呈开阔的"C"形；长约1mm，宽约20μm；唇区高，缢缩显著；口针细长，基部略增厚；中食道球卵圆形，占体宽的2/3以上，瓣门清晰；食道腺细长，覆盖于肠背面，长3～4倍体宽；排泄孔的开口大致和食道与肠交接处平行，有时更靠前，但不超过中食道球前缘；半月体在排泄孔后约2/3体宽处；单卵巢前伸，卵母细胞通常单行排列；阴门开口于虫体中后部约74%处，阴门盖显著；后阴子宫囊长约为阴肛距的3/4；尾部亚圆锥形，末端宽圆，少数有微小的尾尖突（一般不超过2μm）。

2）雄虫：虫体呈"J"形，尾端尖细，侧面观呈爪状，尾端腹面观可见交合伞，多呈卵圆形，形态多变；交合刺大，弓状，成对，喙突锐尖，交合刺远端具盘状突；尾乳突7个，1个位于肛门前，1对位于肛门旁，另2对位于交合伞起始处。

3）主要鉴定特征：雄虫交合刺较大（长约30μm），弓状，喙突锐尖，远端有盘状突；雌虫具明显的阴门盖，尾亚圆柱形，末端钝圆，无尾尖突（有时少数个体有微小的尾尖突，一般不超过2μm）。

4）寄主：主要是松属，我国寄主主要是马尾松、黑松和赤松。此外，香脂冷杉、欧洲云杉、加拿大云杉、雪松等也在自然条件下感病。然而，松属以外的寄主很少在感染松材线虫后死亡。

5）分布：美国、加拿大、墨西哥、葡萄牙、西班牙、韩国、日本和中国。

2. 松材线虫 M 型株系（M form of *B. xylophilus*）（图8-24）

松材线虫 M 型株系（或称 M 型松材线虫）最早于1983年由 Wingfield 等报道从美国明尼苏达州和威斯康星州的香脂冷杉（*Abies balsamea*）中分离到。该学者描述该 M 型松材线虫的

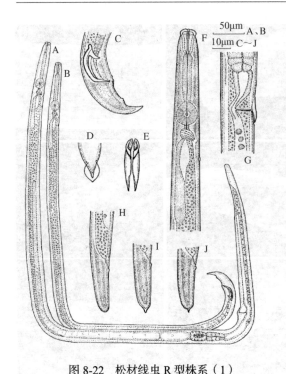

图 8-22　松材线虫 R 型株系（1）

（引自 Mamiya and Kiyohara，1972）

A. 雌虫；B. 雄虫；C. 雄虫尾部及交合刺；D. 交合伞；E. 交
合刺腹面观；F. 头部；G. 阴门及阴门盖；H～J. 雌虫尾部

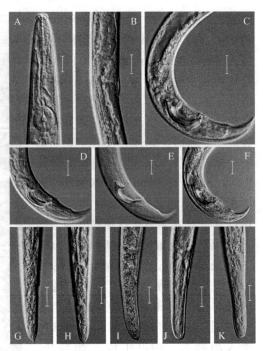

图 8-23　松材线虫 R 型株系（2）（标尺为 10μm）

A. 头部；B. 雌虫阴门茎；C～F. 雄虫尾部；
G～K. 雌虫尾部

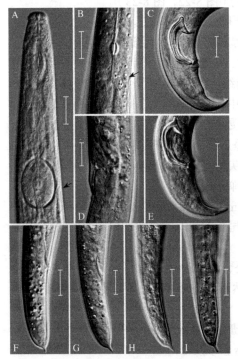

图 8-24　松材线虫 M 型株系（标尺为 10μm）

A、B. 头部（箭头示排泄孔位置）；
C、E. 雄虫尾部；D. 阴门盖；F～I. 雌虫尾部

雌虫均具有明显的尾尖突，其尾尖突较拟松材线虫更长些、也更尖，但没有给出更具体的形态学特征。虽然此后加拿大、法国、日本、挪威、俄罗斯、中国等都陆续报道发现 M 型松材线虫，但都没有对其进行形态学描述，没有将其与拟松材线虫等做比较研究，更没有相应的分子生物学研究。目前一般认为 M 型松材线虫仅分布于北美洲。

2011 年，顾建锋等通过对 5 个人工培养于灰葡萄孢上的 M 型松材线虫株系（分别来自美国、加拿大等）和多个 R 型松材线虫、拟松材线虫与伪伞滑刃线虫株系的比较研究，首次明确了 M 型松材线虫与 R 型松材线虫的分类关系及其鉴定特征：R 型松材线虫的尾尖突特征不稳定，会随着不同的寄主及环境的改变而变化，并且 R 型松材线虫群体中总有部分无尾尖突的个体，一般人工培养后无尾尖突的个体增多，而 M 型松材线虫经人工繁代多年后尾尖突仍保持不变。尾尖突是区分 M 型松材线虫和拟松材线虫的重要特征。拟材线虫东亚亚种尾尖突较长，且与锥形尾连续，而 M 型松材线虫尾亚圆柱形，与拟松材线虫欧洲亚种更相似。M型松材线虫与拟松材线虫欧洲亚种可以通过尾尖突长度来区分（分别平均为2.2～3.0μm和3～5μm）。系统发育分析结果显示，尽管R型和M型松材线虫可分为独立的组，但其分支很短，遗传距离很近，明显不如东亚型和欧洲型拟松材线虫的遗传距离远。因此，根据多年的习惯，目前仍从形态学角度将其称为M型和R型松材线虫，暂不将它们定为亚种，而东亚型和欧洲型拟松材线虫则更适合定义为亚种（顾建锋，2014）。

（五）鳞球茎茎线虫

目前，已报道的茎属线虫超过60种，分布广泛，大部分是食真菌的，但其中鳞球茎茎线虫（图8-25）、腐烂茎线虫（*Ditylenchus destructor*）、水稻茎线虫（*D. angustus*）属于进境植物检疫性有害生物，另外花生茎线虫（*D. arachis*）、非洲茎线虫（*D. africanus*）等都是植物寄生线虫。茎属线虫形态十分近似，鉴定难度很大，只有侧线数、口针长度、*V*值、*c*值、*c'*值、雌虫尾形、雄虫交合刺长度等少数特征能用于鉴定。已知的60多种茎属线虫中，雌虫尾端锐尖的种类不到10种，且不常见，因此雌虫或幼虫尾端锐尖，可怀疑是鳞球茎茎线虫。随着研究的深入，人们逐渐认识到鳞球茎茎线虫是复合种，包含鳞球茎茎线虫（狭义种）、巨大茎线虫（*D. gigas*）、*D. weischeri*和其他5种未定名种。在美国西部，首蓿上鳞球茎茎线虫发生普遍，造成首蓿矮化、茎秆肿大、坏死、褐腐、减产，低温会加重产量损失。自2015年以来，上海、天津、宁波口岸已从美国首蓿中截获该线虫十多批次。近年来，随着种苗和观赏植物等

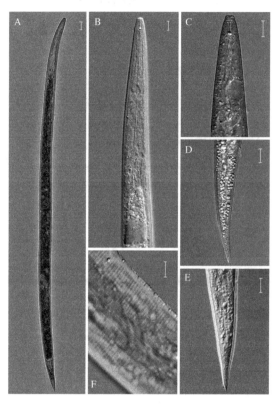

图8-25　鳞球茎茎线虫4龄幼虫的光学显微照片
（标尺为10μm）

A. 幼虫整体；B、C. 头部；D、E. 尾部；F. 侧线

大量引入我国，有害生物传入扩散的风险也在加大，一旦传入，可能对我国农林生产构成严重威胁。本书详细描述了鳞球茎茎线虫的形态和分子鉴定特征，这对口岸准确鉴定该线虫并及时采取检疫处理措施，防止其传入具有重要意义。

雌虫热杀死时虫体近直线形，角质层有明显环纹，宽1μm；侧区占体宽的1/8～1/6，侧线4条。唇区低平，无环纹，几乎不缢缩。头区框架中度发育，口针10～12μm，基部球明显。食道前体部圆筒状，与梭形中食道球连接处略窄。食道狭部窄，从神经环包围处向后膨大为棒状的后食道腺，后食道腺与肠平截或略有覆盖，交接处有小的瓣门。排泄孔正对食道腺基部。尾锥形，长度为肛门处体宽的4～5倍，末端尖锐。阴门清晰可见，前卵巢向前延伸，卵母细胞通常单行排列，偶有双行排列，有时延伸到食道区。后阴子宫囊明显，长度约为肛阴距的1/2。雄虫虫体前部与雌虫相似。热杀死后虫体直线形。尾部与雌虫相似，末端锐尖。交合伞始于交合刺的前部末端，长度约为尾长的3/4，交合刺向腹面弯曲，引带短、简单。

茎属4种常见线虫的主要形态区别见表8-2。

表 8-2 茎属 4 种常见线虫的主要形态区别对照表

比较项目	线虫种类			
	腐烂茎线虫 （*Ditylenchus destructor*）	鳞球茎茎线虫 （*D. destructor*）	水稻茎线虫 （*D. angustus*）	蘑菇茎线虫 （*D. myceliophagus*）
侵染部位	主要是地下部分	主要是地上部分	茎、叶（外寄生）	蘑菇菌丝
寄生专化性	高等植物和真菌	专性寄生高等植物	稻属植物	真菌
是否产生线虫毛	不产生	产生	不产生	不产生
侧线数目	6	4	4	6
食道与肠覆盖程度	覆盖	不覆盖	覆盖	覆盖
交合刺有无指状突起	有	无	有	不详
尾部末端形状	钝尖	锐尖	锐尖	钝尖
卵原细胞排列情况	双行或多行	单行	单行	单行
卵的平均长度	与虫体相近	虫体宽的 2～3 倍	—	约为虫体宽的 2 倍
后阴子宫囊与肛阴距比	2/3	1/2	2/3	1/2
中食道球形状	纺锤形	纺锤形	卵形	纺锤形

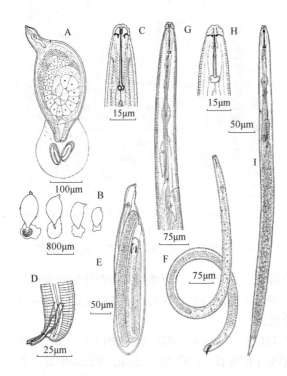

图 8-26 甜菜孢囊线虫线描图（仿 Franklin，1972）
A. 带有卵囊的成熟雌虫；B. 带有卵囊的孢囊；C. 雄虫头部；D. 雌虫尾部；E. 正在蜕皮的 4 龄雄虫；F. 雄虫；G. 雄虫前体部；H. 2 龄幼虫头部；I. 2 龄幼虫

（六）甜菜孢囊线虫

甜菜孢囊线虫（图 8-26～图 8-28）（以前曾译为甜菜胞囊线虫、甜菜包囊线虫），又称甜菜根线虫、甜菜线虫，英文名为 beet cyst nematode，拉丁名为 *Heterodera schachtii*（Schmidt，1871），是我国进境植物检疫性线虫，属于垫刃目（Tylenchida）纽带科（Hoplolaimidae）孢囊（异皮）亚科（Heteroderinae）孢囊（异皮）属（*Heterodera*）。

德国的 Schacht 于 1859 年最早注意到一种线虫病害与甜菜矮化和减产有关，1871年，Schmidt 建立了 *Heterodera* 属，并将该种线虫命名为甜菜孢囊线虫。甜菜孢囊线虫是甜菜上危害最严重的有害生物之一，19世纪 50～60 年代，这种线虫是欧洲和美洲甜菜上的毁灭性病害，曾毁灭了德国的制糖工业。另外，它对其他许多十字花科作物危害也很大，当土壤中该线虫幼虫的群体密度达 18 条 /g 土时，可使菠菜减产 40%，甘蓝减产 35%，大白菜减产 24%。在田间存在其他病原物如真菌、病毒时，还可以发生复合侵染，加重危害和损失。据 1999 年 Muller 统计，欧洲联盟每年因甜菜孢囊线虫造成的损失高达 9000 万欧元。

大多数幼虫进入甜菜的侧根使侧根生长停止或死亡，另发出一些须根，整个根系呈簇须状，功能根减少，根表面有球状白色雌虫和褐色孢囊。地上部表现为生长不良、瘦弱、

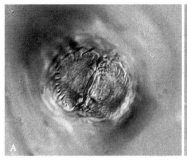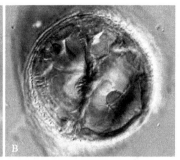

图 8-27　甜菜孢囊线虫阴门锥
A. 阴门锥表面观；B. 阴门锥下桥

黄矮，发病严重的植株在成熟前叶片萎蔫。发病植株在田间呈块状分布。

甜菜孢囊线虫寄主非常广泛，能侵染 23 科 95 属的 200 多种植物。主要发生在十字花科和藜科植物：包括藜科的栽培品种甜菜和菠菜；十字花科的所有花椰菜品种，芜菁、油菜、南芥属植物、大蒜芥属植物。还可以侵染蓼科、石竹科、苋科、豆科、茄科等多种植物和杂草。

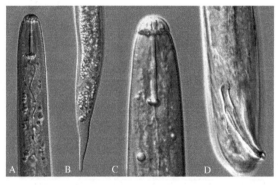

图 8-28　甜菜孢囊线虫 2 龄幼虫和雄虫显微照片
A. 2 龄幼虫体前部；B. 2 龄幼虫尾部；
C. 雄虫体前部；D. 雄虫尾部

1）雌虫：虫体白色、呈柠檬形，有短颈插入寄主根内，膨大的虫体露在根外，体内充满卵和幼虫；阴门锥被胶质团所覆盖；头部小，颈部急剧膨大、呈柱形；排泄孔位于"肩部"，从此处开始虫体膨大而成近球形，至阴门锥处变小；肛门位于近尾端的背部，无明显的尾；头骨架弱，口针细、有小的基部球，中食道球明显、呈球形，食道腺覆盖肠的腹侧面；双生殖腺、长、盘卷。少部分卵产在胶质团内，大部分卵存留在体内。表皮基本上分为三层，外层覆盖着脊状网形结构。

2）孢囊：含有卵和幼虫的孢囊从植物根上脱落，留在土壤中。孢囊褐色，表皮为鞣革质，具有粗糙感觉的微小皱褶。孢囊的阴门裂大约与阴门桥等长。阴门裂位于孢囊表皮的两个肾形薄区的两侧，此区域在较老的孢囊中只剩下两个孔或者被阴门桥分成两个半膜孔。在阴门锥内，阴道连接着阴门下桥和许多不规则排列的位于阴门桥下的褐色泡状结构。

3）雄虫：温和热杀死时，虫体通常较直，体后部 1/4 部分呈 90°～180° 螺旋状扭曲。体前部渐尖，至颈部的宽度约为体中部宽度的一半，环纹明显。侧区有 4 条纵向侧线，非网状。头部缢缩，有 3～4 条环纹。侧器孔小，裂缝状，位于侧扇面处且紧靠口孔。口针发达，口针基部前部略凹。食道圆筒状，延伸到中食道球。食道腺从背腹面覆盖肠。背食道腺管在口针基部后约 2μm 处与食道腔相连。排泄孔在中食道球后 2～3 个体宽处。半月体在排泄孔前 6～10 个体环处。单精巢，末端钝圆。交合刺腹面弯曲，基部略膨大，在尖端有凹口。单引带。尾端钝圆，尾长不足体宽的 1/2。侧尾腺口近肛门处。

4）2 龄幼虫：头缢缩，半球形，有 4 条环纹头架强壮，对称。侧器孔小，位于紧靠口孔的侧面上。在口针区，体环宽 1.4μm，而在体中部为 1.7μm，4 条侧线；口针中等发达，口针基球前端突出。食道结构同雄虫，但中食道球明显。背食道腺管开口位于口针基部后

图 8-29 香蕉穿孔线虫
A. 雄虫；B. 雌虫

3～4μm。肛门不明显，距尾端约 4 倍体宽。尾部急剧变细呈圆锥形、末端圆，尾后部透明区明显，长度是口针长的 1.25 倍。侧尾腺明显，恰好位于肛门后。

甜菜孢囊线虫属 Schachtii 组，与三叶草孢囊线虫 H. trifolii 相比平均膜孔长度更短（分别为 35～38μm 和 43～53μm）；与大豆孢囊线虫 H. glycines 相比，2 龄幼虫口针基球凸起更显著，口针更长（分别为 25～26μm 和 21～23μm），平均膜孔长度更短（分别为 35～38μm 和 34～58μm）；与黄甜菜孢囊线虫 H. betae 相比平均膜孔长度更短（分别为 436～489μm 和 547～607μm），2 龄幼虫尾（分别为 45～49μm 和 70～74μm）和透明区（分别为 24～27μm 和 38～42μm）更短；与苜蓿孢囊线虫 H. medicaginis 相比，平均膜孔长度更短（分别为 35～38μm 和 47μm），2 龄幼虫尾透明区更短（分别为 24～27μm 和 29μm）。

（七）香蕉穿孔线虫

香蕉穿孔线虫（Radopholus similis）又称相似穿孔线虫，是热带亚热带地区危害十分严重的植物病原线虫，其寄主范围广泛，能寄生 250 多种植物（以香蕉、柑橘和黑胡椒为主），侵染寄主根部皮层组织，引起皮层腐烂和穿孔，为次生微生物的入侵开辟途径，导致根部腐烂变黑、植株猝倒死亡（被称为"猝倒病""黑头病"或"根腐病"）。相似穿孔线虫有两个生理小种（致病型）：柑橘小种和香蕉小种，柑橘小种可侵染柑橘和香蕉，香蕉小种侵染香蕉但不侵染柑橘。柑橘小种只在美国佛罗里达地区和夏威夷有报道分布，而香蕉小种则早已从它的起源地（澳大拉西亚）传遍了热带和亚热带地区几乎所有香蕉园。相似穿孔线虫是世界上最具危险性的十种植物病原线虫之一，虽然我国迄今尚未有该线虫严重危害的报道，但许多资料结合分析国内的寄主植物分布、种植情况和气候条件，进行多指标综合评估预测，警示了相似穿孔线虫具有传入我国并且在我国境内定殖和扩散的高风险，尤其是南方的许多省份，如海南、广东、福建、云南、台湾等都是相似穿孔线虫的适生区。

1）雌虫：头部低，不缢缩或略缢缩，头环 3～4 个；侧器口延伸到第三环基部；侧区有 4 条侧线。口针基部球发达，食道发育正常，后食道腺从背面覆盖肠，双生殖腺、对伸，受精囊圆形，有杆状的精子；尾呈长圆锥形，后部透明区长 9～17μm，末端钝，有环纹（图 8-29 和图 8-30）。

2）雄虫：头部高，显著缢缩，呈球形；口针

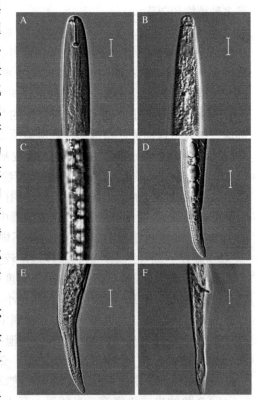

图 8-30 香蕉穿孔线虫（标尺为 10μm）
A. 雌虫头部；B. 雄虫头部；C. 侧区；
D. E. 雌虫尾部；F. 雄虫尾部

和食道显著退化，交合伞伸到尾部约 2/3 处，引带伸出泄殖腔，末端有小指状突，泄殖腔唇无或仅有 1~2 个生殖乳突（图 8-29 和图 8-30）。

第五节　分子生物学检测技术

一、植物线虫 DNA 提取

DNA 提取是分子鉴定的首要步骤，DNA 提取的质量直接影响着后续的分子实验。与其他生物材料的 DNA 提取方法类似，线虫 DNA 提取包括大量提取和微量提取两类方法。在口岸检测中，由于大多数情况下截获的线虫数量有限，同时还要用于形态鉴定、拍照、制作标本等，往往造成用于分子鉴定的线虫数量更少；而且，所截获的线虫种类大多数情况下有混杂现象，不适合大量提取，因此微量提取方法在口岸应用较广。几种主要的单条线虫 DNA 提取方法如下。

王金成等（2005）的提取方法（略有改动）：用挑针挑取线虫若干条，放入 ddH₂O 中洗涤 3 次，备用。在洁净的载玻片上加 8μLddH₂O，挑入 1 条洗过的线虫，用解剖刀将线虫切成 2~3 段，然后用移液枪将切断的线虫连同 8μL ddH₂O 转移到 200μL PCR 管中，加入 2μL 裂解液（5× PCR buffer＋500μg/mL 蛋白酶 K），掌上离心机瞬时离心，−20℃冰箱冷冻过夜后，56℃保温 1h，然后 95℃加热 10min，上清液即可用于后续的 PCR 扩增。扫右侧二维码见单条线虫 DNA 提取相关视频。

王江岭等（2011）的提取方法（略有改动）：用 ddH₂O 将线虫清洗干净，挑取单条线虫放入含 8μL ddH₂O 的 200μL PCR 管中，掌上离心机瞬时离心，反复冻融 1 次（液氮处理 1min，85℃水浴 2min），随后加入 2μL 裂解液（5× PCR buffer＋500μg/mL 蛋白酶 K），56℃保温 1h，95℃加热 10min，上清液即可用于后续的 PCR 扩增。扫右侧二维码见解剖镜下挑取单条线虫操作相关视频。

容万韬等（2014）的提取方法：用 ddH₂O 将线虫清洗干净，挑取单条线虫放入含 8μL ddH₂O 的 200μL PCR 管中，掌上离心机瞬时离心，在 PCR 管内用小型昆虫解剖刀将线虫切开，反复冻融 2 次（液氮处理 1min，65℃水浴 2min），加入 2μL 裂解液（5× PCR buffer＋500μg/mL 蛋白酶 K），56℃保温 1h，95℃加热 10min，上清液即可用于后续的 PCR 扩增。

二、植物线虫分子鉴定技术

自 20 世纪 80 年代中期以来，分子生物学技术发展迅猛，尤其是伴随着 PCR 技术的建立，出现了蛋白质电泳、同工酶电泳、核酸探针、反向斑点印迹杂交、随机扩增多态性 DNA（RAPD）、扩增片段长度多态性（AFLP）、特异性引物 PCR、多重 PCR、PCR- 限制性片段长度多态性（PCR-RFLP）、实时荧光 PCR、基因芯片、DNA 条形码等多项技术，这些技术互为补充，各有优势，在很大程度上缓解了口岸工作人员线虫鉴定能力不足、形态分类专家严重稀缺的难题。

（一）同工酶电泳

酶是基因表达产物，能够反映遗传和同源信息，同工酶电泳技术的出现克服了可溶性全蛋白分析的缺陷（王金成，2003）。20 世纪 70~90 年代，同工酶电泳在球孢囊属（*Globodera*）、孢囊属（*Heterodera*）、伞滑刃属（*Bursaphelenchus*）、根结线虫属（*Meloidogyne*）、短体属（*Pratylenchus*）等许多线虫类群的鉴定上都被进行过深入研究。

Evans（1971）用酯酶正确区分了两种密切相关的茎线虫——腐烂茎线虫（*Ditylenchus destructor*）和蘑菇茎线虫（*D. myceliophagus*）。de Guiran（1985）对松材线虫（*Bursaphelenchus xylophilus*）和拟松材线虫（*B. mucronatus*）进行同工酶分析，发现不同线虫群体的苹果酸脱氢酶（MDH）谱存在差异。胡凯基等（1995）对这两种线虫的同工酶研究发现，谷氨酸草酰乙酸转氨酶（GOT）是唯一稳定且种间不同的酶，可用于这两种线虫的鉴定。Kojima 等（1994）和蒋丽雅等（1994）研究发现，上述两种线虫可通过纤维素酶进行区分。

根结线虫雌成虫的同工酶谱，尤其是苹果酸脱氢酶（MDH）和酯酶（EST）谱是目前该类线虫广泛应用的分类标记（Perry et al.，2011）。Esbenshade 和 Triantaphyllou（1985）的研究表明，酯酶可用于 4 种常见根结线虫的鉴定，其 1990 年进一步的研究获得了常见根结线虫的酯酶和苹果酸脱氢酶的标准图谱。武扬等（2005）认为以上标准酶谱在 4 种主要根结线虫的鉴别中目前依然有重要价值。赵洪海等（2003）在分析 31 个不同根结线虫群体的同工酶时发现，不同酶的分类价值为：酯酶（EST）＞苹果酸脱氢酶（MDH）和超氧化物歧化酶（SOD）＞过氧化氢酶（CAT）＞过氧化物酶（POD）。

在短体线虫的分类中，研究较多的同工酶有苹果酸脱氢酶（MDH）、磷酸葡萄糖变位酶（PGM）、磷酸葡萄糖异构酶（PGI），这三种同工酶主要用于最短尾短体线虫（*P. brachyurus*）和斯氏短体线虫（*P. scribneri*）的鉴定（Payan and Dickson，1990）。Ibrahim 等（1995）的研究发现 6- 磷酸葡萄糖脱氢酶（G6-PDH）、异柠檬酸脱氢酶（IDH）、磷酸葡萄糖变位酶（PGM）可以很好地区分刻痕短体线虫（*P. crenatus*）、虚假短体线虫（*P. fallax*）、落选短体线虫（*P. neglectus*）、穿刺短体线虫（*P. penetrans*）、肥尾短体线虫（*P. pinguicaudatus*）和桑尼短体线虫（*P. thornei*）（Castillo and Vovlas，2007）。

在孢囊线虫中，酯酶谱应用较多（Ganguly et al.，1990；Nobbs et al.，1992；Ibrahim and Rowe，1995；Meher et al.，1998；Subbotin et al.，2010）。Ibrahim 和 Rowe（1995）在孢囊属（*Heterodera*）线虫的酯酶分析中，发现 19 个种具有 26 个酯酶活性条带，这些谱带可将 19 个种完全区分。Noel 和 Liu（1998）研究发现大豆孢囊线虫（*H. glycines*）所具有的 8 个酯酶表型可用于区分该线虫的不同群体。另外，在孢囊线虫的分类鉴定中有一定价值的同工酶还包括 MDH、PGM、PGI、SOD（Molinari et al.，1996；Andrés et al.，2001）。

（二）PCR-RFLP 技术

PCR-RFLP 技术利用限制性内切核酸酶对 PCR 产物进行酶切，通过电泳显示酶切图谱，不同线虫的 PCR 扩增产物由于其序列差异，在特定的限制性内切核酸酶作用下，会产生特定的限制性切点，从而使酶切图谱呈现多态性，达到对线虫进行鉴定的目的。

PCR-RFLP 技术所需试剂与特异性引物 PCR 技术非常相似，只是增加了限制性内切核酸酶和相关的缓冲液，所需设备与特异性引物 PCR 技术相比仅增加了水浴锅。

用于 PCR-RFLP 的通用引物，核酸片段目前一般选取核糖体间隔转录区（ITS），也有研究选择核糖体 28S rRNA 的 D2/D3 区，有少量的选择基因间隔区（IGS2），在根结线虫研究中也有选择线粒体 CO II-16S rRNA 序列。所有这些核酸片段的通用引物见表 8-3。

表 8-3　线虫常用核酸片段的通用引物

扩增片段	引物名称和序列（5′→3′）	参考文献
核糖体 18S rRNA 基因	G18SU: GCTTGTCTCAAAGATTAAGCC	Chizhov et al.，2006
	R18Tyl1: GGTCCAAGAATTTCACCTCTC	
	A: AAAGATTAAGCCATGCATG	Boutsika et al.，2004
	18S: AGTCAAATTAAGCCGCAG	Waite et al.，2003
	NEMF1: CGCAAATTACCCACTCTC	Boutsika et al.，2004
	18S: AGTCAAATTAAGCCGCAG	Waite et al.，2003

扩增片段	引物名称和序列（5′→3′）	参考文献
核糖体 28S rRNA 基因 D2/D3 区	D2A：ACAAGTACCGTGAGGGAAAGTTG	de Ley et al.，1999
	D3B：TCGGAAGGAACCAGCTACTA	
	F2：AGTACCGTGAGGGAAAGTTGA	
	R2：GCTACTAGATGGTTCGATTAGTCT	
核糖体 ITS 序列	F194：CGTAACAAGGTAGCTGTAG	Ferris et al.，1993
	PXB481：TTTCACTCGCCGTTACTAAGG	Vrain et al.，1992
	F194：CGTAACAAGGTAGCTGTAG	Ferris et al.，1993
	F195：TCCTCCGCTAAATGATATG	
	PXB101：TTGATTACGTCCCTGCCCTTT	Vrain et al.，1992
	PXB481：TTTCACTCGCCGTTACTAAGG	
	TW81：GTTTCCGTAGGTGAACCTGC	Subbotin et al.，2005
	AB28：ATATGCTTAAGTTCAGCGGGT	
	F194：CGTAACAAGGTAGCTGTAG	Ferris et al.，1993
	AB28：ATATGCTTAAGTTCAGCGGGT	Subbotin et al.，2005
	PXB101：TTGATTACGTCCCTGCCCTTT	Vrain et al.，1992
	AB28：ATATGCTTAAGTTCAGCGGGT	Subbotin et al.，2005
	PXB101：TTGATTACGTCCCTGCCCTTT	Vrain et al.，1992
核糖体 ITS1 序列	PXB101：TTGATTACGTCCCTGCCCTTT	Vrain et al.，1992
	ITSB：GCTGCGTTCTTCATCGAT	Boutsika et al.，2004
核糖体 ITS2 序列	ITSA：ATCGATGAAGAACGCAGC	Boutsika et al.，2004
	PXB481：TTTCACTCGCCGTTACTAAGG	Vrain et al.，1992
核糖体 IGS2 序列	194：TTAACTTGCCAGATCGGACG	Blok et al.，1997
	195：TCTAATGAGCCGTACGC	
线粒体 CO Ⅱ-16S rRNA 核酸序列	C2F3：GGTCAATGTTCAGAAATTTGTGG	Powers and Harris，1993
	MRH106：AATTTCTAAAGACTTTTCTTAGT	Stanton et al.，1997
线粒体 CO I 基因片段	JB3：TTTTTTGGGCATCCTGAGGTTTAT	Derycke et al.，2010
	JB5：AGCACCTAAACTTAAAACATAATGAAAATG	

　　限制性酶切实验操作相对比较简单，提供限制性酶的生物公司都有详细的操作说明。一般取适量 PCR 扩增产物，加入公司指定的缓冲液和限制性内切核酸酶于水浴中保温 1～3h（如果用快速内切酶，则反应时间可缩短到 5～15min），酶切产物通过琼脂糖凝胶电泳分离，用胶红染色，凝胶成像系统中拍照保存即可获得相应的酶切图谱。为了获得高质量的酶切图谱，琼脂糖凝胶的浓度要求达到 2% 以上，使用电压控制在 10V/cm 左右。酶切反应通常在 200μL PCR 管中进行。常用酶切体系（10μL）：PCR 扩增产物 7μL，限制性内切核酸酶（10U/μL）1μL，与限制性内切核酸酶相对应的 10× buffer 1μL，双蒸水 1μL。常用酶切反应条件为 37℃水浴中保温 3h。

以伞滑刃属线虫 ITS-PCR-RFLP 分析为例，首先对单条线虫 DNA 进行提取，然后对核糖体 ITS 核酸序列进行 PCR 扩增，反应体系为 50μL。将上述 PCR 扩增产物（一般长度为 800～1200bp）按 7μL 每份分成 6 等份，1 份未经酶切的 PCR 扩增产物作为对照，其余 5 份依次分别加入 0.5μL 的限制性内切核酸酶 Rsa I、Hae Ⅲ、Msp I、Hinf I、Alu I，以及相应的缓冲液和一定的 ddH$_2$O 构建 10μL 的酶切反应体系，之后于 37℃水浴中酶切 1～3h，酶切后的 DNA 从左到右按 100bp DNA 分子标记，未经酶切的 PCR 产物，Rsa I、Hae Ⅲ、Msp I、Hinf I、Alu I 五种限制性内切核酸酶的酶切产物和 100bp DNA 分子标记的顺序在 2.5% 琼脂糖凝胶上依次点样，电泳（10V/cm）50min 左右，凝胶成像系统观察并拍照，即获得线虫的 ITS-PCR-RFLP 酶切图谱（图 8-31）。

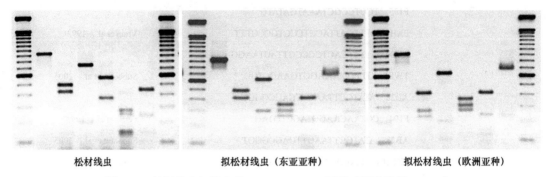

松材线虫　　　　　　　　拟松材线虫（东亚亚种）　　　　　　　拟松材线虫（欧洲亚种）

图 8-31　松材线虫组线虫的 ITS-PCR-RFLP 图谱（顾建锋等，2011）

泳道左右两侧为 100bp DNA 分子标记；然后从左至右依次为未酶切的 ITS-PCR 产物和 Rsa I、
Hae Ⅲ、Msp I、Hinf I 和 Alu I 5 种限制性内切核酸酶的酶切产物

1. rDNA-PCR-RFLP

核糖体 DNA（rDNA）基因是一类中度重复的 DNA 序列，以串联多拷贝形式存在于染色体 DNA 中，每个染色体中有上百个拷贝，每个重复单元由非间隔转录区（non-transcribed spacer，NTS）、间隔转录区（internal transcribed spacer，ITS）和 3 种 RNA（18S、5.8S 和 28S rRNA）基因编码区组成，rDNA 不同区间的序列被广泛应用于线虫的分类鉴定（Lynn et al.，2001）。

由 Hoyer 等（1998）和 Iwahori 等（1998）分别建立的 ITS-PCR-RFLP 方法最初用于松材线虫和拟松材线虫的鉴定，随后研究发现该方法在伞滑刃属线虫鉴定中取得了极大的成功，并逐渐发展成为伞滑刃属线虫分种鉴定的主要依据。该方法使用 1 对通用引物对线虫核糖体 ITS 进行扩增，再用 5 种限制性内切核酸酶（Rsa I、Hae Ⅲ、Msp I、Hinf I、Alu I）进行酶切获得酶切图谱。Burgermeister 等（2005）报道了 26 种伞滑刃属线虫的 PCR-RFLP 酶切图谱，2009 年增加到 44 种，几乎囊括了伞滑刃属常见的线虫种类（Burgermeister et al.，2009）。陆伟等（2001）对松材线虫和拟松材线虫 rDNA-ITS 进行遗传差异分析，发现 PCR-RFLP 方法是分析线虫种间和种下群体遗传变异的有用工具。蒋立琴等（2005）对来自日本、韩国及中国一些林区的伞滑刃属线虫进行鉴定后认为，该方法可用于松材线虫和拟松材线虫的标准化诊断。郑炜等（2007）使用 PCR-RFLP 技术将形态异常的俄罗斯线虫分离物鉴定为欧洲型拟松材线虫，证明了该技术在伞滑刃属线虫鉴定中的重要价值。

目前，PCR-RFLP 技术也广泛应用于孢囊线虫的诊断。Ferris 等（1993，1994）和 Blok 等（1998）研究发现 ITS1 比 ITS2 具有更高的变异性，但同时使用 ITS1 和 ITS2 能获得更全面的酶切图谱信息，因为区分多种重要农业线虫的限制性内切核酸酶位点多位于 ITS2。Subbotin 等多位学者使用 ITS-PCR-RFLP 技术对孢囊线虫进行了系统的研究，使用通用引物对 TW81/AB28 进行 PCR 扩增得到 1005～1060bp 的产物，测试了 26 个限制性内切核酸酶。结果发现，有 5 个限制性内切核酸酶区分能力最强，分别为 *Alu* I、*Bsur* I、*Cfo* I、*Bsh*1236 I 和 *ScrF* I，而使用以下 7 个限制性内切核酸酶中的任何 1 个（*Alu* I、*BsuR* I、*Bsh*1236 I、*Cfo* I、*Mva* I、*Ava* I、*Rsa* I）均可以将大多数孢囊线虫鉴别出来。不过，要鉴别孢囊线虫组内 ITS 序列近似的种类则额外需要更多的限制性内切核酸酶。例如，*H. avenae* 复合种额外需要 *Hinf* I、*Ita* I、*Pst* I、*Taq* I、*Tru*9 I，*Schachtii* 组额外需要 *Bse*N I、*Eco*72 I、*ScrF* I，*Humuli* 组额外需要 *Alw*21 I、*Alw*26 I、*Dde* I、*Ita* I、*Pvu* II、*Tru*9 I。此外，ITS-PCR-RFLP 技术无法对某些种类进行区分，如蚤缀孢囊线虫（*H. arenaria*）和禾谷孢囊线虫（*H. avenae* A 型，即 *H. avenae* 欧洲群体）的区分、胡萝卜孢囊线虫（*H. carotae*）和十字花科孢囊线虫（*H. cruciferae*）的区分，以及 *H. daverti*、三叶草孢囊线虫（*H. trifolii*）和鹰嘴豆孢囊线虫（*H. ciceri*）的区分。

ITS-PCR-RFLP 技术也广泛应用在根结线虫、腐烂茎线虫、粒线虫（*Anguina* spp.）、香蕉穿孔线虫（*Radopholus similis*）等线虫的检疫鉴定中。

2. mtDNA-PCR-RFLP

动物的线粒体 DNA（mtDNA）是长 15～20kb 的共价闭合、环状的双链分子，是细胞核外的遗传物质。mtDNA 在分子进化中有许多独特的优越性：mtDNA 提取较为简便，容易分离，拷贝数目高，基因组小；基因组中不含间隔区和内含子，无重复序列，无不等交换，在遗传过程中不发生基因重组、倒位、易位等突变现象；严格遵守母系遗传方式，避免了双亲遗传方式引起的随机性；线粒体基因组高度保守，结构稳定，且进化速率比核 DNA 高 5～10 倍（Farrell，2001；王备新和杨莲芳，2002）。

Okimoto 等（1991）测定了爪哇根结线虫的 mtDNA 全序列为 20 500bp，包括两个 rRNA 基因、22 个 tRNA 基因、12 个与氧化磷酸化有关的基因，基因间不含内含子；同时含有一个 7kb 的调控区，该调控区包括 36 拷贝的 102nt 序列、11 拷贝的 63nt 序列、5 拷贝的 8nt 序列。Harris 等（1990）用 5 个限制性内切核酸酶处理线粒体 mtDNA 的 PCR 产物，根据酶切图谱成功鉴定了南方根结线虫（*M. incognita*）、爪哇根结线虫（*M. javanica*）、奇特伍德根结线虫（*M. chitwoodi*）和北方根结线虫（*M. hapla*）。Powers 和 Harris（1993）等对南方根结线虫、北方根结线虫、爪哇根结线虫、花生根结线虫（*M. arenaria*）和奇特伍德根结线虫的线粒体 CO II-lrRNA 序列进行了 PCR-RFLP 分析，构建了 5 种根结线虫的鉴定方法。刘培磊（2002）在同工酶表型分析的基础上，对根结线虫 mtDNA 的 CO II-lrRNA 序列进行 PCR-RFLP 分析，成功鉴别了 4 种常见的根结线虫，其灵敏度达到单条 2 龄幼虫。

（三）特异性引物 PCR 技术

在特异性引物 PCR 技术中，所设计的引物具有种特异性，只对特定的种进行扩增，而其他种则不可扩增。引物是 PCR 扩增反应的主要试剂，设计时首先要满足引物设计的相关要求，之后要通过实验验证，保障所设计引物有良好的特异性、稳定性和较高的扩增效率。验证时最好选用多个公司的试剂并在多个品牌、型号的 PCR 上进行实验。对于从发表的文献上获取的特异性引物，在选择时应充分考虑该引物是否设计合理，验证材料是否充分，以及所发表文献的实验室和作者的权威性。为确保正确性，来自文献的特异性引物要经过充分的实验验证后方可使用。

对于特异性引物 PCR 扩增的反应体系和程序一般没有特殊要求，各实验室可根据自己常用的体系和程序稍作调整后使用。在调试过程中，必须设置阳性对照和阴性对照，保证其扩增结果的可信度。引物退火温度应该低于 T_m 值 5℃左右，T_m 值按照 $T_m = 4(G+C) + 2(A+T)$ 公式计算，而引物延伸的时间可根据 1000bp/min 的延伸速率进行设定。

Liao 等（2000）根据 rDNA-ITS 序列差异设计了松材线虫（*B. xylophilus*）和拟松材线虫（*B. mucronatus*）的特异性引物，可有效区分这两种线虫，扩增产物长度分别为 220bp 和 330bp（汤坚等，2008）。赵立荣等（2005）分析了松材线虫与拟松材线虫的 ITS1 序列差异，设计了拟松材线虫的特异上游引物（5′-TGCGCTGCGTTGAGTCGA-3′），选用 Iwahori 等（1998）设计的引物（5′-GATGATGCGATGCGTACT-3′）作为松材线虫的特异上游引物，选用张立海（2000）设计的引物（5′-CAATTCACTGCGTTCT-3′）作为松材线虫与拟松材线虫的共同下游引物，建立了快速检测松材线虫、拟松材线虫的方法。刘裕兰等（2008）根据松材线虫 rDNA-ITS 和 *BxPel2* 基因序列设计了特异性引物对 cqubs01/cquba01，可从松材线虫 DNA 模板中扩增出 196bp 的特异片段。

在根结线虫的特异性引物 PCR 鉴定中，研究较多的是 SCAR（sequence characterized amplified region）标记。SCAR 标记由 Paran 和 Michelmore 在 1993 年最先使用，即在某个特异 RAPD 片段的基础上，通过测序并根据序列设计特异性引物然后用于 PCR 检测的一项技术。SCAR 标记所用引物长，退火温度高，稳定性好，提高了分子鉴定及诊断的准确性。Williamson 等（1997）通过北方根结线虫和南方根结线虫全基因组 DNA 的 RAPD 分析，筛选出北方根结线虫的特异性扩增片段，经克隆、测序后，设计了一对 20bp 的特异性引物，可准确鉴定北方根结线虫。Zijlstra（2000）设计了奇特伍德根结线虫（*M. chitwoodi*）、虚假根结线虫（*M. fallax*）和北方根结线虫的 SCAR 标记引物，实现了上述 3 种根结线虫 2 龄幼虫、雌虫和卵块的特异性扩增。Zijlstra 等（2000）和孟庆鹏等（2004）设计了 3 对 SCAR 引物，实现了对南方根结线虫、爪哇根结线虫和花生根结线虫的快速、准确鉴定。

在其他线虫的鉴定中，目前已经建立了马铃薯金线虫（*Globodera rostochiensis*）、马铃薯白线虫（*G. pallida*）、甜菜孢囊线虫（*H. schachtii*）、大豆孢囊线虫（*H. glycines*）（Subbotin et al., 2010），香蕉穿孔线虫（耿丽凤，2007），鳞球茎茎线虫（*Ditylenchus dipsaci*）（Subbotin et al., 2005），咖啡短体线虫（*Pratylenchus coffeae*）（Uehara et al., 1998），穿刺短体线虫（*P. penetrans*）（Castillo et al., 2007）的特异性引物 PCR 鉴定方法（表 8-4）。

表 8-4　部分植物寄生线虫分子诊断技术

线虫	引物 / 探针	目标序列	检测方法	参考文献
Anguina agrostis	AgrF1 & AgrR1	ITS	常规 PCR	马以桂等，2006
A. tritici	TriF1 & TriR1	ITS	常规 PCR	马以桂等，2006
A. wevelli	WevF1 & WevR1	ITS	常规 PCR	马以桂等，2006
Aphelenchoides besseyi	1770 & 1772	SSU-rDNA	qRT-PCR	Rybarczyk-Mydlowska et al., 2012

续表

线虫	引物/探针	目标序列	检测方法	参考文献
A. besseyi	AbF1 & AbR1	rDNA	常规 PCR	Devran et al.，2017
A. fragariae	1469 & 1472	SSU-rDNA	qRT-PCR	Rybarczyk-Mydlowska et al.，2012
A. fragariae	AFragF1 & AFragR1（SSP）	ITS	常规 PCR	McCuiston et al.，2007
A. ritzemabosi	1496 &1499	SSU-rDNA	qRT-PCR	Rybarczyk-Mydlowska et al.，2012
A. subtenuis	1454 & 1458	SSU-rDNA	qRT-PCR	Rybarczyk-Mydlowska et al.，2012
Bursaphelenchus xylophilus	TOPNF & TOPNFR；NEM_18S_F & NEM_18S_R	Topoisomerase I 和 18S rDNA	巢式 PCR	Huang et al.，2010
B. xylophilus	F3-B.x，B3-B.x，FIP-B.x，BIP-B.x & LF-B.x	rDNA	LAMP	马雪萍等，2014
Ditylenchus destructor	DITuniF & DITdesR	18S rDNA-ITS1	三重 PCR	Jeszke et al.，2015
D. dipsaci	DitNF1 & DitReal-timeR2	ITS	qRT-PCR	Subbotin et al.，2005
D. dipsaci	DIT-2 引物对或 DIT-5 引物对	SCAR	常规 PCR	Zouhar et al.，2007
D. dipsaci	DITuniF & DITdipR	18S rDNA-ITS1	三重 PCR	Jeszke et al.，2015
D. gigas	DITuniF & DITgigR	18S rDNA-ITS1	三重 PCR	Jeszke et al.，2015
Globodera pallida	探针 D2，D5 & D6，以及物种特异探针 P1 和 P3	rDNA	DNA 芯片	Liu et al.，2008
G. pallida	PITSp4 & ITS5	ITS	多重 PCR	Bulman and Marshall，1997
G. pallida	PITSp4 & Pal3	ITS	qRT-PCR	Madani et al.，2005
G. pallida	GLOBOFOR & PALLIREV，探针 PALLITAQ	rDNA	qRT-PCR	Papayiannis et al.，2013
G. artemisiae	qGa1 & qGa2；TibA（TaqMan 探针）	ITS	qRT-PCR	Nowaczyk et al.，2008
G. rostochiensis	PCN280f & NEPCN398r	ITS	qRT-PCR	Toyota et al.，2008
G. rostochiensis	GLOBOFOR & ROSTREV，探针 ROSTOTAQ	rDNA	qRT-PCR	Papayiannis et al.，2013
G. rostochiensis	PITSr3 & ITS5	ITS	多重 PCR	Bulman and Marshall，1997
G. rostochiensis	引物 qGR1 & qGr2，TaqMan 探针 TibR	ITS	qRT-PCR	Nowaczyk et al.，2008
G. rostochiensis	探针 D2，D5 & D6，以及物种特异探针 R1 和 R3	rDNA	DNA 芯片	Liu et al.，2008
G. tabacum	探针 D2，D5 & D6，以及物种特异探针 T2 和 T3	rDNA	DNA 芯片	Liu et al.，2008
Heterodera avenae	引物 AvenF-CO I & AvenR-CO I，探针 AvenProbeCO I	线粒体细胞色素氧化酶亚基 1（CO I）	qRT-PCR	Toumi et al.，2014

续表

线虫	引物/探针	目标序列	检测方法	参考文献
H. avenae	AVEN-COⅠF & AVEN-COⅠR	COⅠ	常规 PCR	Toumi et al.，2013a
H. avenae	引物 HA5-F3、HA5-B3、HA5-FIP、HA5-BIP 和 HA5-LB	SCAR	LAMP	Peng et al.，2014
H. filipjevi	FILI-COⅠF & FILI-COⅠR	COⅠ	常规 PCR	Toumi et al.，2013a
H. filipjevi	HfF1 & HfR1	SCAR	常规 PCR	Peng et al.，2013
H. glycines	SCNrtF & SCNrtR，SCNrtP（探针）；Ne18Sf & Ne18Sr，Ne18Sp（探针）	SCAR & 18S rDNA	real-time PCR	Ye，2012
H. latipons	sp-spec ActR & ActF；D2A & D3B	Actin，28S rDNA	双重 PCR	Toumi et al.，2013b
H. latipons	LatF-COⅠ & LatR-COⅠ，探针 LatProbeCOI	COⅠ	qRT-PCR	Toumi et al.，2014
H. schachtii	SH6Mod & SH4	ITS	qRT-PCR	Madani et al.，2005
Meloidogyne arabicida	ar-A12F & ar-A12R	SCAR	常规 PCR	Correa et al.，2013
M. arenaria	Far & Rar	SCAR	常规 PCR	Zijlstra et al.，2000
M. arenaria	QareF & QareR	SCAR	qRT-PCR	Agudelo et al.，2011
M. chitwoodi	Fc & Rc	SCAR	常规 PCR	Zijlstra，2000
M. chitwoodi	Oligonucleotide capture probes	SCAR 和卫星 DNA 序列	DNA 芯片	Francois et al.，2006
M. chitwoodi	引物 FC612ITS & RcfTAQ，探针 pMCFAM	ITS	多重 RT-PCR	Zijlstra and van Hoof，2006
M. enterolobii	Me-F & Me-R	rDNA-IGS2	常规 PCR	龙海等，2006
M. enterolobii	MK7-F & MK7-R	SCAR	常规 PCR	Tigano et al.，2010
M. enterolobii	MeF3、MeB3、MeFIP、MeBIP、MeLF & MeLB	5S rDNA-IGS2	LAMP	Niu et al.，2012
M. enterolobii	引物 Ment 17F & Ment 17R，探针 LNAprobe # 17	COⅠ	qRT-PCR	Kiewnick et al.，2015
M. exigua	ex-D15F & ex-D15R	SCAR	常规 PCR	Randig et al.，2002
M. fallax	引物 FC612ITS & RcfTAQ，探针 pMfVIC	ITS	多重 RT-PCR	Zijlstra and van Hoof，2006
M. fallax	Ff & Rf	SCAR	常规 PCR	Zijlstra，2000
M. graminicola	Mg-F3 & Mg-R2	rDNA-ITS	常规 PCR	Htay et al.，2016
M. halpa	引物 Mhaplafwd & Mhaplarev，探针 Mhapla MGB	5.8S rDNA & ITS2	qRT-PCR	Sapkota et al.，2016
M. hapla	Fh & Rh	SCAR	常规 PCR	Zijlstra，2000
M. hapla	LAMP 引物 Mh-F3、Mh-B3、Mh-FIP、Mh-BIP & Mh-LB；探针 Mh-FITC-Probe	rDNA-ITS	FTA-LAMP	Peng et al.，2017
M. incognita	inc-K14-F & inc-K15-R	SCAR	常规 PCR	Randig et al.，2002

续表

线虫	引物/探针	目标序列	检测方法	参考文献
M. incognita	MI-F & MI-R	SCAR	常规 PCR	孟庆鹏等，2004
M. incognita	RKNf & RKNr	ITS	qRT-PCR	Toyota et al.，2008
M. incognita	Mi1 & Mi2	ITS	多重 PCR	Saeki et al.，2003
M. incognita	引物 Mi-F3、Mi-B3、Mi-FIP & Mi-BIP，FITC 探针	*Minc08401* 基因	FTA-LAMP	Niu et al.，2011
M. incognita	Finc & Rinc	SCAR	常规 PCR	Zijlstra et al.，2000
M. izalcoensis	iz-AB2F & iz-AB2R	SCAR	常规 PCR	Correa et al.，2013
M. javanica	Fjav & Rjav	SCAR	常规 PCR	Zijlstra et al.，2000
M. javanica	MJ-F & MJ-R	SCAR	常规 PCR	Meng et al.，2004
M. javanica	18S & Melo-R short	ITS-18S rDNA	qRT-PCR	Berry et al.，2008
M. jnaasi	N-ITS & R195	ITS	常规 PCR	Zijlstra et al.，2004
M. paranaensis	par-C09F & par-C09R	SCAR	常规 PCR	Randig et al.，2002
Paratrichodorus allius	PAR2 & BL18	ITS-18S rRNA	多重 PCR	Riga et al.，2007
P. teres	PTR4 & BL18	ITS-18S rRNA	多重 PCR	Riga et al.，2007
Pratylenchus coffeae	Pc1 & Pc2	ITS	多重 PCR	Saeki et al.，2003
P. crenatus	PCR22	β-1,4- 内切葡聚糖酶基因	三重 PCR	Mekete et al.，2011
P. neglectus	PNEG & D3B	D2/D3 区	常规 PCR	Al-Banna et al.，2004
P. neglectus	Pn-ITS-F2 & Pn-ITS-R2	ITS	qRT-PCR	Yan et al.，2013
P. penetrans	PpenA & AB28, D2A & D3B（内参引物）	ITS-28S rDNA	常规 PCR	Waeyenberge et al.，2009
P. penetrans	PpenMFor & PpenMRev, PpMPb（探针）	β-1,4- 内切葡聚糖酶基因	qRT-PCR	Mokrini et al.，2013
P. penetrans	PP5	18S rDNA	三重 PCR	Mekete et al.，2011
P. scribneri	PSC3	28S rDNA	三重 PCR	Mekete et al.，2011
P. scribneri	PSCR & D3B	D2/D3 区	常规 PCR	Al-Banna et al.，2004
P. scribneri	PsF7 & PsR7；D3A & D3B（通用引物）	rDNA-ITS	常规 PCR	Huang and Yan，2017
P. thornei	THO-ITS-F2 & THO-ITS-R2	ITS-DNA	qRT-PCR	Yan et al.，2012
P. thornei	引物 PthMFor & PthMRev，探针 PthMPb	β-1,4- 内切葡聚糖酶基因	qRT-PCR	Mokrini et al.，2014
P. zeae	18S & Praty-R	ITS-18S rDNA	qRT-PCR	Berry et al.，2008
P. scribneri	引物 D3A&D3B；定量 PCR 引物 PsF7 & PsR7	28S rDNA-D3 区；rDNA-ITS	常规 PCR；qRT-PCR	Yan and Huang，2016
Radopholus similis	Rs-F3，Rs-B3，Rs-FIP，Rs-BIP & Rs-LF	D2/D3 区	LAMP	Peng et al.，2012
R. similis	RsF1 & RsR1	ITS	常规 PCR	王琼等，2011
Rotylenchulus reniformis	物种特异性引物 Ren240，内参引物 D2A & D3B，以及 qRT-PCR 探针 RenITS	ITS	多重 PCR；qRT-PCR	Sayler et al.，2012

续表

线虫	引物 / 探针	目标序列	检测方法	参考文献
Scutellonema bradys	SBVF1 & SBLR	ITS	常规 PCR	Humphreys-Pereira et al.，2014
Tylenchulus semipenetrans	引物 F1c、F2、F3、B1c、B2 & B3	rDNA-ITS	LAMP	Lin et al.，2016
Xiphinema diversicaudatum	引物 Indiv-F & Indiv-R，探针 Indiv-div-VIC	ITS1	qRT-PCR	van Ghelder et al.，2015
X. elongatum	18S & Xiphi-R	ITS-18S rDNA	qRT-PCR	Berry et al.，2008
X. index	引物 Indiv-F & Indiv-R，探针 Indiv-ind-FAM	ITS1	qRT-PCR	van Ghelder et al.，2015
X. italiae	引物 Vuita-F & Vuita-R，探针 Vuita-ita-VIC	ITS1	qRT-PCR	van Ghelder et al.，2015
X. vuittenezi	引物 Vuita-F & Vuita-R，探针 Vuita-vui-FAM	ITS1	qRT-PCR	van Ghelder et al.，2015

（四）实时荧光 PCR 技术

实时荧光 PCR 技术由美国 Applied Biosystems 公司于 1996 年研发，该技术完全闭管检测，避免了 PCR 后处理造成的交叉污染，配以相应的荧光 PCR 仪，可实现 PCR 过程的自动化，该技术操作简便，耗时短，易于标准化和推广应用（施林祥等，2005）。实时荧光 PCR 技术主要包括两类：①嵌入荧光染料技术，是一种非特异性的检测方法，只是简单反映 PCR 体系中的总核酸量，常用的染料有溴化乙锭、花菁二聚体核酸染料（YOYO）、SYBR Gold、花菁单体核酸染料（YO-PRO）和 SYBR Green Ⅰ 等；②特异性荧光探针，主要包括 TaqMan 探针、分子信标、杂交探针、双链探针和单标记荧光探针（杨祥宇等，2003；Hemandez et al.，2004）。目前，在线虫检测方面使用的荧光技术主要是 TaqMan 探针和 SYBR Green Ⅰ 染料方法（葛建军等，2006）。

在孢囊线虫的研究中，目前已经建立了马铃薯金线虫、马铃薯白线虫、甜菜孢囊线虫、艾球孢囊线虫（*G. artemisiae*）和烟草球孢囊线虫（*G. tabacum*）的实时荧光 PCR 检测方法（Bacic et al.，2008；Bates et al.，2002；Madani et al.，2005，2008；Nowaczyk et al.，2008；Quader et al.，2008；Toyota et al.，2008），Subbotin 等（2010）对此进行了很好的总结。

王翀等和 Subbotin 等分别通过 TaqMan 探针法和 SYBR Green Ⅰ 染料法，构建了鳞球茎茎线虫实时荧光 PCR 鉴定方法（王翀等，2005；Subbotin et al.，2005）。刘先宝（2006）建立了腐烂茎线虫 TaqMan 探针实时荧光 PCR 鉴定方法。实时荧光 PCR 技术在松材线虫的鉴定上研究较多，主要围绕 TaqMan 探针和 TaqMan-MGB 探针建立了相应的鉴定方法（Cao et al.，2005；葛建军等，2005；王明旭等，2005；王金成等，2006；王焱等，2007；陈凤毛等，2007）。Sato 等（2007）建立了穿刺短体线虫（*P. penetrans*）的鉴定方法。葛建军等（2009）构建了马铃薯金线虫的 TaqMan 探针实时荧光 PCR 鉴定方法。Ma 等（2011）建立了剪股颖粒线虫 TaqMan 探针实时荧光 PCR 鉴定方法。

（五）DNA 条形码技术

2002 年 4 月，德国科学协会（German Science Association，DFG）最早提出建立一个以

DNA 为基础的包含所有生物类群的分类系统的构想。受商品条形码的启发，加拿大动物学家 Hebert 等（2003）首次提出生物条形码的概念。DNA 条形码（DNA barcode）技术是指通过对来自不同生物个体的同源 DNA 序列进行 PCR 扩增和测序，并对所测的序列进行比对和聚类分析，进而将某个个体进行分类鉴定的技术（陈念等，2008）。

利用 DNA 条形码技术鉴定生物物种的构想一经提出，立即引起了包括 *Nature* 在内的国际顶级学术期刊的关注，与之相关的研究与日俱增。经过多年的发展，现已成立了许多与 DNA 条形码相关的组织机构，如 DNA 条形码加拿大中心（CCDB）、生命条形码联盟（CBOL）、国际生命条形码计划（iBOL）等。陆续启动的 DNA 条形码项目包括鸟类条形码计划（ABBI）、鱼类条形码计划（FISH-BOL）、实蝇条形码计划（TBI）、蚊子条形码计划（MBI）、蜂类条形码计划（Bee-BOL）、海洋物种条形码计划（MarBOL）、菌物条形码计划（FBI）和欧洲检疫性有害生物条形码计划（QBOL）等。

作为 DNA 条形码的基因片段，需要满足一定的条件：①标准的 DNA 片段；②该片段需包含丰富的系统进化信息；③具有一定的保守性，以便于设计通用引物，同时要具备足够的变异性，以区分不同物种；④该片段应尽量短，以利于 PCR 扩增和测序（程佳月等，2009）。

DNA 条形码技术主要包括以下步骤：①获取生物样品；② DNA 的提取与纯化；③目标片段 PCR 扩增；④ PCR 产物的检测与纯化；⑤克隆测序；⑥序列分析及数据库相似性比较（莫帮辉等，2008；程佳月等，2009）。

DNA 条形码与目前的物种鉴定方法比较，具有以下特点：①检测靶标为不受个体发育影响的 DNA 序列，较为稳定；②对实验材料取样部位的要求不严格，同一生物体的 DNA 不因组织形态的变化而发生本质变化；③能有效降低错误鉴定的可能性；④鉴定过程相对简单，弥补了传统形态学分类专家缺少的不足，所建立的 DNA 条形码数据库可以作为永久的参考，并且可以不断更新与补充（谭玲等，2009）。

DNA 条形码技术在 PCR 扩增的基础上增加了测序步骤，因此所需试剂与特异性引物 PCR 相比，增加了扩增产物转化、克隆和测序的相关试剂，所需设备与特异性引物 PCR 大致相同，增加了摇菌用的摇床及测序设备。

目前，大多数的生物公司都提供 PCR 产物直接测序或克隆测序的服务，直接测序一般 2～3d 即可完成，克隆测序一般 5～7d 也可以完成，且近年来价格迅速降低，因此各口岸实验室即使没有测序设备，也可以方便地找到相应的测序服务商，极大地方便了 DNA 条形码技术的应用。

DNA 条形码是一种快速、准确、标准化、可实现数据共享的通用分类鉴定技术，该技术的核心环节是 DNA 条形码基因的筛选。首先，理想的 DNA 条形码基因须具有适宜的片段长度（800bp 左右）、较高的扩增和测序成功率及良好的物种识别能力等要素。目前的核酸测序技术的一个反应往往只能读取约 800bp，超过 800bp 的核酸序列很难通过一次反应测通。因此，我们在选择一个 DNA 条形码时最好选择 800bp 以内的核酸片段，以便测序。其次，DNA 条形码片段应该有足够的遗传变异性，确保各物种之间能够通过该条形码片段进行有效区分，即其种内的变异明显小于种间的变异，具有较高的物种识别率。最后，一个条形码片段必须有较高的扩增效率，这需要我们对通用扩增引物进行认真筛查及验证（林宇等，2016）。研究发现，已发表的核糖体 ITS 通用扩增引物的通用性往往不够，F194/F195、TW81/AB28、PXB101/PXB481 及 F194/PXB481 组合对扩增线虫的种类有一定的偏好性，只能扩增有限的线虫类群，说明在植物线虫领域，DNA 条形码的适合性分析及其通用引物的选择、验证方面还需要做大量的研究工作。目前，有 6 条比较理想的条形码片段可用于植物线虫分类鉴定，分别为核糖体 ITS、28S rRNA（D2/D3 区）、18S rRNA 基因、线粒体 *CO I* 基因及 ITS1 和 ITS2。

用于核酸序列编辑的软件有很多，大多数是免费的。常用的序列编辑软件有 DNA star、BioEdit、DNAMAN 等，常用的序列比对软件为 ClustalX 1.81，这些软件操作都比较简单，一般初学者根据使用说明简单练习后便可掌握。用于系统发育分析的软件 MEGA 中也带有序列比对的功能。聚类分析建议用 PHYLIP、MEGA、MrBayes 等软件，对初学者一般推荐 MEAGA 6.0，该软件为图形界面，操作简单。

实际操作中，获得序列后的通常做法是首先去各大数据库［如 NCBI、生命条形码数据系统（BOLD）、欧洲检疫性有害生物条形码计划（QBOL）等，以后还可以检索中国检验检疫科学研究院开发的"中国生命条形码信息管理系统"（http://qbol.apqchina.org/）和江苏海关开发的植物有害生物检疫鉴定系统（http://www.exoticorganism.com/）］进行相似性搜索（BLAST），通过两两序列局部比对来查询数据库中与之最匹配的序列，使用相似度得分来评价序列的相似性，而参考序列的性质和匹配长度等信息可以通过概率值反映出来。例如，相似性搜索的结果表明待鉴定样品有较多近似种，难以明确区分，可考虑通过建树（NJ）法对待鉴定样品进行定位。为保证树的准确性及节省建树时间，可以结合 BLAST，首先搜索并下载近似序列，然后将待鉴定样品的序列与数据库中搜索到的序列合并后建树。

（六）其他技术方法

除了以上 5 种研究较多的检测技术之外，关于蛋白质电泳、随机扩增多态性 DNA（RAPD）、扩增片段长度多态性（AFLP）、反向斑点印迹杂交、环介导等温扩增（LAMP）、基因芯片等技术用于线虫种、种下亚种及群体的区分也有大量的文献报道。蛋白质电泳是最早应用于线虫学的分子技术，结合等电聚焦电泳技术可以从微量的线虫材料中获得完美的蛋白质电泳图谱。目前，该技术在孢囊类线虫的鉴定中取得了很大的成功，世界上很多实验室将该技术作为常规方法用于鉴别马铃薯金线虫和马铃薯白线虫。RAPD 是利用单一约 10 个碱基组成的随机引物对所研究的基因组 DNA 进行扩增获得遗传指纹信息的技术，可用于生物遗传多样性分析、近似种鉴定及种下群体的区分等领域。目前该技术已广泛用于马铃薯白线虫、大豆孢囊线虫、香蕉穿孔线虫、鳞球茎茎线虫、松材线虫等的种内群体变异及亲缘进化关系研究。AFLP 是由荷兰科学家 Pieter Vos 等于 1995 年发明的分子标记技术，与 RAPD 技术相比，它可以扩增出更多数量的条带，结果更可靠、更稳定，不受扩增条件微小变化的影响。利用 AFLP 技术来比较孢囊线虫不同种及群体可显示出更大的种内种间变异，可用于区分烟草球孢囊线虫的亚种。鳞球茎茎线虫复合种内的正常群体和巨大群体通过该技术也能很好地区分。反向斑点印迹杂交技术的原理是用地高辛 dUTP 标记 PCR 扩增后的产物形成标记靶 DNA，再与膜上固定的特异性寡核苷酸探针进行杂交，从而达到鉴别物种的目的，该技术可同时鉴别一份样品里的不同线虫种类。根据核糖体 ITS 序列设计的寡核苷酸探针建立起来的反向斑点印迹杂交方法已被用于多种短体线虫的鉴定。另外，也有学者提出 DNA 芯片技术可能是一种更简单、廉价和可靠的分子诊断技术，不过该技术需依赖昂贵的设备，且技术研发较为复杂，目前在线虫学领域极少应用。

三、植物线虫分子鉴定技术优势分析

植物线虫的分子鉴定技术很多，但由于专业特点，大多数的技术方法无法满足口岸的特殊要求。检疫鉴定报告是执法的重要依据，这就要求在检疫鉴定技术方法的选择上首先要考虑技术方法的准确性和稳定性，同时还要充分考虑口岸快速通关的内在要求，检测速度应尽可能快。由于口岸货物来源的复杂性和多样性，口岸截获线虫种类的多样性也极为丰富，从而决定了技术方法应具有较高的通用性。因此，口岸线虫检疫鉴定技术方法必须在准确、稳定、快速和通用4个方面取得平衡，这些特点决定了线虫检疫在技术方法选择上与其他专业存在差异。

蛋白质电泳技术虽然在孢囊类线虫的鉴定中取得了成功，并成为很多实验室区分马铃薯孢囊线虫的常规方法，但该项技术研究涉及的线虫种类较少，不成体系是其主要弱点。同工酶电泳技术在根结线属和孢囊类线虫的分类鉴定中都建立了较为完整的系统，但该技术的最大缺陷就是对线虫虫态的要求很高。例如，根结线虫的同工酶检测需要年轻的雌虫，而口岸检疫时分离获得2龄幼虫和少量雄虫的机会更多，获得雌虫的机会较少。并且该方法的操作过程比较复杂也是一个明显的缺点。实时荧光PCR技术虽然鉴定速度快，但该技术通用性不足，一般只能针对一种线虫进行鉴定，并且荧光染料、探针及相关设备都非常昂贵，使得该项技术在口岸线虫鉴定中难以推广。LAMP技术的最大问题是稳定性不足，方法过于敏感，容易出现假阳性。另外，LAMP技术的通用性不足也是限制其应用的重要因素。基于核酸杂交的技术方法，如反向斑点印迹杂交和基因芯片技术虽然有很好的通用性，但这两种技术在研发和操作上都较为复杂，特别是基因芯片技术还需要昂贵的设备。RAPD和AFLP技术在研究生物遗传多样性方面优势明显，但用于物种鉴定时，RAPD技术受实验条件的影响较大，结果不够稳定，而AFLP的最大问题是操作过于复杂，而且这两种技术获得的结果数据不够直观，这些都限制了这两种技术的应用。

因此，相对上述几种技术方法而言，特异性引物PCR、PCR-RFLP和DNA条形码技术在准确性、稳定性、通用性、可操作性和检测速度等方面都具有一定的优势，3种技术组合使用效果更好。而且，这3种方法的核心技术为PCR扩增、测序和限制性酶切，都是非常成熟和稳定的技术方法，一般的技术人员经过短时间的培训即可掌握，所需仪器设备也是各口岸实验室的常规配备设备。因此，特异性引物PCR、PCR-RFLP和DNA条形码技术可以作为口岸线虫检疫鉴定的常规技术方法。

第九章 杂草及寄生性种子植物的检验检疫方法

第一节 杂草概况及其与人类的关系

杂草对农作物的危害是不可忽视的，其严重威胁生产的正常发展，甚至威胁人畜生命安全。恶性杂草的生命力非常强大，繁殖迅速，可快速传播；而且一旦发生通常难以根除，后患无穷。因此，杂草检疫作为境内外重要检疫内容之一受到各个国家（地区）的高度重视。

一、杂草的分类

农田、庭院杂草种类很多，仅我国就有 500 多种，其中分布较广、危害较严重的有 40 多种，为了便于识别和防除这些杂草，除了按照植物分类学方法进行分类外，还常根据杂草的生活周期、生境、原产地及分布现状，以及化学除草的需要等来进行分类。

（一）根据杂草的生活周期和习性分类

1. 一年生杂草（annual weed）

只在一年内完成其生活史的杂草，一般在春季和夏季种子萌发，秋季和夏季植株开花结实，果实成熟后全株枯死。在土壤中成休眠状态，位于土壤深层，一般能保持多年不丧失发芽力。这类杂草主要靠产生大量生命力强的种子繁殖。一年生杂草主要有如稗、异型莎草、马唐、藜、菟丝子等。一年生杂草主要为害夏季和秋季作物，如水稻、玉米、大豆、棉花和蔬菜等，也为害茶树、桑树和果树等。

2. 二年生（越年生）杂草（biennial weed）

只在两年之内完成其生活史的杂草，实际上生长时间也是 7~8 个月，仅是跨越了人为的年份。一般在秋季或冬季种子萌发，进行营养生长，其营养体越冬，到第二年春季才开花结实，夏季植株枯死。种子在土壤中，保持休眠状态越夏，如看麦娘、牛繁缕、婆婆纳、猪殃殃等。这类杂草主要为害冬季和春季作物、蔬菜、水果和茶树。

3. 多年生杂草（perennial weed）

存活两年以上的草本植物，一年中开花、结果在两次以上，这类杂草除靠种子繁殖外，大多数还能以地下的营养器官进行营养繁殖，这类杂草中有些是危害严重、难以根除的恶性杂草，如白茅、狗牙根、香附子、刺儿菜、眼子菜等，少数多年生杂草为"常绿型"，地上部分冬季也不枯萎，四季常绿，如石菖蒲等。

4. 寄生植物（parasitic plant）

不能独立生活而寄生在其他植物上靠寄主提供养分的植物，如菟丝子、槲寄生、列当等。

5. 肉质植物（succulent）

植物体柔嫩、肉质多汁、水分丰富的植物，如瓦松景天、马齿苋等杂草。

（二）根据生境分类

植物生长的环境，按水分因子的多少可分为旱生、湿生和水生三大类，杂草经过长期的演化，形成了适应不同生长环境的各种类型，根据适应水分多少的能力，可分为旱生杂草、中生杂草、湿生杂草和水生杂草4类。

1. 旱生杂草（xerophilous weed）

只在干净的环境下和地势较高之处才能正常生长发育的杂草，常出现在山坡、旱地、果园和园林坡地或盐碱地，有些也常见于城市环境中的屋顶、墙头、岩石、陡壁上，如藜科、石竹科、景天科、豆科、蓼科、唇形科、菊科和禾本科的很多杂草属于这一类。

2. 中生杂草（mesophytic weed）

大多数杂草属于这一类，它们生长在干湿度适中的平原旱地、公园、庭院、瓜果园及房前屋后。中生杂草对短时间过干或过湿的环境也能适应，因而是很常见的一类杂草。

3. 湿生杂草（hygrophytic weed）

这类杂草喜生长在水分充足的潮湿环境中，如沼泽、河流、池塘、湖泊、溪沟和水田埂，以及城市公园的低地林下，常见的种类有毛茛属、莎草属、冷水花属、莲子草属、碎米荠属，以及千屈菜科、柳叶菜科、玄参科、泽泻科、天南星科、鸭趾草科的很多杂草。

4. 水生杂草（hydrophytic weed）

这一类杂草适应水的环境，具发达的通气组织，它与水生栽培植物争夺光照与养分，常见的有稗草、水蜡烛、眼子菜、黑藻、杏菜和莲子草等。这一类杂草有的繁殖很快，给湖泊、池塘的水面及水中动物带来污染，如凤眼莲、满江红和大藻等。

（三）根据植物系统分类

大多数杂草属于被子植物门，只有少数杂草来自藻类植物和蕨类植物，裸子植物门中绝大多数为木本植物（除草麻黄外），因而不存在杂草。

（四）根据植物原产地及分布现状分类

1. 广布性杂草（eurytopic weed）

多数杂草的适应性强于栽培植物，因而分布较广，常可以分布在地球的整个气候带，甚至跨越不同的气候带，达到全国分布及世界性分布，如金鱼草、刺苋、凹头苋、繁缕等。

2. 特有杂草（endemic weed）

有些杂草只分布在特定的地区，称为特有杂草。例如，小毛茛仅分布在我国的亚热带地区。

3. 外来杂草（exotic weed）

由于人类活动，有些杂草从一个大陆或国家传播到另一个大陆或国家生长蔓延，形成新的分布区，这样的杂草称为外来杂草，如北美独行菜、一年蓬、大狼把草和豚草等。

（五）根据杂草的危害性程度分类

1. 危险性杂草（dangerous weed）

在众多的杂草中有一类分布于局部地区，繁殖较快，能与作物和栽培植物争夺水肥、光照，有一定危害程度的杂草，称为危险性杂草，如分布在热带的香泽兰，分布在西北、华北的列当属，以及有一定危害的豚草属植物，这一类植物常常在局部地区和部分国家属于检疫的对象。

2. 检疫性杂草（quarantine weed）

检疫性杂草是指在全世界数百种杂草中有若干对农作物危害较大、传播较快、国内尚未见分布或局部地区尚未见分布的危险性杂草，或者是带有严重为害农作物的病菌和虫卵的、国内尚未见分布的危险性杂草。这些危险性杂草常常在国家的植物检疫法规中被规定禁止输入、输出，如毒麦、菟丝子、假高粱等。

二、杂草的扩散与传播

种子和果实是植物的主要繁殖器官，也是传播蔓延的主要器官。一株杂草所产生的种子数量惊人。例如，向日葵列当一株可产生 10 万粒以上种子；一株菟丝子可产生近百万粒种子；有的地区，每株毒麦平均可产 66.8 粒籽实，而小麦平均只有 20 粒左右。而且有的杂草种子和作物种子大小相似，不容易分离，混杂在作物种子中，随之传播。饲料、农具、交通工具及包扎物都可以传播种子，甚至牲畜粪便中的杂草种子也能萌芽蔓延。因此，检验植物及其产品中有无检疫性杂草种子是防止有害有毒杂草传播的重要方法。各种植物籽实的传播方式各有不同，概括起来有以下几种。

（一）依靠植物自身的特殊机能传播

这种传播方式借助于果实本身的特殊构造来实现。例如，豆科植物的豆荚，当种子成熟后，在干燥的情况下荚果即行爆裂，果皮迅速卷旋将种子弹出荚外。凤仙花、堇菜或酢浆草的果实成熟后，稍稍触动，果皮立即分离卷曲，由其组织的相互应力将种子抛出。葫芦科的喷瓜，其果实成熟后，微触果实，立即从顶孔将种子喷射出，达 6～10m 之远。

（二）借助风力传播

凡种子或果实上具有翅、冠毛、茸毛、羽状物或气囊状物的杂草，均可借助空气的流动而传播。例如，柳穿鱼、酸模有翅状物；蒲公英、苦荬菜等许多菊科植物的果实有冠毛；酸浆属植物的果实外侧有气囊状的宿存萼等，这些植物的种子都可借助风力传播。

（三）借助水力传播

借助流水传播的植物种类，除水生或沼生植物之外，还有许多生活在沟渠、斜坡、河床甚至平地上的杂草，如车前草等的种子或果实，成熟后往往会落于流水中，或被雨水冲刷到其他地方进行传播。

（四）借助动物的活动传播

许多植物的成熟果实是鸟、兽的食物，往往具有鲜艳的颜色，引诱鸟、兽食用。例如，多汁而呈红色的草莓、樱桃、葡萄被动物食后，动物跑到其他地方，其种子连同粪便一同排出体外，从而起到了传播的作用。许多植物的种子或果实上带有钩、刺、毛等附属物，当动物经过时，可附在动物皮毛上而被带到远方，如苍耳、鬼针草、狼巴草、蒺藜草及禾本科的其他一些种类等。还有许多植物的果实会分泌一种黏液，动物触及后，即黏附在动物身上而被带到别处，帮助种子传播，如丹参、黏液蓼等。

（五）人为传播

杂草种子（包括果实）的人为传播，是杂草远距离传播的主要因素，也是实施杂草检疫的主要原因。近百年来，国际贸易的发展、交通工具的现代化，为杂草种子的传播创造了条件。除此之外，为了满足农业科学和其他生物科学发展的需要，国家之间的友好往来也为杂草种子的传播提供了机会。例如，从国外进口的农产品中常混杂有杂草种子。因此，在引种、国际种子交换、邮寄、旅客携带、礼品交换等过程中，都有可能将国内没有或分布未广的植物种类传入。

三、杂草检疫与生物入侵

(一) 概念与定义

1. 杂草

在植物长期演化过程中，草本植物形成了适应性广、生长周期短、繁殖力强等特点，因而占据了地球陆地的大部分区域。其中有一部分野生草本植物常常侵入农田、菜地、苗圃、庭院等人类活动区域，它们为害农作物及其他栽培植物，而且影响人类生活的环境，这类野生草本植物称为杂草。杂草一般都具有顽强的生命力，其根系发达，具有吸收水肥能力强、生长速度快、周期短、繁殖力和传播能力强的特点。

2. 杂草检疫

杂草检疫是指人们依据国家指定的植物检疫法，运用一定的仪器设备和技术，科学地对输入和输出本地区、本国的动植物或其产品中夹带的立法规定有潜在性危害的有毒、有害杂草或杂草的繁殖体（主要是种子）进行检疫监督处理的过程。

(二) 杂草检疫的历史概况与现状

杂草检疫是动植物检疫的重要组成部分。近年来，杂草检疫工作取得了长足的进展，据不完全统计，我国自1949年开展杂草检疫以来，在进口粮食、蔬菜种子、花卉种子、药材种子、皮毛和各类器材、运输工具中截获了大量的检疫性与危险性杂草种子，其中截获检疫性杂草60多种（属），如苍耳属（非中国种）、蜀黍属、豚草（属）、蒺藜草（属）（非中国种）、菟丝子（属）等。杂草入侵后，一旦环境条件适合并定殖后，由于没有天敌，会以令人难以置信的速度蔓延、抢占空间，使原有生态系统内的植物由于缺乏生长空间和养分而死亡、灭绝。杂草检疫对于保护我国农牧业不受或少受外来有害杂草的侵袭、保护环境安全，发挥了积极作用。

(三) 生物入侵的危害与现状

生物入侵是指生物由原生存地经自然或人为的途径侵入另一个新的环境，对入侵地的生物多样性、农林牧渔业生产及人类健康造成经济损失或生态灾难的过程。或定义为：生物入侵是指某种生物从外地自然传入或人为引种后成为野生状态，并对本地生态系统造成一定危害的现象。

外来物种（alien species）是指那些出现在其过去或现在的自然分布范围及扩散潜力以外范围的物种、亚种或以下的分类单元，包括其所有可能存活、继而繁殖的部分、配子或繁殖体。对于特定的生态系统与栖息环境来说，任何非本地的物种都称为外来物种。外来入侵物种具有生态适应能力强、繁殖能力强、传播能力强等特点；被入侵生态系统具有足够的可利用资源、缺乏自然控制机制、人类进入的频率高等特点。外来物种的"外来"是以生态系统来定义的，仅指生物体与其自然范围相对而言的地点和分布，并非意味着该生物有害。

一般而言，一国主动引进加以培养、种植或养殖，以便丰富国人餐桌或用于保护生态、美化环境等的行为，不归类为生物入侵。不是本国主动引进，对本土农业、生态环境和人畜健康产生不利影响的，才能称为生物入侵。

1. 我国生物入侵的现状

我国地域辽阔，栖息地类型繁多，生态系统多样，大多数外来物种都很容易找到适宜的生长繁殖地，这也使得我国较容易遭受外来物种的入侵。同时由于世界经济全球化和我国的改革开放，国际交流和人员往来日益增多，物流业高速发展，外来物种被人们有意无意地带往我国，从而给我国生态安全带来了巨大的挑战。目前我国对生物入侵还缺乏一个良好的预警机制，也未像许多国际组织及发达国家那样制定针对性的法律法规。我国是全球遭受外来入侵物种危害最严重的国家之一，据统计，我国的入侵物种有 754 种，其中植物 265 种，动物 171 种，菌类微生物 26 种，其中以我国西南和沿海地区最为严重。目前我国也在采取积极有效的措施，以期能够预防外来物种入侵，减轻对国家造成的经济损失。例如，我国政府截至目前已发布了 4 批中国外来入侵物种名单，共 40 个物种。

1）2003 年 1 月 10 日，国家环境保护总局（现为生态环境部）与中国科学院联合发布了《中国第一批外来入侵物种名单》，其中包括入侵植物 9 种：紫茎泽兰（*Eupatorium adenophorum* Spreng）、薇甘菊（*Mikania micrantha* H. B. K.）、空心莲子草［*Alternanthera philoxeroides*（Mart.）Griseb.］、豚草（*Ambrosia artemisiifolia* L.）、毒麦（*Lolium temulentum* L.）、互花米草（*Spartina alterniflora* Loisel.）、飞机草（*Eupatorium odoratum* L.）、凤眼莲［*Eichhornia crassipes*（Mart.）Solms］和假高粱［*Sorghum halepense*（L.）Pers.］。

2）由环境保护部（现为生态环境部）和中国科学院联合制订，环境保护部于 2010 年 1 月 7 日发布了《中国第二批外来入侵物种名单》，其中包括入侵植物 10 种：马缨丹（*Lantana camara* L.）、三裂叶豚草（*Ambrosia trifida* L.）、大藻（*Pistia stratiotes* L.）、加拿大一枝黄花（*Solidago canadensis* L.）、刺蒺藜草（*Cenchrus echinatus* L.）、银胶菊（*Parthenium hysterophorus* L.）、黄顶菊［*Flaveria bidentis*（L.）Kuntze］、土荆芥（*Chenopodium ambrosioides* L.）、刺苋（*Amaranthus spinosus* L.）和落葵薯［*Anredera cordifolia*（Tenore）Steenis］。

3）2014 年 8 月 15 日，环境保护部与中国科学院发布了《中国外来入侵物种名单（第三批）》公告，其中包括入侵植物 10 种：反枝苋（*Amaranthus retroflexus* L.）、钻形紫菀（*Aster subulatus* Michx.）、三叶鬼针草（*Bidens pilosa* L.）、小蓬草［*Conyza canadensis*（L.）Cronq.］、苏门白酒草［*Conyza sumatrensis* var. *leiotheca*（S. F. Blake Cuatrec）］、一年蓬［*Erigeron annuus*（L.）Pers.］、假臭草［*Praxelis clematidea*（L.）Roth］、刺苍耳（*Xanthium spinosum* L.）、圆叶牵牛［*Ipomoea purpurea*（L.）Roth］和长刺蒺藜草（*Cenchrus longispinus* Benth）。

4）2016 年 12 月 12 日，环境保护部与中国科学院联合制订并发布了《中国自然生态系统外来入侵物种名单（第四批）》，其中包括入侵植物 11 种：长芒苋（*Amaranthus palmeri* S. Watson）、垂序商陆（*Phytolacca americana* L.）、光荚含羞草［*Mimosa bimucronata*（DC）Kuntze］、五爪金龙［*Ipomoea cairica*（L.）Sweet］、喀西茄（*Solanum aculeatissimum* Jacquin）、黄花刺茄（*Solanum rostratum* Dunal）、刺果瓜（*Sicyos angulatus* L.）、藿香蓟（*Ageratum conyzoides* L.）、大狼把草（*Bidens frondosa* L.）、野燕麦（*Avena fatua* L.）和水盾草（*Cabomba caroliniana* Gray）。

2. 主要危害与后果

（1）加速物种灭绝　　外来有害生物入侵适宜生长的新区后，其种群会迅速繁殖，并逐渐发展成为当地新的"优势种"，严重破坏当地的生态安全，具体而言，其导致的恶果主要有以下几项：①外来物种入侵是造成生物多样性下降的直接原因之一。外来物种入侵会严重破坏生物的多样性，并加速物种的灭绝。生物的多样性是所有的植物、动物、微生物及它们的遗传信息与生存环境集合形成的不同等级的复杂系统。②虽然一个国家或地区的生物多样性是大自然所赋予的，但任何一个国家或地区都应该投入大量的人力、物力尽力维护该国或地区生物的多样性。而外来物种入侵却是威胁生物多样性的头号敌人，入侵物种被引入异地后，由于其新生环境缺乏能制约其繁殖的自然天敌及其他制约因素，后果便是入侵物种迅速蔓延、大量扩张、形成优势种群，并与当地物种竞争有限的食物资源和空间资源，直接导致当地物种的退化，甚至灭绝。

（2）破坏生态平衡　　外来物种入侵会对植物土壤的水分及其他营养成分，以及生物群落的结构稳定性及遗传多样性等方面造成影响，从而破坏当地的生态平衡。例如，引自澳大利亚而入侵我国海南岛和雷州半岛许多林场的外来物种薇甘菊，能大量吸收土壤水分从而造成土壤极其干燥，对水土保持十分不利。此外，薇甘菊还能分泌化学物质抑制其他植物的生长，曾一度严重影响侵入地区整个林场的生产与发展。

第二节　杂草的形态鉴定基础

杂草的种子和整个生长发育阶段的形态特征是杂草检疫鉴定的重要依据，而与检疫鉴定有关的鉴定特征主要包括杂草的分类地位、杂草的营养阶段的形态特征、生殖阶段的花和花序特征、籽实特征等。

从分类地位上来说，杂草的分类方式有多种，如根据形态特征可分为禾草类、莎草类和阔叶类；根据生活史可分为一年生和多年生杂草；根据茎秆木质程度又可分为草本和木本杂草类。这些分类方式均能反映杂草的基本特征和特性。营养阶段的形态特征主要包括叶片和茎秆的形态、颜色、着生方式和分枝特点等。生殖阶段的花和花序特征包括花的构造、花序种类等。杂草的果实有多种，如荚果、角果、颖果、瘦果等。籽实种类与其分类地位密切相关。例如，豆科果实为荚果，十字花科的果实为角果，禾本科的果实为颖果，菊科的果实主要是瘦果。种子的区分主要是依据其大小、形态、胚的特征、胚乳的有无、种脐形状等特征。

一、植物的营养器官

植物的器官可分为营养器官及生殖器官。营养器官通常是指植物的根、茎、叶等器官，而生殖器官则为花、果实、种子等。营养器官的基本功能是维持植物的生长，但在某些情况之下，可能作为无性生殖或营养生殖器官。

（一）根

一般生长在土壤里，有吸收养料、水分，合成贮藏物质和固定植物的作用，有些植物的根还有营养繁殖的作用。根据发生的部位，植物的根分成主根、侧根和不定根三种。植物地下部分所有根的总和称为根系，分为直根系和须根系两种。常见的形态有：圆锥状根，如蒲公英；圆柱状根，如防风、苦参；纺锤状根，如萱草、麦冬；须根（无明显主根，由茎上部伸出许多细长的根），如大部分单子叶植物杂草；块根（根肥大呈块状，形态变化很多），如何首乌等。

（二）茎

植物体地上部分的中轴部分，下与根相通，上支持叶、花和果实，主要有输导、贮藏养分及支持作用。

1. 地上茎

因生长习性的不同，地上茎可以分为直立茎、缠绕茎、攀缘茎和匍匐茎4类。直立茎是指茎从地面向上直立生长，如向日葵、松、杨、柳。缠绕茎是指茎细长柔弱不能直立，以茎自身作螺旋状缠绕于其他支柱向上生长（有些是右旋缠绕的顺时针方向），如牵牛、扁豆。攀缘茎是指茎细长不能直立，也不能缠绕着别的物体上升，常借卷须或钩刺等结构攀附他物向上生长，如野豌豆、葎草、菟丝子等。匍匐茎是指茎贴地面生长，节部可生不定根，如连钱草、牛繁缕等。

2. 地下茎

地下茎是植物生长在地下的变态茎的总称。地下茎可以分为根状茎、块茎、球茎、鳞茎等。根状茎：匍匐生长于土壤中，形态变成根状的地下茎。根状茎贮藏有丰富的营养物质，如莲、竹、芦苇。块茎：短缩肥大的地下茎。顶端有顶芽，侧部有螺旋状排列的侧芽，每个侧芽上可以有几个芽，相当于腋芽的主芽和副芽，如马铃薯。球茎：肥大、短而扁圆的地下茎。顶端有粗壮的顶芽，有明显的节和节间，节上有干的鳞片叶和腋芽，下部有多数不定根，如荸荠、芋头。鳞茎：由多数肉质鳞片叶包裹着短缩茎而成的球形地下茎。外面常常包有膜质鳞片叶，里面有肥厚的肉质鳞片叶，其中贮藏着丰富的营养物质，鳞片叶生在短缩的鳞茎盘上，鳞茎盘的下部生有多数不定根，如蒜、洋葱。

（三）叶

叶的形态包括整个叶片的外形、叶片尖端、叶片基部和叶片边缘等几个部分。

1. 叶形

叶形是指叶片的外形。不同的植物，叶形的变化很大，即使在同一种植物的不同植株上，或者同一植株的不同枝条上，叶形也不会绝对一样，多少会有一些变化，但并不是说同一种植物的叶形可以变化无穷，它的变化总是在一定的范围内。常见有下列几种。

1）针形：叶片细长，顶端尖细如针，横切面呈半圆形，如黑松；横切面呈三角形，如雪松。

2）披针形：叶片长为宽的4~5倍，中部以下最宽，向上渐狭，如垂柳；若中部以上最宽，向下渐狭，则为倒披针形，如杨梅。

3）矩圆形：也称长圆形，叶片长为宽的3~4倍，两侧边缘略平行，如枸骨。

4）椭圆形：叶片长为宽的3~4倍，最宽处在叶片中部，两侧边缘呈弧形，两端均等圆，如桂花。

5）卵形：叶片长约为宽的2倍或更少，最宽处在中部以下，向上渐狭，如女贞；如中部以上最宽，向下渐狭，则为倒卵形，如海桐。

6）圆形：叶片长宽近相等，形如圆盘，如猕猴桃。

7）条形：叶片长而狭，长为宽的5倍以上，两侧边缘近平行，如水杉。

8）匙形：叶片狭长，上部宽而圆，向下渐狭似汤匙，如金盏菊。

9）扇形：叶片顶部甚宽而稍圆，向下渐狭，呈张开的折扇状，如银杏。

10）镰形：叶片狭长而少弯曲，呈镰刀状，如南方红豆杉。

11）肾形：叶片两端的一端外凸，另一端内凹，两侧圆钝，形同肾，如如意菫。

12）心形：叶片如卵形，但基部宽而圆，且凹入，如紫荆；如顶部宽圆而凹入，则为倒心形，如酢浆草。

13）提琴形：叶片似卵形或椭圆形，两侧明显内凹，如白英。

14）菱形：叶片近似于等边斜方形，如乌桕。

15）三角形：叶片基部宽阔平截，两侧向顶端汇集，呈任何一种三边近相等的形态，如扛板归。

16）鳞形：专指叶片细小呈鳞片状的叶形，如侧柏。

以上是几种较常见的叶形，除此以外还有剑形、楔形、箭形等。

其实在各种植物中，叶形远远不止这些，形状也不完全像上述那么典型。例如，某叶片既像卵形，又像披针形，因此只能称其为卵状披针形；有时其既像倒披针形，又像匙形，就称其为匙状倒披针形。在观察叶形时，要注意有些植物具有异形叶的特点，就是在同一植株上，具有两种明显不一致的叶形。例如，薜荔在不开花的枝上，叶片小而薄，心状卵形；在开花的枝上，叶大呈厚革质，卵状椭圆形，两者大小相差数倍，但这两种叶都可出现在同一植株上。水生植物菱也如此，浮于水面的叶呈菱状三角形，沉在水中的叶则为羽毛状细裂，两者相差悬殊。异形叶的现象出现在同一种的不同植株上时常会增加鉴定难度，如柘树的雄株与雌株叶形不一，时常会被人误认为两种植物。

2. 叶尖

叶尖是指叶片远离茎秆的一端，也称顶端、顶部、上部。常见有下列几种。

1）卷须状：叶片顶端变成一个螺旋状或曲折的附属物。

2）芒尖：叶片顶端突然变成一个长短不等、硬而直的钻状尖头。

3）尾状：叶片顶端逐渐变尖，即长而细弱，形如动物尾巴。

4）渐尖：叶片顶端尖头延长，两侧有内弯的边。

5）锐尖：叶片顶端有一锐角形、硬而锐利的尖头，两侧的边直。

6）骤尖：叶片顶端逐渐变成一个硬而长的尖头，形如鸟喙。

7）钝形：叶片顶端钝或狭圆形。

8）凸尖：叶片顶端由中脉向外延伸，形成一短而锐利的尖头。

9）微凸：叶片顶端由中脉向外延伸，形成一短凸头。

10）微凹：叶片顶端变成圆头，其中央稍凹陷，形成圆缺刻。

11）凹缺：叶片顶端形成一个宽狭不等的缺口。

12）倒心形：叶片顶端缺口的两侧呈弧形弯曲。

此外，还有截形、刺凸、啮断状等。

3. 叶基

叶基是指叶片靠近茎秆的一端，也称基部、下部。常见有下列几种。

1）心形：基部在叶柄连接处凹入成一缺口，两侧各形成一圆形边缘。

2）耳垂形：基部两侧各有一耳垂形的小裂片。

3）箭形：基部两侧各有一向后并略向外的小裂片，裂片通常尖锐。

4）楔形：叶片中部以下向基部两侧渐变狭，形如楔子。

5）戟形：基部两侧各有一向外伸展的裂片，裂片通常尖锐。

6）盾形：叶片与叶柄相连在叶片的中央，或在边缘以内的某一点上。

7）偏斜：基部两侧大小不均衡。

8）穿茎：基部深凹入，两侧裂片相合生而包围着茎部，好像茎贯穿在叶片中。

9）抱茎：没有叶柄的叶，其基部两侧紧抱着茎。

10）合生穿茎：对生叶的基部两侧裂片彼此合生成一整体，而茎恰似贯穿在叶片中。

11）截形：基部平截成一直线，好像被切去。

12）渐狭：基部两侧逐渐内弯变狭，与叶尖的渐尖类似。

4. 叶缘

叶缘是指叶片上除了叶尖、叶基以外的边缘，常见有下列几种。

1）全缘：叶缘完整无缺，光滑成一连线。

2）齿牙状：叶缘具尖齿，但齿的两侧近等长，齿尖直指向外。

3）锯齿状：叶缘有内、外角均尖锐的缺刻，缺刻的两边平直，而且齿尖向前。如缺刻较小，则称小锯齿；如齿尖有腺体，则称腺质锯齿。

4）重锯齿状：叶缘上锯齿的两侧又有小锯齿。

5）圆齿状：叶缘有向外突出的圆弧形的缺刻，两弧线相连处形成一内凹尖角。

6）凹圆齿状：叶缘有向内凹陷的圆弧形缺刻，两弧线相连处形成一外凸的尖角。

7）波状：顺缘起伏如浪波，内、外角都呈圆钝形。

8）睫毛状：叶缘有细毛向外伸出。

9）掌状浅裂：叶片具掌状脉，裂片沿脉间掌状排列，裂片的深度不超过 1/2。

10）掌状深裂：裂片排列形式同上，裂片深度超过 1/2，但叶片并不因缺刻而间断。

11）掌状全裂：裂片排列形式同上，裂片深达中央，造成叶片间断，裂片之间彼此分开。

12）羽状浅裂：叶片具羽状脉，裂片在中脉两侧像羽毛状分裂，裂片的深度不超过 1/2。

13）羽状深裂：裂片排列形式同上，裂片深度同掌状深裂。

14）羽状全裂：裂片排列形式同上，裂片深度同掌状全裂。

在识别植物时，在叶形、叶尖、叶基、叶缘这四者中，应该更关注叶缘，因为叶缘与其他三者相比，其性状显得尤为稳定。当然，并不是说叶缘的形态在一个种内就一成不变，少数的植物，尤其是在栽培植物中，同一种的叶缘也会有一些变化，总体来说这种情况并不多见。相比之下，叶形的变化就多一些，在同一个种的不同植株上，甚至在同一植株的不同枝条上，其叶形也会有不少变化，相差甚大。例如，垂柳叶片的形态有矩圆形、披针形、倒卵形、倒卵状长椭圆形和宽椭圆形等。同一种植物具有两三种叶形是很常见的现象，尤其在萌生枝条上生长的叶片，与正常枝条上的叶片往往相差很大。

二、植物的繁殖器官

（一）花

1. 花的主要构成

花（flower）由花冠、花萼、花蕊、花托和花柄组成，花从外到内依次是花萼、花冠、雄蕊群、雌蕊群。

1）花萼（calyx）：位于最外层的一轮萼片，通常为绿色，但也有些植物的呈花瓣状。

2）花冠（corolla）：位于花萼的内轮，由花瓣组成，较为薄软，常有颜色以吸引昆虫帮助授粉。

3）雄蕊群（androecium）：一朵花内雄蕊的总称，花药着生于花丝顶部，是形成花粉的地方，花粉中含有雄配子。

4）雌蕊群（gynoecium）：一朵花内雌蕊的总称，可由一个或多个雌蕊组成。组成雌蕊的繁殖器官称为心皮，包含子房，而子房室内有胚珠（内含雌配子）。

2. 花序

花序（inflorescence）是花序轴及其着生在上面的花的通称，也可特指花在花轴上不同形式的序列。花序可分为有限花序和无限花序。花序常被作为被子植物分类鉴定的一种依据。

（1）有限花序　　有限花序也称聚伞花序（cyme），其花序轴为合轴分枝，因此花序顶端或中间的花先开，渐渐外面或下面的花开放，或逐级向上开放。聚伞花序根据轴分枝与侧芽发育的不同，可分为单歧聚伞花序、二歧聚伞花序、多歧聚伞花序和轮伞花序。

1）单歧聚伞花序（monochasium 或 monochasialcyme）：顶芽成花后，其下只有 1 个侧芽发育形成枝，顶端也成花，再依次形成花序。单歧聚伞花序又有两种，如果侧芽左右交替地形成侧枝和顶生花朵，成二列，形如蝎尾状，称为蝎尾状聚伞花序（scorpioidcyme），如唐菖蒲、黄花菜、萱草等的花序；如果侧芽只在同一侧依次形成侧枝和花朵，呈镰状卷曲，称为螺形聚伞花序（helicoidcyme），如附地菜、勿忘草等的花序。

2）二歧聚伞花序（dichasium 或 dichasialcyme）：顶芽成花后，其下左右两侧的侧芽发育成侧枝和花朵，再依次发育成花序，如卷耳等石竹科植物的花序。

3）多歧聚伞花序（pleiochasium 或 pleiochasialcyme）：顶芽成花后，其下有 3 个以上的侧芽发育成侧枝和花朵，再依次发育成花序，如泽漆等。

4）轮伞花序（verticillaster）：聚伞花序着生在对生叶的叶腋，花序轴及花梗极短，呈轮状排列，如野芝麻、益母草等唇形科植物的花序。

（2）无限花序　　无限花序也称为总状类花序，其开花顺序是花序下部的花先开，渐渐往上开，或边缘花先开，中央花后开。常见的有下列几种。

1）总状花序（raceme）：花序轴长，其上着生许多花梗长短大致相等的两性花，如油菜、大豆等的花序。

2）圆锥花序（panicle）：总状花序花序轴分枝，每一分枝成一总状花序，整个花序略呈圆锥形，又称复总状花序（compoundraceme），如稻、葡萄等的花序。

3）穗状花序（spike）：长长的花序轴上着生许多无梗或花梗甚短的两性花，如车前等的花序。

4）复穗状花序（compoundspike）：穗状花序的花序轴上每一分枝为一穗状花序，整个构成复穗状花序，如大麦、小麦等的花序。

5）肉穗状花序（spadix）：花序轴肉质肥厚，其上着生许多无梗单性花，花序外具有总苞，称佛焰苞，因而也称佛焰花序，芋、马蹄莲的花序和玉蜀黍的雌花序属于这类。

6）柔荑花序（catkin）：花序轴长而细软，常下垂（有少数直立），其上着生许多无梗的单性花。花缺少花冠或花被，花后或结果后整个花序脱落，如柳、杨、栎的雄花序。

7）伞房花序（corymb）：花序轴较短，其上着生许多花梗长短不一的两性花。下部花的花梗长，上部花的花梗短，整个花序的花几乎排成一平面，如梨、苹果的花序。

8）伞形花序（umbel）：花序轴缩短，花梗几乎等长，聚生在花轴的顶端，呈伞骨状，如韭菜及五加科等植物的花序。

9）复伞房花序（compoundcorymb）：花序轴上每个分枝（花序梗）为一伞房花序，如石楠、光叶绣线菊的花序。

10）复伞形花序（compoundumbel）：许多小伞形花序又呈伞形排列，基部常有总苞，如胡萝卜、芹菜等伞形科植物的花序。

11）头状花序（capitulum）：花序上各花无梗，花序轴常膨大为球形、半球形或盘状，花序基部常有总苞，常称蓝状花序，如向日葵；有的花序下面无总苞，如喜树；也有的花轴不膨大，花集生于顶端的，如三叶草、紫云英等的花序。

12）隐头花序（hypanthium）：花序轴顶端膨大，中央部分凹陷呈囊状。内壁着生单性花，花序轴顶端有一孔，与外界相通，为虫媒传粉的通路，如无花果等桑科榕属植物的花序。

（二）果实

果实种类繁多，分类方法也多种多样。按照形成特点，果实分为单果、聚合果和复果三大类；依成熟后果皮含水状况，单果分为干果与肉质果；根据成熟后是否开裂，干果又分为裂果与闭果。在被子植物中，依据参与果实形成的部分的不同，可以分为真果、假果等。

被子植物的花经传粉、受精后，发育形成果实。多数被子植物的果实直接由子房发育而来，称为真果，如桃、大豆的果实；也有些植物的果实，除子房外尚有其他部分参加，最普通的是子房和花被或花托一起形成果实，称为假果，如苹果、梨、向日葵及瓜类的果实。真果的结构比较简单，外为果皮，内含种子，果皮由子房壁发育而成，可分为外果皮、中果皮和内果皮三层；假果的结构比较复杂。果实在发育过程中颜色会发生变化：在幼嫩时期一般含有大量的叶绿体，呈深绿色；成熟时，果皮细胞中产生花青素或有色体，因而呈现各种鲜艳的颜色。

1. 单果

单果是由一朵花中的一个雌蕊所形成的。根据果皮及其附属部分成熟时的质地和结构不同，又可把单果分为肉质果和干果两类。

（1）肉质果

肉质果（fleshy fruit）果实成熟后，肉质多汁，主要包括浆果、柑果、瓠果、梨果、核果和荔果。

1）浆果：由1至数心皮组成，外果皮膜质，中果皮、内果皮均肉质化，充满汁液，内含1粒或多粒种子，如番石榴、番茄、龙葵等的果实。

2）柑果：由复雌蕊形成，外果皮革质，有精油腔；中果皮较疏松；中间隔成瓣的部分是内果皮，向内生有许多肉质多浆的肉囊，如柑橘的果实。

3）瓠果：由下位子房发育而成的假果，为葫芦科瓜类植物特有。瓠果的外果皮与花萼合生成较坚韧的果实外皮，中果皮与内果皮的界限不甚分明，常肥厚多汁，如冬瓜和甜瓜可供食用的部分。瓠果的胎座异常发达，常在果实内占据很大的空间，如西瓜供食用的部分。

4）梨果：由花筒和子房愈合在一起发育而成的假果，如山楂和苹果的果实。

5）核果：由1至多心皮组成，种子常1粒，内果皮坚硬，包于种子之外，构成果核，如桃和马缨丹的果实。

6）荔果：如荔枝、龙眼等。

（2）干果

干果（dried fruit）果实成熟时果皮干燥，依开裂与否又可以分为裂果与闭果两类。

1）裂果：成熟后果皮开裂，因心皮数目及开裂方式不同，分为荚果、蓇葖果、角果和蒴果。

A. 荚果：由单雌蕊发育而成的果实，如豆目三科（含羞草科、云实科和蝶形花科）的果实。但含羞草的果实呈分节状，成熟时不开裂而形成节荚。

B. 蓇葖果：由离生心皮的单雌蕊发育而成的果实，成熟时，仅沿一个缝线裂开。

C. 角果：由两心皮组成，成熟后果皮沿两个腹缝线裂成两片而脱落，留在中间的为假隔膜。十字花科植物的果实属于这类。

D. 蒴果：由复雌蕊构成的果实，成熟时有各种裂开的方式：背裂，果瓣沿心皮背缝线开裂，如酢浆草、百合、鸢尾的果实；腹裂，果瓣沿腹缝线开裂，如厚藤和牵牛花的果实；孔裂，果实成熟时，果瓣上部出现许多小孔，种子通过小孔向外散出，如虞美人的果实；齿裂，果实成熟时顶端呈齿状裂开，如石竹花的果实；盖裂，果实成熟时上部呈盖状开裂，如马齿苋和车前草的果实。

2）闭果：果实成熟后，果皮不开裂。可分为以下几种。

A. 瘦果：果实小，成熟时只含1粒种子，果皮与种皮分离，如向日葵和白头翁的果实。

B. 坚果：坚果因外覆木质或革质硬壳而得名。果皮坚硬，内含1粒种子，如板栗和核桃的果实。坚果是植物的精华部分，一般都营养丰富，含较多的蛋白质、油脂、矿物质、维生素，对人体生长发育、增强体质、预防疾病有极好的功效。

C. 颖果：禾草特有，含 1 粒种子，果皮与种皮愈合不易分开，如麦粒和玉米籽粒。

D. 翅果：果皮伸长成翅，如榆属植物果实。

E. 分果：由复雌蕊发育而成。果实成熟时按心皮数分离成 2 至多数各含 1 粒种子的分果瓣，如锦葵、蜀葵等的果实。双悬果是分果的一种类型，由 2 心皮的下位子房发育而成，果熟时，分离成 2 悬果（小果），分悬于中央的细柄上，为伞形科植物所特有，如胡萝卜、芹菜和孜然的果实。小坚果是分果的另一种类型，由 2 心皮的雌蕊组成，在果实形成之前或形成中，子房分离或深凹陷成 4 个各含 1 粒种子的小坚果，如薄荷、一串红等唇形科植物的果实，附地草、斑种草等紫草科和马鞭草科植物等的部分果实也属这一种。

2. 聚合果

聚合果（aggregate fruit）是由一朵花中多数离生雌蕊发育而成的果实，每一个雌蕊都形成一个独立的小果，集生在膨大的花托上。聚合果根据小果的不同而分为聚合蓇葖果、聚合坚果、聚合瘦果和聚合核果。单一果实由两个或多个心皮及茎轴发育而成。在一朵花内有多枚离生的雌蕊（心皮），每一枚雌蕊形成一个小单果，许多小单果聚生在同一花萼上形成果实，如草莓和毛茛。构成聚合果的单果因植物种类的不同而异：如草莓、毛茛的单果为瘦果，所构成的聚合果为聚合瘦果；番荔枝和南五味子的单果为浆果，所构成的聚合果为聚合浆果；悬钩子、覆盆子的单果为核果，所构成的聚合果为聚合核果；玉兰、金莲花的单果为蓇葖果，所构成的聚合果为聚合蓇葖果；莲的果实为聚合坚果。

3. 复果

复果（compound fruit）是由整个花序形成的果实，因此又称聚花果。一般来说，复果的植物果实都为假果。每一雌花的子房发育成一个小单果（又称为核果），包藏在厚而多汁的花萼中，食用复果的肉质多汁部分为雌花花萼，但这些果实到成熟时会结合成一颗较大的果，如桑葚、榕树、雀榕、桑橙等桑科植物的果实。

（三）种子

种子是种子植物的胚珠经受精后长成的结构，一般由种皮、胚和胚乳等组成。胚是种子中最主要的部分，萌发后长成新的个体。胚乳含有营养物质。种子是裸子植物、被子植物特有的繁殖体，由胚珠经过传粉受精形成。

1. 种皮

种皮（seed coat）指被覆于种子周围的皮，由珠被发育而来，具保护胚与胚乳的功能。随种子的成熟，胚珠的珠被经不同程度的变化而形成，虽然多少有例外，但裸子植物和被子植物的合瓣花类是由一层构成的，离瓣花类和单子叶植物由两层构成。由两层构成的种皮，分为内种皮和外种皮。

2. 胚

胚（embryo）是由受精卵（合子）发育而成的新一代植物体的雏形（即原始体），是种子中最重要的组成部分。胚已有初步的分化，在双子叶植物中分化为胚芽、胚轴、胚根和子叶（如大豆和蚕豆）；在单子叶植物中分化为胚芽、胚轴、胚根和胚乳（如玉米）。

3. 胚乳

胚乳（endosperm）也称内胚乳，是被子植物双受精过程中精子与极核融合后形成的滋养组织。有些植物的胚乳在胚发育过程中会完全消耗尽，成为无胚乳种子，如豆科、蔷薇科、菊科等杂草的种子；有些植物的种子内存有大量的胚乳，如禾本科、茄科、大戟科、毛茛科、伞形科等杂草的种子；还有些植物具有由珠心形成的一层类似胚乳的组织，储存有营养物质，称为外胚乳，如藜科和苋科杂草的种子。

第三节　杂草的检验检疫方法

杂草可以通过人为途径传到新区，在适宜的条件下快速繁殖而形成新的入侵生物。杂草的远距离传播方式主要是其种子混杂在调运的植物种子、粮食中或附着在运输工具、包装材料或其他装载工具上，随着这些物品的调运传到新区。随着我国与世界各国的交往越来越频繁，进出口的货物种类及数量日益增多，我国各海关近年来截获杂草种子的频率也越来越高，其中有的是国内没有或仅局部地区发生的危险性杂草。因此，加强检疫以有效阻止这些杂草的人为传播是很有必要的。针对杂草的检疫主要包括调运检疫和产地检疫两个重要环节：调运检疫的重点对象是杂草种子；产地检疫主要是直接检查生长的杂草植株。

一、杂草种子的形态鉴定

种子植物是植物界中最庞大的类群。全世界有 28 万多种，中国约有 3 万种。可以说，有多少种种子植物就有多少种形态各异的种子。由于种子形态相对于植物营养器官甚至花有较大的稳定性，用它作为种子的鉴定特征之一已被普遍认可。

（一）大形态特征

大形态特征（macromorphology）是指用肉眼或在低倍解剖镜下可观察的特征，如形状、大小、颜色、附属物等，可以通过种子的形状、大小、重量、颜色等特征进行形态鉴定。

1. 形状

种子形状与其胚珠类型密切相关，胚珠有 7 个类型，被子植物中约有 80% 的科的种子由倒生胚珠发育而来。最常见的平面形状有椭圆形、矩圆形、菱形、卵形、三角形等；立体形状有肾形、心形、马蹄形、扇形、橘子瓣形等。在豆科的蝶形亚科中最多的是肾形，其次是圆形、椭圆形、矩圆形和卵形。

2. 大小和重量

植物产生种子的数量和单果实内的种子数都与种子的大小呈反比关系。例如，高列当种子长不足 0.5mm，单株结种子 27 万粒。世界上最大的种子是塞舌尔群岛的海椰子（*Lodoicea maldivica*），长约 30cm，周长 80cm，重约 20kg；最小的种子是兰科的一些种类，长约 0.01mm。具小种子的植物多为草本植物，如兰科、景天科、荨麻科、秋海棠科、桔梗科等。许多寄生植物的种子也比较小，如列当属、独脚金属和菟丝子属等。

3. 颜色

几乎人们常见的颜色都能在种子上看到。按颜色类型还可分为单色、双色、多色、斑点状和条纹状等。

（二）微形态特征

微形态特征（micromorphology）是指需在高倍解剖镜或扫描电镜下观察的微细特征，如种皮表面纹饰或附属物、种脐的局部结构等。微形态的多样性为种级和科级水平的分类提供了极有价值的依据。种皮表面纹饰的微形态特征丰富而复杂，主要由种皮细胞，特别是外表皮细胞所组成，分为 4 类：种皮细胞的排列；细胞的形状，一级纹饰；外层细胞壁的微细雕纹，二级纹饰，叠于一级纹饰之上，主要是由角质层的线纹和表面可见的加厚细胞壁形成的；上角质层分泌物，三级纹饰，叠于二级纹饰上，主要由蜡质和有关的物质形成。

在日常工作中，已将种子形态及种皮微形态作为鉴定依据进行杂草种子的种类鉴定，如出入境检验检疫行业标准《异株苋亚属检疫鉴定方法》（SN/T 3710—2013）。

二、杂草的检验方法

杂草检疫首先是进行现场检疫，在现场检查货物本身和周围环境是否混有杂草籽，然后按规定的比例和方法扦取样品，于室内进行检查。室内检验时，先按规定进行称重、标识样品、过筛检验等前处理工作，再按标准要求进行杂草种子的种类鉴定。实验室常采用的检验方法有以下几种。

（一）过筛检验

过筛检验适用于对进出境的植物种子或粮食实施现场检疫时使用，一般针对不同的植物种子或粮食采取不同规格的筛子，也可选取合适孔径的套筛进行过筛检验。如选用套筛时，单柱类的菟丝子集中在孔径2.0～3.5mm的筛中，其他菟丝子只集中在孔径小于1.8mm的筛中。过筛后将筛上物和筛下物分别倒入白磁盘或培养皿中挑选杂草种子，借助于放大镜或双目解剖镜观察，根据形态做初步鉴定，必要时送实验室做进一步鉴定。

（二）解剖法

解剖法是杂草检验的常用方法之一，适用于根据外观难以鉴定的种子或果实。方法是先将种子浸泡在温水中，待其吸水充分、膨胀变软，用解剖刀或刀片将种子纵向或横向剖开，置于双目解剖镜或放大镜下观察其内部形态、结构、颜色，胚乳的有无、质地，胚的形状、大小、位置和子叶的数目等，然后进行比较鉴别。

因杂草种子的种类不同，各种杂草种子的浸泡时间不同。一般凡是种皮或果实的果皮质地软、吸水快、薄的种子则浸泡时间相对较短，如十字花科植物的种子一般浸泡2～3h即可。种皮较厚、质地坚硬、吸水慢的种子则浸泡时间必须延长，一般不应少于一昼夜。

（三）显微切片法

通过外部形态的一般解剖法不能鉴定的某些杂草种子或果实可用显微切片法进行鉴定。在进行显微观察之前，首先将一粒种子全部或部分的组织制成能供显微镜检视用的切片，然后将切片置于显微镜下进行观察鉴定。例如，豆科植物的种子，可以根据其切片种皮结构的不同来区分不同的种。显微切片法比较复杂而费时。

（四）生长检验

根据种子的形态不易鉴别的杂草种子可以采用种子萌芽生长检验。发芽基质可采用纸床、砂床、土壤等。由于杂草幼苗的形态具有相对稳定的属和种的特征，可为鉴别提供依据。杂草幼苗的鉴定主要以萌发方式、子叶、初生叶（或称真叶）及上胚轴和下胚轴的形态特征为依据。幼苗有三种萌发方式：地下萌发、地上萌发和半地上萌发。单子叶植物只有一片子叶而双子叶植物则有两片子叶，子叶的大小、形状、颜色、质地等各不相同，都有其各自的特征，可用来鉴定不同种。此外，幼苗期间的气味、分泌物的有无等也是重要的鉴定特征。

（五）种植试验

对于不常见和不能确定的杂草种子可播种于具有隔离条件的专用检疫苗圃，栽培观察整个植株茎、叶、花等的形态特征，这是最准确的鉴定方法，但其最大的缺点是检疫周期较长，检疫期间需严防种子传出。

（六）电镜观察

对于种子的营养器官、根和叶等外部形态相似而内部结构有差异的种子，或种子的子实颖片，可利用光学和电子显微镜扫描观察，找出相似种子在形态解剖学方面的共性和差异，为正确鉴别种子提供依据。

三、分子生物学检测技术

（一）DNA 条形码技术及其在植物检疫领域中的研究与应用

1. DNA 条形码技术

DNA 条形码（DNA barcode）是指生物体内能够代表该物种的、标准的、有足够变异的、易扩增且相对较短的 DNA 片段。

DNA 条形码技术的原理详见第十一章，在此不作赘述。

2. 在植物检疫领域中的研究与应用

DNA 条形码技术已列入国家科技支撑计划和原国家质检总局项目。其中"植物检疫性昆虫、线虫与杂草 DNA 条形码检测技术研究与示范应用"（2012BAK11B03），为国家"十二五"科技支撑项目"检疫性有害生物 DNA 条形码检测数据库建设及应用"的 6 个分课题之一，该分课题发布检疫性有害生物通用标准 4 项："DNA 条形码筛选与质量要求"（SN/T 4625—2016），"DNA 条形码物种鉴定操作规程"（SN/T 4626—2016），"检疫性有害生物凭证标本确定与管理规范"（SN/T 4628—2016），"检疫性有害生物凭证标本核酸制备、保存与管理规范"（SN/T 4628—2016）。另外，该分课题对植物病原真菌、植物病原线虫、昆虫类、茄属检疫性杂草及野生植物物种的 DNA 条形码鉴定技术进行了研究。该分课题的完成可以建立具有世界先进水平的检疫性有害生物 DNA 条形码检测技术与标准体系，构建检疫性有害生物 DNA 条形码检测平台，破解我国进境检疫性有害生物检测技术关键共性难题，全面实现我国进境检疫性有害生物检测技术的跨越式发展，有效防控检疫性有害生物入侵，保障我国农业安全、生态安全与外贸安全。

（二）其他分子生物学在杂草检疫工作中的应用

近些年，随着 PCR 技术的日益完善，RAPD、AFLP、简单重复序列（simple sequence repeat，SSR）等技术越来越多地应用到种的鉴定、亲缘关系分析等众多领域。例如，应用 RAPD 分子标记方法对菟丝子的近缘种 DNA 指纹图谱进行多样性鉴别分析。对进境检疫性杂草种子燕麦属进行了 SSR 标记检测，对进境检疫性杂草种子进行了分子研究方法的探讨，并使用 SSR 标记成功对部分燕麦属的种子进行了鉴定。

第四节　寄生性种子植物

由于缺少足够的叶绿体或某些器官退化而依赖其他植物体内营养物质生活的某些种子植物称为寄生性种子植物，主要包括桑寄生科、旋花科和列当科，还有玄参科和樟科等的部分种，约 2500 种以上，其中桑寄生科超过总数之半，主要分布在热带和亚热带。寄生性种子植物由于摄取寄生植物的营养或缠绕寄主而使寄主植物发育不良，但有些寄生性种子植物如列当、菟丝子等有一定的药用价值。

寄生性种子植物的特性是对寄主有一定的选择性。玄参科独脚金属（*Striga*）中的亚洲独脚金（*S. asiatica*），寄生在甘蔗、高粱、玉米和陆生稻等作物的根部。桑寄生属（*Loranthus*）

的桑寄生（*L. parasiticus*）多为害桃、李、杏、柑橘、梨、苹果、枣、茶树和柳树等。我国长江下游各地发生的樟寄生（*L. yadoriki*）主要为害樟树、油茶等。槲寄生（*Viscum coloratum*）和樟科的无根藤（*Cassytha filiformis*）为害多种树木。中国新疆等地的非绿色寄生性种子植物埃及列当（*Orobanche aegyptiaca*）主要寄生于哈密瓜，也寄生于番茄、辣椒、烟草、马铃薯和向日葵。分布于我国长江以南各地的中国野菰（*Aeginetia sinensis*）、印度野菰（*A. indica*），多寄生在甘蔗和禾草类植物的根部。菟丝子（*Cuscuta chinensis*）多寄生于大豆等作物。

一、寄生性种子植物的分类

（一）寄生性种子植物的类型
根据植物对寄主的依赖程度可分为绿色寄生植物和非绿色寄生植物两大类。

1）绿色寄生植物：又称半寄生植物，有正常的茎、叶，营养器官中含有叶绿素能进行光合作用，制造营养物质，但同时又产生吸器从寄主体内吸取水和无机盐类。

2）非绿色寄生植物：又称全寄生性植物，无叶片或叶片退化，无光合能力，其导管和筛管与寄主植物的导管和筛管相通，可从寄主植物体内吸收水、无机盐、有机营养物质进行新陈代谢。

（二）寄生性种子植物的寄生方式
寄生性种子植物从寄主植物上获得生活物质的方式和成分各有不同。按寄生物对寄主的依赖程度或获取寄主营养成分的不同，可分为以下两类。

1）全寄生：从寄主植物上夺取自身所需要的所有生活物质的寄生方式称为全寄生，如列当和菟丝子。

2）半寄生：寄生物对寄主的寄生关系主要是对水分的依赖关系，这种寄生方式称为半寄生，俗称水寄生，如桑寄生和槲寄生。

（三）寄生性种子植物的寄生部位
1）根寄生：寄生物寄生在寄主植物的根部，在地上部与寄主彼此分离，称为根寄生，如列当、独脚金等。

2）茎（叶）寄生：寄生物寄生在寄主的茎秆上，两者紧密结合在一起，这类寄生称为茎（叶）寄生，如菟丝子、槲寄生、藻类。

（四）寄生性种子植物的危害
寄生性种子植物都有一定的致病性，致病力因种类而异。

1）半寄生（桑寄生、槲寄生）：大多为害木本植物，受害不太明显。

2）全寄生（列当、菟丝子）：主要寄生在一年生草本植物上，少数为害木本。

二、寄生性种子植物的类群

（一）菟丝子
菟丝子是菟丝子科菟丝子属植物的通称，俗称"金线草"。菟丝子叶片退化为鳞片状，茎为黄褐色丝状，是一类缠绕在木本和草本植物茎（叶）部、营全寄生生活的草本植物。菟丝子除本身对植物有害外，还能传播植原体和病毒，引起多种植物病害。菟丝子在全世界广泛分布，我国各地均有发生。

寄主范围广，主要寄生于豆科、菊科、蓼科、杨柳科、蔷薇科、茄科、百合科、伞形科等木本和草本植物上。大豆上的菟丝子危害较严重。

（二）列当

列当是一类在草本（或木本）植物根部营全寄生生活的列当科植物的总称。狭义的列当指列当科的列当属植物。列当的叶片退化，无叶绿素，营全寄生生活。列当主要分布在北温带，少数分布在非洲和大洋洲。

在我国，列当主要分布在西北、华北、东北地区，少数在西南的高海拔地区，对农作物的损害很大，严重时可使作物绝产。在我国，危害较严重的有新疆的向日葵列当。

（三）桑寄生

桑寄生为常绿寄生性小灌木，枝黄褐色或灰褐色，幼株尖端常被有绒毛。主要分布在温带和热带，寄主多为阔叶乔木或灌木，如山茶科和山毛榉科。在广东常见的有橡胶（树）桑寄生、龙眼桑寄生。

（四）槲寄生

槲寄生为绿色小灌木，茎圆柱形，半寄生，二歧或三歧分枝，分枝处近互相垂直，有明显的节和节间；叶对生，倒卵形至椭圆形，内含叶绿素。世界各地均有分布，尤以温带为多。寄主范围多为阔叶树，如梨、榆、桦、栗、杨柳、胡桃等树种。

第五节　检疫性杂草分类鉴定方法

检疫性杂草可分为寄生性杂草和有毒性杂草等类群，其种子易随植物或植物产品的贸易进行远距离传播，在植物检疫性杂草中，菟丝子、列当、假高粱、毒麦等均为重要的类群。此外，由于人为引进和缺乏管理，一些外来植物虽然不是检疫性杂草但已经成为危害严重的杂草，如紫茎泽兰、薇甘菊和豚草等。

一、杂草种子常规分类鉴定技术

（一）常用定义

1）小穗：构成禾本科植物复花序的基本单位，每个小穗具1至多朵小花，每朵小花外侧包着外稃和内稃，内有雄蕊和雌蕊，每个小穗的基部一般有2个颖片。

2）小穗轴：每个小穗有一短轴，称为小穗轴，上面着生1至多朵小花。

3）小穗轴节间：指在小穗轴上，两颖与小花、小花与小花之间的一段轴。

4）内外稃：指禾本科小穗上的小花，其外面具有两片苞片，在外一片称为外稃，包着的内部的一片称为内稃。

5）芒：指禾本科的颖或稃片上的脉所延伸成的线状物。

6）衣领状环：指瘦果顶端一圈窄而直立的衣领状物，常见于菊科的植物。

7）冠毛：指菊科的连萼瘦果顶端常有的一簇毛，有的呈芒状，有的呈鳞片状。

8）种瘤：胚珠受精后，外珠被的某些细胞扩大或增殖所形成的瘤状物，通常分布在种脐、种脐附近或种脊上。多见于豆科植物种子。

9）种脐：种子成熟时，从种柄脱落下来后留下的痕迹。

10）晕轮：指种脐周围一颜色较深、几与种皮平齐、近圆形或圆形的环，是菟丝子属植物种子所特有的。

11）喙：一般指果实顶端呈鸟嘴状的突起。

12）颖果：果皮与种皮愈合且不易分离的籽实。常见于禾本科的子实。

（二）杂草种子鉴定的基本方法

1. 外部形态鉴定

根据各种杂草种子或果实的植物学特征鉴定种别。借助于放大镜或双目解剖镜观察种子的形态特征，包括小穗、小穗轴、颖片、颖果、冠毛、胚、子叶等的外部形态特征及其形状、大小、颜色、斑纹、附属物的有无等，来进行种类鉴定。对外部形态鉴定有困难的种类可以通过解剖观察其胚、子叶等内部特征进行鉴定。

2. 一般解剖法

在外部形态区别有怀疑或者完全不能鉴别时，可采用解剖法从其内部形态和结构来区别鉴定。具体方法详见本章第三节"二、杂草的检验方法"。

3. 显微切片法

对于某些杂草种子用外部形态鉴定和一般解剖法不能鉴别时，可采取显微切片法。首先将种子全部或部分的组织制成特殊切片（如石蜡切片），再于显微镜下进行观察鉴定。例如，豆科植物的种子可根据其种皮结构的不同，即构成种皮的栅状组织的细胞大小、形状及在栅状组织下的细胞形态等，来区别种与种之间的差异。

4. 培养鉴定

对于切片不能确定种别的，可以应用幼苗鉴定。由于幼苗的形态在遗传特征和科、属系统方面有着相对的稳定性，这对于识别提供了充分的可能性。因此，根据幼苗的形态特征来进行种的鉴定也是很重要的一种方法。

二、主要检疫性杂草种子鉴定方法研究（扫二维码见彩图）

1. 假高粱［*Sorghum halepense*（L.）Pers.］

分类地位：禾本科（Poaceae）蜀黍属。

假高粱为我国较早列入检疫性有害生物名录的一种有害杂草，近似种较多，主要有黑高粱、光高粱、拟高粱、苏丹草等。形态特征：假高粱小穗卵圆形，红褐色，小穗轴折断处整齐；黑高粱小穗比假高粱稍大，黑褐色，成熟时小穗轴折断而分离，折断处不整齐；光高粱具膝曲扭转的芒，芒长 20mm 以上，外稃边缘有缫毛；拟高粱体呈菱形，颖果较小，外稃顶端膜质；苏丹草小穗个体较大，黑褐色，有光泽。近似种鉴定特征可参见《假高粱检疫鉴定方法》（SN/T 1362—2004）。

2. 毒麦（*Lolium temulentum* L.）

分类地位：禾本科黑麦草属。

毒麦为我国较早列入检疫性有害生物名录的一种有害杂草，主要近似种为长芒毒麦、田毒麦。形态特征：芒自膜质外稃顶端稍下方伸出，长 1cm 左右，颖果粗短、膨胀，果体不等厚，侧面观背面较平直，腹面明显弓形隆起。毒麦的鉴定特征及与近似种的区别详见《毒麦检疫鉴定方法》（SN/T 1154—2002）。

3. 菟丝子（*Cuscuta* spp.）

分类地位：旋花科（Convovulaceae）或菟丝子科（Cuscutaceae）菟丝子属。

形态特征：种脐小，线形，周围有晕轮，种皮革质。菟丝子的鉴定特征详见《菟丝子属检疫鉴定方法》（SN/T 1385—2004）。

4. 豚草属（*Ambrosia* L.）

分类地位：菊科。

豚草属的形态鉴定特征详见《豚草属检疫鉴定方法》（SN/T 2373—2009）。

（1）豚草（*A. artemisiifolia* L.）

形态特征：瘦果包在木质总苞内。总苞倒卵形；黄褐色、灰褐色至黑褐色；长3mm，宽1.5mm。表面粗糙，具疏白毛，顶端毛较密，后期毛脱落；顶端具较粗的锥状喙，喙基周围具5～7个短突尖，每个突尖下延成1个纵棱；基部钝尖。木质总苞内有1枚倒卵形瘦果。果皮黑褐色，蛋壳质，内含1粒具膜质种皮的种子。

（2）三裂叶豚草（*A. trifida* L.）

形态特征：瘦果包在木质总苞内。总苞倒卵状膜形；黄褐色至灰黑褐色；长6～10mm，宽4～7mm。表面粗糙。顶端具较粗的圆锥形喙，喙稍下周围具5～6个粗壮的尖头突起，每突起下延成脊，脊间有横棱或横皱；基部收缩，基底平截或斜截。总苞内含1枚倒卵形瘦果，果皮灰黑色，蛋壳质，内有1粒具膜质种皮的种子。

5. 飞机草（*Eupatorium odoratum* L.）

分类地位：菊科泽兰属。

形态特征：主根不发达，根系浅，深25～30cm。根茎粗壮，发达；茎直立，高1～3m，有细条纹，被稠密黄色绒毛或短柔毛；分枝伸展、粗壮，常对生，水平射出，与主茎呈近直角，茎枝被柔毛。叶对生，卵形、三角形或卵状三角形，长4～10cm，宽1.5～5.0cm，两面粗涩，被长柔毛及红棕色腺点，边缘有稀疏粗大而不规则的锯齿，基部平截或宽楔形，顶端急尖，基出三脉；叶柄长1～2cm。头状花序小，在枝端排列成伞房或复伞房花序，花序梗粗壮，分枝被短柔毛。总苞圆柱形，有3～4层紧贴的总苞片，覆瓦状排列，外层渐小，总苞片可长达1cm，宽4～5mm，总苞片卵形或线形，稍有毛，顶端钝或稍圆，背面有3条深绿色的纵肋；小花多数，约含20朵。花冠管状，淡黄色，基部稍膨大，顶端5齿裂，裂片三角状，长约5mm；雌蕊柱头粉红色。果实为瘦果，黑褐色，长条状，多数五棱形，有的具3或6条细纵棱状突起，长3.5～4.1mm，宽0.4～0.5mm，暗褐色；表面具细纵脊状突起，棱脊上各附一条冠毛状、不与果体紧贴而生的淡黄色附属物，其上着生向上的淡黄色短柔毛，顶端截平，衣领环黄色不膨大；冠毛宿存，细长芒状，长约4.9mm，淡黄色，稍长于果体；基部窄，黄褐色。果脐位于端部，脐小，近圆形，黄白色，位于果实基端一侧的凹陷内；果实内含一粒种子。飞机草与同属近似种紫茎泽兰、假臭草的鉴定特征详见《飞机草检疫鉴定方法》（SN/T 3163—2012）。

6. 黄顶菊〔*Flaveria bidentis* (L.) Kuntze〕

分类地位：菊科黄顶菊属。

形态特征：植株高20～300cm。主茎直立粗壮，常带紫色，具有数条纵沟槽，为有限生长型，分枝最多17～18个，主茎多于第三节开始第一对分枝，以第四和第五对生长最为旺盛，上下依次渐弱。茎叶多汁而肉质，茎上部叶片无柄或近无柄，子叶长椭圆形，真叶对生，亮绿色，长5～18cm，宽1～7cm，无毛或密被短柔毛，长椭圆形至披针状椭圆形，先端长渐尖，基部渐窄，生3条平行叶脉，叶边缘具稀疏而整齐的锯齿，多数叶具0.3～1.5cm长的叶柄。头状花序，分布于主枝与分枝的顶端，多个头状花絮密集成蝎尾状聚伞花序，花冠鲜黄色，非常醒目，开花的顺序是中间的花先开，边缘的花后开，同一花序的种子成熟时间差异很大，中间的种子已成熟，而边缘的花还未开。花果期夏末至冬初。成熟的种子为黑色瘦果，长2～2.5mm，宽长比为1：10以上，一株最多可产60余万粒种子。黄顶菊鉴定特征详见《黄顶菊检疫鉴定方法》（GB/T 29583—2013）。

7．法国野燕麦（*Avena ludoviciana* D.）

分类地位：禾本科野燕麦属。

形态特征：小穗含 2～3 花，仅第一小花有关节，成熟时整个小穗自关节一同脱落。颖较小花长，长 25～30mm，具 11 脉。外稃长卵状披针形，具 7 脉，顶端有 2 齿，背面具淡棕色长柔毛，基部纵生褐色硬毛，长 3～5mm；基盘斜截，马蹄形；芒膝曲而扭转，自外稃背面中部以上伸出，长达 45mm；内稃具 2 脉，大部为内卷的外稃所包卷。颖果长 5～8mm，宽 1.6～2.5mm，厚 1～2mm；狭长椭圆形；背面圆形，腹面较平，中央有一细纵沟；顶端钝圆，有茸毛，基部较尖或钝尖。胚较小，椭圆形，色稍深于颖果。种脐小，不明显，淡褐色至褐色。法国野燕麦与近似种的鉴定特征详见《法国野燕麦检疫鉴定方法》（GB/T 29575—2013）。

8．蒺藜草属（*Cenchrus* spp.）

分类地位：禾本科。

（1）刺苞草［*C. longispinus*（Hack.）Fern.］　刺苞近球形，侧面有明显的裂口，表面被长柔毛，有时柔毛稀疏，通常具较扁的刺十余个，刺伸展或反折，长 3～5mm，刺苞长 5～7mm，宽 4～5mm（不包括刺），内含 2～4 个小穗，小穗顶端明显伸出于刺苞之外，并于刺苞侧面的裂口处明显可见，颖果卵圆形或近卵圆形，背腹略扁，长 2～3mm，宽约 2mm，呈黄褐色，两端钝圆，或基部急尖，胚部大而明显，种脐褐色。

（2）刺蒺藜草（*C. echinatus* L.）　小穗 2～7 枚簇生于刺苞中，脱节于总苞的基部；苞长 3.8～4.2mm，宽 4.5～5.5mm，黄褐色；刺苞表面具长短、粗细不一的向上直生的硬刺；小穗披针形或长卵圆形，无柄，长 3.5～5.8mm。第一颖微小，长约 2mm，三角状卵形，先端小，具 1 脉；第二颖草质，短于小穗，卵状披针形，具 5 脉，先端疏生向下的微刺毛，基部钝尖。结实小花外稃约与小穗等长，革质，卵状披针形，顶端尖，具 5～7 脉，包被于同质的内稃。颖果卵圆状椭圆形，长 2～3mm，宽 1.5～2mm，厚 0.8～1.5mm；淡黄褐色；背面凸圆，腹面扁平，两端钝圆，基部钝尖；花柱宿存。胚大而明显，椭圆形，约占颖果长度的 4/5。种脐位于腹面的基端，卵圆形，黑褐色，略凹入。

（3）疏花蒺藜草（*C. pauciflorus* Benth）　小穗 1～2 枚簇生成束，刺苞呈球形，具硬毛，淡黄色至深黄色，或淡紫色。刺苞及刺的下部具柔毛。小穗卵形，无柄。第一颖缺，外稃质硬，背面平坦，边缘薄，包卷内稃。内稃突起，稍成脊。颖果呈圆形，长 2.7～3mm，宽 2.4～2.7mm，黄褐色或深褐色。顶端具残存花柱，背面平坦，腹面凹起。脐明显，凹陷，胚大，圆形，几乎占颖果的整个背面。

蒺藜草属主要形态特征详见《蒺藜草属检疫鉴定方法》（SN/T 2760—2011）。

9．齿裂大戟（*Euphorbia dentate* Mi.）

分类地位：大戟科。

形态特征：种子宽倒卵形。长 2.5～3mm，宽约 2mm。表面被暗红褐色的小瘤覆盖，极粗糙。横切面近圆形。腹面稍显平坦，其间有 1 条线状下凹的脐条，黑色。背面为拱形弯曲；在腹面狭端有 1 个较大、歪斜、凹陷的圆面。种阜呈圆形，淡黄色，覆盖种脐区的一半；干燥后则收缩于种脐区内。种脐在种子基部，凹陷、圆形，不易看见。

10．假苍耳（*Iva xanthifolia* Nutt.）

分类地位：菊科假苍耳属。

形态特征：瘦果、倒卵形，背腹压扁；黑色或黑褐色；长 2mm，宽 1mm。表面密布颗粒状细纵纹,有时附着黄褐色屑状物。背部隆起;腹面较平或被分割成两个斜面,两侧有明显的脊棱;顶端圆钝,具淡黄色花柱残余;基部具棱状突出的黄色果脐。

11. 翅蒺藜(*Tribulus alatus* Delile)

分类地位:蒺藜科(Zygophyllaceae)蒺藜属。

形态特征:果实由5个分果瓣组成,分果瓣圆柱状椭圆形,长5~8mm,宽3.5~4.5mm。略呈三面体,顶端具有3根硬尖刺,刺下基部形成翅状,每面具若干穴,靠近基部种脐端,每面各有1个较大的穴。果皮木质,坚硬,呈浅或红褐色,内分3室,每室含种子1粒。种子卵形,长约3.5mm,宽约2.5mm,顶部尖,基部较平截。

12. 宽叶高加利(*Caucalis latifolia* L.)

分类地位:伞形科(Umbelliferae)宽叶高加利属。

形态特征:双悬果分果瓣狭长椭圆形,平凸状;黄褐色;长8mm,宽3mm(不包括刺)。表面粗糙;背面隆起,具4条粗大纵脊,脊上具粗大棘刺,粗脊间具线状细棱,棱上具细刺;腹面平坦,中央具纵沟;顶端具短喙,基部平截。

13. 南方三棘果(*Emex australis* S.)

分类地位:蓼科(Polygonaceae)刺酸模属。

形态特征:小坚果包在坚硬的筒状宿存花被内。花被3棱3面;灰色、褐色至红褐色;长7mm,宽5mm(不包括刺)。3枚外轮花被顶端斜伸或平展成3个粗大而尖锐的直刺,背面中部具粗棱,粗棱两侧凹陷,有的凹陷内具1~2个点状坑;内轮3枚花被片顶端合拢成锥形;基部向内骤缩,棱两侧深深凹入,最下端有时残存果柄。

14. 山羊草属(*Aegilops* L.)

分类地位:禾本科。

(1)具节山羊草(*Aegilops cylindrica* Horst)

形态特征:小穗2~5花,单生,长0.5mm,圆柱形,侧面贴生于草质的穗轴。具2颖,矩形,近骨质,表面具7~9脉,着生短硬毛,颖顶端有2齿,一齿呈宽短的三角状,另一齿锐尖或延伸成芒;顶生小穗的颖二齿裂,齿间长出2.5~7mm的长芒;侧生小穗的外稃顶端仅有2齿,但顶生小穗的外稃有一长芒。外稃具5脉,宽披针形,近端部草质,端部以上近膜质;内稃膜质,稍短于外稃。内稃先端有2齿,脊上有微毛。颖果贴生于内、外稃之间,不易剥落;椭圆形;背面钝圆,腹面扁平,有细纵沟。胚椭圆形,色深于颖果,中间稍突起,并外突。

(2)节节麦(*Aegilops squarrosa* L.)

形态特征:一年生,茎秆高20~40cm,少数丛生。叶鞘紧密包茎,平滑无毛而边缘具纤毛;叶舌薄膜质,长0.5~1mm;叶片微粗糙,上面疏生柔毛。穗状花序圆柱形。小穗含3~5花,单生,长9~10mm,圆柱形,草黄色,侧面贴生于草质穗轴。具2颖,草质,长4~6mm,通常具7~9脉,顶端具1或2微齿;外稃具明显5脉,顶端略截平,具长0.5~4.0cm的芒;内稃与外稃近等长,脊上有纤毛。颖果与内、外稃紧贴,不易剥离;长4.5~6mm,宽2.5~3mm;暗黄褐色,表面乌暗、无光泽;长椭圆形;顶端具黄色茸毛,背面钝圆,近两侧缘各有一细纵沟,腹面稍凹入,中央有一细纵沟;胚部近四棱形,凹入,与颖果同色。

15. 硬雀麦(*Bromus rigidus* Roth)

分类地位:禾本科雀麦属。

形态特征：一年生牧草，茎秆直立光滑，高 20～50cm。叶片扁平，宽 4～8mm，长 20～40cm，具柔毛，叶色灰绿。第一颖具 1～3 脉，第二颖具 3～5 脉，外稃较狭，顶端渐尖，圆锥花序开展，花序分枝通常直伸；第一颖长逾 1cm。小穗在开花前呈圆柱形或多少压扁，但外稃背部圆形或多少具脊而不显著，颖果具硬长芒。

16. 茄属（*Solanum* spp.）

分类地位：茄科（Solanaceae）。

形态特征：草本或灌木，有时攀缘状，有些种类有刺，常被星状毛；叶互生，单叶或复叶；花冠辐状或浅钟状，白色、黄色、蓝色或紫色，开放前常折叠，4 或 5 裂或几乎不裂；雄蕊 5，着生于花冠筒喉部，花丝短，间有一枚较长，花药靠合成一圆锥体，顶孔开裂；子房 2 室，有胚珠多数；果为浆果。

（1）北美刺龙葵（*S. carolinense* L.）

植株：多年生草本，株高达 1m，全株被刺，疏被星状毛，茎绿色或紫色，根状茎粗壮。

叶：叶片形态变异较大，典型的为披针形状卵形，常具叶裂，长达 20cm，宽达 7cm，叶脉具刺，叶片疏被星状毛，具叶柄，长约 2cm，具刺。

果实：浆果黄色，球形，直径约 15mm。

花：花冠白色至紫色，雄蕊 5，黄色。

种子：2～3mm，倒卵形，扁平，有光泽，表面颗粒状，黄色至淡黄色。

（2）银毛龙葵（*S. elaeagnifolium* Cay.）

植株：多年生草本，高达 50cm。营养体常一年生长，直立，上部分枝。通体密被星状柔毛，银白色，稀微红色。

茎：通常着生微红色直刺，刺长 2～5mm，这些直刺也偶尔见于叶柄、叶片或萼片上。

叶：单叶，互生，下部叶椭圆状披针形，长达 10cm，宽达 4cm，边缘深波状，尖端锐尖或钝，基部圆形或楔形，上部叶小，长圆形，全缘。

花：总状聚伞花序，花序梗长达 1cm，小花梗在花期长达 1cm，果期延长至 2～3cm；花萼筒长达 5cm，裂片钻形；花冠蓝色至蓝紫色，稀白色，通常直径为 2.5～3.5cm，但也可达 4.0cm，裂片为花瓣的 1/2，雄蕊在花冠基部贴生，花丝长 3～4mm，花粉囊黄色，细长，顶端锥形，长 5～8mm。顶孔开裂；子房被茸毛，花柱长 10～15mm。

果实：光滑的球状浆果，直径为 1.0～1.5cm，绿色带暗条纹，成熟时呈黄色或橘色斑点。

种子：轻且圆，平滑，暗棕色，直径为 2.5～4mm，每个果实里约有 75 粒种子。

（3）刺萼龙葵（*S. rostratum* Dun.）　　又名黄花刺茄。

植株：一年生草本，高达 1m，绿色或灰绿色，被星状腺毛；密被刺，长约 1cm。

叶片：卵形或卵状长圆形，长 2～10cm，宽 1～8cm，裂片倒卵形，下部裂片常形成小叶；叶柄长达 5cm，下延。

花序：有小花数朵，花序梗长 1.5～3cm，花轴长达 6cm；小花梗长 5～10mm。萼片长 6～10mm，果期增大，裂片窄三角形，长 3～5mm。花冠不规则星形辐射状，直径为 3～4cm，黄色。花粉囊 5，其中 4 个长 6～8mm，笔直；其余 1 个长 10mm，弯曲。

浆果：球形，直径 10mm，干后黑色，表皮纸质。

种子：卵圆形，两侧扁平，长约 2.5mm，表面为暗淡的黑褐色，有粗糙的洼点，凹凸不平及有颗粒状突起构成的细网纹，细网眼小而深。种脐呈近圆孔状，位于种子一侧基端。

（4）刺茄（*S. torvum* Swartz）

植株：蔓生或攀缘灌木，高达 3m，深绿色，植物体被星状毛。

叶：单生，阔卵形，长 10～15cm，宽 8～10cm，有叶裂，阔三角形；叶背星状毛较密，叶面较稀疏，主脉散生刺，长 3～7mm；叶正面颜色深于叶背面；叶柄有腺毛；叶柄长 2～5cm。

茎：散生皮刺。

花序：紧密，常分枝，小花 50～100，早期花和后期花常雄性；花序基部距第一分枝处 10～25mm，小花梗长 5～10mm，果期略增大。萼片 5，被细柔毛，裂片顶端细尖，长 2～3mm。花冠 5 瓣星形，10mm 深裂，直径 20～25mm，白色至乳白色。花粉囊 5，长 5～7.5mm。

浆果：球形，直径 10～15mm，黄褐色，干后黑色。

种子：长 1.5～2mm，黄色或黄褐色，表面有粗网纹及小穴形成的细网纹，细网纹呈颗粒状突起，种子背侧缘和顶端有明显的棱脊。

17. 苍耳属（*Xanthium* spp.）

分类地位：菊科。

形态特征：一年生草本，粗壮，茎直立，具糙伏毛，有时具刺，多分枝。叶互生，全缘或多少分裂。头状花序单性，雌雄同株，无或近无花序梗，在叶腋单生或密集成穗状，或成束聚生于茎枝的顶端。雄头状花序着生于茎枝的上端，半球形，总苞片 1～2 层，分离；具多数不结果实的两性花。雌头状花序单生或密集于茎枝的下部，卵圆形，各有 2 结果实的小花。总苞片 2 层，外层小，分离；内层结合成囊状，卵形，在果实成熟变硬，上端具 1～2 个坚硬的喙，外面具钩状的刺。雌花无花冠。柱头 2 深裂，裂片线形，伸出总苞的喙外。瘦果 2，倒卵形，肥厚，包藏于具钩刺的总苞中，无冠毛。我国曾从进境粮食中截获及国内有分布的种主要有以下几种。

（1）刺苍耳　一年生草本，根多分枝或主根多分枝。茎直立，极笔直，圆柱状，具细瘦条纹，不分枝或分枝，小枝在顶端开展但不等长。节上对生三叉状棘刺，长 15～30mm，黄色。

叶：具短柄，披针形或椭圆状披针形，上部叶全缘，其余叶具牙齿、锐裂牙齿或 3 裂，细长裂片急尖，偶尔也有残波状牙齿，细裂片中部伸长，先端延伸，两侧裂片较短，少有不对称的羽状半裂至深波状裂，三基脉或近羽状脉，中部叶脉和两边叶脉较长，叶上表面绿色，被硬糙毛，下表面被灰白毛。

刺果：倒卵状或矩圆形，上部密被苞刺，略扁平，无毛或被长硬毛，大小不一，不算刺但连喙在内，长最多是宽的 2.5～3 倍。苞刺纤细，挺直，先端弯曲如天鹅颈，无毛。喙直立，具硬尖，无毛，不等长，常近与苞刺等长，但也近缺无或较长。

（2）柱果苍耳（*X. cylindricum* M. et S.）　一年生草本，主根多分枝，高 0.5～1.5m。茎粗糙，直立，有棱角，分枝或不分枝。

叶：互生，具柄，包括柄在内长 13～25cm，大型，如锦葵属植物叶的形状近正三角形至卵圆形，3 或 4 裂，三基脉或羽状脉，边缘具牙齿，基部心形或近截平，膜质，被有贴伏的小刚毛，叶柄近与叶片等长。

刺果：圆柱状纺锤形，红褐色或深禾秆色，被点状腺体，近无毛，不算刺但含喙在内长 1.4～1.6cm，宽 4～5mm。苞刺纤细，先端具小钩或渐尖，不被毛，长 2.5～3.5mm。喙挺直，不被毛，先端急尖或具小钩，略分叉，两喙呈 30° 叉开生长，长 4～5mm。

（3）北美苍耳（*X. chinense* Mill.）　一年生草本，主根多分枝，高 0.3～1（2）m。
茎粗糙，具棱角，纵生紫色间断条纹及斑点，分枝或不分枝。

叶：具柄，连柄在内长 10～30cm，宽 25cm，叶片三角形至圆形，3～5 锐裂，边缘具钝状牙齿，基部心形或肾形，两面同色，表面贴伏小刚毛，叶柄近与叶片等长。

刺果：卵球形或矩圆形，中间不显著膨大，光滑，着生等长同形的苞刺，近无毛，只被少量腺点，长 1.2～2.0cm（极少数再长些），黄绿色、淡绿色，干燥的标本呈红褐色。苞刺挺直，近无毛或基部散生极少量的短腺毛，与苞片同色，先端有小细钩，长约 2mm。喙直立或弓形，基部无毛或被极少量短腺毛，先端弯曲或有较软的小钩，两喙靠合（直立）或叉开（弓形）生长，长 3～6mm。

（4）苍耳（*X. sibiricum* Patrin）　一年生草本，高 20～90cm，根纺锤状，不
分枝或主根多分枝。茎直立，极笔直，具纵沟，部分茎纵生紫色间断条纹，下部不分枝或少分枝。

叶：互生，具柄，包括柄在内长 7～20cm，三角形或心形，不裂或不明显 3 裂，边缘有不规则的锯齿至牙齿，有时近全缘，三基脉或掌状脉，两面同色或下表面颜色略浅，上下表面均被纤细贴伏微柔毛或糙伏毛。

刺果：椭圆形或呈膨大的广椭圆形，外被稀疏苞刺，表面具短柔毛及腺体，淡黄色、灰绿色或在干燥状态下呈红褐色，长是宽的 2～3 倍，连同喙在内长 12～15mm，宽 4～7mm。苞刺纤细，直立，瘦弱，基部略增粗，不被毛或偶被微柔毛至腺毛，先端内弯小钩似毛状，长 1～1.5mm。喙通常直立，偶尔呈镰刀状，圆锥体形，先端急尖，等于或长于苞刺，两喙常不等长，有时只具一喙，相接触、靠合或叉开生长。

（5）南美苍耳（*X. cavanillesii* Schouw）　一年生草本，茎直立，下部圆柱状，
上部具棱角，不分枝，高达 1.2m。

叶：具长柄，与柄等长或柄较长，叶片三角形或宽卵形，基部心形或截形，无裂片，两面粗糙，边缘具圆齿或重圆齿，偶具圆齿至锯齿，三基脉或掌状脉。

刺果：卵球形，基部膨大，上部密生苞刺，被腺体和长硬毛，深棕色，不含刺但含喙在内长 24～26mm，宽 9～11mm。苞刺坚实，钻状，直立，顶端具钩，直至或超过中间部位被有腺体，之间还混杂长毛，不等长（苞片基部较长，向顶端的较短），长 3.5～6mm。喙强壮，厚钻状，中间略扁平，总是直立，顶部具钩（稀近直立），直至中部被有腺体至硬毛，通常长于苞刺。

（6）意大利苍耳（*X. italicum* Moretti）　一年生草本，茎多分枝，0.6～1（1.8）m，
圆柱状，增厚，粗糙，被有紫黑色稀疏斑点的平行条纹；枝互生，较长，极叉开生长，生有个别小枝。

叶：互生，具长柄，三基脉，有裂片，两面粗糙但不呈淡绿色，裂片深裂，常二次分裂成小裂片，心形、卵形至矩圆形，边缘有牙齿。

刺果：卵状矩圆形，上部密被苞刺，具硬糙毛，稀有少量腺体，暗棕色，不含刺但含喙在内长 23～26mm，宽 6～8mm。苞刺强壮，纤细，直立，先端呈钩状，从基部至近中部被硬糙毛，也有少量腺体，长（4.5）5～6（6.5）mm。喙强壮，稀纤细，近直立，稀微弯曲，通常背面有龙骨状凸起，先端常钩状或近直立，几乎通体被硬糙毛和少量腺体，等于或略长于苞刺。

18. 苋属（*Amaranthus* spp.）

分类地位：苋科。

形态特征：一年生（稀多年生）草本，雌雄同株或异株，无毛或被毛。茎直立、斜升、斜倚或平卧生长，常分枝，偶不分枝；通常不具刺。叶互生，具柄；叶片菱状卵形、卵圆形、倒卵形、匙形、披针形、倒披针形，或圆形至线形，基部圆形至狭楔形，边缘常全缘，微波状或皱缩，稀具波状啮齿，先端急尖、钝或微缺，常具小短尖。花序顶生或腋生，复合二歧聚伞花序排列成穗状、总状、圆锥状或团簇状；顶生花序常具托叶，每一聚伞花序生有持续不断的苞片。苞片卵形、披针形、线形、钻形或三角形，近轴苞片退化成刺；雌花苞片不具龙骨突；小苞片缺失或1~2个。花单性。雌花花被片缺失或（1）3~5，离生或显著合生，等长或外侧花被片长于内侧花被片，常膜质，成熟期变干膜质；雄蕊缺失；雌蕊1；子房1；花柱长0.1~1mm，或缺失；柱头2~3（5），细长；雄花花被片3~5，等长或近等长；雄蕊3~5，花丝明显，花药4室。胞果由内侧花被片松散包被，偶尔具明显的3~5个纵棱，卵形或长卵形，果皮薄，膜质，平滑、皱缩或具瘤突，规则周裂、不规则开裂或不裂。种子近球形或双凸透镜状，常具光泽，有时具不明显点状突起、洼点或网状结构；胚环状。

（1）长芒苋（*A. palmeri* S. Watson）　一年生草本。高0.8~2m（原产地可高达3m）。茎直立，粗壮，具棱角，黄绿色，具绿色条纹，有时变淡红褐色，无毛或上部被稀疏柔毛，分枝斜升。

叶：无毛，叶片卵形至菱状卵形，茎上部叶呈披针形，长（2）5~8cm，宽（0.5）2~4cm，先端钝、急尖或微凹，常具小突尖；基部楔形，略下延，边缘全缘。叶柄等长或长于叶片。

花序：穗状，生于茎顶和侧枝顶部，直立或俯垂，长（7）10~25cm，宽1~1.2cm，下部花序有时也呈团簇状。苞片长4~6cm，雄花苞片中脉伸出呈芒刺状，雌花苞片较坚硬。雄花花被片5，内侧花被片长2.5~3mm，先端钝状至微凹，外侧花被片长3.5~4mm，先端渐尖，具显著伸出的中脉；雄蕊5。雌花花被片5，略外展，不等长，最外一片具宽阔中脉，倒披针形，长3~4mm，先端急尖，其余花被片匙形，长2~2.5mm，先端截形至微凹，有时呈啮齿状；花柱2（3）。

果实：胞果近球形，长1.5~2mm，果皮膜质，周裂。

种子：近圆形或宽椭圆形，直径1~1.2mm，深红褐色，具光泽。

（2）刺苋（*A. spinosus* L.）　一年生草本，高30~100cm。茎直立，具棱角，有绿色或带紫色纵生条纹，无毛或略被柔毛，多分枝。

叶：具柄，柄长1~8cm，旁生2刺，刺长5~10mm；叶片菱状卵形、卵状披针形，长3~12cm，宽1~5.5cm，基部楔形，全缘，扁平，先端钝至微凹，具小短尖。

花序：顶生或腋生，顶生花序穗状、圆锥状，长3~25cm，腋生团簇状花序全由雌花组成，雄花位于穗状花序顶端1/4~2/3处。苞片狭披针形，长1.5mm，先端急尖，绿色中脉伸出成小短尖。雄花花被片5，相互等长或近等长，长圆形，长2~2.5mm，雄蕊5。雌花花被片5，长圆状匙形，长1.5~2mm，先端急尖或近钝状，具短尖；柱头2（3）。

果实：胞果近球形，长1~1.2mm，膜质，不规则开裂、周裂或不裂（少见）。

种子：近球形，黑色，直径0.8~1mm，无光泽。

三、检疫性杂草鉴定方法标准

1）《列当检疫鉴定方法》（SN/T 1144—2002）。

2）《菟丝子属检疫鉴定方法》（SN/T 1385—2004）。

3）《具节山羊草检疫鉴定方法》（SN/T1838—2006）。

4）《美丽猪屎豆检疫鉴定方法》（SN/T1842—2006）。

5）《毒莴苣检疫鉴定方法》（SN/T 2339—2009）。

6）《豚草属检疫鉴定方法》（SN/T 2373—2009）。

7）《刺苞草检疫鉴定方法》（SN/T 2477—2010）。

8）《假高粱检疫鉴定方法》（SN/T 1362—2011）。

9）《蒺藜草属检疫鉴定方法》（SN/T 2760—2011）。

10）《细茎野燕麦检疫鉴定方法》（SN/T 3073—2011）。

11）《飞机草检疫鉴定方法》（SN/T 3163—2012）。

12）《宽叶高加利检疫鉴定方法》（SN/T 3285—2012）。

13）《提琴叶牵牛花检疫鉴定方法》（SN/T 3444—2012）。

14）《独脚金属检疫鉴定方法》（SN/T 3442—2012）。

15）《节节麦检疫鉴定方法》（SN/T 3443—2012）。

16）《硬雀麦检疫鉴定方法》（SN/T 3688—2012）。

17）《异株苋亚属检疫鉴定方法》（SN/T 3710—2013）。

18）《毒麦检疫鉴定方法》（SN/T 1154—2015）。

19）《加拿大一枝黄花检疫鉴定方法》（SN/T 4633—2016）。

20）《苍耳（属）（非中国种）检疫鉴定方法》（GB/T 28085—2011）。

21）《假苍耳检疫鉴定方法》（GB/T 28090—2011）。

22）《匍匐矢车菊检疫鉴定方法》（GB/T 28108—2011）。

23）《薇甘菊检疫鉴定方法》（GB/T 28109—2011）。

24）《紫茎泽兰检疫鉴定方法》（GB/T 29398—2012）。

25）《法国野燕麦检疫鉴定方法》（GB/T 29575—2013）。

26）《黄顶菊检疫鉴定方法》（GB/T 29583—2013）。

27）《齿裂大戟检疫鉴定方法》（GB/T 32142—2015）。

28）《银毛龙葵检疫鉴定方法》（GB/T 31799—2015）。

29）《野莴苣检疫鉴定方法》（GB/T 36751—2018）。

30）《翅蒺藜检疫鉴定方法》（GB/T 36753—2018）。

31）《铺散矢车菊检疫鉴定方法》（GB/T 36754—2018）。

32）《蒜芥茄检疫鉴定方法》（GB/T 36774—2018）。

33）《刺黄花稔检疫鉴定方法》（GB/T 36811—2018）。

34）《飞机草检疫鉴定方法》（GB/T 36817—2018）。

35）《北美刺龙葵检疫鉴定方法》（GB/T 36819—2018）。

36）《黑高粱检疫鉴定方法》（GB/T 36832—2018）。

37）《欧洲山萝卜检疫鉴定方法》（GB/T 36835—2018）。

38）《墙藜检疫鉴定方法》（GB/T 36838—2018）。

39）《豚草属检疫鉴定方法》（GB/T 36839—2018）。

第十章 转基因植物的检验检疫原理与方法

第一节 转基因生物的概念及影响

一、转基因生物的概念

转基因生物（genetically modified organism，GMO）是一种遗传物质通过非自然杂交或重组方式进行改变的生物，泛指通过一定的手段，改变生物内部的遗传代谢途径，从而产生与原生物不同性状的新型生物品系。根据生产技术的不同可以分为传统转基因产品和现代转基因产品两大类。现代转基因产品主要指以 DNA 重组为核心技术生产的产品。本书中转基因产品的概念一般特指现代转基因产品。

现代转基因产品根据其为人类服务的方式又可以分为直接转基因产品与间接转基因产品。但是无论是直接转基因产品还是间接转基因产品，都是以 DNA 重组为核心技术生产的产品，其生产技术涵盖了多种学科之间的相互穿插，包括分子生物学、细胞生物学、微生物学、免疫学、生理学、生物化学、生物物理学、遗传学、食品营养等几乎所有生物学科的次级学科，同时又结合信息学、电子学、化学工程、社会伦理学等非生物学科，从而形成一门多学科相互渗透的综合性学科。虽然其研究的领域已涉及数十个学科，但研究内容主要集中在细胞工程、酶工程、发酵工程、蛋白质工程、生物工程下游技术和现代分子检测技术。

1）直接转基因产品是指产品本身就可以直接作为终端产品进行推广，从而为人类服务的转基因产品，这类转基因产品以作物为主。截至 2013 年，全球各国已经批准了 336 个品系的转基因作物，涵盖了包括玉米、大豆、土豆等主粮作物在内的 27 个物种。直接转基因作物通过人为地导入可以产生积极作用的性状基因，可以为人民群众产生直接经济利益。目前，全球已经有 28 个国家超 1800 万农户直接种植了各种性状的转基因作物。全球种植面积已经超过了 18 亿 hm^2，占全球土地总面积的 13.4%。由此可见，直接转基因产品对人类发展所产生的贡献已经得到了普遍认同。

2）间接转基因产品本身不能对人类产生直接价值，但是对其进行后续加工或处理而产生的次级产物会对人类产生服务价值。这一类转基因产品目前很少有商业化前景，但在科研领域会发挥巨大的作用，如人血清白蛋白广泛应用于临床治疗和细胞培养领域。常见的人血清白蛋白大多数从人的血浆中提取，这样的生产方式不仅受到血浆供应的限制，还具有携带病毒传播的高风险性。国际上以重组人血清白蛋白替代血源产品的应用已成为趋势，国内市场需求也逐年扩大。武汉大学等历经多年的技术攻关，利用水稻胚乳表达技术平台，研发出代表国际先进水平的重组人血清白蛋白产品生产技术，并成功实现了重组人血清白蛋白规模化和产业化，完全摆脱了相关制约，具有纯度更高、无动物组分、安全、高效、绿色环保、廉价、无限量供应等优势。

二、转基因作物的影响（扫右侧二维码见详细资料）

（一）国际对待转基因的态度

1. 全球种植转基因作物的国家和种植情况

自 1996 年转基因植物批准种植至今，全球转基因植物商业化种植面积基本呈直线上升趋势，连续多年同比增幅都在 10% 以上，至今已经增长了 100 多倍。2010~2014 年，转基因作物种植国家保持在 28 或 29 个，对于连续种植转基因作物的国家，种植面积基本呈现上升趋势。2014 年的统计数据表明，有来自北美洲、拉丁美洲、非洲、欧洲、亚洲、大洋洲的 28 个国家种植转基因作物，世界人口的 60% 即约 40 亿人居住在这 28 个转基因作物种植国家中，其中包括巴西、阿根廷、印度、中国、巴基斯坦、巴拉圭、墨西哥、智利、古巴等 20 个发展中国家，以及美国、加拿大、西班牙、澳大利亚、捷克、哥伦比亚、葡萄牙等 8 个发达国家。

美国是种植转基因作物面积最大的国家，其次是巴西、阿根廷、印度、加拿大和中国，其中美国、巴西和阿根廷也是国际转基因产品主要的出口国。种植量排名前十位的国家转基因作物种植面积均超过 100 万 hm^2。排名前十位的国家主要的种植作物仍以大豆、玉米、棉花和油菜四大转基因作物为主，此外也包括少量的苜蓿、番木瓜、甜菜和南瓜等。孟加拉国是 2014 年新开始种植转基因植物的国家，该国批准了转 Bt 基因茄的商业化种植。

2. 部分国家或地区转基因作物种植情况

（1）美国　　美国是全球研发和种植转基因作物最早的国家，也是转基因作物种植面积增长速度最快的国家，种植面积一直在全世界排名首位，并且每年呈上升趋势。1996 年（全球转基因作物商业化的第一年），美国农业部批准转基因玉米、大豆和棉花进入商业化生产种植。至 2014 年底，美国转基因作物的种植面积达到 7310 万 hm^2（占全球种植面积的 40%），并且 2014 年美国的种植面积同比增幅高于全世界任何一个国家，达到 4%。转基因作物种植面积的增长贡献率最大的是转基因大豆，达到创纪录的 3430 万 hm^2，总种植面积增加了 11%。同时，2014 年美国三大转基因作物的采用率仍大幅增加，主要转基因作物的普及率在 90% 以上：大豆普及率从 2013 年的 93% 增加到 94%，玉米从 2013 年的 90% 增加到 93%，棉花从 2013 年的 90% 增加到 96%。目前，美国种植的转基因作物主要有大豆、玉米、棉花、油菜、甜菜、苜蓿、木瓜和南瓜，其中以玉米的种植面积最大，其次是大豆、棉花和油菜。据美国农业部统计，抗除草剂性状一直是转基因作物最主要的性状，其次是抗虫性状，兼有抗除草剂和抗虫两个基因性状的品种也有一定占比。

（2）巴西　　巴西转基因作物的种植面积仅次于美国，并且每年以较大幅度增长。2014 年，巴西的转基因作物种植面积达到了 4220 万 hm^2，较 2013 年增长了 190 万 hm^2。最近 5 年，巴西是全球转基因作物种植面积增长最快的国家，2014 年较 2010 年增长了 66.93%。快速高效的转基因品种审批制度是巴西能够快速发展转基因产品的主要原因之一。巴西主要种植转基因大豆、玉米和棉花，其中转基因大豆是最主要的转基因作物，占总量的 2/3 以上。巴西已成为全球第二大转基因大豆出口国。另外，值得注意的是，巴西农业科学院（EMBRAPA）已经获准在 2016 年商业化种植本国产的转基因抗病毒豆类。

（3）加拿大　　2014 年，加拿大的转基因作物种植面积增加到 1160 万 hm^2，比 2013 年提高了 80 万 hm^2，增幅为 6.9%。转基因油菜和转基因大豆是加拿大种植量最大的两种作物，而且加拿大也是全球转基因油菜种植量最多的国家。2014 年，加拿大种植转基因油菜 800 万 hm², 普及率高达 95%，转基因大豆种植面积 200 多万 hm²。转基因油菜和大豆占加拿大转基因作物总种植面积的 87% 以上。

（4）印度　　印度是全球第四大转基因作物种植国，仅种植转基因棉花。2014 年，印度转 *Bt* 基因棉花种植面积再创历史新高，达 1160 万 hm²，与加拿大转基因作物种植面积持平。自 2002 年印度开始商业化种植转基因作物以来，转基因作物种植面积已经翻了 230 倍。印度转基因棉花普及率达到了 95%。据 Brookes 和 Barfoot 最新估算，印度商业化种植转基因抗虫棉的 12 年间，农民收入增加了 167 亿美元，近几年印度农民每年总收入都可达到 20 亿美元左右。

（5）中国　　中国是全球第六大转基因作物种植国，主要种植转基因抗虫棉，2014 年种植面积为 390 万 hm²，转基因棉花的普及率由 2013 年的 90% 提高到 93%，在解决棉铃虫危害问题上做出了突出贡献。自 2010 年以来，我国转基因抗虫棉的种植面积基本保持在 350 万～400 万 hm²，不同年份面积的增加或减少多与全国棉花总种植面积的变化相一致。例如，我国棉花的总种植面积从 2013 年的 460 万 hm² 降低到 2014 年的 420 万 hm²，转基因棉花种植面积也随之从 420 万 hm² 下降到 390 万 hm²。另外，我国也种植少量的转基因番木瓜。2014 年，广东、海南和广西种植了 8500hm² 的转基因抗病毒番木瓜，较 2013 年大幅提高了 50%。另外，我国还种植了 543hm² 的转 *Bt* 基因白杨。虽然我国在 2009 年对转 *Bt* 基因水稻 TT51 品系和转植酸酶玉米颁发了转基因生物安全证书，但目前为止并未批准大面积商业化种植。

（6）欧盟　　欧盟主要种植的转基因作物是转 *Bt* 基因玉米，截至目前有 5 个国家种植，种植总面积为 14.3 万 hm²：西班牙种植面积最大，占欧盟总面积的 92%，其他 4 个种植国家分别是葡萄牙、罗马尼亚、斯洛伐克和捷克。

3. 国际对待转基因的态度

转基因作物为世界农业的发展做出了巨大贡献，它具有提高农产品质量、品质、提高作物对生物胁迫和非生物胁迫的抗性、具有抗盐碱特性的转基因作物可以在滩涂等特殊地形种植等一系列优点。转基因作物在给人类提供充足的食物和新型抗病虫策略的同时，其生物安全性也引起了广泛的关注。目前对转基因作物安全性争论的焦点集中于其对环境的影响及生态效应和作物食品的安全性。在农产品的国际贸易过程中，各国对转基因作物及其产品都给予了极大的关注。围绕转基因的安全性问题，美国和欧盟的反应存在一定的分歧：以美国为代表的部分国家倾向支持转基因产品，而欧盟对转基因产品所持态度非常谨慎。为了规范转基因植物的管理措施，各国制定了相关的法规。欧盟以前的法规只是要求对可以检测出转基因 DNA 或蛋白质含量的食品实施标识，这意味着经过精加工的转基因产品（如精炼油）无须实施标识。2004 年欧盟通过了《转基因食品标识法》，该法规要求对所有含有转基因成分的食品和饲料都应实施标识制度，不管是否可以检测出转基因 DNA 或蛋白质的含量，以维护消费者的知情权。欧盟的政策规定被其他国家所效仿，《巴西转基因标识法》规定，食品中转基因物质含量超过 1% 就要进行标识。我国于 2001 年制定了《农业转基因生物安全管理条例》，2002 年 3 月农业部又发布了《转基因农产品安全管理临时措施公告》（第 190 号）及《农业转基因生物标识管理办法》（农业部 2002 年第 10 号令）。

（二）重要事件

由于转基因技术目前只被世界上少数国家熟悉并掌握，大部分国家还处于摸索的过程中，而且转基因技术带来的巨大盈利使得技术所有国竭力对转基因技术进行垄断，因而一些从事生物科技研发的跨国公司为了享有更长时间的垄断权，会寻求知识产权的保护。在目前的国际贸易中，很大一部分的转基因农产品贸易市场被美国控制。但各个国家在生物技术方面都有完善安全性的管理体系，以对转基因农产品的安全性进行管理，只有经该国安全批准的转基因产品方可向该国出口。随着转基因作物品系的不断增多，各国针对每个转基因作物品系的审批信息不对等，就直接导致了转基因农产品大国之间的贸易摩擦。

（1）美国转基因玉米被中国退货　　2013年10月，原深圳出入境检验检疫局从一船进口美国玉米中检出未经我国农业部批准的MIR162转基因成分，口岸检验检疫机构依法对该批玉米作出了退运处理。截至2014年4月21日，我国共在112.4万t进口美国玉米及其制品中检出MIR162转基因成分，对这些进口玉米及其制品均依法做出了退运处理。

MIR162是由先正达公司开发的抗鳞翅目昆虫的转基因玉米，该品系是通过DNA重组技术，将一种来自苏云金芽孢杆菌的抗鳞翅目昆虫的特异性抗虫基因 Vip3A 导入玉米基因组中。目前MIR162玉米已经在美国、阿根廷和巴西获得了种植批准，并通过了加拿大食品检疫局（CFIA）的安全性审批。

根据我国《农业转基因生物进口安全管理条例》《进出境转基因产品检验检疫管理办法》等规定，只有经我国农业农村部批准的转基因产品（包括复合品系转基因产品），在向海关申请报检并办理相关进口手续之后方可向我国出口。如果没有经过这个程序，擅自通过外贸手段进口都是违法行为。2010年3月，MIR162转基因玉米的生产商首次向我国提出了该品系转基因玉米的材料入境申请，在我国境内开展环境安全和食用安全的检测，之后又多次提交入境申请，但相关材料和实验数据不完整。2014年12月，MIR162转基因玉米通过了我国国家农业转基因生物安全委员会的审批，获得了生物安全证书。

（2）欧盟针对美国转基因大米LL601污染事件出台紧急措施　　2006年，欧盟称美国市场上销售的大米产品中发现有少量未经主管部门批准的转基因大米LL601，其进入流通领域的时间和具体扩散程度尚不清楚。由于美国是欧盟的主要大米供应国之一，为防止未经批准的转基因大米混进欧盟市场，欧盟决定采取紧急措施，要求所有来自美国的长粒大米进入欧盟海关前必须由具备相关资质的实验室以规范方法进行检验，并出具不含有转基因大米LL601成分的证明后方可入境，同时要求各成员方和进口商加强对大米进口的监控。要求各成员方主管部门应严格审查进入海关的美国长粒大米，没有规定证书的产品应退还发货方或就地销毁。各成员方还应对目前本国市场上的大米产品进行检查，看是否有上述转基因大米进入流通领域。此外，从美国进口大米的企业和商家也有责任确保进口产品具备欧盟规定的证书。

美国主管部门对欧盟表示，少量的转基因大米LL601不会构成任何食品安全风险，而且目前与其类似的产品已获准在美国市场上销售，供人畜食用。对此，欧盟认为，未经欧盟批准的转基因食品在任何情况下都不得进入欧盟的人畜食物链。

转基因大米LL601是由美国拜耳公司研发的耐除草剂转基因水稻，美国于1999年批准了该品系的商业化种植，加拿大和墨西哥随后批准进口，可以食用，但欧盟暂未批准转基因大米LL601 。

此次转基因大米LL601污染事件发生后，美国农民和许多相关部门纷纷抗议和起诉拜耳公司，要求赔偿该事件的损失和对环境的污染。据统计，拜耳（Bayer）转基因大米LL601

的污染事件共造成 12.8 亿美元的经济损失。

大豆、玉米等作物作为人们营养膳食结构中碳水化合物及植物蛋白质的重要来源，在食物生产和消费系统中一直扮演着非常重要的角色。随着人们饮食习惯和结构的转变，以及生活水平的不断提高，对这些作物及其加工产品的需求将不断增长。而众多国家和地区的作物产量不足以满足需求，因此转基因作物的国际贸易也将不断增多。对外贸易所面临的风险与日俱增，转基因作物产业的安全也面临着前所未有的挑战。

第二节　转基因产品检测技术

一、转基因生物的遗传修饰方式（扫左侧二维码见详细资料）

转基因生物（GMO）的遗传修饰方式主要有 3 种：①利用介体系统的 DNA 重组技术；②直接将离体制备的遗传物质引入生物中，如微注射等；③细胞融合，包括原生质体融合或杂交技术，即通过非自然发生的方式两个或多个细胞融合，从而遗传物质发生重组。

二、转基因成分检测依据（扫左侧二维码见详细资料）

在转入植物的外源基因中，目的基因是转基因植物研究的重点，随着分子克隆技术的发展，每年都有一些新的具有应用前景的基因被克隆。在这些已克隆的基因中，目前用于转化植物并开始商品化生产的基因有近百种，在不同的转基因植物中，所使用的目的基因有可能不同，同一种植物中可能导入多种目的基因。因此通过检测目的基因来鉴别转基因植物及其产品的难度较大。但目前转基因的策略具有一些共同的特点，即在遗传转化中表达载体的构建一般包括 3 个要素：启动子、目的基因和终止子。此外，有的还含有在转化过程中为区分 GMO 与非 GMO 所用的选择标记基因。这些启动子、终止子和标记基因的 DNA 序列已知，且大多数来自微生物，在植物中一般不具有这些序列，因此可将对这些序列的检测作为鉴别转基因植物或产品的一种途径。

目前常用的启动子如花椰菜花叶病毒（CaMV）35S 启动子和土壤农杆菌 Ti 质粒胭脂碱合成酶的 nos 启动子；终止子如土壤农杆菌的 nos 终止子。商业化生产的转基因农产品绝大多数含有两者或其中之一。

选择标记基因的功能是在植物的转化过程中，其表达产物能使被转化组织、细胞或植株对一定的选择压力具有抵抗能力，进行正常生长发育，而未转化细胞则不能正常生长发育，从而将转化体选择出来。常用的选择标记基因有抗生素抗性基因和除草剂抗性基因。抗生素抗性基因是以抗生素为抑制剂，对转化植株产生选择作用。在选择标记中应用最广泛的是新霉素磷酸转移酶基因 *npt-Ⅱ* 和潮霉素磷酸转移酶基因 *hpt-Ⅱ*，其他选择标记还有庆大霉素抗性基因 *gent*。除草剂抗性基因能使转化植株对除草剂产生抗性，最常用的除草剂抗性基因是膦丝菌素乙酰转移酶（*bar*）基因和乙酰乳酸合成酶（*als*）基因。

根据转基因策略和所用各种基因的来源、序列及表达产物，可以采用多条途径对转基因进行定性和定量的检测，包括在 DNA 水平、导入基因转录的 mRNA 水平、编码蛋白质、代谢产物及表型等方面进行鉴别。定性分析一般采取 PCR 方法检测插入的 DNA 片段、免疫分析检测表达蛋白或生物学分析检测其表型（如除草剂抗性生物测定）。另外，一些新的技术也正在开发中以解决现有技术存在的问题，如光谱、色谱，尤其是 DNA 芯片技术等。

一种好的转基因生物分析方法应具有以下特点：能检测所有的转基因生物；能提供关于转基因生物含量的定量信息；适合于大范围的食物和农产品的检测；具有高度可靠性和重复性，能避免假阳性和假阴性的产生；必须具有足够的灵敏度和可靠性。目前对 GMO 的分析可分为如下 3 个层次：①检测（detection），目的是确定一个样品是否含有 GMO；②鉴定（identification），如果检测 GMO 结果为阳性，需要进一步分析，确定 GMO 类型及确定是否为允许进境或释放的 GMO；③定量（quantification），确定含有 GMO，下一步通过确定样品中的 GMO 量，以及评价是否符合限定水平（如欧盟限定的 GMO 种子含量分别为 0.3% 或 0.5%）。定量分析一般采用半定量 PCR 或实时荧光 PCR，这三个层次也可在一步实现。

在目前所采用的各种检测方法中，所针对的目标是转移到植物中的外源基因，包括选择标记基因、报道基因、转入的目标基因、与基因相连的启动子和终止子等。因此，了解遗传转化中常用标记基因、报道基因、外源基因及启动子和终止子的种类，对选择科学的检测方法极其重要。我国现行的转基因检测依据包括国家标准、行业标准、地方性标准和农业部公告等（扫右侧二维码见详细资料）。

三、转基因产品检测技术（扫右侧二维码见详细资料）

（一）对植物的表型定性分析

表型分析可通过测定某一特定的性状存在与否，来判断是否为转基因植物。在转基因植物中能测定的唯一性状是对除草剂是否有抗性或耐性，这种方法可用于测定除草剂抗性 GMO 品种是否存在，因此也称为除草剂生物分析（herbicide bioassay）。分析方法是将种子置于含有特定除草剂的固体培养基上进行发芽试验。检测水平取决于种子的发芽条件，发芽试验的方法应保证测试样品的所有 GMO 种子能发芽，检测结果为阳性的种子还需做进一步试验以证实结果的可靠性。除草剂生物分析结果准确、费用低，对种子公司而言是一种很有应用价值的方法。在检测时应设阳性和阴性种子对照。目前，该方法已用于玉米、棉花、油菜种子分析。今后可能发展昆虫抗性或其他 GMO 植物的生物分析方法。

（二）外源基因表达产物的检测

外源目的基因转入植物中一般需要正常表达相应的编码蛋白才能表现出应有的功能，这也是植物基因转化的最终目的。因此，可以对外源基因表达蛋白进行检测来判断某一种植株或植物产品是否为转基因植物或含有转基因成分。

1. 组织免疫印迹检测技术

组织免疫印迹主要应用于转基因植物中外源蛋白的定位研究，主要步骤包括植物组织样品制备和靶抗原的检测。样品制备需要将样品材料用树脂固定和包被，用切片机切割，形成超薄的组织切片。切片用多熔素或其他合适的胶固定在玻璃片上。检测过程中先用蛋白质阻断试剂处理切片，然后用标记的一级抗体直接检测或通过二级抗体间接检测。生成的抗原 - 抗体复合物可以用显微镜观察。为了提高检测的灵敏度，也可以利用生物素 - 链霉素复合物放大检测信号。磁免疫颗粒法则是对双夹心抗体法的一种改进，近年来在转基因检测中的应用越来越多，其原理是使用磁性材料作为固相物质，用捕捉抗体包被后，在检测管中将抗原成分和其他成分分离，再用检测抗体对磁颗粒上的靶抗原进行检测。该方法：①具有极好的动力反应学特征，因为颗粒可以在溶液中自由移动；②颗粒的均一性提高了反应精确度；③磁颗粒易分离，减少了杂质的干扰。另外，由于细胞蛋白质成分复杂，而且待测样品越复杂，蛋白质成分越多，因此还可以通过单向电泳（如 SDS-PAGE）或双向电泳（2D-PAGE）将总蛋白质分离，然后通过蛋白质印迹检测靶蛋白。该方法基本是定性分析方法，但因为它能提供靶蛋白分子质量或等电点方面的信息，而且不容易受蛋白质提取产物中的去污剂等杂质的影响，因此在蛋白质分析方面具有特殊的用途。

1）优点：样品量极小；快速（5～10min）；成本低，一次性耗材；室温保存；操作非常简单；不需要额外的仪器设备；适用于现场检测。

2）缺点：灵敏度较低；需要抗体；抗体制备需要数月至数年；容易出现交叉反应导致的假阳性；限于定性分析。

3）限制：每次检测只能针对 1 个或少量的转基因成分；无法进行转基因品系特异性检测；一些品种表达的蛋白质含量低于检测限；适用于原料，或粗加工而且尚未烹调的食品，但不适用于精细加工和经过烹煮的食品；目前只有少量的商业化转基因试纸条产品。

2. 荧光测定法

Gus 蛋白可催化 4- 甲基伞形酮 -β-D-葡萄糖醛酸苷（4-MUG）水解为 4- 甲基伞形酮（4-MU）及 β-D-葡萄糖醛。4-MU 分子中的羟基解离后被波长为 365nm 的光激发，产生 455nm 波长的荧光，可用荧光分光光度计测定。采用该方法时，应先将待测材料破碎，用磷酸钠缓冲液提取酶，并设阴性对照。

3. 免疫学检测技术

蛋白质免疫检测的原理是使用抗体作为检测试剂，通过转基因蛋白抗原与特异性抗体反应形成抗原 - 抗体复合物来对转基因蛋白质成分进行定性或半定量检测，其中，抗体是动物免疫系统受外来物质激发后产生的糖蛋白。激发产生特异性抗体的外来物质就是抗原，这里指转基因靶蛋白。

抗体与具有类似靶抗原二级结构和化学特征的非靶分子的结合能力就是所谓的交叉反应，它将导致假阳性结果或对抗原浓度的高估。通常来说，在转基因检测中，抗体与样品中其他组分或者与其他外源蛋白质的交叉反应可能性很低，可以不予考虑，除非该转基因蛋白质是有意设计成与天然蛋白质相同的氨基酸序列。在检测中，如果检测方法仅仅针对外源蛋白质，则无法区分表达相同外源蛋白质的转基因品系。例如，表达苏云金杆菌CrylA（b）蛋白的三种主要的转基因玉米品种（'MON810' 'BTll' 'Bt176'）就无法用CrylA（b）的抗体进行区分。在这种情况下，从技术角度上说，检测方法不能被视为具有交叉反应性，因为抗体本身检测的就是不同玉米品系的 CrylA(b) 蛋白的相同表位。然而，从应用的角度来说，整个检测方法由于无法区分上述三个品系，也可以被视为具有交叉反应性。

根据具体操作步骤，免疫检测技术可以分为不同的方法。常见的有酶联免疫吸附试验（enzyme-linked immunosorbent assay，ELISA）、试纸条（lateral flow device，LFD）和蛋白质印迹。

（1）ELISA 检测　　ELISA 是继免疫荧光和放射免疫技术之后发展起来的一种免疫酶技术，于 1971 年由 Engvall、Pcrlmann、Weeman 和 Schuurs 同时建立，最早应用于医学研究。由于高度的灵敏度和特异性及操作简便等特点，其广泛应用于临床医学、食品科学、植物病毒、药物残留、病虫害防治等分析领域，目前已成为转基因定性和半定量检测的常用方法。

ELISA 的原理是使抗原或抗体结合到某种固相载体的表面并保持其免疫活性，同时使抗体或抗原与某种酶连接成酶标复合物。这种酶标抗原或抗体既保留了免疫活性又保留了酶的活性，受检样品（抗原或抗体）与固相载体表面的抗体或抗原结合后，再用酶标抗原或抗体通过酶与底物的反应获取信号。ELISA 可用于检测抗原，也可用于检测抗体。根据试剂的来源和样品的情况及检测的具体条件可设计出不同类型的 ELISA 检测方法。

典型的 ELISA 试剂盒包含抗体包被的微孔板、酶标抗体、标准物质、质控物质、酶反应底物、洗液和样品提取液。ELISA 的优势包括具有定量检测能力、高通量（微孔板可以在单次反应中对大量样品同时检测，便于对结果进行统计分析）、易于自动化等，ELISA 在转基因检测中所呈现的优缺点如下。

1）优点：样品处理简单；成本较低；技术要求较低；流程简单；高通量；设备较便宜。

2）缺点：灵敏度较低（0.5～1）；需要酶标仪等仪器设备；需要抗体；抗体研制需要数月甚至数年的时间；容易出现交叉反应导致的假阳性；蛋白质表达量易受外部因素包括气候、土壤和营养条件影响，难以定量。

3）限制：无法进行转基因品系特异性检测；有些转基因品系的靶蛋白表达量太低或根本不表达新蛋白；食品加工使用的转基因植物组织中的靶蛋白含量很低或没有；适用于原料或粗加工而且尚未烹调的食品，但不适用于精细加工和经过烹煮的食品；目前只有少量的商业化转基因 ELISA 试剂盒；大多数试剂盒只检测一种靶蛋白；在基因迁移的研究中，只适用于相同品种作物的检测，不同品种之间的迁移可能出现表达蛋白构象改变或不表达的情况。

（2）试纸条检测　　早期的试纸条是通过在含有不同溶液的容器中浸泡，每次浸泡后需要经过洗涤，根据最后浸泡后底物溶液是否发生颜色的改变来判断结果。现在推广使用的试纸条经过改进后，使用更加简便。新的试纸条检测也称胶体金免疫层析试验，其原理与 ELISA 相同，不同之处是以硝酸纤维膜代替聚苯乙烯反应板为固相载体，捕捉抗体，并作为以后的反应位点。试纸条可用于检测 GMO 的叶片、种子和谷粒，是一种快速简便的定性检测方法，5～10min 即可得出结果，不需要特殊仪器。但一种试纸条只能检测一种蛋白质。目前，多个公司研制出检测 Bt 基因产物 Cry9c、Cry9e 等和抗生素抗性基因产物的血清学检测试纸条。LFD 只能用于定性检测，但简单和快速的优点使该方法倍受欢迎。

（3）蛋白质印迹　　蛋白质印迹是 20 世纪 70 年代末和 80 年代初，在蛋白质凝胶电泳和固相膜免疫测定的基础上发展起来的。它是将蛋白质电泳、印迹和免疫测定融为一体的特异蛋白质检测方法，具有灵敏度高、特异性好、直观并且可以进行蛋白质定性和定量分析等优点。

蛋白质印迹基本操作步骤包括：从植物细胞中提取总蛋白，按常规方法经 SDS-PAGE 使蛋白质按分子大小分离；将 SDS-PAGE 胶上分离的蛋白质条带原位印迹到固相膜上；高浓度的蛋白质溶液中温浴封闭未结合位点；然后加入酶标记特异抗体，膜上的目的蛋白与抗体特异结合；加入底物显色。当提取样品中含有目的蛋白时，转移到膜上的该蛋白条带最终显示出底物反应颜色。

在转基因植物中，有的基因表达是有时空特异性的，即仅在生长发育的一定时期或植株的一定部位表达，在这种情况下，各种血清学检测方法就有一定的局限性。因此，在选用检测方法时还应了解目的基因的表达调控特性。此外，对食品的转基因成分检测时，由于经过多道加工程序，可能导致蛋白质的变性，使其失去抗原性，在这种情况下也不适合采用免疫学方法进行检测。

（三）外源基因的检测

1. PCR 检测技术

聚合酶链反应（polymerase chain reaction，PCR）是 20 世纪 80 年代中期发展起来的体外核酸扩增技术。PCR 技术能将含量极微的（fg）目的基因在较短的时间内（1～2h）扩增到极易检测的微克水平。其基本原理主要包括：模板 DNA 加热变性；降温后反应混合物中特异性引物与单链 DNA 模板的复性；在 72℃条件下，*Taq* DNA 聚合酶诱导引物借助模板信息由 5′ 端到 3′ 端延伸。每一轮反应，模板拷贝数都增加一倍，理论上 n 次循环后，扩增产物拷贝数为初始模板量 $\times 2^n$。但在 PCR 后期由于底物的消耗、*Taq* DNA 聚合酶活力的下降、抑制物的增加，反应的指数形式逐渐转化为线性形式进入扩增的平台期。经过 30～35 个循环，扩增倍数一般可达百万倍。如果想再提高扩增产物的量，可以将产物 DNA 再稀释 1000 倍作为新的模板进行第二轮的 PCR 扩增，一般二次扩增后的 DNA 数量已达到所有分子生物学操作的要求。PCR 技术的步骤和特点见本书第三章。

PCR 技术的质量控制如下。

1）样品制备：模板 DNA 的质量直接影响 PCR 的结果。常用 260nm 和 280nm 波长处吸光度的比值来检验样品核酸的纯度。纯的样品 DNA，其 OD_{260}/OD_{280} 应该在 1.7～2.0。样品制备时，每个样品都要取 2～3 个平行样，进行重复性试验。

2）设立阳性对照：在测定食品中转基因成分时，应使用已知的低浓度转基因样品作为阳性质控，与待测样品等同处理提取核酸及 PCR 扩增，以确保扩增检测的有效性。

3）设立阴性对照：采用与待测样品状态和原始成分类似的阴性样品，与待测样品等同处理提取核酸及 PCR 扩增，以监控污染是否产生。

4）设立内参照：使用内标法对核酸的扩增进行质控。当样品的原始成分已知时，可选用该成分特有的内源基因作为扩增检测的内标；当样品的原始成分未知时，可选用植物特有的内源基因作为扩增检测的内标。设置内参照的目的是确保扩增检测的有效性。

5）设立空白对照：包括不加样品但其后样品制备与扩增操作均和待检样品一致的空白管，仅有扩增反应液但不含模板的 PCR 管等。这些空白对照在扩增检测时均使用与待测样品一致的 PCR 混合液。设置空白对照的目的同样是监控污染是否产生。

2. 实时荧光定量 PCR 检测技术

（1）实时荧光定量 PCR 检测技术的相关概念　　实时荧光定量 PCR 的化学原理包括探针类和非探针类两种。SYBR Green I 为非探针荧光染料，荧光探针主要有 TaqMan 探针、分子信标、双杂交探针等。用于转基因成分实时荧光定量 PCR 检测的主要是 TaqMan 探针（包括 TaqMan MGB 探针）和 SYBR Green I 染料，而 TaqMan 探针被广泛使用。TaqMan 探针和 SYBR Green I 染料在转基因检测中的实时荧光定量 PCR 检测流程，主要包括准备实验材料、准备试剂和设备、样品的 DNA 提取、PCR 液的配制、实时荧光 PCR 检测过程和数据分析等 6 个步骤。

合成引物和探针后，加超纯水配制成 100μmol/L 的浓度储存，直接用于 PCR 测试的引物和探针浓度为 10μmol/L。表 10-1 列出了 ISO 标准和出入境检验检疫行业标准的部分实时荧光定量 PCR 检测用引物和 TaqMan 探针。

表 10-1　植物转基因成分实时荧光定量 PCR 检测用引物和 TaqMan 探针

序号	靶标基因 / 序列		引物 / 探针序列（5′→3′）	终浓度 /（nmol/L）	长度 /bp	适用范围
1	18S rRNA	F	cctgagaaacggctacca	400		植物内源基因
		R	cgtgtcaggattgggtaat	400	65	
		P	FAM-tgcgcgcctgctgccttcct-BHQ1	200		
2	HMGI/Y	F	ggtcgtcctcctaaggcgaaag	400		
		R	cttcttcggcggtcgtccac	400	99	
		P	FAM-cggagccactcggtgccgcaactt-BHQ1	200		
3	PEP	F	cccttgtgaagctcgacatc	400		油菜内源基因
		R	cttgtcctctgaccattctttgt	400	110	
		P	FAM-ccgaccgtcacaccgatgtttttaga-BHQ1	200		
4	CruA	F	ggccagggtttccgtgat	200		
		R	ccgtcgttgtagaaccattgg	200	101	
		P	FAM-agtccttatgtgctccactttctggtgca-BHQ1	200		
5	adh1	F	cgtcgtttcccatctcttcctcc	300		
		R	ccactccgagaccctcagtc	300	135	
		P	FAM-aatcagggctcattttctcgctcctca-BHQ1	200		玉米内源基因
6	zSSIIb	F	ctcccaatcctttgacatctgc	500		
		R	tcgatttctctcttggtgacagg	500	151	
		P	FAM-agcaaagtcagagcgctgcaatgca-TAMRA	200		
7	Lectin	F	cctcctcgggaaagttacaa	150		
		R	gggcatagaaggtgaagtt	150	74	
		P	FAM-ccctcgtctcttggtcgcgccctct-BHQ1	50		大豆内源基因
8	Lectin-KVM	F	cacctttctcgcaccaattgaca	200		
		R	tcaaactcaacagcgacgac	200	104	
		P	FAM-ccacaaacacatgcaggttatcttgg-BHQ1	200		
9	LAT52	F	agaccacgagaacgatatttgc	400		番茄内源基因
		R	ttcttgccttttcatatccagaca	400	92	
		P	FAM-ctctttgcagtcctccccttgggct-BHQ1	200		
10	SPS	F	cacctttctcgcaccaattgaca	200		
		R	tcaaactcaacagcgacgac	200	104	
		P	FAM-tccgagccgtccgtgcgtc-BHQ1	200		
11	PLD	F	tggtgagcgtttttgcagtct	200		水稻内源基因
		R	ctgatccactagcaggaggtcc	200	64	
		P	FAM-tgttgtgctgccaatgtggcctg-BHQ1	200		
12	GOS	F	tggtgagcgtttttgcagtct	200		
		R	ctgatccactagcaggaggtcc	200	67	
		P	tgttgtgctgccaatgtggcctg	200		

序号	靶标基因/序列		引物/探针序列（5′→3′）	终浓度/（nmol/L）	长度/bp	适用范围
13	UGPase	F	ggacatgtgaagagacggagc	400	88	马铃薯内源基因
		R	cctacctctacccctccgc	400		
		P	FAM-ctaccaccattacctcgcacctcctca-BHQ1	200		
14	SAH7	F	agtttgtaggttttgatgttacattgag	350	115	棉花内源基因
		R	gcatctttgaaccgcctactg	250		
		P	FAM-aaacataaaataatgggaacaaccatgacatgt-BHQ1	175		
15	GLuA3	F	gacctccatattactgaaaggaag	150	121	甜菜内源基因
		R	gagtaattgctccatcctgttca	150		
		P	FAM-ctacgaagtttaaagtatgtgccgctc-BHQ1	100		
16	Alfalfa-Acc	F	gatcagtgaacttcgcaaagtac	150	91	苜蓿内源基因
		R	caacgacgtgaacactacaac	150		
		P	FAM-tgaatgctcctgtgatctgcccatgc-TAMRA	50		
17	GAG56D	F	caacaattttctcagccccaaca	200	121	小麦属内源基因
		R	tcttgcatgggttcacctgtt	200		
		P	FAM-ttcccgcagccccaacaaccgc-BHQ1	200		
18	Wx012	F	gtcgcgggaacagaggtgt	500	102	小麦种内源基因
		R	ggtgttcctccattgcgaaa	500		
		P	FAM-caaggcggccgaaataagttgcc-BHQ1	200		
19	pCaMV 35S	F	gcctctgccgacagtggt	100	82	
		R	aagacgtggttggaacgtcttc	100		
		P	FAM-caaagatggacccccacccacg-BHQ1	100		
20	pFMV 35S	F	cgaagacttaaagttagtgggcatct	400	79	#
		R	ttttgtctggtccccacaa	400		
		P	FAM-tgaaagtaatcttgtcaacatcgagcagctgg-BHQ1	200		
21	tNOS	F	catgtaatgcatgacgttatttatg	400	165	
		R	ttgttttctatcgcgtattaaatgt	400		
		P	FAM-atgggttttatgattagagtcccgcaa-BHQ1	100		
22	NPTⅡ	F	aggatctcgtcgtgacccat	400	183	*
		R	gcacgaggaagcggtca	400		
		P	FAM-cacccagccggccacagtcgat-BHQ1	200		
23	BAR	F	acaagcacggtcaacttcc	140	175	转基因油菜、玉米、小麦、棉花、水稻、大豆等筛选检测
		R	gaggtcgtccgtccactc	140		
		P	FAM-taccgagccgcaggaacc-BHQ1	100		
24	PAT	F	gtcgacatgtctccggagag	400	191	转基因油菜、玉米、棉花、大豆、甜菜等筛选检测
		R	gcaaccaaccaagggtatc	400		
		P	FAM-tggccgcggtttgtgatatcgttaa-BHQ1	200		

续表

序号	靶标基因 / 序列		引物 / 探针序列（5′→3′）	终浓度 /（nmol/L）	长度 /bp	适用范围
25	GOX	F	gtcttcgtgttgctggaaccgtt	400	121	转基因油菜、玉米、甜菜等筛选检测
		R	gaactggcaggagcgagagct	400		
		P	FAM-tgctcacgttctctacactcgcgctcg-BHQ1	200		
26	CP4-EPSPS	F	gcaaatcctctggcctttcc	100	146	Δ
		R	cttgcccgtattgatgacgtc	100		
		P	FAM-tcatgttcggcggtctcgcg-BHQ1	200		
27	CTP2-CP4-EPSPS	F	gggatgacgttaattggctctg	400	88	转基因玉米、大豆、油菜、甜菜、苜蓿等筛选检测
		R	ggctgcttgcaccgtgaag	400		
		P	FAM-cacgccgtgggaaacagaagacatgacc-BHQ1	200		
28	Cry3A	F	tccggttacgaggttctt	400	86	转基因玉米、马铃薯等筛选检测
		R	ccatagatttgagcgtcctta	400		
		P	FAM-acctatgctcaagctgccaacaccc-BHQ1	200		
29	pNOS	F	gtgaccttaggcgacttttgaac	340	79	转基因油菜、马铃薯筛选检测
		R	cgcgggtttctggagtttaa	340		
		P	FAM-cgcaataatggtttctgacgtatgtgcttagc-BHQ1	400		
30	pSsuAra	F	ggcctaaggagaggtgtggaga	340	95	转基因油菜筛选检测，对拟南芥是内源基因
		R	ctcatagataacgataagattcatggaatt	340		
		P	FAM-ccttatcggcttgaaccgctggaataa-BHQ1	400		
31	pTA29	F	gaagctgtgctagagaagatgtttattc	340	117	转基因油菜筛选检测，对烟草是内源基因
		R	gctcgaagtatgcacatttagcaa	340		
		P	FAM-agtccagccacccaccttatgcaagtc-BHQ1	400		
32	pUbi	F	gagtagataatgccagcctgttaaac	340	76	转基因棉花筛选检测，对玉米是内源基因
		R	acgcgacgctgctggtt	340		
		P	FAM-cgtcgacgagtctaacggacaccaac-BHQ1	400		
33	tCaMV 35S	F	gggggtttcttatatgctcaacacatg	340	118	转基因玉米、油菜筛选检测
		R	tcaccagtctctctctacaaatctatcac	340		
		P	FAM-aaaccctataagaaccctaattcccttatctggga-BHQ1	400		
34	tE9	F	tgagaatgaacaaaaggaccatatca	200	87	转基因玉米、大豆、油菜、棉花、苜蓿筛选检测，对豌豆是内源基因
		R	tttttattcggttttcgctatcg	200		
		P	FAM-tcattaactcttctccatccatttccatttcacagt-BHQ1	200		
35	tOCS	F	cggtcaaacctaaaagactgattaca	340	85	转基因油菜筛选检测
		R	cgctcggtgtcgtagatact	340		
		P	FAM-tcttattcaaatttcaaaagtgccccaggg-BHQ1	400		
36	tg7	F	atgcaagtttaaattcagaaatatttcaa	340	97	转基因油菜筛选检测
		R	atgtattacacataatatcgcactcagtct	340		
		P	FAM-actgattatatcagctggtacattgccgtagatga-BHQ1	400		

续表

序号	靶标基因/序列		引物/探针序列（5'→3'）	终浓度/（nmol/L）	长度/bp	适用范围
37	*PMI*	F	ccgggtgaatcagcgttt	200	59	转基因玉米筛选检测
		R	gccgtggcctttgacagt	200		
		P	FAM-tgccgccaacgaatcaccgg-BHQ1	200		
38	*CryIA*（b）	F	cgcgactggatcaggtaca	400	75	转基因大米、玉米、棉花等外源基因筛选检测
		R	tggggaacaggctcacgat	400		
		P	ccgccgcgagctgaccctgaccgtg	200		
39	*CryIA*（c）	F	cggaaatgcgtattcaattcaac	400	71	转基因水稻、玉米、棉花、茄、番茄等外源基因筛选检测
		R	ttctggactgcgaacaatgg	400		
		P	FAM-acatgaacagcgccttgaccacagc-BHQ1	200		
		F	gaccctcacagttttggacattg	400	93	
		R	atttctctggtaagttgggacact	400		
		P	FAM-tcccgaactatgactccagaacctaccctatcc-BHQ1	200		
40	*pRice-Eactin*	F	tcgaggtcattcatatgcttgag	340	95	转基因玉米筛选检测，对大米是内源基因
		R	ttttaactgatgttttcactttttgacc	340		
		P	FAM-agagagtcgggatagtccaaaataaaacaaaggta-BHQ1	400		

#转基因大豆、玉米、油菜、棉花、水稻、番茄、马铃薯、番木瓜、亚麻、甜菜、苹果、菊苣、剪股颖、烟草、李、甜瓜、小麦、茄和桉树等外源筛选基因

*转基因大豆、玉米、油菜、棉花、水稻、番茄、马铃薯、番木瓜、亚麻、甜菜、苹果、菊苣、烟草、李、甜瓜、茄和桉树等外源筛选基因

Δ 转基因油菜、大豆、玉米、棉花、马铃薯、甜菜、小麦、剪股颖等筛选检测

　　对转基因产品的定性检测和确证，要根据待测食品的类型和分析要求采取不同的 PCR 试验，包括物种特异性检测方法、筛选检测方法（启动子、终止子、标记基因等）、结构特异性检测方法和品系特异性检测方法。

　　物种特异性检测方法，也就是对内源参照基因的检测。内源参照基因（endogenous reference gene）是指在转基因作物基因组中拷贝数恒定、不显示等位基因变化的基因，具有物种特异性。该基因可用于对基因组中某一目的基因的定量分析、验证 PCR 体系中是否存在抑制物质。在进行转基因产品检测时，需要检测内源特异参照基因，以避免检测结果的假阴性。而对于一些尚未发现内源参照基因的植物或加工原料成分复杂的产品，一般检测植物特异基因（如叶绿体 *trnL* 基因内含子）或真核生物特异基因 18S rRNA 的基因。

　　目前已批准商业化种植的转基因作物除含有目的基因外，95% 以上的转基因作物还含有 CaMV35S 启动子、NOS 终止子或抗性筛选基因 *NPTII* 基因。《食品中转基因植物成分定性 PCR 检测方法》（SN/T 1202—2003）对于一种未知样品的基因检测进行了规定，首先对 CaMV35S 启动子、FMV35S 启动子、NOS 终止子和抗性筛选基因 *NPTII* 基因进行检测，检测结果为阳性，再对目的基因进行检测。

　　（2）使用实时荧光定量 PCR 进行转基因作物的表型分析　　使用实时荧光定量 PCR 技术，检测转基因作物的内源基因与外源基因的插入位点，可以检测出转基因植物的表型。

3. 实时荧光定量 PCR 检测技术

与传统的定量 PCR 相比，1996 年由美国 Applied Biosystems 公司推出的实时荧光定量 PCR 技术采用的是即时检测，实现了每一轮循环均检测一次荧光信号的强度，有效解决了传统定量 PCR 只能终点检测的局限，大大提高了定量 PCR 的重复性和准确性。实时荧光定量 PCR 是在 PCR 体系中加入荧光基因，利用荧光信号积累实时监测整个 PCR 进程，最后通过标准曲线对未知模板进行定量的方法。实时荧光定量 PCR 所使用的荧光物质主要有两种：荧光探针和荧光染料。在实时荧光定量 PCR 技术的发展过程中，两个重要的发现起着关键作用：①在 20 世纪 90 年代早期，*Taq* DNA 聚合酶的 5′ 核酸外切酶活性能降解特异性荧光标记探针，因此使间接检测 PCR 产物成为可能；②荧光标记探针的运用使在一密闭的反应管中能实时监测反应全过程。

实时荧光定量 PCR 检测可以提供 GMO 成分的精确定量分析，是 GMO 定量分析很有应用前景的一项技术，不足之处是所需仪器和试剂昂贵。实时荧光定量 PCR 的原理与方法可参照本书第三章。

4. 微滴式数字 PCR 技术

微滴式数字 PCR（droplet digital PCR，ddPCR），简称数字 PCR，自从 1992 年诞生起就发展迅速。在数字 PCR 中，反应混合物被分成若干极小的液滴分配到大量不同的微小反应室中，每个反应室可能没有或者有一到多个目标核酸拷贝。在终点扩增结束后，各个反应室的样品会呈现阳性或者阴性的结果。通过阳性信号反应室占所有反应室的比例，并根据泊松二项分布进行绝对定量。和实时荧光定量 PCR 相比，数字 PCR 具有不受 PCR 抑制剂影响的优点，也不需要对进行转基因检测的实验样品配制一系列的浓度梯度。因此这项技术非常适合在国际上进行商业化应用。现在生物公司一般可以提供两项已经商业化的应用：微流控室数字 PCR 和乳化液滴数字 PCR。这两项技术现在都可以达到转基因品系检测的要求。由于每个样品需要的成本更低及更好的重复性等优点，数字 PCR 已经被证明具有更好的实用性和适用性。

目前数字 PCR 在科学研究方面已经取得了很大进展，在临床诊断、拷贝数鉴定、绝对定量等方面取得了很多成果。Taly 等（2013）利用数字 PCR 检测直肠癌患者环状 DNA 的 *KRAS* 突变基因，最终实现了包括野生型的 5 重样品检测。在植物源制品的检测研究中，Corbisier 等（2010）利用数字 PCR 分析了玉米种子 DNA 中外源基因和内标准基因的拷贝数之比，该结果与利用普通荧光定量 PCR 技术以质粒 DNA 为标准物质检测的结果相同，证明了数字 PCR 的可靠性。Burns 等（2010）评估了数字 PCR 的检测限（LOD）和定量限（LOQ），探索了数字 PCR 在检测方面的可行性和反应条件，结果表明数字 PCR 能够对起始模板拷贝数进行绝对定量。Morisset 等（2013）利用数字 PCR 检测转基因玉米 MON810 含量，获得了和定量 PCR 一致的结果，该结果也间接证明了数字 PCR 对于转基因定量检测的贡献。总体而言，数字 PCR 目前更多地应用于医学诊断方面，已成为临床应用方面最具潜力的诊断技术之一，在转基因检测的研究方面，数字 PCR 还处于起始阶段，但数字 PCR 不依赖标准物质定量的显著特点能从原理上为核酸定量提供保证。虽然数字 PCR 已经在各产业中取得了突破性研究进展，但是数字 PCR 在我国乃至全球各国的标准层面都暂无涉及，这极大地制约了数字 PCR 在实际检测工作上的应用。

目前，国内外基于数字 PCR 的转基因成分定量检测的研究主要基于以下几点开展。

1）基于数字 PCR 转基因成分定量检测理论的建立和分析：Dube（2008）通过 Fluidigm

平台的实验，结合理论分析，总结出了数字 PCR 绝对定量检测的误差限和不确定度的求解方法，为数字 PCR 的精准定量提供了理论依据。在上述研究的基础上，Burns 等（2010）同样基于 Fluidigm 数字 PCR 平台，并结合数字芯片和动态芯片的协同实验，证明了数字 PCR 方法定量检测转基因成分的可行性，并通过理论和实践进行协同分析，提出了基于数字 PCR 的转基因成分定量检测模型。

2）基于数字 PCR 标准物质及标准分子的开发：臧超（2012）用数字 PCR 对转基因水稻 TT51-1 定量检测用的质粒分子（pTT51-1）进行研究，通过优化数字 PCR 的扩增反应参数与反应体系，实现了 pTT51-1 质粒分子拷贝数浓度的测量，测定结果为 3.57×10^{10} 拷贝 /μL，换算为质量浓度为（125.6±17.8）μg/mL，最后对比了同位素稀释质谱（IDMS）与数字 PCR 对相同 pTT51-1 质粒的测量，其结果具有一致性。满足为 pTT51-1 质粒分子标准物质量值测量的要求，为转基因水稻 TT51-1 质粒标准物质的验证提供了方法支持。

3）数字 PCR 筛查检测体系的建立：数字 PCR 的高灵敏度为转基因成分筛查检测提供了可能性。付伟（2015）利用数字 PCR 的高灵敏度，通过对内参基因和外源筛查基因建立了对转基因品系的定性筛查检测体系，实现了数字 PCR 对转基因成分的精准筛查检测。

4）数字 PCR 品系定量检测方法的建立：在转基因成分品系绝对定量检测方面，Morisset 等（2013）使用 Bio-Rad 平台，对 MON810 定量检测中的各项指标进行了优化，建立了 MON810 品系绝对定量精准检测方法。朱鹏宇等（2016）使用 Fluidigm 平台，对常见的 7 种品系的转基因马铃薯进行了内参基因与外源基因引物探针组合的优化，建立了对 7 种转基因马铃薯品系精准的双重绝对定量检测技术。

第十一章 植物害虫的检验检疫方法

第一节 植物害虫的室内检验检疫方法

害虫远距离传播的途径很复杂：有的通过虫体附着在调运植物及其产品的表面，或潜伏在受害植物组织内；有的通过产卵在植物材料或种子中，随着这些材料的调运传入异地。此外，害虫可以主动迁移，因此各种包装材料、铺垫材料及运输工具等都有可能携带害虫。植物检疫是阻止害虫传播扩散的有效措施，在口岸检疫工作中，通过现场检验和室内检验相结合，以及利用现代高新技术手段，及时发现、准确鉴定来自不同国家或地区的危险性害虫种类显得尤为重要。

一、植物害虫的饲养

植物害虫的成虫，根据寄主植物危害状、寄主范围和形体特征，借助相关的仪器如体视显微镜和双目放大镜等一般较易作出判断。在检验检疫过程中对于植物害虫的卵、幼虫和蛹的鉴别较困难，同时口岸截获不常见的害虫时，以及对进口水果等农产品中的实蝇进行鉴定时，往往需要进行饲养后再做鉴定。

（一）养虫箱饲养

养虫箱的框架和板壁多用木料、玻璃、透明塑料、金属纱网制成，在箱的一侧安装小门以便于放置饲料植物和取虫。在箱底安装可盛土的抽屉或一个小门便于放入盛土的器皿，同时方便清除虫粪和便于虫子入土化蛹或产卵于土中。

（二）加罩养虫器饲养

用带有支架的尼龙纱罩将盆栽饲料植物罩上，这种养虫器适于饲养体形小、活动范围有限、需要鲜嫩饲料植物的昆虫。尼龙纱网一般为40目，目数过大时通风采光会受影响。

（三）指形管饲养

将叶片或小枝条连同昆虫一起放进带软木塞的指形管里面，放进温湿度适宜的培养箱内饲养，这种养虫器适于饲养个体小、数量少的昆虫。在饲养过程中，应经常清除虫粪和更换干净的指形管。

（四）玻璃缸饲养

仓储害虫一般采用玻璃缸或罐头瓶饲养，缸内放置一个三角形铁丝架，架上放多层用木板做的隔层，缸底放一小器皿，皿内放浸了水的脱脂棉以便给昆虫提供饮水。为防止昆虫逃逸，应在缸壁内侧上部3～5cm处抹一圈凡士林液体石蜡混合物（1∶1）。

二、植物害虫的标本制作技术

植物害虫检疫鉴定中有时需要将害虫做成标本才能进行种的鉴定，如介壳虫。在检疫过程中遇到很难鉴定的种和需要复核的种时，也往往需要将植物害虫做成标本。

（一）幼虫浸泡标本的制作

将采得的幼虫或较大的卵用清水煮沸片刻，然后用保存液进行浸泡保存。保存液具有杀死昆虫和防腐等作用，常用的保存液和固定液有以下几种。

1）A.F.A 混合液：95% 乙醇溶液 15 份、福尔马林 6 份、冰醋酸 1 份配制而成。

2）福尔马林溶液：福尔马林（40% 甲醛溶液）1 份加 17～19 份蒸馏水配制而成。

3）乙醇溶液：在 75% 的乙醇溶液中加入 0.5%～1% 的甘油配制而成。

4）莱氏溶液：95% 乙醇溶液 17 份加冰醋酸 2 份、甲醛 6 份、蒸馏水 28 份摇匀而成。

（二）成虫针插标本的制作

对于比较大的昆虫个体，针插标本为最基本的操作。取新鲜标本或经过回软处理的标本，用与虫体大小相适应型号的昆虫针插上。不同昆虫的插针部位有所差异：鳞翅目和膜翅目昆虫从中胸背板中央插入；鞘翅目昆虫从右鞘翅前端插入；直翅目昆虫从前胸背板右侧后方插入；半翅目昆虫从中胸小盾片前方稍偏右插入。昆虫经针插后，对于鳞翅目、膜翅目、脉翅目、双翅目等昆虫，还需要进行展翅。展翅的姿势：鳞翅目以两前翅后缘呈一直线为准，后翅稍被覆于前翅下方；脉翅目、双翅目以前翅翅尖与头顶呈一直线为准；膜翅目以前翅后缘呈一直线为准，后翅前缘与前翅后缘平行，双翅与体躯垂直。展翅后，再将触角整姿以与前翅平行。对于不需要展翅的鞘翅目、直翅目、半翅目等昆虫，针插后也需要进行整姿：使前足向前，中、后足向后，触角左右分开，触角长的昆虫应将触角顺虫体向后展。针插昆虫所在的高度是三级台的第 3 级面，在第 2 级面的高度插上采集标签，注明采集的时间、地点和进口国家（或地区），在第 1 级面的高度上插上定名鉴定标签，注明昆虫的拉丁名。

微小昆虫不易直接插针，可用粘虫胶将其粘在特制小三角纸卡上，将昆虫针插入纸卡，通常纸卡在昆虫针的左侧，与三级台的第 3 级面同高，再分别于第 2 级面、第 1 级面高度插上采集标签、鉴定标签。

（三）昆虫标本的解剖和制片

口岸截获的有害生物，有时仅凭外部形态很难鉴定到种，必须解剖观察成虫或幼虫的细微结构以进行辅助鉴定。在解剖之前，将昆虫标本放入 10% 氢氧化钠溶液中浸泡 12～20h，或用酒精灯温火煮用 10% 氢氧化钠溶液浸泡的昆虫至腹部透明为止。标本经碱液处理后，用清水冲洗，然后移入小培养皿内，加少量水或 75% 乙醇溶液，在双目放大镜下解剖。玻片标本的制作一般采用霍氏封片液封片。

三、害虫常用的检验方法

害虫的检验检疫包括现场检验和实验室检验，常用的检验方法有直接检查、过筛检验、比重法（漂浮法）检查、染色法检查、剖开检查、软 X 光机透视检查、饲养检查等。检疫性害虫的种类不同，适用的检验方法也不同，检验方法需符合以下基本要求：安全，不使检疫性害虫扩散；准确可靠，灵敏度高；快速、简单、方便易行；有标准化的操作规程，检验结果重复性好。

（一）直接检查

主要用于现场快速初检，通过肉眼或放大镜对植物及其产品、包装材料、运输工具、堆放场所和铺垫物料等是否带有检疫性害虫进行检查。该方法检验范围广、速度快，易发现隐患。用肉眼或手持放大镜直接检查有无昆虫，或用挑检、抖动、击打、剖检、剥开等不同方法进行检查。检疫时注意观察物品有无危害状，如腐烂、虫孔、虫瘿、蛀孔、排泄物，以及白蚁、蚂蚁危害形成的泥线、泥被等；注意检查寄主植物最易被侵染的地方；注意检查物品最易藏带昆虫的地方。针对不同物品采用不同的方法：①植物、种苗等繁殖材料的检疫主要注意检查叶片有无症状，如虫孔、卷叶、虫瘿、潜道等，查看叶鞘、芽缝处等较隐蔽的地方，以及根部有无根瘤等为害状；②水果、蔬菜、瓜类的检疫主要注意观察表面有无虫孔或水渍状腐烂，注意检查梗洼、胴部、果蒂、果脐等部位有无害虫隐藏，用肉眼或手持放大镜直接检查样品有无昆虫，或根据需要将样品倒入白瓷盘或黑底玻璃盘，用镊子或挑针进行挑选检查；③豆类的检查要特别注意观察表面是否有虫卵或半透明的"小窗"（老熟幼虫或蛹存在的标志），对于不能确定是否为昆虫或昆虫残肢的，将疑似物放入培养皿在体视镜下镜检；④木材、竹藤草柳等的检疫主要注意检查有无虫孔、排泄物等，敲击木材听声音是否空洞，竹藤柳类可根据韧性来判断，被害藤料韧性差，易折断，击拍藤、草、柳制品，使隐藏的害虫跌落，必要时用工具进行剖检；⑤包装物等的检疫主要注意检查袋的内壁、包角、包缝处等易藏带昆虫的地方，也可采用击拍的方式使隐藏的害虫跌落；⑥集装箱等运输工具的检疫主要注意检查角落、缝隙处，检查温度较高的、昆虫喜欢栖息的地方。对于发现的害虫进行初步识别，必要时采集标本，装入指形管带回实验室进行进一步鉴定。

（二）过筛检验

过筛检验主要用于检验粮谷类、豆类、干果类、植物性调料类、茶叶等饮料原料类、中药材类、土壤中的害虫。根据检疫物粒径和拟检验害虫的虫体大小，选定标准筛的孔径及需要用的筛层数，按大孔径在上、小孔径在下的顺序套好，将样品装入最上层的筛内，样品量约以筛层高度的 2/3 为宜，加盖后用回旋法进行过筛，回旋次数一般不少于 20 次，在筛选振荡器上筛选时振荡 0.5min，把筛上物和筛下物分别倒入白瓷盘或黑底玻璃盘进行挑选检查。在气温较低时，害虫有冻僵、假死、休眠的情况，可将筛出物在 20~30℃的温箱内放置10~20min，待害虫复苏后再进行检查，必要时计算含虫量。

（三）比重法（漂浮法）检查

粮谷类的钻蛀性害虫，土壤中的害虫，蔬菜、干菜类及糖类、制糖原料类的蚜虫、螨类等，可采用不同溶液的不同相对密度来区分有无害虫，其原理是有虫害的籽粒比健康籽粒轻，浸入一定浓度的食盐水（或糖水、泥水等）或其他溶液中，有虫害的籽粒漂浮在溶液表面，捞取浮物，结合解剖镜检，鉴定种类。

饱和食盐水的相对密度为 1.2，对于相对密度大于 1.2 的豆科植物的种子，用饱和食盐水（食盐 36g 溶于 100mL 水中）或硝酸铵溶液（硝酸铵 300~500g 溶于 1000mL 水中）浸泡（浸入后搅拌 5~10s，静置 1~2min），受豆象危害的籽粒将漂浮出来。对于相对密度小于 1.2 的禾本科植物的种子，一般用 5%~10% 的食盐水浸种即可。

（四）染色法检查

粮谷类、豆类钻蛀性害虫采用不同的化学药品进行染色，观察蛀入孔的颜色与寄生物颜色的异同从而达到区分是否有害虫的目的。例如，粮谷或种子中隐蔽的谷象、米象等通常采用高锰酸钾染色法和品红染色法进行检验，豆类中的豆象则用碘或碘化钾染色法。

1. 高锰酸钾染色法

取洁净样品 15g，倒在铜（铁）丝网中，先浸入 30℃温水内 1min，再移入 1% 高锰酸钾溶液中浸染 45~60s，取出立即用清水漂洗掉黏附在籽粒表面的颜色，倒在白色吸水纸上，用放大镜检查，凡籽粒表面上有直径 0.5mm 左右黑点的即为虫蛀粒，挑出虫蛀粒，结合剖检、镜检，鉴定害虫种类。用过氧化氢硫酸混合液代替清水漂洗，对除去黏附在籽粒表面的颜色效果更好，配制方法如下：①在 1000mL 水中加入浓硫酸 5.65mL，配成 1% 的硫酸溶液；②在 100mL 水中加入过氧化氢 3mL，配成 3% 的过氧化氢溶液；③用 100mL 1% 的硫酸溶液与 1mL 3% 的过氧化氢溶液混合即成过氧化氢硫酸混合液。

2. 品红染色法

取净重为 15g 的样品，倒在铜（铁）丝网中，先浸入 30℃温水内 1min，再移浸于酸性品红溶液（蒸馏水 950mL，加入酸性品红 0.5g、冰醋酸 50mL 混合而成）中浸染 2～5min，取出用清水洗净，倒在白色吸水纸上，用放大镜检查。凡虫蛀粒表面均染有 0.5mm 左右樱桃红小点，虫伤或机械损伤则染色浅且斑点不规则。挑出虫蛀粒，结合剖检、镜检，鉴定害虫种类。

3. 碘或碘化钾染色法

用于豆粒中豆象的检验。取净重为 50g 的样品，倒在铜（铁）丝网中，浸入 1% 碘化钾溶液或 2% 乙醇碘溶液中 1～1.5min，取出移入 0.5% 氢氧化钾或氢氧化钠溶液中 30s，取出用清水洗涤 15～20s，立即用肉眼或放大镜观察。凡豆粒表面有直径 1～2mm 的黑色圆斑者即为虫蛀粒，结合剖检、镜检，鉴定害虫种类。

（五）剖开检查

木材类、竹藤柳类、粮谷类、中药材类、豆类、水果瓜菜类、动物干品类等样品，有虫孔、排泄物等危害状及其他可疑症状，或怀疑可能带有隐蔽性害虫时应进行剖开检查。

（六）软 X 光机透视检查

软 X 光机透视检查是利用长波 X 射线检查种子的一种透视摄影技术，可在不破坏害虫生境的条件下进行定期跟踪检验，这种方法操作简便、迅速，能正确地挑出虫害粒，便于统计虫害率，以及研究粮谷类、豆类、种子、苗木及其他植物组织内钻蛀性害虫的生长发育情况，拍摄的照片还可作为检疫处理的证据。X 射线检验种子的方法：取样品 100 粒，单层平铺在仪器内样品台上或铺在胶带纸上，开通电源，调节光的强度和清晰度，通过观察窗，即可在荧光屏上观察。凡健康种子，全粒均匀透明；凡有阴影斑点（块），即为虫蛀、空壳或内部有虫体的种子。荧光屏直接观察对桧、杉、粟等小粒种子不适用，必须通过摄影，冲洗出底片才能正确检测。X 射线摄影可用黑白照相纸或放大纸直接曝光，通过显影、定影，可以直接观察。

（七）饲养检查

当检查到幼虫或怀疑带有卵或幼虫的样品时用此方法。常规方法如下：将适量样品放置在光照培养箱，温度设置在 25℃左右，饲养 3～5d 或更长时间，再进行检查。进行昆虫饲养时要注意防止昆虫逃逸。一般水果类、蔬菜类、苗木类、豆类、粮谷类、中药材类等样品的害虫适用于此方法。针对不同的昆虫种类及寄主类别，相应的饲养方法也不尽相同，具体方法可参照不同种类昆虫的检疫鉴定方法标准。

（八）分子方法检验

在害虫检疫鉴定工作中，主要依据成虫的形态学特征，在区分近似种方面，要求标本具有完整的形态结构。而对于口岸截获的昆虫幼虫、蛹，依据形态学进行种类鉴定的难度很大，通常做法是将幼虫饲养到成虫再进行鉴定，这需要较长的时间，影响口岸检疫的速度和效率。解决这一问题的有效途径是运用现代生物技术，在基因水平上对物种进行准确鉴定。利用分子生物学技术进行昆虫种类鉴定，不受样品个体发育状态及形态结构完整性的影响，可直接从 DNA 上得到准确、可靠的鉴定信息。近年来，PCR 技术、DNA 条形码（DNA barcode）技术、随机扩增多态性 DNA（RAPD）技术、限制性片段长度多态性（RFLP）技术、扩增片段长度多态性（AFLP）技术、DNA 芯片技术等多种分子生物学技术已经被应用于检疫性昆虫的快速鉴定。其中，基于线粒体细胞色素 c 氧化酶亚基 I（mtDNA *CO I*）基因序列的 DNA 条形码技术是当前相对成熟的分子鉴定技术。

DNA 条形码技术是加拿大动物学家 Hebert 博士于 2003 年提出的，它是利用一段标准的DNA 序列作为标记，通过序列分析，快速准确地进行物种鉴定。线粒体 *CO I* 基因在物种属间保守，种间变异较大，序列长度可以利用通用引物来扩增，适合作为物种间鉴定的分子标记，被选为 DNA 条形码的靶标基因。为促进物种鉴定和新物种的发现，2007 年 Hebert 等建立了生命条形码数据系统（Barcode of Life Data System，BOLD），该系统是一个管理、收录、存储、分析、公开和共享 DNA 条形码数据的信息平台（http://www.barcodinglife.org/），截至2018 年 6 月 28 日，BOLD 已收录昆虫纲 5 843 262 条样本记录、4 439 407 条样本的条形码记录和 185 006 条物种的条形码记录。

DNA 条形码技术的流程主要包括样品获得、DNA 提取、PCR 扩增、序列测定、序列相似性比对及分析、建系统发育树等步骤。在动物中已经确定 *CO I* 序列为标准条形码，所用的分析方法则相对比较简单，具体分析方法如下：①序列拼接、比对并进行人工校正；②用MEGA 或 PAUP 软件计算种内及种间的 Kimura 2-parameter distance（K2P）；③根据计算出的K2P 距离建立邻接（neighbour-joining，NJ）进化树；④可以用多元尺度分析处理大量数据，用图的形式更加直观地反映出物种水平的区分效果。

以口岸截获实蝇幼虫的分子鉴定为例，具体过程为：实蝇样品基因组 DNA 提取、PCR扩增及序列测定，利用 DNAMAN 软件将每个样品的正反向序列拼接、剪接，核实后得到其单条 mtDNA *CO I* 基因序列，然后利用 BOLD 数据库中的 Identify Specimen 功能将所得到的实蝇幼虫每条 *CO I* 序列与已登记的实蝇标准序列进行相似性比对，得到相似性数据。最后利用 PAUP 软件用邻接法（neighbor-joining method）构建所检测的实蝇样品与 BOLD、GenBank 数据库中相关实蝇种的系统发育树，以核实确定鉴定的结果。

DNA 条形码技术自 2003 年提出以来发展迅速，目前已在昆虫纲 31 目的种类鉴定中得到广泛应用，包括物种多样性比较高的鳞翅目、双翅目、半翅目、膜翅目、鞘翅目等。DNA 条形码技术不受标本完整性、发育阶段等的限制，并且具有简便、快速、高通量等特点，为口岸进境植物检疫性有害生物的准确鉴定提供了一种快捷的技术手段。Armstrong 等（2005）重新分析了新西兰口岸过去 10 年所截获的实蝇标本的 *CO I* 序列，与前期基于细胞核的 rDNA 的 PCR-RFLP 方法获得的数据进行比较，结果的一致性高达 96%，且 DNA 条形码技术能将 RFLP 方法不能识别的物种鉴定到科、属甚至种，表明 DNA 条形码技术可作为快速准确鉴定外来入侵物种有效可靠的方法。李志红等（2011）利用 DNA 条形码技术成功鉴定了采自泰国四色菊市番石榴烂果中的番石榴实蝇（*Bactrocera correcta*）幼虫。刘慎思（2012）验证了 DNA 条形码技术可用于口岸截获实蝇幼虫及残体的准确鉴定，同时构建了实蝇类害虫条形码识别系统，其中的 DNA 条形码数据库共收录了 5 属 185 种具有重要经济意义的实蝇的 2405 条条形码序列。郑斯竹（2012）对天牛科 5 亚科 160 种天牛进行了 *CO I* 基因序列特征数据库构建，并由此建立了 160 种天牛快速分子鉴定的技术体系。花婧等（2014）通过 DNA 条形码技术对大小蠹属 17 个种进行了分子鉴定。龚秀泽等（2014）利用 DNA 条形码技术实现了口岸截获瓜实蝇幼虫的快速准确鉴定。魏晓雅等（2018）利用 DNA 条形码技术将中山口岸截获的圭亚那进口原木中的 1 头蜚蠊鉴定为染色硬翅蠊

（*Ceratinoptera picta*），为我国未见分布种且为国内口岸首次截获。

DNA 条形码技术是传统形态鉴别方法的有效补充，具有以下优点：①以 DNA 序列为检测对象，其在个体发育过程中不会改变。同种生物不同生长时期的 DNA 序列信息是相同的，同时样本部分受损也不会影响识别结果。②可进行非专家物种鉴定。该技术是机械重复的，只要设计一套简单的实验方案，经过简单培训的技术员即可操作。③准确性高。特定的物种具有特定的 DNA 序列信息，而形态学鉴别特征会因趋同和变异导致物种的鉴定误差。④通过建立 DNA 条形码数据库，可以一次性快速鉴定大量样本。分类学家新的研究成果将不断地加入数据库，成为永久性资料，从而推动分类学更加快速深入地发展。

第二节 植物害虫的检验检疫技术资源

植物害虫的种类丰富，近年来，我国口岸每年截获植物害虫几万种次以上，准确鉴定来自不同国家和地区的害虫种类是我国口岸植物检疫实验室面临的一项长期的重要任务，而掌握与检疫鉴定相关的技术资源，如标准、数据库、期刊、著作等，是植物害虫检疫鉴定的基础工作。

一、标准

国际上的植物害虫鉴定标准有《国际植物保护公约》（*International Plant Protection Convention*，IPPC）和欧洲及地中海植物保护组织（European and Mediterranean Plant Protection Organization，EPPO）制定的标准，在国内有行业标准和国家标准。《国际植物保护公约》已发布两种昆虫——棕榈蓟马（*Thrips palmi*）和谷斑皮蠹（*Trogoderma granarium*）的国际标准，具体内容参见 IPPC 网站（www.ippc.int）。欧洲及地中海植物保护组织制定和发布的昆虫标准共 29 项。国内行业标准中的出入境检验检疫行业标准和国家标准是检验检疫技术执法的主要依据，截至 2016 年底我国已发布的出入境检疫性害虫（包括螨类和软体动物）检验检疫标准有 160 多项，其中国家标准（GB）17 项，出入境检验检疫行业标准（SN）140 多项。

国家标准：

《植物检疫地中海实蝇检疫鉴定方法》（GB/T 18084—2000）

《植物检疫谷斑皮蠹检疫鉴定方法》（GB/T 18087—2000）

出入境检验检疫行业标准：

《苹果蠹蛾检疫鉴定方法》（SN/T 1120—2002）

《欧洲大榆小蠹检疫鉴定方法》（SN/T 1125—2002）

《椰心叶甲检疫鉴定方法》（SN/T 1147—2002）

《木薯单爪螨检疫鉴定方法》（SN/T 1148—2002）

《椰子缢胸叶甲检疫鉴定方法》（SN/T 1149—2002）

《大谷蠹的检疫和鉴定方法》（SN/T 1257—2003）

《墨西哥棉铃象鉴定方法》（SN/T 1264—2003）

《菜豆象的检疫和鉴定方法》（SN/T 1274—2003）

《马铃薯甲虫检疫鉴定方法》（SN/T 1178—2003）

《白缘象甲检疫鉴定方法》（SN/T 1348—2004）

《山松大小蠹检疫鉴定方法》（SN/T 1349—2004）

《葡萄根瘤蚜的检疫鉴定方法》（SN/T 1366—2004）

《日本金龟子检疫鉴定方法》（SN/T 1370—2004）

《苹果实蝇检疫鉴定方法》（SN/T 1383—2004）

《美洲榆小蠹检疫鉴定方法》（SN/T 1389—2004）

《可可褐盲蝽检疫鉴定方法》（SN/T 1355—2004）

《西松大小蠹检疫鉴定方法》（SN/T 1393—2004）

《非洲大蜗牛检疫鉴定方法》（SN/T 1397—2004）

《稻水象甲检疫鉴定方法》（SN/T 1438—2004）

《小蔗螟检疫鉴定方法》（SN/T 1448—2004）

《灰豆象检疫鉴定方法》（SN/T 1451—2004）

《鹰嘴豆象检疫鉴定方法》（SN/T 1452—2004）

《高粱瘿蚊检疫鉴定方法》（SN/T 1483.1—2004）

《黑森瘿蚊检疫鉴定方法》（SN/T 1483.2—2004）

《巴西豆象检疫鉴定方法》（SN/T 1278—2010）

《芒果象检疫鉴定方法》（SN/T1401—2011）

《大家白蚁检疫鉴定方法》（SN/T 1105—2014）（本标准替代了 SN/T 1105—2002）

《豆象属检疫鉴定方法》（SN/T 4019—2014）

《芒果、荔枝中桔小实蝇检疫辐照处理最低剂量》（SN/T 4070—2014）

《莲雾、木瓜中桔小实蝇检疫辐照处理技术要求》（SN/T 4071—2014）

《蜂房小甲虫检疫技术规范》（SN/T 4078—2014）

《鳄梨蓟马检疫鉴定方法》（SN/T 4080—2014）

《荷兰石竹卷蛾检疫鉴定方法》（SN/T 4082—2014）

《美国白蛾检疫鉴定方法》（SN/T 1374—2015）（本标准替代了 SN/T 1374—2004）

上述行业标准中，《巴西豆象检疫鉴定方法》（SN/T 1278—2010）替代了《巴西豆象的检疫和鉴定方法》（SN/T 1278—2003）和《巴西豆象检疫鉴定方法》（SN/T 1453—2004），增加了巴西豆象所隶属的宽颈豆象属的属征，更便于种的鉴定；删去了个别烦琐的表格，内容更加精练。《芒果象检疫鉴定方法》（SN/T 1401—2011）替代了《果核芒果象检疫鉴定方法》（SN/T 1401—2004）、《果肉芒果象检疫鉴定方法》（SN/T 1402—2004）和《印度果核芒果象检疫鉴定方法》（SN/T 1403—2004），其中增加了现场检疫相关内容，分别对鲜芒果、芒果种核和苗木现场抽查、检疫方法和取样的程序进行了明确；对三个种的部分特征描述做了修订，并调整了条目编号；增加了资料性附录——芒果象属主要种类的地理分布。

二、数据库和期刊

（一）国内的数据库和期刊

目前国内有 4 家商业性中文期刊全文数据库：中国知网（CNKI）（http://www.cnki.net/）、万方数据库（http://www.wanfangdata.com.cn/index.html）、维普数据库（http://lib.cqvip.com）和中国科学文献服务系统（CSCD）（http://sciencechina.cn）。这 4 家中文期刊数据库均收录了《昆虫分类学报》《动物分类学报》、*Entomologia Sinica*（《中国昆虫科学》）、《昆虫学报》《环境昆虫学报》《应用昆虫学报》《植物检疫》《植物保护学报》等与昆虫学有关的学术期刊。

（二）国外的数据库和期刊

1. ProQuest 农业全文期刊

ProQuest 农业全文期刊（ProQuest Agriculture Journals）（即 AGRICOLA PlusText）数据库是由 ProQuest 公司出版和提供平台服务的农业专题全文数据库产品。该数据库以美国国家农业图书馆的 AGRICOLA 文摘索引为基础，收录了超过 300 种世界著名出版机构的核心农业全文期刊，涵盖了农业、植物科学、林业科学、动物和兽医科学、昆虫学、农业系统科学等领域，是农业科学领域重要的全文期刊数据库。其中有非常著名的年评期刊 *Annual Review of Entomology*，还有 *The Florida Entomologist*、*Canadian Entomologist* 等与昆虫分类有关的期刊，可访问的回溯年限为 1997 年。

2. ProQuest 生物科学全文期刊

ProQuest 生物科学全文期刊（ProQuest Biology Journals，PBJ）数据库是由 ProQuest 公司出版和提供平台服务的生物科学专题全文数据库产品，收录了大量世界著名出版机构的核心生物学连续性出版物，是生物学领域重要的研究资源。收录期刊 320 多种，其中全文期刊 280 余种，涉及生物化学、细胞学、组织学、遗传学、植物学、动物学等学科。知名出版物有 *Science*、*Nature*、*Annual Review* 等，可访问的回溯年限为 1997 年。

3. EBSCO 数据库

EBSCO 数据库是美国 EBSCO 公司三大数据系统之一（另外还有 EBSCOonline 和 EBSCOnet），也是目前世界上比较成熟的全文检索数据库之一。收录了超过 7000 种期刊的文摘索引，其中 4000 多种期刊提供全文检索，*Systematic Entomology*、*Australian Journal of Entomology* 和 *Journal of Applied Entomology* 等均收录其中，是日常学习和工作中使用频率较高的数据库。

4. Elsevier SDOS 电子期刊全文数据库

Science Direct On Site（SDOS）是荷兰 Elsevier 公司推出的电子期刊全文数据库，收录了自 1995 年以来 Elsevier 出版的 2000 余种电子期刊，以及大量高品质的参考书、手册、图书系列和电子图书。内容涉及农业与生物科学、生命科学、环境科学与技术等学科，与昆虫分类有关的期刊有 *International Journal of Insect Morphology and Embryology*。

5. Kluwer Online

Kluwer Online 是荷兰学术出版商 Kluwer 出版的学术期刊的网络版，通过中国高等教育文献保障系统（China Academic Library & Information System，CALIS）镜像站，用户可以使用 Kluwer Acdemic Publisher 的 800 余种电子刊，其中与昆虫学相关的期刊有 *Experimental and Applied Acarology*、*Biocontrol* 和 *Pesticide Biochemistry and Physiology*。

6. Springer Link

德国施普林格（Springer-Verlag）是世界上著名的科技出版社，该社通过 Springer Link 系统发行电子图书并提供学术期刊检索服务。目前共出版有 530 余种期刊，其中 498 种已有电子版，其检索系统名称为 Link。Springer Link 是全球最大的在线科学、技术和医学领域学术资源平台，收录了 490 多种全文电子期刊，与昆虫学相关的学术期刊有 *Insectes Sociaux*。

7. Wiley InterScience

Wiley InterScience 是 John Wiley & Sons 创建的综合性网络出版及服务平台，数据库涵盖生命科学、化学、材料、社会科学等多个领域。收录了 1500 多种期刊、9000 多种在线图书和 800 多种过刊。免费提供的昆虫学全文期刊有 *Pest Management Science* 和 *Archives of Insect Biochemistry and Physiology*。

三、著作

自林奈时期以来，各国出版了许多与昆虫分类有关的书籍。当今社会书籍（包括电子书）出版的速度更是超过了以往任何时期，就国内而言，从 1949 年至今已经出版了数千种有关昆虫分类的图书，其中《中国经济昆虫志》和《中国动物志：昆虫纲》是两部非常有用的系列著作。对于这些专著，可以登录相关网站进行查阅。

要查阅国内昆虫分类的专著，可以登录中国昆虫书籍文献目录大全网站（http://www.yellowman.cn/mag/m.php），该网站有近 1000 条书籍记录信息，收录了我国出版的绝大部分昆虫类书籍文献目录。

要查阅国外有关昆虫分类的专著，可以登录 NHBS 网站（http://www.nhbs.com/），该网站收录了世界上出版的大部分昆虫分类专著，种类齐全，包括各个国家和地区的昆虫志、目录和一些类群的世界名录。该网站收录的昆虫分类专著有 6000 多种，以目为单位分类罗列，仅鳞翅目专著就达 1480 多种，鞘翅目专著也达上千种。

第三节　检疫性鞘翅目害虫

鞘翅目是昆虫纲乃至动物界种类最多、分布最广的一个目，是植物检疫的主要对象，该目昆虫种类多、食性复杂、迁飞能力强，而且部分种类体小、易躲藏，不容易查出。1986 年国内已有 18 属鞘翅目昆虫列入检疫对象，占检疫性害虫总数的 64.3%。1992 年，有 25 属列为严格检疫害虫，占检疫性害虫的 55.5%。2017 年，列入更新后的《中华人民共和国进境植物检疫性有害生物名录》中的鞘翅目昆虫有 71 种（属），占检疫性害虫的 45%。世界各国尚有很多检疫性鞘翅目害虫在我国未见报道或分布，应严密监视、防止发生，以保护国民经济的发展。下文列出几种检疫性鞘翅目害虫。

一、椰心叶甲

椰心叶甲，学名：*Brontispa longissima*（Gestro）。异名：*Oxycephala longipennis* Gestro、*B. froggatti* Sharp、*B. javana* Weise、*B. selebensis* Gestro、*B. catanea* Lea、*B. simmondsi* Maulik、*B. reicherti* Uhm。英文名称：coconut leaf beetle、coconut hispine beetle、palm heart leaf miner、palm leaf beetle。中文别名：椰棕扁叶甲、椰子刚毛叶甲、红胸叶虫。属鞘翅目（Coleoptera）铁甲科（Hispidae）。

1. 分布危害及历史

椰心叶甲原仅分布于太平洋群岛，后分布区逐渐扩大。现分布于印度尼西亚、马来西亚、巴布亚新几内亚、新喀里多尼亚、澳大利亚、所罗门群岛、萨摩亚群岛、瓦努阿图群岛、法属波利尼西亚等，以及中国（台湾、香港、海南）。

1975 年，在我国台湾发现此虫，1976 年受害椰苗约 4000 株，1978 年达 4 万余株，局部地区已遭受严重危害。1994 年 3 月海南省首次截获椰心叶甲，此后，原广东省南海动植物检疫局的工作人员在对从台湾运进的华盛顿椰子和光叶加州蒲葵的检疫过程中，前后 6 次从中检出椰心叶甲。2002 年 6 月，海南省首次发现椰心叶甲危害。至今，椰心叶甲广泛分布在我国华南沿海地区，对该地区的经济、社会及生态环境等造成巨大危害。据资料统计，椰心叶甲给海南造成 1.5 亿元的经济损失，并几乎让海南失去了全部的椰子树。除海南大面积发生外，1999年在我国广东也发现椰心叶甲危害，近年来造成30多万株棕榈科植物受害，20多万株濒于死亡。

寄主主要为棕榈科的许多重要经济林木，包括椰子、油棕、槟榔、棕榈、鱼尾葵、山葵、刺葵、蒲葵、散尾葵、雪棕、假槟榔等，其中椰子是最重要的寄主。椰心叶甲在寄主上的危害部位仅限于最幼嫩的心叶部分。幼虫和成虫均在未展开的卷叶内或卷叶间取食叶肉，沿叶脉形成窄条食痕，被害叶伸展后，呈现大型褐色坏死条斑。叶片严重受害后，可表现为枯萎、破碎、折枝或仅留叶脉。通常幼树和不健康树更易受害。幼树受害后，移栽难成活；成年树受害后期往往枝叶部分枯萎，顶冠变为褐色，甚至枯死。

2. 形态特征

椰心叶甲成虫体狭长、扁平，以适应卷叶间生活。体长8～10mm，鞘翅宽约2mm。头部比前胸背板显著窄，头顶前方有触角间突，触角鞭状，11节。前胸背板红黄色，有粗而不规则的刻点。鞘翅前缘约1/4表面红黄色，余部蓝黑色、上面的刻点呈纵列。足红黄色，短而粗壮。跗节4、5两节完全愈合。成熟幼虫体扁平，乳白色至白色。腹部可见第8节，末端形成1对向内弯曲不能活动的卡钳状突起，突起的基部有1对气门开口，各腹节侧面有1对刺状侧突和1对腹气门。

3. 检疫措施

对进境棕榈科植物种苗、运输工具及国内苗圃进行认真检验。若有可疑虫卵、幼虫或蛹，应饲养到成虫进行鉴定。一旦发现椰心叶甲，进境种苗应予以烧毁。应严格实施对棕榈科植物进口的检疫审批制度；在港口实施严格的检验检疫是保证杜绝该害虫传入的必要而有效的检疫措施。

二、菜豆象

菜豆象，学名：*Acanthoscelides obtectus*（Say）。英文名称：bean weevil、dried bean beetle。属鞘翅目（Coleoptera）豆象科（Bruchidae）。

1. 分布危害及历史

原产于中美洲和南美洲，当前广泛分布于亚洲、欧洲、非洲及大洋洲，主要分布于朝鲜、日本、缅甸、阿富汗、土耳其、波兰、匈牙利、德国、奥地利、瑞士、荷兰、比利时、英国、法国、西班牙、葡萄牙、意大利、罗马尼亚、阿尔巴尼亚、希腊、尼日利亚、埃塞俄比亚、肯尼亚、乌干达、布隆迪、安哥拉、澳大利亚、新西兰、斐济、美国、墨西哥、古巴、哥伦比亚、秘鲁、巴西、智利、阿根廷等。

菜豆象借助豆类种子，通过贸易和引种被携带传播，属于重大农业植物检疫性有害生物和进境植物检疫性有害生物。据报道，2009年之前菜豆象在我国许多口岸均有截获，发生地区有北京、南京和海南等，2009年后云南曲靖和玉溪也有发生，2014年贵州部分地区的植物保护部门在普查中也发现了菜豆象，再次引起了人们的高度重视。

主要为害菜豆属的植物，如菜豆、红花菜豆和宽叶菜豆等，也为害豇豆、兵豆、鹰嘴豆、木豆、蚕豆和豌豆等。生物学特性：平均温度15℃以上，越冬幼虫开始化蛹，羽化为成虫。成虫羽化后几分钟或几小时便可交配。在豌町，室内自然条件下每年发生7代。产卵期夏季为5d，冬季为39d。初夏成虫可从仓库飞出，在田间取食花蜜，卵产在干豆荚的裂缝里，在仓库内则产卵在豆粒间。田间取食的成虫比仓库内不取食的成虫产卵多。卵几天后孵化为幼虫，咬破种皮进入种子内。老熟幼虫取食种子内部至外皮，并蛀一羽化孔。成虫羽化后在豆内静置1～3d，以头和前足顶开羽化孔而爬出。在相对湿度75%、温度26℃时，卵期8.4d，幼虫期18.6d，蛹期9d。越冬幼虫次年春天化蛹羽化，成虫在田间豆荚裂缝中的豆粒表面或在仓储豆粒表面产卵。在田间，它先在豆荚上咬成凹陷再产卵；在仓内，喜欢选择完整豆粒的光滑表面产卵，在破碎有虫孔豆粒上产卵较少。据报道，在29℃恒温时，相对湿度过低不产卵；相对湿度20%时产卵最少，平均产卵数48.7个；相对湿度90%时产卵期21d，产卵最多，平均产卵数为72.7个。卵期发育最适条件为30℃和相对湿度70%。高于35℃时成虫不能羽化，低于15℃时极少羽化。从卵到成虫羽化平均需27.5d。在墨西哥和巴拿马，菜豆象和巴西豆象在豆类储藏期间共同造成的重量损失为35%，在巴西为13.3%；在哥伦比亚，由于储藏期短，造成的损失为7.4%。环境条件不适时，幼虫可休眠。

2. 形态特征

1）成虫（图11-1A）：体长2～4mm，雌虫较雄虫稍大。体长椭圆形，披浓密暗黄色柔毛。头小、黑色，通常具橘红色的眼后斑；上唇及口器多呈橘红色，复眼马蹄形。触角11节，第1～4节（有时也包括第5节基半部）及末节红褐色，其余节近黑色，前胸背板均匀隆起，刻点多而明显。鞘翅表皮近黑色。有较淡的横带状毛斑2条，表面散布稍呈方形和不明显的无毛黑斑至暗褐色斑；臀板及腹部的腹板大部红褐色，仅腹板的基部有时黑色，后足腿节腹面内缘近端部有3个齿。雄虫腹板后缘明显凹入，雌虫稍凹入。雄虫外生殖器的阳基侧突端部膨大，两侧突在基部1/5处愈合；阳茎长，外阳茎瓣端稍尖，两侧稍凹入；内阳茎密生微刺，且向囊区方向骨化刺变粗，囊区有2个骨化刺团。

2）卵：长0.54～0.79mm，长椭圆形，一端宽，污白色，透明，有光泽。

3）幼虫（图11-1C）：1龄幼虫体长约0.8mm，宽约0.3mm。中胸及后胸最宽，向腹部渐细。头的两侧各有1个小眼，位于上颚和触角之间。触角1节。前胸盾呈"X"或"H"形，上面着生齿突。第8、9腹节背板具卵圆形的骨化板。足由2节组成。老熟幼虫体长3～4mm，乳白色，肥胖弯曲。头暗褐色，有小眼1对，下颚须1节，无下唇须，唇基小，上唇具刚毛10根，其中8根位于近外缘，排成弧形，其余2根位于基部两侧。无前胸盾，第8、9腹节背板无骨化板。

4）蛹：长3.20～5.00mm，宽约2.0mm，椭圆形。淡黄色，疏生柔毛。

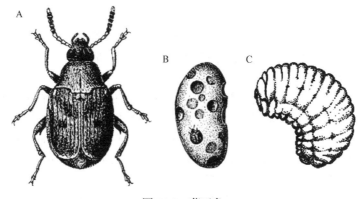

图11-1 菜豆象

A. 成虫；B. 被害状；C. 幼虫

3. 检疫措施

菜豆象的卵产出时由于缺少黏性物质，不能牢固地黏附在豆粒上，因此检查卵的有无，一定要在样品的筛下物内仔细寻找。

对受害不重的豆粒，采取发光分析、染色剂处理和油脂处理检测菜豆象感染率，以最后一种方法最有效。用油脂浸润的菜豆会变成琥珀色，而被感染了的菜豆经油脂浸润后会在受害处出现从一点（幼虫侵入处）向四面分散的透明管道（幼虫的通道，其中有不同龄期的幼虫）的斑纹。根据这一特征可以鉴别菜豆是否被菜豆象侵染。油脂处理中又以橄榄油、凡士林油及机械油最为有效。白色、黄色及淡黄褐色的菜豆种子对油脂浸润法的反应最好，杂色菜豆种子的反应较差，而红色种子反应最差。使用 X 光机检测法也能取得良好效果。

在田间，菜豆象不在未成熟的绿荚上产卵，只侵染成熟的豆荚（此时荚皮多已变得干燥）。雌虫将卵产于开裂荚的种子上，或将荚壁做切口，卵产于荚内。通过一个切口可产卵数至 20 粒。因此，田间调查要在寄主种子趋于成熟时进行，用扫网法捕获成虫，或检查带卵的豆荚。

三、马铃薯甲虫

马铃薯甲虫，学名：*Leptinotarsa decemlineata*（Say）。异名：*Doryphora decemlineata* Say、*Myocoryna multitaeniata* Stal、*Chrysomela decemlineata* Stal、*L. decemlineata* Kraatz、*L. intermedia* Tower、*L. oblongata* Tower、*L. rubicunda* Tower。英文名：colorado potato beetle。中文别名：马铃薯叶甲。属鞘翅目（Coleoptera）叶甲科（Chrysomelidae）。

1. 分布危害及历史

原产美国西部洛基山脉东麓，取食野生茄科植物，1824 年由 Say 对其命名并描述。后随着美国西部开发，种植业和运输业的发展，该虫转而为害马铃薯，1855 年首次在美国科罗拉多州马铃薯产区造成严重危害，此后马铃薯甲虫以每年 85km 的速度由西向东扩散。1874 年扩散到大西洋沿岸地区。1920 年传入欧洲，1935～1940 年，很快扩散到比利时、荷兰、瑞士、德国、西班牙、意大利、奥地利等国。1947 年传入匈牙利、捷克斯洛伐克，1949 年到达波兰、罗马尼亚。现报道分布的国家有墨西哥、伊朗、哈萨克斯坦、吉尔吉斯斯坦、格鲁吉亚、土库曼斯坦、塔吉克斯坦、乌兹别克斯坦、亚美尼亚、土耳其、丹麦、瑞典、芬兰、拉脱维亚、立陶宛、俄罗斯、白俄罗斯、乌克兰、摩尔多瓦亚、波兰、捷克、斯洛伐克、匈牙利、德国、奥地利、瑞士、荷兰、比利时、卢森堡、哥斯达黎加、危地马拉、古巴、阿塞拜疆、保加利亚、英国、法国、西班牙、葡萄牙、意大利、希腊、利比亚、爱沙尼亚、加拿大、美国。另外，已有 38 个国家（欧洲 17 个，亚洲 8 个，非洲 7 个，南美洲 3 个，大洋洲 3 个）将其列为检疫性害虫。

1986 年，我国大连口岸从美国进境的小麦中截获该虫，后来防城港、南京、宁波、天津、上海、大连、伊犁、连云港等口岸多次截获。1993 年 5 月，在我国伊宁、察布查尔和塔城首次发现，此后沿天山北坡向东不断扩散蔓延，传播直线距离超过 800km，每年扩散距离平均约 80km。到 2015 年，已分布扩散到新疆 7 个州、市的 38 县（市、区），以及吉林延边珲春，黑龙江牡丹江的东宁、绥芬河及鸡西的虎林。

马铃薯甲虫属于寡食性昆虫，寄主范围相对较窄，主要有茄科的 20 多个种，包括马铃薯、番茄、茄、白菜、烟草，以及颠茄属（*Atropa*）、茄属（*Solanum*）、曼陀罗属（*Darn*）等多种植物。最喜食的寄主是马铃薯，其次是茄和番茄。

马铃薯甲虫是马铃薯的毁灭性害虫，主要以成虫和 3～4 龄幼虫取食为害寄主植物叶片，通常在马铃薯植株刚开花和形成薯块时大量取食。严重时，在薯块开始生长之前，可将叶片吃光，造成绝收。一般造成减产 30%～50%，有时高达 90% 以上。在欧洲和地中海一些国家，马铃薯减产约 50%。在美国马里兰州，当每株番茄上马铃薯甲虫由 5 头增加到 10 头时，约减产 67%。在欧洲和北美洲，茄也受到严重危害。此外，马铃薯甲虫还可传播马铃薯褐斑病和环腐病等。据不完全统计，美国每年因马铃薯甲虫危害造成的经济损失为 41.4 亿～69 亿美元，全世界每年因该虫危害损失高达 50 亿～100 亿美元。

2. 形态特征

1）成虫（图 11-2A）：体长 9.0～11.5mm，宽 6.1～7.6mm。短卵圆形，淡黄色至红褐色，有光泽。头下口式，横宽，背方稍隆起，缩入前胸达眼处。头顶上黑斑多呈三角形。复眼后方有 1 黑斑，但常被前胸背板遮盖。复眼肾形。触角 11 节，第 1 节粗而长，第 2 节很短，第 5、6 节约等长，第 6 节显著宽于第 5 节，末节呈圆锥形。触角基部 6 节黄色，端部 5 节色暗。口器咀嚼式，上唇显著横宽，中央具浅切口，前缘着生刚毛；上颚有 3 个明显的齿；下颚轴节和茎节发达，内外颚叶密生刚毛；下颚须短，4 节，前 3 节向端部膨粗，第 4 节明显细而短，圆柱形，端部平截，前胸背板隆起，宽约为长的 2 倍（长 1.7～2.6mm，宽 4.7～5.7mm），基缘呈弧形，前缘侧角突出，后缘侧角钝；前胸背板中央具 1 个 "U" 形斑纹或有 2 条黑色纵纹，每侧有 5 个黑斑（两侧的黑斑多少及大小在个体间有较大差异）；背板中区表面有细小刻点，近侧缘密生粗刻点。小盾片边缘黑色。每个鞘翅上有 5 条纵纹。腹部 1～4 腹板各有 4 个明显斑纹。一般雌虫个体较雄虫稍大。雄虫最末腹板比较隆起，具 1 条纵凹线，雌虫无纵凹线，有长椭圆形黑斑线。雄虫外生殖器阳茎呈香蕉形，端部扁平，长为宽的 3.5 倍。

2）卵（图 11-2D）：长 1.5～1.8mm，宽 0.7～0.8mm，椭圆形，黄色且具光泽。

3）幼虫（图 11-2B）：腹部膨大而隆起，1 龄幼虫长约 2.6mm，暗红色；4 龄幼虫长约 15mm，砖红色。裸蛹长 9～12.1mm，宽 6～8mm，橙黄色。

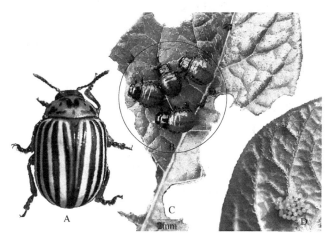

图 11-2　马铃薯甲虫
A. 成虫；B. 幼虫；C. 被害状；D. 卵

4）蛹：体长 9.0～12.0mm，宽 6.0～8.0mm，椭圆形，黄色或橘黄色。体侧各有一排黑色小斑点。

3. 检疫措施

严格检疫，杜绝传入。禁止从马铃薯甲虫发生地调运块茎和繁殖材料，对来自疫区的水果、蔬菜、粮食、原木、动物产品及各种包装材料、运输工具等都要进行严格检疫。加强对公路、铁路等交通要道经过的马铃薯种植区的疫情监测力度。一旦发现有疫情货物，可采用熏蒸剂熏蒸处理。对马铃薯块茎，在 25℃条件下，用溴甲烷或二硫化碳 16mg/L，密闭熏蒸 4h；在 15～25℃，每降低 5℃，用药量应相应增加 4mg/L，可彻底杀死成虫。若要杀死蛹，温度应在 25℃以上。

四、咖啡果小蠹

咖啡果小蠹，学名：*Hypothenemus hampei*（Ferrari）。异名：*Stephanoderes hampei* Ferrari、*Stephanoderes coffeae* Hagedorn、*Stephanoderes cooki* Hopkins、*Stephanoderes punctatus* Eggers、*Cryphalus hampei* Ferrari、*Xyleaorus coffeivorus* Vander Weele、*Xyleaorus coffeicola* Campos Novaes。英文名：coffee berry borer、coffee berry beetle。属鞘翅目（Coleoptera）小蠹科（Scolytidae）。

1. 分布危害及历史

该虫原产于非洲安哥拉，现广泛分布于世界许多咖啡种植国家，已知的有越南、老挝、柬埔寨、泰国、菲律宾、印度尼西亚、印度、斯里兰卡、沙特阿拉伯、利比亚、塞内加尔、几内亚、塞拉利昂、科特迪瓦、加纳、多哥、尼日利亚、喀麦隆、乍得、中非、埃塞俄比亚、肯尼亚、乌干达、坦桑尼亚、卢旺达、布隆迪、圣多美和普林西比、安哥拉、莫桑比克、加蓬、巴布亚新几内亚、新喀里多尼亚、密克罗尼西亚、危地马拉、萨尔瓦多、洪都拉斯、哥斯达黎加、古巴、牙买加、海地、多米尼加、波多黎各、哥伦比亚、苏里南、秘鲁、巴西等国家和地区。此外，美国的夏威夷和加利福尼亚南部也有报道。我国海口口岸 1985 年在从巴布亚新几内亚、象牙海岸进境的咖啡种子中截获该虫。

该虫的主要寄主为咖啡属植物，如咖啡、大咖啡的果实和种子，其他寄主有灰毛豆属、野百合、距瓣豆属、云实属（苏木属）和银合欢的果荚；木槿属、悬钩子属和一些豆科植物的种子等。咖啡果小蠹是咖啡种植区严重为害咖啡生产的害虫，幼果被蛀食后引起真菌寄生，造成腐烂，青果变黑，果实脱落，严重影响咖啡的产量和品质。该虫为害成熟的果实和种子，直接造成咖啡果的损失。被害果常有 1 到数个圆形蛀孔，蛀孔多靠近果实顶部（花的基部），蛀孔褐色至深黑色，被害的种子内有钻蛀的坑道。果实内有时含有不同龄期的白色幼虫数至 20 头之多。

据报道，该虫在巴西造成的损失可达 60%～80%；在马来西亚，咖啡果被害率达 90%，成熟果实被害率达 50%，导致田间减产 26%；在科特迪瓦、乌干达咖啡果受害率均在 80% 左右，可见该虫对咖啡生产造成的危害和损失是相当严重的。

2. 形态特征

1）成虫：雌成虫体长约 1.6mm，宽约 0.7mm，暗褐色到黑色，有光泽，体呈圆柱形。头小，隐藏于半球形的前胸背板下，最大宽度为 0.6mm。眼肾形，缺刻甚小。额宽而突出，从复眼水平上方至口上片突起有一条深陷的中纵沟。额面呈细的、多皱的网状。在口上片突起周围几乎变成颗粒状，大颚三角形，有几个钝齿。下颚片大，约有 10 根硬鬃，在里面形成刺。下颚须 3 节，长 0.06mm，第 3 节稍长。额为 0.08mm×0.06mm。下唇须 3 节。触角浅棕色，长 0.4mm，基节 0.19mm，鞭节 5 节，长 0.09mm，锤状部 3 节。胸部有整齐细小的网状小鳞片，前胸发达，前胸背板长小于宽，长为宽的 0.81 倍，背板上面强烈弓凸，背顶部在背板中部；背板前缘中部有 4～6 枚小颗瘤，背板瘤区中的颗瘤数量较少，形状圆钝，背顶部颗瘤逐渐变弱，无明显的瘤区后角；刻点区底面粗糙，一条狭直光平的中隆线跨越全部刻点区，刻点区中生狭长的鳞片和粗直的刚毛。鞘翅上有 8～9 条纵刻点沟，鞘翅长度为两翅合宽的 1.33 倍，为前胸背板长度的 1.76 倍。沟间部靠基部一半刻点不呈颗粒状。第 6 沟间部的基部有大的凸起肩角；刻点沟宽阔，其中刻点圆大、规则，沟间部略凸起，上面的刻点细小，不易分辨，沟间部中的鳞片狭长，排列规则。鞘翅后半部逐渐向下倾斜弯曲为圆形，覆盖到整个臀部，但活虫臀部有时可见。腹部 4 节能活动，第 1 节长于其他 3 节之和。足浅棕色，前足胫节外缘有齿 6～7 个。腿节短，分为 5 节，前 3 节短小，第 4 节细小，第 5 节粗大并等于前 4 节长度之和。

雄虫形态与雌虫相似，但个体较雌虫小，体长为 1.05～1.20mm，宽 0.55～0.60mm。腹节末端较尖。

2）卵：卵为乳白色，稍有光泽，长球形，长 0.31～0.56mm。

3）幼虫：乳白色，有些透明。体长 0.75mm，宽 0.2mm。头部褐色，无足。体被白色硬毛，后部弯曲呈镰刀形。

4）蛹：白色，离蛹型。头部藏于前胸背板之下。前胸背板边缘有 3～10 个彼此分开的乳状突，每个乳状突上着生 1 根白色刚毛。

3. 检疫措施

禁止从疫区引进寄主植物的种子，凡从国外进口的寄主植物果豆，必须随同包装物进行熏蒸处理；因科研需要而进口的种子，必须进行灭虫处理并隔离试种 1 年以上。

使用二硫化碳熏蒸有较满意的效果，用量为每 0.28m³ 的种子用 85mg 二硫化碳熏蒸 15h；氯化苦熏蒸用量为每升种子用 5mg 熏蒸 8h 或 10mg 熏蒸 4h 或 15mg 熏蒸 2h 或 50mg 熏蒸 1h，可杀死咖啡果内的成虫。

用干燥炉，温度在 49℃，处理 30min，可消灭果豆内害虫；利用微波加热也具有较好的灭虫效果。

五、大谷蠹

大谷蠹，学名：*Prostephanus truncatus*（Horn）。异名：*Dinoderus truncatus*（Horn）、*Stephanopachys truncatus*（horn）。英文名：larger grain borer、greater grain borer。中文别名：大谷长蠹。属鞘翅目（Coleoptera）长蠹科（Bostrichidae）。

1. 分布危害及历史

原产于美国南部，后扩展到美洲其他地区。20 世纪 80 年代初扩散至非洲。现报道分布地区主要有美国、墨西哥、危地马拉、萨尔瓦多、洪都拉斯、尼加拉瓜、哥斯达黎加、巴拿马、哥伦比亚、秘鲁、巴西、加拿大、肯尼亚、坦桑尼亚、多哥、贝宁、尼日利亚、喀麦隆、布隆迪、布基纳法索、几内亚、赞比亚、马拉维、尼日尔、泰国、印度、菲律宾、以色列、伊拉克。

主要寄主有玉米、木薯干、红薯干，还可以为害软质小麦、花生、豇豆、可可豆、咖啡豆、扁豆、糙米、木质器具和仓库内的木质结构等。大谷蠹是农户储藏玉米的重要害虫，不论在田间还是在仓库里，它均能侵害玉米粒、玉米棒。成虫和幼虫均钻蛀危害，成虫能穿透玉米棒的苞叶蛀入籽粒，产生大量的玉米碎屑。

在尼加拉瓜，玉米经 6 个月储藏后，因该虫危害的重量损失达 40%；在坦桑尼亚，储藏 3～6 个月的玉米，籽粒被害率高达 70%，重量损失达 34%。大谷蠹可把木薯干、红薯干蛀成粉屑。经发酵过的木薯干，质地松软，更适于其钻蛀危害。在非洲，木薯干经 4 个月储藏后，因该虫危害造成的重量损失有时高达 70%。

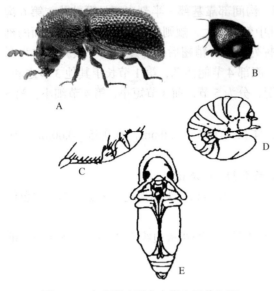

图 11-3　大谷蠹（引自中华人民共和国
北京动植物检疫局，1999）
A. 成虫；B. 头部；C. 触角；D. 幼虫；E. 蛹

2. 形态特征

1）成虫（图 11-3A）：体长 3～4mm，圆筒形，红褐色，略有光泽。体表密布刻点和稀疏直立的刚毛，由背方不可见。触角 10 节，棒 3 节，末节与第 8、9 节等宽，索节细，上面着生长毛（图 11-3C）。下唇侧缘明显短于上唇侧缘。前胸背板长宽略相等，两侧缘由基部向端部方向呈弧形，边缘具细齿；中区的前部有多数小齿列，后部有颗粒区；侧面后半部有一条弧形的齿列。鞘翅上的刻点粗而密，刻点行较整齐，仅在小盾片附近刻点散乱。后足跗节短于胫节。

2）卵：长约 0.9mm，宽约 0.5mm。为椭圆形，初产时为珍珠白色。

3）幼虫（图 11-3D）：老熟幼虫体长 4～5mm。身体弯曲呈"C"状。头长大于宽，深缩入前胸，除触角后方有少数刚毛外，其余部分光裸。唇基宽短，前、后缘显著弯曲。上内唇的近前缘中央两侧各有 3 根长刚毛。近刚毛基部有 3 排前缘感觉器（前排 2 个，相互远离；中排 6～8 个；后排 2 个，彼此靠近）。前缘感觉器的每列有一个前端弯曲的内唇杆状体；感觉器的后面有大量向后指的微刺群，构成方形图案，最后面为一大的骨化板。胸足 3 对，第 1～5 腹节背板各有 2 条褶。

4）蛹（图 11-3E）：初化蛹时为白色，渐变暗色。上颚多黑色。前胸背板光滑，端半部约着生 2 个瘤突。鞘翅紧贴虫体。腹部多皱纹，无瘤突；背板和腹板侧区具微刺，刺的端部 2 叉、3 叉或不分叉。

3. 检疫措施

禁止从疫区调运玉米、薯干、木材及豆类，特许调运的必须经严格检疫。仔细检查玉米、薯干等是否有圆形的成虫蛀入孔及成虫和幼虫危害形成的粉屑。过筛及剖检粮粒和薯干，检查是否有成虫或幼虫。有条件时可对种子进行 X 射线检验。对感染的物品和包装材料等，用磷化铝或溴甲烷进行严格的熏蒸处理。

六、稻水象甲

稻水象甲，学名：*Lissorhoptrus oryzophilus* Kuschel。英文名：rice water weevil。中文别名：稻水象。属鞘翅目（Coleoptera）象甲科（Curcullonidae）。

1. 分布危害及历史

稻水象甲是一种重要的水稻害虫，已有十多个国家先后发生，我国东部沿海已有发现，正在扑灭之中。该虫已被我国列为检疫性有害生物。

稻水象甲原产于美国东南部原野和山林，以野生的禾本科、莎草科等植物为食。1800年，首次在密西西比河流域发现该虫。后随着水稻的大规模栽培，先后传到美国其他州和加拿大、墨西哥等国家。1972年，由美国传到多米尼加。1976年传入日本。1988年由日本传入韩国、中国。现广泛分布于美国、加拿大、墨西哥、古巴、哥伦比亚、圭亚那、多米尼加、委内瑞拉、苏里南、日本、朝鲜、韩国、印度和中国（河北、天津、北京、辽宁、吉林、山东、浙江、福建、台湾、安徽、湖南、湖北、云南、新疆等地）。稻水象甲扩散迅速，2010年稻水象甲传入我国新疆，截至2015年新疆疫区面积已扩大了4.6倍，已对新疆水稻尤其是绿色有机水稻的生产构成严重威胁。

寄主是水稻等禾本科、泽泻科、鸭跖草科、莎草科、灯心草科等数十种植物。以成虫和幼虫为害水稻。成虫在幼嫩水稻叶上沿叶脉取食稻叶，形成留有一层表皮的纵形长条斑，条斑长在3cm以下，宽0.38～0.8mm，斑纹两端钝圆，较规则。田间被害叶片上一般有1～2条白色长条斑纹。危害严重时全田叶片全白、下折，严重影响水稻的光合作用，抑制植株的生长。幼虫密集于水稻根部，在根内或根上取食，根系被蛀食，变黑并腐烂，在刮风时植株易倾倒，或造成植株变矮、成熟期推迟、产量降低等危害。稻水象甲造成的产量损失一般为20%～25%，在美国、日本则分别高达10%～30%、41%～67%，该虫是水稻生产中重要的检疫性害虫，被国际自然保护联盟列为全球100种最具威胁的外来入侵生物之一。

2. 形态特征

1）成虫（图11-4A）：长2.6～3.8mm，宽1.15～1.75mm，灰褐色。喙约与前胸背板等长，稍弯，扁圆筒形。触角鞭节6亚节，末亚节膨大，基半部表面光滑，端半部表面密布毛状感觉器（图11-4C）。前胸背板宽为长的1.1倍，中央最宽，眼叶明显。不见小盾片，鞘翅侧缘平行，长1.5倍于宽，宽1.5倍于前胸背板，肩斜，行纹细，行间宽并被至少3行鳞片，鞘翅端半部行间上有瘤突。中足胫节两侧各具1排游泳毛（图11-4D）。雌虫后足胫节有前锐突和锐突，锐突长而尖，雄虫仅具短粗的两叉形锐突。

2）卵：约0.8mm×0.2mm，圆柱形，两端圆，乳白色。

3）幼虫（图11-4B）：体白色，头黄褐色，无足，2～7腹节背面各有1对向前伸的钩状气门，4龄幼虫长约10mm。

4）蛹：白色，复眼红褐色，大小及形态似成虫。蛹在土茧中形成，土茧黏附于根上，灰色，近球形，直径5mm。

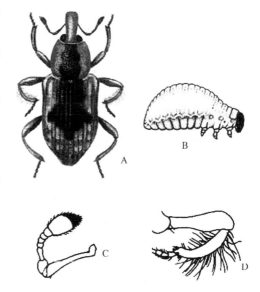

图11-4　稻水象甲（引自中华人民共和国北京动植物检疫局，1999）
A. 成虫；B. 幼虫；C. 触角；D. 中足

3. 检疫措施

禁止从疫区输入稻草、秸秆。凡用寄主植物作填充材料的，到达目的地应彻底销毁。对运输工具、包装材料应仔细检验，发现疫情应熏蒸灭虫，严防传入。熏蒸药剂有溴甲烷、磷化氢和硫酰氟。

七、巴西豆象

巴西豆象，学名：*Zabrotes subfasciatus*（Hernan）。英文名：Mexican bean weevil。属鞘翅目（Coleoptera）豆象科（Bruchidae）。

1. 分布危害及历史

原产地是墨西哥或美国南部。在美洲，从智利至美国均有分布。在亚洲、非洲、欧洲的发生，可能是通过贸易的渠道传入。目前分布的国家主要有越南、缅甸、印度尼西亚、印度、波兰、匈牙利、德国、奥地利、英国、法国、葡萄牙、乌干达、坦桑尼亚、布隆迪、意大利、几内亚、尼日利亚、埃塞俄比亚、肯尼亚、安哥拉、马达加斯加。1991年，我国原粮食部和农业部联合进行仓虫调查，曾在我国云南省与缅甸相邻的地区发现巴西豆象的危害。

主要寄主有扁豆、多花菜豆、金甲豆、绿豆、菜豆、长豇豆、豇豆。此虫以幼虫蛀食豆类种子，贮藏的菜豆和豇豆危害尤其严重。在墨西哥和巴拿马，此虫和菜豆象共同对菜豆造成的损失达35%；在巴西对11个栽培豆类品种进行观察，自然条件下储藏9个月，巴西豆象对种子的侵染率为50%，储藏12个月，侵染率为100%。在缅甸和印度，此虫全年在仓库内繁殖，主要为害金甲豆。

2. 形态特征

1）成虫：雄虫体长2.0～2.9mm，雌虫体长2.5～3.6mm，体为宽卵圆形。表皮黑色，有光泽，仅触角基部2节、口器、前足和中足胫节端及后足胫节端距为红褐色。头小，被灰白色毛；额中脊明显；复眼缺切较宽，缺切处密生灰白色毛；触角节细长；雄虫触角锯齿状，雌虫触角弱锯齿状，第1触角节膨大，其长为第2节的2倍。前胸背板宽为长的1.5倍；两侧均匀突出，后缘中部后突，整个前胸背板呈半圆形。雄虫前胸背板密被黄褐色毛，后缘中央有一淡黄色毛斑；雌虫前胸背板有较明显的中纵纹和分散的白毛斑。小盾片三角形，着生淡色毛。鞘翅稍呈方形，长约与两翅的总宽相当。雄虫鞘翅被黄褐色毛，散布不规则的深褐色毛斑；雌虫鞘翅中部有横列白毛斑构成的一条横带，这一特征可明显区别于雄虫。臀板宽大于长，与体轴近垂直；雄虫臀板着生灰褐色毛，偶有不清晰的淡色中纵纹，雌虫臀板多被暗褐色毛，白色中纵纹较明显，腹面被灰白色毛，后胸腹板中央有一凹窝，窝内密生白毛。后足胫节端有2根等长的红褐色距。雄性外生殖器的两阳基侧突大部分联合，仅在端部分离，且呈双叶状，顶端着生刚毛；外阳茎的腹瓣呈卵圆形；内阳茎的骨化刺粗糙，中部有一个"U"形的大骨片。

2）卵：长约0.5mm，宽约0.4mm。扁平，紧贴在寄主豆粒表面。

3）幼虫：老熟幼虫呈菜豆形，肥胖无足，乳白色。头部具小眼1对，额部每侧着生2根刚毛。唇基着生1对长的侧刚毛，基部有1对感觉窝。上唇近圆锥形，基部骨化，端部有小刺数列，近前缘有2根亚缘刚毛，后方有2根长刚毛，基部每侧有1感窝。上内唇中区有1对短刚毛，端部有7根缘刚毛及少数细刺。触角2节，第2节骨化。上额近三角形。下额轴节显著弯曲；茎节前缘及中部着生长刚毛；下额须 1 节额叶具 5 个截形突，下方着生 4 根刚毛。后颏与前颏界限不分明，着生 2 对前侧刚毛。前额具 1 长的盾形骨片。腹部第 1～8 节为双环纹，第 9～10 节为环纹。

3. 检疫措施

注意检查豆粒上是否带卵，是否有成虫的羽化孔或半透明的圆形"小窗"；过筛检查看是否有成虫。

仓储期间的管理：仓库应保持清洁，经常打扫，尤其是仓库墙壁的边角处，清扫的垃圾应集中烧毁，不要随意倒在仓库外，以杜绝虫源的发生和扩散。贮藏的豆类，可做熏蒸杀虫处理，以杀灭害虫。

八、谷斑皮蠹

谷斑皮蠹，学名：*Trogoderma granarium* Everts。英文名：khapra beetle。属鞘翅目（Coleoptera）皮蠹科（Dermestidae）。

1. 分布危害及历史

谷斑皮蠹近半个世纪来已广泛传播到世界各国，为重要的仓储害虫之一，也是国际上重要的检疫性有害生物。该虫原产于南亚，1908 年随酿酒用的大麦由印度输入英国，随后扩展到欧洲其他国家。1923 年传入日本。1953 年传入美国的加利福尼亚，在 2 年之后扩展到美国的南部、西部及中部一些州。1958 年发现于澳大利亚，后来又在新西兰被发现，现已传播到 60 多个国家和地区。发生较重的国家有缅甸、印度、土耳其、伊拉克、叙利亚、巴基斯坦、阿富汗、塞浦路斯、塞内加尔、尼日利亚、阿尔及利亚、突尼斯。根据 1998 年 CABI 公布的谷斑皮蠹的世界分布图，中国大陆无谷斑皮蠹的分布，仅在台湾有分布。自 1965 年上海口岸首次截获后，该虫在上海、广州、昆明、深圳、汕头、天津、湛江、海口、北海、拱北、防城港、大连、南京、青岛、连云港、秦皇岛等口岸被多次截获，云南边境口岸于 1998～2005 年，在缅甸入境农产品中检出谷斑皮蠹 78 批次，而且在云南瑞丽和畹町，每年截获来自缅甸的带谷斑皮蠹货物数十批次以上。谷斑皮蠹从边境口岸进入云南的可能性高，风险大。

谷斑皮蠹食性杂，取食多种植物性和动物性产品，如小麦、大麦、麦芽、燕麦、黑麦、玉米、高粱、稻谷、花生，以及奶粉、鱼粉、鱼干、蚕茧、面粉、干果、坚果、皮毛和丝绸等。对谷类、豆类、油料等植物性储藏品及其加工品危害严重，损失达 5%～30%，有时高达 75%。幼虫贪食，但不能取食完整的谷物，只能取食被害的谷物和谷物产品，其抗逆性强。谷斑皮蠹在商品贸易的运输过程中存活率非常高，因为其耐干性、耐热性、耐寒性和耐饥性都很强，在粮食含水量只有 2% 的条件下仍能正常发育和繁殖。

2. 形态特征

1）成虫（图 11-5A）：体长 1.8～3.0mm，宽 0.9～1.7mm，长椭圆形，体红褐、暗褐或黑褐色。密生细毛。头及前胸背板暗褐色至黑色。复眼内缘略凸。触角 11 节，棒形，黄褐色。雄虫末端膨大部分 3～5 节，末节长圆锥形，其长度约为第 9、10 两节长度的总和；雌虫末端膨大部分 3～4 节，末节圆锥形，长略大于宽，端部钝圆（图 11-5F）。触角窝宽而深，触角窝的后缘隆线特别退化，雄虫触角窝的后缘隆线约消失全长的 1/3，雌虫触角窝的后缘隆线约消失全长的 2/3。颏的前缘中部具有深凹，两侧钝圆，凹处高度不及颏最大高度的 1/2（图 11-5E）。前胸背板近基部中央及两侧有不明显的黄色或灰白色毛

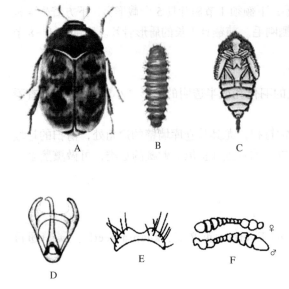

图 11-5　谷斑皮蠹（引自中华人民共和国
北京动植物检疫局，1999）
A. 成虫；B. 幼虫；C. 蛹；D. 雄虫外生殖器；
E. 颏；F. 触角

斑。鞘翅为红褐色或黑褐色，上面有黄白色毛形成的极不清晰的亚基带环、亚中带和亚端带，腹面被褐色毛。雌虫一般大于雄虫。雄虫外生殖器的第 1 围阳茎节（即第 8 腹节），背片骨化均匀，前端刚毛向中间成簇，第 9 腹节背板两侧着生刚毛 3～4 根（图 11-5D）。雌虫交配囊内的成对骨片很小，长 0.2mm，宽 0.01mm，上面的齿稀少。

2）卵：长 0.7～0.8mm，宽约 0.3mm。长筒形而稍弯，一端钝圆，另一端较尖，并着生一些小刺及刺状突起。刺突的基部粗，端部细。卵初产时乳白色，后变为淡黄色。

3）幼虫（图 11-5B）：老熟幼虫体长 4～6.7mm，宽 1.4～1.6mm。纺锤形，向后稍细，背部隆起，背面乳白色至黄褐色或红褐色。触角 3 节，第 1、2 节约等长，第 1 节周围除外侧 1/4 外均着生刚毛。内唇前缘刚毛鳞片状，每侧有侧刚毛 12～14 根、排成一列，中刚毛 4 根、外侧 2 根细长。内唇棒细长，向后伸达中刚毛后方。内唇棒前端之间有感觉环 1 个，常有 4 个乳状突起。胸足 3 对，短小，每足连爪共 5 节。腹部 9 节，末节小形，第 8 腹节背板无前脊沟。体上密生长短刚毛。刚毛有两类：一类为芒刚毛，短而硬，周围有许多细刺；另一类为分节的箭刚毛，细长形，其箭头一节的长度约为其后方 4 个小节的总长。头、胸、腹部背面均着生芒刚毛。第 1 腹节端背片最前端的芒刚毛不超过前脊沟。箭刚毛多着生在各腹节背板后侧区，在腹末几节背板最集中，并形成浓密的暗褐色毛簇。

4）蛹（图 11-5C）：雌蛹长约 5.0mm，雄蛹长约 3.5mm，圆锥形，黄白色。体上着生少数细毛。蛹留在末龄幼虫未曾脱下的蜕内，从裂口可见蛹的胸部、腹部前端。

3. 检疫措施

国内主要按照中华人民共和国国家标准（GB/T 18087—2000）对来自疫区的有关植物材料、包装材料及运载工具进行现场检验，方法以肉眼检查和诱集检查为主。其中诱集检查是利用性外激素和聚集激素来处理。对来自疫区旅客的携带物有针对性地进行检查。在现场用随机方法进行抽样。抽查件数为货物总件数的 0.5%～5%：500 件以下抽查 3～5 件；501～1000 件抽查 6～10 件；1001～3000 件抽查 11～20 件；3001 件以上，每增加 500 件抽查件数增加 1 件（散装货物每 100kg 按 1 件计算）。

当检查易筛货物时，从每件货物内均匀抽取 1～3kg 物品过筛，将 1% 的混合样（不足 1kg 按 1kg 取样）和筛下物带回室内检查；当检查非粮食货物时，视情况确定取样数量。

九、芒果果肉象甲

芒果果肉象甲，学名：*Sternochetus frigidus*（Fabricius）。英文名称：mango nut borer、mango weevil。中文别名：果肉芒果象。属鞘翅目（Coleoptera）象甲科（Curculionidae）。

1. 分布危害及历史

国外广泛分布于印度、孟加拉国、缅甸、泰国、老挝、越南、马来西亚、印度尼西亚、巴布亚新几内亚。国内在云南省有分布。

此虫专门为害芒果，生活隐蔽，羽化孔未出现时看不出为害状。成虫在芒果皮下产卵，幼虫蛀食果肉，形成纵横交错的虫道（隧道），其中堆积虫粪，果实不能食用。

芒果果肉象甲在云南每年发生1代。成虫在芒果树的断枝头、树皮裂缝或树洞中越冬。次年3月中旬后，飞上枝头、花穗活动。4月中旬开始交配，下旬进入盛期，并开始产卵。卵散产于30～35cm长的芒果皮下，呈竖立状，周围有黑色凝胶。一般一头雌虫在1个果上只产1粒卵。

卵期4～6d。孵化后的幼虫即钻蛀取食果肉，在果肉内形成虫道，经60～70d老熟，以虫粪围成一个干燥的蛹室。蛹室内面较光滑，预蛹期2～3d，蛹期6～10d。刚羽化的成虫留在果内至芒果成熟，然后咬破果皮，外出到芒果林内活动，果实表面留有2～3mm的羽化孔。成虫白天隐蔽，夜间活动，取食芒果树的嫩叶和嫩梢。成虫有假死性，具一定的飞翔能力，耐饥性强。

在云南5月中旬危害率达到年危害率的最高峰，6月上旬为化蛹盛期。此时，越冬成虫还部分存在而新羽化成虫已出现。6月下旬羽化率达97%，至7月中旬，成虫出果率达95%。

芒果果肉象甲在云南原有的本地品种上危害重，在新引进的品种上危害轻；长期失管的果园虫害重；果园产地环境开阔、园内环境通透良好的虫害轻，果园地处峡谷，通透不好的虫害重。

2. 形态特征

1）成虫（图11-6A）：体长5.5～6.0mm。体卵形，体壁黄褐色，被覆浅褐色、暗褐色至黑色鳞片，头部刻点浓密，具直立暗褐色鳞片。喙弯曲，刻点深且密，中隆线较明显。触角锈赤色，在喙端1/3处嵌入。索节1、2等长，索节3长略大于宽，其他各节长等于或小于宽，棒卵形，长2倍于宽，被密绒毛，节间缝不明显，额窄于喙基部，中间无窝。前胸背板1.3倍于长，基部1/2两侧平行，向前逐渐缩窄，基部二凹形，刻点深而密，被覆暗褐色鳞片，沿中隆线被覆浅褐色鳞片，中央两侧通常各具两个浅褐色鳞片斑，中隆线细，被鳞片遮蔽。小盾片圆，被覆浅褐色鳞片。鞘翅长略大于宽的1.5倍，前端3/5两侧平行，向后逐渐缩窄。肩明显，被覆暗褐色鳞片，从肩至行间3具三角形浅褐色鳞片带，有时后端具不完全的直带，行纹宽，刻点长方形，行间略宽于行纹，奇数行间3、5、7较隆，具少数鳞片小瘤。腿节各具1齿，腹面具沟，胫节直。腹板2～4各有刻点3排。

2）卵：长椭圆形，长0.8～1.0mm，宽0.3～0.5mm，乳白色、半透明，表面光滑。

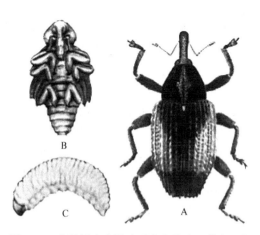

图11-6　芒果果肉象甲（引自中华人民共和国北京动植物检疫局，1999）
A. 成虫；B. 蛹；C. 幼虫

3）幼虫（图 11-6C）：老熟幼虫体长 7～10mm，黄白色，头部较小，圆形，浅褐色，体表有白色软毛。

4）蛹（图 11-6B）：体长 6～8mm，初蛹乳白色，后变成黄白色，长椭圆形。喙管紧贴于腹面，末节着生尾刺 1 对。

3. 检疫措施

芒果成熟时芒果果肉象甲已羽化为成虫，故可根据成虫形态特征检验：主要根据鞘翅奇数行间鳞片瘤少而不显、额中间无窝、成虫在果肉中危害、体长在 6mm 左右的特征就可确定。

第四节 检疫性双翅目害虫

双翅目是昆虫纲第四大目，全世界约有 85 000 种，列入《中华人民共和国进境植物检疫性有害生物名录》中的双翅目昆虫有 14 种（属）。

一、柑橘小实蝇

柑橘小实蝇，学名：*Dacus dorsalis*（Hendel）。英文名称：Oriental fruit fly。属双翅目（Diptera）实蝇科（Tephritidae）寡鬃实蝇亚科（Dacinae）果实蝇属（*Bactrocera*），该属中的非中国种全部列入《中华人民共和国进境植物检疫性有害生物名录》。

1. 分布危害及历史

原产于我国台湾及日本九州一带，我国于 1911 年在台湾首次发现，1937 年谢蕴贞报道我国大陆有该虫分布。该虫随果品贸易和旅客携带入境的机会极多，目前已扩散到北美洲、大洋洲和亚洲许多国家和地区，在南北纬 20°～30°，冬季气温 20℃以上地区危害最重，但也有传入温带地区的可能。已知分布的国家有日本、老挝、越南、柬埔寨、缅甸、泰国、马来西亚、新加坡、菲律宾、印度尼西亚、尼泊尔、锡金、不丹、印度、孟加拉国、斯里兰卡、巴基斯坦、密克罗尼西亚、中国（江苏、湖南、福建、广东、海南、广西、四川、贵州、云南、台湾）等。

柑橘小实蝇是一种毁灭性害虫，给果蔬业、花卉业带来了严重的经济损失，因此是一种重要的检疫性果蔬害虫。据记载，其寄主达 46 科 250 多种，包括栽培果蔬类作物及野生植物，主要有橄榄、樱桃、番石榴、草莓、芒果、桃、杨桃、香蕉、苹果、香果、番荔枝、西洋梨、洋李、刺果、甜橙、酸橙、柑橘、柠檬、柚、香橼、杏、枇杷、黑枣、柿、红果仔、酸枣、蒲桃、马六甲蒲桃、葡萄、鳄梨、石榴、无花果、九里香、胡桃、黄皮、榴莲、咖啡、榄仁树、桃榄、番茄、辣椒、番木瓜、茄、西瓜、西番莲等。

20 世纪 40 年代末期，该虫在夏威夷连年发生，柑橘类等果品几乎百分之百受害。近年来，该虫在我国华南地区种群数量不断上升，已影响到水果、蔬菜产区的生产，成为制约我国果蔬生产持续稳定发展的因素之一。

2. 形态特征

1）成虫：体长 6～8mm；黄褐色至黑色。头黄褐色，额上有 3 对侧纹和 1 个在中央的褐色圆纹，头顶鬃红褐色。复眼边缘黄色。触角细长，1、2 节红褐色，第 3 节黄色，第 3 节为第 2 节长的 2 倍，触角芒黑色。胸部鬃序为：肩鬃 2，背侧鬃 2，中侧鬃 1，前翅上鬃 1，上鬃 2，小盾前鬃 1，小盾鬃 1，胸部背面有黑亮区域和黄白色斑纹。足黄褐色，中足胫节端部有一赤褐色的距，后胫节通常为褐色至黑色。翅透明、脉黄色，翅前缘带褐色，伸至翅尖，较狭窄。臀条褐色，不达后缘。腹部卵圆形，上下扁平，棕黄至锈褐色。第1、2节背板愈合，第3腹节背板前缘有一条深色横带，第3～5节具一狭窄的黑色纵带，第5节上具亮斑1对。雄虫第3背板具栉毛，雄虫阳茎细长，弧形。雌虫产卵管基节棕黄色，其长度略短于第5背板，端部略圆，针突长1.4～1.6mm，末端尖锐，具亚端刚毛长、短各2对。

2）卵：梭形，长约1mm，宽约0.1mm，乳白色。卵孔一端稍尖，尾端较钝圆。

3）幼虫：老熟幼虫体长平均10.0～11.0mm，黄白色，蛆式，前端小而尖，后端宽圆，口钩黑色。前气门呈小环，有10～13个指突；后气门板1对，新月形，其上有3个椭圆形裂孔，末节周缘有乳突6对。幼虫期3龄，1龄幼虫体长1.55～3.92mm，2龄幼虫体长2.78～4.30mm，3龄幼虫体长7.12～11.00mm。

4）蛹：椭圆形，长约5mm，宽约2.5mm；淡黄色。前端有气门残留的突起；后端后气门处稍收缩。

3. 检疫措施

柑橘小实蝇的幼虫能随果实的运销而传播，所以从疫区调运柑橘类水果时，必须经严格检疫，一旦发现虫害果必须经有效处理后方可调运，以控制柑橘实蝇类害虫的蔓延扩展。检验时应仔细鉴别被害状，被害果有如下特征：①果面有芝麻大小的孔洞，挑开后有幼虫弹跳出来；②果面有水浸状斑，用手挤压，内部有空虚感，挑开后可见幼虫；③被害部分常与炭疽病斑相连；④果柄周围有孔洞，挤压后果皮出现皱缩，挑开后有虫，检出的幼虫用75%乙醇溶液杀死，放入幼虫浸渍液，然后镜检鉴定。

二、柑橘大实蝇

柑橘大实蝇，学名：*Bactrocera*（*Tetradacus*）*minax*（Enderlein）。英文名称：Chinese citrus fly。中文别名：橘大实蝇、橘蛆。属双翅目（Diptera）实蝇科（Tephritidae）果实蝇属（*Bactrocera*），该属中的非中国种全部列入《中华人民共和国进境植物检疫性有害生物名录》。

1. 分布危害及历史

该虫原产于日本的野生橘林中，在国外分布于不丹、印度、日本、越南，在国内分布于台湾、四川、湖北、湖南、贵州、云南、广西和陕西各地。

寄主仅限于柑橘类，包括甜橙、金橘、红橘、柚、柠檬、酸橙、佛手、枸橼、温州蜜橘、葡萄柚、弹金橘等。

成虫在果实表面产卵，产卵处呈乳头状突起，中央凹入，黄褐色或黑褐色，具白色放射状裂口，9～10月在被害处附近出现黄色变色斑，未熟先黄，黄中带红，与健康果很易区别。幼虫在果内穿食瓤瓣，果实提前脱落，被害果易腐烂，严重的完全丧失食用价值。我国由于多年连续防治，并组织联防和严格检疫，已控制其蔓延。近年来，由于柑橘栽培面积剧增加，个别地区检疫不严格，该虫发生情况又有回升的趋势。因此，还需继续努力，应严格检疫和实行联防。

2. 形态特征

1）成虫：体长10～13mm，翅展约21mm长，全体呈淡黄褐色，触角黄色，由3节组成，第3节上着生有长形的触角芒。复眼大，肾形，金绿色，单眼3个，排列成三角形，此三角区黑色。胸部背面有稀疏的绒毛，并且具鬃6对：肩板鬃1对，前背侧鬃1对，后

背侧鬃1对，后翅上鬃2对及小盾鬃1对，缺前翅上鬃。胸背面中央具深茶褐色"人"形斑纹，此纹两旁各有宽的直斑纹1条。翅透明，翅脉黄褐色，翅痣和翅端斑棕色，臀区色泽一般较深。腹部长卵圆形，由5节组成，基部稍狭窄，第1节方形略扁；第3节最大，此节近前缘有1较宽的黑色横纹相交成"十"字形；第4、5节的两侧近前缘处及第2～4节侧缘的一部分均有黑色斑纹；雄虫第3背板两侧后缘具栉毛，第5腹板后缘向内洼陷的深度达此腹板长的1/3，侧尾叶的1对端叶几乎退化。雄虫腹部第5节有1对长且呈"S"形的钩状器。雌虫产卵管圆锥形，长约6.5mm，由3节组成，末端尖锐，基部1节粗壮，其长度约等于第2～5背板的长度之和，与腹部相等，端部2节细长，其长度与第5腹节略相等。

2）卵：长1.2～1.5mm，长椭圆形，一端略尖，微弯曲，卵中央为乳白色，两端则较透明。

3）幼虫：老熟幼虫体长15～19mm，乳白色，圆锥状，前端尖细，后端粗壮。体躯由11个体节组成。口钩黑色，常缩入前胸内，前气门扇形，上有乳突30多个；后气门位于腹末，气门片呈新月形，上有3个长椭圆形气孔，周围具扁平毛簇4丛。

4）蛹：体长约9mm，宽4mm。椭圆形，金黄色，鲜明，羽化前变为褐色，幼虫时期的前气门乳状突起仍清晰可见。

3. 检疫措施

禁止从疫区调运柑橘类果品。对怀疑带虫的柑橘果实及其包装箱或容器进行严格的检疫。幼虫可根据前后气门鉴定。为了防止蛹随带土苗木传播，从疫区调出的寄主苗木也要严格检疫。

三、黑森瘿蚊

黑森瘿蚊，学名：*Mayetiola destructor*（Say）。英文名称：Hessian fly。中文别名：黑森麦秆蝇、小麦瘿蚊、黑森蝇。属双翅目（Diptera）瘿蚊科（Cecidomyiidae）。

1. 分布危害及历史

原产于幼发拉底河流域，该虫现已广泛分布于世界各主要产麦区，国外主要分布于哈萨克斯坦、塞浦路斯、以色列、伊拉克、土耳其、保加利亚、德国、丹麦、匈牙利、荷兰、罗马尼亚、西班牙、英国、瑞士、乌克兰、拉脱维亚、奥地利、芬兰、法国、希腊、波兰、挪威、瑞典、意大利、葡萄牙、突尼斯、摩洛哥、阿尔及利亚、美国、加拿大、新西兰、黎巴嫩、伊朗、巴勒斯坦。国内仅分布于新疆北部。

寄主为小麦、大麦、黑麦、匍匐龙牙草、野麦属和冰草属等禾本科植物。该虫对冬小麦和春小麦都能造成严重危害。小麦不同生长期受害，被害状不同：拔节前受害，植株严重矮化，受害麦叶比未受害叶短宽而直立，叶片变厚，叶色加深呈黑绿色，受害植株因不能拔节而匍匐于地面，心叶逐渐变黄甚至不能拔出，严重时分蘖枯黄甚至整株死亡；小麦拔节后受害，由于幼虫侵害节下的茎，阻碍营养向顶端输送，受害茎秆脆弱倒伏，影响麦穗发育，千粒重减少，一般产量降低25%～30%，甚至颗粒无收。

1890～1935年，在美国密西西比河以东各州多次大发生，局部受灾年年都有，年损失在数百万美元以上。我国于1980年在新疆首次发现，当年伊犁发生面积达9410多hm²，博尔塔拉重灾田达5333hm²，翻耕改种超过200hm²。1981年，博尔塔拉发生面积近30 000hm²，占小麦播种面积的78.9%，翻种超过600hm²，产量损失700万kg。某兵团农场，春季田间受害率为 21.4%，麦收前麦秆折倒率为 55.6%，不但产量降低，还不便于机械收割。据初步测算，春麦单株有虫 1～6 头，减产 64.6%～83.8%；冬麦单株有虫 1～6 头，减产 45.6%～76.7%。

目前我国发生地区仅限于新疆伊犁和博尔塔拉，2015 年，武威等利用生态气候分析微机系统（CLIMEX）和地理信息系统软件（GIS），即"CLIMEX＋GIS"法，对黑森瘿蚊在中国的适生性情况进行了分析预测，结果表明，黑森瘿蚊在我国大部分地区较为适生，适生区面积占全国的 66.45%。黑森瘿蚊一旦传开，后果严重。

2. 形态特征

1）成虫：体似小蚊，灰黑色；雌成虫体长 2.5～4.0mm，雄成虫体长 2.0～3.0mm。头部前端扁，后端大部分被眼所占据。触角 18～19 节，长度超过体长的 1/3，触角两节之间被透明的柄分开，称触角间柄，雄虫的柄明显等于节长，黄褐色，位于额部中间，基部互相接触。下颚须 4 节，黄色，第 1 节最短，第 2 节相当长，第 4 节较细、呈圆柱形，但长于前一节的 1/3。胸部黑色，背面有 2 条明显的纵纹，平衡棒长，暗灰色。足极细长且脆弱，跗节 5 节，第 1 节很短，第 2 节等于末 3 节之和。翅脉简单，亚缘脉很短，几乎跟缘脉合并，径脉很发达，纵贯翅的全部，臂脉分成两叉。雌虫腹部肥大，橘红色或红褐色；雌虫腹部纤细，几乎为黑色，末端略带淡红色。雄虫外生殖器上生殖板很短，深深凹入，有很少的刻点。尾铗的端节长近于宽的 4 倍。

2）卵：长圆形，两端尖，长 0.4～0.5mm，长约为宽的 6 倍。卵初产时透明，有红色斑点，后变成红褐色。卵产于叶正面的沟凹内，密集成串，每串 2～15 粒卵。

3）幼虫：初孵时红褐色，3 龄幼虫长 3.5～5.0mm，表皮光滑，无刚毛，呈不对称梭形，前端圆，后端较尖，白色至绿色。前胸腹面后缘生有一个瘿科大多数幼虫特有的胸叉（又称剑骨）。

4）蛹：长 4.0～5.9mm，为围蛹，外裹幼虫蜕皮硬化而成的蛹壳，栗褐色，略扁似亚麻籽，前端小而钝圆，后端稍大、有凹缘。

3. 检疫措施

禁止从疫区调运或进口麦种及麦秆制品，以及麦秆包装物、禾本科杂草填充物等。特许调运或进口者，必须严格检疫，发现带疫物品立即处理或销毁。检查时，注意麦根及近根部各节叶鞘内的幼虫及围蛹，种子中也可能混有围蛹（抗旱、抗压）。鉴定幼虫存活状态时，可将幼虫浸入二硝基苯饱和溶液内 5～6h（18～20℃）或 3h（30℃），然后取出幼虫用滤纸吸干多余溶液，再放入浓氨水中浸泡 10～15min，活虫呈现红色，死虫呈现褐色（若在浓氨水中浸泡超过 30min，则死虫、活虫均为褐色）。

第五节 检疫性同翅目害虫

列入《中华人民共和国进境植物检疫性有害生物名录》中的同翅目昆虫有 24 种（属）。

一、葡萄根瘤蚜

葡萄根瘤蚜，学名：*Viteus vitifoliae* Fitch。英文名称：grape phylloxera、vine aphid。属同翅目（Homoptera）球蚜总科（Adelgoidea）根瘤蚜科（Phylloxeridae）葡萄根瘤蚜属（*Viteus*）。

1. 分布危害及历史

葡萄根瘤蚜是葡萄上一种毁灭性的害虫，原产于北美洲东部，1858～1862 年传入欧洲，1860 年传入法国后，在 20 多年内共毁灭葡萄园约 100 万 hm^2，曾给欧洲葡萄生产造成毁灭性灾害，1880 年传入俄罗斯，20 世纪 80 年代末期，新西兰马尔堡地区由于种植未进行嫁接的葡萄，葡萄根瘤蚜为害葡萄造成大面积绝产。目前已分布于近 40 个国家，主要有朝鲜、日本、叙利亚、黎巴嫩、约旦、以色列、塞浦路斯、土耳其、俄罗斯、波兰、捷克、匈牙利、德国、奥地利、瑞士、法国、西班牙、葡萄牙、意大利、马耳他、罗马尼亚、保加利亚、希腊、突尼斯、阿尔及利亚、摩洛哥、南非、澳大利亚、新西兰、加拿大、美国、墨西哥、哥伦比亚、秘鲁、巴西、阿根廷等。1892 年葡萄根瘤蚜由法国传入我国，在我国的台湾、辽宁、山东、陕西等局部地区曾有发生，目前多数地区已经根除。

葡萄根瘤蚜为单食性害虫，仅为害葡萄属（*Vitis*）植物。在原产地寄生于野生葡萄上，因野生葡萄抗虫性较强，一般危害不明显。葡萄根瘤蚜刺吸为害葡萄的叶片和根部，以为害根部为主。叶片被害后在背面形成粒状的虫瘿，称为"叶瘿型"，妨碍光合作用，严重时叶片萎缩，影响植株生长。根部被害后逐渐形成较大的瘤状突起，称"根瘤型"，其中须根被害后端部膨大，形成菱形的瘤状结，蚜虫多集中在凹陷处（图 11-7D）；侧根和大根被害后，形成关节形的肿瘤，蚜虫多集中在肿瘤的缝隙处。雨季根瘤常发生腐烂，皮层裂开脱落，维管束被破坏，影响根对养分、水分的吸收和运输，使树势衰弱，叶片变小、变黄，甚至落叶，影响产量，严重时全株死亡（图 11-7E）。不同葡萄品种的受害部位不同，欧洲系葡萄品种主要是根部受害，美洲系葡萄品种根部和叶部均可受害。

该虫是世界上第一个检疫性有害生物，至今仍是多个国家的植物检疫性有害生物，1992 年在我国被根除。近几年，葡萄根瘤蚜在我国一些地方又有发生，2005 年，在上海嘉定马陆镇发现葡萄根瘤蚜危害，此后，葡萄根瘤蚜已经在我国南北方多地发生，形势严峻，扩散传播风险极大，应该引起重视。

2. 形态特征

1）干母：体长 1.0～1.3mm，体黄绿色。体表多毛，有细微沟纹。触角第 3 节长度大于第 1 节与第 2 节之和。无翅，孤雌卵生。

2）无翅孤雌成蚜：有根瘤型和叶瘿型两种。根瘤型体卵圆形，长 1.2～1.5mm，宽 0.8～0.9mm；活体鲜黄色至污黄色，有时淡黄绿色，各体节背面有灰黑色瘤，其中头部 4 个，各胸节 6 个，各腹节 4 个。我国山东烟台的玻片标本体淡色至褐色，体表及腹面有明显的暗色鳞形至菱形纹隆起，体缘有圆形微突起，胸、腹部各节背面有一横行黑色大瘤状突起。体毛短小，不明显。头顶弧形，喙粗大，伸达后足基节。复眼红色，由 3 个小眼面组成。触角黑色，3 节，短粗，上有瓦纹，第 3 节最长，基部顶端有 1 个圆形或椭圆形感觉圈，末端有刺毛 3 或 4 根。气门 6 对，圆形。中胸腹岔两臂分离。足黑色。无腹管。尾片末端圆形，有毛 6～12 根。尾板圆形，有毛 9～14 根。叶瘿型体背无黑色瘤，体表有细微凹凸皱纹，背部隆起近圆形，触角末端有刺毛 5 根，其他特征与根瘤型相似。

3）有翅孤雌成蚜（图 11-7B）：体长椭圆形，长 0.9mm，宽 0.5mm。体橙黄色，胸部红褐色。复眼由许多小眼组成，单眼 3 个。触角 3 节，第 3 节上有 2 个感觉圈，基部 1 个扁圆形，端部 1 个扁长圆形。翅 2 对，前翅前缘的翅痣长形，有中脉、肘脉和臀脉 3 根斜脉，其中肘脉 1 与 2 共柄；后翅仅有径分脉，无斜脉。

4）有翅性母蚜：体长 1.0~1.2mm，体橙黄色。中胸深褐色，触角和足黑色。复眼和单眼明显。触角第 3 节极长，上有 2 个卵圆形感觉圈。

5）雌性蚜：体长 0.4mm，宽 0.2mm，体黄褐色。喙退化。触角 3 节，第 3 节长度约为前 2 节之和的 2 倍，端部有 1 个圆形感觉圈。无翅。足跗节 1 节。

6）雄性蚜：体长 0.3mm，宽 0.1mm，黄褐色。喙退化。无翅。外生殖器乳头状，突出于腹部末端。

7）卵：卵有多种类型。无翅孤雌蚜所产的卵长 0.3mm，宽 0.2mm，长椭圆形，其中根瘤型所产的卵初为淡黄色，后渐变为暗黄色；叶瘿型所产的卵较根瘤型色浅而明亮。有翅孤雌蚜所产的卵有大卵和小卵两种，大卵为雌卵，长 0.4~0.5mm，宽 0.2mm；小卵为雄卵，长 0.3mm，宽 0.1mm，淡黄至黄色，有光泽。雌性蚜所产的卵为越冬卵，长 0.3mm，宽 0.1mm，深绿色。

8）若蚜（图 11-7A）：共 4 龄，初孵若蚜淡黄色，后变为黄色，胸部淡黄色。眼、触角、喙及足与各型的成蚜相似，其中根瘤型若蚜 2 龄时可见明显的黑色背瘤，有翅若蚜 3 龄时体侧可见灰黑色翅芽。

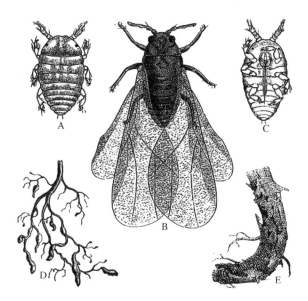

图 11-7　葡萄根瘤蚜（引自 Barjadze et al.，2011）
A. 若蚜；B. 有翅孤雌成蚜；C. 若蚜腹面；D. 危害形成的根瘤；E. 被害状

3. 检疫措施

葡萄根瘤蚜为专食性害虫，只为害葡萄，因此根除相对容易：疫区改种其他作物即可根除该害虫。如条件所限，则严禁从葡萄根瘤蚜发生的地区向外调运葡萄苗木和插条，海关、各级植保机构对调入的葡萄种苗进行全面严格检查，对无检疫证书的葡萄种苗依法处理。因特殊需要而外运的葡萄种苗必须经严格检疫和彻底消毒处理。消毒方法如下。

1）将葡萄枝条扎成捆，每捆枝条 10~20 根，用 50% 锌硫磷乳油 1500 倍液浸泡 1min。

2）用 80% 敌敌畏乳油 1500~2000 倍液浸蘸 2~3 次。

3）用 45℃热水浸泡 20min。

4）熏蒸处理：日本用溴甲烷 24g/m³，处理 3h；也可用溴甲烷 30～60g/m³ 和二氧化碳 80～150g/m²，处理 3h，杀虫效果达 100%。

5）用 50% 锌硫磷乳油或二硫化碳处理土壤，用 6-丁二烯或六氯环戊二烯熏蒸。

二、苹果绵蚜

苹果绵蚜，学名：*Eriosoma lanigerum*（ Hausmann）。英文名称：woolly apple aphid。属同翅目（Homoptera）瘿绵蚜科（Pemphigidae）。

1. 分布危害及历史

该虫是多种果树的重要害虫，可造成严重损失，在国内只分布于局部地区，应通过检疫防止其扩散危害。原产于北美洲东部。现已扩散到 70 多个国家和地区的苹果产区，包括朝鲜、日本、缅甸、尼泊尔、孟加拉国、印度、斯里兰卡、巴基斯坦、伊朗、沙特阿拉伯、伊拉克、叙利亚、黎巴嫩、约旦、以色列、塞浦路斯、土耳其、丹麦、瑞典、芬兰、俄罗斯、波兰、捷克、匈牙利、德国、奥地利、瑞士、荷兰、比利时、英国、爱尔兰、法国、西班牙、葡萄牙、意大利、马耳他、罗马尼亚、保加利亚、阿尔巴尼亚、希腊、埃及、利比亚、突尼斯、阿尔及利亚、摩洛哥、埃塞俄比亚、肯尼亚、安哥拉、马达加斯加、津巴布韦、南非、澳大利亚、新西兰、加拿大、美国、墨西哥、哥伦比亚、委内瑞拉、厄瓜多尔、秘鲁、巴西、玻利维亚、智利、阿根廷和乌拉圭。1914 年传入我国山东和辽宁；1926 年由日本传入大连，后又传至天津；1930 年由美国传入云南昆明；西藏则由印度传入。20 世纪 50～60 年代，我国通过连续施用药剂、释放天敌日光蜂［*Aphelinus mali*（Haldeman）］和种植抗性品种等措施，将苹果绵蚜的发生控制在了较低水平，但自 20 世纪 90 年代中期开始，随着苹果栽培面积的扩大和大规模调运苗木、接穗，苹果绵蚜在我国进一步扩散蔓延，呈现自东向西扩大危害的态势。近年来，该虫已传到江苏，并且在新疫区危害日趋严重。

苹果绵蚜寄主较多，涉及苹果属（*Malus*）、梨属（*Pyrus*）、山楂属（*Crataegus*）、花楸属（*Sorbus*）、李属（*Prunus*）、桑属（*Morus*）、榆属（*Ulmus*）等多种植物。在国内主要为害苹果，也为害海棠、沙果、花红、山荆子等；在原产地还为害洋梨、山楂、花楸、美国榆等。

苹果绵蚜以成、若蚜群集于果树枝干的病虫伤口和剪锯口、老皮裂缝、新梢叶腋、短果枝、果柄、果实的梗洼和萼洼及地下的根部刺吸危害，以为害背光处的枝干和根部为主。树干和枝条被害初期形成平滑而圆的瘤状突起，此后肿瘤增大破裂成深浅、大小不同的伤口，更适宜绵蚜继续危害，不仅影响养分输送，还会导致其他害虫和苹果腐烂病的发生。侧根被害后形成肿瘤，不能再生新的须根，并逐渐腐烂（图 11-8E）。叶柄被害后变成黑褐色，提前脱落。果实被害后发育不良，特别是近几年随着套袋技术的应用，苹果绵蚜进入袋内为害果实，严重影响果品质量。果苗被害后，容易引起死亡。幼树被害后，枝条发育不良，结果期推迟。成树被害后，树势衰弱，花芽分化减少，产量降低，结果寿命缩短。苹果绵蚜发生严重时，枝干上盖满白色蜡毛，造成枝干枯死，树体抗寒、抗旱能力下降，遇严寒或干旱时整株死亡（图 11-8D）。

2. 形态特征

1）干母：体纺锤形，长 1.4～1.6mm。头部狭小，胸部稍宽，腹部肥大，全体深灰绿色，上覆一层白色蜡毛。

2）无翅孤雌成蚜：体卵圆形，长
1.7～2.1mm，宽 0.9～1.3mm。活体黄褐色至
红褐色，头部、复眼暗红色。体表光滑，背
面有大量白色长蜡毛。生殖板灰黑色，腹管
黑色。体背有 4 条明显的纵列蜡腺，呈花瓣
形，由 5～15 个蜡孔组成蜡片。喙粗，长达
后足基节。复眼由 3 个小眼组成。触角粗短，
有微瓦纹，共 6 节，各节有短毛 2～4 根；第
3 节最长；第 5 节与第 6 节等长，上各生有 1
个感觉圈。中胸腹岔两臂分离。足短粗，光
滑少毛。腹部肥大，腹管稍隆起，呈半圆形
裂口，位于第 5、6 腹节的蜡孔之间，围绕腹
管有短毛 11～16 根。尾片馒头状，上有微刺
突瓦纹和 1 对短刚毛。尾板末端圆形，有短
刚毛 38～48 根。生殖板灰黑色，骨化，有毛
12～16 根。

3）有翅孤雌成蚜（图 11-8A）：体椭圆
形，长 1.8～2.3mm，宽 0.9～1.0mm，翅展
5.5～6.5mm。活体头、胸部黑色，腹部橄榄

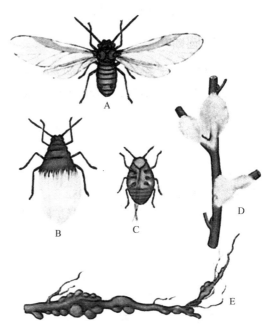

图 11-8　苹果绵蚜（引自中华人民共和国
北京动植物检疫局，1999）

A. 有翅孤雌雌蚜；B. 无翅孤雌雌蚜；C. 无翅若
蚜腹面；D. 绵蚜在枝条上寄生状；E. 被害根

绿色，全身被白粉，腹部有白色长蜡丝。玻片标本头、胸部黑色，腹部淡色，触角、各足
节、腹管、尾片、尾板均为黑色。喙不达后足基节。触角 6 节，上有小刺突横纹，第 1、2
节短粗；第 3 节最长，约等于或稍长于末端 3 节之和，上有短毛 7～10 根，其余各节 3～4
根；第 5、6 节上的原生感觉圈呈圆形；次生感觉圈环状，第 1 节有 17～24 个，第 4、5 节
各有 3～5 个，第 6 节有 1 或 2 个。翅 2 对，前翅翅脉 7 根，中脉分 2 岔，翅脉及翅痣棕
色；后翅翅脉 3 根，中脉与肘脉分离。第 1～7 腹节有深色的中、侧、缘小蜡片，第 8 节有 1
对中蜡片；腹部背毛稍长于腹面毛。节间斑不明显。腹管半环形，黑色，环基部稍骨化，有
短毛 11～15 根。尾片与无翅孤雌成蚜相似。

4）雌性蚜（图 11-8B）：体长 0.6～1.0mm。黄绿色或淡黄褐色。口器退化，触角 5 节。腹
部红褐色，稍被绵状蜡粉；各节中央隆起，有明显沟痕。

5）雄性蚜：体长 0.6～0.7mm。黄绿色。全体覆盖白色蜡粉。

6）卵：椭圆形，长约 0.5mm。初产时橙黄色，后变为褐色。表面光滑，被白色蜡粉。
较大一端有精孔突出。

7）若蚜（图 11-8C）：共 4 龄。成长若蚜体长 1.4～1.8mm，赤褐色。喙长超过腹部。触
角 5 节。蜡毛稀少。高龄有翅若蚜翅芽黑色。

3. 检疫措施

1）对来自疫区的苹果、山荆子等苗木、接穗、果实及包装、运输工具进行检疫。

2）产地检疫应于 5 月下旬～6 月下旬或 9 月下旬～10 月下旬调查。调查时应注意嫩芽
叶腋、芽接处，嫩鞘基部伤口愈合处，粗皮裂缝等处和根部。果实检验要注意梗洼和萼洼

处。在调运时还应注意对包装物的检查。疫区的苗木、接穗未经处理严禁外运。

三、松突圆蚧

松突圆蚧，学名：*Hemiberlesia pitysophila* Takagi。英文名称：pine armored scale。中文别名：松栉盾蚧。属同翅目（Homiptera）盾蚧科（Diaspididae）栉圆盾蚧属（*Hemiberlesia*）。

1. 分布危害及历史

松突圆蚧可造成林木大面积枯死，在我国，危害仍在扩展之中，该虫是原《中华人民共和国进境植物检疫危险性病、虫、杂草名录（一类有害生物）》中的检疫对象，应加强检疫控制防止其造成更大损失。原分布于日本（冲绳诸岛）、中国（台湾），20世纪70年代在我国香港、澳门有大面积发生。1982年5月在毗邻澳门的广东珠海马尾松林内首次被发现，随后该虫以半弧形辐射状向内地蔓延扩散。1984年林业部将松突圆蚧列入重大森林植物检疫对象。近年来，松突圆蚧的危害呈不断扩散蔓延趋势，防控形势严峻。

主要寄主为马尾松、湿地松、日本黑松、加勒比松、展松、卵果松、短叶松、卡锡松、晚松、光松、列果沙松、南亚松等十多种松树。以若虫和雌成虫为害寄主。主要为害树针叶、叶鞘基部、新抽嫩梢基部、新球果（果鳞）和新叶中下部等幼嫩组织。雄虫多在叶鞘上部针叶嫩尖及球果上，雌虫多在叶鞘基部。由于该虫群集叶鞘基部等处刺吸危害，被害处缢缩、变黑，针叶上部枯黄。严重时针叶脱落，新抽枝条短而黄，最后全株枯死。在松属植物中以马尾松受害最重，树苗、成株都可被害致死，一般受害3～5年即可造成成片松林枯死，损失严重。

据日本报道，此虫在日本常同金松牡蛎蚧（*Lepidosaphes pitysophila*）混栖在琉球松（园林绿化树）上，危害严重。

2. 形态特征

1）雌成虫：雌成虫体呈倒梨形，淡色。触角1对，呈小突起状，各具刚毛1根。前、后气门附近都无盘腺孔，但两气门间有横排小管腺。体缘也分布有许多小管腺。第2～4腹节侧突明显。臀板后部较宽圆。背管腺细长，多集中于臀板末端。臀叶2对（偶有不明显的第3臀叶）。其第1臀叶发达，两叶之间有一缘腺开口，第2臀叶小而硬化，向内倾斜。第1臀叶间的一对臀栉短，不在第1臀叶末端。臀缘上在第1臀叶和第2臀叶，以及第2臀叶和第3臀叶（很小或无）间分别有一对半月形硬化棒。臀板背管腺极细长，尤其在第1臀叶之间的1根背管腺很长，超过肛门孔。肛门孔大而圆，其直径约与第1臀叶的宽度相等，其与臀缘的距离约与肛孔直径相近。肛门周围无阴腺。

雌成虫介壳育卵前略呈圆形，介壳扁平，中心略高，壳点居中或略偏，介壳有3圈明显的轮纹，中心橘黄色，内圈淡褐色，外圈淡黄色至灰白色。育卵后，介壳变厚，壳点偏向一边，整个介壳呈梨状，其形状与为害同类寄主的罗汉松灰圆盾蚧相似。

2）雄成虫：虫体小，橘黄色。体长约0.8mm。触角20节，每节均生有数根细毛。单眼2对。胸足3对，正常发育。翅1对，前翅展翅约1.1mm，膜质，具2条翅脉，后翅退化成为平衡棒，棒端有刚毛1根。腹部末端交尾器稍有弯曲。

雄虫介壳长卵形，壳点突出在一端，橙黄色，介壳为淡黄褐色至灰白色。

3）初孵若虫：体呈长卵形，眼1对、灰色，位于头前端，靠近触角。触角4节，基部3节较短，顶端节最长。口器发达。足3对，具正常节数，转节具1根长毛，跗冠毛和爪冠毛各1对，体缘生有1列刚毛。背面从中胸到腹部末端的体缘分布有管状腺。臀叶发达，外侧有缺刻，第 2 对臀叶很小，中臀叶间生有长、短刚毛各 1 对。

4）若虫：第 1 龄若虫初孵时体呈卵圆形，淡黄色，长 0.2～0.3mm，头胸部最宽，为 0.1～0.3mm。复眼发达，着生于触角下方侧面。触角 4 节，第 4 节最长，其长度约为基部 3 节的 3 倍，整节有轮纹。口器发达。胸足 3 对发达。转节有长毛 1 根，跗节末端有冠球毛 1 对，爪腹面也有冠球毛 1 对。腹面沿体缘有 1 列刚毛。臀叶 2 对，第 1 臀叶大而突出，外缘有齿刻，其上有长、短刚毛各 1 对，第 2 臀叶小；1 龄若虫介壳圆形，边缘透明；2 龄若虫介壳性分化前，呈圆形，中央有一橘红色的 1 龄蜕。性分化后，雌性 2 龄介壳只增大，其形状、颜色同于分化前。雄性 2 龄介壳变为长卵形，壳点突出于一端，褐色，壳点周围淡褐色。介壳较低的一端（另一端）呈灰白色。

3. 检疫措施

严禁从疫区调运松类种苗、接穗、松盆景、原木、枝杈及其包装物等到非疫区，特需者必须经严格检疫和消毒处理。消毒方法如下。

1）用溴甲烷等熏蒸剂进行熏蒸消毒。

2）用高温干燥法处理原木、包装物等。

3）用松脂油柴油乳剂喷洒。

第六节　检疫性鳞翅目害虫

鳞翅目是昆虫纲第二大目，该目有 21 种列入《中华人民共和国进境植物检疫性有害生物名录》。

一、美国白蛾

美国白蛾，学名：*Hyphantria cunea*（Dury）。英文名称：fall webworm。中文别名：秋幕蛾、秋幕毛虫。属鳞翅目（Lepidoptera）灯蛾科（Hypercompe）白蛾属（*Hyphantria*）。

1. 分布危害及历史

美国白蛾原产于北美洲，广泛分布于美国、墨西哥和加拿大南部。1940 年在匈牙利布达佩斯附近被发现，1948 年蔓延至匈牙利全境，并开始向捷克斯洛伐克扩散；此后又很快传播到罗马尼亚、奥地利、法国、波兰和保加利亚；1945 年传入日本，1958 年传入韩国，1961 年传入朝鲜。我国于 1979 年在辽宁丹东发现该虫，1981 年传播到旅顺、大连，1982 年传入山东荣成、河北秦皇岛、陕西武功和西安，后又传到甘肃天水和天津等地。根据国内各地的温度和光照等指标，可以将我国美国白蛾的适生地分为三级危险区和四级生存区：特别危险区北起新疆的博乐，南至贵州的黔西，东起山东的荣成，西至新疆的喀什；而主要潜在分布区包括山东、辽宁、河南、陕西、河北、北京、天津、上海、山西、江苏、安徽、甘肃、宁夏和湖北等地。因此，美国白蛾在我国可能扩散和生存的范围十分广阔。

美国白蛾的食性极杂，可为害 300 多种植物：主要为害臭椿、柿、桑树、白蜡、泡桐、五角枫、悬铃木、紫叶李、海棠、桃、枣树、文冠果、紫荆、丁香、红瑞木、金银木、金银花、锦带花、月季、菊花、葡萄、爬山虎、紫藤、凌霄等，也为害大豆、玉米等农作物和蔬菜。

4 龄幼虫多数成小群体活动，群集树冠危害，在叶背啃食叶肉，只残留叶脉；同时，吐丝拉网成幕。一株树上的网幕可有几到几十个，最多达 200 多个，幕内有大量虫粪及蜕皮壳。网幕直径多为 1m 左右，大的可达 3m。在 5 龄后，分散转移的幼虫，从幕内转移到新叶继续危害。当叶全部吃光后，还可转移到附近农作物上危害，可取食寄生树木

附近的玉米、大豆、棉花、烟草、甘薯、白菜、萝卜和甘蓝等作物，以及一些花卉和杂草；但它在大多数农作物上不能完成发育周期。扫左侧二维码见美国白蛾为害状。

幼虫危害可造成树势衰弱，果树早期落果，主要为害阔叶树，有时树叶被全部吃光，在喜食的植物上，成虫产卵多、幼虫数量大，因此，严重时会影响果树生产、城市绿化和养蚕业的发展。美国白蛾一般情况下不为害针叶树。

2. 形态特征（扫左侧二维码见相应虫态彩图）

1）成虫：雌蛾体长 14～17mm，翅展 33～48mm；雄蛾体长 9～12mm，翅展 23～35mm。头白色。触角干和栉齿下方黑色，翅基片和胸部有时有黑纹；胸部背面密生白毛；多数个体腹部白色，无斑点，少数个体腹部黄色，背面和侧面具有 1 列黑点。雌蛾触角褐色，锯齿状；前翅为纯白色，通常无斑点；后翅为纯白色或在近边缘处有小黑点。雄蛾触角黑色，双栉齿状；第 1 代前翅从无斑到有浓密的暗色斑点，具有浓密斑点的个体则内横线、中横线、外横线、亚缘线在中脉处向外折角，再斜向后缘，中室端具黑点，外缘中部有 1 列黑点，后翅上一般无黑点或中室端有 1 黑点；第 2 代个别有斑点。

2）卵：直径 0.4～0.5mm，圆球形，表面有许多规则的凹陷刻纹，初为淡黄绿色，后渐变为灰绿色，有较强的光泽。

3）幼虫：老熟幼虫体长 28.0～35.0mm。体色变化较大，根据头部颜色可分为红头型和黑头型两类：红头型的头部为橘红色，在我国发生数量较少；黑头型的头部黑色发

亮，体黄绿色至灰黑色，体背面有 1 条灰褐至灰黑色的宽纵带，背线、气门上线、气门下线浅黄色。背部毛瘤黑色，体侧毛瘤多为橙黄色，毛瘤上着生白色长毛丛，杂有少量黑色或褐色毛。气门白色，椭圆形，具黑边。腹面灰黄至淡灰色。腹足黑色，有光泽，腹足趾钩单序异形中带。

4）蛹：体长 8.0～15.0mm，暗红褐色。头、前胸和中胸密布不规则细微皱纹，后胸和腹部布满凹陷刻点，臀棘 8～17 根，末端喇叭口状，中间凹陷。

5）茧：淡灰色，较薄，由稀疏的丝混杂幼虫的体毛结成网状。

3. 检疫措施

按照美国白蛾检疫鉴定行业标准（SN/T 1374—2004）进行。由于美国白蛾寄主广泛，特别是法桐、糖槭、桑、榆、杨属、李属、梨属、苹果属、刺槐、国槐、柳属等为其喜食植物，因此，这些植物活体、木材及其加工品、植物性包装材料（含铺垫物、遮阴物），以及装载上述植物的容器、运输工具等均为应检对象。检查时要广泛查验来自疫区的上述材料及其包装和运输工具，检查是否有残留的虫体、排泄物、蜕皮物和被害状，并采集标本。由于美国白蛾个体较大且特征明显，一般用放大镜可直接检验识别，有可疑虫态时应带回室内，根据美国白蛾的形态特征进一步鉴定。

严禁从疫区调出上述的植物苗木及其繁殖材料，从疫区运出的木材、新鲜果品和蔬菜及其包装物必须经过检疫处理。若发现美国白蛾，应及时封存货物及其包装材料，予以销毁；或使用溴甲烷进行熏蒸消毒，用药量为 10～30g/m³，密闭 24h。

二、咖啡潜叶蛾

咖啡潜叶蛾，学名：*Leucoptera coffeella*（Gufrin-Menville）。英文名：coffee leaf miner、white coffee leaf miner。属鳞翅目（Lepidoptera）潜蛾科（Lyonetiidae）。

1. 分布危害及历史

咖啡潜叶蛾分布于中美洲及西印度群岛的一些国家和地区，包括危地马拉、萨尔瓦多、哥斯达黎加、牙买加、古巴、多米尼加、波多黎各、特立尼达和多巴哥、哥伦比亚、圭亚那、委内瑞拉、厄瓜多尔、秘鲁、玻利维亚、巴西。

主要为害小粒种咖啡、中粒种咖啡、大粒种咖啡、高种咖啡、丁香咖啡等咖啡属植物。以幼虫蛀入叶片内取食叶肉组织，形成虫道，影响叶片光合作用，严重时引起叶片坏死，造成叶片干枯脱落，削弱树势，导致咖啡豆产量和品质下降。在巴西，常年造成咖啡减产21%～46%，若不进行防治则减产达 80% 以上。

2. 形态特征

1）成虫：雌虫体长 2.3～3.5mm，翅展约 6.5mm；雄虫体长约 2.2mm，翅展约 5.75mm。头部有白色鳞片，颜面急下弯，平滑，银白色。触角丝状，静止时伸达腹部末端，长为前翅的 4/5，触角基节膨大，被白色鳞片，相邻一节为白色，其他节淡褐色。前足约从头部前面边缘伸出。前翅狭长，中间宽，银白色，有一个明显凸出的椭圆形臀斑，其中央呈蓝色或紫色，由 1 个黑色环包围，边缘黄色，并向内弯成镰刀形；在前缘脉长度一半处具 1 条窄的黄带，边缘黑色，倾斜伸向镰刀形的基部，继之有 1 个相似倾斜的黄带；翅的端部有 3 个浅黄色区，缘毛末端黑色。后翅狭长，披针形，基部最宽，浅褐色，有长缘毛。腹部浅黄色，稀被白色鳞片。静止时翅合拢，但不重叠，两个椭圆形臀斑靠近。

2）卵：长约 0.18mm，宽 0.18mm，高 0.08mm，透明，淡黄色，顶部似船形，具模糊放射形脊，边缘凹形，逐渐向外加宽成"基盘"椭圆形，边缘成网状，有精细的长菱形花纹，扩展至"基盘"边缘。

3）幼虫：初孵幼虫透明，但很快呈现淡绿色，长约 0.3mm。老熟幼虫体长 4～5mm，念珠状，体扁，浅黄色，可见消化道贯穿体内。头小，扁平，在头顶处最厚，后端大部分嵌入前胸。上颚大。有单眼 3 个，后面的最大，位于侧板，其他位于触角基部之后，互相靠近。前胸处最宽，中胸至第 8 腹节均匀，第 9 和第 10 腹节逐渐变细，后端呈半圆形。腹足有趾钩 12～16 个，呈明显缺环。臀足具 10 个大的趾钩，靠前排成半圆形。

4）蛹：长 2.0～2.6mm。初为浅黄色，微带绿色，快羽化时变为亮褐色。头宽于长，眼小，黑色。从背面可见 13 节，以中胸最大。触角与足在腹面合在一起。翅芽表面具精细皱纹。蛹被丝茧包围，纺锤形，污白色。

3. 检疫措施

仔细检查咖啡植株，特别是叶片上有无幼虫蛀食形成的不规则褐色潜道，叶背面是否有虫茧。采集各虫态标本，进行室内鉴定。并采集部分带虫叶片，在室内饲养出成虫，进行形态鉴定。

禁止从疫区调入咖啡种苗或活体植物材料，必须调入时应加强产地检疫。若发现调入咖啡种苗或活体植物材料携带有咖啡潜叶蛾，应及时封存货物及其包装材料，予以销毁；或使用溴甲烷进行熏蒸消毒。

三、苹果蠹蛾

苹果蠹蛾，学名：*Cydia pomonella*（Einnaeus）。英文名：codling moth。属鳞翅目（Lepidoptera）卷蛾科（Tortricidae）小卷蛾亚科（Olethreutina）。

1. 分布危害及历史

原产于欧洲东南部，现已遍及欧洲各国，以及澳大利亚、新西兰、加拿大、美国等国，亚洲、南美洲、非洲部分国家和地区也有分布。1987年，苹果蠹蛾随旅客携带水果传入甘肃，在敦煌立足，而后迅速扩展。到1992年已遍布全市，30多个大中型果园受害，年均损失40多万元。苹果蠹蛾于20世纪50年代传入新疆。

成虫可近距离传播，主要以幼虫或蛹随运输果品和繁殖材料远距离传播。主要为害苹果、沙果、梨、桃、杏、石榴等果树。在不同树种和不同品种植物上产卵也有选择性，幼虫一般从果实胴部蛀入，可转果危害，造成果实脱落，影响品质，甚至不能食用。

2. 形态特征

1）成虫：体长8mm，翅展15～22mm，体灰褐色，前翅臀角处有深褐色椭圆形大斑，内有3条青铜色条纹，其间显出4～5条褐色横纹；翅基部外缘突出略成三角形，杂有较深的斜形波状纹；翅中部颜色最浅，淡褐色，也杂有褐色斜形的波状纹。前翅 R_{4+5} 脉与 M_3 脉的基部明显，通过中室；R_{2+3} 脉的长度约为 R_{4+5} 脉基部至 R_1 脉基部距离的1/3；组成中室前缘端部的一段 R_3 脉的长度约为连接 R_3 脉与 R_4 脉的分横脉（S）的3倍；R_5 脉达到外缘；M_1 与 M_2 脉远离；M_2 与 M_3 脉接近平行；Cu_2 脉左起自中室后缘2/3处；臀脉（1A）1条，基部分叉很长，约占臀脉的1/3。后翅黄褐色，基部较淡；R_s 脉与 M_1 脉基部靠近；M_3 脉与 Cu_1 脉共柄；雌虫翅缰4根，雄虫1根。雄性外生殖器抱器瓣在中间有明显的颈部。抱器腹在中间凹陷，外侧有1尖刺。抱器端圆形，有许多毛。阳茎短粗，基部稍弯。阳茎针6～8枚，分两行排列。

2）卵：椭圆形，长1.1～1.2mm，宽0.9～1.0mm，极扁平，中央部分略隆起，初产时像一极薄的蜡滴，半透明。随着胚胎发育，中央部分呈黄色，并显出1圈断续的红色斑点，后则连成整圈，孵化前能透见幼虫。卵壳表面无显著刻纹，放大100倍以上时，则可见不规则的细微皱纹。

3）幼虫：初龄幼虫体多为淡黄白色，成熟幼虫14～18mm，多为淡红色，背面色深，腹面色浅。头部黄褐色。前胸盾片淡黄色，并有褐色斑点，臀板上有淡褐色斑点。上唇上缘较平直，下缘呈"W"形，但中央缺刻较浅；表面有6对称排列的毛，其中4对沿上唇下缘分布，另2对位于上唇中区。上颚具齿5个，但只有3个较发达。

4）蛹：全体黄褐色。复眼黑色。喙不超过前足腿节。雌蛹触角较短，不及中足末端；雄蛹触角较长，接近中足末端。中足基节显露，后足及翅均超过第3腹节而达第4腹节前端。雌蛹生殖孔开口于第8、第9腹节腹面，雄虫开口于第9腹节腹面，肛孔均开口于第10腹节腹面。雌雄蛹肛孔两侧各有2根钩状毛，加上末端有6根（腹面4根，背面2根），共为10根。第1腹节背面无刺；腹节2～7背面的前后缘各有1排刺，前面一排较粗，大小一致，后面一排细小；腹节8～10背面仅有1排，第10腹节上的刺仅为7～8根。

3. 检疫措施

对来自疫区的水果、包装材料、集装箱及运输工具应进行现场检验，对来自疫区的入境旅客应严格检查其携带物。禁止从有苹果蠹蛾发生的国家和地区输入新鲜苹果、杏、樱桃、梨、梅、桃和有壳的胡桃。对来自疫区的水果、包装物必须严格检验，检查时可根据苹果蠹蛾幼虫的为害状和形态特征进行观察，观察果实外表是否有危害症状，并剖开被害果观察是否有幼虫和蛹，同时检查包装材料及其缝隙内是否有虫茧。在果品或其包装材料中发现有昆虫的幼虫和蛹，应进一步进行镜检鉴定。

四、小蔗螟

小蔗螟，学名：*Diatraea saccharalis*（F.）。英文名：American sugarcane borer。属鳞翅目（Lepidoptera）螟蛾科（Pyralidae）草螟亚科（Grambinae）。

1. 分布危害及历史

小蔗螟最早是发生在加勒比地区的一种为害甘蔗的害虫，特别是在牙买加危害比较严重，以后又逐渐扩散到了西印度群岛和几乎整个美洲。1855 年由西印度群岛传入美国。现分布于美国、墨西哥、危地马拉、格林纳达、洪都拉斯、萨尔瓦多、安提瓜和巴布达、古巴、巴巴多斯、多米尼加、巴拿马、牙买加、海地、波多黎各、特立尼达和多巴哥、阿根廷、玻利维亚、秘鲁、巴西、圭亚那、哥伦比亚、厄瓜多尔、乌拉圭、委内瑞拉和巴拉圭。

小蔗螟为寡食性害虫。寄主植物包括甘蔗、玉米、水稻、高粱等禾本科作物和一些禾本科杂草，以幼虫为害心叶和钻蛀茎秆。从苗期一直到收获前都可危害。为害寄主的虫态为幼虫期。在植株的苗期幼虫侵入植株的生长点，为害心叶，造成"死心"苗。在植株生长中后期，幼虫则钻入植株茎秆内部蛀食植株的内部组织，受害严重的植株有时只剩下植株的纤维组织。由于这种害虫可以以上述两种方式进行危害，因此植株的正常生长受到了抑制，影响了植株的正常生长和茎秆的伸长，从而导致了植株矮小。幼虫钻蛀后的孔道又成为病原菌感染植株的通道，使植株易于感病。同时幼虫危害造成机械损伤，植株在遇到大风天气时容易风折。所以，总的来说，受到危害的植株一般早熟、重量较轻，常减产。对甘蔗来说，植株受害后，糖分的含量和质量都会受到影响。在美国，估计每年损失甘蔗 4%～30%。

2. 形态特征

1）成虫：雌虫翅展 28.0～39.0mm，雄虫翅展 18.0～26.0mm。体淡黄色。额突出，颜面圆形，无瘤或角质的尖。下唇须褐色，伸出头长 1.25 倍。前翅稻草黄色或黄褐色，各有 2 条斜纹，斜纹由 1 排 8 个的小斑点组成。在 2 条斜纹上方各有 1 个黑色圆点。前翅的亚端线几乎呈连续和不规则的波浪形，中线是分离的点或短的条纹。翅脉棕色，较明显，中脉 M_2 和 M_3 在末端几乎合并，径脉 R_2 紧靠 R_{3+4}。后翅丝白色至灰白色。

2）卵：长 1.16mm，宽 0.75mm，扁平椭圆形，卵块呈鱼鳞状重叠排列。卵初产时白色，后变为橙色，孵化前可见黑色眼点。

3）幼虫：分夏型和冬型。夏型老熟幼虫体长约为 26.0mm。头深褐色，口器黑色，身体白色。头部第 3 盾片透明；上颚具 4 个尖齿和 2 个圆钝齿，第 1 个尖齿基部有 1 个小尖突；亚单眼毛与第 5、6 单眼之间距离相等。前胸盾片淡褐色到褐色，毛片和毛淡褐色。腹节前背毛片大，间距小于毛片长度的 1/2；前背毛和后背毛的连线与体中线在该节前方交叉，夹角约为 30°。第 9 腹节前背毛可见。气门深褐色，长卵形。腹足趾钩双序。无次生刚毛。冬型老熟幼虫体长约 22mm，与夏型幼虫的主要区别是前胸盾片和毛片颜色较浅。

4）蛹：长 16～20mm。米黄色到红褐色。末端有明显的尖状凸起。

3. 检疫措施

使用有可能携带该虫的甘蔗、玉米、高粱和杂草的茎秆作为包装材料和运载工具时，均应进行仔细检查，采集标本进行形态鉴定。

禁止从疫区调运甘蔗种苗、蔗茎、蔗宿根和玉米、高粱的茎秆、穗、叶片等。来自疫区的货物需有原产地出具的检疫证书，从疫区调运的玉米粒等需过筛，确保玉米粒没有夹杂茎秆、玉米穗和其他可能携带螟虫的植株部分。来自疫区的甘蔗需进行低温或高温处理：可将蔗茎放在 −10℃ 条件下处理 72h，或在 52℃ 的水中浸泡 20min，并不断搅动，保持各处温度均匀。对玉米、高粱和相关的包装材料用溴甲烷熏蒸处理。

第十二章 植物检疫监管

第一节 检疫监管介绍

随着我国改革开放和贸易经济的发展，进出境货物不断增加，简化口岸查验手续，加快验放、通关的要求也越来越迫切，这就要求植物检疫必须提高验放的速度。采取必要的检疫监管措施，对部分应检物的部分检疫内容实行后续检疫，能够促进经济贸易的发展。由于受口岸查验时间、场地和技术等条件的限制，海关不可能在口岸现场查出所有的有害生物，难免漏检。因此，强化前期和后续检疫监督管理，可弥补口岸现场检验检疫的某些局限性，能够进一步避免现场检验检疫中的漏检问题，解决尚在潜伏期的病虫害的检验检疫问题，是全面做好进出境植物检疫的重要措施，能更有效地防止检疫性有害生物的传入、传出和扩散。

《中华人民共和国进出境动植物检疫法》第七条规定，国家动植物检疫机关和口岸动植物检疫机关，对进出境的植物、植物产品的生产、加工、存放过程实施检疫监督制度。检疫监管就是海关对进出境的植物、植物产品的装卸、运输、生产、加工、储存等过程实施的监督管理，并对种子、苗木、繁殖材料的隔离检疫过程实施监督管理。出境植物、植物产品的检疫监管：对生产、加工、存放出境检疫物的场所实施注册、登记管理。对经检疫合格的出境检疫物在出境口岸实行监督装运。检疫监管的方式主要有：实行注册登记（备案）、预检、疫情调查、监测和防疫指导等。

装卸、运输、储存、加工单位在入境口岸海关管辖区内的，由入境口岸海关负责监管，并做好监管记录。运往入境口岸海关管辖区以外的，由指运地的海关负责对其装卸、运输、储存、加工过程进行监管，入境口岸海关应及时通知指运地的海关。海关可以根据需要，在进境植物及其产品的装卸、运输、储存、加工场所实施外来有害生物监测。海关根据工作需要，视情况派人员对输出植物及其产品的国家或地区进行产地疫情调查和装运前预检。下面介绍几种进出境植物及植物产品，海关是如何对其进行监管的。

一、进境植物检验检疫监管

以进境美国小麦检验检疫监管为例进行介绍。进境美国小麦检验检疫监管流程如下。

1）海关对使用进境美国小麦的企业实施考核备案制度，储存、加工场所应符合植物检疫和防疫要求。

2）海关对进境美国小麦的装卸、运输、储存、加工过程实施监督管理，未经海关许可，不得擅自调离、使用，禁止作种用。

3）装卸、运输、储存、加工单位在入境口岸海关管辖区内的，由入境口岸海关负责监管，并做好监管记录。

4）运往入境口岸海关管辖区以外的，由指运地的海关负责对其装卸、运输、储存、加工过程进行监管，入境口岸海关应及时通知指运地的海关。

5）海关可以根据需要，在进境美国小麦的装卸、运输、储存、加工场所实施外来有害生物监测，发现重大疫情时，应采取有效的防疫措施，并立即报告海关总署。

6）从事小麦矮腥黑穗病疫麦灭菌处理的单位，必须经直属海关初审，并报海关总署考核批准。海关对灭菌处理工作进行监督。

扫右侧二维码见其他货物的检验检疫监管。

二、出境植物检验检疫监管

出境植物检验检疫监管流程如下。

1）海关对出境植物、植物产品的装卸、运输、储存、加工过程实施监督管理。

2）海关负责管辖区内货物装卸、运输、储存、加工的监督管理，并做好监督管理记录。

3）海关对查验不合格的货物，应将查验的有关情况向产地海关通报。

4）产地海关负责对其签发证书或换证凭单的出境植物、植物产品的装卸、运输、储存、加工过程进行监督管理。

5）海关对有具体检验检疫要求的出境植物、植物产品实行备案、登记制度，并对植物生长期病虫进行监测性调查。

三、过境植物检验检疫监管与出境放行

过境植物检验检疫监管与出境放行流程如下。

1）经检疫发现装载过境检疫物的运输工具或包装物、装载容器破损、撒漏或有可能造成途中撒漏的，承运人或押运人应当按照入境口岸海关的要求，采取密封和其他检疫处理措施，合格后，准予过境；无法采取密封等措施的，不准过境。

2）过境期间，准予过境的检疫物，未经海关批准，不得拆开包装或卸离运输工具。

3）过境检疫物到达出境口岸时，由出境口岸海关核查装载过境检疫物的运输工具或包装物、装载容器破损、撒漏情况及过境检疫物的数量，符合检疫要求的，准予出境；不符合检疫要求的，经海关调查没有产生严重后果并采取补救措施后，准予出境。否则，不准出境。

四、其他情形植物检验检疫监管

1. 供展览用植物及其产品检验检疫监管

（1）监管对象的管理　　展览期间，所有展览用植物及其产品禁止出售。经海关工作人员的现场检疫和实验室检疫后，所有参展植物、植物产品都要摆放或种植在相应的场所，由海关工作人员实施监管。

1）所有参展植物、附土植物及隔离期间的繁殖材料，都由主办单位统一管理。

2）主办单位应指派专门的管理人员，负责每一展出场地、隔离场地和隔离苗圃的管理。

3）管理人员要制订详细的管理图表及说明，图表上要标明植物名称、品种及数量，对参展植物要有展览计划，对隔离植物要有栽培计划、栽植场地及隔离规定的编号等。

4）管理人员应将管理图表复制一份，交展览现场海关办公室备案。

5）展览或隔离期间，不得随意变更其摆放或种植的地点，更不得私自出售。如确需变更地点的，需经海关工作人员同意，并重新登记变更后的地点。

（2）展览条件

1）种子、种球、切花、切叶等产品的展览条件：在展览期间，应保证良好的隔离条件，防止病虫害的交叉感染，展台之间应保持一定的空间距离，要有一定的防护设施。

2）盆景、种苗、马铃薯植株等植物的展览条件：指定会场内的某展区为隔离区，展出和隔离检疫（果树通常为两年，其他植物要一个生长期）同时进行，但要符合以下条件：①植物由主办单位统一管理，展方要提交绘制的管理图表及说明，内容应包括植物名称、品种及数量、栽培计划、栽植的场地、隔离规定的编号等内容；②要设立"隔离栽培植物"的标记；③栽培隔离植物的场地与参观通道的距离要保证参观者触摸不到；④在栽植被隔离的植物时，不能与同科或其他植物同在一个栽培床；⑤被隔离的植物如要向其他场所移动，需事先得到海关的允许；⑥隔离栽培的场所，要符合隔离栽培后土壤能够进行消毒处理的条件；⑦与特许输入的附土植物在同一盆中或同一区域内展出的其他植物或材料，按特许输入植物的规定处理。

3）带土植物的展览条件：对与土壤不可分离的植物，经海关总署特许审批后，在特定条件下，准许参展，条件是：①要制订输入后的管理方法，具有特定的管理场所和管理人；②植物要栽培在符合规定大小并可防止水分和土壤流失的容器内；③放置的场所应保证参观者触摸不到，或者采取措施，使参观者不能触摸；④在会场内要移动到其他展出场所时，应事先得到海关的准许；⑤除土壤表面有苔藓等植物覆盖的外，栽植植物的花盆表面在输入后要立即消毒或用细沙网等罩上。

4）烟草类（烟叶及其烟草薄片）的展览条件：在具有防止烟草霜霉病菌传播的防疫条件下展览。

5）果蔬类（新鲜水果，番茄、茄、辣椒果实）的展览条件：在具有防止实蝇类害虫传播的防疫条件下展览。

（3）检疫标识　　隔离展览的植物要在隔离展台或苗圃设立"隔离种植"字样的标识；附土植物在隔离场所设立"附土植物"字样的标识。

（4）定期巡查　　对上述监管对象的展览场地进行定期巡查。主要关注植物的生长状况，水果、蔬菜的腐烂变质，展览品的位置移动情况等。

（5）疫情监测　　在展出场地和隔离场所要摆放或悬挂昆虫诱捕器具，主要有诱捕各类昆虫的黑光灯、监测实蝇的诱捕器、诱捕斑潜蝇的黄色粘卡等，同时结合定期巡查对展览品进行监控。

（6）死亡和腐烂样品的处理　　供展植物及其产品在展出期间死亡、腐烂、变质的，应集中销毁，隔离种植的植物死亡的，除销毁残株外，还应对土壤进行消毒或灭菌，海关工作人员对处理过程进行监督。

2. 进境转基因产品检验检疫监管

进境转基因产品检验检疫监管流程如下。

1）海关对进境转基因产品的装卸、运输、储存、加工过程实施监督管理。对具有生命力的转基因产品，应建立进口档案，载明其来源、储存、运输等内容，并采取相应的安全控制措施，防止其进入环境。

2）装卸、运输、储存、加工、使用单位在进境口岸海关辖区内的，由进境口岸海关进行监督管理。

3）运往辖区外的进境转基因产品，由指运地的海关实施监管，进境口岸海关应及时通知指运地的海关。指运地的海关负责对其离开口岸后的运输、装卸、加工储存过程进行监管并做好监管记录。

3. 过境转基因产品检验检疫监督

过境转基因产品检验检疫监督流程如下。

1）出境口岸海关监督其出境。

2）对改换原包装及过境线路的过境转基因产品，应当按规定重新办理过境手续。

3）未经海关批准，不得将过境转基因产品在运输过程中拆开包装和卸离运输工具。

第二节　植物检疫监管的范围

根据《中华人民共和国进出境动植物检疫法》及其实施条例等法律法规的规定，植物检疫监管范围涉及植物检疫的多方面和全过程，具体范围包括以下内容。

1）进境植物、植物产品和其他检疫物，未经直属海关同意，不得卸离运输工具。经海关批准，运往指定地点检疫、处理或改变用途的，在运输、装卸过程中，货主或其代理人必须采取防疫措施，防止撒漏，存放、加工、处理等场所应符合植物检疫和防疫的规定。

2）进境植物种子、种苗和其他繁殖材料需要隔离检疫时，在隔离种植期间，海关对其实施检疫监管。

3）因科学研究等特殊需要，经海关总署特许审批同意引进的禁止进境物，在使用过程中，海关需对其进行严格的检疫监管。

4）经海关总署特许审批同意，使用进口水果、蔬菜（茄科类）作配餐食用的宾馆、饭店和外籍人员集中的单位，不得将上述水果、蔬菜转让给其他单位。海关对上述水果、蔬菜的使用和废弃烂果、果皮（核）等物的处理过程进行检疫监管。

5）对在中国境内举办展览用的进境植物、植物产品和其他检疫物，除在进境时实施检疫外，在展览期间须接受当地海关的检疫监管，未经同意不得移作他用。

6）从事进出境植物、植物产品和其他检疫物的熏蒸、消毒处理业务的单位和人员，必须经海关考核认可。海关对其熏蒸、消毒工作过程进行监督、指导，并负责出具熏蒸或消毒证书。

7）对进入保税区（库）的贸易性保税进境植物、植物产品和其他检疫物，海关对其实行检疫监管。

8）海关可以根据需要，在机场、港口、车站、仓库、加工厂、农场，以及存放进出境植物、植物产品和其他检疫物的场所，设置监测器具，实施植物疫情监测，有关单位应当予以配合。

9）海关根据需要，可对运载进出境植物、植物产品和其他检疫物的运输工具、装载容器，加施检疫封识或者标志。

10）过境植物、植物产品和其他检疫物，以及装载容器、运输工具，在过境期间，海关对其实施检疫监管。

11）对国外向中国出口和中国对外出口的植物、植物产品的生产、包装、存放单位或地点进行注册登记（备案）。

12）根据需要，并征得对方国家植物检疫部门的同意，海关总署可以派人到向中国出口植物、植物产品的国家进行预检或产地疫情调查和监测。

第三节　植物检疫监管的措施

一、隔离试种

隔离试种是为了防止外来病虫害的传入，而将外来种苗等繁殖材料，在一定的、安全的、相对隔离的地方，进行种植、观察的一种检疫性措施。

1. 隔离试种的重要性

《中华人民共和国植物检疫条例》规定：从国外引进可能潜伏有危险性病、虫的种子、苗木和其他繁殖材料，必须隔离试种。其原因如下。

1）某些植物疫病特别是病毒、植原体和有害生物的潜伏期较长，在短时间内不表现明显的症状；目前，口岸缺乏快速、准确、有效的检验方法，植株只有在生长期间表现出明显的症状后，才易于鉴别。

2）国家规定的危险性病、虫名单，主要是根据国外危险性病、虫的疫情分布情况及在国内没有或少有发生和分布而制定。有时在国外发生、危害严重的病、虫传入国内后不会造成重大损失，而某些国外发生不太严重的病、虫，传入国内后，由于生态条件的改变，发生、危害严重而造成重大经济损失。所以只有通过隔离试种，才能了解进境种苗携带的病、虫在国内的发生、危害情况。

3）口岸检疫抽样具有一定的偶然性：一方面限于现有检疫技术水平；另一方面引进种苗在传带病原物和害虫数量微小的情况下，可能出现漏检现象，即使种苗传带少量的病、虫，若遇适宜的生态条件，也极易引起流行、危害。

4）有的植物到达一个新的地区进行种植时，可能因不适应新的生态环境而不能抵抗当地有害生物的侵袭。隔离试种则可以发挥国内检疫优势，一旦发现疫情，及时控制消灭。因此，从国外引进的林木种子、苗木和其他繁殖材料，有关单位或者个人应当按照审批机关确认的地点和措施进行种植。对可能潜伏有危险性病、虫的：一年生植物必须隔离试种一个生长周期；多年生植物至少隔离试种2年。经省、自治区、直辖市森林检疫机构检疫，证明确实不带危险性病、虫的，方可分散种植。

2. 隔离试种的要求

隔离检疫是由海关按一定的检疫程序和规定在指定的隔离场所（如隔离中心）对植物实施检疫的过程。隔离场所有国家级和地方级隔离中心，一般由海关按照检疫隔离要求建立。隔离检疫程序包括检疫物品材料登记、初步监测和处理、栽培或饲养、生长期观察检验与处理及出证放行5个基本步骤。隔离检疫有一套严格的控制措施和管理制度，对隔离材料、人员进出和隔离时间等都有严格的规定。在隔离检疫过程中，海关工作人员将根据检验检疫的要求和具体情况对栽培的植物做定期观察，记录植物的生长及病害和其他有害生物的发生情况，并采集样品进行实验室检验。

根据检疫需要，隔离试种场地应具备下列条件。

1）隔离试种的地址应选在无危险性有害生物分布的地区并有自然隔离屏障（如山、河、湖、海等）或远离同类作物的生产地，以防试种场内、外有害生物相互传播，便于引进材料上一旦发现带有疫情时的封锁、扑灭。

2）气候、土质等生态条件适合所试种作物的生长、发育。

3）交通比较方便，但隔离场所四周应有防护屏障，无关人员、牲畜等不能进入。

4）有不受病、虫、草害污染的水源满足试种的需要，最好有独立的排灌系统。

5）有具有一定理论基础和实践经验的作物栽培、植物保护等方面的技术人员，负责进行试种管理和病、虫观察、调查、记载、处理等技术工作。

引种单位在直属海关认可或指定的场所进行隔离试种，并负责生长期间的管理。

3. 隔离试种的过程

海关针对进出口种子、种苗，按以下规定进行隔离检疫。

（1）制订《隔离检疫计划》　对每一批隔离植物制订一份书面的《隔离检疫计划》，明确种植时间、地点、栽培管理要点和生长期检疫办法。该计划由专职检验员制订，隔离检疫场负责人审核同意后执行。《隔离检疫计划》至少包括以下内容。

1）隔离种植物来源及相关背景。

2）隔离种植数量。

3）隔离检疫期限：隔离种植物的隔离检疫期限按审批规定执行。审批意见不明确的：一年生植物隔离检疫一个生长周期；多年生植物一般不少于 2 年；因特殊原因，在规定时间内未得出检疫结果的，可适当延长隔离检疫时间。

4）隔离检疫方案设计：根据不同的植物，提供适宜的隔离检疫场地，确定具体地点和布局规划，并对隔离方式、管理要点、定期观察、取样检验、重点观察的有害生物种类和观察记载要点、发生检疫性有害生物时的处理等进行详细设计。

（2）隔离检疫期栽培管理

1）隔离检疫的种植要求：同一批次的隔离种植物按照《隔离检疫计划》集中种植，不同批次的隔离种植物应相互隔离，以防止互相污染。

2）种植前设施的处理：隔离设施、介质、盆钵及专用器械应预先进行灭菌处理。

3）栽培管理措施：根据货主提供的植物栽培管理资料，采用适当的栽培管理措施。

4）环境条件数据的采集：隔离种植样品进入隔离检疫场地后，应记录隔离检疫环境的温度、空气湿度数据，有特殊要求的样品同时记载其他数据。

5）隔离植物生长管理和记录：管理人员负责隔离种植物生长期的管理，定时记录生长状况，填写隔离检疫情况记录。

（3）隔离检疫期症状观察　管理人员定期观察隔离种植物的生长情况，发现植株出现异常现象应立即报告专职人员。专职人员根据需要定期观察隔离种植物有害生物发生情况，发现可疑植株应立即挂牌，并进行详细记录和准确描述；发现可疑的检疫性有害生物时，应立即取样送室内检验。

（4）隔离检疫温室防污染措施　定期对隔离检疫温室喷洒杀虫剂或开启紫外线灯照射消毒。进入隔离检疫温室前应洗手，在缓冲室内更换工作服、帽、鞋，并且只能在隔离检疫温室内使用。

扫右侧二维码可见具体种类的隔离检疫方法。

二、预检

产地检疫和预检是在农产品的原产地进行的具有针对性的检疫措施，其中产地检疫一般用于我国国内植物及产品在不同省区间的调运中，在调运之前由海关工作人员到原产地，在植物及产品的生长或生产期间进行调查、检验和检测，其目的是防止检疫性植物有害生物在国内不同的地区之间传播扩散；预检是在植物或植物产品入境前，输入方的植物检疫相关工作人员在植物生长期间到植物或植物产品的产地进行检验检疫的过程。

预检的意义主要表现在以下 3 个方面：第一，提高检疫结果的准确性、可靠性。预检是在植物生长期间进行的检验检疫过程，植物病、虫、草等有害生物的为害状及其自身的形态特征处于明显的表征时期，易于发现，因此更有利于诊断和鉴定，而使所得结果的准确度大大提高。第二，简化进出境时的检验检疫手续，加快通关速度。经过产地预检合格的植物和植物产品，在进出境时可以简化部分现场检验检疫的程序，特别是对于鲜活产品尤为有利。第三，避免货主的经济损失。在预检的过程中，货主能够在相关部门的指导和监督下，采取有效的预防措施，在植物生长或植物产品生产过程中防止和消除有关有害生物的危害，从而获得合格的植物和植物产品。在货物进出境时，就可避免因检疫不合格而进行检疫处理所造成的经济损失。

近年来，通过预检进行植物检疫的合作已在一些国家间开展，并越来越普遍。例如，美国对从智利进口的苹果和葡萄、从南美洲进口的落叶水果、从新西兰进口的苹果、从日本进口的橙子，以及从比利时和荷兰进口的蕨类植物等都进行了预检。中国对从美国华盛顿州进口的苹果和佛罗里达州等地进口的柑橘、从哥伦比亚进口的香蕉、从印度进口的芒果，以及从巴西、土耳其、加拿大等地进口的烟草等也都进行了预检，在确认无苹果蠹蛾、地中海实蝇、烟草霜霉病菌等检疫性有害生物的基础上，上述农产品才得以进入中国市场。

扫右侧二维码可见进口烟叶境外预检程序。

三、疫情监测

《国际植物检疫措施标准》第 6 号（ISPM6）对监测的定义为：证实植物检疫状况的官方持续过程。ISPM 的第 6 号标准是"监测准则"，该准则要求国家植物保护组织建立一个信息收集系统来收集、证实或汇编需要注意的有害生物的有关信息。要求各国以有害生物风险分析为基础来调整植物检疫措施。使用的方法包括一般监测和特定调查。监测原则上应该保持一定的透明度，国家植物保护机构应当根据一般监测和专门调查结果公布有害生物的发生、分布情况。疫情监测是今后大力发展的工作，经过确认的监测信息，可以用于证明在某种寄主、货物或某地有某种有害生物的存在，或者证明某地没有特定的有害生物（用于建立或维持非疫区）。

1. 诱捕监测

检验检疫工作中常用的疫情监测手段是诱捕监测。诱捕监测是一种将特异性引诱剂置于特制的诱捕器中，诱捕检疫性有害生物，监测其发生动态的方法；主要用于产地、港口、机场、车站、货场、仓库等处进行疫情监测。诱捕器由引诱剂、诱芯和诱捕器三部分组成。

（1）引诱剂　目前应用的主要引诱剂是信息素和诱饵两类。信息素种的特异性强，灵敏度高，国内外已广为采用。

1）信息素。

A. 实蝇类性信息素：诱虫醚（metyleugeno，简称 Me，成分为甲基丁子香酚）是一种液体引诱剂，监测的对象是橘小实蝇（*Bactrocera dorsalis*）及其相关的实蝇种类。诱蝇酮（cue-lure，简称 Cue，成分为 4- 对乙酰氧基苯基 -2- 丁酮）是一种液体引诱剂，监测的对象是瓜实蝇（*Bactrocera cucurbitae*）及其相关实蝇种类。实蝇酯［trimedlure，成分为 4-（5）-

氯-2-甲基-环己烷-1-羧酸叔丁酯]，监测的对象是地中海实蝇（*Ceratitis capitata*），但对非洲番茄实蝇（*C. pedistris*）、纳塔尔实蝇（*C. rosa*）和黑莓实蝇（*C. rubivora*）均有反应。地中海实蝇引诱剂有固体剂（片剂）和液体剂两种类型，目前多用固体剂。三种实蝇信息素均为仿雌性外激素，是人工合成的化合物，专门引诱雄虫，前两种在江苏省激素研究所股份有限公司已有生产，后一种为进口产品。国外生产的诱蝇酮和诱虫醚活性较强，前者保持活性的时间比后者长，分别为 3 年和 7 个月。

B. 苹果蠹蛾性信息素：成分为（8E，10E）-8,10-十二碳二烯-1-醇，为该种专化性信息素，中国科学院新疆化学研究所已人工合成试用，在渤海湾、东北和西北诱集的效果良好。诱集结果表明，在渤海湾沿岸苹果产区确无苹果蠹蛾存在，纠正了英国虫情分布资料上的一个错误纪录。

C. 谷斑皮蠹聚集信息素：为雌虫释放的一类由油酯乙酯（44.2%）、棕榈酸乙酯（34.8%）、亚麻酸乙酯（14.6%）、硬脂酸乙酯（6.0%）、油酸甲酯（0.4%）5 种酯类合成的化合物，已可人工合成。化合物或 5 种酯类人工混合或单种酯类对雄虫都有诱集力，对同属的数种皮蠹也有引诱性。在美国已广泛用于检测谷斑皮蠹。

2）诱饵：诱饵是对害虫等有很强引诱力的各类物质。目前实蝇监测所用诱饵主要为水解蛋白，其作用机理是水解蛋白液中含有实蝇成虫发育所必需的营养物，此液不断散发出氨，对实蝇雌雄成虫都有很强的引诱效果。

柑橘大实蝇成虫喜食糖蜜等发酵物。浙江省农业科学院用蛋白胨 1 份、红糖水 5 份、啤酒酵母 2 份、水 92 份调配成的混合物，对柑橘大实蝇有良好的诱集效果，并可诱到其他实蝇。

（2）诱芯　诱芯是引诱剂的负载材料。诱芯不同，引诱剂的负载能力和释放速度差异很大，引诱的效果也不一样，故需根据不同的要求进行选择。目前使用的诱芯主要有塑料、橡胶和脱脂棉球三大类。封闭式的塑料或橡胶诱芯释放诱集素的速率稳定，不受雨水影响，有效期较长，但不及棉团、海绵、杯形等开放式诱芯释放信息素的速度快、诱虫力强。

信息素在高温（特别是阳光）下易分解而失去活性，因此制成的诱芯宜放在冰箱中保存备用；开放式的诱芯宜随制随用。为了延长诱芯的有效期和调节信息素的速率，可在制作时加入适当的保护剂（氯基甲酸酯、苯酮、苯基丙烯酸酯等）或抗氧化剂，外表要有遮光膜保护。

（3）诱捕器　诱捕器是用于承载引诱剂和诱饵的容器。诱捕器的种类很多，多用纸板、塑料薄片或纱网制成，根据其形状和结构，常见的有屋脊型、翼型、双锥体型、平板型等多种。除水盆型、网状倒置双锥型外，其他形式在使用时均需在内壁涂上粘虫胶，用于粘捕害虫，不使其逃逸。

诱捕器的类型很多，比较常用的有 3 种：第一种为 Steiner（代号 S），用透明硬塑料制成的圆筒状实蝇诱捕容器，容器内上方有用于固定脱脂棉诱芯或盛载固体引诱剂塑料篮子的金属丝；第二种为 Jackson（代号 J），是一种三角形纸质的实蝇诱捕容器，可适用液体和固体两种类型的引诱剂；第三种为 McPhail（代号 M），是一种壶形瓶状实蝇诱捕容器，应用蛋白酵母作诱饵，吸引实蝇进入后溺死在瓶内的水中。

2. 监测器材和诱捕点的选择

监测器材包括引诱剂、诱饵、诱捕器、脱脂棉、细铁丝、一次性注射器、指形管等实蝇监测工作所需的器具和用品。

目前海关总署正在开展的实蝇监测，所用的方法就是诱捕监测。根据实蝇的生物学特性，监测点原则上设在实蝇的适生区。由于大多数实蝇种类的生物学特性比较接近，因此在选择诱捕点时应适当考虑不同种类的区分。实蝇监测点可重点设置在以下场所：境外水果、蔬菜主要入境口岸及其邻近地区；境外旅客主要入境口岸及其邻近地区；入境旅客旅游热点地区；远洋垃圾集中堆放、处理场所及其邻近地区；城市近郊的植物园、大学校园和类似的场、院的果树、蔬菜种植园；出口蔬菜、水果备案种植基地；其他有国外危险性实蝇传入条件的地区或场所等。

　　扫右侧二维码可见实蝇和杂草疫情监测技术指南。

第十三章　检疫性有害生物的除害处理原理与方法

第一节　检疫处理的概念、原则与过程

一、检疫处理的概念

检疫处理是对国内或国际贸易调运的植物、植物产品和其他检疫物及其装载容器、包装材料、铺垫物、运输工具，以及货物堆放场所、仓库和加工点等，经检疫发现有植物危险性病、虫、杂草或一般生活害虫超标时，为防止有害生物的传入、传出和扩散，由海关依法采取的强制性处理措施，是确保植物检疫质量的重要手段。

二、检疫处理的原则与过程

（一）目的与策略

检疫处理的目的是严防检疫性有害生物的传入、传出和扩散，杀灭在国内或国际贸易调运物品中带有的危险性有害生物，使处理后物品的调运成为可能，否则，物品会由于携带有害生物而被禁止输入、输出或调运。

当运输的物品有可能传播有害生物时，检疫法规可能要求将处理作为输入的一个条件。在保证有害生物不传入、传出和扩散的前提下，尽量减少货主的经济损失，以促进贸易和经济的发展。对于能进行有效检疫处理的，尽量不作退回或销毁处理。无有效处理方法或经除害处理不合格的，作退回或销毁处理。另外，在进出口贸易中，检疫处理往往还作为进出境的限制条件，有时甚至成为贸易的一种壁垒。

（二）基本原则

对应检物品的检查是为了决定其能否调运。对于未发现列入检疫对象的危险性有害生物或一般生活害虫未超标时不必处理即可放行。经检查确认有危险性病、虫、杂草时，应将该种物品处理、销毁、拒绝调入、遣返起运地或转运别处，或者在各种限制条件下调入后再作清除或用于加工。为保证检疫处理顺利进行、达到预期目的，实施检疫处理应遵循如下基本原则。

1）检疫处理措施必须符合检疫法规的有关规定，有充分的法律依据。

2）检疫处理措施应设法使处理所造成的损失降低到最小。

3）处理方法必须完全有效，能彻底除虫灭病，完全杜绝有害生物的传播和扩展。

4）处理方法应当安全可靠，不造成中毒事故，无残毒，不污染环境。

5）处理方法还应不降低植物和植物繁殖材料的存活能力和繁殖能力，不降低植物产品

的品质、风味、营养价值，不污损其外观。

6）凡涉及环境保护、食品卫生、农药管理、商品检验及其他行政管理部门的措施，应征得有关部门的认可并符合各项管理办法、规定和标准。

（三）检疫处理与常规植物保护措施的差异

1）检疫处理是依照法律、法规，由海关规定、监督而强制执行的，要求彻底铲除目标有害生物，所采用的方法是最有效的单一方法。

2）常规植保措施则把有害生物控制在经济危害水平以下，需要协调使用多种防治手段。

（四）检疫处理的方式与方法

检疫处理的方式大体上有4类：退回、销毁、除害和隔离检疫，其中除害处理是主体。除害处理根据处理手段的性质可以划分为两大类：物理除害处理与化学除害处理。此外，还有转关卸货、改变用途、限制使用等避害处理及截留、封存等过渡性处理方式。执法部门根据贸易具体要求和疫情不同，采取适当的方式处理。

尽管各国或各地检疫机关认为他们采用的处理有效，但由于条件的变化，不可能经常获得满意的效果。降低处理效果的因素包括：有害生物对药剂的抗性、不利的处理条件和错误的处理方法等。处理效果的降低可导致有害生物生存下来或伤害物品，或者这两种结果同时出现。处理失败多是由于疏忽或采用了不正确的方法。

在物品中发现一种害虫未必一定要处理，只有经过概率风险评估（probabilistic risk assessment）分析确认是危险性大的有害生物，涉及国家农业的重要种类才有必要处理。许多国家的法规将对一些产品的强制处理作为进口的一个条件，因为在这些产品中难以查出一种特定有害生物的各个生活期，或者这种物品在产地国家是一种特定有害生物寄主。对于具有极易遭受侵袭的物品，为了避免在目的地进行详细而费时的检查，作为预防性处理，可规定将某物品不应携带有危险性有害生物作为进口的一个条件。

检疫处理所需费用及后果均由货主承担。在进境物检疫时，遇到下列疫情时应退回或销毁：①事先未办理进境审批手续，现场又被查出有禁止或限制进境有害生物的；②虽然已办理了审批手续，但现场检出有禁止进境有害生物，没有有效或彻底的杀灭方法的；③危害已很严重，农产品已失去使用价值的。

当植物种苗或植物产品上发现了有害生物，可以杀死或除害时，或者带有一般性害虫或病害时，应采取除害处理，常用的方法有熏蒸、高温处理或冰冻处理等。有时可采用异地卸货、异地加工或改变用途等方法使之无害化。

在出境物检疫时，同样也应严格把关，凡经检疫后发现不符合进口国要求的货物，实行退货或经除害处理后才能签证。

（五）检疫处理的程序

依照《中华人民共和国进出境动植物检疫法》第17条等有关规定：输入植物、植物产品和其他检疫物，经检疫发现有危险性病、虫、杂草的，由口岸动植物检疫机关签发《检疫处理通知单》，通知货主或者其代理人作除害、退回或销毁处理。经除害处理合格，准予入境。《检疫处理通知单》是检疫处理措施的书面指令。

第二节 检疫性害虫的除害处理

一、物理除害处理技术的原理与方法

（一）低温处理

低温处理技术在 20 世纪初期就已应用于处理昆虫，其主要原理是采用低温处理使昆虫死亡：随着温度下降，昆虫的活动能力也相应降低，并进入冷昏迷状态，代谢速率变慢，引起生理功能失调和新陈代谢的破坏；使昆虫长期处于冷昏迷状态，直至死亡。低温处理可分为速冻处理和冷处理。

1. 速冻处理

速冻处理是在−17℃或更低的温度下急速冰冻被处理的农产品，适用于处理大部分害虫，特别是水果和蔬菜中的害虫处理。处理方法：在−17℃或更低的温度下冰冻，然后按规定在−17℃或更低温度下保持一定时间，然后在不高于−6℃温度下保藏。速冻处理需具备满足上述温度处理的冷冻仓和贮藏仓，在冷冻仓内必须设置自动温度记录仪，记录速冻过程中温度的变化动态。

2. 冷处理

冷处理是指应用持续不低于冰点的低温作为控制害虫的一种处理方法，这种方法对处理携带实蝇的热带水果有效，并已在实践中应用。处理的时间常取决于冷藏的温度。冷处理通常是在冷藏库内（包括陆地冷藏库和船舱冷藏库）进行。处理的要求包括严格控制处理的温度和时间，这是保证冷处理有效性的基本条件。

（1）冷藏库处理　　陆地冷藏库和船舱冷藏库必须符合如下条件：制冷设备能力应符合处理温度的要求并保证温度的稳定性；冷藏库应配备足够数量的温度记录传感器，每 $300m^3$ 的堆垛应配备三个传感器，一个用于检测空气温度，两个用于监测堆垛内水果或蔬菜的温度；使用的温度自动记录仪应精密准确，需获得计量认证和检疫官认可；冷藏库内应有空气循环系统，使库内各部分温度一致。

（2）集装箱冷处理　　具备制冷设备并能自动控制箱内温度的集装箱，可以在运载过程中对某些检疫物进行冷处理。为监测处理的有效性，在进行低温处理时，在水果或蔬菜间放置温度自动记录仪，记录运输期间集装箱内水果或蔬菜的温度动态：40ft[①]集装箱放置三个温度记录仪，20ft 集装箱放置两个温度记录仪。集装箱运抵口岸时，由检疫官开启温度记录仪的铅封，检查处理时间和处理温度是否符合规定的要求。

（二）热处理

利用高温杀死有害生物的方法称为热处理，其主要原理是利用高温使生物体内蛋白质变性，从而使其体内正常生理生化代谢失常，最终导致其死亡。有害生物热处理的效果取决于温度、穿透和持续时间。由于杀死有害生物所要求的温度和寄主耐温能力相差的温度范围很小，因此应用热处理时，务必严谨、准确。

1. 蒸汽热处理

蒸汽热处理是利用热饱和水蒸气使农产品的温度提高到规定的要求，并在规定的时间内

---

① 1ft＝3.048×10⁻¹m

使温度维持在稳定状态，通过水蒸气冷凝作用释放出来的潜热，均匀而迅速地使被处理的水果升温，使可能存在于果实内部的昆虫死亡。

水果蒸汽热处理设施包括三个部分：产品处理前的分级、清洁、整理车间；产品蒸汽热处理室；产品热处理后的降温、去湿、包装车间，这个车间应有防止产品再次遭到感染的设施。蒸汽热处理的主要设施及功能如下。

（1）热饱和蒸汽发生装置　　这一装置应能按规定要求自动控制输出的蒸汽温度，蒸汽的输出量应能使室内的水果在规定时间内达到规定的温度。

（2）蒸汽分配管和气体循环风扇　　蒸汽分配管把蒸汽均匀地分配到室内任何一个果品的货位，循环风扇使室内蒸汽处于均一状态，使蒸汽热量均匀地被每个水果吸收。

（3）温度监测系统　　温度监测系统包括多个温度传感器，温度传感器均匀分布在室内空间各个点，传感器的探头插入水果的内部，通过温度显示仪可以了解处理过程中室内各点水果果肉的温度动态。

海关工作人员主要监督处理室内热蒸汽分布的均匀性、温度监测系统的准确性，以及产品处理后防止再感染的有效性。常见的植物产品蒸汽热处理检疫虫害见表13-1。

表 13-1　常见的植物产品蒸汽热处理检疫虫害

熏蒸货物	有害生物	处理条件	备注
葡萄柚、橙、红橘、芒果（墨西哥产）	墨西哥实蝇	43.3℃，6h	
钟形辣椒、茄、木瓜、凤梨、番茄（夏威夷产）	地中海实蝇、橘小实蝇、瓜实蝇	44.4℃，8h 45min	处理完迅速冷却
樱桃	橘小实蝇、黑实蝇、樱桃实蝇	43.3℃，9h	处理前须确认货物的耐受性
土壤	日本金龟子	54.4℃	
寄主、设备、运输工具	康氏粉蚧	高压蒸汽清洗	
夏威夷产梭罗种番木瓜	地中海实蝇	46℃，10min	

2. 热水处理

热水处理可防治多种生物，如豆粒内害虫、各种球茎上的线虫和其他有害生物，以及带病种子的处理。

3. 干热处理

干热处理一般在烤炉或干燥窑里进行，将被处理的物品置于100℃的环境条件下，这种方法的关键是使处理的材料内部达到特定的温度，并保持到需要的处理时间。干热条件下，植物材料需要承受较高温度处理，水分损耗过多，容易受到损害。因此，干热处理方法的应用有其局限性，还没有被成功用于活的植物材料。

（三）辐照处理

辐照处理就是利用离子化能照射有害生物，使之不能完成正常生活史或不育，从而防止有害生物传播、扩散或将其杀灭的除害技术。常用的离子化能有γ射线、X射线等。由于辐照处理具有很多优点，因此该技术的研究与应用越来越受到各国重视，已经逐步并终将在检疫处理领域占据重要地位。

辐照处理的优点主要体现在以下几个方面。

1. 对货物安全性高

主要表现在两点：一是处理过的货物不会有辐射残留，对人畜安全。理论上，从射线的能量传递方式来看，γ射线和X射线依赖电磁波传输能量，即光子辐射；电子加速器（能量≤10MeV）以高能电子传输能量。辐照只会引起受照射物品分子结构的变化，不会使受照射物品产生感生放射性，更不会残留放射性物质，对动植物产品是安全的。各个国家在不同货物、不同辐射剂量方面的实际研究结果也证实了这点，最终导致一系列国际组织［联合国粮食及农业组织（Food and Agriculture Organization，FAO）、世界卫生组织（World Health Organization，WHO）、国际原子能机构（International Atomic Energy Agency，IAEA）、标准制定机构（Codex Alimentarius Commission，CAC）］一再提高辐照处理货物的安全剂量标准，并宣布辐照食品是安全卫生的。二是对植物产品在适当剂量下的辐照处理不会影响产品品质、风味及口感。不同的植物及植物产品对辐照的耐受度不一样，但最低的耐受度剂量都要远高于杀灭有害生物的剂量。根据目前检疫辐照处理的研究结果，除鳞翅目的蛹和成虫以外，其他害虫的最低吸收剂量均低于300Gy，按照食品辐照加工中允许的剂量不均匀度小于2的要求，当产品箱中最低剂量为300Gy时，产品的最大剂量为600Gy。McDonald归纳了水果和蔬菜的相对耐受性（表13-2），认为1kGy以下剂量对品质没有明显的影响。因此，表13-2所列的鲜活产品都能够耐受检疫辐照处理规定的剂量。

表13-2 不同植物产品的辐射剂量耐受程度（≤1kGy）

耐受度	植物产品
低	鳄梨、葡萄、柠檬、来檬、花茎甘蓝、花椰菜、黄瓜、青豆、利马豆、叶类蔬菜、橄榄、甜椒、刺果番荔枝、南瓜
中	杏、香蕉、番荔枝、无花果、葡萄柚、金橘、枇杷、荔枝、橙、西番莲果、梨、凤梨、李、橘柚、红橘
高	苹果、樱桃、海枣、番石榴、龙眼、芒果、香瓜、油桃、番木瓜、桃、红毛丹、木梅、草莓、番茄

2. 处理费用适中

辐照处理成本主要来源于两个方面：一是前期的硬件设施和场地的固定投入；二是辐照剂量的控制与消耗。汪勋清等（2009）认为，20世纪90年代末γ射线辐照费用与溴甲烷熏蒸的费用相当。与其他溴甲烷替代技术相比，辐照处理的费用总体上与热空气处理［包括蒸汽热处理（steam heat treatment）和强制热空气处理（forced hot-air treatment）］相当，高于其他替代技术。但与其他物理处理相比，辐照处理的能耗最低。而且随着国际原子能机构等标准制定组织将处理剂量的标准放低，成本也会进一步降低。

3. 广谱和快速

辐照处理是利用射线破坏有害生物的DNA等生物大分子，导致其生理生化特性改变，从而阻止其发育和繁殖的方法，具有广谱性特征，因此从处理对象来看，辐照处理是迄今为止最广谱的杀虫方法。

从处理速度分析，辐照处理被认为是处理速度最快的水果检疫处理方法。商业化辐照设施在对包装食品进行检疫处理时，要求最低吸收剂量小于1kGy，所需时间在30min以内，而水果的熏蒸、热水处理、蒸汽热处理等需要的时间分别为2h以上、1h以上、6h以上，强制热空气处理需要的时间更长。

4. 穿透力强

辐照射线具有很强的穿透性，利用这种特性可以处理果实内特别是果核内的害虫，对某些水果甚至成为唯一有效的检疫处理方法。例如，寄生于芒果果核中的芒果果核象甲（*Sternochetus mangiferae*）：50℃、90min 或 70℃、5min 热水处理后仍然可以存活；低温（－12.2℃）能 100% 杀死该虫，但水果无法耐受（Grove et al., 2007）；微波处理和介电质加热也严重伤害水果；38.2mg/L 溴甲烷熏蒸需要至少 6h 才能达到 100% 杀灭效果；硫酰氟处理无效，而且严重伤害水果的品质；使用 100Gy 辐照处理可以 100% 阻止雌虫产卵（Peter, 2001）。

辐照处理中无论使用哪种射线，都必须在一个固定的放射室中进行照射，主要包括辐射源（^{60}Co、^{137}Cs）、硬件设施（辐射器、携带设备和传输设备、控制系统及其他辅助设施）、场地、辐射防护棚及仓库等。

辐照处理的一般剂量通常高于使检疫性有害生物致死或致不育的剂量。美国食品药品监督管理局已批准使用小于或等于 1000Gy 的离子化能处理食品。据亚太地区植物保护委员会（APPPC）植物检疫处理程序手册的规定：按照最低剂量 150Gy 辐照处理实蝇科（Tephritidae）；最低剂量 300Gy 处理苹果蠹蛾（*Cydia pomonella*）、梨圆蚧（*Diaspidiotus perniciosus*）及芒果果核象甲，可使其成虫正常的羽化受阻。常见害虫与节肢动物的检疫辐照处理的通用剂量见表 13-3。

表 13-3 常见节肢动物的检疫辐照处理的通用剂量

节肢动物	处理目标	通用剂量 /Gy
蚜虫	阻止成虫繁殖	100
粉虱	阻止成虫繁殖	100
象甲	阻止成虫繁殖	100
实蝇幼虫	阻止发育为成虫	150
水果象甲	阻止成虫繁殖	150
蓟马	阻止成虫繁殖	250
鳞翅目卵	阻止产生成虫	250
鳞翅目幼虫	阻止产生成虫	250
鳞翅目蛹	阻止羽化后成虫繁殖	350
软蚧	阻止成虫繁殖	250
介壳虫	阻止成虫繁殖	250
螨类	阻止成虫繁殖	350
鳞翅目成虫以外的所有节肢动物	阻止成虫繁殖	350

（四）气调技术

气调技术是通过调节处理容器中的气体成分，给有害生物一种不适宜其生存的气体环境而达到检疫处理的目的。气调技术的工作原理是通过降低处理容器中氧气含量和增加二氧化碳的浓度而杀死害虫或减少害虫对谷物或干果的危害。气调技术起源于对储藏品的保护，长期以来被应用于储藏谷物的害虫防治，也可以应用于检疫处理。已有的研究表明，采用气调技术可以杀死多种检疫性害虫，如实蝇类中的加勒比实蝇（*Anastrepha suspensa*）、苹果实蝇（*Rhagaletis pomonella*）、橘小实蝇（*Bactocera dorsalis*）、卷蛾科（Torticidae）和苹果蠹蛾等。Sharp 在 1994 年报道利用氮气与二氧化碳体积比分别为 100：0、40：60、

60∶40、80∶20 和 0∶100 的混合气体，可杀死加勒比实蝇的卵和幼虫。Gould 和 Sharp（1990）报道，其在用双膜包裹芒果致死加勒比实蝇的研究中发现，被包裹的实蝇经过 6d，卵和幼虫死亡率达 98.67%，若需达到死亡率 99.9968% 的要求，则需经 16.3d。有研究表明，将苹果蠹蛾 5 龄幼虫置于 95% 二氧化碳的环境中 48h 后，滞育的所有虫态均死亡。将苹果贮藏在氧气和二氧化碳浓度均为 3% 的气调状态下，苹果蠹蛾的卵和幼虫经 30d 后死亡。还可采用气调和低温综合处理技术对害虫进行检疫处理。例如，有研究者对人工接种在鲜荔枝中的橘小实蝇进行处理，结果显示在 20℃低温下处理 13d，可杀死其卵和各龄幼虫（梁广勤等，1997）。

（五）微波加热处理

微波加热是利用电磁场加热电介质，使其内部升温，从而达到灭虫效果。粮食、食品、植物与昆虫均是介质，当它们处于电场中时，昆虫的内容物可因迅速加热和剧烈振荡而破坏，最终导致死亡。植物、种子和食品也会因过热而导致死亡或质量的变化。微波加热的优点是升温快，介质内部的温度往往比外表高（不像一般的热处理，温度由外向里升高需时较长），处理后的介质无残毒。主要缺点是介质的内容物不同和磁场不均匀，导致介质升温不均匀。因此，微波处理可用于植物检疫中少量农副产品的处理，以及旅检中非种用材料的处理。

二、化学除害处理技术的原理与方法

化学除害处理方法是目前检疫处理中最常用的处理方式，主要有熏蒸处理、防腐处理、化学农药处理和烟雾剂处理等。

（一）熏蒸处理

对于防治大量物品中种类繁多的有害生物来说，熏蒸处理是目前检疫处理中应用最为广泛的一种除害处理方法。熏蒸处理具有很多突出的优点：杀虫灭菌彻底，操作简单，不需要很多特殊的设备，能在大多数场所实施，而且基本上不对熏蒸物品造成损伤，处理费用较低。熏蒸剂气体能够穿透货物内部或建筑物等的缝隙将有害生物杀灭，这一特性是其他很多处理方法所不具备的。

检疫熏蒸（quarantine fumigation）是指为防止检疫性有害生物的传入、传出、定殖和扩散而实施的熏蒸处理，或者那些在官方控制下所进行的熏蒸处理（这里的官方控制是指由国家植物、动物或环境保护及卫生等官方部门实施或授权）。

根据国际植物保护公约（IPPC）的定义，对受控的非检疫性有害生物实施的熏蒸也应属于检疫熏蒸的范畴。IPPC 对受控的非检疫性有害生物的定义为：因为某种害虫的存在，直接影响了用于繁殖的植物材料的利用，在经济上造成了不可接受的损失，所以对进口国来说，这种生物也是受控的。

装运前熏蒸（preshipment fumigation）是指直接与货物出口有关而且是在货物出口前所进行的熏蒸。其目的是满足进口国的植物检疫或卫生要求，或者出口国已有的植物检疫或卫生要求。

检疫熏蒸及装运前熏蒸都属于官方要求的熏蒸，目的是防止有害生物自由传播。两者与保证货物品质的商业熏蒸不同：检疫熏蒸及装运前熏蒸要求更为严格，其熏蒸效果必须保证能够防止检疫性有害生物传入、传出所要求的检疫安全程度。

1. 熏蒸技术的基本原理

（1）熏蒸及熏蒸剂的概念 熏蒸是指借助于熏蒸剂这样一类化合物，在密闭的场所或容器内杀死病原菌、害虫等有害生物的技术或方法。熏蒸剂是在一定温度和压力下，能够保持气态且维持将有害生物杀灭所需的足够高的气体浓度的一类化学物质。

化学农药中烟雾剂和气雾剂杀灭害虫的过程与熏蒸过程很相似，也是利用化学物质在封闭（或不封闭）局部空间内形成一定浓度，然后达到杀死有害生物的目的。但是，熏蒸是以熏蒸剂气体来杀灭有害生物的，它强调的是熏蒸剂的气体浓度和密闭熏蒸空间。而烟雾剂和气雾剂有效杀虫成分的物理状态分别是固体（微颗粒）和液体（液滴），因此利用烟雾剂和气雾剂来进行除害处理的方法不是熏蒸。

（2）熏蒸剂的气化 大多数常用熏蒸剂都是以液态形式储存于钢瓶中。当这些液态熏蒸剂从钢瓶中释放后，就会吸收周围环境的热量，迅速变成气体。液态熏蒸剂从液态变成气态的过程，就是熏蒸剂的气化。熏蒸剂的气化速度与熏蒸剂的沸点和气化潜热有关。

1）熏蒸剂的沸点是指液态熏蒸剂迅速转变成气态时的温度。有机化合物的沸点与它的分子质量有密切关系：一般而言，分子质量越大，沸点越高。显然，沸点越低，熏蒸剂的使用温度范围就越宽。在常用熏蒸剂中，溴甲烷和硫酰氟的沸点例外：溴甲烷的相对分子质量为 94.95，沸点为 3.6℃；硫酰氟的相对分子质量为 102.6，沸点为 −55.2℃。

2）熏蒸剂的气化潜热是指有机化合物在气化（蒸发）时，如果没有外部能源的补偿，就会因为液体中具有较高能量的分子的逃逸而导致液体总能量的损耗，即液体温度的降低。因此气化（蒸发）是以消耗液体总能量而发生的。气化潜热以每气化 1kg 液体所损耗的热量来表示（单位：kJ/kg）。显然，同温度下气化潜热越低的熏蒸剂，也就越容易蒸发，其应用的环境温度要求就越宽。

（3）熏蒸剂的扩散与穿透 在一个温度和压强都处处均匀的混合气体体系中，如果有某种气体成分的密度不均匀，则这种气体将从密度大的地方向密度小的地方迁移，直到这种气体成分在各处的密度达到均匀一致为止。气体从密度大的地方向密度小的地方迁移的过程称为扩散。

气体的扩散速度与气体密度梯度及扩散系数成正比。扩散系数则与气体本身的性质有关：分子质量大的气体，其密度也大，但扩散系数小。同时扩散速度与温度成正比：温度越高，扩散速度越快。熏蒸剂气体扩散速度越快，杀灭有害生物的速度也就越快，因此理想的熏蒸剂要求扩散速度越快越好。

熏蒸剂气体的穿透是指熏蒸剂气体由被熏蒸货物的外部空间向内部空间扩散（迁移）的过程。熏蒸剂的穿透能力和速度受到很多因素的影响：熏蒸剂气体浓度越高，穿透能力越强，穿透速度也越快；熏蒸剂的分子质量越大，自上而下的沉降速度越快，但在货物内部的水平扩散性较差；熏蒸剂的沸点越高，穿透性越差，吸附性越高。货物本身的性质也与穿透性有密切的关系：货物表面的含水量、含油量及紧密程度等，都可以通过影响熏蒸剂气体分子的运动速度和对熏蒸剂的吸附，造成熏蒸剂气体浓度不同程度的下降，从而影响熏蒸剂气体的穿透性及穿透速度。货物内部温度的均匀程度也能影响熏蒸剂气体的穿透性：温度高的区域气体穿透快，反之则慢。显然，理想的熏蒸剂要求熏蒸气体本身的穿透性越高越好。

（4）熏蒸剂的吸附与解吸 吸附是指在整个熏蒸体系中，固体物质对熏蒸剂气体分子的保留和吸收的总量。吸附使熏蒸体系中部分熏蒸气体分子不能自由扩散或穿透进入货物内部，表现为熏蒸空间熏蒸剂气体分子的减少。因此，在熏蒸中，熏蒸剂气体的散失，除了泄漏外，最主要的原因就是被处理货物的吸附。吸附引起的熏蒸剂气体浓度的降低与熏蒸体系的气密性无关，只与货物的种类、装载系数和温湿度有关。在气密性很好的熏蒸系统中，吸附是引起熏蒸剂气体浓度降低的主要原因。吸附不仅直接影响密闭空间内熏蒸气体实际浓度的高低，还影响解吸时间的长短。吸附是一个渐进过程，熏蒸初期货物对熏蒸剂气体的吸附速率快一些，然后逐渐降低，其表现为在整个熏蒸过程中，熏蒸剂气体浓度逐渐降低。吸附包括表面吸附、物理吸附和化学吸附3种。

1）表面吸附是指熏蒸剂气体分子和固体物质表面接触时，固体物质表面分子和熏蒸剂气体分子之间相互吸引而引起的熏蒸剂气体分子的滞留现象。被固体表面滞留的气体分子可以重新回到自由空间，也就是说，气体分子的滞留是暂时和可逆的。

2）物理吸附是指熏蒸剂气体分子进入物体内部后，被存在于物体内部毛细管中的水或脂肪所溶。物理吸附的量直接与被熏蒸物品的种类和熏蒸剂在水及脂肪中的溶解度有关。

3）化学吸附是指熏蒸气体分子与被熏蒸物品的组成物质之间通过化学反应而生成新的化学物质。这种化学反应是不可逆转的，因而新生成的化合物就成了永久性的残留物。

解吸是一个与吸附相反的过程，即被货物吸附的熏蒸剂气体分子解脱货物表面分子的束缚或从毛细管中扩散出来，重新回到自由空间中。解吸过程是在熏蒸结束后的散气期间进行的。解吸的快慢与环境温度直接相关：温度越高，解吸越快。

（5）熏蒸剂的剂量与浓度　剂量是指熏蒸时单位体积内实际使用的药量。理想的剂量通常是浓度高到足以杀灭有害生物，又低到足以避免损害农产品或形成过多的有害残留物，并且两者之间要有一个较小的安全系数。在剂量的表示单位中，通常用克每立方米（g/m^3）来表示，这是因为在实际熏蒸中，熏蒸剂的重量和被熏蒸场所的体积更容易确定。

浓度是指在熏蒸体系中，单位体积自由空间内熏蒸气体的量。因此，浓度和剂量之间虽然有联系，但也有本质的区别。也就是说，在一般情况下，剂量越高，熏蒸体系中熏蒸剂气体的浓度也越高；但在有些情况下（如熏蒸体系的密封不太好、货物对熏蒸剂的吸附特别强等），剂量高时浓度不一定高。由此可以看出，熏蒸期间熏蒸剂气体浓度的高低是判断熏蒸效果唯一的依据，熏蒸期间不测定浓度，而只凭剂量高低来推断熏蒸效果是不科学的。

（6）浓度和时间的乘积

1）CT值的含义：CT值就是浓度和时间的乘积，单位为$h \cdot g/m^3$。它是指在一定的温湿度条件下和一定的熏蒸剂气体浓度及熏蒸处理时间变化范围内，使某种有害生物达到一定死亡率所需的浓度和时间的乘积，是一个常数，即$C \times T = K$，这里C是指熏蒸剂气体浓度，T是指熏蒸时间，K是一个常数。从CT值的这一定义中可以看出，在一定温湿度条件下，只要能满足一定的CT值要求，那么熏蒸杀虫效果就是一定的，而且熏蒸剂气体浓度和处理时间是可以根据实际情况在一定范围内进行变化的。但CT值的这一定义和上述的关系表达式应该说只是一种近似值，真正具有普遍意义的关系式应是

$$C^n \times T = K$$

式中，指数n可作为毒性指标，它是一个特殊值，代表了熏蒸剂与虫种，更确切地说包含了不同的发育阶段之间的毒性关系。熏蒸工作的重点在于要知道所使用的熏蒸剂和害虫的n值。n值越接近1，说明浓度越重要；实际熏蒸中可以通过提高熏蒸浓度来缩短熏蒸时间。从目前的研究结果来看，溴甲烷、氢氰酸等熏蒸剂在较大的浓度变化范围内比较好地遵从于CT值的规律，而磷化氢只在很小的浓度变化范围内遵从于CT值的规律，并且基本上无实

际应用价值。

2）CT 值的计算方法：如果熏蒸期间熏蒸体系中熏蒸剂气体浓度始终保持不变，那么 CT 值的计算就非常简单，即熏蒸剂气体浓度和熏蒸时间的乘积，就是该次熏蒸的 CT 值。在实际熏蒸中，熏蒸体系内熏蒸剂气体浓度总是随着时间的推移而不断变化，因此不能简单地用熏蒸剂浓度乘以熏蒸时间来得到 CT 值。一次熏蒸中总的 CT 值是通过多次测量熏蒸体系中熏蒸剂的气体浓度值，并以各时间间隔的 CT 值相加才能得到总的 CT 值。一次熏蒸中总 CT 值最精确的近似值是通过大量的浓度检测后获得的。由于条件限制，实际熏蒸中，不可能进行大量的浓度检测，因此一般应在施药后 2h、4h、12h 和 24h 时分别测定熏蒸体系中的熏蒸剂气体浓度。一次熏蒸中熏蒸剂气体浓度的测量次数不能少于 2 次，否则无法计算总的 CT 值。

帐幕熏蒸中，熏蒸剂气体的损失率很高，在这种情况下 CT 值的计算方法最好用几何平均法，即

$$\mathrm{CT}_{(n,\ n+1)}=\left[T_{(n+1)}-T_n\right]\times\sqrt{C_n\times C_{(n+1)}}$$
$$\mathrm{CT}_{总}=\sum\mathrm{CT}_{(n,\ n+1)}$$

式中，$\mathrm{CT}_{(n,\ n+1)}$ 是指时间 $T_{(n+1)}$ 和 T_n 之间的 CT 值（$\mathrm{h\cdot g/m^3}$）；T_n 是指第一次测定熏蒸剂气体浓度的时间（h）；$T_{(n+1)}$ 是指第二次测定熏蒸剂气体浓度的时间（h）；C_n 是指 T_n 时测定的熏蒸剂气体浓度值（$\mathrm{g/m^3}$）；$C_{(n+1)}$ 是指 $T_{(n+1)}$ 时测定的熏蒸剂气体浓度值（$\mathrm{g/m^3}$）。

在气密性较好并已通过了压力试验的熏蒸环境（如熏蒸室）中，气体的损失率很低，此时可以用算术平均值进行 CT 值的计算。其方法是将前后两次测得的熏蒸剂气体浓度相加再除以 2 后乘以两次测定的时间间隔。

$$\mathrm{CT}_{(n,\ n+1)}=\left[T_{(n+1)}-T_n\right]\times\left[C_n+C_{(n+1)}\right]\div2$$
$$\mathrm{CT}_{总}=\sum\mathrm{CT}_{(n,\ n+1)}$$

（7）影响熏蒸剂气体浓度衰减的因素　　所有熏蒸过程都可以用这样 3 个阶段来表征：①熏蒸初始阶段，即密闭空间中熏蒸剂气体浓度建立阶段；②熏蒸剂气体浓度衰减阶段，在此阶段中熏蒸剂气体浓度慢慢降低；③熏蒸结束后的散气阶段，即达到了所需 CT 值后将熏蒸体系中残存熏蒸气体排出的阶段。在整个熏蒸期间，人们总是期望熏蒸剂气体浓度能够维持在某一水平上，以满足杀灭某种有害生物所需的 CT 值。在给定数量的熏蒸剂和特定的熏蒸环境条件下，整个熏蒸期间所能达到的 CT 值，主要取决于衰减阶段熏蒸剂气体的损失率。在衰减阶段，如果不补充熏蒸剂到密闭空间中，那么熏蒸体系中的熏蒸剂气体浓度（C）依据下列公式进行计算。

$$\ln C_0-\ln C=K\ (t-t_0)$$

式中，C 是在时间 t（h）时的浓度（$\mathrm{g/m^3}$）；C_0 是在 t_0（h）时的浓度（$\mathrm{g/m^3}$）；K 是单位时间内（如每天）熏蒸剂气体浓度衰减的速度常数。K 值可由浓度与时间的半对数坐标的斜率求得。对大多数熏蒸来说，在比较稳定的环境条件下，开始时浓度降低较快，而在密闭的大部分时间内浓度与时间的半对数坐标曲线是一条直线，在散气阶段也大致如此。

衰减速率常数 K 受诸多因素的影响。可以把 K 分解成环境条件的影响因素 K_1、吸附因素 K_2 和渗漏因素 K_3。因此，衰减速率常数的全部内容大致可用 $K=K_1+K_2+K_3$ 来表示。影响 K 的因素作用的大小随熏蒸剂的种类和具体熏蒸情况不同而有很大的差异。在一个漏气严重的仓内进行熏蒸，则环境条件成为引起熏蒸剂损失的主要因素，因此这部分影响就成为主要的支配因素。在实际熏蒸中，这些因素的任何一个都可能导致熏蒸的失败，因此一定要改

进熏蒸方法，采取正确的熏蒸措施，从而减少这些因素的影响程度，确保熏蒸成功。

1）环境因素：影响衰减常数 K 的环境因素按其影响程度大致分为风的影响、温度的影响等。

A. 风的影响：事实上，任何用于熏蒸的密闭空间都存在不同程度的漏气，尤其是帐幕熏蒸，因此风的影响是造成熏蒸剂气体损失和导致熏蒸失败的主要原因。风使密闭仓迎风面的压力增加，外界空气进入密闭熏蒸空间；同样，风使背风面的压力降低，熏蒸剂气体外泄出密闭空间。因此，风使密闭空间内熏蒸气体外泄而导致其浓度降低，熏蒸剂气体外泄的速度与风速成正比。但是，风对熏蒸剂气体泄漏的影响程度还取决于密闭空间的气密性，如在同样风力条件下熏蒸，气密性差的熏蒸仓的熏蒸剂气体泄漏速度比气密性好的要快 200 倍以上。由此说明，密封好坏是决定熏蒸成功的重要因素之一，然而在风力比较大的条件下最好不要进行熏蒸。

B. 温度的影响：密闭空间内外的温度不同，气体的密度也不相同，由此会导致密闭空间内外气体压力的差异。如果有孔洞存在，熏蒸剂气体就会通过孔洞迅速泄漏。例如，夏天在阳光直射下进行帐幕熏蒸，由于帐幕内的气体受太阳光的照射而温度升高、密度变小、压力升高，此时帐幕内的熏蒸剂气体就会通过孔洞迅速外泄。夏天阳光直射下的集装箱熏蒸也是如此。因此，夏天在这些场所进行熏蒸时要特别注意密封。

2）吸附的影响：货物吸附熏蒸剂气体分子的能力，不但与熏蒸剂的种类有关，也与货物的性质和环境条件有关。货物吸附熏蒸剂气体，主要发生在熏蒸刚开始的数小时。一般来说：熏蒸剂气体的分子质量越大，沸点越高，越容易被吸附，就越不容易被解吸；货物颗粒比表面积越大、含水含油量越高，吸附能力越强；温度越高，货物的吸附能力越低；货物的装载量越大，被吸附的熏蒸剂气体总量也越大。吸附造成熏蒸气体浓度的降低，与气密性无关。为了弥补吸附造成的浓度衰减，必须增加投药量。

3）渗漏的影响：熏蒸剂气体渗漏包括通过扩散并穿透熏蒸帐幕上的微孔而发生的泄漏和通过因密封不严所留下的孔洞而发生的泄漏两部分。熏蒸剂气体分子通过扩散穿透帐幕发生外泄的量与熏蒸剂的种类、性质和帐幕的种类及厚度有关。一般情况下，通过帐幕泄漏的量是很少的，而熏蒸空间密闭不严才是造成熏蒸剂泄漏的主要原因。

（8）影响熏蒸效果的因素

1）温度的影响：温度是影响熏蒸效果最重要的一个因素。在通常的熏蒸温度范围内（10~35℃），杀灭某一虫种所需的熏蒸剂气体浓度，随着温度的升高而降低。其主要原因是：温度升高，昆虫的呼吸速率加快，昆虫从环境中吸收的熏蒸剂有毒气体随之增多；温度升高，昆虫体内的生理生化反应速度加快，进入昆虫体内的熏蒸剂有毒气体更易于发挥毒杀作用；温度升高，被熏蒸物品对熏蒸剂气体的吸附率降低，熏蒸体系自由空间中就有更多的熏蒸剂气体参与有害生物的杀灭作用。

当温度低于10℃时，温度对熏蒸效果的影响就变得比较复杂了。温度降低，昆虫的呼吸速率也随之降低，昆虫从环境中吸入的熏蒸剂气体的量也相应下降，但昆虫虫体对熏蒸剂气体的吸附性增加了，从熏蒸剂气体进入虫体的量来看，后者补充了前者的不足。另外，在低温下有些昆虫对熏蒸剂的抗药性减弱了，因此对一些熏蒸剂来说，低于或高于某一温度都可以用较低的浓度来杀灭这些昆虫。在检疫熏蒸中，熏蒸前测定大气温度和货物内部温度，并据此确定合理的投药剂量，是保证熏蒸成功的基本条件。

害虫在熏蒸前和熏蒸后所处的温度状况也影响杀虫效果。熏蒸前害虫如处于低温环境，新陈代谢低，在移入较高温度时熏蒸害虫的生理状态仍受前期低温的影响，抗药能力也较高。

2）湿度的影响：湿度对熏蒸效果的影响不如温度对熏蒸效果的影响明显，但对于落叶植物或其他生长中的植物及其器官，熏蒸时必须保持较高的湿度，对于种子等的熏蒸，湿度越低越安全。用磷化铝和磷化钙进行熏蒸时，湿度太低会影响磷化氢的产生速度，因此必须延长熏蒸时间。

3）货物装载量及堆放形式对熏蒸效果的影响：在一定的温湿度条件下，每种货物（货物相同，容量也相同的条件下）对每种熏蒸剂都有一固定的吸附率。因此，熏蒸体系中货物填装量不同，整个货物对熏蒸剂的吸附量也不相同，用相同的投药剂量就会导致不同的熏蒸结果。对于熏蒸室内的熏蒸，水果、蔬菜等的填装量不能超过总容积的 2/3，其他农产品的堆垛顶部与天花板之间的距离应不少于 30cm。

4）密闭程度的影响：投药期间，熏蒸体系中的压力随着投药的继续而不断升高，熏蒸剂气体浓度不断增大。如果密封不好，即使是比较小的空洞，也会造成熏蒸剂气体的大量损失和有效浓度的降低，严重影响熏蒸效果。

5）熏蒸剂的物理性能：熏蒸剂应具有较强的挥发性和渗透性，能迅速、均匀地扩散，使被熏蒸物品各部位都接受足够的药量。溴甲烷、环氧乙烷和氢氰酸等低沸点的熏蒸剂扩散较快；二溴乙烷等高沸点的熏蒸剂，在常温下为液体，加热蒸散后，借助风扇或鼓风机的作用，方能迅速扩散。

与熏蒸剂扩散和穿透能力有关的因子有分子质量、气体浓度和熏蒸物体的吸收力。一般来说，较重的气体在空间内扩散慢，气体浓度越大、弥散作用越强，渗透性也越大。熏蒸物对熏蒸剂的吸附量，同该物体占容积的比例与吸附气体的浓度呈正相关。吸附性高可能影响被熏蒸物品的质量，如降低发芽率、使植物产生药害、使面粉或其他食物中的营养成分变质，甚至有时熏蒸剂的被吸收会引起食用者间接中毒。

6）昆虫的虫态和营养生理状况：一般来讲，不同虫态的昆虫对熏蒸剂的抵抗力顺序为卵强于蛹，蛹强于幼虫，幼虫强于成虫，雄虫强于雌虫。饲养条件不好、活动性较低的个体呼吸速率低，较耐熏蒸。

近年发现，昆虫对某些熏蒸剂产生了抗药性。据报道，谷斑皮蠹在斐济只有 5 年的发生历史，每年用磷化铝熏蒸，第一龄幼虫出现了抗磷化氢能力增加 40 倍的品系，其他龄期也出现了较高的抗性。溴甲烷现限于少数虫种，多数处于边缘抗性的程度。

2. 检疫熏蒸处理的方式

熏蒸方式一般分为常压熏蒸和真空熏蒸（减压熏蒸）。常压熏蒸按所用熏蒸容器的不同又可分为帐幕熏蒸、大船熏蒸、熏蒸室熏蒸、集装箱熏蒸和圆筒仓循环熏蒸等。

（1）常压熏蒸　　常压熏蒸的主要程序包括：选择合适的熏蒸场所，要求在空旷偏僻、距离人们居住活动场所 20m 以外的干燥地点进行，仓库应具备良好的密闭条件；根据货物种类、熏蒸对象来确定熏蒸剂种类；计算容积，确定用药量；安放施药设备及虫样管；测毒查漏；散毒和效果检查。

1）帐幕熏蒸：帐幕熏蒸是指利用帐幕覆盖被熏蒸材料，形成密闭的熏蒸空间而进行的消灭有害生物的熏蒸方式。由于其应用方便、有效而在检疫处理中被普遍采用。进行帐幕熏蒸应注意以下几方面的内容。

A. 选择合适的熏蒸场所，并选用符合要求的熏蒸剂和熏蒸帐幕。通风良好的库房和背风的露天场地，是合适的熏蒸场所，风力大于 5 级的地方不能进行熏蒸，选择聚乙烯或聚氯乙烯材料作为帐幕。

B. 根据具体情况确定合适的用药剂量，如熏蒸前需测量堆垛的体积、货物内部和垛外空间的温度，以作为确定合适的用药剂量的参考指标。

C. 合理安放测毒采样管，如 100t 以下的堆垛，分别在垛前面中部和左端下部距地面 0.5m 的地方各安置一根采样管，在垛后面右端上部距垛顶 0.5m 的地方放置另外一根测毒采样管；100t 以上、300t 以下的堆垛，放置 5 根测毒采样管，即垛前面对角线的上下端各放一根，垛后面对角线的上下两端放另外 2 根，第 5 根放于垛前面中心点。

D. 投药前应检查气密性及空气在帐幕内的循环是否畅通，以及所有的测毒采样管是否被正确标记，并开启熏蒸气体浓度检测仪器，检查其是否正常工作。

E. 正确、均匀地安放投药管。

F. 及时检漏，按要求检测帐幕内熏蒸剂气体浓度的变化情况，根据熏蒸处理时间的长短，确定熏蒸期间熏蒸剂浓度的检测时间和次数。一般情况下，必须选择在 30min、2h 和熏蒸结束前进行浓度检测。其中，30min 时的浓度检测结果能够说明堆垛的气密性、渗漏和吸附情况，药量计算和投药方法的正确与否，且此时垛内熏蒸剂的平均浓度应在投药剂量的 75% 以上；2h 时的浓度检测结果进一步说明是否有严重的渗漏，货物是否强烈吸附熏蒸剂气体，此时垛内平均浓度不能低于投药剂量的 60%；熏蒸结束前的浓度检测说明熏蒸是否已获成功，是否可以结束熏蒸并进行散气。结束熏蒸后应充分通风散气，2h 以后再将熏蒸帐幕全部揭下彻底通风，24h 以后方可进行货物搬动。

2）大船熏蒸：大船熏蒸相当复杂，这不仅因为大船的结构复杂，密封困难，还因为不同类型的船舱、储藏间等的设计和结构都不一样，所以不了解船体结构及其装置、没有经验或未经充分训练的人员不能从事船舶熏蒸。船舶货舱和储藏室内等空间的熏蒸，必须在海关的监督下，按照规定的程序正确操作和实施，否则对熏蒸期间仍在船上工作的所有人员都是相当危险的。船舶熏蒸应有组织、有计划地进行，分工明确，责任分明。由于大船熏蒸的复杂性，应特别重视安全工作。

3）熏蒸室熏蒸：熏蒸室熏蒸和帐幕熏蒸相比更经济、更安全，而且更有效，特别是针对活体植物及植物器官（如水果、蔬菜、花卉和种苗等）的检疫熏蒸处理，优点更为突出。在强调保护臭氧层、保护环境的今天，更应推广熏蒸室熏蒸。

作为固定的熏蒸室，应具备如下条件：气密性良好；具有性能优良的气体循环系统，能用于熏蒸剂气体的扩散与分布，在熏蒸结束时，能快速有效地排除残存的熏蒸剂气体；具有熏蒸剂气化、定量、施药和熏蒸剂气体扩散装置；建设熏蒸室的地方，要便于装卸需要熏蒸和熏蒸过的货物；对熏蒸操作人员和工作在熏蒸室附近的人员不构成任何威胁。

在熏蒸室熏蒸中，要注意货物的堆放。货物应堆放整齐，货堆顶部距熏蒸室天花板的距离不少于 30cm。熏蒸室地板未架空的，应将货物堆放在货物托盘上。货物堆放完毕后，应准确测定货物内部和空间的温度。测温点不得少于 4 个。熏蒸水果等鲜活植物时，一定要测定果心等的中心温度，而且测温一定要准确。一般以测得的最低温度为标准来确定投药剂量，精确计算投药量。

进行熏蒸前关闭熏蒸室的大门，并将其夹紧。关闭或打开有关阀门，使循环气路畅通。投药熏蒸前最好先进行气密性测试。熏蒸室熏蒸中，气体环流的时间一般为 20~30min。熏蒸某些货物时，可能需要在密闭熏蒸过程中再次进行环流，可以根据需要进行环流。密闭熏蒸结束后，立即进行通风散气。通风散气时间的长短，一定要以熏蒸气体浓度检测仪的检测结果为准。

4）集装箱熏蒸：集装箱运输具有安全、快速、简便、灵活等优点，从根本上改变了传统的散件杂货运输方式。为防止有害生物随集装箱运输而远途传播扩散，因而要及时对集装箱本身、所承载物、包装及铺垫材料进行检疫；不合格的要进行检疫处理。集装箱熏蒸成为当前熏蒸工作中一种操作简单、效果良好的处理方式。

集装箱熏蒸的主要程序是：①熏蒸前的准备工作。熏蒸前要备足熏蒸用物品并选择合适的熏蒸场所，应选择风力不大于5级的露天场地，与生活和工作区相距要在50m以上。所熏蒸的集装箱应单层平放，熏蒸期间不能挪动。②检查货物包装及集装箱状况。如果被熏蒸的货物采用不透气或透气性较差的包装材料，应除去此类包装，或采取其他不影响药剂扩散的措施；同时还要明确所熏货物是否与药剂有反应，防止发生货损，影响货物的正常进出口贸易；还应检查集装箱外表，是否有除通风孔以外明显漏气的可能，如有应及时处理或者换箱。③集装箱的密封。熏蒸前应对集装箱进行密封，首先应将集装箱的所有通气孔都粘好，然后关闭箱门，检查门缝胶条是否完好严密，如有问题及时糊封。如果有专用投药装置及浓度检测管，则在关门前放到箱内的适当位置。密封好以后还要张贴专用熏蒸标识并划定熏蒸警戒区。④投药熏蒸及浓度检测。按所熏蒸集装箱体积及投药剂量计算出所用药量，然后投药，控制合理的投药速度（1~2kg/min）。投药后应进行检漏，如发现泄漏应及时采取补救措施。还要用熏蒸气体浓度检测设备在特定的时间对气体浓度进行检测，以确定是否需要补药或重新熏蒸。⑤通风散气。检测并记录散气前的浓度检测结果，如果散气前的浓度实测值大于或等于规定的最低浓度值，则可以结束熏蒸并进行通风散气。应由戴有防毒设备的熏蒸人员将箱门打开，并由专人值守，严防无关人员进入该集装箱，待12~24h后方可搬动货物。散气结束后，撤除熏蒸警戒区和警戒标志，并及时处理其他废弃物（如磷化铝残渣等）。

5）圆筒仓循环熏蒸：圆筒仓循环熏蒸是目前处理散装货物最先进、最经济有效和最快速的方法。因为散装谷物的熏蒸，最大的困难就是熏蒸剂的快速均匀分布问题，而在圆筒仓循环熏蒸中，借助循环风机，熏蒸剂气体会在循环气流的带动下，实现快速均匀地分布，达到快速杀虫灭菌的目的。圆筒仓良好的气密性与先进、安全、高效的循环熏蒸系统是实施圆筒仓循环熏蒸的必要条件。

Winks等研究开发出的赛若气流SIROFLO及赛若环流SIROCIRC技术体系，是目前世界最先进、最安全、最有效的循环熏蒸使用方法，它们已在澳大利亚、美国、加拿大、南非及中国使用。

一般的循环熏蒸系统，应包括以下几部分：风量、风压适当的防爆型循环风机、位于筒仓锥形体上部的十字形气体扩散支架或其他类型的气体扩散管道（有助于熏蒸剂气体在圆筒仓横截面上的均匀分布和扩散）、熏蒸剂气化器、尘埃滤出装置、定量施药及控制系统，用于气密性检测的玻璃U形管水银压力计、循环管道和相关阀门等。为了监测仓内的熏蒸剂气体浓度，还可以在筒仓内不同高度安置测毒采样管。在循环系统的设计中，首先应确定如下的技术参数，如粮食内部的风速、循环风量、循环系统中的静压、循环管道的直径、弯头的设计、循环风机的类型、所需静压和功率大小等。

适合圆筒仓循环熏蒸的熏蒸剂，目前主要推荐溴甲烷、氢氰酸和环氧乙烷的混合制剂等。

（2）真空熏蒸　　真空技术在熏蒸中的应用，即在一定的容器内抽出空气达到一定的真空度，导入定量的熏蒸杀虫剂或杀菌剂，这样就有利于熏蒸剂气体分子迅速扩散，渗透到熏蒸物体内，因而可大大减少熏蒸杀虫灭菌的时间，一般只要 1～2h。由于真空熏蒸所用时间较短，因此不能长时间熏蒸的种子、苗木、水果、蔬菜等都可进行真空熏蒸。另外，整个操作过程如施药、熏蒸和有毒气体的排出均在密闭条件下进行，容器内的熏蒸剂气体分子，可用空气反复冲洗抽出，抽出的熏蒸剂气体，可排放到高空或进行处理，避免污染环境，确保使用上的安全、快速和有效。真空熏蒸的方法有持续减压熏蒸、复压熏蒸等。

3. 常用的熏蒸剂

熏蒸剂是能够在室温下气化，并以其气体毒杀害虫或抑杀微生物的化学药剂。熏蒸剂毒杀害虫主要是作用于呼吸系统降低呼吸率，导致害虫中毒死亡。理想的熏蒸剂应具有以下特点：①杀虫、菌效果好；②对动植物和人毒性低；③容易生产、价格便宜；④人的感觉器官易发觉；⑤对食物无害；⑥对金属不腐蚀，对纤维和建筑物不损害；⑦不爆炸、不燃烧；⑧不溶于水；⑨不变质，不容易凝结成块状或液体；⑩有效渗透和扩散能力强。事实上能完全符合上述特点的熏蒸剂是没有的，能大部分符合就认为是好的熏蒸剂。其中最重要的特点是对害虫或病害效果好而不影响货物的质量。选择时，除考虑药剂本身的理化性能外，还要根据熏蒸货物的类别、害虫或病害的种类及当时的气温条件，综合研究分析后决定。

近几十年来，国际上开发应用于防治贮粮害虫和检疫处理的熏蒸剂仅有 10 余种，如溴甲烷、磷化氢、硫酰氟、环氧乙烷、氢氰酸、氯化苦、二硫化碳、四氯化碳、二氧化碳、二溴乙烷等，目前检疫熏蒸处理中最常用的是溴甲烷、硫酰氟、磷化氢、环氧乙烷等。各种熏蒸剂都有其优缺点。例如，溴甲烷是一种很好的熏蒸剂，但近年来发现其大量消耗保护地球的臭氧而形成臭氧空洞，使地球抵御紫外线的能力大大降低，威胁人类生存，因而发达国家已签署协议，将在今后数年内逐步淘汰溴甲烷。

（1）溴甲烷（methyl bromide，MB）　　也称为溴代甲烷。

1）溴甲烷的理化特性：溴甲烷的分子式为 CH_3Br，相对分子质量为 94.95。常温下是一种无色无味的气体。沸点为 3.6℃，冰点为 −93℃。对空气的相对密度为 3.27（0℃）；液体的相对密度为 1.732（溴甲烷液体为 0℃，水为 4℃时）。蒸发潜热为 61.52cal[①]/g。在空气中不燃不爆（在 530～570g/m³，即体积百分比为 13.5%～14.5% 时遇火花可能引起燃烧）。在水中的溶解度较低（1.34g/100mL，25℃）。商品纯度一般为 98%～99.4%。在加压下易液化并可以液态形式储存、运输和施药。

溴甲烷的化学性质稳定，不易被酸碱物质所分解，但它能大量溶解于乙醇、丙酮、乙醚、二硫化碳等有机溶剂中，在油类、脂肪、染料和醋等物质中的溶解度也较高。液体溴甲烷还是一种很强的有机溶剂，能溶解很多有机化合物，特别是对天然橡胶的溶解能力非常强，因此在熏蒸时应注意防止将溴甲烷液体直接喷到熏蒸帐幕上。

纯的溴甲烷对金属无腐蚀作用，但在无氧存在的条件下，溴甲烷能与铝发生反应，生成铝溴甲烷。这种物质遇到氧气后能自燃或爆炸。因此，不能用铝罐或含有铝的容器储存溴甲

---

① 1cal＝4.184J

烷；在实际熏蒸中，也不能用铝管作连接管。

2）溴甲烷的毒理机制：到目前为止，溴甲烷的杀虫机理还没有完全明确。但很多实验证明，溴甲烷是一种烷化剂，能使巯基类（—SH）化合物烷基化，从而导致含巯基（—SH）的各种蛋白质、酶，包括琥珀酸脱氢酶等失去活性。溴甲烷还能和组氨酸、甲硫氨酸、各种含甲硫基的化合物及游离的巯基起反应，生成硫甲氨基类化合物。溴甲烷的这种烷基化作用是不可逆转的。溴甲烷在使昆虫中毒的初期，可能通过对琥珀酸脱氢酶的逐渐甲基化而使三羧酸循环中的氧化反应速度变缓，由此导致糖酵解反应的加速，使昆虫中毒的最初阶段表现为特别兴奋、十分活跃。但随着中毒程度的加深，溴甲烷逐渐使磷酸丙糖脱氢酶、辅酶 A 等甲基化，导致糖酵解反应和三羧酸循环反应的逐渐停止，最终使昆虫体内各种生化反应因得不到必需的能量（ATP）而中止，昆虫也因此而死亡。

由此可以看出，巯基类化合物（—SH）在细胞生化反应方面起着十分重要的作用。溴甲烷使这些化合物甲基化，对细胞中的正常生化反应造成了严重的破坏。虽然从昆虫中毒后的行为和有关的生化反应来看，溴甲烷似乎是一种主要的细胞呼吸抑制剂，但从它对各种含巯基（—SH）酶的甲基化来看，它应该是对昆虫各种机能造成损害而使昆虫死亡的。

3）溴甲烷的毒性：从溴甲烷的毒理机制可以看出，溴甲烷不是对昆虫某一种器官或某一部位造成强烈的损害而使昆虫死亡的，因此溴甲烷应属于一种较为缓慢的、中等强度的熏蒸杀虫剂。另外，由于它能使含巯基的各种酶甲基化，使这些酶失去活性，从而广泛地破坏生物体内各种生化反应，因此溴甲烷不只是对昆虫有毒，而是对所有的生物都有毒害。利用溴甲烷熏蒸，不仅能杀灭各种各样的害虫、螨虫、软体动物和线虫，甚至对某些真菌、细菌和病毒也有一定的杀灭作用。当然，溴甲烷对人也是有毒的。人中毒后，主要表现为迟缓的神经性麻醉。中毒症状在数小时到 2～3d 后表现，有时长达数星期甚至数月后才表现出来。中毒症状表现得越迟缓，中毒者的健康恢复得也越缓慢。高浓度的溴甲烷气体会损伤人的肺部并引起有关的循环衰竭。所以在溴甲烷的实际熏蒸中，应特别注意不要吸入任何浓度的溴甲烷气体。溴甲烷长期接触的阈限浓度值（TWA）为 5mg/kg；短时间接触的阈限浓度值（STEL）为 15mg/kg。

4）溴甲烷对植物的影响：有效的杀虫范围内，溴甲烷可广泛应用于活体植物的检疫熏蒸处理而不产生明显的有害副作用。但少数植物的属、种或品种对溴甲烷敏感，在熏蒸时应特别注意。由于氯化苦对植物有强烈的杀伤作用，因此溴甲烷中不能混有氯化苦，否则就不能用于活体植物的检疫熏蒸处理。

溴甲烷应用于种子的检疫熏蒸处理，在正常情况下不会使大多数种子的发芽率降低。但在有些条件下，如温度过高、剂量过大或熏蒸时间过长、种子含水量或含油量过高等，溴甲烷会影响种子的发芽，轻则可能导致发芽迟缓或发芽率降低，重则使种子丧失发芽率。因此，用溴甲烷熏蒸处理的种子，其含水量越低越好，但是在一般情况下，只要能满足种子安全储存所要求的含水量就可以了。熏蒸时温度不宜太高，最好不要超过 25℃。熏蒸结束后要及时通风散气。尽可能不要对种子进行多次重复熏蒸，因为这样做不仅可能影响种子的发芽率，还可能导致种子发芽后长出的植株生长缓慢或者产量降低。用溴甲烷熏蒸大量的种子时（如堆垛等），应尽量在短时间内通过环流等方法让溴甲烷气体分布均匀。

溴甲烷可以用于很多活体植物的熏蒸而不会对其造成明显的损伤。Richardson 等（1959）估计，在贸易流通中的苗木和其他植物，大约有 95% 可以用溴甲烷进行检疫熏蒸处理。有些属的植物或这些属的部分种或品种，不能用溴甲烷进行熏蒸处理。Lata 等（1941）用溴甲烷熏蒸了 441 种温室植物，结果发现 414 种（占 93.9%）植物没有受到损伤，27 种（6.1%）受到不同程度的损伤，其中 5 种受到了严重的烧伤。

溴甲烷可以广泛地应用于水果、蔬菜等的检疫熏蒸处理。但由于不同种或品种甚至于不同成熟度的水果和蔬菜等活体植物对溴甲烷的耐药能力各不相同，因此在进行检疫熏蒸处理时，应特别小心。有条件时，最好在大规模熏蒸前做一个小型预备试验，以确定所要熏蒸的货物在实际熏蒸条件下的耐药水平。

溴甲烷同水果、蔬菜等活体植物组织细胞中的酶（含—OH、—SH 或—NH_2 基团）或其他蛋白质起化学反应，使其甲基化，从而阻止这些酶的正常功能，阻止或改变正常的生化反应。溴甲烷熏蒸后的残留物还能继续同细胞组织起反应。用溴甲烷熏蒸苹果后，在熏蒸结束后的 7d 内，60% 的溴甲烷残留物继续同苹果组织发生化学反应。溴甲烷还能损害细胞膜。例如，用溴甲烷熏蒸葡萄后，发现细胞组织的钾离子渗透速度加大，说明正常的细胞膜系统受到了损伤。细胞膜受到损伤的原因：一方面可能是溴甲烷直接同细胞膜发生反应；另一方面也可能是细胞中非正常的生化反应。

溴甲烷熏蒸后，可能诱发植物或器官正常的生化反应发生改变，从而发展成为各种各样的药害症状。大多数药害症状表现的速度取决于熏蒸结束后的温度和其他存储条件，药害症状主要表现为颜色改变或产生坏死斑；味道改变或失去应有的香味；更易于腐烂；改变成熟度等。

活体植物或植物器官对熏蒸的反应程度的影响因素主要包括两个方面：熏蒸本身和被处理的活体植物或植物器官的生理状态。熏蒸处理方面的影响因素主要包括熏蒸剂的种类、浓度、熏蒸时间、货物的装填量、通风散气情况、熏蒸期间的环境条件和熏蒸结束后的存储条件等。这些因素能够极大地影响被处理货物的药害反应。不同的植物品种与成熟度和植物器官对熏蒸处理的反应极为不同。因此，采用溴甲烷熏蒸处理活体植物时，注意熏蒸处理期间应保持较高的湿度，相对湿度不应低于 75%；由于苗木等植物根部最容易受到溴甲烷的损伤，因此在苗木等的熏蒸中，应尽量使其根部土壤保持湿润；熏蒸期间或熏蒸结束后，强制循环通风时间不能太长，否则容易造成植物的损伤；有些植物只能在完全休眠后才能用溴甲烷熏蒸处理。溴甲烷可以用于水仙属和其他鳞茎类花卉的熏蒸。

5）溴甲烷的使用：溴甲烷在常压或真空减压下广泛用于各种植物、植物材料和植物产品、仓库、面粉厂、船只、车辆、集装箱等运输工具及包装材料、木材、建筑物、衣服、文史档案资料等的熏蒸处理；也可用作土壤熏蒸和新鲜蔬菜、水果的熏蒸。溴甲烷也可与其他熏蒸剂混用。溴甲烷还可用于圆筒仓循环熏蒸，是一种安全、经济、有效的熏蒸方法。溴甲烷用于土壤熏蒸，可防治一年生杂草、线虫、地下害虫、真菌及黄瓜病毒病等。溴甲烷可与磷化氢混用起到增效作用，使用时先施入产生磷化氢的物质，然后再投入溴甲烷；溴甲烷还可以和二氧化碳混用，能提高杀虫效果，增强渗透作用。

6）溴甲烷的安全防护：溴甲烷阈限浓度为 15mg/kg（15min），对人安全的阈限浓度值为 5mg/kg；一星期接触一次为 1.00mg/kg；接触 7h 为 200mg/kg；接触 1h 为 1000mg/kg；每星期连续 5d，每天接触 8h 为 5mg/kg。

人轻微中毒表现为头昏、眩晕、全身无力、恶心呕吐、四肢颤抖、嗜睡等。中等和严重中毒时，走路摇晃、说话困难、视觉失调、精神呆滞，但保持知觉。发现有轻微中毒时，应立即离开熏蒸场所，呼吸新鲜空气，多喝糖水等，并至医院检查和治疗。任何可能接触浓度超过 15mg/kg 溴甲烷的熏蒸操作，工作人员必须佩戴适宜的防毒面具；溴甲烷的剂量高于

$64g/m^3$ 时，防毒面具也不能很好地进行防护；在浓度低于 50mg/kg 时使用，如通风散气过程低剂量情况下，滤毒罐使用 8h 后就应报废。人体皮肤和液态溴甲烷长期接触，会产生烫伤或冻伤，所以使用时，要穿戴皮靴（或橡皮靴）和橡胶手套，防止液体与皮肤接触。如果液体溅在皮肤的外露部位，要立即用肥皂水洗净。

7) 溴甲烷的禁用和替代问题：自法国的 LeGoupil 于 1932 年发现溴甲烷的杀虫活性以来，溴甲烷一直作为广谱、高效的杀虫灭菌熏蒸剂，被广泛地应用于土壤消毒、仓储害虫的防治、面粉厂等建筑物的熏蒸及动植物检疫中对于国际国内调运货物的检疫除害处理。

溴甲烷气体进入大气平流层后，与平流层中的臭氧发生化学反应，从而减少平流层中的臭氧浓度。据世界气象组织发表的《1991 年臭氧层耗减科学评估》报告，全球对流层中溴甲烷浓度为 9～13mg/L，相当于在对流层中存在 15 万～21 万 t 溴甲烷。在平流层中，虽然溴原子的浓度比氯原子少得多，但其损耗臭氧的能力却比氯原子强得多，约为氯原子的 40 倍。

大气中的溴甲烷，主要来自于自然界中海洋生物海藻。最近的研究还发现，燃烧某些植物也能产生溴甲烷。熏蒸过程中排放溴甲烷的量仅为排放总量的 25% 左右。但实际测得北半球大气中溴甲烷的浓度比南半球高 1.3 倍，而北半球的海洋面积小于南半球，也就是说，北半球大气中的溴甲烷主要来自于人为排放。近年来，溴甲烷人为排放量的年递增率为 5%～6%。据联合国环境规划署（United Nations Environment Programme，UNEP）调查后估计，每年全世界因为溴甲烷熏蒸而排放到大气中的溴甲烷气体总量约为 56 000t。

国际社会于 1985 年签署了《保护臭氧层维也纳公约》，于 1987 年签署了《关于消耗臭氧层物质的蒙特利尔议定书》，以共同保护臭氧层、淘汰消耗臭氧层的物质。鉴于溴甲烷对臭氧层的耗损特别大，人为排放溴甲烷的量也比较大，因此《关于消耗臭氧层物质的蒙特利尔议定书》哥本哈根修正案中已将溴甲烷列为受控物质。虽然国际上对于如何削减溴甲烷的使用量还存在分歧，但在 1995 年 12 月的该议定书缔约国第 5 次会议上最后确定：发达国家 1999 年减少 25%，2001 年减少 50%，2003 年减少 70%，2005 年彻底淘汰；发展中国家 2005 年减少 20%，2015 年完全淘汰，对发展中国家每 2 年进行一次回访。中国政府于 1991 年签署加入了《关于消耗臭氧层物质的蒙特利尔议定书》伦敦修正案，2003 年加入了该议定书的哥本哈根修正案，2010 年又加入了该议定书的蒙特利尔修正案及北京修正案。

关于溴甲烷的替代，根据国际溴甲烷技术方案委员会（Methyl Bromide Technical Options Committee，MBTOC）的主要调查结果，目前尚没有单一的替代品或替代技术可以全面取代溴甲烷。土壤消毒应用方面，可以通过改进使用方法、采用替代化学品、溴甲烷与其他农药协同使用及采用非化学害虫防治方法等减少溴甲烷的使用量。检疫法要求货物熏蒸处理的效果为 100%，这方面还没有其他替代品和替代技术可以替代溴甲烷。干果及非食品货物的应用方面，替代品和替代技术的应用前景令人鼓舞，如磷化氢、辐照、生物控制、气调技术及冷热处理方法的应用。溴甲烷的回收、再生、再循环技术尚待进一步研究。

溴甲烷已列入受控物质名单，最终禁止溴甲烷的使用已成必然。但从 MBTOC 的报告中可以看出，目前还没有单一的替代品或替代技术可以全面取代溴甲烷。今后只有加强对溴甲烷替代品和替代技术的研究，才能满足溴甲烷禁用后的杀虫灭菌需要。在检疫中，对于溴甲烷替代品和替代技术的研究，目前主要有以下几个方面：提高气密性水平，加强溴甲烷回收利用技术和与其他熏蒸剂包括二氧化碳混用技术的研究，以减少溴甲烷的用量和排放量；加强溴甲烷替代品的筛选研究；加强物理处理方法的研究，主要包括蒸汽热处理、热空气处理、低温加气调处理和辐照处理技术的研究，从而在水果等应用领域替代溴甲烷的熏蒸。

（2）磷化氢（phosphine，hydrogen phosphine）

1）磷化氢的理化特性：分子式为 PH_3，相对分子质量为 34.04。纯净的磷化氢是一种无色无味的气体，沸点为 $-87.4℃$，气体的相对密度为 1.214。液体的相对密度为 0.746（$-90℃$），蒸发潜热为 429.57J/g。在水中的溶解度很低（26mL/100mL 水，17℃）。磷化氢在空气中的最低爆炸浓度为 1.7%。

磷化氢能与某些金属起化学反应，严重腐蚀铜、铜合金、黄铜、金和银。因此，磷化氢能损坏电子设备、房屋设备及某些复写纸和未经冲洗的照相胶片。

由各种磷化物制剂产生的磷化氢具有一种类似于碳化物或大蒜的强烈气味，这种气味可能与磷化物制剂类型有关，这些制剂在产生磷化氢的同时，也产生有异味的杂质。即使磷化氢浓度很低时，靠嗅觉也能嗅出。这些杂质在熏蒸处理中可能更容易被吸收。在有些熏蒸条件下，当熏蒸空间中仍然存在对害虫有效的浓度时，这种气味也可能已经消失，因此不能靠气味来指示磷化氢的存在与否。

国内熏蒸中常用的是磷化铝（aluminium phosphide）[国外的商品名为 Phostoxin（德）]，分子式为 Al_3P。磷化铝原药为浅黄色或灰绿色松散固体，吸潮后缓慢地释放出有效杀虫成分磷化氢气体。磷化铝通常被制成片剂或丸剂，也有袋装粉末，主要含有白蜡、硬脂酸镁、氨基甲酸铵，能同时释放二氧化碳和氨，这两种气体起保护和稀释作用，以减少磷化氢燃烧的危险性。

2）磷化氢的毒理机制：只有当氧气存在时，磷化氢才能完全发挥其毒杀作用，高浓度的磷化氢能使昆虫迅速处于麻醉状态，从而相应地减少磷化氢的吸入。但还不清楚这种麻醉现象是否能使昆虫有更大的生存机会。过去一直认为，磷化氢主要是对细胞线粒体中有氧呼吸的电子传递终端的细胞色素 c 氧化酶的抑制，从而破坏了细胞的有氧呼吸，使得生物不能获得必要的能量（ATP）而死亡。因此，认为磷化氢主要是一种呼吸抑制剂。但有的研究证明，用磷化氢致死剂量处理谷蠹、锯谷盗和一种扁谷盗以后，这三种昆虫体内的细胞色素 c 氧化酶并没有被完全抑制，而是只有少部分受到了抑制，因此认为，抑制细胞色素 c 氧化酶，不是磷化氢唯一的作用点。由此看来，磷化氢的毒理机制是相当复杂的，它不只是单一的细胞色素 c 氧化酶的抑制剂，而可能是多种过氧化氢酶的抑制剂，也就是说磷化氢是通过对生物有氧呼吸的全面抑制而起毒杀作用的。

3）磷化氢的毒性：磷化氢对所有的动物都有很大的毒性。因此，人不能接触任何浓度的磷化氢气体。人可以通过吸入磷化氢气体或咽下产生磷化氢的片剂磷化物（如磷化铝）而导致中毒，但磷化氢气体不能通过皮肤进入人体而使其中毒。人吸入磷化氢气体后可产生头痛、胸痛、恶心、呕吐、腹泻等症状。重度中毒所引起的肺部积水（肺水肿）可导致死亡。在磷化氢浓度为 2.8mg/L（2000mg/kg）的空气中，人在非常短的时间内就会死亡。TWA（即每周工作 40h）的浓度阈值为 0.3mg/kg。

磷化氢对昆虫的毒性很大，即使较低的浓度也能将昆虫杀死。但磷化氢的毒杀作用较慢，因此需要进行较长时间的熏蒸。一般情况下，磷化氢对昆虫的毒杀性能下降后，就不宜再用磷化氢熏蒸。

昆虫的不同发育阶段对磷化氢的耐药性、抗药性存在差异，一般是卵和蛹的耐药性强，最难被杀死，而幼虫和成虫较容易被杀死。但有的昆虫，如谷斑皮蠹的幼虫能休眠，其休眠幼虫的抗药力最强。

用磷化氢熏蒸，宜用较低的浓度、较长的熏蒸时间。延长熏蒸时间，还能等到某些抗药性较强的虫态发育至对磷化氢敏感的虫态，从而用较低的剂量就能将害虫各虫态杀死。

4）磷化氢对植物的影响：①磷化氢对种子活力的影响。在正常情况下，用磷化氢熏蒸防治害虫，一般不会影响种子的发芽率。即使用较高的浓度熏蒸，2~3次反复熏蒸后很多种子的发芽率也不会受到影响，如小麦、玉米、花生、高粱等；但经磷化氢反复熏蒸的种子长成植株后，其生长速度可能明显变慢，也可能引起产量降低。②磷化氢对生长中的植物活力有较大的影响，尤其是对苗木、花卉等的损伤比较大，因此一般不宜作这方面的熏蒸处理。③磷化氢对新鲜植物产品的影响。可用磷化镁制剂释放的毒气防治实蝇类害虫，而不会损伤新鲜水果和蔬菜。用杀灭橘小实蝇、地中海实蝇的卵和幼虫的剂量来熏蒸番木瓜、番茄、青椒、茄和香蕉，没有发现任何损伤。有10种鳄梨虽经熏蒸处理后未受损伤，但比起未经熏蒸的鳄梨，成熟得更快。以足以杀死实蝇的浓度熏蒸葡萄和番茄，其也未受到损伤。

5）磷化氢的使用：磷化氢常用于防治植物产品和其他贮藏品上的害虫，很少报道用来防治活体植物、水果及蔬菜上的害虫。对于大多数害虫，长时间暴露于磷化氢低浓度下比短期暴露于高浓度下更为有效。磷化氢帐幕熏蒸基本类似溴甲烷熏蒸，但也有某些不同：不需要进行强制性环流，使用熏蒸剂时应戴上保护性手套（如手术用手套等）；规定数量的片剂、丸剂、药袋等，应放在浅盘或纸片上并推入帐幕下，或者布置帐幕时均匀地分布于货物中；注意货物与货物之间不要相互接触；为方便起见，可延长熏蒸期；磷化氢对聚乙烯有渗透作用，一般使用厚0.15~0.2mm的高密度聚乙烯薄膜作为熏蒸帐幕；拆除帐幕和检测磷化氢时应戴防毒面具。金属磷化物制剂在原包装完整无缺和按厂商推荐的方法储藏时，其储藏时间是无期限的，应存放于远离生活区和办公区的凉爽通风处，存放温度应低于38℃，由于金属磷化物制剂（如磷化铝）可能在容器内遇水分冷凝，因此不应冷藏。

6）磷化氢的安全防护：有研究表明，每周接触1次磷化氢的最长时间分别为1mg/kg浓度下7h、25mg/kg浓度下1h或50mg/kg浓度下5min。轻度中毒时，感觉疲劳、耳鸣、恶心、胸部有压迫感、腹痛和呕吐等；中度中毒时，上述症状更明显，并出现轻度意识障碍、抽搐、肌束震颤、呼吸困难、轻度心肌损害；严重中毒时，除上述症状外，还有昏迷、惊厥、脑水肿、肺水肿、呼吸衰竭、明显心肌损害、严重肝损害等症状。中度到严重中毒可能出现干咳、气哽发作、强烈口渴、步态摇晃，严重至四肢疼痛、瞳孔扩大和急性昏迷。发现中毒症状应立即离开熏蒸现场，呼吸新鲜空气，然后使患者坐下或躺下，盖上被毯保温，再请医生治疗。熏蒸操作时必须戴上合适的防毒面具，用手拿取、投放药片或药丸时必须戴上手套。不能依靠磷化氢的气味判断有无磷化氢的存在，要依靠化学或物理的方法测定。熏蒸结束必须妥善处理残渣，一般埋于土中，并用磷化氢测定仪器测定散毒是否彻底。

（3）硫酰氟（sulphuryl fluoride） 硫酰氟早在1901年就由法国人Moisson在实验室制得。1957年，美国Dow化学公司将其发展成商品，商品名为Vikane。我国于1979年由原农业部植物检疫实验所主持，浙江省化工研究院、中国医学科学院等单位协作发展为商品，商品名为熏灭净。

1）硫酰氟的理化特性：硫酰氟的分子式为SO_2F_2，相对分子质量为102.60。硫酰氟是一种无色无味的压缩气体，不纯和高浓度下略带硫黄气味。沸点为−59.2℃。气体的相对密度为2.88，液体的相对密度为1.342（对水的相对密度，水温4℃）。蒸气压为13 442mmHg[①]

---

① 1mmHg＝133.322Pa

（25℃）。气化潜热为44.175cal/g。在水中的溶解度很低，为0.075g/100mL（25℃），但在油脂中的溶解度较高，如在25℃条件下，硫酰氟在花生油中的溶解度为0.62%。不燃不爆，化学性质稳定。具有很高的蒸气压，穿透力较强。商品纯度为98%～99%。在温度22℃条件下，100g溶剂中溶解硫酰氟的克数分别为：丙酮1.74g，氯仿2.12g，二溴乙烷0.5g。在−78℃条件下能大量溶于溴甲烷中。硫酰氟在400℃以下性质稳定，600℃以下时，与大多数金属不起反应。在水中水解很慢，而在碱溶液中迅速分解。硫酰氟的自然蒸气压比溴甲烷大，因此在熏蒸物中渗透能力比溴甲烷强，熏蒸后解吸也较溴甲烷快。

2）硫酰氟的毒理机制：硫酰氟能抑制氧气的吸收，能破坏生物体内磷酸的平衡，能够抑制大分子脂肪酸的水解；还有人认为硫酰氟能影响一些新陈代谢过程。因此，所有这些发现正是对较早的研究结果（Meikle et al.，1963）的肯定。Meikle等的研究结果表明，硫酰氟主要是以氟离子起毒杀作用的。在对白蚁的研究中，糖酵解过程被硫酰氟阻断了，然而没有发现烯醇酶的产物和磷酸烯醇丙酮酸的累积。因而有人主张硫酰氟能够抑制那些需要镁离子才具有活性的酶，包括烯醇酶和能量代谢中的一些酶（如酰苷三磷酸酶等），通过对这些酶的抑制致使昆虫死亡。

3）硫酰氟的毒性：硫酰氟对人的毒性比较高，大致相当于溴甲烷。一般来说，硫酰氟对所有处在胎后发育阶段的害虫毒性都很大。但是很多害虫的卵对它具有较强的耐药性，据分析这种耐药性主要是硫酰氟药剂不能穿透卵壳所致。

4）硫酰氟对植物的影响：硫酰氟对杂草和作物种子的发芽没有或很少有影响，但对蔬菜、果实和块茎作物则有害。小麦、锯木屑和许多其他物品吸收硫酰氟的程度比吸收溴甲烷的程度低。

美国Dow化学公司在1963年明确指出："无论如何都不要用硫酰氟熏蒸未经加工的农业产品，或者食物饲料，或预定供人或动物用的药品。不要用它熏蒸活体植物"。

5）硫酰氟的使用：硫酰氟杀虫谱广，低温下仍有良好的杀虫作用，对线虫也有一定的杀灭效果。硫酰氟一般贮存于耐压钢瓶中，包装规格现有5kg、15kg、20kg及35kg 4种。硫酰氟广泛应用于植物检疫处理和文史档案的熏蒸灭虫等领域，其具体使用方法可参见溴甲烷的使用。

6）硫酰氟的安全防护：硫酰氟对高等动物的毒性属中等，100mg/kg的浓度，每周5d，每天接触7h，经6个月，实验动物可忍受，但对人的毒性还是很大，操作时一定要注意防护。发生头昏、恶心等中毒现象时，应立即离开熏蒸场所，呼吸新鲜空气；如果呼吸停止，要施行人工呼吸，并请医生治疗。一般防护用具是防毒面具，需配备合适的滤毒罐。

（4）环氧乙烷（ethylene oxide，EO）

1）环氧乙烷的理化特性：分子式为$(CH_2)_2O$，相对分子质量为44.05。环氧乙烷是一种极易挥发的无色液体。沸点为10.7℃，冰点为−111.3℃。气体的相对密度为1.521（空气为1时）。液体的相对密度（水在4℃时）为0.887（环氧乙烷液体7℃时），气化潜热为139cal/g。环氧乙烷具有强烈的可燃性和爆炸性，空气中的燃烧极限为3%～80%（按体积计算）。易溶于水，0℃时在水中溶解度无限。有高度的化学活性，较低的腐蚀性。环氧乙烷低浓度时有刺激性乙醚味，高浓度时有刺激性芥末味。环氧乙烷是低黏度的无色液体。除溶于水和绝大多数有机溶剂外，还高度溶于油脂、奶油、醋中，尤其是橡皮。

环氧乙烷和二氧化碳混合气体作为杀虫剂，主要应用于散装粮的圆筒仓循环熏蒸、袋装物品及烟叶的真空熏蒸及某些情况下的消毒灭菌处理。环氧乙烷的分布扩散性较强，但其穿透性较弱，特别是对散装粮、捆装烟叶及袋装粉状食品的穿透。由于粮谷等物品对环氧乙烷的吸附性特强，还易于形成永久性残留物，因此在较长时间的熏蒸期间，环氧乙烷可被逐渐吸收掉。

2）环氧乙烷的毒理机制：有关环氧乙烷的毒理机制了解得不多。现在可以肯定的是环氧乙烷能参与羟基化反应，特别是和蛋白质发生这种反应。有研究者提出环氧乙烷能与蛋白质分子链上的羧基、羟基、氨基、酚基和硫氢基产生烷化反应，代替上述各基团上不稳定的氢原子，而构成一个带有羟乙基根的化合物。还有人认为环氧乙烷的另一个主要作用就是能使核酸中的嘌呤、嘧啶基团烷基化。环氧乙烷通过使前述物质的羟烷基化和烷基化，阻碍了它们参加正常的生物化学反应和新陈代谢，故而能杀灭各种昆虫和微生物。环氧乙烷在有水存在的情况下，还能降解为乙二醇，而乙二醇本身也是有毒的。

3）环氧乙烷的毒性：和其他熏蒸剂相比，环氧乙烷对人的急性毒性要小得多，但环氧乙烷对人仍是有毒的，在任何场合下，应避免吸入任何浓度的环氧乙烷气体。人和动物的急性中毒主要表现为呼吸系统和眼的严重刺激性反应、呕吐和腹泻等。慢性中毒主要表现为刺激呼吸道，产生贫血病症。虽然经过有限的实验表明环氧乙烷没有致癌性，但环氧乙烷具有烷基化和诱发基因突变的特性，因此应当把环氧乙烷作为潜在的致癌物质。在熏蒸过程中，应避免吸入任何浓度的环氧乙烷。1981 年，美国政府工业卫生学家会议规定，每日连续吸入环氧乙烷的极限从 10mg/kg 升至 50mg/kg。

环氧乙烷对昆虫的毒性，同其他常用熏蒸剂相比属于中等毒性，特别是大谷盗幼虫、赤拟谷盗、杂拟谷盗和谷斑皮蠹幼虫对环氧乙烷的耐药性更强。环氧乙烷对很多真菌、细菌和病毒的毒杀作用都很强。

4）环氧乙烷对活体植物的影响：环氧乙烷同活体植物的反应很强烈，不是造成死亡就是造成极大的损伤。在通常情况下，不宜用它熏蒸种子、苗木或任何生长中的植物。环氧乙烷一般不能应用于水果、蔬菜等活体植物的熏蒸杀虫，但可用于干果，如应用于防止梅干霉变。在常压下，环氧乙烷对袋装或有包装的谷物及其碾磨产品的渗透力不强，用环氧乙烷熏蒸这类物品，主要在真空下进行。

5）环氧乙烷的使用：环氧乙烷一般压缩成液体，贮存于耐压钢瓶内。由于其易燃易爆性，因此一般与二氧化碳或氟利昂混合使用。与二氧化碳混配在同一钢瓶时，此钢瓶必须符合二氧化碳的耐压安全规定。此外，环氧乙烷容易自聚发热，也会引起爆炸，故需控制其贮存温度。环氧乙烷可用于常压、真空熏蒸原粮、空仓、工具、文史档案、羊毛、皮张等。国外常用环氧乙烷与二氧化碳以 1：9 的比例混配，进行检疫熏蒸。

6）环氧乙烷的安全防护：环氧乙烷连续每日呼吸的阈限浓度为 50mg/kg，较一些常用的熏蒸剂高，但仍必须重视吸入毒性。尽管环氧乙烷刺激性的霉味可警戒一次过量的接触，但其气味被人嗅到的起始浓度为 300～1500mg/kg，远远超过阈限浓度。研究表明，在 150mg/kg 剂量下，对人安全的最长接触时间是一次接触 7h；在 500mg/kg 剂量下为 1h；在 2000mg/kg 剂量下为 0.1h；如果是每星期连续接触 5d，每天接触 50mg/kg 剂量下为每天 8h。过量接触环氧乙烷，会引起头痛、呕吐、呼吸短促、腹泻、血液变化等症状。发现有中毒现象时应立即离开熏蒸场所，呼吸新鲜空气，并请医生治疗；人在超过阈限浓度时操作，必须戴合适的防毒面具。熏蒸时，要注意着火与爆炸的危险，采取专门的防护措施或使所有的设备接地以防可能产生的静电火花引起爆炸。

（5）二硫化碳（carbon disulphide）

1）二硫化碳的理化特性：二硫化碳的分子式为 CS_2，相对分子质量为 76.13。纯的二硫化碳是无色无味的液体；不纯的二硫化碳，液体呈黄色，并伴有难闻的似硫化氢的气味。沸点为 46.3℃；液体的相对密度为 1.26（二硫化碳液体温度 20℃，水温 4℃，水的相对密度为 1）；气化潜热为 84.1cal/g；空气中燃烧极限为 1.25%～44%（按体积计）；22℃时水中溶解度为 0.22g/100mL；闪点约为 20℃，在 100℃左右能自燃。商品纯度为 99.9%，工业品含二硫化碳 95%，其余为硫黄、硫化氢等杂质。

2）二硫化碳的毒理机制：对二硫化碳毒理机制的研究不多。Pant（1958）报道二硫化碳能全面抑制糖酵解，但对其具体的作用点不清楚。对细胞色素 c 氧化酶的抑制，也许是在昆虫体内观察到的 ATP 酶和 ADP 代谢水平降低的主要原因。

二硫化碳和蛋白质起反应，生成硫醇类化合物、二硫氨甲酰基及四氢噻唑衍生物，这些生成物能螯合细胞中的重金属，能够使含有铜和锌的对生命至关重要的酶失去活性。在生物体内，这些反应生成物的代谢产物中有硫化氢的形成，而硫化氢本身是一种潜在的对含铜的酶特别是细胞色素 c 氧化酶起抑制作用的物质。因此，可以说二硫化碳和蛋白质起反应的生成物才是二硫化碳起毒杀作用的关键物质。

3）二硫化碳的毒性：二硫化碳在熏蒸剂中的毒性属于较低水平，但对人仍有毒。在浓度很高时，能对人产生麻醉作用。如果连续接触，可能会因呼吸中枢麻痹而失去知觉以致死亡。人可以通过皮肤和呼吸吸入高浓度的二硫化碳气体。人的皮肤长时间接触高浓度的二硫化碳气体或液体，可能导致严重的烧伤、起泡或引起神经炎。几个星期或者更长时间地反复接触较低浓度的二硫化碳气体，可能会引起各种神经症状，临床很难正确诊断病因。接触低浓度二硫化碳时，可能会产生适应性而觉察不到其存在。

与其他熏蒸剂对比，二硫化碳对昆虫的毒性属于中等水平。同一种昆虫各虫态对二硫化碳的敏感程度会有所不同。

4）二硫化碳对植物的影响：二硫化碳对干燥种子的发芽率影响不大，但能大大降低潮湿种子的发芽率，Kamel 等（1958）发现：用 $250g/m^3$ 二硫化碳熏蒸处理谷物种子 24h，结果小麦、大麦、谷子和稻谷的发芽率没有受到影响；除茄种子以外的 15 种蔬菜种子的发芽率也没有受到影响；二硫化碳熏蒸处理很多种牧草种子也是安全的，如二硫化碳处理白三叶草的安全 CT 值为 $2400h \cdot g/m^3$。King 等（1960）用二硫化碳加四氯化碳熏蒸小麦、大麦、谷子、燕麦、棉花、玉米和稻谷等，结果证明二硫化碳和其他药剂混合使用，有使种子发芽率降低的倾向，尤其是长期贮存之后的种子。用二硫化碳熏蒸处理正在生长中的植物或苗木时，会使这些活的植物体或植物器官受到严重损伤，甚至死亡。很多水果和蔬菜能够忍受二硫化碳的熏蒸，而不使其品质和味道发生任何明显的改变。

5）二硫化碳的使用：二硫化碳可采用不同容积的金属桶或金属罐贮存，作为试剂的二硫化碳贮存在玻璃瓶内。二硫化碳的渗透性较强，在粮堆内深达 1.5～2m 处仍可达有效浓度。熏蒸时，易被粮食和各种物体所吸附，但比较容易散放出去。对棉麻、毛、丝织物及纸张颜色没有影响，不腐蚀金属。二硫化碳熏蒸原粮、成品粮，用药量为 $100g/m^3$。仓房条件较差的需高达 $200g/m^3$，密闭 72h。二硫化碳杀虫效果中等，可杀卵，也是良好的杀螨剂，土壤熏蒸可以杀死线虫和地下害虫。

6）二硫化碳的安全防护：二硫化碳或其代谢产物抑制某些酶的活性，使儿茶酚胺代谢紊乱，引起精神障碍、脂肪代谢障碍、多发性神经炎等各种症状。二硫化碳对人的毒性较氢氰酸和氯化苦小，但可以经呼吸器官及皮肤侵入人体。根据 Monro 报道，能嗅到气味的最低浓度为 30～60mg/kg。一星期接触一次时，对人安全的最大接触时间和浓度分别为：100mg/kg，7h；200mg/kg，1h；300mg/kg，0.1h。连续接触，每星期 5d，每天 8h 为 20mg/kg。皮肤与高浓度蒸气或液体长时间接触，可造成严重的烧伤、起泡或引起神经炎（加拿大国家卫生福利部，1957）。每升空气中含 0.15mg 二硫化碳，经 1 个月可以引起慢性中毒；每升含 0.5mg，短期内即可中毒；空气中含量为 5% 时，可致死亡。中毒轻者头痛、眩晕、恶心、泻肚；重者神经错乱、呕吐、充血、呼吸困难以致死亡。中毒轻时，速至新鲜空气处，即可恢复。中毒较重时，将患者移到新鲜空气中进行人工呼吸，用冷水擦身，氨水蘸湿棉花使患者吸入，喝浓茶，并请医生诊治。使用时，除注意防燃烧爆炸外，还必须佩戴合适的防毒面具和胶皮手套。液体接触皮肤时，应立即用肥皂水洗净。

（6）氯化苦（chloropicrin）　氯化苦的分子式为 CCl_3NO_2，相对分子质量为 164.39，是一种对眼结膜刺激特别强的催泪气体。沸点为 112℃，熔点为 −64℃。相对密度为 5.676（相对于空气，0℃）、1.692（相对于水，20℃），在空气中不燃烧。水中溶解度：0℃ 为 0.227g/100mL；25℃ 为 0.1621g/1000mL；75℃ 为 0.1141g/100mL。能溶解于有机溶剂如乙醇、汽油、乙醚、脂肪中。光线下在水中分解较快，湿气存在时有腐蚀性，对金属有侵蚀作用。

氯化苦可用于整仓、帐幕、面层、空仓、器材、加工厂、种粮和鼠洞的熏蒸，还可结合其他熏蒸剂混用，促进挥发，增加效果。整仓熏蒸贮粮时，用药量以空间计算为 20～30g/m³，以粮堆体积计为 35～70g/m³。熏蒸处理土壤中害虫和防治蔬菜、果树、棉花、烟草病害（如立枯病、萎凋病、黄萎病、枯萎病、菌核病、白绢病、纹羽病）及根瘤线虫，用药量为 20～32L/1000m²。仓房内杀鼠用药量为每洞 5g；田间每洞 5～10g。

氯化苦容易被熏蒸物吸附，散气迟缓，特别是潮湿物更难散发。挥发速度慢，使用时，应当洒开，尽量扩大其蒸发面。氯化苦的扩散能力较强，在粮堆里杀虫的有效距离为 0.75～1m。氯化苦易被粮食、仓库的墙壁、麻袋、砖木等物吸附，蒸气约 1 个月才能散尽。

氯化苦对植物有严重的药害，甚至在其他熏蒸剂中加入少量作为警戒剂，也可能有毒害，因此不能作为水果和蔬菜的熏蒸剂。用作土壤熏蒸时可能杀伤杂草种子。在植物生长期不能使用。对萝卜和苜蓿种子发芽率有严重影响。

氯化苦对昆虫的毒性较强。常用于熏蒸仓储害虫和林木种实害虫。在 21℃ 条件下处理 2h，菜豆象、锯谷盗、谷蠹、谷象、米象、药材甲和杂拟谷盗的致死中浓度（LC_{50}）分别为 1.5mg/L、3.5mg/L、4.5mg/L、16.0mg/L、7.51mg/L、5.5mg/L 和 23.5mg/L。杂拟谷盗各虫态的敏感性从高到低依次为幼虫、成虫、蛹和卵。

氯化苦对人、畜有剧毒，轻者眼结膜受刺激流泪，重者咳嗽、吐带血痰、恶心、呕吐、呼吸困难、心跳不正常、失去知觉以致死亡。氯化苦气体侵入眼内而使流泪时，应迅速离开有毒场所，迎风吹眼，切勿手擦，应任其流泪，再以 3% 硼酸水洗。中毒较重时，安置躺下，保暖勿受冷，用碳酸钠溶液漱口洗服，充分输氧，禁止人工呼吸及慢步行动，并请医生诊治。操作时，必须戴适合的防毒面具及胶皮手套，充分散毒后，才能入库搬运货物。

（7）二溴乙烷（ethylene dibromide）　二溴乙烷的分子式为 CH_4Br_2，相对分子质量为 187.88。无色液体，气味似氯仿。沸点为 131.6℃，冰点为 10℃。相对密度为 6.487（相对于空气，0℃）、2.172（相对于水，20℃）。在水中的溶解度为 0.431g/100mL（30℃），溶于醇、醚等大多数有机溶剂；化学性质稳定，不燃烧。易向下方和侧方扩散，不易向上扩散。

二溴乙烷单独或与其他熏蒸剂或农药混合，可处理水果防治实蝇类害虫、熏蒸防治仓储害虫及防除森林害虫。例如，熏蒸橙、葡萄柚、红橘、李和芒果以防治墨西哥实蝇。

二溴乙烷作为杀虫熏蒸剂使用时，对豌豆、野豌豆、蚕豆种子的发芽无影响。对含油量高的种子，如大豆、亚麻子、芝麻和花生等，为使残留的熏蒸剂不影响种子的发芽，应充分地通风稀释。二溴乙烷混合剂熏蒸过的玉米、高粱、大麦、燕麦、小麦和稻谷种子，贮存 12 个月后，尤其在高温高湿情况下，发芽率均显著下降。二溴乙烷对生长期的植物影响很大，对休眠状态的植物损伤很小，但松类植物对二溴乙烷很敏感，即使是休眠状态的松苗也会受到伤害。

二溴乙烷杀虫效果中等，对人的毒性比溴甲烷高，能通过肺部、皮肤和肠胃被很快吸收。空气中含 0.005% 的量即可对人产生危险。连续接触最高允许浓度为 25mg/L。使用时要戴合适的防毒面具，发现中毒现象，应立即离开现场，呼吸新鲜空气，并请医生治疗。

由于二溴乙烷挥发性较差，易被熏蒸物品吸附，残留现象严重；而且美国国立肿瘤研究所 1974 年指出剂量高的二溴乙烷在某些实验动物身上会致癌。美国国家环境保护局（EPA）于 1977 年 12 月发布了二溴乙烷对健康危害的声明，1983 年 6 月中止其作为土壤熏蒸剂使用，1984 年 3 月 2 日中止其用于贮存谷物的熏蒸和谷物加工机械设备的处理。

（8）氢氰酸（hydrocyanic acid）　氢氰酸的分子式为 HCN，相对分子质量为 27.03。有三种物理常态：固态为白色结晶，熔点为 −13.5℃；液态为无色液体，沸点为 26.5℃，相对密度为 0.93（相对于空气，0℃）、0.69（相对于水，20℃）；气态为无色带杏仁气味，易溶于水和乙醇，相对密度为 0.9，沸点为 26℃。空气中燃烧浓度限度为 6%～41%、5.6%～40%（按体积计算）。液态贮存时，如无化学稳定剂存在，在容器内可分解爆炸。

氢氰酸用于防治原粮、种子粮的仓储害虫和烟草甲；苗木、砧木、花卉鳞茎、球茎上的介壳虫、蚜虫、蓟马等；房屋或建筑物内的干木白蚁或其他木材害虫，以及地毯蚁和树蜂属的一些种类；仓库、船舱内的鼠类。氢氰酸不腐蚀金属，不影响棉、麻、丝织物的品质。

一般认为氢氰酸是安全的种子熏蒸剂，在正常条件下对谷物种子尤其如此。但熏蒸花草和蔬菜种子时，最好对当地品种预先进行试验。氢氰酸对植物有药害，不可用于熏蒸生长期植物、新鲜水果和蔬菜；还能污染某些食品，不可用于熏蒸成品粮。

氢氰酸主要熏蒸表面害虫，对植物内部和土壤内的害虫效果差，卵和休眠期昆虫抗药性较强。氢氰酸、氰化氢对高等动物属剧毒，它们能抑制细胞呼吸，造成组织的呼吸障碍，使呼吸及血管中枢缺氧受损，呼吸先快后慢、瘫痪、痉挛、窒息、呼吸停止直至死亡。氢氰酸除了可以从呼吸器官进入人体外，还可以经皮肤吸收而中毒。因此，在任何浓度下的一切操作，工作人员必须戴防毒面具。发现中毒患者，应迅速转移到空气新鲜的温暖场所；脱去被污染的衣服，随即进行急救处理和请医生治疗。

（二）防腐处理

检疫处理中的防腐处理多用于木质材料的除害处理过程。国内外木材防腐处理中常用的防腐剂根据其介质和有效成分可分为焦油型、有机溶剂型和水溶型三种，其使用方法一般分为两种：表面处理法和加压渗透法。表面处理法只针对木材表面或浅层的有害生物，药效短，是一种暂时性的防护方法，还可能造成环境污染；加压渗透法是通过一系列抽真空和加压的过程，迫使防腐剂进入木材组织细胞，使防腐剂能与木材紧密结合，从而可达到木材的持久防腐效果。使用防腐剂应注意处理过程中人员的安全，处理过程的全面和彻底，以及对防腐处理后废弃物的处置等问题。

（三）化学农药处理

在检疫处理中，常采用化学农药对不能采用熏蒸处理的材料进行灭害处理，根据处理对象的不同而用不同的施药方法，一般有喷雾法、拌种法、种苗浸渍法等。在检疫处理中常用的杀虫灭菌农药有拟除虫菊酯、杀螟松、二嗪磷、波尔多液、克菌丹、多菌灵等。根据需要配制不同浓度的药液使用。

（四）烟雾剂处理

烟雾剂是利用农药原药、燃料、氧化剂、消燃剂等制成的混合物，经点燃后不产生火焰，农药有效成分因受热而气化，在空气中冷却后凝聚成固体颗粒，沉积到材料表面，对害虫具有良好的触杀和胃毒作用。烟雾剂受自然环境尤其是气流影响较大。国内常用 2% 敌敌畏烟雾剂和 0.2% 磷胺烟雾剂进行飞机机舱或货舱的处理。

第三节　检疫性病原物的除害处理

一、热处理

（一）灭菌处理

蒸汽热灭菌是利用热蒸汽和水分的综合作用而达到灭菌消毒的目的。一般 100℃ 的蒸汽可杀死大多数病菌，对耐热的病菌孢子可以用 115～120℃ 的饱和蒸汽在 $0.7～1kg/cm^2$ 的蒸汽压力下进行灭菌。蒸汽灭菌所需时间的长短因货物的性质、数量、渗透性而定，一般而言：越松散的货堆，因蒸汽可迅速并完全地渗透到货堆的各个部位，处理的时间越短。一般可以参照如下处理条件和时间：$1.4kg/cm^2$ 蒸汽压下处理 10min；$1kg/cm^2$ 蒸汽压下处理 15min；$0.7kg/cm^2$ 蒸汽压下处理 20min。

（二）热水处理

热水处理常用来处理鳞球茎等繁殖材料上的线虫。线虫的处理温度和时间见表 13-4。

表 13-4　常见植物鳞球茎或产品线虫热水处理

处理货物	线虫	处理温度 / 时间	备注
百合属	草莓滑刃线虫	41℃ /120min	
秋水仙属	滑刃属线虫	43.5℃ /180min	25℃预浸一周
	次滑刃属线虫	43.5℃ /150min	
风信子属	马铃薯茎线虫	45℃ /120min	30℃预浸 1～10 周
郁金香属	鳞球茎茎线虫	43.3℃ /240min	30℃预浸 2～3 周，冷却后用 0.4%A＋
	马铃薯茎线虫	43.5℃ /240min	1%D 或 B 混合消毒液处理
晚香玉属	鳞球茎茎线虫	45℃ /240min	处理时加 1%C
		43.3～43.9℃ /180min	处理时加 1%C ＋1%B
鸢尾属	鳞球茎茎线虫	43.5℃ /150min	23℃预浸 1～4 周，处理时加 0.4%A＋
			1%B 混合消毒液
仙客来属、芍药属、大丽花属、晚香玉块茎	根结线虫	47.8℃ /30min	
香蕉	香蕉穿孔线虫	55℃ /20min	

注：A. 50% 苯菌灵、47%～60% 多菌灵、60% 噻菌灵；B. 48% 敌菌丹；C. 40% 甲醛溶液；D. 代森锌 / 代森锰

热水处理种子，也称温汤浸种，可有效铲除种子内部携带的病菌。常见种子热水处理及对象见表 13-5。热水浸种包括预浸、预热、浸种和冷却干燥几个步骤：先用冷水浸渍 4～12h，这样可以排除种胚和种皮间的空气，有利于热传导，同时刺激种内休眠菌丝体恢复生长，降低其耐热性；然后将种子放在低于处理温度约 10℃的热水中 1～2min；再在适当温度的热水中处理一定的时间，处理完毕室温冷却充分干燥才能储藏。

表 13-5　常见热水处理种子病害方法

植物	处理对象	处理温度/时间
水稻	白叶枯病菌	45℃/3min＋58℃/10min
	条斑病菌	45℃/3min＋58℃/10min
	茎线虫	53℃/15min
	干尖线虫	51～53℃/15min
小麦	散黑穗病菌	44～46℃/180min
	粒瘿线虫	52℃/10min；53～54℃/5min
珍珠稗	霜霉病菌	55℃/10min
十字花科蔬菜	黑腐病菌	50℃/30min
花椰菜	黑胫病菌	50℃/20～30min
番茄	溃疡病菌	50℃/60min；54℃/60min；55℃/25～30min；57℃/20min
黄瓜	细菌性斑点病菌	50～60℃/10～30min
茄	黄萎病菌	49～52℃/20min
芹菜	叶斑病菌	48℃/30min；58℃/10min

资料来源：洪霓和高必达，2005

针对柑橘黄龙病和溃疡病，我国对柑橘苗木产地检疫操作规定：对所使用的柑橘种子必须用热水浸泡处理，即先 50～52℃预热 5～6min，然后投入到 55～57℃保温桶内使水温保持在 55℃处理 50min，处理完毕后取出摊开冷却、晾干播种。

（三）干热处理

利用烘干机可以处理小麦、蔬菜种子和棉花及草莓种苗。干热消毒需注意：先将种子在 60℃条件下通风 2～3h，使种子充分干燥；在操作过程中，为了更好地干燥，需打开通气孔；处理时，种子薄摊成 2～3cm 的厚度；干热消毒后的种子应在一年内使用。具体处理见表 13-6。

表 13-6　常见干热消毒种子及活体种苗

植物	处理对象	处理温度/时间
小麦（仅限粮食用）	矮腥黑穗病	95℃/45min
西瓜、瓠子种子	绿斑花叶病毒	70℃/3d
番茄种子	烟草花叶病毒	70℃/2d
青椒种子	烟草花叶病毒	70℃/4d
棉花种子	黄萎病菌	60℃/4d
盆栽草莓	草莓病毒病	37℃/8d

二、化学处理

检疫性病原物的化学处理一般采用杀菌剂或杀线虫剂的喷雾或浸泡手段来进行。常见的可用于检疫性病原物处理的药剂有波尔多液、五氯硝基苯、多菌灵、代森锌、代森锰、甲醛、威百亩等。杀菌剂处理植物种子或鳞球茎等繁殖材料，通常结合前述热水处理来进行，具体见表13-4。

三、植物病毒的脱毒处理

病毒一般为系统性感染，一旦侵入植物体内，很难根除，并可随植物繁殖材料或种子传播给下一代，在植物种苗和繁殖材料的调运过程中很容易使病毒传到异地。由于病毒危害大且无有效的防治方法，国际间的种质交换一般要求不能带病毒。因此，无论调入或调出繁殖材料都要经过严格的检疫，对于发现带有目标病毒的材料进行销毁或作无病毒化处理，即脱毒处理。常用的脱毒途径有热处理、茎尖培养、微芽嫁接及化学处理等方法。

（一）热处理脱病毒

热处理脱病毒也称温热疗法，是脱病毒处理中应用最早和最普遍的方法之一。这种方法是利用病毒和植物的耐热性不同，将待处理的植物材料在高于正常温度的环境下处理一段时间，使植物体内的病毒失去活性或钝化，而植物的生长受到较小的影响或在高温下生长加快，这样植物的新生部分不带病毒，取该无病毒组织进行培育即可得到无病毒株。

热处理脱病毒主要采用高温空气处理，主要环节包括材料的准备、热处理和再培养。

1）热处理材料：可以是离体植株，也可以是盆栽植株。

2）热处理条件：热处理温度和时间因病毒种类而异，有些病毒在34℃左右即可脱除，而一些需要在39~42℃条件下才能脱除，在植物耐热性允许范围内，热处理温度越高，脱毒效果越好，一般是37℃左右。有些植物或品种不耐高温，为了减少高温对植物的损伤，采用分段交替热处理，即白天40℃处理16h，夜间30℃处理8h。处理的时间因病毒的不同差异较大，可以是28~90d。有研究表明，变温条件下处理的效果较恒温处理好，如柑橘衰退病毒（CTV）幼苗黄化株系，在38℃条件下处理8周不能脱除，而在变温条件下处理8周即可脱除。

3）热处理材料的再培养：热处理后立即取茎尖嫁接或离体培养。

（二）茎尖培养脱病毒

茎尖培养，也称为分生组织培养或生长点培养。茎尖培养脱病毒是采用一种生物学技术进行病毒的脱除。由于病毒在植物体内分布不均匀，在顶端生长点的分生组织病毒浓度低，大部分细胞不带病毒，取顶端生长点培养即可获得无病毒株。但不含病毒的部分是极小的，一般不超过0.1mm。茎尖培养脱病毒的一般程序包括：培养基的选择和制备、待脱毒材料的消毒处理、茎尖的剥离与培养、诱导分化和小植株的增殖、诱导生根和移栽。

（三）微芽嫁接脱病毒

微芽嫁接是在无菌条件下，切取待脱毒样品的茎尖嫁接到试管中培养的实生砧木苗上，愈合发育为完整植株，达到脱毒效果。微芽嫁接在柑橘脱病毒处理中得到了广泛应用，并且逐渐被应用到其他果树病毒的脱除处理中。

（四）化学处理脱病毒

有些化学物质对植物病毒的复制和扩散有一定的抑制作用。例如，抗病毒醚（ribavirin）是一种对病毒具有广谱抑制作用的人工合成核苷类物质。此外，DHT（2,4-dioxohexa-hydro-1,3,5-triazine）对病毒也有类似的作用。采用该类化合物处理植物组培材料，可抑制植物中病毒的复制和移动，使植株的新生部分不带病毒，取无病毒组织繁殖即可得到无病毒植株。

除上述常用脱毒技术外，花药培养、超低温处理等技术在多种植物病毒脱除中也已得到成功应用。在众多的脱病毒方法中，具体应用时可根据待脱毒植物种类或品种、感染的病毒种类及具备的条件选用适当的技术。无论采用哪一种方法，都不可能达到一次完全脱除所有病毒的效果。因此，脱病毒处理获得的再生植株，必须经过严格的病毒检测。

第四节　木质包装材料的除害处理

2002 年 3 月，木质包装检疫措施国际标准《国际贸易中木质包装材料管理准则》（ISPM No.15）要求所有国家或地区采取统一的木质包装除害处理措施，并加施统一的标识。2005 年，国家质检总局发布第 69 号令《出境货物木质包装检疫处理管理办法》，规定进出境货物使用的木质包装应按规定处理方法进行除害处理，并加施专用标识，检验检疫机构对进出境货物使用的木质包装进行监管和处理。

上述的第 69 号令明确规定：木质包装是指用于承载、包装、铺垫、支撑、加固货物的木质材料，如木板箱、木条箱、木托盘、木框、木桶、木轴、木楔、垫木、枕木、衬木等。经人工合成或者经加热、加压等深度加工的包装用木质材料（如胶合板、纤维板等）除外。薄板旋切芯、锯屑、木丝、刨花等及厚度等于或者小于 6mm 的木质材料除外。

由于干热空气处理安全、环保、有效，近年来全球木质包装材料的检疫工作几乎都是应用干燥窑进行干热处理。《国际贸易中木质包装材料管理准则》统一了木质包装热处理的技术指标，即木材中心温度至少达到 56℃，持续处理时间不少于 30min。

一、设施及器材要求

用于木质包装热处理的干燥窑要求具有保温和密闭性能。根据干燥窑容积的大小，安装若干供热设备、调湿设备和强制空气循环设备。如果热源不是蒸汽，那么干燥窑内应设计安装加湿装置，以保证热处理效果和木材干燥质量。温度检测记录仪应正确安置，具有自动多点检测、打印检测数据和不可人为修改等功能。同时安装木材水分检测仪。

二、准备工作

根据木质包装材料的种类、规格、数量、材质、含水率、板材厚度、进口国的热处理要求等情况，确定热处理时窑内所需干湿球温度和持续时间。

三、热处理程序

1）关闭干燥窑门，确保密封严密。

2）升温、加湿、开启通风设备，根据木材含水率、材质等情况，调节空气湿度，防止木材变形和开裂。

3）当窑内干湿球温度达到技术标准要求的温度或木材中心温度达到要求后，进行保湿处理，此时即为处理除害的起始时间。处理规定的时间后，进行木材干燥处理使木材含水量降至20%以下，关闭加热装置完成整个处理过程。

4）当窑内外温差小于30℃时，即可出窑。

主要参考文献

陈凤毛，叶建仁，吴小芹. 2007. 松材线虫实时 PCR 检测技术. 南京林业大学学报，31（4）：121-124

陈泓宇，徐新新，段灿星，等. 2012. 菜豆普通细菌性疫病病原菌鉴定. 中国农业科学，45（13）：2618-2627

陈剑平，董玛佳，陶金斐，等. 1993. 胶体金免疫电镜技术检测和鉴定病汁液中不同形态的植物病毒. 植物病理学报，23（2）：169-174

陈捷. 2005. 现代植物病理学研究方法. 北京：中国农业出版社

陈乃中. 2009. 中国进境植物检疫性有害生物——昆虫卷. 北京：中国农业出版社

陈乃中. 2012. 植物检疫检测鉴定的技术资源. 北京：中国农业出版社

陈念，付晓燕. 2008. DNA 条形码：物种分类和鉴定技术. 生物技术通讯，19（4）：629-631

陈艳鸿，田艳丽，赵玉强，等. 2015. 应用锁式探针技术检测大豆细菌性斑疹病. 农业生物技术学报，23（1）：1377-1385

崔汝强，葛建军，胡学难，等. 2010b. 水稻干尖线虫快速分子检测技术研究. 植物检疫，24（1）：10-12

崔汝强，赵立荣，钟国强. 2010a. 菊花滑刃线虫快速分子检测. 江西农业大学学报，32（4）：714-717

董艳娜，郑银英，徐文兴. 2016. 用草本植物番茄鉴定五种柑橘类病毒. 中国农业科学，49（4）：784-790

杜洪忠，吴品珊，严进. 2011. 苜蓿黄萎病菌实时荧光 PCR 检测方法. 植物检疫，25（2）：45-47

杜志强，周广和，马占鸿，等. 2000. RT-PCR-RFLP 在大麦黄矮病毒检测中的应用. 病毒学报，16（1）：83-85

段维军，段丽君，陈先锋，等. 2016. 进境乌克兰玉米中夹杂向日葵茎溃疡病菌的鉴定. 菌物学报，35（12）：1503-1513

段维军，李兰，莫善明，等. 2015a. 进境哈萨克斯坦向日葵种子中向日葵黑茎病菌的鉴定. 植物保护学报，42（5）：795-800

段维军，严进，刘芳，等. 2015b. 我国进境检疫性菌物名录亟待修订完善. 菌物学报，34（5）：942-960

方中达. 2007. 植病研究方法. 3 版. 北京：中国农业出版社

冯瑞华，樊蕙. 2000. Biolog 细菌自动鉴定系统应用初探. 中文科技期刊数据库，2：36-38

甘琴华，吴兴海，封立平. 2014. 山东局从法国进境葡萄砧木中截获啤酒花矮化类病毒. 植物检疫，28（1）：92

葛建军，曹爱新，陈洪俊，等. 2009. 应用 TaqMan 探针进行马铃薯金线虫实时荧光 PCR 检测技术研究. 植物保护，35（4）：105-109

葛建军，曹爱新，刘先宝，等. 2005. 应用 TaqMan-MGB 探针进行松材线虫的实时荧光定量检测技术研究. 植物病理学报，（S1）：52-58

葛建军，曹爱新，周国梁，等. 2006. 实时荧光 PCR 技术在植物线虫诊断中应用. 植物检疫，20（5）：310-313

顾建锋. 2014. 松材线虫及其近似种的鉴定技术：续《伞滑刃属线虫形态和分子鉴定》. 厦门：厦门大学出版社

顾建锋，边勇，王金成，等. 2017. 口岸植物线虫实用鉴定技术. 合肥：安徽科学技术出版社

顾建锋，王江岭，张慧丽，等. 2011. 伞滑刃属线虫形态和分子鉴定. 厦门：厦门大学出版社

顾青雷，刘昊，张绍红. 2011. PCR 相关技术在植物病毒检疫检测中的应用. 生物技术通报，（3）：78-81

郭立新，段维军，张祥林，等. 2012. 啤酒花潜隐类病毒的实时荧光 RT-PCR 检测. 植物病理学报，42（5）：466-473

贺水山，闻伟刚，杨兰英，等. 2002. 松材线虫 PCR 快速检测方法研究. 植物检疫，16（6）：321-324

洪健，周雪平. 2014. ICTV 第九次报告以来的植物病毒分类系统. 植物病理学报，35（6）：1-9

洪霓. 2006. 植物检疫方法与技术. 北京：化学工业出版社

洪霓，高必达. 2005. 植物病害检疫学. 北京：科学出版社

黄健，戚龙君，王金成，等. 2009. 腐烂茎线虫种内不同群体形态及遗传分析. 植物病理学报，39（2）：125-131

黄丽莉，阙海勇，车飞. 2014. 茶园茶黄蓟马及其近似种的 DNA 条形码鉴定. 植物检疫，28（6）：68-72

惠文森，牛锋，穆晓峰. 2007. 动植物检疫. 兰州：甘肃民族出版社

季镭，王金成，杨秀丽，等. 2006. 3 种茎线虫 rDNA 区的 PCR-RFLP 分析. 南京农业大学学报，29（3）：39-43

简恒. 2011. 植物线虫学. 北京：中国农业大学出版社

蒋立琴，梁定东，郑经武，等. 2005. 利用 rDNA 的 PCR-RFLP 对伞滑刃属线虫群体的分子鉴别. 浙江大学学报（农业与生命科学版），31（2）：161-164

蒋立琴, 郑经武. 2007. 伞滑刃线虫属部分种群 28SRNA 基因中 D2～D3 区的特征. 植物病理学报, 37（6）: 588-594

鞠振林, 朱笑梅, 薛爱红, 等. 1993. 改进的直接组织斑免疫测定法在植物病毒及细菌检测中的应用. 植物病理学报, 23（4）: 367-371

李志红, 杨汉春, 沈佐锐. 2004. 动植物检疫概论. 北京: 中国农业大学出版社

梁训生, 张成良, 张作芳. 1985. 植物病毒血清学技术. 北京: 农业出版社

林宇, 王金成, 迟元凯, 等. 2013. 基于 GenBank 分析 28S（D2/D3）、18S 和 ITS 序列作为根结线虫条形码标记的适用性. 南京农业大学学报, 36（5）: 71-76

刘成科, 吴建祥, 洪健, 等. 2006. 单抗 I-ELISA 和 TAS-ELISA 检测百合无症病毒的研究. 植物病理学报, 36（4）: 301-305

刘梅, 黄新, 马占鸿, 等. 2010. 烟草环斑病毒的定量检测技术研究. 生物技术通讯, 21（1）: 73-76

刘维志. 2000. 植物病原线虫学. 北京: 中国农业出版社

刘维志. 2004. 植物线虫志. 北京: 中国农业出版社

刘裕兰, 王中康, 曹月青, 等. 2008. 松材线虫 PCR 标准化阳性对照构建及检测体系的建立. 应用与环境生物学报, 14（1）: 122-125

龙海, 刘昊, 徐建华. 2006. 象耳豆根结线虫的 PCR 鉴定和检测方法. 植物病理学报, 36（2）: 109-115

卢圣栋. 2001. 现代分子生物学实验技术. 2 版. 北京: 中国协和医科大学出版社

陆伟, 陈学新, 郑经武, 等. 2001. 松材线虫与拟松材线虫 rDNA 中 ITS 区的比较研究. 农业生物技术学报, 9（4）: 387-390

马承铸, 钱振官, 顾真荣, 等. 1996. 上海余山发现黑松松材线虫 M 型株系. 上海农业学报, 12（1）: 56-60

马平, 蒋小龙, 李正跃, 等. 2009. 谷斑皮蠹在云南的入侵风险分析. 安徽农业科学, 37（5）: 861-864

马新颖, 汪琳, 任鲁风, 等. 2007. 从荷兰进口植物中检出南芥菜花叶病毒. 植物保护学报, 34（2）: 217-218

马雪萍, 成思佳, 武海萍, 等. 2014. 用于高灵敏可视化检测松材线虫的闭管等温扩增法. 微生物学杂志, 34（4）: 7-14

马以桂, 王金成, 谢辉, 等. 2006. 3 种粒线虫多重 PCR 检测方法. 植物病理学报, 36（6）: 508-511

孟庆鹏, 龙海, 徐建华. 2004. 南方、爪哇和花生根结线虫的快速灵敏的 PCR 鉴定方法. 植物病理学报, 34（3）: 204-210

年四季, 袁青, 殷幼平, 等. 2009. 实时荧光定量 PCR 鉴定小麦矮腥黑穗菌技术研究. 中国农业科学, 42（12）: 4403-4410

宁红, 陶家凤, 江式富. 1991. 用酶联免疫吸附技术（ELISA）检测水稻细菌性条斑病菌的研究. 植物检疫, 2: 94-97

漆艳香, 赵文军, 朱水芳. 2003. 苜蓿萎蔫病菌 TaqMan 探针实时荧光 PCR 检测方法的建立. 植物检疫, 17（5）: 260-264

漆艳香, 朱水芳, 赵文军, 等. 2004. 玉米细菌性枯萎病菌 TaqMan 探针实时荧光 PCR 检测方法的建立. 植物保护学报, 31（1）: 51-56

沈建国, 高芳銮, 蔡伟, 等. 2016. 进境大豆种子上菜豆荚斑驳病毒和大豆花叶病毒的多重 RT-PCR 检测. 中国农业科学, 49（4）: 667-676

沈健英. 2011. 植物检疫原理与技术. 上海: 上海交通大学出版社

宋静静, 蒙姣荣, 邹承武, 等. 2013. 用小 RNA 深度测序鉴定广西冬种马铃薯病毒. 中国农业科学, 46（19）: 4075-4081

孙宝华, 陈海如, 常胜军, 等. 2000. RT-PCR 检测李坏死环斑病毒的研究. 植物检疫, 14（5）: 257-260

宛菲, 彭德良, 杨玉文, 等. 2008. 马铃薯腐烂茎线虫特异性分子检测技术研究. 植物病理学报, 38（3）: 263-270

王备新, 杨莲芳. 2002. 线粒体 DNA 序列特点与昆虫系统学研究. 昆虫知识, 39（3）: 88-92

王翀, 葛建军, 陈长发. 2005. 鳞球茎茎线虫实时荧光 PCR 检测技术研究. 植物检疫, 19（1）: 11-14

王光华, 赵伟春, 程家安. 2008. 实时荧光定量 PCR 技术及其在昆虫学研究中的应用. 昆虫学报, 51（12）: 1293-1303

王宏宝, 戚龙君, 王金成, 等. 2009. 马铃薯腐烂线虫不同群体同工酶表型与致病力研究. 浙江大学学报（农业与生命科学版）, 35（4）: 425-432

王缉健, 谭子宽, 杨文忠, 等. 2007. 对松突圆蚧入侵广西与蔓延的探讨. 广西农学报, 22（4）: 38-39, 63

王江岭, 张建成, 顾建锋. 2011. 单条线虫 DNA 提取方法. 植物检疫, 25（2）: 32-35

王金成, 季镭, 杨秀丽, 等. 2006a. 松材线虫 TaqMan 探针实时荧光 PCR 诊断. 植物病理学报, 36（3）: 281-284

王金成, 魏亚东, 顾建锋, 等. 2012. 基于核糖体 ITS 区和 28S rRNA D2～D3 区的短体线虫系统发育研究. 动物分类学报, 37（4）: 687-693

王金成, 赵志凤, 黄国明, 等. 2006b. 粒线虫幼虫 PCR-RFLP 检测研究. 检验检疫科学, 16: 22-23

王琼, 耿丽凤, 张东升, 等. 2011. 香蕉穿孔线虫（Radopholus similis）特异性分子检测技术研究. 植物病理学报, 41（2）: 171-177

王焱, 季镭, 余本渊, 等. 2007. 3 种松材线虫分子检测技术的比较分析. 南京林业大学学报（自然科学版）, 31（4）: 128-132

王赢, 周国梁, 印丽萍, 等. 2009. 玉米细菌性枯萎病菌 PCR 检测. 植物病理学报, 39 (4): 368-376

魏亚东, 容万韬, 赵立荣, 等. 2013. 5 种短体线虫 DNA 条形码鉴定方法. 华北农学报, 28 (6): 136-139

闻伟刚, 崔俊霞, 盛蕾. 2007. 烟草环斑病毒和番茄环斑病毒的半巢式 RT-PCR 检测. 植物保护学报, 34 (1): 61-66

吴佳教, 胡学难, 赵菊鹏, 等. 2005. 9 种检疫性实蝇 PCR-RFLP 快速鉴定研究. 植物检疫, 19 (1): 2-6

吴佳教, 梁帆, 胡学难. 2004. 我国南方常见的 6 种寡毛实蝇 PCR-RFLP 快速鉴定研究. 江西农业大学学报, 26 (5): 770-773

武强, 万方浩, 李照会, 等. 2009. 苹果绵蚜在我国的入侵状况调查及防治对策. 植物保护, 35 (5): 100-104

武扬, 郑经武, 商晗武, 等. 2005. 根结线虫分类和鉴定途径及进展. 浙江农业学报, 17 (2): 106-110

相宁, 周雪荣, 孙彤, 等. 1995. RT-PCR 检测烟草环斑病毒的研究. 植物检疫, 9 (6): 337-339

肖良. 1993. 新的《进境植物检疫危险性病、虫、杂草名录》开始执行. 应用昆虫学报, 30 (3): 64

谢联辉. 2006. 普通植物病理学. 北京: 科学出版社

徐明全, 郑平, 刘荣维, 等. 2000. 植物病毒检测技术——组织印迹法. 微生物学通报, 27 (5): 360-363

徐瑞, 胡白石, 田艳丽, 等. 2017. 应用锁式探针结合斑点杂交技术检测甜瓜细菌性叶斑病. 中国农业科学, 50 (4): 679-688

徐文兴, 洪霓, 王国平. 2005. 桃潜隐花叶类病毒 RT-PCR 和分子杂交检测技术的建立. 植物检疫, 19 (5): 268-271

许志刚. 2002. 普通植物病理学. 3 版. 北京: 中国农业出版社

许志刚. 2008. 植物检疫学. 北京: 高等教育出版社

严进, 吴品珊. 2013. 中国进境植物检疫性有害生物——菌物卷. 北京: 中国农业出版社

杨苏声, 谢小保, 李季伦. 1993. 酶联免疫吸附技术 (ELISA) 对大豆根瘤菌的鉴定. 微生物学通报, 20 (3): 129-133

杨长举, 张宏宇. 2008. 植物害虫检疫学. 北京: 科学出版社

杨忠岐, 张永安. 2007. 重大外来入侵害虫——美国白蛾生物防治技术研究. 应用昆虫学报, 44 (4): 465-471

余杰颖, 张斌, 陈红远, 等. 2016. 马铃薯甲虫入侵贵州的风险分析. 植物检疫, 30 (4): 60-63

岳红妮, 吴云峰, 李毅然, 等. 2008. 小麦 3 种病毒病 BSMV、BYDV-PAV、WYMV 及 WBD 植原体病害的多重 PCR 同步检测. 中国农业科学, 41 (9): 2663-2669

张满良, 朱水芳, 赵冬兰. 2000. 葡萄卷叶伴随病毒基因的克隆及序列分析. 西北农业大学学报, 28 (5): 70-75

张润志, 王福祥, 张雅林, 等. 2016. 入侵生物苹果蠹蛾监测与防控技术研究. 应用昆虫学报, 49 (1): 37-42

张祥林, 李京, 罗明, 等. 2017. 基于 16S rDNA 基因的谷穗皮蓟 PCR 检测技术. 生物安全学报, 26 (1): 75-79

张祥林, 张伟, 吴卫. 2012. 新疆植物检疫性有害生物. 北京: 中国质检出版社

章正. 2010. 植物种传病害与检疫. 北京: 中国农业出版社

张志想, 葛蓓孛, 潘嵩, 等. 2011. 菊花矮化类病毒分子检测与序列分析. 园艺学报, 38 (12): 2349-2356

赵立荣, 廖金铃, 钟国强. 2005. 松材线虫和拟松材线虫的 PCR 快速检测. 华南农业大学学报, 26 (2): 59-61

赵廷昌, 王富德. 2011. 植物病原细菌鉴定实验指导. 3 版. 北京: 中国农业科学技术出版社

赵晓丽, 周琦, 孙宁, 等. 2013. 啤酒花矮化类病毒实时荧光定量 RT-PCR 检测方法的建立与应用. 植物保护学报, 4 (4): 309-314

赵友福, 魏亚东, 高崇省, 等. 1997. 利用 BIOLOG 鉴定系统快速鉴定菜豆萎蔫病菌的研究. 植物病理学报, 27 (2): 139-144

中国农业百科全书总编辑委员会, 植物病理学卷编辑委员会, 中国农业百科全书编辑部. 1996. 中国农业百科全书植物病理学卷. 北京: 农业出版社

中华人民共和国北京动植物检疫局. 1999. 中国植物检疫性害虫图册. 北京: 中国农业出版社

周灼标, 郑雷青, 管维, 等. 2006. 用二重 PCR 方法检测李痘病毒和李坏死环斑病毒. 植物保护, 32 (4): 107-109

朱西儒, 徐志宏, 陈枝楠. 2004. 植物检疫学. 北京: 化学工业出版社

朱延书, 康宁. 2003. 生物技术在植物检疫检测中的应用. 江苏林业科技, 30 (3): 42-47

宗兆峰, 康振生. 2010. 植物病理学原理. 2 版. 北京: 中国农业出版社

Agrios GN. 2004. Plant pathology. Burlington, MA: Elsevier Academic Press

Al-Rwahnih M, Daubert S, Golino D, et al. 2009. Deep sequencing analysis of RNAs from a grapevine showing Syrah decline symptoms reveals a multiple virus infection that includes a novel virus. Virology, 387: 395-401

Al-Banna L, Ploeg AT, Williamson VM, et al. 2004. Discrimination of six *Pratylenchus* species using PCR and species-specific primers. Journal of Nematology, 36 (2): 142-146

Al-Banna L, Williamson V, Gardner SL. 1997. Phylogenetic analysis of nematodes of the genus *Pratylenchus* using nuclear 26S rDNA. Molecular Phylogenetics and Evolution, 7 (1): 94-102

Alvarez AM. 2004. Integrated approaches for detection of plant pathogenic bacteria and diagnosis of bacterial diseases. Annual Review of Phytopathology, 42: 339-366

Amiri S, Subbotin SA, Moens M. 2002. Identification of beet cyst nematode *Heterodera schachtii* by PCR. European Journal of Plant Pathology, 108: 497-506

Andrés MF, Romero MD, Montes MJ, et al. 2001. Genetic relationships and isozyme variability in the *Heterodera avenae* complex determined by isoelectrofocusing. Plant Pathology, 50 (2): 270-279

Astruc N, Marcos JF, Macquaire G, et al. 1996. Studies on the diagnosis of hop stunt viroid in fruit trees: Identification of new hosts and application of a nucleic acid extraction procedure based on non-organic solvents. European Journal of Plant Pathology, 102 (9): 837-846

Audy P, Braat CE, Saindon G, et al. 1996. A rapid and sensitive PCR-based assay for concurrent detection of bacteria causing common and halo blights in bean seed. Phytopathology, 86 (4): 361-366

Audy P, Laroche A, Saindon G, et al. 1994. Detection of the bean common blight bacteria, *Xanthomonas campestris* pv. *phaseoli* and *X. c. phaseoli* var. *fuscans*, using the polymerase chain reaction. Phytopathology, 84 (10): 1185-1192

Barjadze S, Karaca I, Yasar B, et al. 2011. The yellow rose aphid *Rhodobium porosum*: a new pest of Damask rose in Turkey. Phytoparasitica, 39: 59-62

Bates JA, Taylor EJ, Gans PT, et al. 2002. Determination of relative proportions of *Globodera* species in mixed populations of potato cyst nematodes using PCR product melting peak analysis. Molecular Plant Pathology, 3 (3): 153-161

Berry SD, Fargette M, Spaull VW, et al. 2008. Detection and quantification of root-knot nematode (*Meloidogyne javanica*), lesion nematode (*Pratylenchus zeae*) and dagger nematode (*Xiphinema elongatum*) parasites of sugarcane using real-time PCR. Molecular and Cellular Probes, 22(3): 168-176

Blok VC, Malloch G, Harrower B, et al. 1998. Intraspecific variation in ribosomal DNA in populations of the potato cyst nematode *Globodera pallida*. Journal of Nematology, 30 (2): 262-274

Blok VC, Phillips MS, Fargette M. 1997. Comparison of sequences from the ribosomal DNA intergenic region of *Meloidogyne mayaguensis* and other major tropical root-knot nematodes. Journal of Nematology, 29: 16-22

Blok VC, Phillips MS, McNicol JW, et al. 1997. Genetic variation in tropical *Meloidogyne* spp. as shown by RAPDs. Fundamental and Applied Nematology, 20 (7): 1761-1773

Bolla RI, Boschert M. 1993. Pine nematodes species complex: interbreeding potential and chromosome number. Journal of Nematology, 25 (2): 227-238

Bolla RI, Weaver C, Winter REK. 1988. Genomic differences among pathotypes of *Bursaphelenchus xylophilus*. Journal of Nematology, 20 (2): 309-316

Boonham N, Perez LG, Mendez MS, et al. 2004. Development of a real-time RT-PCR assay for the detection of potato spindle tuber viroid. Journal of Virological Methods, 116 (2): 139-146

Boureau T, Kerkoud M, Chhel F, et al. 2013. A multiplex-PCR assay for identification of the quarantine plant pathogen *Xanthomonas axonopodis* pv. *phaseoli*. Journal of Microbiological Methods, 92: 42-50

Boutsika K, Brown DJF, Phillips MS, et al. 2004. Molecular characterisation of the ribosomal DNA of *Paratrichodorus macrostylus, P. pachydermus, Trichodorus primitivus* and *T. similis* (Nematoda: Trichodoridae). Nematology, 6(5): 641-654

Braithwaite KS, Irwin JAG, Manners JM. 1990. Ribosomal DNA as a molecular taxonomic marker for the group species *Colletotrichum gloeosporioides*. Australian Systematic Botany, 3 (4): 733-738

Bulman SR, Marshall JW. 1997. Differentiation of Australasian potato cyst nematode (PCN) populations using the polymerase chain reaction (PCR). New Zealand Journal of Crop and Horticultural Science, 25: 123-129

Burgermeister W, Braasch H, Metge K, et al. 2009. ITS-RFLP analysis-an efficient tool for differentiation of *Bursaphelenchus* species. Nematology, 11 (5): 649-668

Burgermeister W, Metge K, Braasch H, et al. 2005. ITS-RFLP patterns for differentiation of 26 *Bursaphelenchus* species (Nematoda: Parasitaphelenchidae) and observations on their distribution. Russian Journal of Nematology, 13 (1): 29-42

Busse HJ. 2015. Georgenia. *In*: Whitman WB. Bergey's Manual of Systematics of Archaea and Bacteria. New York: Springer-Verlag: 1-5

CABI. 2018. Crop Protection Compendium. Wallingford: CAB International

Cao AX, Liu XZ, Zhu SF, et al. 2005. Detection of the pine wood nematode, *Bursaphelenchus xylophilus*, using a real time PCR assay.

Phytopathology, 95 (5): 566-571

Carra A, Gambino G, Schubert A. 2007. A cetyltrimethy lammonium bromide-based method to extract low-molecular-weight RNA from polysaccharide-rich plant tissues. Analytical Biochemistry, 360 (2): 318-320

Carta LK, Skantar AM, Handoo ZA. 2001. Molecular, morphological and thermal characters of 19 *Pratylenchus* spp. and relatives using the D3 segment of the nuclear LSU rRNA gene. Nematropica, 31 (2): 195-209

Certer for Agriculture and Bioscience International (CABI). 2017. Crop Protection Compendium. Wallingford: CAB International

Chamberlain JS, Gibbs RA, Ranier JE. 1988. Deletion screening of the *Duchenne muscular* dystrophy locus via multiplex DNA amplification. Nucleic Acids Res, 16 (23): 11141-11156

Chang S, Puryear J, Cairney J. 1993. A simple and efficient method for isolating RNA from pine trees. Plant Molecular Biology Reporter, 11 (2): 113-116

Chen FM, Ye JR, Tang J, et al. 2007. Discrimination of *Bursaphelenchus xylophilus* and *Bursaphelencus mucronatus* by PCR-RFLP technique. Frontiers of Forestry in China, 2 (1): 82-86

Chen P, Roberts PA, Metcalf AE, et al. 2003. Nucleotide substitution patterning within the *Meloidogyne* rDNA D3 region and its evolutionary implications. Journal of Nematology, 35 (4): 404-410

Chen QW, Hooper DJ, Loof PPA, et al. 1997. A revised polytomous key for the identification of species of the genus *Longidorus* Micoletzky, 1922 (Nematoda: Dorylaimoidea). Fundam Appl Nematol, 20 (1): 15-28

Chizhov VN, Chumakova OA, Subbotin SA, et al. 2006. Morphological and molecular characterization of foliar nematodes of the genus *Aphelenchoides*: *A. fragariae* and *A. ritzemabosi* (Nematoda: Aphelenchoididae) from the Main Botanical Garden of the Russian Academy of Sciences, Moscow, Russi. Journal of Nematology, 14 (2): 179-184

Consiglio Perlakicercaela Sperinentazione in Agricultura (CRA). 2006. Consiglio per la Ricerca e la Sperimentazione in Agricoltura. Rome: Senior Researcher CRA

Coomans A, Ley ITD, Jimenez LA, et al. 2012. Morphological, molecular characterization and phylogenetic position of *Longidorus mindanaoensisn* sp. (Nematoda: Longidoridae) from a Philippine Avicennia mangrove habitat. Nematology, 14 (3): 285-307

Correa VR, dos Santos MFA, Almeida MRA, et al. 2013. Species-specific DNA markers for identification of two root-knot nematodes of coffee: *Meloidogyne arabicida* and *M. izalcoensis*. European Journal of Plant Pathology, 137(2): 305-313

CRA. 2006. Consiglio per la Ricerca e la Sperimentazione in Agricoltura. Rome: Senior Researcher CRA

da Graca JV, van Vuuren SP. 1981. Use of high temperature to increase the rate of avocado sunblotch symptom development in indicator seedlings. Plant Disease, 65 (1): 46-47

de Guiran G. 1985. Preliminary attempts to differentiate pinewood nematode (*Bursaphelenchus xylophilus*) by enzyme electrophoresis. Revue de Nematoloie, 8: 88-89

de Ley IT, de Ley P, Vierstraete A, et al. 2002. Phylogenetic analyses of *Meloidogyne* small subunit rDNA. Journal of Nematology, 34 (4): 319-327

de Ley P, Blaxter ML. 2002. Systematic position and phylogeny. *In*: Lee DL. The Biology of Nematodes. London: Taylor & Francis: 1-30

de Ley P, Blaxter ML. 2004. A new system for Nematoda: combining morphological characters with molecular trees, and translating clades into ranks and taxa. *In*: Cook R, Hunt DJ. Proceedings of the Fourth International Congress of Nematology. Tenerife: 8-13

de Ley P, Félix MA, Frisse LM, et al. 1999. Molecular and morphological characterisation of two reproductively isolated species with mirrorimage anatomy (Nematoda: Cephalobidae). Nematology, 1 (6): 591-612

Decraemer W, Coomans A. 2007. Revision of some specie of the genus *Paralongidorus sensu* Siddiqi et al. (1993) , with a discussion on the relationships within the family *Longidoridae* (Nematoda: Dorylaimida). Nematology, 9 (5): 643-662

Derycke S, Vanaverbeke J, Rigaux A, et al. 2010. Exploring the use of cytochrome oxidase c subunit 1 (COI) for DNA barcoding of free-living marine nematodes. PLoS One, 5(10): e13716

Desvignes JC, Cornaggia D, Grasseau N, et al. 1999. Pear blister canker viroid: Host range and improved bioassay with two new pear indicators, Fiend 37 and Fiend 110. Plant Disease, 83 (5): 419-422

di Serio F. 2007. Identification and characterization of potato spindle tuber viroid infecting *Solanum jasminoides* and *S. rantonnetii* in Italy. Journal of Plant Pathology, 89 (2): 297-300

Diener TO. 1971. Potato spindle tuber "virus": Ⅳ. A replicating, low molecular weight RNA. Virology, 45 (2): 411-428

Diener TO. 1979. Viroids and Viroid Diseases. New York: John Wiley & Sons

Diener TO. 2003. Discovering viroids - a personal perspective. Nature Reviews Microbiology, 1 (1): 75-80

Elwakil M, Ghoneem KM. 2002. An improved method of seed health testing for detecting the lurked seed-borne fungi of fenugreek. Plant Pathology Journal, 1: 11-13

Eroshenko AS, Subbotin SA, Kazachenko IP. 2001. *Heterodera vallicola* sp. n. (Tylenchida: Heteroderidae) from elm trees, *Ulmus japonica* (Rehd.) Sarg. in the Primorsky territory, the Russian Far East, with rDNA identification of closely related species. Russian Journal of Nematology, 9 (1): 9-17

Esbenshade PR, Triantaphyllou AC. 1985. Identification of *Meloidogyne* species employing enzyme phenotypes as differentiating characters. *In*: Barker KR, Carter CC, Sasse JN. An Advanced Treatise on Meloidogyne: Biology and Control. Raleigh: Department of Plant Pathology, North Carolina State University: 135-140

Evans AAF. 1971. Taxonomic value of gel electrophoresis of proteins from mycophagous and plant parasitic nematodes. International Journal of Biochemistry, 2 (7): 72-79

Evtushenko LI, Dorofeeva LV. 2015. *Rathayibacter*. *In*: Whitman WB. Bergey's Manual of Systematics of Archaea and Bacteria. New York: Springer-Verlag: 1-19

Farooq A, Farooq J, Mahmood A, et al. 2011. An overview of cotton leaf curl virus disease (CLCuD) a serious threat to cotton productivity. Australian Journal of Crop Science, 5(13): 1823-1831

Farrell BD. 2001. Evolutionary assembly of the milkweed fauna: cytochrome oxidase I and the age of Tetraopes beetles. Molecular Phylogenetics and Evolution, 30 (18): 467-478

Ferris VR, Ferris JM, Faghihi J. 1993. Variation in spacer ribosomal DNA in some cyst-forming species of plant parasitic nematodes. Fundamental and Applied Nematology, 16 (2): 177-184

Ferris VR, Ferris JM, Faghihi J, et al. 1994. Comparisons of isolates of *Heterodera avenae* using 2D PAGE protein patterns and ribosomal DNA. Journal of Nematology, 26 (2): 144-151

Flores R, Hernandez C, Llacer G, et al. 1991. Identification of a new viroid as the putative causal agent of pear blister canker disease. Journal of General Virology, 72: 1199-1204

Flores R, Hernandez C, de Alba AEM, et al. 2005. Viroids and viroid-host interactions. Annual Review of Phytopathology, 43: 117-139

Francois C, Kebdani N, Barker I, et al. 2006. Towards specific diagnosis of plant-parasitic nematodes using DNA oligonucleotide microarray technology: A case study with the quarantine species *Meloidogyne chitwoodi*. Molecular and Cellular Probes, 20(1): 64-69

Franklin MT, Siddiqi MRCIH. 1972. Descriptions of Plant-parasitic Nematodes. Wallingford: CAB international

Ganguly AK, Dasgupta DR, Rajasekhar SP. 1990. β -esterase variation in three common species of *Heterodera*. Indian Journal of Nematology, 20: 113-114

Ghosh D, Brooks RE, Wang R, et al. 2008. Cloning and subcellular localization of phosphoprotein and nucleocapsid proteins of *Potato yellow dwarf virus*, type species of the genus *Nucleorhabdovirus*. Virus Research, 135(1): 26-35

Giampetruzzi A, Roumi V, Roberto R, et al. 2012. A new grapevine virus discovered by deep sequencing of virus- and viroid-derived small RNAs in Cv Pinot gris. Virus Research, 163: 262-268

Gillings M, Broadbent P, Indsto J, et al. 1993. Characterisation of isolates and strains of citrus tristeza closterovirus using restriction analysis of the coat protein gene amplified by the polymerase chain reaction. Journal of Virological Methods, 44 (2-3): 305-317

Gucek T, Trdan S, Jakse J, et al. 2017. Diagnostic techniques for viroids. Plant Pathology, 66 (3): 339-358

Harris TS, Sandall LJ, Powers TO. 1990. Identification of single *Meloidogyne juveniles* by polymerase chain reaction amplification of mitochondrial DNA. Journal of Nematology, 22 (4): 518-524

Hebert PDN, Cywinska A, Ball SL, et al. 2003. Biological identification through DNA barcodes. Biological Sciences, 270 (1512): 313-321

Hemandez M, Esteve T, Prat S, et al. 2004. Develoment of real time PCR system based on SYBR Green I, amplifluor and TaqMan technologies specific quantitative detection of the transgenic maize event GA21. Journal of Cereal Science, 261 (1): 1-4

Higuchi R, Fockler C, Dolinger G, et al. 1993. Kinetic PCR analysis: real-time monitoring of DNA amplification reactions. Biotechnology, 11 (9): 1026-1030

Hodgson RA, Wall GC, Randles JW. 1998. Specific identification of coconut tinangaja viroid for differential field diagnosis of viroids in coconut palm. Phytopathology, 88 (8): 774-781

Holterman M, Karssen G, van den Elsen S, et al. 2009. Small subunit rDNA-based phylogeny of the Tylenchida sheds light on relationships among some high-impact plant-parasitic nematodes and the evolution of plant feeding. Phytopathology, 99 (3): 227-235

Hou WY, Li SF, Wu ZJ, et al. 2009a. Coleus blumei viroid 6: A new tentative member of the genus *Coleviroid* derived from natural genome shuffling. Archives of Virology, 154 (6): 993-997

Hou WY, Sano T, Li F, et al. 2009b. Identification and characterization of a new coleviroid (CbVd-5). Archives of Virology, 154 (2): 315-320

Htay C, Peng H, Huang WK, et al. 2016. The development and molecular characterization of a rapid detection method for rice root-knot nematode (*Meloidogyne graminicola*). European Journal of Plant Pathology, 146(2): 281-291

Huang DQ, Yan GP. 2017. Specific detection of the root-lesion nematode *Pratylenchus scribneri* using conventional and real-time PCR. Plant Disease, 101(2): 359-365

Huang L, Xu XL, Wu XQ, et al. 2010. A nested PCR assay targeting the DNA topoisomerase I gene to detect the pine wood nematode, *Bursaphelenchus xylophilus*. Phytoparasitica, 38(4): 369-377

Hugall A, Moritz C, Stanton J, et al. 1994. Low, but strongly structured mitochondrial DNA diversity in root-knot nematodes (Meloidogyne). Genetics, 136 (3): 903-912

Hugall A, Stanton J, Moritz C. 1997. Evolution of the AT rich mitochondrial DNA of *Meloidogyne hapla*. Molecular Biology and Evolution, 14 (1): 40-48

Hugall A, Stanton J, Moritz C. 1999. Reticulate evolution and the origins of ribosomal internal transcribed spacer diversity in apomictic *Meloidogyne*. Molecular Biology and Evolution, 16 (2): 157-164

Hulbert SH. 1988. DNA restriction fragment length polymorphism and somatic variation in the lettuce downy mildew fungus, *Bremia lactucae*. Molecular Plant-Microbe Interactions, 1 (1): 17

Humphreys-Pereira DA, Williamson VM, Lee S, et al. 2014. Molecular and morphological characterisation of *Scutellonema bradys* from yam in Costa Rica and development of specific primers for its detection. Nematology, 16: 137-147

Ibrahim SK, Perry RN, Webb RM. 1995. Use of isoenzyme and protein phenotypes to discriminate between six *Pratylenchus* species from Great Britain. Annals of Applied Biology, 126 (2): 317-327

Ibrahim SK, Rowe JA. 1995. Use of isoelectric focusing and polyacrylamide gel electrophoresis of nonspecific esterase phenotypes for the identification of the cyst nematodes *Heterodera* species. Fundamental and Applied Nematology, 18 (2): 189-196

Imperial JS, Bautista RM, Randles JW. 1985. Transmission of the coconut cadang-cadang viroid to 6 species of palm by inoculation with nucleic-acid extracts. Plant Pathology, 34 (3): 391-401

Ito T, Yoshida K. 1998. Reproduction of apple fruit crinkle disease symptoms by apple fruit crinkle viroid. Acta Horticulturae, 472: 587-594

Iwahori H, Tsuda K, Kanzaki N, et al. 1998. PCR-RFLP and sequencing analyses of ribosomal DNA of *Bursaphelenchus nematodes* related to pine wilt disease. Foudamental and Applied Nematology, 21 (6): 655-666

Jeszke A, Dobosz R, Obrepalska-Steplowska A. 2015. A fast and sensitive method for the simultaneous identification of three important nematode species of the genus *Ditylenchus*. Pest Management Science, 71(2): 243-249

Kiewnick S, Frey JE, Braun-Kiewnick A. 2015. Development and validation of LNA-based quantitative real-time PCR assays for detection and identification of the root-knot nematode *Meloidogyne enterolobii* in complex DNA backgrounds. Phytopathology, 105(9): 1245-1249

Kobayashi K, Tomita R, Sakamoto M. 2009. Recombinant plant dsRNA-binding protein as an effective tool for the isolation of viral replicative form dsRNA and universal detection of RNA viruses. Journal of General Plant Pathology, 75: 87

Kreuze JF, Perez A, Untiveros M, et al. 2009. Complete viral genome sequence and discovery of novel viruses by deep sequencing of small RNAs: a generic method for diagnosis, discovery and sequencing of viruses. Virology, 388: 1-7

Lamberti F, Hockland S, Agostinelli A, et al. 2004. The Xiphinema americanum group. Ⅲ. Keys to species identification. Nematol Medit, 32: 53-56

Lamberti F, Taylor CE, Seinhorst JW. 1975. Taxonomy of *Longidorus* (Micoletzky) Filipjev and *Paralongidorus* Siddiqi. Nematode Vectors of Plant Viruses, (2): 71-90

Lesemann DE. 1977. Virus group specific and virus-specific cytological alterations induced by members of the tymovirus group. Journal of Phytopathology, 90(4): 315-336

Li R, Mock R, Huang Q, et al. 2008. A reliable and inexpensive method of nucleic acid extraction for the PCR-based detection of diverse plant pathogens. Journal of Virological Methods, 154 (1-2): 48-55

Li Y, Wang H, Nie K, et al. 2016. VIP: an integrated pipeline for metagenomics of virus identification and discovery. Scientific Reports, 6: 23774

Lin BR, Wang HH, Zhuo K, et al. 2016. Loop-mediated isothermal amplification for the detection of *Tylenchulus semipenetrans* in soil. Plant Disease, 100(5): 877-883

Liu Z, Nakhla MK, Levy L. 2008. Detection and differentiation of potato cyst nematode (PCN) and morphologically similar species with the nanochip (R) technology. Phytopathology, 98(6): S93

Loof PPA, Chen QW. 1999. A revised polytomous key for the identification of species of the genus *Longidorus* Micoletzky, 1922 (Nematoda: Dorylaimoidea) supplement. Nematology, 1 (1): 55-59

Loreti S, Faggioli F, Barba M. 1997. Identification and characterization of an Italian isolate of pear blister canker viroid. Journal of Phytopathology, 145 (11-12): 541-544

Luigi M, Faggioli F. 2011. Development of quantitative real-time RT-PCR for the detection and quantification of peach latent mosaic viroid. European Journal of Plant Pathology, 130 (1): 109-116

Luigi M, Faggioli F. 2013. Development of a quantitative real-time RT-PCR (qRT-PCR) for the detection of hop stunt viroid. European Journal of Plant Pathology, 137 (2): 231-235

Lv WX, Zhang ZX, Xu PS, et al. 2012. Simultaneous detection of three viroid species infecting hops in China by multiplex RT-PCR. Journal of Phytopathology, 160 (6): 308-310

Lynn KC, Anaer AMS, Zafar A. 2001. H molecular, morphological and thermal characters of 19 *Pratylenchus* sp. and relatives using the D3 segment of the nuclear LSU rRNA gene. Nemat Ropica, 31 (2): 193-207

Maafi ZT, Subbotin SA, Moens M. 2003. Molecular indentification of cyst-forming nematodes (Heteroderidae) from Iran and a phylogeny based on ITS-rDNA sequences. Nematology, 5 (1): 99-111

Madani M, Subottin SA, Moens M. 2005. Quantitative detection of the potato cyst nematode, *Globodera pallida*, and the beet cyst nematode, *Heterodera schachtii*, using real-time PCR with SYBR green I dye. Molecular and Cellular Probes, 19 (2): 81-86

Madani M, Vovlas N, Castillo P, et al. 2004. Molecular haracterization of cyst nematode species (*Heterodera* spp.) from the Mediterranean basin using RFLPs and sequences of ITS-rDNA. Journal of Phytopathology, 152 (4): 229-234

Marek M, Zouhar M, Douda O, et al. 2010. Bioinformatics-assisted characterization of the ITS1-5.8S-ITS2 segments of nuclear rRNA gene clusters, and its exploitation in molecular diagnostics of European crop-parasitic nematodes of the genus *Ditylenchus*. Plant Pathology, 59 (5): 931-943

Massart S, Brostaux Y, Barbarossa L, et al. 2009. Interlaboratory evaluation of two reverse-transcriptase polymeric chain reaction-based methods for detection of four fruit tree viruses. Annals of Applied Biology, 154 (1): 133-141

McCuiston JL, Hudson LC, Subbotin SA, et al. 2007. Conventional and PCR detection of *Aphelenchoides fragariae* in diverse ornamental host plant species. Journal of Nematology, 39 (4): 343-355

McDonald BA, Martinez JP. 1990. Restriction fragment length polymorphisms in *Septoria tritici* occur at a high frequency. Current Genetics, 17 (2): 133-138

Mekete T, Reynolds K, Lopez-Nicora HD, et al. 2011. Distribution and diversity of root-lesion nematode (*Pratylenchus* spp.) associated with *Miscanthus* ×*giganteus* and *Panicum veigatum* used for biofuels, and species identification in a multiplex polymerase chain reaction. Nematology, 13 (6): 673-686

Merny PG. 1966. Nematodes d afrique tropicale: un nouveau paratylenchus (Criconematidae) , deux nouveaux *Longidorus* et observations sur *Longidorus laevicapitatus* Williams, 1959 (Dorylaimidae). Nematologica, 12 (3): 385-395

Milne RG, Lesemann DE. 1978. An immunoelectron microscopic investigation of oat sterile dwarf and related viruses. Virology, 90(2): 299-304

Mokrini F, Waeyenberge L, Viaene N, et al. 2013. Quantitative detection of the root-lesion nematode, *Pratylenchus penetrans*, using qPCR. European Journal of Plant Pathology, 137(2): 403-413

Mokrini F, Waeyenberge L, Viaene N, et al. 2014. The beta-1, 4-endoglucanase gene is suitable for the molecular quantification of the root-lesion nematode, *Pratylenchus thornei*. Nematology, 16: 789-796

Molinari S, Evans K, Rowe J, et al. 1996. Identification of *Heterodera cysts* by SOD isozyme electrophoresis profiles. Annals of Applied Biology, 129 (2): 361-367

Mumford RA, Walsh K, Boonham N. 2000. A comparison of molecular methods for the routine detection of viroids. EPPO Bulletin,

30 (3-4): 431-435

Muraji M, Nakahara S. 2002. Discrimination among pest species of *Bactrocera* (Diptera: Tephritidae) based on PCR-RFLP of the mitochondrial DNA. Applied Entomology & Zoology, 37 (3): 437-446

Niu JH, Guo QX, Jian H, et al. 2011. Rapid detection of *Meloidogyne* spp. by LAMP assay in soil and roots. Crop Protection, 30(8): 1063-1069

Niu JH, Jian H, Guo QX, et al. 2012. Evaluation of loop-mediated isothermal amplification (LAMP) assays based on 5S rDNA-IGS2 regions for detecting *Meloidogyne enterolobii*. Plant Pathology, 61(4): 809-819

Nobbs JM, Ibrahim SK, Tylka GL. 1992. A morphological and biochemical comparison of the four cyst nematode species, *Heterodera elachista*, *H. oryzicola*, *H. oryzae* and *H. sacchari* (Nematoda: Hereroderidae) known to attack rice (*Oryza sativa*). Fundamental and Applied Nematology, 15: 551-562

Noel GR, Liu ZL. 1998. Esterase allozymes of soybean cyst nematode, *Heterodera glycines*, from China, Japan, and the United States. Journal of Nematology, 30 (4): 468-476

Nolasco G, De BC, Torres V, et al. 1993. A method combining immunocapture and PCR amplification in a microtiter plate for the detection of plant viruses and subviral pathogens. Journal of Virological Methods, 45 (2): 201-218

Nowaczyk K, Dobosz R, Kornobis S, et al. 2008. TaqMan real-time PCR-based approach for differentiation between *Globodera rostochiensis* (golden nematode) and *Globodera artemisiae* species. Parasitology Research, 103 (3): 577-581

Okimoto R, Chamberlain HM, MaFarlane JL, et al. 1991. Repeated sequence sites in mitochondria DNA molecular of root knot nematode (Meloidogyne): nucleotides sequence, genome location and potential for host-race identification. Nucleic Acids Research, 19 (7): 1619-1626

Olivier T, Šveikauskas V, Demonty E, et al. 2015. Inter-laboratory comparison of four RT-PCR based methods for the generic detection of pospiviroids in tomato leaves and seeds. European Journal of Plant Pathology, 144 (3): 645-654

Owens RA, Flores R, di Serio F, et al. 2011. Viroids. London: Elsevier Academic Press

Owens RA, Sano T, Duran-Vila N. 2012. Plant viroids: Isolation, characterization/detection, and analysis. *In*: Watson JM, Wang MB. Antiviral Resistance in Plants: Methods and Protocols, Methods in Molecular Biology. New York: Humana Press: 253-271

Palacio-Bielsa A, Foissac X, Duran-Vila N. 1999. Indexing of citrus viroids by imprint hybridisation. European Journal of Plant Pathology, 105 (9): 897-903

Palleroni NJ. 2015. Burkholderia. Bergey's Manual of Systematics of Archaea and Bacteria. New York: Springer-Verlag: 1-50

Pallett DW, Ho T, Cooper I, et al. 2010. Detection of cereal yellow dwarf virus using small interfering RNAs and enhanced infection rate with cocksfoot streak virus in wild cocksfoot grass (*Dactylis glomerata*). J Virol Methods, 168: 223-227

Pantaleo V, Saldarelli P, Miozzi L, et al. 2010. Deep sequencing analysis of viral short RNAs from an infected Pinot Noir grapevine. Virology, 408: 49-56

Papayiannis LC, Christoforou M, Markou YM, et al. 2013. Molecular typing of cyst-forming nematodes *Globodera pallida* and *G. rostochiensis*, using real-time PCR and evaluation of five methods for template preparation. Journal of Phytopathology, 161(7-8): 459-469

Paran I, Michelmore RW. 1993. Development of reliable PCR-based markers linked to downy mildew resistance genes in lettuce. Theoretical and Applied Genetics, 85 (8): 985-993

Payan LA, Dickson DW. 1990. Comparison of populations of *Pratylenchus brachyurus* based on isozyme phenotypes. Journal of Nematology, 22 (4): 538-545

Peng D, Xu X, Peng H, et al. 2014. Rapid detection of the cereal cyst nematode (*Heterodera avenae*) using loop-mediated isothermal amplication. Journal of Nematology, 46(2): 217

Peng H, Long H, Huang W, et al. 2017. Rapid, simple and direct detection of *Meloidogyne hapla* from infected root galls using loop-mediated isothermal amplification combined with FTA technology. Scientific Reports, 7: 44853

Peng H, Peng DL, Hu XQ, et al. 2012. Loop-mediated isothermal amplification for rapid and precise detection of the burrowing nematode, *Radopholus similis*, directly from diseased plant tissues. Nematology, 14: 977-986

Peng H, Qi XL, Peng DL, et al. 2013. Sensitive and direct detection of *Heterodera filipjevi* in soil and wheat roots by species-specific SCAR-PCR assays. Plant Disease, 97(10): 1288-1294

Perry RN, Moens M, Starr JL. 2009. Root-knot Nematodes. Wallingford, UK: CABI Publishing

Petersen DJ, Vrain TC. 1996. Rapid identification of *Meloidogyne chitwoodi*, *M. hapla* and *M. fallax* using PCR primers to amplify their ribosomal intergenic spacer. Fundamental and Applied Nematology, 19 (6): 601-605

Podleckis EV, Hammond RW, Hurtt SS, et al. 1993. Chemiluminescent detection of potato and pome fruit viroids by digoxigenin-labeled dot-blot and tissue blot hybridization. Journal of Virological Methods, 43 (2): 147-158

Powers TO, Harris TS. 1993. A polymerase chain reaction method for identification of five major *Meloidogyne* species. Journal of Nematology, 25 (1): 1-6

Powers TO, Szalanski AL, Mullin PG, et al. 2001. Identification of seed gall nematodes of agronomic and regulatory concern with PCR-RFLP of ITS. Journal of Nematology, 33 (4): 191-194

Praphailong WM, Van GM, Fleet GH, et al. 1997. Evaluation of the biolog system for the identification of food and beverage yeasts. Letters in Applied Microbiology, 24 (6): 455-459

Prosen D, Hatziloukas E, Schaad N, et al. 1993. Specific detection of *Pseudomonas syringae* pv. *phaseolicola* DNA in bean seed by polymerase chain reaction-based amplification of a phaseolotoxin gene region. Phytopathology, 83: 965-970

Quader M, Nambiar L, Cunnington J. 2008. Conventional and real-time PCR-based species identification and diversity of potato cyst nematodes (*Globodera* spp.) from Victoria, Australia. Nematology, 10 (4): 471-478

Randig O, Bongiovanni M, Carneiro RMDG, et al. 2002. Genetic diversity of root-knot nematodes from Brazil and development of SCAR markers specific for the coffee-damaging species. Genome, 45(5): 862-870

Raymer WB, O'Brien MJ. 1962. Transmission of potato spindle tuber virus to tomato. Phytopathology, 52(8): 401-408

Riga E, Karanastasi E, Oliveira CMG, et al. 2007. Molecular identification of two stubby root nematode species. American Journal of Potato Research, 84(2): 161-167

Roman J, Hirschmann H. 1969. Morphology and morphometrics of six species of *Pratylenchus*. Journal of Nematology, 1 (4): 363-386

Roossinck MJ, Saha P, Wiley GB, et al. 2010. Ecogenomics: Using massively parallel pyrosequencing to understand virus ecology. Molecular Ecology, 19: 81-88

Rott ME, Jelkmann W. 2001. Characterization and detection of several filamentous viruses of cherry: Adaptation of an alternative cloning method (DOP-PCR) , and modification of an RNA extraction protocol. European Journal of Plant Pathology, 107 (4): 411-420

Rybarczyk-Mydlowska K, Mooyman P, van Megen N, et al. 2012. Small subunit ribosomal DNA-based phylogenetic analysis of foliar nematodes (*Aphelenchoides* spp.) and their quantitative detection in complex DNA backgrounds. Phytopathology, 102(12): 1153-1160

Saeki Y, Kawano E, Yamashita C, et al. 2003. Detection of plant parasitic nematodes, *Meloidogyne incognita* and *Pratylenchus coffeae* by multiplex PCR using specific primers. Soil Science and Plant Nutrition, 49(2): 291-295

Sapkota R, Skantar AM, Nicolaisen M. 2016. A TaqMan real-time PCR assay for detection of *Meloidogyne hapla* in root galls and in soil. Nematology, 18: 147-154

Sasser JN, Freckman DW. 1987. A world perspective on Nematology: The role of the society. *In*: Veech JA, Dickson DW. Vistas on Nematology. Hyattsville: Society of Nematologists, Inc: 7-14

Sato E, Min YY, Shirakashi T, et al. 2007. Detection of the root-lesion nematode, *Pratylenchus penetrans* (Cobb) , in a nematode community using real-time PCR. Japanese Journal of Nematology, 37 (2): 87-92

Sayler RJ, Walker C, Goggin F, et al. 2012. Conventional PCR detection and real-time PCR quantification of reniform nematodes. Plant Disease, 96(12): 1757-1762

Schindel DE, Miller SE. 2005. DNA barcoding: a useful tool for taxonomists. Nature, 435 (7038): 17

Schumacher J, Randles JW, Riesner D. 1983. A two-dimensional electrophoretic technique for the detection of circular viroids and virusoids. Analytical Biochemistry, 135 (2): 288-295

Simpson JT, Wong K, Jackman SD, et al. 2009. ABySS: A parallel assembler for short read sequence data. Genome Res, 19: 1117-1123

Singh RP, Nie XZ, Singh M. 1999. Tomato chlorotic dwarf viroid: an evolutionary link in the origin of pospiviroids. Journal of General Virology, 80: 2823-2828

Subbotin SA, Deimi AM, Zheng JW, et al. 2011. Length variation and repetitive sequences of internal transcribed spacer of ribosomal RNA gene, diagnostics and relationships of populations of potato rot nematode, *Ditylenchus destructor* Thorne, 1945 (Tylenchida: Anguinidae). Nematology, 13 (7): 773-785

Subbotin SA, Madani M, Krall E, et al. 2005. Molecular diagnostics, taxonomy, and phylogeny of the stem nematode *Ditylenchus dipsaci* species complex based on the sequences of the internal transcribed spacer-rDNA. Phytopathology, 95 (11): 1308-1315

Szalanski AL, Sui DD, Harris TS, et al. 1997. Identification of cyst nematodes of agronomic and regulatory concern with PCR-RFLP of ITS1. Journal of Nematology, 29 (3): 255-267

Tambong J, Mwange K, Bergeron M, et al. 2008. Rapid detection and identification of the bacterium Pantoea stewartii in maize by TaqMan® real-time PCR assay targeting the cpsD gene. Journal of Applied Microbiology, 104 (5): 1525-1537

Thomas DC, Nardone GA, Randall SK. 1999. Amplification of padlock probes for DNA diagnostics by cascade rolling circle amplification or the polymerase chain reaction. Archives of Pathology & Laboratory Medicine, 123 (12): 1170-1176

Thorne G. 1945. *Ditylenchus destructor* n. sp. , the potato-rot nematode, and *Ditylenhus dipsaci* (Kuhn, 1857) Filipjev, 1936, the teasel nematode (Nematoda: Tylenchidae). Proceedings of the Helminthological society of Washington, 12: 27-34

Tigano M, de Siqueira K, Castagnone-Sereno P, et al. 2010. Genetic diversity of the root-knot nematode *Meloidogyne enterolobii* and development of a SCAR marker for this guava-damaging species. Plant Pathology, 59(6): 1054-1061

Toth IK, Hyman LJ, Taylor R, et al. 1998. PCR-based detection of *Xanthomonas campestris* pv. *phaseoli* var. *fuscans* in plant material and its differentiation from *X. c.* pv. *phaseoli*. Journal of Applied Microbiology, 85: 327-336

Toumi F, Waeyenberge L, Viaene N, et al. 2013a. Development of two species-specific primer sets to detect the cereal cyst nematodes *Heterodera avenae* and *Heterodera filipjevi*. European Journal of Plant Pathology, 136(3): 613-624

Toumi F, Waeyenberge L, Viaene N, et al. 2014. Development of qPCR assays for quantitative detection of *Heterodera avenae* and *H. latipons*. Journal of Nematology, 46(2): 248-249

Toyota K, Shirakashi T, Sato E, et al. 2008. Development of a real-time PCR method for the potato-cyst nematode *Globodera rostochiensis* and the root-knot nematode *Meloidogyne incognita*. Soil Science and Plant Nutrition, 54(1): 72-76

Uehara T, Mizukubo T, Kushida A, et al. 1998. Identification of *Pratylenchus coffeae* and *P. loosi* using specific primers for PCR amplification of ribosomal DNA. Nematology, 44 (4): 357-368

Vadamalai G, Hanold D, Rezaian MA, et al. 2006. Variants of coconut cadang-cadang viroid isolated from an African oil palm (*Elaies guineensis* Jacq.) in Malaysia. Archives of Virology, 151 (7): 1447-1456

van Ghelder C, Reid A, Kenyon D, et al. 2015. Development of a real-time PCR method for the detection of the dagger nematodes *Xiphinema index*, *X. diversicaudatum*, *X. vuittenezi* and *X. italiae*, and for the quantification of *X. index* numbers. Plant Pathology, 64(2): 489-500

Venette JR, Lamppa RS, Albaugh DA, et al. 1987. Presumptive procedure (dome test) for detection of seedborne bacterial pathogens in dry beans. Plant Disease, 71 (11): 984-990

Vovlas N, Troccoli A, Palomares-Rius JE, et al. 2011. *Ditylenchus gigas* n. sp. *parasitizing* broad bean: a new stem nematode singled out from the *Ditylenchus dipsaci* species complex using a polyphasic approach with molecular phylogeny. Plant Pathology, 60 (4): 762-775

Vrain TC, Wakarchuk DA, Lévesque AC, et al. 1992. Intraspecific rDNA restriction fragment length polymorphism in the *Xiphinema americanum* group. Fundamental and Applied Nematology, 15: 563-573

Vunsh R, Rosner A, Stein A, et al. 1990. The use of the polymerase chain reaction (PCR) for the detection of bean yellow mosaic virus in gladiolus. Annals of Applied Biology, 117 (3): 561-569

Waeyenberge L, Ryss A, Moens M, et al. 2000. Molecular charcteristics of 18 *Pratylenchus* species using rDNA restriction fragment length polymorphisms. Nematology, 2 (S1): 135-142

Waeyenberge L, Viaene N, Moens M. 2009. Species-specific duplex PCR for the detection of *Pratylenchus penetrans*. Nematology, 11: 847-857

Wang G, Maher E, Brennan C, et al. 2004. DNA amplification method tolerant to sample degradation. Genome Res, 14 (11): 2357-2366

Wendt KR, Vrain TC, Webster JM. 1993. Separation of three species of *Ditylenchus* and some host races of *D. dipsaci* by restriction fragment length polymorphism. Journal of Nematology, 25 (4): 555-563

Willems A, Gillis M. 2015. Incertae Sedis Ⅸ. Xylophilus. *In*: Whitman WB. Bergey's Manual of Systematics of Archaea and Bacteria. New York: Springer-Verlag: 1-7

Williamson DL, Gasparich GE, Regassa LB, et al. 2015. Spiroplasma. *In*: Whitman WB. Bergey's Manual of Systematics of Archaea and Bacteria. New York: Springer-Verlag: 1-46

Williamson VM, Caswell-Chen E, Westerdahl B, et al. 1997. A PCR assay to identify and distinguish single juveniles of *M. hapla* and *M. incognita*. Journal of Nematology, 29 (1): 9-15

Wojtowicz M, Golden AM, Forer LB, et al. 1982. Morphological comparisons between *Xiphinema rivesi* Dalmasso and *X. americanum* Cobb populations from the Eastern United States. Journal of Nematology, 14 (4): 511-516

Wu QF, Ding SW, Zhang YJ, et al. 2015. Identification of viruses and viroids by next-generation sequencing and homology-dependent and homology-independent algorithms. Annual Review of Phytopathology, 53: 425-444

Yan G, Huang D. 2016. Specific detection of the root-lesion nematode *Pratylenchus scribneri* using conventional and real-time PCR. Phytopathology, 106(12): 114

Yan GP, Smiley RW, Okubara PA. 2012. Detection and quantification of *Pratylenchus thornei* in DNA extracted from soil using real-time PCR. Phytopathology, 102(1): 14-22

Yan GP, Smiley RW, Okubara PA, et al. 2013. Developing a real-time PCR assay for detection and quantification of *Pratylenchus neglectus* in soil. Plant Disease, 97(6): 757-764

Yang F, Wang G, Xu W, et al. 2017. A rapid silica spin column-based method of RNA extraction from fruit trees for RT-PCR detection of viruses. Journal of Virological Methods, 247: 61-67

Ye WM. 2012. Development of PrimeTime-real-time PCR for species identification of soybean cyst nematode (*Heterodera glycines* Ichinohe, 1952) in North Carolina. Journal of Nematology, 44(3): 284-290

Zerbino DR, Birney E. 2008. Velvet: algorithms for de novo short read assembly using de Bruijn graphs. Genome Research, 18: 821-829

Zhang Y, Singh K, Kaur R, et al. 2011. Association of a novel DNA virus with the grapevine vein-clearing and vine decline syndrome. Phytopathology, 101: 1081-1090

Zhang ZX, Qi SS, Tang N, et al. 2014. Discovery of replicating circular RNAs by RNA-seq and computational algorithms. PLoS Pathogens, 10 (12): e1004553

Zhong XH, Archual AJ, Amin AA, et al. 2008. A genomic map of viroid RNA motifs critical for replication and systemic trafficking. Plant Cell, 20 (1): 35-47

Zijlstra C, Donkers-Venne D, Fargette M. 2000. Identification of *M. incognita*, *M. javanica* and *M. arenaria* using sequence characterized amplified region (SCAR) based on PCR assays. Nematology, 2 (8): 847-853

Zijlstra C, Lever AEM, Uenk BJ, et al. 1995. Differences between ITS regions of isolates of root-knot nematodes *Meloidogyne hapla* and *M. chitwoodi*. Phytopathology, 85 (10): 1231-1237

Zijlstra C, Uemk BJ, van Silfhout CH. 1997. A reliable, precise method to differentiate species of root-knot nematodes in mixtures on the basis of ITS-RFLPs. Fundamental & Applied Nematology, 20 (1): 59-63

Zijlstra C, van Hoof RA. 2006. A multiplex real-time polymerase chain reaction (TaqMan) assay for the simultaneous detection of *Meloidogyne chitwoodi* and *M. fallax*. Phytopathology, 96(11): 1255-1262

Zijlstra C, van Hoof RA, Donkers-Venne D. 2004. A PCR test to detect the cereal root-knot nematode *Meloidogyne naasi*. European Journal of Plant Pathology, 110(8): 855-860

Zijlstra C. 2000. Identification of *Meloidogyne chitwoodi*, *M. fallax* and *M. hapla* based on SCAR-PCR: a powerful way of enabling reliable identification of populations or individuals that share common traits. European Journal of Plant Pathology, 106 (3): 283-290

Zouhar M, Marek M, Douda O, et al. 2007. Conversion of sequence-characterized amplified region (SCAR) bands into high-throughput DNA markers based on RAPD technique for detection of the stem nematode *Ditylenchus dipsaci* in crucial plant hosts. Plant Soil and Environment, 53(3): 97-104

昆虫视界杂志　http://www.yellowman.cn/mag/m.php

万方数据　http://www.wanfangdata.com.cn/index.html

维普咨讯　http://lib.cqvip.com/

植物有害生物检疫鉴定系统　https://www.ncbi.nlm.nih.gov/

中国科学文献服务系统　http://sciencechina.cn/

中国生命条形码信息管理系统　https://www.ncbi.nlm.nih.gov/

中国知网　http://www.cnki.net/

BOLDSYSTEMS　http://www.barcodinglife.org/

CROPWATCH　https://cropwatch.unl.edu/plantdisease/soybean/bean-pod-mottle

EPPO Global Database　https://gd.eppo.int/

FastQC　http://www.bioinformatics.babraham.ac.uk/projects/fastqc/

FORESTRY IMAGES　https://www.forestryimages.org/

GenBank　https://www.ncbi.nlm.nih.gov/

IPM IMAGES　https://www.ipmimages.org/

NHBS　https://www.nhbs.com/

PACIFIC NORTHWEST Plant Disease Management Handbooks　https://pnwhandbooks.org/plantdisease/host-disease/grass-seed-rathays-disease-bacterial-head-blight

Ribosomal Database Project Ⅱ　http://rdp.cme.msu.edu/

WIKIPEDIA　https://en.wikipedia.org/wiki/Plum_pox